지적직공무원 | 한국국토정보공사 | 공인중개사 | 감정평가사 법률 정리

# 공간정보 및 지적 관련 법령집

이영수 · 안병구 저

저자직강
동영상
강의

**C 기술단기**
http://gong.dangi.co.kr/tech/main

예문사

PREFACE

4차 산업혁명(The Fourth Industrial Revolution)은 사회 전반에 혁신적인 변화를 불러일으키고 융합이라는 새로는 패러다임을 가져왔다. 이러한 시대 변화는 지적 분야에서도 예외가 될 수는 없다.

지적 관련 법령은 고유의 영역 중심으로 유지되어 왔으나 사회 변화와 기술 발전 등 융합과 혁신을 통해 법령 간 경계의 벽이 약화되어 통합되기도 하고 전문 분야로 세분화되어 새로운 법이 제정되기도 하였다.

지적법과 측량법은 「공간정보의 구축 및 관리 등에 관한 법률」로 통합되었고 국가공간정보 체계의 효율적 구축과 종합적 활용 및 경쟁력 강화 등을 위해 「국가공간정보 기본법」과 「공간정보산업 진흥법」 등이 제정되었으며, 이 밖에도 「지적재조사에 관한 특별법」, 「지적공부 세계측지계 변환규정」, 「부동산종합공부시스템운영 및 관리규정」, 「지적원도 데이터베이스 구축 작업기준」 등 많은 지적 관련 법령이 제정·개정 및 폐지되었다.

지적 관련 법령은 지적직 공무원 및 한국국토정보공사 등 각종 시험에서 출제되는 중요한 과목이나, 전공자 및 수험생이 이렇게 많은 지적 관련 법령을 쉽게 공부하기는 어려울 것이다. 이에 오랜 기간 강의해 온 경험을 토대로 이들이 지적 관련 법령을 체계적이고 종합적으로 공부할 수 있도록 이 책을 준비하였다.

이 책은 지적 관련 법령을 특성에 따라 분류하였고, 법령 간 세부내용을 비교·검토할 수 있도록 법률, 시행령, 시행규칙 등을 연계하여 표를 일목요연하게 구성하였다.

제1편 | 공간정보의 구축 및 관리 등에 관한 법 5단
제2편 | 지적재조사특별법 5단
제3편 | 공간정보기본법 및 산업 진흥법 5단
제4편 | 지적재조사측량 외 규정 4단
제5편 | 지적원도 데이터베이스 구축 작업기준 외 5단
제6편 | 도로명주소법 3단

또한 이 책에는 「공간정보의 구축 및 관리 등에 관한 법률」뿐만 아니라 기존 책에서 잘 다루지 않았던 「GNSS에 의한 지적측량규정」, 「지적공부 세계측지계 변환규정」, 「무인비행장치 측량 작업규정」, 「지적업무처리규정」 등도 수록하였으므로 현장에서 근무하는 실무자도 참고하고 활용할 수 있을 것으로 기대한다.

전공자 및 수험생에게 많은 도움이 되고자 최선을 다하여 집필하였으나 부족한 부분이 있으리라 생각하며, 지속적으로 수정·보완하여 더 나은 책을 만드는 데 노력할 것이다.

끝으로 출간하기까지 물심양면으로 도와주신 도서출판 예문사 정용수 대표님과 임직원 여러분에게 감사의 마음을 전하며, 이 책이 여러분의 꿈을 이루는 데 작은 밑거름이 되기를 소망해 본다.

저자 이영수 · 안병구

CONTENTS

## PART 01 | 공간정보의 구축 및 관리 등에 관한 법 5단_1

## PART 02 | 지적재조사특별법 5단_269

## PART 03 | 공간정보기본법 및 산업 진흥법 5단_349

# 공간정보의 구축 및 관리 등에 관한 법 5단

**CONTENTS**

| 공간정보의 구축 및 관리 등에 관한 **법률** [시행 2021. 4. 8.] [법률 제17224호, 2020. 4. 7., 일부개정] | 공간정보의 구축 및 관리 등에 관한 **법률 시행령** [시행 2022. 7. 1.] [대통령령 제31327호, 2020. 12. 29., 일부개정] | 공간정보의 구축 및 관리 등에 관한 **법률 시행규칙** [시행 2022. 7. 1.] [국토교통부령 제803호, 2020. 12. 30., 일부개정] | **지적측량 시행규칙** [시행 2015. 6. 4.] [국토교통부령 제198호, 2015. 4. 23., 일부개정] | **지적업무처리규정** [시행 2020. 8. 10.] [국토교통부 훈령 제1312호, 2020. 8. 10., 일부개정] |
|---|---|---|---|---|
| 제1장 총칙 | | | | |
| 제1조(목적) 제2조(정의) | 제1조(목적) 제2조(공공측량시행자) 제3조(공공측량) 제4조(수치주제도의 종류) 제5조(1필지로 정할 수 있는 기준) | 제1조(목적) 제2조 삭제 〈2021. 2. 19.〉 | 제1조(목적) | 제1조(목적) 제3조(정의) |
| 제3조(다른 법률과의 관계) 제4조(적용 범위) | | | | 제2조(적용범위) |
| **제2장 측량 제1절 통칙** | **제2장 측량 제1절 통칙** | | | |
| 제5조(측량기본계획 및 시행계획) 제6조(측량기준) 제7조(측량기준점) 제8조(측량기준점표지의 설치 및 관리) | 제6조(원점의 특례) 제7조(세계측지계 등) 제8조(측량기준점의 구분) 제9조(측량기준점표지 설치의 통지) 제10조(측량기준점표지 설치 등의 고시) | 제2조의2(연도별 시행계획의 추진 실적 평가) 제3조(측량기준점표지의 형상) 제4조(측량기준점표지 설치의 통지) | **제2장 지적기준점의 설치 및 관리** 제2조(지적기준점표지의 설치·관리 등) 제3조(지적기준점성과의 관리 등) | **제2장 지적기준점의 관리** 제4조(지적측량수행자가 설치한 지적기준점표지의 관리 등) 제6조(지적삼각점성과표의 작성) |

| 법률 | 시행령 | 시행규칙 | 지적측량 시행규칙 | 지적업무처리규정 |
|---|---|---|---|---|
| | | 제5조(측량기준점표지의 현황조사 결과 보고) | 제4조(지적기준점성과표의 기록·관리 등) | 제7조(지적삼각점의 명칭 등) |
| | | | | 제8조(측량부의 작성 및 보관) |
| | | | | 제9조(지적기준점 측량계획) |
| | | | | 제10조(지적기준점의 확인 및 선점 등) |
| | | | | 제11조(지적기준점성과의 열람 및 등본 발급) |
| | | | | 제12조(관측각의 오차배부) |
| | | | | 제13조(지적도근점 측량성과의 확인) |
| 제9조(측량기준점표지의 보호) | | 제6조(측량기준점표지의 이전 신청 절차) | | 제5조(지적기준점의 관리협조) |
| 제10조(협력체계의 구축) | | | | |
| 제10조의2(측량업정보의 종합관리) | 제10조의2(측량업정보 종합관리체계의 구축·운영) | 제6조의2(측량업정보의 제공) | | |
| | 제10조의3(측량업정보의 종합관리를 위한 자료제출의 요청절차) | 제6조의3(측량업정보관리대장) | | |
| | | 제6조의4(측량용역 수행실적 등의 제출 요청 및 확인서의 발급) | | |
| 제10조의3(측량용역사업에 대한 사업수행능력의 평가 및 공시) | 제10조의4(측량용역사업에 대한 사업수행능력 평가를 위한 신고) | 제6조의5(사업수행능력 평가사항) | | |
| | 제10조의5(사업수행능력평가의 기준) | 제6조의6(사업수행능력의 평가 및 공시 신청서의 제출 등) | | |
| | 제10조의6(사업수행능력의 공시) | | | |
| 제11조(지형·지물의 변동사항 통보 등) | 제11조(지형·지물의 변동사항 정기조사 및 통보 등) | 제7조(지형·지물의 변동에 관한 통보 등) | | |

| 법률 | 시행령 | 시행규칙 | 지적측량 시행규칙 | 지적업무처리규정 |
|---|---|---|---|---|
| 제4절 지적측량 | | | 제3장 지적측량의 방법 및 절차<br>제1절 통칙 | 제3장 지적측량 절차 및 방법 |
| 제23조(지적측량의 실시 등) | 제18조(지적현황측량) | | 제5조(지적측량의 구분 등) | 제14조(지적측량의 방법) |
| | | | 제6조(지적측량의 실시기준) | 제17조(지적측량 성과검사 정리부 등) |
| | | | 제7조(지적측량의 방법 등) | |
| | | | **제2절 기초측량** | |
| | | | 제8조(지적삼각점측량) | 제7조(지적삼각점의 명칭 등) |
| | | | 제9조(지적삼각점측량의 관측 및 계산) | |
| | | | 제10조(지적삼각보조점측량) | |
| | | | 제11조(지적삼각보조점의 관측 및 계산) | |
| | | | 제12조(지적도근점측량) | |
| | | | 제13조(지적도근점의 관측 및 계산) | |
| | | | 제14조(지적도근점의 각도관측을 할 때의 폐색오차의 허용범위 및 측각오차의 배분) | |
| | | | 제15조(지적도근점측량에서의 연결오차의 허용범위와 종선 및 횡선오차의 배분) | |
| | | | **제3절 세부측량** | |
| | | | 제16조(지적도 등의 전산자료 제공) | 제18조(측량준비파일의 작성) |
| | | | 제17조(측량준비 파일의 작성) | 제19조(지적측량 자료조사) |

| 법률 | 시행령 | 시행규칙 | 지적측량 시행규칙 | 지적업무처리규정 |
|---|---|---|---|---|
| | | | | 제20조(현지측량방법 등) |
| | | | 제18조(세부측량의 기준 및 방법 등) | 제21조(신규등록측량) |
| | | | | 제22조(등록전환측량) |
| | | | | 제23조(분할측량) |
| | | | 제19조(면적측정의 대상) | 제24조(측량기하적) |
| | | | 제20조(면적측정의 방법 등) | 제25조(지적측량결과도의 작성 등) |
| | | | 제21조(임야도를 갖춰 두는 지역의 세부측량) | |
| | | | 제22조(지적확정측량) | |
| | | | 제23조(경계점좌표등록부를 갖춰 두는 지역의 측량) | |
| | | | 제24조(경계복원측량 기준 등) | |
| | | | 제25조(지적현황측량) | |
| | | | 제26조(세부측량성과의 작성) | |
| 제24조(지적측량 의뢰 등) | | 제25조(지적측량 의뢰 등) | | 제16조(지적측량의뢰 등) |
| | | | **제4절 지적측량성과의 작성 및 검사** | |
| 제25조(지적측량성과의 검사) | | | 제27조(지적측량성과의 결정) | 제26조(지적측량성과의 검사항목) |
| | | | 제28조(지적측량성과의 검사방법 등) | |
| | | | | 제27조(지적측량성과의 검사방법 등) |
| | | | | 제27조의2(지적측량 표본검사 등) |
| | | | | 제28조(측량성과도의 작성방법) |
| | | | | 제29조(측량성과도의 발급 등) |

| 법률 | 시행령 | 시행규칙 | 지적측량 시행규칙 | 지적업무처리규정 |
|---|---|---|---|---|
| 제26조(합병 등에 따른 면적 등의 결정방법)<br><br>제27조(지적기준점성과의 보관 및 열람 등)<br><br>제28조(지적위원회) | 제19조(등록전환이나 분할에 따른 면적 오차의 허용범위 및 배분 등)<br><br><br>제20조(중앙지적위원회의 구성 등)<br><br>제20조의2(위원의 제척·기피·회피)<br><br>제20조의3(위원의 해임·해촉)<br><br>제21조(중앙지적위원회의 회의 등)<br><br>제22조(현지조사자의 지정)<br><br>제23조(지방지적위원회의 구성 등) | 제26조(지적기준점성과의 열람 및 등본발급)<br><br>제26조의2(지적위원회 위원 제척·기피 신청서) | 제3조(지적기준점성과의 관리 등) | 제30조(지적측량성과 파일 검사)<br><br>제31조(지적측량성과 파일 보관 등)<br><br><br>제11조(지적기준점성과의 열람 및 등본 발급) |
| 제29조(지적측량의 적부심사 등) | 제24조(지적측량의 적부심사 청구 등)<br><br>제25조(지적측량의 적부심사 의결 등)<br><br>제26조(지적측량의 적부심사에 관한 재심사 청구 등) | 제27조(지적측량 적부심사 청구서)<br><br>제28조(지적측량 적부심사 의결서) | | |
| **제6절 측량기술자** | **제6절 측량기술자** | | | |
| 제39조(측량기술자) | 제31조(측량도서의 실명화)<br><br>제32조(측량기술자의 자격기준 등) | 제42조(서명날인 시 기재사항) | | |

| 법률 | 시행령 | 시행규칙 | 지적측량 시행규칙 | 지적업무처리규정 |
|---|---|---|---|---|
| | 제32조의2(지적기술자의 업무정지 절차) | | | |
| 제40조(측량기술자의 신고 등) | | 제43조(측량기술자의 신고 등) | | |
| 제41조(측량기술자의 의무) | | | | |
| 제42조(측량기술자의 업무정지 등) | | 제44조(측량기술자에 대한 업무정지 기준) | | |
| 제43조 삭제 〈2020. 2. 18.〉 | 제33조 삭제 〈2021. 2. 9.〉 | 제45조 삭제 〈2021. 2. 19.〉 | | |
| **제7절 측량업** | **제7절 측량업** | | | |
| 제44조(측량업의 등록) | 제34조(측량업의 종류) | 제46조(측량업의 등록 신청 서식) | | 제15조(지적측량업의 등록 등) |
| | 제35조(측량업의 등록 등) | 제47조(측량업등록부 등의 서식) | | |
| | 제36조(측량업의 등록기준) | | | |
| | 제37조(등록사항의 변경) | 제48조(측량업 등록사항의 변경신고) | | |
| | 제38조(등록증 등의 재발급) | 제49조(측량업등록증 등의 재발급 신청) | | |
| | | 제50조(측량협회에 대한 통보) | | |
| 제45조(지적측량업자의 업무 범위) | 제39조(지적전산자료를 활용한 정보화사업 등) | | | |
| 제46조(측량업자의 지위 승계) | 제40조(측량업자의 지위승계) | 제51조(측량업자의 지위승계 신고서) | | |
| 제47조(측량업등록의 결격사유) | | | | |

| 법률 | 시행령 | 시행규칙 | 지적측량 시행규칙 | 지적업무처리규정 |
|---|---|---|---|---|
| 제48조(측량업의 휴업·폐업 등 신고) | | 제52조(측량업의 휴업·폐업 등 신고) | | |
| 제49조(측량업등록증의 대여 금지 등) | | | | |
| 제50조(지적측량수행자의 성실의무 등) | | | | |
| 제51조(손해배상책임의 보장) | 제41조(손해배상책임의 보장) | | | |
| | 제42조(보증설정의 변경) | | | |
| | 제43조(보험금 등의 지급 등) | | | |
| 제52조(측량업의 등록취소 등) | 제44조(일시적인 등록기준 미달) | 제53조(측량업에 대한 행정처분기준) | | |
| 제52조의2(측량업자의 행정처분 효과의 승계 등) | | | | |
| 제53조(등록취소 등의 처분 후 측량업자의 업무 수행 등) | | | | |
| 제54조 삭제 〈2020. 2. 18.〉 | 제45조 삭제 〈2021. 2. 9.〉 | | | |
| | 제46조 삭제 〈2021. 2. 9.〉 | 제54조 삭제 〈2021. 2. 19.〉 | | |
| | 제47조 삭제 〈2021. 2. 9.〉 | 제55조 삭제 〈2021. 2. 19.〉 | | |
| | | 제56조 삭제 〈2021. 2. 19.〉 | | |
| | | 제57조 삭제 〈2021. 2. 19.〉 | | |
| | | 제58조 삭제 〈2021. 2. 19.〉 | | |
| 제55조(측량의 대가) | 제48조(측량의 대가 기준 등) | | | |
| 제56조 삭제 〈2014. 6. 3.〉 | | | | |

| 법률 | 시행령 | 시행규칙 | 지적측량 시행규칙 | 지적업무처리규정 |
|---|---|---|---|---|
| 제57조 삭제 〈2020. 2. 18.〉 | | | | |
| 제58조 삭제 〈2014. 6. 3.〉 | | | | |
| 제59조 삭제 〈2014. 6. 3.〉 | | | | |
| 제60조 삭제 〈2014. 6. 3.〉 | | | | |
| 제61조 삭제 〈2014. 6. 3.〉 | | | | |
| 제62조 삭제 〈2014. 6. 3.〉 | | | | |
| 제63조 삭제 〈2014. 6. 3.〉 | | | | |
| **제3장 지적(地籍)**<br>**제1절 토지의 등록** | | | | |
| 제64조(토지의 조사·등록 등) | 제54조 삭제 〈2014. 1. 17.〉 | 제59조(토지의 조사·등록) | | |
| 제65조(지상경계의 구분 등) | 제55조(지상 경계의 결정기준 등) | 제60조(지상 경계점 등록부 작성 등) | | |
| 제66조(지번의 부여 등) | 제56조(지번의 구성 및 부여방법 등) | 제61조(도시개발사업 등 준공 전 지번부여) | | |
| | 제57조(지번변경 승인신청 등) | 제62조(지번변경 승인신청서 등) | | |
| | | 제63조(결번대장의 비치) | | |
| 제67조(지목의 종류) | 제58조(지목의 구분) | 제64조(지목의 표기방법) | | |
| | 제59조(지목의 설정방법 등) | | | |
| 제68조(면적의 단위 등) | 제60조(면적의 결정 및 측량계산의 끝수처리) | | | |
| **제2절 지적공부** | | | | **제4장 지적공부의 작성 및 관리** |
| 제69조(지적공부의 보존 등) | | 제65조(지적서고의 설치기준 등) | | 제33조(지적공부의 관리) |
| | | | | 제34조(지적공부의 복제 등) |

| 법률 | 시행령 | 시행규칙 | 지적측량 시행규칙 | 지적업무처리규정 |
|---|---|---|---|---|
| | | 제66조(지적공부의 보관방법 등) | | 제35조(지적서고의 관리) |
| | | | | 제36조(지적공부등록현황의 비치 · 관리) |
| 제70조(지적정보 전담 관리기구의 설치) | | 제67조(지적공부의 반출승인 절차) | | |
| 제71조(토지대장 등의 등록사항) | | 제68조(토지대장 등의 등록사항 등) | | |
| 제72조(지적도 등의 등록사항) | | 제69조(지적도면 등의 등록사항 등) | | 제37조(일람도 및 지번색인표의 등재사항) |
| | | 제70조(지적도면의 복사) | | 제38조(일람도의 제도) |
| | | | | 제39조(지번색인표의 제도) |
| | | | | 제40조(도곽선의 제도) |
| | | | | 제41조(경계의 제도) |
| | | | | 제42조(지번 및 지목의 제도) |
| | | | | 제43조(지적기준점 등의 제도) |
| | | | | 제44조(행정구역선의 제도) |
| | | | | 제45조(색인도 등의 제도) |
| | | | | 제46조(토지의 이동에 따른 도면의 제도) |
| 제73조(경계점좌표등록부의 등록사항) | | 제71조(경계점좌표등록부의 등록사항 등) | | 제47조(경계점좌표등록부의 정리) |
| 제74조(지적공부의 복구) | 제61조(지적공부의 복구) | 제72조(지적공부의 복구자료) | | |
| | | 제73조(지적공부의 복구절차 등) | | |

| 법률 | 시행령 | 시행규칙 | 지적측량 시행규칙 | 지적업무처리규정 |
|---|---|---|---|---|
| 제75조(지적공부의 열람 및 등본 발급) | | 제74조(지적공부 및 부동산종합공부의 열람ㆍ발급 등) | | 제48조(지적공부의 열람 및 등본작성 방법 등) |
| 제76조(지적전산자료의 이용 등) | 제62조(지적전산자료의 이용 등) | 제75조(지적전산자료 이용신청서 등) | | |
| | | 제76조(지적정보관리체계 담당자의 등록 등) | | |
| | | 제77조(사용자번호 및 비밀번호 등) | | |
| | | 제78조(사용자의 권한구분 등) | | |
| | | 제79조(지적정보관리체계의 운영방법 등) | | |
| 제76조의2(부동산종합공부의 관리 및 운영) | | | | |
| 제76조의3(부동산종합공부의 등록사항 등) | 제62조의2(부동산종합공부의 등록사항) | | | |
| | 제62조의3(부동산종합공부의 등록사항 정정 등) | | | |
| 제76조의4(부동산종합공부의 열람 및 증명서 발급) | | | | |
| 제76조의5(준용) | | | | |
| **제3절 토지의 이동 신청 및 지적정리 등** | | | | |
| 제77조(신규등록 신청) | 제63조(신규등록 신청) | 제80조(신규등록 등 신청서) | | 제49조(상속 등의 토지에 대한 지적공부정리 신청) |
| 제78조(등록전환 신청) | 제64조(등록전환 신청) | 제81조(신규등록 신청) | | 제50조(지적공부정리신청의 조사 |

| 법률 | 시행령 | 시행규칙 | 지적측량 시행규칙 | 지적업무처리규정 |
|---|---|---|---|---|
| | | 제82조(등록전환 신청) | | 제51조(지적공부정리 접수 등) |
| 제79조(분할 신청) | 제65조(분할 신청) | 제83조(분할 신청) | | 제52조(임시파일 생성) |
| 제80조(합병 신청) | 제66조(합병 신청) | | | |
| 제81조(지목변경 신청) | 제67조(지목변경 신청) | 제84조(지목변경 신청) | | 제53조(지목변경) |
| 제82조(바다로 된 토지의 등록말소 신청) | 제68조(바다로 된 토지의 등록말소 및 회복) | | | |
| 제83조(축척변경) | 제69조(축척변경 신청) | 제85조(축척변경 신청) | | 제54조(축척변경) |
| | 제70조(축척변경승인신청) | 제86조(축척변경승인 신청서) | | |
| | 제71조(축척변경 시행공고 등) | | | |
| | 제72조(토지의 표시 등) | 제87조(축척변경 절차 및 면적 결정 방법 등) | | |
| | 제73조(축척변경 지번별 조서의 작성) | 제88조(축척변경 지번별 조서) | | |
| | 제74조(지적공부정리 등의 정지) | | | |
| | 제75조(청산금의 산정) | 제89조(지번별 제곱미터당 금액조서) | | |
| | 제76조(청산금의 납부고지 등) | 제90조(청산금납부고지서) | | |
| | 제77조(청산금에 관한 이의신청) | 제91조(청산금 이의신청서) | | |
| | 제78조(축척변경의 확정공고) | 제92조(축척변경의 확정공고) | | |
| | 제79조(축척변경위원회의 구성 등) | | | |
| | 제80조(축척변경위원회의 기능) | | | |
| | 제81조(축척변경위원회의 회의) | | | |

| 법률 | 시행령 | 시행규칙 | 지적측량 시행규칙 | 지적업무처리규정 |
|---|---|---|---|---|
| 제84조(등록사항의 정정) | 제82조(등록사항의 직권정정 등) | 제93조(등록사항의 정정 신청)<br><br>제94조(등록사항 정정 대상토지의 관리 등) | | 제55조(등록사항정정대상토지의 관리) |
| 제85조(행정구역의 명칭변경 등) | | | | 제56조(행정구역경계의 설정)<br>제57조(행정구역변경) |
| 제86조(도시개발사업 등 시행지역의 토지이동 신청에 관한 특례) | 제83조(토지개발사업 등의 범위 및 신고) | 제95조(도시개발사업 등의 신고) | | 제58조(도시개발 등의 사업신고)<br><br>제59조(도시개발사업 등의 정리) |
| 제87조(신청의 대위) | | | | |
| 제88조(토지소유자의 정리) | 제84조(지적공부의 정리 등) | 제96조(관할 등기관서에 대한 통지) | | 제60조(소유자정리) |
| 제89조(등기촉탁) | | 제97조(등기촉탁) | | 제61조(미등기토지의 소유자정정 등) |
| | | | | 제62조(토지표시변경 등기촉탁) |
| | | 제98조(지적공부의 정리방법 등) | | 제63조(지적공부 등의 정리) |
| | | | | 제64조(지적업무정리부 등의 정리) |
| | | | | 제65조(토지이동정리결의서 및 소유자정리결의서 작성) |
| | | | | 제66조(오기정정) |
| 제90조(지적정리 등의 통지) | 제85조(지적정리 등의 통지) | | | |
| **제4장 보칙** | | | | |
| | | | | 제67조(도면 및 측량결과도용지의 규격) |

| 법률 | 시행령 | 시행규칙 | 지적측량 시행규칙 | 지적업무처리규정 |
|---|---|---|---|---|
| 제91조(지명의 결정) | 제86조(지명과 해양지명의 고시) | | 제29조(문서의 서식) | |
| | 제87조(국가지명위원회의 구성) | | | |
| | 제87조의2(위원의 해촉) | | | |
| | 제88조(지방지명위원회의 구성) | | | |
| | 제89조(위원장의 직무 등) | | | |
| | 제90조(회의) | | | |
| | 제91조(간사) | | | |
| | 제92조(수당 등) | | | |
| | 제93조(현장조사 등) | | | |
| | 제94조(회의록) | | | |
| | 제95조(보고) | 제99조(지명위원회의 보고) | | |
| | 제96조(운영세칙) | | | |
| 제92조(측량기기의 검사) | 제97조(성능검사의 대상 및 주기 등) | 제100조(성능검사의 신청) | | 제68조(측량기기의 검사) |
| | | 제101조(성능검사의 방법 등) | | |
| | | 제102조(성능기준) | | |
| | | 제103조(성능검사서의 발급 등) | | |
| | | 제103조의2(성능검사대행자 실태 점검 등) | | |
| 제93조(성능검사대행자의 등록 등) | 제98조(성능검사대행자의 등록기준) | 제104조(성능검사대행자의 등록) | | |
| | | 제105조(성능검사대행자의 등록사 항의 변경) | | |

| 법률 | 시행령 | 시행규칙 | 지적측량 시행규칙 | 지적업무처리규정 |
|---|---|---|---|---|
| | | 제106조(성능검사대행자의 폐업신고) | | |
| | | 제107조(성능검사대행자 등록증의 재발급신청서) | | |
| 제94조(성능검사대행자 등록의 결격사유) | | | | |
| 제95조(성능검사대행자 등록증의 대여 금지 등) | | | | |
| 제96조(성능검사대행자의 등록취소 등) | 제99조(일시적인 등록기준 미달) | 제108조(성능검사대행자에 대한 행정처분기준) | | |
| 제97조(연구·개발의 추진 등) | 제100조(제도 발전을 위한 시책) | 제108조의2(성능검사대행자 및 그 소속 직원의 교육) | | |
| | 제101조(연구기관) | | | |
| 제98조(측량 분야 종사자 등의 교육훈련) | | | | |
| 제99조(보고 및 조사) | | 제109조(현지조사자의 증표) | | |
| 제100조(청문) | | | | |
| 제101조(토지 등에의 출입 등) | | 제110조(권한을 표시하는 허가증) | | 제69조(권한을 표시하는 증표의 발급) |
| 제102조(토지 등의 출입 등에 따른 손실보상) | 제102조(손실보상) | 제111조(재결신청서) | | |
| 제103조(토지의 수용 또는 사용) | | 제112조(업무의 위탁) | | |
| 제104조(업무의 수탁) | | | | |

| 법률 | 시행령 | 시행규칙 | 지적측량 시행규칙 | 지적업무처리규정 |
|---|---|---|---|---|
| 제105조(권한의 위임·위탁 등)<br><br><br><br><br><br>제106조(수수료 등) | 제103조(권한의 위임)<br><br>제104조(권한의 위탁 등)<br><br><br>제104조의2(고유식별정보의 처리)<br>제104조의3(규제의 재검토) | 제113조(해양조사협회에 대한 업무의 위탁)<br>제114조(측량성과 심사수탁기관의 지정 신청)<br><br><br><br><br>제115조(수수료)<br>제116조(지적측량수수료의 산정기준 등)<br>제117조(수수료 납부기간)<br>제118조(규제의 재검토) | | <br><br><br><br><br><br><br><br><br><br><br><br>제70조(재검토기한) |
| **제5장 벌칙** | | | | |
| 제107조(벌칙)<br>제108조(벌칙)<br>제109조(벌칙)<br>제110조(양벌규정)<br>제111조(과태료) | <br><br><br><br>제105조(과태료의 부과기준) | | | |

| 법률 | 시행령 | 시행규칙 | 지적측량 시행규칙 | 지적업무처리규정 |
|---|---|---|---|---|
| 제1장 총칙 | | | | |
| 제1조(목적) 이 법은 측량의 기준 및 절차와 지적공부(地籍公簿)·부동산종합공부(不動産綜合公簿)의 작성 및 관리 등에 관한 사항을 규정함으로써 국토의 효율적 관리 및 국민의 소유권 보호에 기여함을 목적으로 한다. 〈개정 2020. 2. 18.〉 | 제1조(목적) 이 영은 「공간정보의 구축 및 관리 등에 관한 법률」에서 위임된 사항과 그 시행에 필요한 사항을 규정함을 목적으로 한다. 〈개정 2015. 6. 1.〉 | 제1조(목적) 이 규칙은 「공간정보의 구축 및 관리 등에 관한 법률」 및 같은 법 시행령에서 위임된 사항과 그 시행에 필요한 사항을 정함을 목적으로 한다. 〈개정 2015. 6. 4.〉 | 제1조(목적) 이 규칙은 「공간정보의 구축 및 관리 등에 관한 법률」 및 같은 법 시행령에서 위임된 사항과 그 시행에 필요한 사항을 정함을 목적으로 한다. | 제1조(목적) 이 규정은 「공간정보의 구축 및 관리 등에 관한 법률」, 같은 법 시행령 및 같은 법 시행규칙, 「지적측량 시행규칙」에서 위임된 사항과 지적업무의 처리에 관하여 필요한 사항을 규정함을 목적으로 한다. 〈개정 2017. 6. 23.〉 |
| 제2조(정의) 이 법에서 사용하는 용어의 뜻은 다음과 같다. 〈개정 2020. 2. 18.〉<br>1. "측량"이란 공간상에 존재하는 일정한 점들의 위치를 측정하고 그 특성을 조사하여 도면 및 수치로 표현하거나 도면상의 위치를 현지(現地)에 재현하는 것을 말하며, 측량용 사진의 촬영, 지도의 제작 및 각종 건설사업에서 요구하는 도면작성 등을 포함한다.<br>2. "기본측량"이란 모든 측량의 기초가 되는 공간정보를 제공하기 위하여 국토교통부장관이 실시하는 측량을 말한다.<br>3. "공공측량"이란 다음 각 목의 측량을 말한다.<br>　가. 국가, 지방자치단체, 그 밖에 대통령령으로 정하는 기관이 관계 법령에 따른 사업 등을 | 제2조(공공측량시행자) 「공간정보의 구축 및 관리 등에 관한 법률」(이하 "법"이라 한다) 제2조 제3호 가목에서 "대통령령으로 정하는 기관"이란 다음 각 호의 기관을 말한다. 〈개정 2020. 6. 9.〉<br>1. 「정부출연연구기관 등의 설립·운영 및 육성에 관한 법률」 제8조에 따른 정부출연연구기관 및 「과학기술분야 정부출연연구기관 등의 설립·운영 및 육성에 관한 법률」에 따른 과학기술분야 정부출연연구기관<br>2. 「공공기관의 운영에 관한 법률」에 따른 공공기관(이하 "공공기관"이라 한다)<br>3. 「지방공기업법」에 따른 지방직영기업, 지방공사 및 지방공단(이하 "지방공기업"이라 한다)<br>4. 「지방자치단체 출자·출연 기관 | | | 제3조(정의) 이 규정에서 사용하는 용어의 뜻은 다음 각 호와 같다.<br>1. "기지점(旣知點)"이란 기초측량에서는 국가기준점 또는 지적기준점을 말하고, 세부측량에서는 지적기준점 또는 지적도면상 필지를 구획하는 선의 경계점과 상호 부합되는 지상의 경계점을 말한다.<br>2. "기지경계선(旣知境界線)"이란 세부측량성과를 결정하는 기준이 되는 기지점을 필지별로 직선으로 연결한 선을 말한다.<br>3. "전자평판측량"이란 토털스테이션과 지적측량 운영프로그램 등이 설치된 컴퓨터를 연결하여 세부측량을 수행하는 측량을 말한다.<br>4. "토털스테이션"이란 경위의측량 방법에 따른 기초측량 및 세부측량에 사용되는 장비를 말한다. |

| 법률 | 시행령 | 시행규칙 | 지적측량 시행규칙 | 지적업무처리규정 |
|---|---|---|---|---|
| 시행하기 위하여 기본측량을 기초로 실시하는 측량<br>나. 가목 외의 자가 시행하는 측량 중 공공의 이해 또는 안전과 밀접한 관련이 있는 측량으로서 대통령령으로 정하는 측량<br>4. "지적측량"이란 토지를 지적공부에 등록하거나 지적공부에 등록된 경계점을 지상에 복원하기 위하여 제21호에 따른 필지의 경계 또는 좌표와 면적을 정하는 측량을 말하며, 지적확정측량 및 지적재조사측량을 포함한다.<br>4의2. "지적확정측량"이란 제86조 제1항에 따른 사업이 끝나 토지의 표시를 새로 정하기 위하여 실시하는 지적측량을 말한다.<br>4의3. "지적재조사측량"이란 「지적재조사에 관한 특별법」에 따른 지적재조사사업에 따라 토지의 표시를 새로 정하기 위하여 실시하는 지적측량을 말한다.<br>5. 삭제 〈2020. 2. 18.〉<br>6. "일반측량"이란 기본측량, 공공측량 및 지적측량 외의 측량을 말한다.<br>7. "측량기준점"이란 측량의 정확도를 확보하고 효율성을 높이기 위 | 의 운영에 관한 법률」 제2조 제1항에 따른 출자기관<br>5. 「사회기반시설에 대한 민간투자법」 제2조 제7호의 사업시행자<br>6. 지하시설물 측량을 수행하는 「도시가스사업법」 제2조 제2호의 도시가스사업자와 「전기통신사업법」 제6조의 기간통신사업자<br><br>**제3조(공공측량)** 법 제2조 제3호 나목에서 "대통령령으로 정하는 측량"이란 다음 각 호의 측량 중 국토교통부장관이 지정하여 고시하는 측량을 말한다. 〈개정 2013. 3. 23.〉<br>1. 측량실시지역의 면적이 1제곱킬로미터 이상인 기준점측량, 지형측량 및 평면측량<br>2. 측량노선의 길이가 10킬로미터 이상인 기준점측량<br>3. 국토교통부장관이 발행하는 지도의 축척과 같은 축척의 지도 제작<br>4. 촬영지역의 면적이 1제곱킬로미터 이상인 측량용 사진의 촬영<br>5. 지하시설물 측량<br>6. 인공위성 등에서 취득한 영상정 | | | 5. "지적측량파일"이란 측량준비파일, 측량현형파일 및 측량성과파일을 말한다.<br>6. "측량준비파일"이란 부동산종합공부시스템에서 지적측량 업무를 수행하기 위하여 도면 및 대장속성정보를 추출한 파일을 말한다.<br>7. "측량현형(現形)파일"이란 전자평판측량 및 위성측량방법으로 관측한 데이터 및 지적측량에 필요한 각종 정보가 들어 있는 파일을 말한다.<br>8. "측량성과파일"이란 전자평판측량 및 위성측량방법으로 관측 후 지적측량정보를 처리할 수 있는 시스템에 따라 작성된 측량결과도파일과 토지이동정리를 위한 지번, 지목 및 경계점의 좌표가 포함된 파일을 말한다.<br>9. "측량부"란 기초측량 또는 세부측량성과를 결정하기 위하여 사용한 관측부·계산부 등 이에 수반되는 기록을 말한다. |

| 법률 | 시행령 | 시행규칙 | 지적측량 시행규칙 | 지적업무처리규정 |
|---|---|---|---|---|
| 하여 특정 지점을 제6조에 따른 측량기준에 따라 측정하고 좌표 등으로 표시하여 측량 시에 기준으로 사용되는 점을 말한다.<br>8. "측량성과"란 측량을 통하여 얻은 최종 결과를 말한다.<br>9. "측량기록"이란 측량성과를 얻을 때까지의 측량에 관한 작업의 기록을 말한다.<br>10. "지도"란 측량 결과에 따라 공간상의 위치와 지형 및 지명 등 여러 공간정보를 일정한 축척에 따라 기호나 문자 등으로 표시한 것을 말하며, 정보처리시스템을 이용하여 분석, 편집 및 입력 · 출력할 수 있도록 제작된 수치지형도(항공기나 인공위성 등을 통하여 얻은 영상정보를 이용하여 제작하는 정사영상지도(正射映像地圖)를 포함한다)와 이를 이용하여 특정한 주제에 관하여 제작된 지하시설물도 · 토지이용현황도 등 대통령령으로 정하는 수치주제도(數値主題圖)를 포함한다.<br>11. 삭제 〈2020. 2. 18.〉<br>12. 삭제 〈2020. 2. 18.〉<br>12의2. 삭제 〈2020. 2. 18.〉<br>12의3. 삭제 〈2020. 2. 18.〉 | 보에 좌표를 부여하기 위한 2차원 또는 3차원의 좌표측량<br>7. 그 밖에 공공의 이해에 특히 관계가 있다고 인정되는 사설철도 부설, 간척 및 매립사업 등에 수반되는 측량<br><br>**제4조(수치주제도의 종류)** 법 제2조 제10호에 따른 수치주제도(數值主題圖)의 종류는 별표 1과 같다. | | | |

| 법률 | 시행령 | 시행규칙 | 지적측량 시행규칙 | 지적업무처리규정 |
|---|---|---|---|---|
| 13. 삭제 〈2020. 2. 18.〉<br>14. 삭제 〈2020. 2. 18.〉<br>15. 삭제 〈2020. 2. 18.〉<br>16. 삭제 〈2020. 2. 18.〉<br>17. 삭제 〈2020. 2. 18.〉<br>18. "지적소관청"이란 지적공부를 관리하는 특별자치시장, 시장(「제주특별자치도 설치 및 국제자유도시 조성을 위한 특별법」 제10조제2항에 따른 행정시의 시장을 포함하며, 「지방자치법」 제3조제3항에 따라 자치구가 아닌 구를 두는 시의 시장은 제외한다)·군수 또는 구청장(자치구가 아닌 구의 구청장을 포함한다)을 말한다.<br>19. "지적공부"란 토지대장, 임야대장, 공유지연명부, 대지권등록부, 지적도, 임야도 및 경계점좌표등록부 등 지적측량 등을 통하여 조사된 토지의 표시와 해당 토지의 소유자 등을 기록한 대장 및 도면(정보처리시스템을 통하여 기록·저장된 것을 포함한다)을 말한다.<br>19의2. "연속지적도"란 지적측량을 하지 아니하고 전산화된 지적도 및 임야도 파일을 이용하여, 도 | | **제2조(항행통보)** ① 「공간정보의 구축 및 관리 등에 관한 법률」(이하 "법"이라 한다) 제2조 제16호에 따른 항행통보는 1주일에 한 번 국문과 영문으로 발행한다. 〈개정 2015. 6. 4.〉<br>② 항행통보는 우편 또는 전자통신 수단을 통해 제공한다.<br>③ 항행통보를 수령하려는 자는 별지 제1호서식의 항행통보 신청서를 국립해양조사원장에게 제출하여야 한다. | | |

| 법률 | 시행령 | 시행규칙 | 지적측량 시행규칙 | 지적업무처리규정 |
|---|---|---|---|---|
| 면상 경계점들을 연결하여 작성한 도면으로서 측량에 활용할 수 없는 도면을 말한다.<br><br>19의3. "부동산종합공부"란 토지의 표시와 소유자에 관한 사항, 건축물의 표시와 소유자에 관한 사항, 토지의 이용 및 규제에 관한 사항, 부동산의 가격에 관한 사항 등 부동산에 관한 종합정보를 정보관리체계를 통하여 기록 · 저장한 것을 말한다.<br><br>20. "토지의 표시"란 지적공부에 토지의 소재 · 지번(地番) · 지목(地目) · 면적 · 경계 또는 좌표를 등록한 것을 말한다.<br><br>21. "필지"란 대통령령으로 정하는 바에 따라 구획되는 토지의 등록단위를 말한다.<br><br>22. "지번"이란 필지에 부여하여 지적공부에 등록한 번호를 말한다.<br><br>23. "지번부여지역"이란 지번을 부여하는 단위지역으로서 동 · 리 또는 이에 준하는 지역을 말한다.<br><br>24. "지목"이란 토지의 주된 용도에 따라 토지의 종류를 구분하여 지적공부에 등록한 것을 말한다. | **제5조(1필지로 정할 수 있는 기준)**<br>① 법 제2조 제21호에 따라 지번부여지역의 토지로서 소유자와 용도가 같고 지반이 연속된 토지는 1필지로 할 수 있다.<br>② 제1항에도 불구하고 다음 각 호의 어느 하나에 해당하는 토지는 주된 용도의 토지에 편입하여 1필지로 할 수 있다. 다만, 종된 용도의 토지의 지목(地目)이 "대"(垈)인 경우와 종된 용도의 토지 면적이 주된 용도의 토지 면적의 10퍼센트를 초과하거나 330제곱미터를 | | | |

| 법률 | 시행령 | 시행규칙 | 지적측량 시행규칙 | 지적업무처리규정 |
|---|---|---|---|---|
| 25. "경계점"이란 필지를 구획하는 선의 굴곡점으로서 지적도나 임야도에 도해(圖解) 형태로 등록하거나 경계점좌표등록부에 좌표 형태로 등록하는 점을 말한다.<br>26. "경계"란 필지별로 경계점들을 직선으로 연결하여 지적공부에 등록한 선을 말한다.<br>27. "면적"이란 지적공부에 등록한 필지의 수평면상 넓이를 말한다.<br>28. "토지의 이동(異動)"이란 토지의 표시를 새로 정하거나 변경 또는 말소하는 것을 말한다.<br>29. "신규등록"이란 새로 조성된 토지와 지적공부에 등록되어 있지 아니한 토지를 지적공부에 등록하는 것을 말한다.<br>30. "등록전환"이란 임야대장 및 임야도에 등록된 토지를 토지대장 및 지적도에 옮겨 등록하는 것을 말한다.<br>31. "분할"이란 지적공부에 등록된 1필지를 2필지 이상으로 나누어 등록하는 것을 말한다.<br>32. "합병"이란 지적공부에 등록된 2필지 이상을 1필지로 합하여 등 | 초과하는 경우에는 그러하지 아니하다.<br>1. 주된 용도의 토지의 편의를 위하여 설치된 도로·구거(溝渠 : 도랑) 등의 부지<br>2. 주된 용도의 토지에 접속되거나 주된 용도의 토지로 둘러싸인 토지로서 다른 용도로 사용되고 있는 토지 | | | |

| 법률 | 시행령 | 시행규칙 | 지적측량 시행규칙 | 지적업무처리규정 |
|---|---|---|---|---|
| 록하는 것을 말한다.<br>33. "지목변경"이란 지적공부에 등록된 지목을 다른 지목으로 바꾸어 등록하는 것을 말한다.<br>34. "축척변경"이란 지적도에 등록된 경계점의 정밀도를 높이기 위하여 작은 축척을 큰 축척으로 변경하여 등록하는 것을 말한다. | | | | |
| **제3조(다른 법률과의 관계)** 측량과 지적공부·부동산종합공부의 작성 및 관리에 관하여 다른 법률에 특별한 규정이 있는 경우를 제외하고는 이 법에 따른다. 〈개정 2013. 7. 17., 2020. 2. 18.〉 | | | | |
| **제4조(적용 범위)** 다음 각 호의 어느 하나에 해당하는 측량으로서 국토교통부장관이 고시하는 측량 및 「해양조사와 해양정보 활용에 관한 법률」 제2조제3호에 따른 수로측량에 대하여는 이 법을 적용하지 아니한다. 〈개정 2013. 3. 23., 2020. 2. 18.〉<br>1. 국지적 측량(지적측량은 제외한다)<br>2. 고도의 정확도가 필요하지 아니한 측량<br>3. 순수 학술 연구나 군사 활동을 위한 측량<br>4. 삭제 〈2020. 2. 18.〉 | | | | **제2조(적용범위)** 지적업무의 처리에 관하여 「공간정보의 구축 및 관리 등에 관한 법률」(이하 "법"이라 한다), 같은 법 시행령(이하 "영"이라 한다), 같은 법 시행규칙(이하 "규칙"이라 한다) 및 「지적측량 시행규칙」에서 규정한 것과 다른 규정에 특별히 정하는 것을 제외하고는 이 규정에 따른다. 〈개정 2017. 6. 23.〉 |

| 법률 | 시행령 | 시행규칙 | 지적측량 시행규칙 | 지적업무처리규정 |
|---|---|---|---|---|
| **제2장 측량** 〈개정 2020. 2. 18.〉<br>**제1절 통칙** | **제2장 측량**<br>**제1절 통칙** | | | |
| **제5조(측량기본계획 및 시행계획)**<br>① 국토교통부장관은 다음 각 호의 사항이 포함된 측량기본계획을 5년마다 수립하여야 한다. 〈개정 2013. 3. 23., 2020. 2. 18.〉<br>　1. 측량에 관한 기본 구상 및 추진 전략<br>　2. 측량의 국내외 환경 분석 및 기술연구<br>　3. 측량산업 및 기술인력 육성 방안<br>　4. 그 밖에 측량 발전을 위하여 필요한 사항<br>② 국토교통부장관은 제1항에 따른 측량기본계획에 따라 연도별 시행계획을 수립·시행하고, 그 추진실적을 평가하여야 한다. 〈개정 2013. 3. 23., 2019. 12. 10.〉<br>③ 국토교통부장관은 제1항에 따른 측량기본계획과 제2항에 따른 연도별 시행계획을 수립하려는 경우 제2항에 따른 평가 결과를 반영하여야 한다. 〈신설 2019. 12. 10.〉<br>④ 제2항에 따른 연도별 추진실적 평가의 기준·방법·절차에 관한 | | **제2조의2(연도별 시행계획의 추진실적 평가)** ① 법 제5조 제2항에 따른 연도별 시행계획의 추진실적 평가 항목은 다음 각 호와 같다.<br>　1. 시행계획 이행 충실성<br>　2. 시행계획 목표 달성 정도<br>② 국토지리정보원장은 법 제5조 제2항에 따른 연도별 추진실적 평가를 위하여 필요한 경우 관계 기관, 법인, 단체 또는 관계 전문가 등에게 평가를 의뢰할 수 있다.<br>③ 국토지리정보원장은 제1항 및 제2항에서 규정한 사항 외에 평가의 방법·절차에 관하여 필요한 세부사항을 정할 수 있다.<br>[본조신설 2020. 6. 11.] | | |

| 법률 | 시행령 | 시행규칙 | 지적측량 시행규칙 | 지적업무처리규정 |
|---|---|---|---|---|
| 사항은 국토교통부령으로 정한다. 〈신설 2019. 12. 10.〉 | | | | |
| **제6조(측량기준)** ① 측량의 기준은 다음 각 호와 같다. 〈개정 2013. 3. 23.〉<br>　1. 위치는 세계측지계(世界測地系)에 따라 측정한 지리학적 경위도와 높이(평균해수면으로부터의 높이를 말한다. 이하 이 항에서 같다)로 표시한다. 다만, 지도 제작 등을 위하여 필요한 경우에는 직각좌표와 높이, 극좌표와 높이, 지구중심 직교좌표 및 그 밖의 다른 좌표로 표시할 수 있다.<br>　2. 측량의 원점은 대한민국 경위도원점(經緯度原點) 및 수준원점(水準原點)으로 한다. 다만, 섬 등 대통령령으로 정하는 지역에 대하여는 국토교통부장관이 따로 정하여 고시하는 원점을 사용할 수 있다.<br>　3. 삭제 〈2020. 2. 18.〉<br>　4. 삭제 〈2020. 2. 18.〉<br>② 삭제 〈2020. 2. 18.〉<br>③ 제1항에 따른 세계측지계, 측량의 원점 값의 결정 및 직각좌표의 기준 등에 필요한 사항은 대통령령으로 정한다. | **제6조(원점의 특례)** 법 제6조 제1항 제2호 단서에서 "섬 등 대통령령으로 정하는 지역"이란 다음 각 호의 지역을 말한다. 〈개정 2013. 3. 23.〉<br>　1. 제주도<br>　2. 울릉도<br>　3. 독도<br>　4. 그 밖에 대한민국 경위도원점 및 수준원점으로부터 원거리에 위치하여 대한민국 경위도원점 및 수준원점을 적용하여 측량하기 곤란하다고 인정되어 국토교통부장관이 고시한 지역<br><br>**제7조(세계측지계 등)** ① 법 제6조 제1항에 따른 세계측지계(世界測地系)는 지구를 편평한 회전타원체로 상정하여 실시하는 위치측정의 기준으로서 다음 각 호의 요건을 갖춘 것을 말한다. 〈개정 2020. 6. 9.〉<br>　1. 회전타원체의 긴반지름 및 편평률(扁平率)은 다음 각 목과 같을 것<br>　　가. 긴반지름 : 6,378,137미터<br>　　나. 편평률 : 298.257222101분 | | | |

| 법률 | 시행령 | 시행규칙 | 지적측량 시행규칙 | 지적업무처리규정 |
|---|---|---|---|---|
| | 의 1<br>2. 회전타원체의 중심이 지구의 질량중심과 일치할 것<br>3. 회전타원체의 단축(短軸)이 지구의 자전축과 일치할 것<br>② 법 제6조 제1항에 따른 대한민국 경위도원점(經緯度原點) 및 수준원점(水準原點)의 지점과 그 수치는 다음 각 호와 같다. 〈개정 2015. 6. 1., 2017. 1. 10.〉<br>1. 대한민국 경위도원점<br>　가. 지점 : 경기도 수원시 영통구 월드컵로 92(국토지리정보원에 있는 대한민국 경위도원점 금속표의 십자선 교점)<br>　나. 수치<br>　　1) 경도 : 동경 127도 03분 14.8913초<br>　　2) 위도 : 북위 37도 16분 33.3659초<br>　　3) 원방위각 : 165도 03분 44.538초(원점으로부터 진북을 기준으로 오른쪽 방향으로 측정한 우주측지관측센터에 있는 위성기준점 안테나 참조점 중앙) | | | |

| 법률 | 시행령 | 시행규칙 | 지적측량 시행규칙 | 지적업무처리규정 |
|---|---|---|---|---|
| | 2. 대한민국 수준원점<br>　가. 지점 : 인천광역시 남구 인하로 100(인하공업전문대학에 있는 원점표석 수정판의 영 눈금선 중앙점<br>　나. 수치 : 인천만 평균해수면상의 높이로부터 26.6871미터 높이<br>③ 법 제6조 제1항에 따른 직각좌표의 기준은 별표 2와 같다. | | | |
| 제7조(측량기준점) ① 측량기준점은 다음 각 호의 구분에 따른다. 〈개정 2012. 12. 18., 2013. 3. 23., 2020. 2. 18.〉<br>　1. 국가기준점 : 측량의 정확도를 확보하고 효율성을 높이기 위하여 국토교통부장관이 전 국토를 대상으로 주요 지점마다 정한 측량의 기본이 되는 측량기준점<br>　2. 공공기준점 : 제17조제2항에 따른 공공측량시행자가 공공측량을 정확하고 효율적으로 시행하기 위하여 국가기준점을 기준으로 하여 따로 정하는 측량기준점<br>　3. 지적기준점 : 특별시장·광역시장·특별자치시장·도 | 제8조(측량기준점의 구분) ① 법 제7조 제1항에 따른 측량기준점은 다음 각 호의 구분에 따른다. 〈개정 2015. 6. 1.〉<br>　1. 국가기준점<br>　가. 우주측지기준점 : 국가측지기준계를 정립하기 위하여 전 세계 초장거리간섭계와 연결하여 정한 기준점<br>　나. 위성기준점 : 지리학적 경위도, 직각좌표 및 지구중심 직교좌표의 측정 기준으로 사용하기 위하여 대한민국 경위도원점을 기초로 정한 기준점<br>　다. 수준점 : 높이 측정의 기준으로 사용하기 위하여 대 | | | |

| 법률 | 시행령 | 시행규칙 | 지적측량 시행규칙 | 지적업무처리규정 |
|---|---|---|---|---|
| 지사 또는 특별자치도지사(이하 "시·도지사"라 한다)나 지적소관청이 지적측량을 정확하고 효율적으로 시행하기 위하여 국가기준점을 기준으로 하여 따로 정하는 측량기준점<br>② 제1항에 따른 측량기준점의 구분에 관한 세부 사항은 대통령령으로 정한다. | 한민국 수준원점을 기초로 정한 기준점<br>라. 중력점 : 중력 측정의 기준으로 사용하기 위하여 정한 기준점<br>마. 통합기준점 : 지리학적 경위도, 직각좌표, 지구중심 직교좌표, 높이 및 중력 측정의 기준으로 사용하기 위하여 위성기준점, 수준점 및 중력점을 기초로 정한 기준점<br>바. 삼각점 : 지리학적 경위도, 직각좌표 및 지구중심 직교좌표 측정의 기준으로 사용하기 위하여 위성기준점 및 통합기준점을 기초로 정한 기준점<br>사. 지자기점(地磁氣點) : 지구자기 측정의 기준으로 사용하기 위하여 정한 기준점<br>아. 삭제〈2021. 2. 9.〉<br>자. 삭제〈2021. 2. 9.〉<br>2. 공공기준점<br>가. 공공삼각점 : 공공측량 시 수평위치의 기준으로 사용하기 위하여 국가기준점을 기초로 하여 정한 기준점 | | | |

| 법률 | 시행령 | 시행규칙 | 지적측량 시행규칙 | 지적업무처리규정 |
|---|---|---|---|---|
| | 나. 공공수준점 : 공공측량 시 높이의 기준으로 사용하기 위하여 국가기준점을 기초로 하여 정한 기준점<br>3. 지적기준점<br>　가. 지적삼각점(地籍三角點) : 지적측량 시 수평위치 측량의 기준으로 사용하기 위하여 국가기준점을 기준으로 하여 정한 기준점<br>　나. 지적삼각보조점 : 지적측량 시 수평위치 측량의 기준으로 사용하기 위하여 국가기준점과 지적삼각점을 기준으로 하여 정한 기준점<br>　다. 지적도근점(地籍圖根點) : 지적측량 시 필지에 대한 수평위치 측량 기준으로 사용하기 위하여 국가기준점, 지적삼각점, 지적삼각보조점 및 다른 지적도근점을 기초로 하여 정한 기준점<br>② 제1항에 따른 각 기준점은 필요에 따라 등급을 구분할 수 있다. | | | |

| 법률 | 시행령 | 시행규칙 | 지적측량 시행규칙 | 지적업무처리규정 |
|---|---|---|---|---|
| | | | 제2장 지적기준점의 설치 및 관리 | 제2장 지적기준점의 관리 |
| 제8조(측량기준점표지의 설치 및 관리) ① 측량기준점을 정한 자는 측량기준점표지를 설치하고 관리하여야 한다.<br>② 제1항에 따라 측량기준점표지를 설치한 자는 대통령령으로 정하는 바에 따라 그 종류와 설치 장소를 국토교통부장관, 관계 시·도지사, 시장·군수 또는 구청장(자치구의 구청장을 말한다. 이하 같다) 및 측량기준점표지를 설치한 부지의 소유자 또는 점유자에게 통지하여야 한다. 설치한 측량기준점표지를 이전·철거하거나 폐기한 경우에도 같다. 〈개정 2013. 3. 23., 2020. 2. 18.〉<br>③ 삭제 〈2020. 2. 18.〉<br>④ 시·도지사 또는 지적소관청은 지적기준점표지를 설치·이전·복구·철거하거나 폐기한 경우에는 그 사실을 고시하여야 한다. 〈개정 2013. 7. 17.〉<br>⑤ 특별자치시장, 특별자치도지사, 시장·군수 또는 구청장은 국토교통부령으로 정하는 바에 따라 매년 관할 구역에 있는 측량기준점표지의 현황을 조사하고 그 결 | 제9조(측량기준점표지 설치의 통지) ① 법 제8조 제2항에 따라 측량기준점표지의 설치자가 측량기준점표지의 설치 사실을 통지할 때에는 그 측량성과(평면직각좌표 및 표고(標高)의 성과가 있는 경우 그 좌표 및 표고를 포함한다)를 함께 통지하여야 한다.<br>② 제1항에 따른 측량기준점표지 설치의 통지를 위하여 필요한 사항은 국토교통부령으로 정한다. 〈개정 2013. 3. 23.〉<br><br>제10조(측량기준점표지 설치 등의 고시) 법 제8조 제4항에 따른 지적기준점표지의 설치(이전·복구·철거 또는 폐기를 포함한다. 이하 이 조에서 같다)에 대한 고시는 다음 각 호 | 제3조(측량기준점표지의 형상) ① 법 제8조 제1항에 따른 측량기준점표지의 형상 및 규격은 별표 1과 같다.<br>② 측량기준점을 정한 자는 측량기준점표지를 설치할 지역의 지형이 별표 1의 형상 및 규격으로 설치하기가 곤란할 경우에는 제1항에도 불구하고 별도의 형상 및 규격으로 설치할 수 있다. 이 경우 측량기준점을 정한 자가 공공측량의 시행을 하는 자(이하 "공공측량시행자"라 한다)일 때에는 국토지리정보원장의 승인을 받아야 한다.<br>③ 측량기준점을 정한 자가 제2항에 따라 별도의 형상 및 규격을 정한 때에는 이를 고시하여야 한다.<br><br>제4조(측량기준점표지 설치의 통지)「공간정보의 구축 및 관리 등에 관한 법률 시행령」(이하 "영"이라 한다) 제9조에 따른 측량기준점표지 설치의 통지는 별지 제2호서식에 따른다. | 제2조(지적기준점표지의 설치·관리 등) ①「공간정보의 구축 및 관리 등에 관한 법률」(이하 "법"이라 한다) 제8조 제1항에 따른 지적기준점표지의 설치는 다음 각 호의 기준에 따른다. 〈개정 2015. 4. 23.〉<br>1. 지적삼각점표지의 점간거리는 평균 2킬로미터 이상 5킬로미터 이하로 할 것<br>2. 지적삼각보조점표지의 점간거리는 평균 1킬로미터 이상 3킬로미터 이하로 할 것. 다만, 다각망도선법(多角網道線法)에 따르는 경우에는 평균 0.5킬로미터 이상 1킬로미터 이하로 한다.<br>3. 지적도근점표지의 점간거리는 평균 50미터 이상 300미터 이하로 할 것. 다만, 다각망도선법에 따르는 경우에는 평균 500미터 이하로 한다.<br>② 지적소관청은 연 1회 이상 지적기준점표지의 이상 유무를 조사하여야 한다. 이 경우 멸실되거나 훼손된 지적기준점표지를 계속 보존할 필요가 없을 때에는 폐기할 수 있다. | 제4조(지적측량수행자가 설치한 지적기준점표지의 관리 등) ① 지적측량수행자가「지적측량 시행규칙」제2조제1항에 따라 설치한 지적기준점표지의 작성 등에 관하여는 이 규정이 정하는 바에 따른다.<br>② 지적측량수행자가 지적기준점표지를 설치한 때에는「지적측량 시행규칙」제28조제2항에 따라 측량성과에 대한 검사를 받아야 하며, 지적기준점성과의 고시는 영 제10조를, 지적기준점성과 또는 그 측량부의 보관과 열람 및 등본발급은 법 제27조 및 규칙 제26조를 따른다.<br><br>제5조(지적기준점의 관리협조) ① 시·도지사 또는 지적소관청은 타인의 토지·건축물 또는 구조물 등에 지적기준점을 설치한 때에는 소유자 또는 점유자에게 법 제9조제1항에 따른 선량한 관리자로서 보호의무가 있음을 통지하여야 한다.<br>② 지적소관청은 도로·상하수도·전화 및 전기시설 등의 공사로 지적기준점이 망실 또는 훼손될 것으로 예상되는 때에는 공사시행 |

| 법률 | 시행령 | 시행규칙 | 지적측량 시행규칙 | 지적업무처리규정 |
|---|---|---|---|---|
| 과를 시·도지사를 거쳐(특별자치시장 및 특별자치도지사의 경우는 제외한다) 국토교통부장관에게 보고하여야 한다. 측량기준점표지가 멸실·파손되거나 그 밖에 이상이 있음을 발견한 경우에도 같다. 〈개정 2012. 12. 18., 2013. 3. 23.〉<br>⑥ 제5항에도 불구하고 국토교통부장관은 필요하다고 인정하는 경우에는 직접 측량기준점표지의 현황을 조사할 수 있다. 〈개정 2013. 3. 23., 2020. 2. 18.〉<br>⑦ 측량기준점표지의 형상, 규격, 관리방법 등에 필요한 사항은 국토교통부령으로 정한다. 〈개정 2013. 3. 23., 2020. 2. 18.〉 | 의 사항을 공보 또는 인터넷 홈페이지에 게재하는 방법으로 한다. 〈개정 2021. 2. 9.〉<br>1. 기준점의 명칭 및 번호<br>2. 직각좌표계의 원점명(지적기준점에 한정한다)<br>3. 좌표 및 표고<br>4. 경도와 위도<br>5. 설치일, 소재지 및 표지의 재질<br>6. 측량성과 보관 장소<br>[제목개정 2014. 1. 17.] | 〈개정 2015. 6. 4.〉<br><br>**제5조(측량기준점표지의 현황조사 결과 보고)** ① 특별자치시장, 특별자치도지사, 시장·군수 또는 구청장은 법 제8조 제5항에 따른 측량기준점표지의 현황에 대한 조사결과를 매년 10월 말까지 국토지리정보원장이 정하여 고시한 기준에 따라 보고하여야 한다. 〈개정 2013. 6. 19.〉<br>② 국토지리정보원장은 제1항에 따른 측량기준점표지의 현황조사 결과 보고에 대한 기준을 정한 경우에는 이를 고시하여야 한다. | ③ 지적소관청이 관리하는 지적기준점표지가 멸실되거나 훼손되었을 때에는 지적소관청은 다시 설치하거나 보수하여야 한다.<br><br>**제3조(지적기준점성과의 관리 등)** 법 제27조 제1항에 따른 지적기준점성과의 관리는 다음 각 호에 따른다.<br>1. 지적삼각점성과는 특별시장·광역시장·도지사 또는 특별자치도지사(이하 "시·도지사"라 한다)가 관리하고, 지적삼각보조점성과 및 지적도근점성과는 지적소관청이 관리할 것<br>2. 지적소관청이 지적삼각점을 설치하거나 변경하였을 때에는 그 측량성과를 시·도지사에게 통보할 것<br>3. 지적소관청은 지형·지물 등의 변동으로 인하여 지적삼각점성과가 다르게 된 때에는 지체 없이 그 측량성과를 수정하고 그 내용을 시·도지사에게 통보할 것 | 자와 공사 착수 전에 지적기준점의 이전·재설치 또는 보수 등에 관하여 미리 협의한 후 공사를 시행하도록 하여야 한다.<br>③ 시·도지사 또는 지적소관청은 지적기준점의 관리를 위하여 관계기관에 연 1회 이상 지적기준점 관리 협조를 요청하여야 한다.<br>④ 지적측량수행자는 지적기준점표지의 망실을 확인하였거나 훼손될 것으로 예상되는 때에는 지적소관청에 지체 없이 이를 통보하여야 한다.<br><br>**제6조(지적삼각점성과표의 작성)** ① 시·도지사는 지적삼각점측량성과를 검사하여 그 측량성과를 결정한 때에는 그 측량성과를 「지적측량 시행규칙」 제4조에 따른 지적삼각점성과표에 등재한다. 이 경우 시·도지사는 지적삼각점성과표사본 1부를 지적소관청에 송부하여야 한다.<br>② 시·도지사 및 지적소관청은 지적삼각점성과표에 등재한 지적삼각점에 대해 지형도에 제43조제1항제4호에 따른 표시, 명칭 및 일련번호를 기재하고, 지적삼각 |

| 법률 | 시행령 | 시행규칙 | 지적측량 시행규칙 | 지적업무처리규정 |
|---|---|---|---|---|
| | | | **제4조(지적기준점성과표의 기록·관리 등)** ① 제3조에 따라 시·도지사가 지적삼각점성과를 관리할 때에는 다음 각 호의 사항을 지적삼각점성과표에 기록·관리하여야 한다.<br>1. 지적삼각점의 명칭과 기준 원점명<br>2. 좌표 및 표고<br>3. 경도 및 위도(필요한 경우로 한정한다)<br>4. 자오선수차(子午線收差)<br>5. 시준점(視準點)의 명칭, 방위각 및 거리<br>6. 소재지와 측량연월일<br>7. 그 밖의 참고사항<br>② 제3조에 따라 지적소관청이 지적삼각보조점성과 및 지적도근점성과를 관리할 때에는 다음 각 호의 사항을 지적삼각보조점성과표 및 지적도근점성과표에 기록·관리하여야 한다.<br>1. 번호 및 위치의 약도<br>2. 좌표와 직각좌표계 원점명<br>3. 경도와 위도(필요한 경우로 한정한다)<br>4. 표고(필요한 경우로 한정한다)<br>5. 소재지와 측량연월일<br>6. 도선등급 및 도선명 | 점성과표와 함께 관리한다. 〈개정 2017. 6. 23.〉<br><br>**제7조(지적삼각점의 명칭 등)** ①「지적측량 시행규칙」제8조제2항에 따른 시·도별 지적삼각점의 명칭은 다음과 같다.<br><br>**제8조(측량부의 작성 및 보관)** ① 시·도지사 및 지적소관청은 별지 제1호 서식의 기준점측량부보관대장을 작성·비치하고, 측량부에 관한 사항을 기재하여야 한다.<br>②「지적측량 시행규칙」제28조제2항제1호에 따른 측량부는 다음 각 호와 같다.<br>1. 지적삼각점측량부는 기지점방위각 및 거리계산부·수평각관측부·수평각개정계산부·수평각측점귀심계산부·수평각점표귀심계산부·거리측정부·평면거리 |

**제7조** 표:

| 기관명 | 명칭 | 기관명 | 명칭 | 기관명 | 명칭 |
|---|---|---|---|---|---|
| 서울특별시 | 서울 | 울산광역시 | 울산 | 전라북도 | 전북 |
| 부산광역시 | 부산 | 경기도 | 경기 | 전라남도 | 전남 |
| 대구광역시 | 대구 | 강원도 | 강원 | 경상북도 | 경북 |
| 인천광역시 | 인천 | 충청북도 | 충북 | 경상남도 | 경남 |
| 광주광역시 | 광주 | 충청남도 | 충남 | 제주특별자치도 | 제주 |
| 대전광역시 | 대전 | 세종특별자치시 | 세종 | | |

| 법률 | 시행령 | 시행규칙 | 지적측량 시행규칙 | 지적업무처리규정 |
|---|---|---|---|---|
| | | | 7. 표지의 재질<br>8. 도면번호<br>9. 설치기관<br>10. 조사연월일, 조사자의 직위·성명 및 조사 내용<br>③ 제2항제10호에 따른 조사 내용은 지적삼각보조점 및 지적도근점 표지의 멸실 유무, 사고 원인, 경계의 부합 여부 등을 적는다. 이 경우 경계와 부합되지 아니할 때에는 그 사유를 적는다. | 계산부·삼각형내각계산부·연직각관측부·표고계산부·유심다각망조정계산부·삽입망조정계산부·사각망조정계산부·삼각쇄조정계산부·삼각망조정계산부·변장계산부·종횡선계산부·좌표전환계산부 및 지형도에 작성한 지적삼각점망도 등을 포함한다.<br>2. 지적삼각보조점측량부는 기지점방위각 및 거리계산부·수평각관측부·수평각개정계산부·수평각측점귀심계산부·수평각점표귀심계산부·거리측정부·평면거리계산부·삼각형내각계산부·연직각관측부·표고계산부·지적삼각보조점방위각계산부·교회점계산부·교점다각망계산부(X·Y·H·A형 포함)·다각점좌표계산부 및 지형도에 작성한 지적삼각보조점망도 등을 포함한다. 다만, 지적삼각보조점의 관측을 지적삼각측량방법으로 할 경우에는 제1호의 지적삼각점측량부를 적용한다. |

| 법률 | 시행령 | 시행규칙 | 지적측량 시행규칙 | 지적업무처리규정 |
|---|---|---|---|---|
| | | | | 3. 지적도근점측량부는 기지점 방위각 및 거리계산부·교회점계산부·교점다각망계산부(X·Y·H·A형 포함)·배각관측 및 거리측정부·방위각관측 및 거리측정부·지적도근측량계산부 및 그 지역의 일람도 축척으로 작성된 지적도근점망도 등을 포함한다. 이 경우 지적도근점망도는 토지소재 또는 측량지역명과 축척·도곽선과 그 수치·도면번호 및 지적기준점의 표시 등을 기재하여야 한다. <br> 4. 경계점좌표측량부는 지적도근점측량부에 경계점관측부·좌표면적계산부 및 경계점 간 거리계산부·교차점계산부 등을 포함한다. <br> ③ 시·도지사 및 지적소관청은 측량성과를 검사한 후 지적삼각점측량부·지적삼각보조점측량부·지적도근점측량부 및 경계점좌표측량부(지적확정측량만 해당한다) 왼쪽 윗부분 여백에 연도별 일련번호를 아라비아숫자로 부여하여 그 측량성과검사부와 함께 편철하여 보관하여야 한 |

| 법률 | 시행령 | 시행규칙 | 지적측량 시행규칙 | 지적업무처리규정 |
|---|---|---|---|---|
| | | | | 다. 이 경우 연도별 일련번호는 지적삼각점측량부는 시·도지사가, 그 밖의 측량부는 지적소관청이 부여한다. |

**제9조(지적기준점 측량계획)** 「지적측량 시행규칙」 제7조제3항제1호의 지적기준점 측량계획에는 목적, 지역, 작업량, 기간, 정밀도, 작업반의 편성, 기계, 기구, 소모품, 표지, 재료 등의 종류와 수량, 작업경비, 교통, 후속측량에 미치는 영향 등이 포함되어야 한다.

**제10조(지적기준점의 확인 및 선점 등)**
① 지적삼각점측량 및 지적삼각보조점측량을 할 때에는 미리 사용하고자 하는 삼각점·지적삼각점 및 지적삼각보조점의 변동유무를 확인하여야 한다. 이 경우 확인결과 기지각과의 오차가 ±40초 이내인 경우에는 그 삼각점·지적삼각점 및 지적삼각보조점에 변동이 없는 것으로 본다.
② 지적기준점을 선점할 때에는 다음 각 호에 따른다.
　1. 후속측량에 편리하고 영구적으로 보존할 수 있는 위치이어야 한다.

| 법률 | 시행령 | 시행규칙 | 지적측량 시행규칙 | 지적업무처리규정 |
|---|---|---|---|---|
| | | | | 2. 지적도근점을 선점할 때에는 되도록이면 지적도근점간의 거리를 동일하게 하되 측량대상지역의 후속측량에 지장이 없도록 하여야 한다.<br>3. 「지적측량 시행규칙」 제11조제3항 및 제12조제6항에 따라 다각망도선법으로 지적삼각보조점측량 및 지적도근점측량을 할 경우에 기지점 간 직선상의 외부에 두는 지적삼각보조점 및 지적도근점과 기지점 직선과의 사이각은 30도 이내로 한다.<br>③ 암석·석재구조물·콘크리트구조물·맨홀 및 건축물 등 견고한 고정물에 지적기준점을 설치할 필요가 있는 경우에는 그 고정물에 각인하거나, 그 구조물에 고정하여 설치할 수 있다.<br>④ 지적삼각보조점의 규격과 재질은 규칙 제3조제1항에 따른 지적기준점표지의 규격과 재질을 준용한다.<br>⑤ 지적삼각점 및 지적삼각보조점의 매설방법은 별표 1과 같다. |

| 법률 | 시행령 | 시행규칙 | 지적측량 시행규칙 | 지적업무처리규정 |
|---|---|---|---|---|
| | | | | **제11조(지적기준점성과의 열람 및 등본 발급)** ① 규칙 제26조에 따른 지적기준점성과 또는 그 측량부의 열람신청이 있는 때에는 신청종류와 수수료금액을 확인하여 신청서에 첨부된 수입증지를 소인한 후 담당 공무원이 열람시킨다.<br>② 지적기준점성과 또는 그 측량부의 등본은 복사하거나 부동산종합공부시스템으로 작성하여 발급한다.<br>③ 지적기준점성과 또는 그 측량부의 등본을 복사할 때에는 기재사항 끝부분에 다음과 같이 날인한다.<br>(지적기준점성과 등 등본 날인문안 및 규격)<br><br>○○ 측량성과에 따라 작성한 등본입니다.<br>년 월 일<br>○○ 시·도지사<br>○○ 시장·군수·구청장 ㊞<br>4cm<br>←—— 10cm ——→<br><br>**제12조(관측각의 오차배부)** 연접한 여러 개의 삼각형내각 전부를 관측한 경우 관측각의 오차배부는 다음 각 호에 따른다.<br>1. 기지내각과 관측각의 차를 등분하여 배부한 다음 삼각형 내각의 합과 180도와의 차는 기지각을 제외한 각 각에 고르게 |

| 법률 | 시행령 | 시행규칙 | 지적측량 시행규칙 | 지적업무처리규정 |
|------|--------|----------|------------------|------------------|
| | | | | 배부한다.<br>2. 오차배부에 나머지가 있는 경우 그 나머지는 90도에 가장 가까운 각에 배부한다.<br><br>**제13조(지적도근점 측량성과의 확인)**<br>① 지적도근점측량을 한 때에는 지적도근점측량성과와 기지경계선과의 부합여부를 도해적으로 확인하여야 한다. 이 경우 지적도근점측량성과와 기지경계선이 부합하지 아니할 경우에는 사용한 지적기준점 및 측량방법을 다르게 하여 지적도근점측량성과를 재확인하여야 한다.<br>② 제1항에 따라 기지경계선의 부합여부를 확인한 결과 기지경계선이 같은 방향과 거리로 이동하여 등록되었음이 판명된 때에는 기지경계선 등록당시 지적도근점측량성과에 오류가 있는 것으로 보고, 지적소관청이 지적도근점측량성과에 그 이동수치를 가감하여 사용할 수 있다. 이 경우 수정한 좌표는 지적도근점측량계산부 및 지적도근점성과표의 좌표란 윗부분에 붉은색으로 기재하여야 한다. |

| 법률 | 시행령 | 시행규칙 | 지적측량 시행규칙 | 지적업무처리규정 |
|---|---|---|---|---|
| | | | | ③ 지적소관청은 제2항에 따라 지적도근점성과를 가감하여 사용한 지역에는 별도로 별지 제2호 서식의 지적도근점성과 가감지역 관리대장을 작성하여 측량결과를 관리하여야 하며, 이를 지적측량수행자에게 통보하여야 한다. |
| 제9조(측량기준점표지의 보호) ① 누구든지 측량기준점표지를 이전·파손하거나 그 효용을 해치는 행위를 하여서는 아니 된다.<br>② 측량기준점표지를 파손하거나 그 효용을 해칠 우려가 있는 행위를 하려는 자는 그 측량기준점표지를 설치한 자에게 이전을 신청하여야 한다.<br>③ 제2항에 따른 신청을 받은 측량기준점표지의 설치자는 측량기준점표지를 이전하지 아니하고 제2항에 따른 신청인의 목적을 달성할 수 있는 경우를 제외하고는 그 측량기준점표지를 이전하여야 하며, 그 측량기준점표지를 이전하지 아니하는 경우에는 그 사유를 제2항에 따른 신청인에게 알려야 한다.<br>④ 제3항에 따른 측량기준점표지의 이전에 드는 비용은 제2항에 따른 | | 제6조(측량기준점표지의 이전 신청 절차) ① 법 제9조 제2항에 따라 측량기준점표지의 이전을 신청하려는 자는 별지 제3호서식의 신청서를 이전을 원하는 날의 30일 전까지 측량기준점표지를 설치한 자에게 제출하여야 한다. 〈개정 2017. 1. 31.〉<br>② 제1항에 따른 이전 신청을 받은 자는 신청받은 날부터 10일 이내에 별지 제4호서식의 이전경비 납부통지서를 신청인에게 통지하여야 한다.<br>③ 제2항에 따라 이전경비 납부통지서를 받은 신청인은 이전을 원하는 날의 7일 전까지 측량기준점표지를 설치한 자에게 이전경비를 내야 한다. | | 제5조(지적기준점의 관리협조) ① 시·도지사 또는 지적소관청은 타인의 토지·건축물 또는 구조물 등에 지적기준점을 설치한 때에는 소유자 또는 점유자에게 법 제9조제1항에 따른 선량한 관리자로서 보호의무가 있음을 통지하여야 한다.<br>② 지적소관청은 도로·상하수도·전화 및 전기시설 등의 공사로 지적기준점이 망실 또는 훼손될 것으로 예상되는 때에는 공사시행자와 공사 착수 전에 지적기준점의 이전·재설치 또는 보수 등에 관하여 미리 협의한 후 공사를 시행하도록 하여야 한다.<br>③ 시·도지사 또는 지적소관청은 지적기준점의 관리를 위하여 관계기관에 연 1회 이상 지적기준점 관리 협조를 요청하여야 한다.<br>④ 지적측량수행자는 지적기준점표지의 망실을 확인하였거나 훼 |

| 법률 | 시행령 | 시행규칙 | 지적측량 시행규칙 | 지적업무처리규정 |
|---|---|---|---|---|
| 신청인이 부담한다. 다만, 측량기준점표지 중 국가기준점표지의 이전에 드는 비용은 설치자가 부담한다. 〈개정 2013. 7. 17., 2020. 2. 18.〉 | | | | 손될 것으로 예상되는 때에는 지적소관청에 지체 없이 이를 통보하여야 한다. |
| **제10조(협력체계의 구축)** ① 국토교통부장관은 지형에 관한 자료를 활용하여 제15조제1항에 따른 지도등을 유지·관리하기 위하여 필요한 경우에는 관계 행정기관, 지방자치단체, 「고등교육법」에 따른 대학, 「공공기관의 운영에 관한 법률」에 따른 공공기관(이하 "관계기관"이라 한다) 등과 협력체계를 구축할 수 있다. 〈개정 2013. 3. 23.〉<br>② 국토교통부장관은 제1항에 따른 협력체계에 참여한 기관에 제15조제1항에 따른 지도 등에 관한 자료를 제공할 수 있다. 〈개정 2013. 3. 23.〉 | | | | |
| **제10조의2(측량업정보의 종합관리)** ① 국토교통부장관은 측량업자의 자본금, 경영실태, 측량용역 수행실적, 측량기술자 및 장비 보유현황 등 측량업정보를 종합적으로 관리하고, 국토교통부령으로 정하는 바에 따라 그 측량업정보가 필요한 측량용역의 발주자, 행정기 | **제10조의2(측량업정보 종합관리체계의 구축·운영)** ① 법 제10조의2 제2항에 따른 측량업정보 종합관리체계(이하 "측량업정보 종합관리체계"라 한다)를 통하여 관리하여야 하는 측량업정보는 다음 각 호와 같다.<br>　1. 측량업자의 자본금, 경영실태, 측량용역 수행실적, 측량기술 | **제6조의2(측량업정보의 제공)** 법 제10조의2 제1항에 따른 측량업정보는 측량용역의 발주자, 행정기관 및 관련 단체 등의 장의 요청이 있는 경우에 제공하되, 서면 또는 전자적 방법으로 제공할 수 있다.<br>[본조신설 2015. 6. 4.] | | |

| 법률 | 시행령 | 시행규칙 | 지적측량 시행규칙 | 지적업무처리규정 |
|---|---|---|---|---|
| 관 및 관련 단체 등의 장에게 제공할 수 있다. 〈개정 2020. 6. 9.〉<br>② 국토교통부장관은 제1항에 따른 측량업정보를 체계적으로 관리하기 위하여 대통령령으로 정하는 바에 따라 측량업정보 종합관리체계를 구축·운영하여야 한다.<br>③ 국토교통부장관은 제1항의 업무를 수행하기 위하여 측량업자, 행정기관 등의 장에게 관련 자료의 제출을 요청할 수 있다. 이 경우 요청을 받은 자는 특별한 사유가 없으면 이에 따라야 한다.<br>④ 제3항에 따른 자료 제출의 요청 절차 등에 필요한 사항은 대통령령으로 정한다.<br>[본조신설 2014. 6. 3.] | 자 및 장비 보유현황<br>2. 법 제10조의3에 따른 측량용역사업에 대한 사업수행능력의 평가 및 공시에 관한 사항<br>3. 법 제40조에 따른 측량기술자의 신고 등에 관한 사항<br>4. 법 제42조에 따른 측량기술자의 업무정지 등에 관한 사항<br>5. 법 제44조에 따른 측량업의 업종별 등록(변경신고를 포함한다)에 관한 사항<br>6. 법 제46조에 따른 측량업자의 지위 승계에 관한 사항<br>7. 법 제48조에 따른 측량업의 휴업·폐업 등 신고에 관한 사항<br>8. 법 제52조에 따른 측량업의 등록취소 등에 관한 사항<br>9. 그 밖에 측량업정보 관리에 필요한 사항<br>② 국토교통부장관은 측량업정보 종합관리체계의 구축·운영을 위하여 다음 각 호의 업무를 수행할 수 있다.<br>1. 측량업정보 종합관리체계의 구축·운영에 관한 각종 연구개발 및 기술지원<br>2. 측량업정보 종합관리체계의 표준화 | 제6조의3(측량업정보관리대장) 법 제10조의2 제2항에 따른 측량업정보 종합관리체계(이하 "측량업정보 종합관리체계"라 한다)는 별지 제4호의2서식에 따른 측량업정보관리대장에 입력하는 방식으로 관리한다.<br>[본조신설 2015. 6. 4.]<br><br>제6조의4(측량용역 수행실적 등의 제출 요청 및 확인서의 발급) ① 국토교통부장관은 법 제10조의2 제3항에 따라 측량업자에게 다음 각 호의 자료를 2월 15일(제5호의 자료는 법인의 경우는 4월 15일, 개인은 6월 15일)까지 같은 조 제1항에 따른 측량업정보 종합관리체계 운영기관인 | | |

| 법률 | 시행령 | 시행규칙 | 지적측량 시행규칙 | 지적업무처리규정 |
|---|---|---|---|---|
| | 3. 측량업정보 종합관리체계를 이용한 정보의 공동 활용 촉진<br>4. 그 밖에 측량업정보 종합관리체계의 구축·운영을 위하여 필요한 사항<br>③ 국토교통부장관은 측량업정보 종합관리체계의 효율적인 구축·운영을 위하여 「공간정보산업 진흥법」 제24조에 따른 공간정보산업협회(이하 "공간정보산업협회"라 한다) 등과 협의체를 구성·운영할 수 있다.<br>④ 제1항부터 제3항까지에서 규정한 사항 외에 측량업정보의 입력기준, 보관방법 등 측량업정보 종합관리체계의 구축·운영에 필요한 사항은 국토교통부장관이 정하여 고시한다.<br>[본조신설 2015. 6. 1.]<br><br>**제10조의3(측량업정보의 종합관리를 위한 자료제출의 요청절차)** 국토교통부장관은 법 제10조의2 제3항에 따라 자료의 제출을 요청하는 경우에는 제출기한 15일 전까지 다음 각 호의 사항을 서면으로 통보하여야 한다.<br>　1. 제출요청 사유 | 공간정보산업협회(「공간정보산업진흥법」 제24조에 따라 설립된 공간정보산업협회를 말한다. 이하 같다)의 장에게 제출하도록 매년 요청할 수 있다. 〈개정 2017. 1. 31.〉<br>　1. 별지 제4호의3서식에 따른 측량용역 수행실적서<br>　2. 「부가가치세법」에 따른 사업자등록증 사본(신청인이 개인인 경우에 한정한다)<br>　3. 별지 제4호의4서식에 따른 측량용역 수행실적 명세서<br>　4. 측량용역 수행실적을 증명하는 다음 각 목의 서류<br>　　가. 법 제2조 제3호 가목의 기관으로부터 수탁한 측량용역의 경우에는 발주자가 발행한 실적증명서<br>　　나. 가목 이외의 자로부터 수탁한 측량용역의 경우에는 다음 1)과 2)의 서류<br>　　　1) 측량용역 수탁계약서 사본<br>　　　2) 당해 용역 관련 세금계산서 사본<br>　　다. 「해외건설촉진법」 제2조 제3호에 따른 해외건설 엔지니어링활동으로 수행 | | |

| 법률 | 시행령 | 시행규칙 | 지적측량 시행규칙 | 지적업무처리규정 |
|---|---|---|---|---|
| | 2. 제출기한<br>3. 제출자료의 구체적인 사항<br>4. 자료제출의 방식 및 형태<br>5. 제출자료의 활용방법<br>[본조신설 2015. 6. 1.] | 한 측량용역의 경우는 같은 법 제23조에 따라 설립된 해외건설협회가 확인한 실적확인서 또는 공사계약서 사본이 첨부된 외국환은행이 발행한 외화입금증명서<br>5. 재무상태를 증명하는 다음 각 목의 어느 하나에 해당하는 서류<br>가. 「법인세법」 및 「소득세법」에 따라 관할 세무서장에게 제출한 조세에 관한 신고서류(「세무사법」 제6조에 따라 등록한 세무사 또는 같은 법 제20조의2에 따라 세무대리업무등록부에 등록한 공인회계사가 같은 법 제2조제7호에 따라 확인한 것으로서 대차대조표 및 손익계산서가 포함된 것을 말한다)<br>나. 「주식회사의 외부감사에 관한 법률」 제3조에 따른 감사인의 회계감사를 받은 재무제표<br>다. 「공인회계사법」 제7조에 따라 등록한 공인회계사 | | |

| 법률 | 시행령 | 시행규칙 | 지적측량 시행규칙 | 지적업무처리규정 |
|---|---|---|---|---|
| | | 또는 같은 법 제24조에 따라 등록한 회계법인의 회계감사를 받은 재무제표<br>6. 별지 제4호의5서식에 따른 장비 보유현황표 및 그 증명 서류<br>② 공간정보산업협회의 장은 측량업자가 제1항에 따라 제출한 측량용역 수행실적에 대한 확인을 요청하는 경우에는 별지 제4호의6서식에 따른 확인서를 내주어야 한다.<br>[본조신설 2015. 6. 4.] | | |
| 제10조의3(측량용역사업에 대한 사업수행능력의 평가 및 공시) ① 국토교통부장관은 발주자가 적정한 측량업자를 선정할 수 있도록 하기 위하여 측량업자의 신청이 있는 경우 그 측량업자의 측량용역 수행실적, 자본금, 기술인력·장비 보유현황 수준 등에 따라 사업수행능력을 평가하여 공시하여야 한다.<br>② 제1항에 따른 사업수행능력의 평가 및 공시를 받으려는 측량업자는 전년도 측량용역 수행실적, 기술자 보유현황, 재무상태, 그 밖에 국토교통부령으로 정하는 사항을 국토교통부장관에게 제출하여야 한다. | 제10조의4(측량용역사업에 대한 사업수행능력 평가를 위한 신고) ① 법 제10조의3 제1항에 따른 측량용역사업에 대한 사업수행능력 평가(이하 "사업수행능력평가"라 한다)를 받으려는 측량업자는 같은 조 제2항에 규정된 사항에 관한 자료를 매년 2월 15일(재무상태에 관한 자료의 경우 법인은 4월 15일, 개인은 6월 15일)까지 국토교통부장관에게 제출하여야 한다.<br>② 제1항에도 불구하고 다음 각 호의 어느 하나에 해당하는 경우에는 매년 7월 31일까지 제출할 수 있다.<br>1. 법 제46조 제1항에 따라 측량 | 제6조의5(사업수행능력 평가사항) 법 제10조의3 제2항에서 "국토교통부령으로 정하는 사항"이란 신인도(信認度), 신용도 및 교육이행실적을 말한다.<br>[본조신설 2015. 6. 4.]<br><br>제6조의6(사업수행능력의 평가 및 공시 신청서의 제출 등) ① 법 제10조의3 제1항에 따른 사업수행능력 평가·공시를 받으려는 측량업자는 별지 제4호의7서식에 따른 신청서에 다음 각 호의 서류를 첨부하여 공간정보산업협회의 장에게 제출하여야 한다. 다만, 제6조의4 제1항에 따라 | | |

| 법률 | 시행령 | 시행규칙 | 지적측량 시행규칙 | 지적업무처리규정 |
|---|---|---|---|---|
| ③ 제1항 및 제2항에 따른 측량업자의 사업수행능력 공시, 사업수행능력 평가 기준 및 실적 등의 신고에 필요한 사항은 대통령령으로 정한다.<br>[본조신설 2014. 6. 3.] | 업자의 지위를 승계한 경우<br>2. 2월 15일이 지나서 법 제44조 제2항에 따라 측량업을 등록한 경우<br>[본조신설 2015. 6. 1.]<br><br>제10조의5(사업수행능력평가의 기준) 법 제10조의3 제3항에 따른 사업수행능력평가의 기준은 별표 2의2와 같다.<br>[본조신설 2015. 6. 1.]<br><br>제10조의6(사업수행능력의 공시)<br>① 국토교통부장관은 법 제10조의3에 따라 사업수행능력평가를 한 경우에는 다음 각 호의 사항을 공시하여야 한다. 〈개정 2020. 8. 4.〉<br>1. 상호 및 성명(법인인 경우에는 대표자의 성명)<br>2. 주된 영업소의 소재지 및 연락처<br>3. 측량용역 수행실적<br>4. 기술인력 및 장비 보유현황<br>5. 측량업 등록현황<br>6. 자본금 및 매출액순이익률 등 재무상태 현황 | 제출한 서류와 측량업정보 종합관리체계를 통하여 전자적 방식으로 확인할 수 있는 자료는 제출을 생략할 수 있다.<br>1. 「부가가치세법」에 따른 사업자등록증 사본(신청인이 개인인 경우만 해당한다)<br>2. 별지 제4호의8서식에 따른 측량용역 수행실적현황표<br>3. 측량용역 수행실적을 증명하는 다음 각 목의 서류<br>　가. 법 제2조 제3호 가목의 기관으로부터 수탁한 측량용역의 경우에는 발주자가 발행한 실적증명서<br>　나. 가목 이외의 자로부터 수탁한 측량용역의 경우에는 다음 1)과 2)의 서류<br>　　1) 측량용역 수탁계약서 사본<br>　　2) 당해 용역 관련 세금계산서 사본<br>　다. 「해외건설촉진법」 제2조 제3호에 따른 해외건설 엔지니어링활동으로 수행한 측량용역의 경우는 같은 법 제23조에 따라 설립된 해외건설협회가　확인한 | | |

| 법률 | 시행령 | 시행규칙 | 지적측량 시행규칙 | 지적업무처리규정 |
|------|--------|----------|------------------|------------------|
|  | 7. 「자본시장과 금융투자업에 관한 법률」 제335조의3에 따라 신용평가업인가를 받은 신용평가회사 또는 「신용정보의 이용 및 보호에 관한 법률」 제2조 제5호에 따른 신용정보회사가 실시한 신용평가를 받은 경우에는 그 신용평가 내용<br>8. 사업수행능력평가 항목별 점수 및 종합평가점수<br>② 제1항에 따른 공시는 국토교통부령으로 정하는 공시방법에 따라 매년 8월 31일까지 하여야 한다.<br>[본조신설 2015. 6. 1.] | 실적확인서 또는 공사계약서 사본이 첨부된 외국환은행이 발행한 외화입금증명서<br>4. 별지 제4호의9서식에 따른 측량업자 재무정보현황표<br>5. 재무상태를 증명하는 다음 각 목의 어느 하나에 해당하는 서류<br>가. 「법인세법」 및 「소득세법」에 따라 관할 세무서장에게 제출한 조세에 관한 신고서류(「세무사법」 제6조에 따라 등록한 세무사 또는 같은 법 제20조의2에 따라 세무대리업무등록부에 등록한 공인회계사가 같은 법 제2조제7호에 따라 확인한 것으로서 대차대조표 및 손익계산서가 포함된 것을 말한다)<br>나. 「주식회사의 외부감사에 관한 법률」 제3조에 따른 감사인의 회계감사를 받은 재무제표<br>다. 「공인회계사법」 제7조에 따라 등록한 공인회계사 또는 같은 법 제24조에 따 |  |  |

| 법률 | 시행령 | 시행규칙 | 지적측량 시행규칙 | 지적업무처리규정 |
|---|---|---|---|---|
| | | 라 등록한 회계법인의 회계감사를 받은 재무제표<br>6. 별지 제4호의10서식에 따른 기술인력 보유현황표 및 측량기술자 경력증명서와 보유증명서<br>7. 「신용정보의 이용 및 보호에 관한 법률」 제2조 제5호에 따른 신용정보회사(신용평가업무를 주된 사업으로 하는 자에 한한다)가 실시한 신용평가를 받은 경우에는 그 신용평가서 사본<br>8. 교육 이행실적이 있는 경우에는 별지 제4호의11서식에 따른 교육이행실적현황표 및 교육수료증 사본 등의 증명서류<br>② 제1항에 따른 신청서 및 첨부서류는 서면으로 제출하는 외에 디스켓·디스크 등의 디지털 저장매체에 저장하여 제출하거나 국토교통부장관이 지정하여 고시하는 정보통신망을 이용하여 제출할 수 있다.<br>③ 공간정보산업협회의 장은 측량업자가 제1항에 따른 측량용역 사업수행능력평가 결과의 확인을 요청하는 경우에는 별지 제4호의 | | |

| 법률 | 시행령 | 시행규칙 | 지적측량 시행규칙 | 지적업무처리규정 |
|---|---|---|---|---|
| | | 12서식에 따른 측량용역 사업수행능력평가 확인서를 내주어야 한다.<br>④ 영 제10조의6 제2항에서 "국토교통부령으로 정하는 공시방법"이란 공간정보산업협회 인터넷 홈페이지에 공시하는 것을 말한다. [본조신설 2015. 6. 4.] | | |
| 제11조(지형ㆍ지물의 변동사항 통보 등) ① 특별자치시장, 특별자치도지사, 시장ㆍ군수 또는 구청장은 대통령령으로 정하는 바에 따라 관할 구역 내 지형ㆍ지물의 변동 여부를 정기적으로 조사하여야 한다. 〈신설 2019. 12. 10.〉<br>② 특별자치시장, 특별자치도지사, 시장ㆍ군수 또는 구청장은 그 관할 구역에서 지형ㆍ지물의 변동이 발생하거나 제1항에 따라 실시한 조사 결과 지형ㆍ지물의 변동사항이 있을 경우에는 대통령령으로 정하는 바에 따라 국토교통부장관에게 그 지형ㆍ지물의 변동사항을 통보하여야 한다. 〈개정 2012. 12. 18., 2013. 3. 23., 2019. 12. 10.〉<br>③ 제17조제2항에 따른 공공측량시행자는 지형ㆍ지물의 변동을 유 | 제11조(지형ㆍ지물의 변동사항 정기조사 및 통보 등) ① 특별자치시장ㆍ특별자치도지사ㆍ시장ㆍ군수 또는 구청장(자치구의 구청장을 말한다. 이하 같다)은 법 제11조 제1항에 따라 관할 구역 내 지형ㆍ지물에 대한 다음 각 호의 사항을 매월 조사해야 한다. 〈신설 2020. 6. 9.〉<br>1. 「건축법」 제2조 제2항에 따른 용도별 건축물의 신축, 증축, 개축, 재축(再築), 이전, 대수선, 리모델링, 해체 및 멸실<br>2. 「도로법」 제10조에 따른 종류별 도로의 신설ㆍ확장ㆍ개량, 같은 법 제11조부터 제18조까지의 규정에 따른 도로 노선의 지정ㆍ고시 및 같은 법 제21조에 따른 도로 노선의 변경ㆍ폐지<br>3. 다음 각 목에 해당하는 기관의 | 제7조(지형ㆍ지물의 변동에 관한 통보 등) ① 영 제11조 제1항에 따른 지형ㆍ지물의 변동에 관한 통보는 별지 제5호서식에 따른다.<br>② 공공측량시행자는 영 제11조 제3항에 따른 건설공사를 착공한 때에는 5일 이내에, 완공한 때(준공을 의미하며, 도로ㆍ철도ㆍ도시철도 및 고속철도 건설공사의 경우에는 부분완공한 때를 포함한다)에는 지체 없이 다음 각 호의 내용을 국토지리정보원장에게 통보하여야 한다. 〈개정 2014. 1. 17.〉<br>1. 건설공사를 착공한 때 : 공사의 개요, 착공도면(실시설계 평면도를 포함한다), 건설공사 위치도(축척이 2만5천분의 1 이상인 지도에 표시하여야 한다) | | |

| 법률 | 시행령 | 시행규칙 | 지적측량 시행규칙 | 지적업무처리규정 |
|---|---|---|---|---|
| 발할 수 있는 건설공사 중 대통령령으로 정하는 종류 및 규모의 건설공사를 착공할 때에는 그 착공 사실을, 완공하였을 때에는 그 지형·지물의 변동사항을 국토교통부장관에게 통보하여야 한다. 〈개정 2013. 3. 23., 2019. 12. 10.〉<br>④ 국토교통부장관은 관계 행정기관에 기본측량에 관한 자료의 제출을 요구할 수 있다. 〈개정 2013. 3. 23., 2019. 12. 10., 2020. 2. 18.〉<br>⑤ 제3항에 따른 지형·지물의 변동을 유발하는 건설공사에 대한 통보에 필요한 사항은 국토교통부령으로 정한다. 〈개정 2013. 3. 23., 2019. 12. 10.〉 | 신설·폐지 및 명칭 변경<br>가. 「정부조직법」에 따라 설치되는 국가행정기관<br>나. 「지방자치법」에 따른 지방자치단체, 소속 행정기관, 하부행정기관 및 교육·과학 및 체육에 관한 기관<br>다. 공공기관<br>라. 지방공기업<br>마. 「지방자치단체 출자·출연 기관의 운영에 관한 법률」 제5조에 따라 지정·고시된 출자기관 또는 출연기관<br>② 법 제11조제2항에 따른 지형·지물의 변동사항 통보는 국토교통부령으로 정하는 바에 따라 매월 말일까지 해야 한다. 〈개정 2013. 3. 23., 2014. 1. 17., 2020. 6. 9., 2021. 2. 9.〉<br>③ 국토교통부장관은 제2항에 따른 통보의 내용을 확인하기 위하여 필요하면 소속 공무원으로 하여금 현지를 조사하게 하거나 특별자치시장·특별자치도지사·시장·군수 또는 구청장으로 하여금 다시 조사하여 통보하게 할 수 있다. 〈개정 2013. 3. 23., 2013. | 2. 건설공사를 완공한 때 : 공사의 내용, 준공측량도면, 현지 지형·지물 조사자료<br>③ 제2항에 따른 준공측량도면 등에 대한 세부적인 작성방법과 그 밖에 필요한 사항은 국토지리정보원장이 정하여 고시한다. | | |

| 법률 | 시행령 | 시행규칙 | 지적측량 시행규칙 | 지적업무처리규정 |
|---|---|---|---|---|
| | 6. 11., 2020. 6. 9., 2021. 2. 9.〉<br>④ 법 제11조 제3항에 따라 공공측량 시행자가 통보해야 하는 건설공사의 종류 및 규모는 별표 3과 같다. 〈개정 2020. 6. 9.〉<br>[제목개정 2020. 6. 9.] | | | |
| **제4절 지적측량** | | | **제3장 지적측량의 방법 및 절차**<br>**제1절 통칙** | **제3장 지적측량의 절차 및 방법** |
| **제23조(지적측량의 실시 등)**<br>① 다음 각 호의 어느 하나에 해당하는 경우에는 지적측량을 하여야 한다. 〈개정 2013. 7. 17.〉<br>1. 제7조제1항제3호에 따른 지적기준점을 정하는 경우<br>2. 제25조에 따라 지적측량성과를 검사하는 경우<br>3. 다음 각 목의 어느 하나에 해당하는 경우로서 측량을 할 필요가 있는 경우<br>　가. 제74조에 따라 지적공부를 복구하는 경우<br>　나. 제77조에 따라 토지를 신규등록하는 경우<br>　다. 제78조에 따라 토지를 등록전환하는 경우<br>　라. 제79조에 따라 토지를 분할하는 경우 | **제18조(지적현황측량)** 법 제23조 제1항 제5호에서 "대통령령으로 정하는 경우"란 지상건축물 등의 현황을 지적도 및 임야도에 등록된 경계와 대비하여 표시하는 데에 필요한 경우를 말한다. | | **제5조(지적측량의 구분 등)**<br>① 지적측량은 「공간정보의 구축 및 관리 등에 관한 법률 시행령」(이하 "영"이라 한다) 제8조 제1항 제3호에 따른 지적기준점을 정하기 위한 기초측량과, 1필지의 경계와 면적을 정하는 세부측량으로 구분한다. 〈개정 2015. 4. 23.〉<br>② 지적측량은 평판(平板)측량, 전자평판측량, 경위의(經緯儀)측량, 전파기(電波機) 또는 광파기(光波機)측량, 사진측량 및 위성측량 등의 방법에 따른다.<br><br>**제6조(지적측량의 실시기준)**<br>① 지적삼각점측량·지적삼각보조점측량은 다음 각 호의 어느 하나에 해당하는 경우에 실시한다.<br>　1. 측량지역의 지형상 지적삼각 | **제14조(지적측량의 방법)**<br>① 법 제86조제1항에 따른 지적확정측량과 시가지지역의 축척변경측량은 경위의측량방법, 전파기 또는 광파기측량방법 및 위성측량방법에 따른다.<br>② 「지적측량 시행규칙」 제7조제1항제4호에 따른 세부측량은 지적기준점 또는 경계점을 이용하여 전자평판측량 방법으로 할 수 있다.<br><br>**제17조(지적측량 성과검사 정리부 등)**<br>① 시·도지사, 대도시 시장 또는 지적소관청은 별지 제4호 서식의 지적측량 성과검사 정리부를 작성·비치하고, 지적측량수행계획서를 받은 때와 지적측량성과검사 요청이 있는 때에는 그 처리 내용을 기재하여야 한다. |

| 법률 | 시행령 | 시행규칙 | 지적측량 시행규칙 | 지적업무처리규정 |
|---|---|---|---|---|
| 마. 제82조에 따라 바다가 된 토지의 등록을 말소하는 경우<br>바. 제83조에 따라 축척을 변경하는 경우<br>사. 제84조에 따라 지적공부의 등록사항을 정정하는 경우<br>아. 제86조에 따른 도시개발 사업 등의 시행지역에서 토지의 이동이 있는 경우<br>자. 「지적재조사에 관한 특별법」에 따른 지적재조사사업에 따라 토지의 이동이 있는 경우<br>4. 경계점을 지상에 복원하는 경우<br>5. 그 밖에 대통령령으로 정하는 경우<br>② 지적측량의 방법 및 절차 등에 필요한 사항은 국토교통부령으로 정한다. 〈개정 2013. 3. 23.〉 | | | 점이나 지적삼각보조점의 설치 또는 재설치가 필요한 경우<br>2. 지적도근점의 설치 또는 재설치를 위하여 지적삼각점이나 지적삼각보조점의 설치가 필요한 경우<br>3. 세부측량을 하기 위하여 지적삼각점 또는 지적삼각보조점의 설치가 필요한 경우<br>② 지적도근점측량은 다음 각 호의 어느 하나에 해당하는 경우에 실시한다.<br>1. 법 제83조에 따라 축척변경을 위한 측량을 하는 경우<br>2. 법 제86조에 따른 도시개발사업 등으로 인하여 지적확정측량을 하는 경우<br>3. 「국토의 계획 및 이용에 관한 법률」 제7조 제1호의 도시지역에서 세부측량을 하는 경우<br>4. 측량지역의 면적이 해당 지적도 1장에 해당하는 면적 이상인 경우<br>5. 세부측량을 하기 위하여 특히 필요한 경우<br>③ 세부측량은 법 제23조 제1항 제2호·제3호·제4호 및 제5호의 경우에 실시한다. | ② 지적측량수행자가 지적도근점측량을 한 때에는 제13조제1항에 따라 지적도근점측량성과와 경계가 부합하는지를 확인한 측량결과도를 지적도근점측량성과와 함께 지적소관청에 제출하여야 한다. 〈개정 2017. 6. 23.〉<br>③ 시·도지사, 대도시 시장 또는 지적소관청은 지적측량수행계획서에 기재된 측량기간·측량일자 등을 확인하여 측량이 지연되는 일이 없도록 조치하여야 한다.<br>④ 지적측량수행자는 지적측량성과 검사를 위하여 측량결과도의 작성에 관한 제 규정 이행여부를 확인하여 검사를 의뢰하여야 한다. |

| 법률 | 시행령 | 시행규칙 | 지적측량 시행규칙 | 지적업무처리규정 |
|------|--------|----------|-------------------|------------------|
|  |  |  | **제7조(지적측량의 방법 등)** ① 법 제23조 제2항에 따른 지적측량의 방법은 다음 각 호의 어느 하나에 따른다. 〈개정 2013. 3. 23.〉<br><br>1. 지적삼각점측량 : 위성기준점, 통합기준점, 삼각점 및 지적삼각점을 기초로 하여 경위의측량방법, 전파기 또는 광파기측량방법, 위성측량방법 및 국토교통부장관이 승인한 측량방법에 따르되, 그 계산은 평균계산법이나 망평균계산법에 따를 것<br><br>2. 지적삼각보조점측량 : 위성기준점, 통합기준점, 삼각점, 지적삼각점 및 지적삼각보조점을 기초로 하여 경위의측량방법, 전파기 또는 광파기측량방법, 위성측량방법 및 국토교통부장관이 승인한 측량방법에 따르되, 그 계산은 교회법(交會法) 또는 다각망도선법에 따를 것<br><br>3. 지적도근점측량 : 위성기준점, 통합기준점, 삼각점 및 지적기준점을 기초로 하여 경위의측량방법, 전파기 또는 광파 |  |

| 법률 | 시행령 | 시행규칙 | 지적측량 시행규칙 | 지적업무처리규정 |
|---|---|---|---|---|
| | | | 기측량방법, 위성측량방법 및 국토교통부장관이 승인한 측량방법에 따르되, 그 계산은 도선법, 교회법 및 다각망도선법에 따를 것<br>4. 세부측량 : 위성기준점, 통합기준점, 지적기준점 및 경계점을 기초로 하여 경위의측량방법, 평판측량방법, 위성측량방법 및 전자평판측량방법에 따를 것<br>② 위성측량의 방법 및 절차 등에 관하여 필요한 사항은 <u>국토교통부장관이 따로 정한다.</u> 〈개정 2013. 3. 23.〉<br>③ <u>법 제23조 제1항 제1호에 따른 지적기준점측량의 절차는 다음 각호의 순서에 따른다.</u><br>1. 계획의 수립<br>2. 준비 및 현지답사<br>3. 선점(選點) 및 조표(調標)<br>4. 관측 및 계산과 성과표의 작성<br>④ 지적측량의 계산 및 결과 작성에 사용하는 소프트웨어는 국토교통부장관이 정한다. | |
| | | | **제2절 기초측량** | |
| | | | **제8조(지적삼각점측량)** ① 지적삼각점측량을 할 때에는 미리 지적삼각 | **제7조(지적삼각점의 명칭 등)**<br>① 「지적측량 시행규칙」 제8조제2 |

| 법률 | 시행령 | 시행규칙 | 지적측량 시행규칙 | 지적업무처리규정 |
|---|---|---|---|---|
| | | | 점표지를 설치하여야 한다.<br>② 지적삼각점의 명칭은 측량지역이 소재하고 있는 특별시·광역시·도 또는 특별자치도(이하 "시·도"라 한다)의 명칭 중 두 글자를 선택하고 시·도 단위로 일련번호를 붙여서 정한다.<br>③ 지적삼각점은 유심다각망(有心多角網)·삽입망(揷入網)·사각망(四角網)·삼각쇄(三角鎖) 또는 삼변(三邊) 이상의 망으로 구성하여야 한다.<br>④ 삼각형의 각 내각은 30도 이상 120도 이하로 한다. 다만, 망평균계산법과 삼변측량에 따르는 경우에는 그러하지 아니하다.<br>⑤ 지적삼각점성과 결정을 위한 관측 및 계산의 과정은 지적삼각점측량부에 적어야 한다.<br><br>**제9조(지적삼각점측량의 관측 및 계산)** ① 경위의측량방법에 따른 지적삼각점의 관측과 계산은 다음 각 호의 기준에 따른다.<br>  1. 관측은 10초독(秒讀) 이상의 경위의를 사용할 것<br>  2. 수평각 관측은 3대회(大回, 윤곽도는 0도, 60도, 120도로 한 | 항에 따른 시·도별 지적삼각점의 명칭은 다음과 같다.<br><br>표 참조 |

항에 따른 시·도별 지적삼각점의 명칭은 다음과 같다.

| 기관명 | 명칭 | 기관명 | 명칭 | 기관명 | 명칭 |
|---|---|---|---|---|---|
| 서울특별시 | 서울 | 울산광역시 | 울산 | 전라북도 | 전북 |
| 부산광역시 | 부산 | 경기도 | 경기 | 전라남도 | 전남 |
| 대구광역시 | 대구 | 강원도 | 강원 | 경상북도 | 경북 |
| 인천광역시 | 인천 | 충청북도 | 충북 | 경상남도 | 경남 |
| 광주광역시 | 광주 | 충청남도 | 충남 | 제주특별자치도 | 제주 |
| 대전광역시 | 대전 | 세종특별자치시 | 세종 | | |

| 법률 | 시행령 | 시행규칙 | 지적측량 시행규칙 | 지적업무처리규정 |
|---|---|---|---|---|
| | | | 다)의 방향관측법에 따를 것<br>3. 수평각의 측각공차(測角公差)는 다음 표에 따를 것 | |

| 종별 | 공차 |
|---|---|
| 1방향각 | 30초 이내 |
| 1측회(測回)의 폐색(閉塞) | ±30초 이내 |
| 삼각형 내각관측의 합과 180도와의 차 | ±30초 이내 |
| 기지각(旣知角)과의 차 | ±30초 이내 |

② 전파기 또는 광파기측량방법에 따른 지적삼각점의 관측과 계산은 다음 각 호의 기준에 따른다.

1. 전파 또는 광파측거기(光波測距機)는 표준편차가 ±[5밀리미터+5피피엠(ppm)] 이상인 정밀측거기를 사용할 것

2. 점간거리는 5회 측정하여 그 측정치의 최대치와 최소치의 교차가 평균치의 10만분의 1 이하일 때에는 그 평균치를 측정거리로 하고, 원점에 투영된 평면거리에 따라 계산할 것

3. 삼각형의 내각은 세 변의 평면거리에 따라 계산하며, 기지각과의 차(差)에 관하여는 제1항 제3호를 준용할 것

③ 제1항과 제2항에 따라 지직삼각점을 관측하는 경우 연직각(鉛直角)의 관측 및 계산은 다음 각 호의 기준에 따른다. 〈개정 2014. 1. 17.〉

| 법률 | 시행령 | 시행규칙 | 지적측량 시행규칙 | 지적업무처리규정 |
|---|---|---|---|---|
| | | | 1. 각 측점에서 정반(正反)으로 각 2회 관측할 것<br>2. 관측치의 최대치와 최소치의 교차가 30초 이내일 때에는 그 평균치를 연직각으로 할 것<br>3. 2점의 기지점(旣知點)에서 소구점(所求點)의 표고를 계산한 결과 그 교차가 0.05미터 + 0.05($S_1 + S_2$)미터 이하일 때에는 그 평균치를 표고로 할 것. 이 경우 $S_1$과 $S_2$는 기지점에서 소구점까지의 평면거리로서 킬로미터 단위로 표시한 수를 말한다.<br>④ 지적삼각점의 계산은 진수(眞數)를 사용하여 각규약(角規約)과 변규약(邊規約)에 따른 평균계산법 또는 망평균계산법에 따르며, 계산단위는 다음 표에 따른다. 〈개정 2014. 1. 17.〉 | |

| 종별 | 단위 |
|---|---|
| 각 | 초 |
| 변의 길이 | 센티미터 |
| 진수 | 6자리 이상 |
| 좌표 또는 표고 | 센티미터 |
| 경위도 | 초 아래 3자리 |
| 자오선수차 | 초 아래 1자리 |

| 법률 | 시행령 | 시행규칙 | 지적측량 시행규칙 | 지적업무처리규정 |
|---|---|---|---|---|
| | | | 제10조(지적삼각보조점측량) ① 지적삼각보조점측량을 할 때에 필요한 경우에는 미리 지적삼각보조점표지를 설치하여야 한다.<br>② 지적삼각보조점은 측량지역별로 설치순서에 따라 일련번호를 부여하되, 영구표지를 설치하는 경우에는 시·군·구별로 일련번호를 부여한다. 이 경우 지적삼각보조점의 일련번호 앞에 "보"자를 붙인다.<br>③ 지적삼각보조점은 교회망 또는 교점다각망(交點多角網)으로 구성하여야 한다.<br>④ 경위의측량방법과 전파기 또는 광파기측량방법에 따라 교회법으로 지적삼각보조점측량을 할 때에는 다음 각 호의 기준에 따른다.<br>1. 3방향의 교회에 따를 것. 다만, 지형상 부득이하여 2방향의 교회에 의하여 결정하려는 경우에는 각 내각을 관측하여 각 내각의 관측치의 합계와 180도와의 차가 ±40초 이내일 때에는 이를 각 내각에 고르게 배분하여 사용할 수 있다.<br>2. 삼각형의 각 내각은 30도 이상 | |

| 법률 | 시행령 | 시행규칙 | 지적측량 시행규칙 | 지적업무처리규정 |
|---|---|---|---|---|
| | | | 120도 이하로 할 것<br>⑤ 전파기 또는 광파기측량방법에 따라 다각망도선법으로 지적삼각보조점측량을 할 때에는 다음 각 호의 기준에 따른다. 〈개정 2014. 1. 17.〉<br>1. 3점 이상의 기지점을 포함한 결합다각방식에 따를 것<br>2. 1도선(기지점과 교점 간 또는 교점과 교점 간을 말한다)의 점의 수는 기지점과 교점을 포함하여 5점 이하로 할 것<br>3. 1도선의 거리(기지점과 교점 또는 교점과 교점 간의 점간거리의 총합계를 말한다)는 4킬로미터 이하로 할 것<br>⑥ 지적삼각보조점성과 결정을 위한 관측 및 계산의 과정은 지적삼각보조점측량부에 적어야 한다.<br><br>**제11조(지적삼각보조점의 관측 및 계산)** ① 경위의측량방법과 교회법에 따른 지적삼각보조점의 관측 및 계산은 다음 각 호의 기준에 따른다.<br>1. 관측은 20초독 이상의 경위의를 사용할 것<br>2. 수평각 관측은 2대회(윤곽도는 0도, 90도로 한다)의 방향관 | |

| 법률 | 시행령 | 시행규칙 | 지적측량 시행규칙 | 지적업무처리규정 |
|---|---|---|---|---|
| | | | 측법에 따를 것<br>3. 수평각의 측각공차는 다음 표에 따를 것. 이 경우 삼각형 내각의 관측치를 합한 값과 180도와의 차는 내각을 전부 관측한 경우에 적용한다.<br><br>| 종별 | 공차 |<br>|---|---|<br>| 1방향각 | 40초 이내 |<br>| 1측회의 폐색 | ±40초 이내 |<br>| 삼각형 내각관측의 합과 180도와의 차 | 50초 이내 |<br>| 기지각과의 차 | ±50초 이내 |<br><br>4. 계산단위는 다음 표에 따를 것<br><br>| 종별 | 공차 |<br>|---|---|<br>| 각 | 초 |<br>| 변의 길이 | 센티미터 |<br>| 진수 | 6자리 이상 |<br>| 좌표 | 센티미터 |<br><br>5. 2개의 삼각형으로부터 계산한 위치의 연결교차<br>$\sqrt{종선교차^2 + 횡선교차^2}$<br>을 말한다. 이하 같다)가 0.30미터 이하일 때에는 그 평균치를 지적삼각보조점의 위치로 할 것. 이 경우 기지점과 소구점 사이의 방위각 및 거리는 평균치에 따라 새로 계산하여 정한다.<br>② 전파기 또는 광파기측량방법과 교회법에 따른 지적삼각보조점 | |

| 법률 | 시행령 | 시행규칙 | 지적측량 시행규칙 | 지적업무처리규정 |
|---|---|---|---|---|
| | | | 의 관측과 계산은 다음 각 호의 기준에 따른다.<br>1. 점간거리 및 연직각의 측정방법에 관하여는 <u>제9조</u> <u>제2항</u> 및 <u>제3항</u>을 준용할 것<br>2. 기지각과의 차에 관하여는 제1항제3호를 준용할 것<br>3. 계산단위 및 2개의 삼각형으로부터 계산한 위치의 연결교차에 관하여는 제1항제4호 및 제5호를 준용할 것<br>③ 경위의측량방법, 전파기 또는 광파기측량방법과 다각망도선법에 따른 지적삼각보조점의 관측 및 계산은 다음 각 호의 기준에 따른다.<br>1. 관측과 계산방법에 관하여는 제1항제1호부터 제4호까지의 규정을 준용하고, 점간거리 및 연직각의 관측방법에 관하여는 <u>제9조</u> <u>제2항</u> 및 <u>제3항</u>을 준용할 것. 다만, 다각망도선법에 따른 지적삼각보조점의 수평각관측은 <u>제13조</u> <u>제3호</u>에 따른 배각법(倍角法)에 따를 수 있으며, 1회 측정각과 3회 측정각의 평균치에 대한 교차는 30초 이내로 한다. | |

| 법률 | 시행령 | 시행규칙 | 지적측량 시행규칙 | 지적업무처리규정 |
|------|--------|----------|-------------------|------------------|
| | | | 2. 도선별 평균방위각과 관측방위각의 폐색오차(閉塞誤差)는 ±$10\sqrt{n}$ 초 이내로 할 것. 이 경우 $n$은 폐색변을 포함한 변의 수를 말한다.<br>3. 도선별 연결오차는 0.05×$S$미터 이하로 할 것 이 경우 $S$는 도선의 거리를 1천으로 나눈 수를 말한다.<br>4. 측각오차(測角誤差)의 배분에 관하여는 제14조 제2항을 준용할 것<br>5. 종선오차 및 횡선오차의 배분에 관하여는 제15조 제2항을 준용할 것<br><br>**제12조(지적도근점측량)** ① 지적도근점측량을 할 때에는 미리 지적도근점표지를 설치하여야 한다.<br>② 지적도근점의 번호는 영구표지를 설치하는 경우에는 시 · 군 · 구별로, 영구표지를 설치하지 아니하는 경우에는 시행지역별로 설치순서에 따라 일련번호를 부여한다. 이 경우 각 도선의 교점은 지적도근점의 번호 앞에 "교"자를 붙인다.<br>③ 지적도근점측량의 도선은 다음 | |

| 법률 | 시행령 | 시행규칙 | 지적측량 시행규칙 | 지적업무처리규정 |
|---|---|---|---|---|
| | | | 각 호의 기준에 따라 1등도선과 2등도선으로 구분한다.<br>1. 1등도선은 위성기준점, 통합기준점, 삼각점, 지적삼각점 및 지적삼각보조점의 상호 간을 연결하는 도선 또는 다각망도선으로 할 것<br>2. 2등도선은 위성기준점, 통합기준점, 삼각점, 지적삼각점 및 지적삼각보조점과 지적도근점을 연결하거나 지적도근점 상호간을 연결하는 도선으로 할 것<br>3. 1등도선은 가·나·다 순으로 표기하고, 2등도선은 ㄱ·ㄴ·ㄷ 순으로 표기할 것<br>④ 지적도근점은 결합도선·폐합도선(廢合道線)·왕복도선 및 다각망도선으로 구성하여야 한다.<br>⑤ 경위의측량방법에 따라 도선법으로 지적도근점측량을 할 때에는 다음 각 호의 기준에 따른다.<br>1. 도선은 위성기준점, 통합기준점, 삼각점, 지적삼각점, 지적삼각보조점 및 지적도근점의 상호간을 연결하는 결합도선에 따를 것. 다만, 지형상 부득이한 경우에는 폐합도선 또는 | |

| 법률 | 시행령 | 시행규칙 | 지적측량 시행규칙 | 지적업무처리규정 |
|------|--------|----------|------------------|-----------------|
| | | | 왕복도선에 따를 수 있다.<br>2. 1도선의 점의 수는 40점 이하로 할 것. 다만, 지형상 부득이한 경우에는 50점까지로 할 수 있다.<br>⑥ 경위의측량방법이나 전파기 또는 광파기측량방법에 따라 다각망도 선법으로 지적도근점측량을 할 때에는 다음 각 호의 기준에 따른다. 〈개정 2014. 1. 17.〉<br>1. 3점 이상의 기지점을 포함한 결합다각방식에 따를 것<br>2. 1도선의 점의 수는 20점 이하로 할 것<br>⑦ 지적도근점 성과결정을 위한 관측 및 계산의 과정은 그 내용을 지 적도근점측량부에 적어야 한다.<br><br>**제13조(지적도근점의 관측 및 계산)**<br>경위의측량방법, 전파기 또는 광파 기측량방법과 도선법 또는 다각망 도선법에 따른 지적도근점의 관측 과 계산은 다음 각 호의 기준에 따른다.<br>1. 수평각의 관측은 시가지 지역, 축척변경지역 및 경계점좌표 등록부 시행 지역에 대하여는 배각법에 따르고, 그 밖의 지역 | |

| 법률 | 시행령 | 시행규칙 | 지적측량 시행규칙 | 지적업무처리규정 |
|---|---|---|---|---|
| | | | 에 대하여는 배각법과 방위각법을 혼용할 것<br>2. 관측은 20초독 이상의 경위의를 사용할 것<br>3. 관측과 계산은 다음 표에 따를 것<br><br>| 종별 | 배각법 | 방위각법 |<br>|---|---|---|<br>| 각 | 초 | 분 |<br>| 측정 횟수 | 3회 | 1회 |<br>| 거리 | 센티미터 | 센티미터 |<br>| 진수 | 5자리 이상 | 5자리 이상 |<br>| 좌표 | 센티미터 | 센티미터 |<br><br>4. 점간거리를 측정하는 경우에는 2회 측정하여 그 측정치의 교차가 평균치의 3천분의 1 이하일 때에는 그 평균치를 점간거리로 할 것. 이 경우 점간거리가 경사(傾斜)거리일 때에는 수평거리로 계산하여야 한다.<br>5. 연직각을 관측하는 경우에는 올려본 각과 내려본 각을 관측하여 그 교차가 90초 이내일 때에는 그 평균치를 연직각으로 할 것<br><br>**제14조(지적도근점의 각도관측을 할 때의 폐색오차의 허용범위 및 측각오차의 배분)** ① <u>도선법과 다각망도선법</u>에 따른 지적도근점의 각도관 | |

| 법률 | 시행령 | 시행규칙 | 지적측량 시행규칙 | 지적업무처리규정 |
|---|---|---|---|---|
| | | | 측을 할 때의 폐색오차의 허용범위는 다음 각 호의 기준에 따른다. 이 경우 $n$은 폐색변을 포함한 변의 수를 말한다.<br>　1. 배각법에 따르는 경우 : 1회 측정각과 3회 측정각의 평균값에 대한 교차는 30초 이내로 하고, 1도선의 기지방위각 또는 평균방위각과 관측방위각의 폐색오차는 1등도선은 ±20$\sqrt{n}$초 이내, 2등도선은 ±30$\sqrt{n}$초 이내로 할 것<br>　2. 방위각법에 따르는 경우 : 1도선의 폐색오차는 1등도선은 ±$\sqrt{n}$분 이내, 2등도선은 ±1.5$\sqrt{n}$분 이내로 할 것<br>② 각도의 측정결과가 제1항에 따른 허용범위 이내인 경우 그 오차의 배분은 다음 각 호의 기준에 따른다.<br>$$K=-\frac{e}{R}\times r$$<br>　1. 배각법에 따르는 경우 : 다음의 계산식에 따라 측선장(測線長)에 반비례하여 각 측선의 관측각에 배분할 것<br>　($K$는 각 측선에 배분할 초단위의 각도, $e$는 초단위의 오차, $R$은 폐색변을 포함한 각 측선장 | |

| 법률 | 시행령 | 시행규칙 | 지적측량 시행규칙 | 지적업무처리규정 |
|---|---|---|---|---|
| | | | 의 반수의 총합계, $r$은 각 측선장의 반수. 이 경우 반수는 측선장 1미터에 대하여 1천을 기준으로 한 수를 말한다)<br><br>2. 방위각법에 따르는 경우 : 다음의 산식에 따라 변의 수에 비례하여 각 측선의 방위각에 배분할 것<br><br>$$K_n = -\frac{e}{S} \times s$$<br><br>($K_n$은 각 측선의 순서대로 배분할 분단위의 각도, $e$는 분단위의 오차, $S$는 폐색변을 포함한 변의 수, $s$는 각 측선의 순서를 말한다)<br><br>**제15조(지적도근점측량에서의 연결오차의 허용범위와 종선 및 횡선오차의 배분)** ① 지적도근점측량에서 연결오차의 허용범위는 다음 각 호의 기준에 따른다. 이 경우 $n$은 각 측선의 수평거리의 총합계를 100으로 나눈 수를 말한다.<br><br>1. 1등도선은 해당 지역 축척분모의 $\frac{1}{100}\sqrt{n}$ 센티미터 이하로 할 것<br><br>2. 2등도선은 해당 지역 축척분모 | |

| 법률 | 시행령 | 시행규칙 | 지적측량 시행규칙 | 지적업무처리규정 |
|---|---|---|---|---|
| | | | 의 $\frac{1.5}{100}\sqrt{n}$ 센티미터 이하로 할 것<br><br>3. 제1호 및 제2호를 적용하는 경우 경계점좌표등록부를 갖춰 두는 지역의 축척분모는 500으로 하고, 축척이 6천분의 1인 지역의 축척분모는 3천으로 할 것. 이 경우 하나의 도선에 속하여 있는 지역의 축척이 2 이상일 때에는 대축척의 축척분모에 따른다.<br><br>② 지적도근점측량에 따라 계산된 연결오차가 제1항에 따른 허용범위 이내인 경우 그 오차의 배분은 다음 각 호의 기준에 따른다.<br><br>1. 배각법에 따르는 경우 : 다음의 계산식에 따라 각 측선의 종선차 또는 횡선차 길이에 비례하여 배분할 것<br><br>$$T = -\frac{e}{L} \times l$$<br><br>($T$는 각 측선의 종선차 또는 횡선차에 배분할 센티미터 단위의 수치, $e$는 종선오차 또는 횡선오차, $L$은 종선차 또는 횡선차의 절대치의 합계, $l$은 각 측선의 종선차 또는 횡선차를 말한다)<br><br>2. 방위각법에 따르는 경우 : 다 | |

| 법률 | 시행령 | 시행규칙 | 지적측량 시행규칙 | 지적업무처리규정 |
|---|---|---|---|---|
| | | | 음의 계산식에 따라 각 측선장에 비례하여 배분할 것<br><br>$$C = -\frac{e}{L} \times l$$<br><br>($C$는 각 측선의 종선차 또는 횡선차에 배분할 센티미터 단위의 수치, $e$는 종선오차 또는 횡선오차, $L$은 각 측선장의 총합계, $l$은 각 측선의 측선장을 말한다)<br>③ 제2항의 경우 종선 또는 횡선의 오차가 매우 작아 이를 배분하기 곤란할 때에는 배각법에서는 종선차 및 횡선차가 긴 것부터, 방위각법에서는 측선장이 긴 것부터 차례로 배분하여 종선 및 횡선의 수치를 결정할 수 있다. | |
| | | | **제3절 세부측량** | |
| | | | **제16조(지적도 등의 전산자료 제공)**<br>① 지적소관청은 지적측량수행자가 「공간정보의 구축 및 관리 등에 관한 법률 시행규칙」(이하 "규칙"이라 한다) 제25조 제2항에 따라 제출한 지적측량 수행계획서에 따라 지적측량을 하려는 지역의 지적공부와 부동산종합공부에 관한 전산자료를 지적측량수행자에게 제공하여야 한다. 〈개정 2014. 1. 17., 2015. 4. 23.〉 | **제18조(측량준비파일의 작성)**<br>① 평판측량방법 또는 전자평판측량방법으로 세부측량을 하고자 할 때에는 측량준비파일을 작성하여야 하며, 부득이한 경우 측량준비도면을 연필로 작성할 수 있다.<br>② 측량준비파일을 작성하고자 하는 때에는 「지적측량 시행규칙」 제17조제1항제1호, 제4호 및 제5호 중 지적기준점 및 그 번호와 좌 |

| 법률 | 시행령 | 시행규칙 | 지적측량 시행규칙 | 지적업무처리규정 |
|---|---|---|---|---|
| | | | ② 지적소관청은 지적측량수행자가 측량업무수행을 위하여 전산화 이전의 지적공부, 측량부·측량결과도·면적측정부, 측량성과파일 등 측량성과에 관한 자료를 요청한 경우에는 특별한 사정이 없는 한 지적측량수행자에게 제공하여야 한다<br><br>**제17조(측량준비 파일의 작성)**<br>① 제18조 제1항에 따라 평판측량방법으로 세부측량을 할 때에는 지적도, 임야도에 따라 다음 각 호의 사항을 포함한 측량준비 파일을 작성하여야 한다. 〈개정 2013. 3. 23.〉<br> 1. 측량대상 토지의 경계선·지번 및 지목 | 표는 검은색으로, 「지적측량 시행규칙」 제17조제1항제6호, 제7호 및 제5호 중 도곽선 및 그 수치와 지적기준점 간 거리는 붉은색으로, 그 외는 검은색으로 작성한다.<br>③ 측량대상토지가 도곽에 접합되어 벌어지거나 겹쳐지는 경우와 필지의 경계가 행정구역선에 접하게 되는 경우에는 다른 행정구역선(동·리 경계선)과 벌어지거나 겹치지 아니하도록 측량준비파일을 작성하여야 한다.<br>④ 지적측량수행자는 측량 전에 측량준비파일 작성의 적정여부 등을 확인하여 필요한 조치를 하여야 한다.<br>⑤ 지적측량수행자가 도시·군관리계획선을 측량하기 위해 측량준비파일을 요청한 경우에는 지적소관청은 측량준비파일에 도시·군관리계획선을 포함하여 제공하여야 하며, 지적측량수행자는 도시·군관리계획선을 측량준비파일에 포함하여 작성한 후 시·군·구 도시계획부서 담당자의 서명 또는 확인을 받아야 한다.<br>⑥ 경위의측량방법으로 세부측량을 |

| 법률 | 시행령 | 시행규칙 | 지적측량 시행규칙 | 지적업무처리규정 |
|---|---|---|---|---|
| | | | 2. 인근 토지의 경계선·지번 및 지목<br>3. 임야도를 갖춰 두는 지역에서 인근 지적도의 축척으로 측량을 할 때에는 임야도에 표시된 경계점의 좌표를 구하여 지적도에 전개(展開)한 경계선. 다만, 임야도에 표시된 경계점의 좌표를 구할 수 없거나 그 좌표에 따라 확대하여 그리는 것이 부적당한 경우에는 축척비율에 따라 확대한 경계선을 말한다.<br>4. 행정구역선과 그 명칭<br>5. 지적기준점 및 그 번호와 지적기준점 간의 거리, 지적기준점의 좌표, 그 밖에 측량의 기점이 될 수 있는 기지점<br>6. 도곽선(圖廓線)과 그 수치<br>7. 도곽선의 신축이 0.5밀리미터 이상일 때에는 그 신축량 및 보정(補正) 계수<br>8. 그 밖에 국토교통부장관이 정하는 사항<br>② 제18조 제9항에 따라 경위의측량방법으로 세부측량을 할 때에는 경계점좌표등록부와 지적도에 따라 다음 각 호의 사항을 포함한 측량준비 파일을 작성하여야 한 | 하고자 할 경우 측량준비파일의 작성에 관련된 사항은 제1항부터 제5항까지의 규정을 준용한다. 이 경우 지적기준점 간 거리 및 방위각은 붉은색으로 작성한다.<br><br>**제19조(지적측량 자료조사)**<br>① 지적측량수행자가 세부측량을 하고자 하는 때에는 별지 제5호 서식의 지적측량자료부를 작성·비치하여야 한다. 다만, 측량성과 결정에 지장이 없다고 판단되는 경우에는 그러하지 아니하다.<br>② 지적측량수행자는 지적측량정보를 처리할 수 있는 시스템에 측량준비파일을 등록하여 다음 각 호의 사항에 대한 자료를 조사하여야 한다.<br>1. 경계 및 면적<br>2. 지적측량성과의 결정방법<br>3. 측량연혁<br>4. 지적기준점 성과<br>5. 그 밖에 필요한 사항<br>③ 지적측량자료부를 작성할 경우에는 측량 전에 토지이동측량결과도, 경계복원측량결과도 및 지적공부 등에 따라 측량대상토지의 토지표시 변동사항, 지적측량 |

| 법률 | 시행령 | 시행규칙 | 지적측량 시행규칙 | 지적업무처리규정 |
|---|---|---|---|---|
| | | | 다. 〈개정 2013. 3. 23.〉<br>1. 측량대상 토지의 경계와 경계점의 좌표 및 부호도·지번·지목<br>2. 인근 토지의 경계와 경계점의 좌표 및 부호도·지번·지목<br>3. 행정구역선과 그 명칭<br>4. 지적기준점 및 그 번호와 지적기준점 간의 방위각 및 그 거리<br>5. 경계점 간 계산거리<br>6. 도곽선과 그 수치<br>7. 그 밖에 국토교통부장관이 정하는 사항<br>③ 지적측량수행자는 제1항 및 제2항의 측량준비 파일로 지적측량성과를 결정할 수 없는 경우에는 지적소관청에 지적측량성과의 연혁 자료를 요청할 수 있다.<br><br>**제18조(세부측량의 기준 및 방법 등)**<br>① 평판측량방법에 따른 세부측량은 다음 각 호의 기준에 따른다.<br>1. 거리측정단위는 지적도를 갖춰 두는 지역에서는 5센티미터로 하고, 임야도를 갖춰 두는 지역에서는 50센티미터로 할 것<br>2. 측량결과도는 그 토지가 등록된 도면과 동일한 축척으로 작 | 연혁, 측량성과 결정에 사용한 기지점, 측량대상토지 주위의 기지점 및 지적기준점 유무 등을 조사하여 측량 시에 활용하여야 한다.<br>④ 지적소관청은 지적측량수행자가 지적측량 자료조사를 위하여 지적공부, 지적측량성과(지적측량을 실시하여 작성한 측량부, 측량결과도, 면적측정부 및 측량성과파일에 등재된 측량결과를 말한다) 및 관계자료 등을 항상 조사할 수 있도록 협조하여야 한다.<br>⑤ 지적소관청은 지적측량 민원처리 등에 필요한 경우에는 지적측량수행자에게 경계복원·지적현황측량결과도 등 관련 자료의 제출을 요구할 수 있다.<br><br>**제20조(현지측량방법 등)** ① 지적측량을 할 때에는 토지소유자 및 이해관계인을 입회시켜 측량에 필요한 질문을 하거나 참고자료의 제시를 요구할 수 있다.<br>② 지적측량결과도에는 토지소유자 및 이해관계인의 서명·전자서명 또는 날인을 받아야 한다. 다만, 토지소유자 및 이해관계인이 입 |

| 법률 | 시행령 | 시행규칙 | 지적측량 시행규칙 | 지적업무처리규정 |
|---|---|---|---|---|
| | | | 성할 것<br>3. 세부측량의 기준이 되는 위성기준점, 통합기준점, 삼각점, 지적삼각점, 지적삼각보조점, 지적도근점 및 기지점이 부족한 경우에는 측량상 필요한 위치에 보조점을 설치하여 활용할 것<br>4. 경계점은 기지점을 기준으로 하여 지상경계선과 도상경계선의 부합 여부를 현형법(現形法)ㆍ도상원호(圖上圓弧)교회법ㆍ지상원호(地上圓弧)교회법 또는 거리비교확인법 등으로 확인하여 정할 것<br>② 평판측량방법에 따른 세부측량은 교회법ㆍ도선법 및 방사법(放射法)에 따른다.<br>③ 평판측량방법에 따른 세부측량을 교회법으로 하는 경우에는 다음 각 호의 기준에 따른다.<br>1. 전방교회법 또는 측방교회법에 따를 것<br>2. 3방향 이상의 교회에 따를 것<br>3. 방향각의 교각은 30도 이상 150도 이하로 할 것<br>4. 방향선의 도상길이는 측판의 방위표정(方位標定)에 사용한 | 회하지 못하는 경우와 입회는 하였으나 서명 또는 날인을 거부하는 때에는 그 사유를 기재하여야 한다.<br>③ 각종 인가ㆍ허가 등의 내용과 다르게 토지의 형질이 변경되었을 경우에는 그 변경된 토지의 현황대로 측량성과를 결정하여야 한다.<br>④ 세부측량성과를 결정하기 위하여 사용하는 기지점은 지적기준점이어야 한다. 다만, 도면의 기지점이 정확하고 보존이 양호하여 기지점을 이용하여도 측량에 지장이 없다고 인정되는 축척 1천분의 1 이하의 지역에는 그러하지 아니하다.<br>⑤ 제4항에 따른 지적기준점은 세부측량을 하기 전에 설치하여야 하며, 그 설치비용을 지적측량의뢰인에게 부담시켜서는 아니 된다. 다만, 「지적측량 시행규칙」 제6조제2항제1호ㆍ제2호 또는 제4호에 해당하는 경우, 51필지 이상 연속지 또는 집단지 세부측량시에 지적기준점을 설치할 경우 및 제4항 단서에 따른 기지점에 따라 세부측량을 할 지역에서 지적측 |

| 법률 | 시행령 | 시행규칙 | 지적측량 시행규칙 | 지적업무처리규정 |
|---|---|---|---|---|
| | | | 방향선의 도상길이 이하로서 10센티미터 이하로 할 것. 다만, 광파조준의(光波照準儀) 또는 광파측거기를 사용하는 경우에는 30센티미터 이하로 할 수 있다.<br>5. 측량결과 시오(示誤)삼각형이 생긴 경우 내접원의 지름이 1밀리미터 이하일 때에는 그 중심을 점의 위치로 할 것<br>④ 평판측량방법에 따른 세부측량을 도선법으로 하는 경우에는 다음 각 호의 기준에 따른다.<br>1. 위성기준점, 통합기준점, 삼각점, 지적삼각점, 지적삼각보조점 및 지적도근점, 그 밖에 명확한 기지점 사이를 서로 연결할 것<br>2. 도선의 측선장은 도상길이 8센티미터 이하로 할 것. 다만, 광파조준의 또는 광파측거기를 사용할 때에는 30센티미터 이하로 할 수 있다.<br>3. 도선의 변은 20개 이하로 할 것<br>4. 도선의 폐색오차가 도상길이 $\frac{\sqrt{N}}{3}$ 밀리미터 이하인 경우 그 오차는 다음의 계산식에 따 | 량의뢰인이 지적기준점의 설치를 요구할 경우에는 그러하지 아니하다.<br>⑥ 지적확정측량지구 안에서 지적측량을 하고자 할 경우에는 종전에 실시한 지적확정측량성과를 참고하여 성과를 결정하여야 한다.<br>⑦ 지적측량을 완료한 때에는 분할등록될 경계점의 위치 또는 경계복원점의 위치를 지적기준점·담장모서리 및 전신주 등 주위 고정물로부터 거리를 측정하여 지적측량의뢰인 및 이해관계인에게 확인시키고, 측량결과도 여백에 그 거리를 기재하거나 경위의 측량방법에 따른 평면직각종횡선좌표 등 측정점의 위치설명도를 [예시1] 지적측량결과도 작성 예시 목록과 같이 작성하여야 한다. 다만, 주위 고정물이 없는 경우와 도로, 구거, 하천 등 연속·집단된 토지 등의 경우에는 작성을 생략할 수 있다.<br>⑧ 지적측량수행자는 지적측량자료조사 또는 지적측량결과, 지적공부의 토지의 표시에 잘못이 있음을 발견한 때에는 지체 없이 지적소관청에 관계자료 등을 첨부하 |

| 법률 | 시행령 | 시행규칙 | 지적측량 시행규칙 | 지적업무처리규정 |
|---|---|---|---|---|
| | | | 라 이를 각 점에 배분하여 그 점의 위치로 할 것<br><br>$$M_n = \frac{e}{N} \times n$$<br><br>($M_n$은 각점에 순서대로 배분할 밀리미터 단위의 도상길이, $e$는 밀리미터 단위의 오차, $N$은 변의 수, $n$은 변의 순서를 말한다)<br>⑤ 평판측량방법에 따른 세부측량을 방사법으로 하는 경우에는 1방향선의 도상길이는 10센티미터 이하로 한다. 다만, 광파조준의 또는 광파측거기를 사용할 때에는 30센티미터 이하로 할 수 있다.<br>⑥ 평판측량방법으로 거리를 측정하는 경우 도곽선의 신축량이 0.5밀리미터 이상일 때에는 다음의 계산식에 따른 보정량을 산출하여 도곽선이 늘어난 경우에는 실측거리에 보정량을 더하고, 줄어든 경우에는 실측거리에서 보정량을 뺀다.<br>보정량<br>$$= \frac{\text{신축량(지상)} \times 4}{\text{도곽선길이합계(지상)}}$$<br>⑦ 평판측량방법에 따라 경사거리를 측정하는 경우의 수평거리의 계산은 다음 각 호의 기준에 따른다. | 여 문서로 통보하고, 지적측량의 뢰인에게 그 내용을 통지하여야 한다.<br>⑨ 법원의 감정측량을 할 때에는 별표 2의 법원감정측량 처리절차에 따른다.<br>⑩ 전자평판측량에 따른 세부측량은 지적기준점을 기준으로 실시하여야 하며, 면적측정은 전산처리 방법에 따른다.<br>⑪ 제10항에 따른 세부측량 시 평판점의 이동거리는 「지적측량 시행규칙」 제2조제1항제3호에서 정한 지적도근점표지의 점간거리 이내로 한다.<br>⑫ 지적기준점이 없는 지역에서 전자평판측량을 실시할 때에는 보존이 용이한 고정물을 선점하여 보조점으로 사용할 수 있다. 이 경우 설치된 보조점은 후속측량에 사용할 수 있도록 하여야 한다.<br>⑬ 현형법(現形法)으로 지적측량의 성과를 결정하려면 경계점은 반드시 지적공부 등록당시의 축척으로 하며, 기지점을 기준으로 지상경계선과 도상경계선의 부합 여부를 확인하여야 한다. 〈개정 2017. 6. 23.〉 |

| 법률 | 시행령 | 시행규칙 | 지적측량 시행규칙 | 지적업무처리규정 |
|---|---|---|---|---|
| | | | 1. 조준의[앨리데이드(alidade)]를 사용한 경우<br><br>$$D = l\frac{1}{\sqrt{1+\left(\dfrac{n}{100}\right)^2}}$$<br><br>($D$는 수평거리, $l$은 경사거리, $n$은 경사분획)<br>2. 망원경조준의(망원경 앨리데이드)를 사용한 경우<br><br>$$D = l\cos\theta \text{ 또는 } l\sin\alpha$$<br><br>($D$는 수평거리, $l$은 경사거리, $\theta$는 연직각, $\alpha$는 천정각 또는 천저각)<br>⑧ 평판측량방법에 있어서 도상에 영향을 미치지 아니하는 지상거리의 축척별 허용범위는 $\dfrac{M}{10}$ 밀리미터로 한다. 이 경우 $M$은 축척분모를 말한다.<br>⑨ 경위의측량방법에 따른 세부측량은 다음 각 호의 기준에 따른다.<br>1. 거리측정단위는 1센티미터로 할 것<br>2. 측량결과도는 그 토지의 지적도와 동일한 축척으로 작성할 것. 다만, 법 제86조에 따른 도시개발사업 등의 시행지역(농지의 구획정리지역은 제외한다)과 축척변경 시행지역은 | ⑭ 이미 작성되어 있는 지적측량파일을 이용하여 측량할 경우에는 기존 파일에서 지상경계선과 도상경계가 잘 부합되는 기지점과 신청토지 주변을 추가로 실측하여 성과를 결정하여야 한다.<br>⑮ 전자평판측량의 설치 및 표정방법은 다음 각 호에 따른다.<br>1. 토털스테이션을 지적기준점 또는 보조점 위에 거치한 후 다른 지적기준점이나 고정물을 시준하고 수평각을 전자평판에서 0°0′0″로 세팅하여 관측을 준비한다.<br>2. 지적기준점 간의 거리는 2회 이상 측정하여 확인한다.<br>3. 연직각은 천정을 0으로 설정한다.<br><br>**제21조(신규등록측량)** 1950. 12. 1 법률 제165호로 제정된 「지적법」 제37조에 따른 신규 등록 시 누락된 도로·하천 및 구거 등의 토지를 등록하는 경우의 경계는 도면에 등록된 인접토지의 경계를 기준으로 하여 결정한다. 이 경우 토지의 경계와 이용현황 등을 조사하기 위한 측량을 하여야 한다. |

| 법률 | 시행령 | 시행규칙 | 지적측량 시행규칙 | 지적업무처리규정 |
|---|---|---|---|---|
| | | | 500분의 1로 하고, 농지의 구획정리 시행지역은 1천분의 1로 하되, 필요한 경우에는 미리 시·도지사의 승인을 받아 6천분의 1까지 작성할 수 있다.<br>3. 토지의 경계가 곡선인 경우에는 가급적 현재 상태와 다르게 되지 아니하도록 경계점을 측정하여 연결할 것. 이 경우 직선으로 연결하는 곡선의 중앙종거(中央縱距)의 길이는 5센티미터 이상 10센티미터 이하로 한다.<br>⑩ 경위의측량방법에 따른 세부측량의 관측 및 계산은 다음 각 호의 기준에 따른다.<br>1. 미리 각 경계점에 표지를 설치하여야 한다. 다만, 부득이한 경우에는 그러하지 아니하다.<br>2. 도선법 또는 방사법에 따를 것<br>3. 관측은 20초독 이상의 경위의를 사용할 것<br>4. 수평각의 관측은 1대회의 방향관측법이나 2배각의 배각법에 따를 것. 다만, 방향관측법인 경우에는 1측회의 폐색을 하지 아니할 수 있다.<br>5. 연직각의 관측은 정반으로 1회 | **제22조(등록전환측량)** ① 1필지 전체를 등록전환 할 경우에는 임야대장등록사항과 토지대장등록사항의 부합여부 등을 확인하고 토지의 경계와 이용현황 등을 조사하기 위한 측량을 하여야 한다.<br>② 등록전환 할 일단의 토지가 2필지 이상으로 분할되어야 할 토지의 경우에는 1필지로 등록전환 후 지목별로 분할하여야 한다. 이 경우 등록 전환할 토지의 지목은 임야대장에 등록된 지목으로 설정하되, 분할 및 지목변경은 등록전환과 동시에 정리한다.<br>③ 경계점좌표등록부를 비치하는 지역과 연접되어 있는 토지를 등록전환하려면 경계점좌표등록부에 등록하여야 한다.<br>④ 토지대장에 등록하는 면적은 등록전환측량의 결과에 따라야 하며, 임야대장의 면적을 그대로 정리할 수 없다.<br>⑤ 1필지의 일부를 등록전환 하려면 등록전환으로 인하여 말소하여야 할 필지의 면적은 반드시 임야분할측량결과도에서 측정하여야 한다. |

| 법률 | 시행령 | 시행규칙 | 지적측량 시행규칙 | 지적업무처리규정 |
|---|---|---|---|---|
| | | | 관측하여 그 교차가 5분 이내일 때에는 그 평균치를 연직각으로 하되, 분단위로 독정(讀定)할 것<br>6. 수평각의 측각공차는 다음 표에 따를 것<br><br>| 종별 | 공차 |<br>\|---\|---\|<br>\| 1방향각 \| 60초 이내 \|<br>\| 1회 측정각과 2회 측정각의 평균값에 대한 교차 \| 40초 이내 \|<br><br>7. 경계점의 거리측정에 관하여는 제13조제4호를 준용할 것<br>8. 계산방법은 다음 표에 따를 것<br><br>| 종별 | 단위 |<br>\|---\|---\|<br>\| 각 \| 초 \|<br>\| 변의 길이 \| 센티미터 \|<br>\| 진수 \| 5자리 이상 \|<br>\| 좌표 \| 센티미터 \|<br><br>⑪ 전자평판측량은 제1항제2호부터 제4호까지와 제2항부터 제5항까지 및 제8항을 준용한다.<br>⑫ 제1항부터 제11항까지에서 규정한 사항 외에 측량방법 및 절차에 관하여 필요한 사항은 국토교통부장관이 정한다. 〈개정 2013. 3. 23.〉<br><br>**제19조(면적측정의 대상)** ① 세부측량을 하는 경우 다음 각 호의 어느 하 | ⑥ 임야도에 도곽선 또는 도곽선수치가 없거나, 1필지 전체를 등록전환 할 경우에만 등록전환으로 인하여 말소해야 할 필지의 임야측량결과도를 등록전환측량결과도에 함께 작성할 수 있다.<br>⑦ 토지의 형질변경이 수반되는 등록전환측량은 토목공사 등이 완료된 후에 실시하여야 하며, 제20조제3항에 따라 측량성과를 결정하여야 한다.<br><br>**제23조(분할측량)** ① 측량대상토지의 점유현황이 도면에 등록된 경계와 일치하지 않으면 분할 측량 시에 그 분할 등록될 경계점을 지상에 복원하여야 한다.<br>② 합병된 토지를 합병 전의 경계대로 분할하려면 합병 전 각 필지의 면적을 분할 후 각 필지의 면적으로 한다. 이 경우 분할되는 토지 중 일부가 등록사항정정대상토지이면 분할정리 후 그 토지에만 등록사항정정대상토지임을 등록하여야 한다.<br><br>**제24조(측량기하적)** ① 평판측량방법 또는 전자평판측량방법으로 세 |

| 법률 | 시행령 | 시행규칙 | 지적측량 시행규칙 | 지적업무처리규정 |
|---|---|---|---|---|
| | | | 나에 해당하면 필지마다 면적을 측정하여야 한다.<br>　1. 지적공부의 복구 · 신규등록 · 등록전환 · 분할 및 축척변경을 하는 경우<br>　2. 법 제84조에 따라 면적 또는 경계를 정정하는 경우<br>　3. 법 제86조에 따른 도시개발사업 등으로 인한 토지의 이동에 따라 토지의 표시를 새로 결정하는 경우<br>　4. 경계복원측량 및 지적현황측량에 면적측정이 수반되는 경우<br>② 제1항에도 불구하고 법 제23조 제1항 제4호의 경계복원측량과 영 제18조의 지적현황측량을 하는 경우에는 필지마다 면적을 측정하지 아니한다.<br>**제20조(면적측정의 방법 등)** ① 좌표면적계산법에 따른 면적측정은 다음 각 호의 기준에 따른다.<br>　1. 경위의측량방법으로 세부측량을 한 지역의 필지별 면적측정은 경계점 좌표에 따를 것<br>　2. 산출면적은 1천분의 1제곱미터까지 계산하여 10분의 1제곱미터 단위로 정할 것 | 부측량을 하는 때에는 측량준비파일에 측량한 기하적(幾何跡)을 다음 각 호와 같이 작성하여야 하며, 부득이한 경우 지적측량준비도에 연필로 표시할 수 있다. 〈개정 2017. 6. 23.〉<br>　1. 평판점 · 측정점 및 방위표정에 사용한 기지점등에는 방향선을 긋고 실측한 거리를 기재한다. 이 경우 측정점의 방향선 길이는 측정점을 중심으로 약 1센티미터로 표시한다. 다만, 전자측량시스템에 따라 작성할 경우 필지선이 복잡한 때는 방향선과 측정거리를 생략할 수 있다.<br>　2. 평판점은 측량자는 직경 1.5밀리미터 이상 3밀리미터 이하의 검은색 원으로 표시하고, 검사자는 1변의 길이가 2밀리미터 이상 4밀리미터 이하의 삼각형으로 표시한다. 이 경우 평판점 옆에 평판이동순서에 따라 부₁, 부₂ …으로 표시한다.<br>　3. 평판점의 결정 및 방위표정에 사용한 기지점은 측량자는 직경 1밀리미터와 2밀리미터의 2중원으로 표시하고, 검사자는 1변의 길이가 2밀리미터와 3 |

| 법률 | 시행령 | 시행규칙 | 지적측량 시행규칙 | 지적업무처리규정 |
|---|---|---|---|---|
| | | | ② 전자면적측정기에 따른 면적측정은 다음 각 호의 기준에 따른다.<br>1. 도상에서 2회 측정하여 그 교차가 다음 계산식에 따른 허용면적 이하일 때에는 그 평균치를 측정면적으로 할 것<br>$$A = 0.023^2 M\sqrt{F}$$<br>($A$는 허용면적, $M$은 축척분모, $F$는 2회 측정한 면적의 합계를 2로 나눈 수)<br>2. 측정면적은 1천분의 1제곱미터까지 계산하여 10분의 1제곱미터 단위로 정할 것<br>③ 면적을 측정하는 경우 도곽선의 길이에 0.5밀리미터 이상의 신축이 있을 때에는 이를 보정하여야 한다. 이 경우 도곽선의 신축량 및 보정계수의 계산은 다음 각 호의 계산식에 따른다.<br>1. 도곽선의 신축량계산<br>$$S = \frac{\triangle X_1 + \triangle X_2 + \triangle Y_1 + \triangle Y_2}{4}$$<br>($S$는 신축량, $\triangle X_1$는 왼쪽 종선의 신축된 차, $\triangle X_2$는 오른쪽 종선의 신축된 차, $\triangle Y_1$는 위쪽 횡선의 신축된 차, $\triangle Y_2$는 아래쪽 횡선의 신축된 차)<br>이 경우 신축된 차(밀리미터) | 밀리미터의 2중 삼각형으로 표시한다.<br>4. 평판점과 기지점 사이의 도상거리와 실측거리를 방향선상에 다음과 같이 기재한다.<br>(측량자)　　　(검사자)<br>$\dfrac{(도상거리)}{실측거리}$　$\triangle\dfrac{(도상거리)}{\triangle 실측거리}$<br>5. 측량대상토지에 지상구조물 등이 있는 경우와 새로이 설정하는 경계에 지상건물 등이 걸리는 경우에는 그 위치현황을 표시하여야 한다. 다만, 영 제55조제4항제2호와 제3호의 규정에 의해 분할하는 경우에는 그러하지 아니하다.<br>② 경위의측량방법으로 세부측량을 하려면 지상건물 등의 위치현황표시는 제1항제5호를 준용한다.<br>③ 「지적측량 시행규칙」 제26조제1항제6호 및 같은 조 제2항제7호에 따른 측량대상토지의 점유현황선은 붉은색 점선으로 표시한다.<br>④ 「지적측량 시행규칙」 제26조 및 이 규정 제29조에 따른 측량결과도의 분자와 숫자는 레터링 또는 전자측량시스템에 따라 작성한다.<br>⑤ 전자평판측량을 이용한 지적측 |

| 법률 | 시행령 | 시행규칙 | 지적측량 시행규칙 | 지적업무처리규정 |
|---|---|---|---|---|
| | | | $= \dfrac{1,000(L-L_o)}{M}$<br><br>($L$은 신축된 도곽선지상길이, $L_o$는 도곽선지상길이, $M$은 축척분모)<br><br>2. 도곽선의 보정계수계산<br><br>$Z = \dfrac{X \cdot Y}{\triangle X \cdot \triangle Y}$<br><br>($Z$는 보정계수, $X$는 도곽선종선길이, $Y$는 도곽선횡선길이, $\triangle X$는 신축된 도곽선종선길이의 합/2, $\triangle Y$는 신축된 도곽선횡선길이의 합/2을 말한다)<br><br>④ 면적이 5천제곱미터 이상인 필지를 분할하는 경우 분할 후의 면적이 분할 전 면적의 80퍼센트 이상이 되는 필지의 면적을 측정할 때에는 분할 전 면적의 20퍼센트 미만이 되는 필지의 면적을 먼저 측정한 후, 분할 전 면적에서 그 측정된 면적을 빼는 방법으로 할 수 있다. 다만, 동일한 측량결과도에서 측정할 수 있는 경우와 좌표면적계산법에 따라 면적을 측정하는 경우에는 그러하지 아니하다.<br><br>**제21조(임야도를 갖춰 두는 지역의 세부측량)** ① 임야도를 갖춰 두는 지 | 량결과도의 작성방법은 다음 각호와 같다.<br>1. 관측한 측정점의 오른쪽 상단에는 측정거리를 표시하여야 한다. 다만, 소축척 등으로 식별이 불가능한 때에는 방향선과 측정거리를 생략할 수 있다.<br>2. 측정점의 표시는 측량자의 경우 붉은색 짧은 십자선(+)으로 표시하고, 검사자는 삼각형(△)으로 표시하며, 각 측정점은 붉은색 점선으로 연결한다.<br>3. 지적측량결과도 상단 중앙에 "전자평판측량"이라 표기하고, 상단 오른쪽에 측량성과파일명을 표기하여야 하며, 측량성과파일에는 측량성과 결정에 관한 모든 사항이 수록되어 있어야 한다.<br>4. 측량결과의 파일 형식은 표준화된 공통포맷을 지원할 수 있어야 하며, 측량결과에 대한 측량파일 코드 일람표는 <u>별표 3</u>과 같다.<br>5. 이미 작성되어 있는 지적측량 파일을 이용하여 측량할 경우에는 기존 측량파일 코드의 내용·규격·도식은 파란색으 |

| 법률 | 시행령 | 시행규칙 | 지적측량 시행규칙 | 지적업무처리규정 |
|---|---|---|---|---|
| | | | 역의 세부측량은 위성기준점, 통합기준점, 삼각점, 지적삼각점, 지적삼각보조점 및 지적도근점에 따른다. 다만, 다음 각 호의 어느 하나에 해당하는 경우에는 위성기준점, 통합기준점, 삼각점, 지적삼각점, 지적삼각보조점 및 지적도근점에 따라 측량하지 아니하고 지적도의 축척으로 측량한 후 그 성과에 따라 임야측량결과도를 작성할 수 있다. 1. 측량대상토지가 지적도를 갖춰 두는 지역에 인접하여 있고 지적도의 기지점이 정확하다고 인정되는 경우 2. 임야도에 도곽선이 없는 경우 ② 제1항 단서에 따라 측량할 때에는 임야도상의 경계는 제17조 제1항 제3호의 경계에 따라야 하며, 지적도의 축척에 따른 측량성과를 임야도의 축척으로 측량결과도에 표시할 때에는 지적도의 축척에 따른 측량결과도에 표시된 경계점의 좌표를 구하여 임야측량결과도에 전개하여야 한다. 다만, 다음 각 호의 어느 하나에 해당하는 경우에는 축척비율에 따라 줄여서 임야측량결과도를 작성한다. | 로 표시한다.<br><br>**제25조(지적측량결과도의 작성 등)** ① 「지적측량 시행규칙」 제26조에 따른 측량결과도(세부측량을 실시한 결과를 작성한 측량도면을 말한다)는 도면용지 또는 전자측량시스템을 사용하여 예시 1의 지적측량결과도 작성 예시에 따라 작성하고, 측량결과도를 파일로 작성한 때에는 데이터베이스에 저장하여 관리할 수 있다. 다만, 경위의측량방법으로 실시한 지적측량결과를 별표 제7호 또는 제8호 서식으로 작성할 경우에는 다음 각 호의 사항을 별도 작성·관리·검사요청 하여야 한다. 〈개정 2017. 6. 23.〉 1. 경계점(지적측량기준점) 좌표 2. 기지점 계산 3. 경계점(보조점) 관측 및 좌표 계산 4. 교차점 계산 5. 면적 지정분할 계산 6. 좌표면적 및 점간거리 7. 면적측정부 ② 지적측량수행자 및 지적측량검사자는 지적측량결과도상의 측 |

| 법률 | 시행령 | 시행규칙 | 지적측량 시행규칙 | 지적업무처리규정 |
|---|---|---|---|---|
|  |  |  | 1. 경계점의 좌표를 구할 수 없는 경우<br>2. 경계점의 좌표에 따라 줄여서 그리는 것이 부적당한 경우<br><br>**제22조(지적확정측량)** ① 지적확정측량을 하는 경우 필지별 경계점은 위성기준점, 통합기준점, 삼각점, 지적삼각점, 지적삼각보조점 및 지적도근점에 따라 측정하여야 한다.<br>② 지적확정측량을 할 때에는 미리 규칙 제95조제1항제3호에 따른 사업계획도와 도면을 대조하여 각 필지의 위치 등을 확인하여야 한다.<br>③ 도시개발사업 등으로 지적확정측량을 하려는 지역에 임야도를 갖춰 두는 지역의 토지가 있는 경우에는 등록전환을 하지 아니할 수 있다.<br>④ 법 제6조 제1항의 기준에 따른 지적확정측량 방법과 절차에 대해서는 국토교통부장관이 정한다.<br><br>**제23조(경계점좌표등록부를 갖춰 두는 지역의 측량)** ① 경계점좌표등록부를 갖춰 두는 지역에 있는 각 필지의 경계점을 측정할 때에는 도선법·방사법 또는 교회법에 따라 좌 | 량준비도, 측량결과도, 측량성과도작성, 도면 등의 작성, 확인 및 검사란에 날인 또는 서명을 하여야 한다. 이 경우 서명은 정자(正字)로 하여야 한다. 〈개정 2017. 6. 23.〉<br>③ 측량결과도의 보관은 지적소관청은 연도별, 측량종목별, 지적공부정리 일자별, 동·리별로, 지적측량수행자는 연도별, 동·리별로, 지번 순으로 편철하여 보관하여야 한다.<br>④ 지적측량업자가 폐업하는 경우에는 보관 중인 측량결과도 원본(전자측량시스템으로 작성한 전산파일을 포함한다)과 지적측량 프로그램을 시·도지사에게 제출하여야 하며, 시·도지사는 해당 지적소관청에 측량결과도 원본을 보내주어야 한다.<br>⑤ 지적측량수행자는 전자평판측량으로 측량을 하여 작성된 지적측량파일을 데이터베이스에 저장하여 후속 측량자료 및 민원업무에 활용할 수 있도록 관리하여야 하며, 지적측량파일은 월 1회 이상 데이터를 백업하여 보관하여야 한다. |

| 법률 | 시행령 | 시행규칙 | 지적측량 시행규칙 | 지적업무처리규정 |
|------|--------|----------|-------------------|------------------|
|      |        |          | 표를 산출하여야 한다. 다만, 필지의 경계점이 지형·지물에 가로막혀 경위의를 사용할 수 없는 경우에는 간접적인 방법으로 경계점의 좌표를 산출할 수 있다.<br>② 제1항에 따른 각 필지의 경계점 측점번호는 왼쪽 위에서부터 오른쪽으로 경계를 따라 일련번호를 부여한다.<br>③ 기존의 경계점좌표등록부를 갖춰 두는 지역의 경계점에 접속하여 경위의측량방법 등으로 지적확정측량을 하는 경우 동일한 경계점의 측량성과가 서로 다를 때에는 경계점좌표등록부에 등록된 좌표를 그 경계점의 좌표로 본다. 이 경우 동일한 경계점의 측량성과의 차이는 <u>제27조 제1항 제4호 가목</u>의 허용범위 이내여야 한다.<br>**제24조(경계복원측량 기준 등)** ① 경계점을 지표상에 복원하기 위한 경계복원측량을 하려는 경우 경계를 지적공부에 등록할 당시 측량성과의 착오 또는 경계 오인 등의 사유로 경계가 잘못 등록되었다고 판단될 때에는 법 <u>제84조 제1항</u>에 따라 등록사항을 정정한 후 측량하여야 한다.<br>② 경계복원측량에 따라 지표상에 |  |

| 법률 | 시행령 | 시행규칙 | 지적측량 시행규칙 | 지적업무처리규정 |
|---|---|---|---|---|
| | | | 복원할 토지의 경계점에는 규칙 제60조제2항에 따른 경계점표지를 설치하여야 한다. 다만, 건축물이 경계에 걸쳐 있거나 부득이하여 경계점표지를 설치할 수 없는 경우에는 그러하지 아니하다.<br><br>**제25조(지적현황측량)** 영 제18조에 따른 지적현황측량은 다음 각 호의 방법으로 실시한다.<br>1. 지상건축물 등에 대한 측량은 지상, 지표 및 지하에 대한 현황을 지적도, 임야도에 등록된 경계와 대비하여 표시할 것<br>2. 건축허가에 따라 처음으로 시공된 옹벽, 기둥 등 측량이 가능한 건축구조물에 대한 현황을 지적도, 임야도에 등록된 경계와 대비하여 표시할 것<br>**제26조(세부측량성과의 작성)** ① 평판측량방법으로 세부측량을 한 경우 측량결과도에 다음 각 호의 사항을 적어야 한다. 다만, 1년 이내에 작성된 경계복원측량 또는 지적현황측량결과도와 지적도, 임야도의 도곽신축 차이가 0.5밀리미터 이하인 경우에는 종전의 측량결과도에 함께 작성할 수 있다. 〈개정 2014. 1. 17.〉 | |

| 법률 | 시행령 | 시행규칙 | 지적측량 시행규칙 | 지적업무처리규정 |
|---|---|---|---|---|
| | | | 1. 제17조 제1항 각 호의 사항<br>2. 측정점의 위치, 측량기하적 및 지상에서 측정한 거리<br>3. 측량대상 토지의 토지이동 전의 지번과 지목(2개의 붉은 선으로 말소한다)<br>4. 측량결과도의 제명 및 번호(연도별로 붙인다)와 도면번호<br>5. 신규등록 또는 등록전환하려는 경계선 및 분할경계선<br>6. 측량대상 토지의 점유현황선<br>7. 측량 및 검사의 연월일, 측량자 및 검사자의 성명·소속 및 자격등급 또는 기술등급<br>② 경위의측량방법으로 세부측량을 한 경우 측량결과도 및 측량계산부에 그 성과를 적되, 측량결과도에는 다음 각 호의 사항을 적어야 한다. 〈개정 2014. 1. 17.〉<br>1. 제17조 제2항 각 호의 사항<br>2. 측정점의 위치(측량계산부의 좌표를 전개하여 적는다), 지상에서 측정한 거리 및 방위각<br>3. 측량대상 토지의 경계점 간 실측거리<br>4. 측량대상 토지의 토지이동 전의 지번과 지목(2개의 붉은 색으로 말소한다) | |

| 법률 | 시행령 | 시행규칙 | 지적측량 시행규칙 | 지적업무처리규정 |
|---|---|---|---|---|
| | | | 5. 측량결과도의 제명 및 번호(연도별로 붙인다)와 지적도의 도면번호<br>6. 신규등록 또는 등록전환하려는 경계선 및 분할경계선<br>7. 측량대상 토지의 점유현황선<br>8. 측량 및 검사의 연월일, 측량자 및 검사자의 성명 · 소속 및 자격등급 또는 기술등급<br>③ 제2항제3호에 따른 측량대상 토지의 경계점 간 실측거리와 경계점의 좌표에 따라 계산한 거리의 교차는 $3 + \dfrac{L}{10}$ 센티미터 이내여야 한다. 이 경우 $L$은 실측거리로서 미터단위로 표시한 수치를 말한다.<br>④ 전자평판측량방법으로 세부측량을 한 경우에는 제1항 본문을 준용하여 측량성과 파일을 작성하여야 한다. | |
| **제24조(지적측량 의뢰 등)** ① 토지소유자 등 이해관계인은 제23조제1항제1호 및 제3호(자목은 제외한다)부터 제5호까지의 사유로 지적측량을 할 필요가 있는 경우에는 다음 각 호의 어느 하나에 해당하는 자(이하 "지적측량수행자"라 한다)에게 지적측 | | **제25조(지적측량 의뢰 등)** ① 법 제24조 제1항에 따라 지적측량을 의뢰하려는 자는 별지 제15호서식의 지적측량 의뢰서(전자문서로 된 의뢰서를 포함한다)에 의뢰 사유를 증명하는 서류(전자문서를 포함한다)를 첨부하여 지적측량수행자에게 제출하 | | **제16조(지적측량의뢰 등)** ① 지적측량수행자가 법 제24조제1항에 따라 토지소유자 등 이해관계인으로부터 지적측량의뢰를 받은 때에는 법 제106조제2항에 따른 지적측량수수료를 수납하고, 측량예정일자가 기재된 입금표를 측량의뢰인에게 발급 |

| 법률 | 시행령 | 시행규칙 | 지적측량 시행규칙 | 지적업무처리규정 |
|---|---|---|---|---|
| 량을 의뢰하여야 한다. 〈개정 2013. 7. 17., 2014. 6. 3.〉<br><br>1. 제44조제1항제2호의 지적측량업의 등록을 한 자<br>2. 「국가공간정보 기본법」 제12조에 따라 설립된 한국국토정보공사(이하 "한국국토정보공사"라 한다)<br><br>② 지적측량수행자는 제1항에 따른 지적측량 의뢰를 받으면 지적측량을 하여 그 측량성과를 결정하여야 한다.<br>③ 제1항 및 제2항에 따른 지적측량 의뢰 및 측량성과 결정 등에 필요한 사항은 국토교통부령으로 정한다. 〈개정 2013. 3. 23., 2013. 7. 17.〉 | | 여야 한다. 〈개정 2014. 1. 17.〉<br>② 지적측량수행자는 제1항에 따른 지적측량 의뢰를 받은 때에는 측량기간, 측량일자 및 측량 수수료 등을 적은 별지 제16호서식의 지적측량 수행계획서를 그 다음 날까지 지적소관청에 제출하여야 한다. 제출한 지적측량 수행계획서를 변경한 경우에도 같다. 〈개정 2014. 1. 17.〉<br>③ 지적측량의 측량기간은 5일로 하며, 측량검사기간은 4일로 한다. 다만, 지적기준점을 설치하여 측량 또는 측량검사를 하는 경우 지적기준점이 15점 이하인 경우에는 4일을, 15점을 초과하는 경우에는 4일에 15점을 초과하는 4점마다 1일을 가산한다. 〈개정 2010. 6. 17.〉<br>④ 제3항에도 불구하고 지적측량 의뢰인과 지적측량수행자가 서로 합의하여 따로 기간을 정하는 경우에는 그 기간에 따르되, 전체 기간의 4분의 3은 측량기간으로, 전체 기간의 4분의 1은 측량검사기간으로 본다. | | 하여야 한다. 이 경우 소유자로부터 위임을 받은 자가 의뢰를 할 때에는 소유자의 서명 또는 날인이 첨부된 별지 제3호 서식에 따른 위임장을 지적측량수행자에게 제출하여야 한다. 다만, 해당 토지가 국유지나 공유지일 경우는 그러하지 아니하다. 〈개정 2017. 6. 23.〉<br>② 지적측량수행자는 지적공부정리를 하여야 하는 지적측량의뢰를 받은 때에는 의뢰인에게 지적공부정리 및 지적공부등본발급 신청을 지적소관청에 직접 신청하거나 지적측량수행자에게 위임할 수 있다는 설명을 하고, 의뢰인으로부터 위임을 받은 때에는 의뢰인이 하는 신청절차를 대행할 수 있다. 이 경우 의뢰서 여백에 "신청위임"이라고 흑백의 반전으로 표시하거나 붉은색으로 기재하고, 소유자의 서명 또는 날인을 받아야 한다.<br>③ 측량의뢰인은 전화 또는 인터넷 등 정보통신망을 사용하여 측량을 의뢰할 수 있으며, 이 경우 지적측량수행자는 규칙 별지 제15호 서식에 의뢰내용을 기록하여 저장할 수 있다. |

| 법률 | 시행령 | 시행규칙 | 지적측량 시행규칙 | 지적업무처리규정 |
|---|---|---|---|---|
| | | | | ④ 제3항의 기록내용은 측량의뢰서로 갈음한다. |
| | | | **제4절 지적측량성과의 작성 및 검사** | |
| **제25조(지적측량성과의 검사)**<br>① 지적측량수행자가 제23조에 따라 지적측량을 하였으면 시·도지사, 대도시 시장(「지방자치법」 제198조에 따라 서울특별시·광역시 및 특별자치시를 제외한 인구 50만 이상의 시의 시장을 말한다. 이하 같다) 또는 지적소관청으로부터 측량성과에 대한 검사를 받아야 한다. 다만, 지적공부를 정리하지 아니하는 측량으로서 국토교통부령으로 정하는 측량의 경우에는 그러하지 아니하다. 〈개정 2012. 12. 18., 2013. 3. 23., 2021. 1. 12.〉<br>② 제1항에 따른 지적측량성과의 검사방법 및 검사절차 등에 필요한 사항은 국토교통부령으로 정한다. 〈개정 2013. 3. 23.〉 | | | **제27조(지적측량성과의 결정)**<br>① 지적측량성과와 검사 성과의 연결교차가 다음 각 호의 허용범위 이내일 때에는 그 지적측량성과에 관하여 다른 입증을 할 수 있는 경우를 제외하고는 그 측량성과로 결정하여야 한다.<br>1. 지적삼각점 : 0.20미터<br>2. 지적삼각보조점 : 0.25미터<br>3. 지적도근점<br>　가. 경계점좌표등록부 시행지역 : 0.15미터<br>　나. 그 밖의 지역 : 0.25미터<br>4. 경계점<br>　가. 경계점좌표등록부 시행지역 : 0.10미터<br>　나. 그 밖의 지역 : 10분의 $3M$ 밀리미터 ($M$은 축척분모)<br>② 지적측량성과를 전자계산기기로 계산하였을 때에는 그 계산성과자료를 측량부 및 면적측정부로 본다. | **제26조(지적측량성과의 검사항목)**<br>「지적측량 시행규칙」 제28조제2항에 따른 지적측량성과검사를 할 때에는 다음 각 호의 사항을 검사하여야 한다.<br>1. 기초측량<br>　가. 기지점사용의 적정여부<br>　나. 지적기준점설치망 구성의 적정여부<br>　다. 관측각 및 거리측정의 정확여부<br>　라. 계산의 정확여부<br>　마. 지적기준점 선점 및 표지설치의 정확여부<br>　바. 지적기준점성과와 기지경계선과의 부합여부<br>2. 세부측량<br>　가. 기지점사용의 적정여부<br>　나. 측량준비도 및 측량결과도 작성의 적정여부<br>　다. 기지점과 지상경계와의 부합여부<br>　라. 경계점 간 계산거리(도상거리)와 실측거리의 부합 |

| 법률 | 시행령 | 시행규칙 | 지적측량 시행규칙 | 지적업무처리규정 |
|---|---|---|---|---|
| | | | 제28조(지적측량성과의 검사방법 등)<br>① 법 제25조 제1항 단서에서 "국토교통부령으로 정하는 측량의 경우"란 경계복원측량 및 지적현황측량을 하는 경우를 말한다. 〈개정 2013. 3. 23.〉<br>② 법 제25조 제2항에 따른 지적측량성과의 검사방법과 검사절차는 다음 각 호와 같다. 〈개정 2014. 1. 17.〉<br>1. 지적측량수행자는 측량부·측량결과도·면적측정부, 측량성과 파일 등 측량성과에 관한 자료(전자파일 형태로 저장한 매체 또는 인터넷 등 정보통신망을 이용하여 제출하는 자료를 포함한다)를 지적소관청에 제출하여 그 성과의 정확성에 관한 검사를 받아야 한다. 다만, 지적삼각점측량성과 및 경위의측량방법으로 실시한 지적확정측량성과인 경우에는 다음 각 목의 구분에 따라 검사를 받아야 한다.<br>가. 국토교통부장관이 정하여 고시하는 면적 규모 이상의 지적확정측량성과 : 시·도지사 또는 대도시 | 여부<br>마. 면적측정의 정확여부<br>바. 관계법령의 분할제한 등의 저촉 여부. 다만, 제20조제3항은 제외한다.<br><br>제27조(지적측량성과의 검사방법 등)<br>① 지적측량수행자가 지적측량 성과검사를 요청하는 경우와 지적소관청이 지적측량 성과검사 결과를 통보하는 경우에는 정보시스템을 이용하여 처리할 수 있다. 〈신설 2017. 6. 23.〉<br>② 세부측량(지적공부를 정리하지 아니하는 세부측량을 포함한다)을 하기 전에 기초측량을 한 경우에는 미리 지적기준점성과에 대한 검사를 받은 후에 세부측량을 하여야 한다. 다만, 지적소관청과 사전 협의를 한 경우에는 지적기준점성과와 세부측량성과(지적공부를 정리하지 아니하는 세부측량은 제외한다)를 동시에 검사할 수 있다.<br>③ 전자평판측량에 따른 측량성과 파일은 도형자료와 속성자료 간의 일치성과 유효성을 검증하기 위하여 다음 각 호의 사항을 실시 |

| 법률 | 시행령 | 시행규칙 | 지적측량 시행규칙 | 지적업무처리규정 |
|---|---|---|---|---|
| | | | 시장(「지방자치법」 제175조에 따라 서울특별시·광역시 및 특별시를 제외한 인구 50만 이상 대도시의 시장을 말한다. 이하 같다) : <br> 나. 국토교통부장관이 정하여 고시하는 면적 규모 미만의 지적확정측량성과 : 지적소관청 <br> 2. 시·도지사 또는 대도시 시장은 제1호가목에 따른 검사를 하였을 때에는 그 결과를 지적소관청에 통지하여야 한다. <br> 3. 지적소관청은 「건축법」 등 관계 법령에 따른 분할제한 저촉 여부 등을 판단하여 측량성과가 정확하다고 인정하면 지적측량성과도를 지적측량수행자에게 발급하여야 하며, 지적측량수행자는 측량의뢰인에게 그 지적측량성과도를 포함한 지적측량 결과부를 지체 없이 발급하여야 한다. 이 경우 검사를 받지 아니한 지적측량성과도는 측량의뢰인에게 발급할 수 없다. <br> ③ 제2항에 따른 측량성과에 관한 자 | 하고 최종적으로 종번(終番) 검사를 실시하여야 한다. <br> 1. 면적공차 초과 검증 <br> 2. 누락필지 및 원필지 중복객체 검증 <br> 3. 지번중복 검증 및 도곽의 적정성 여부 검사 <br> 4. 법정 리·동계 및 축척 간 접합 중복 검사 <br> 5. 폐쇄도면 중첩검사 <br> 6. 성과레이어 중첩검사 <br> 7. 이격거리 측정 및 필계점 좌표 확인 <br> 8. 측정점위치설명도 작성의 적정 여부 <br> 9. 주위필지와의 부합여부 <br> 10. 그 밖에 필요한 사항 <br> ④ 지적소관청은 지적측량검사가 완료된 때에는 해당 측량성과 파일을 부동산종합공부시스템에 등록하여야 한다. <br> ⑤ 「지적측량 시행규칙」 제28조에 따른 측량성과의 검사방법은 다음 각 호와 같다. <br> 1. 측량성과를 검사하는 때에는 측량자가 실시한 측량방법과 다른 방법으로 한다. 다만, 부득이한 경우에는 그러하지 아 |

| 법률 | 시행령 | 시행규칙 | 지적측량 시행규칙 | 지적업무처리규정 |
|---|---|---|---|---|
| | | | 료의 제출방법 및 절차, 지적측량 성과도의 작성방법 등에 관하여 필요한 사항은 국토교통부장관이 정한다. 〈개정 2013. 3. 23., 2014. 1. 17.〉 | 니한다.<br>2. 지적삼각점측량 및 지적삼각 보조점측량은 신설된 점을, 지적도근점측량은 주요도선별로 지적도근점을 검사한다. 이 경우 후방교회법으로 검사할 수 있다. 다만, 구하고자 하는 지적기준점이 기지점과 같은 원주상에 있는 경우에는 그러하지 아니하다.<br>3. 세부측량결과를 검사할 때에는 새로 결정된 경계를 검사한다. 이 경우 측량성과 검사 시에 확인된 지역으로서 측량결과도만으로 그 측량성과가 정확하다고 인정되는 경우에는 현지측량검사를 하지 아니할 수 있다.<br>4. 면적측정검사는 필지별로 한다.<br>5. 측량성과 파일의 검사는 부동산종합공부시스템으로 한다.<br>6. 지적측량수행자와 동일한 전자측량시스템을 이용하여 세부측량시 측량성과의 정확성을 검사할 수 있다.<br>⑥ 시·도지사, 대도시 시장 또는 지적소관청은 측량성과를 검사하여 그 측량성과가 정확하다고 인 |

| 법률 | 시행령 | 시행규칙 | 지적측량 시행규칙 | 지적업무처리규정 |
|---|---|---|---|---|
| | | | | 정되는 경우에는 측량부·측량결과도·면적측정부 및 측량성과도에 별표 4의 측량성과검사 필인을 각각 날인하여야 한다.<br>⑦ 시·도지사, 대도시 시장 또는 지적소관청은 측량성과 검사결과 측량성과가 부정확하다고 판단되는 경우에는 제17조에 따라 지적측량수행자가 제출한 측량성과를 보완하도록 조치하고, 측량성과검사정리부에 그 사유를 기재한다. 이 경우 측량성과 검사결과 제26조제2호바목 본문에 해당되는 경우에는 지적측량수행자에게 측량성과에 관한 자료를 되돌려 주고 그 사유를 지적측량 성과검사 정리부 비고란에 붉은색으로 기재한다.<br><br>**제27조의2(지적측량 표본검사 등)**<br>① 국토교통부장관은 법 제99조제1항제1호에 따라 지적측량수행자의 고의 또는 과실로 인한 지적측량 민원발생을 사전에 예방하고, 지적측량성과의 정확성을 확보하기 위하여 시·도지사에게는 표본검사를, 한국국토정보공사(이하 "공사"라 한다) 사장에게는 |

| 법률 | 시행령 | 시행규칙 | 지적측량 시행규칙 | 지적업무처리규정 |
|---|---|---|---|---|
| | | | | 기술검사를 실시하게 할 수 있다. ② 시·도지사는 지적공부를 정리한 측량성과에 대하여 연 1회 이상 표본검사를 실시하여야 하며, 그 결과 지적소관청의 검사사항이 법령 등에 위배된다고 판단되는 경우에는 국토교통부장관에게 보고하여야 한다. ③ 시·도지사는 지적측량업자가 법 제45조에서 정한 지적측량업무를 수행한 측량성과에 대하여는 정기적으로 표본검사를 시행하여야 하며, 그 결과 법령 등에 위배된다고 판단되는 경우에는 필요한 조치를 하여야 한다. ④ 공사 사장은 「지적측량 시행규칙」 제28조제1항에 따른 경계복원측량 및 지적현황측량성과에 대하여 지역본부별로 연 1회 이상 기술검사를 실시하여야 하며, 그 결과 법령 등에 위배된다고 판단되는 경우에는 필요한 조치를 취하고 그 내용을 국토교통부장관에게 보고하여야 한다. [본조신설 2017. 6. 23.]<br><br>**제28조(측량성과도의 작성방법)** ① 「지적측량 시행규칙」 제28조제2 |

| 법률 | 시행령 | 시행규칙 | 지적측량 시행규칙 | 지적업무처리규정 |
|---|---|---|---|---|
|  |  |  |  | 항제3호에 따른 측량성과도(측량결과도에 따라 작성한 측량성과도면을 말한다)의 문자와 숫자는 레터링 또는 전자측량시스템에 따라 작성하여야 한다.<br>② 측량성과도의 명칭은 신규 등록, 등록전환, 분할, 지적확정, 경계복원, 지적현황, 지적복구 또는 등록사항정정측량 성과도로 한다. 이 경우 경계점좌표로 등록된 지역인 경우에는 명칭 앞에 "(좌표)"라 기재한다.<br>③ 경계점좌표로 등록된 지역의 측량성과도에는 경계점 간 계산거리를 기재하여야 한다.<br>④ 분할측량성과도를 작성하는 때에는 측량대상토지의 분할선은 붉은색 실선으로, 점유현황선은 붉은색 점선으로 표시하여야 한다. 다만, 경계와 점유현황선이 같을 경우에는 그러하지 아니하다.<br>⑤ 제20조제3항에 따라 분할측량성과 등을 결정하였을 때에는 "인 · 허가 내용을 변경하여야 지적공부정리가 가능함" 이라고 붉은색으로 표시하여야 한다.<br>⑥ 경계복원측량성과도를 작성하는 때에는 복원된 경계점은 직경 |

| 법률 | 시행령 | 시행규칙 | 지적측량 시행규칙 | 지적업무처리규정 |
|---|---|---|---|---|
| | | | | 2밀리미터 이상 3밀리미터 이하의 붉은색 원으로 표시하고, 측량 대상토지의 점유현황선은 붉은색 점선으로 표시하여야 한다. 다만, 필지가 작아 식별하기 곤란한 경우에는 복원된 경계점을 직경 1밀리미터 이상 1.5밀리미터 이하의 붉은색 원으로 표시할 수 있다.<br>⑦ 복원된 경계점과 측량 대상토지의 점유현황선이 일치할 경우에는 제6항에 따른 점유현황선의 표시를 생략하고, 경계복원측량성과도를 현장에서 작성하여 지적측량 의뢰인에게 발급 할 수 있다.<br>⑧ 지적현황측량성과도를 작성하는 때에는 별표5의 도시방법에 따라 현황구조물의 위치 등을 판별할 수 있도록 표시하여야 한다.<br><br>**제29조(측량성과도의 발급 등)**<br>① 「지적측량 시행규칙」 제28조제2항제2호에 따라 시·도지사 및 대도시 시장으로부터 지적측량성과 검사결과 측량성과가 정확하다고 통지를 받은 지적소관청은 「지적측량 시행규칙」 제28조제2항제3호에 따라 측량성과 및 지적측량성과도를 지적측량수행자에게 발급 |

| 법률 | 시행령 | 시행규칙 | 지적측량 시행규칙 | 지적업무처리규정 |
|---|---|---|---|---|
| | | | | 하여야 한다.<br>② 「지적측량 시행규칙」 제28조제1항의 경계복원측량과 지적현황측량을 완료하고 발급한 측량성과도와 「지적측량 시행규칙」 제28조제2항제3호 전단에 따른 측량성과도를 지적측량수행자가 지적측량의뢰인에게 송부하고자 하는 때에는 지체 없이 인터넷 등 정보통신망 또는 등기우편으로 송달하거나 직접 발급하여야 한다. 〈개정 2017. 6. 23.〉<br>③ 측량성과도를 정보시스템으로 작성한 경우 측량의뢰인이 파일로 제공할 것을 요구하면 편집이 불가능한 파일형식으로 변환하여 측량성과를 파일로 제공할 수 있다. 〈개정 2017. 6. 23.〉<br>④ 지적소관청은 제20조제3항에 따라 측량성과를 결정한 경우에는 그 측량성과에 따라 각종 인가·허가 등이 변경되어야 지적공부 정리신청을 할 수 있다는 뜻을 지적측량성과도에 표시하고, 지적측량의뢰인에게 알려야 한다.<br>⑤ 지적소관청은 지적측량성과도를 발급한 토지에는 지적공부정리 신청여부를 조사하여 필요한 조 |

| 법률 | 시행령 | 시행규칙 | 지적측량 시행규칙 | 지적업무처리규정 |
|---|---|---|---|---|
| | | | | 치를 하여야 한다.<br><br>**제30조(지적측량성과 파일 검사)** ① 지적측량수행자가 지적측량을 완료한 때에는 지적공부를 정리하기 위한 측량성과파일과 측량현형파일을 작성하여 지적소관청에 제출하여야 한다.<br>② 지적소관청은 지적측량성과 파일의 정확성 여부를 검사하여야 한다. 이 경우 부동산종합공부시스템에 따라 검사할 수 있다.<br><br>**제31조(지적측량성과 파일 보관 등)** 지적소관청이 측량성과파일로 토지이동을 정리할 때에는 서버용 컴퓨터에 저장하되, 파일명은 부동산종합공부시스템 운영 및 관리 규정 제19조제1항의 토지의 고유번호로 하고, 보관은 제25조제3항에 따른다. 〈개정 2017. 6. 23.〉 |
| **제26조(토지의 이동에 따른 면적 등의 결정방법)** ① 합병에 따른 경계·좌표 또는 면적은 따로 지적측량을 하지 아니하고 다음 각 호의 구분에 따라 결정한다.<br>　1. 합병 후 필지의 경계 또는 좌표 : 합병 전 각 필지의 경계 또는 | **제19조(등록전환이나 분할에 따른 면적 오차의 허용범위 및 배분 등)** ① 법 제26조 제2항에 따른 등록전환이나 분할을 위하여 면적을 정할 때에 발생하는 오차의 허용범위 및 처리방법은 다음 각 호와 같다.<br>　1. 등록전환을 하는 경우 | | | |

| 법률 | 시행령 | 시행규칙 | 지적측량 시행규칙 | 지적업무처리규정 |
|---|---|---|---|---|
| 는 좌표 중 합병으로 필요 없게 된 부분을 말소하여 결정<br>2. 합병 후 필지의 면적 : 합병 전 각 필지의 면적을 합산하여 결정<br>② 등록전환이나 분할에 따른 면적을 정할 때 오차가 발생하는 경우 그 오차의 허용 범위 및 처리방법 등에 필요한 사항은 대통령령으로 정한다.<br>[제목개정 2013. 7. 17.] | 가. 임야대장의 면적과 등록전환될 면적의 오차 허용범위는 다음의 계산식에 따른다. 이 경우 오차의 허용범위를 계산할 때 축척이 3천분의 1인 지역의 축척분모는 6천으로 한다.<br>$A = 0.026^2 M\sqrt{F}$<br>($A$는 오차 허용면적, $M$은 임야도 축척분모, $F$는 등록전환될 면적)<br>나. 임야대장의 면적과 등록전환될 면적의 차이가 가목의 계산식에 따른 허용범위 이내인 경우에는 등록전환될 면적을 등록전환 면적으로 결정하고, 허용범위를 초과하는 경우에는 임야대장의 면적 또는 임야도의 경계를 지적소관청이 직권으로 정정하여야 한다.<br>2. 토지를 분할하는 경우<br>가. 분할 후의 각 필지의 면적의 합계와 분할 전 면적과의 오차의 허용범위는 제1호 가목의 계산식에 따른다. 이 경우 $A$는 오차 허용면 | | | |

| 법률 | 시행령 | 시행규칙 | 지적측량 시행규칙 | 지적업무처리규정 |
|---|---|---|---|---|
|  | 적, $M$은 축척분모, $F$는 원면적으로 하되, 축척이 3천분의 1인 지역의 축척분모는 6천으로 한다.<br>나. 분할 전후 면적의 차이가 가목의 계산식에 따른 허용범위 이내인 경우에는 그 오차를 분할 후의 각 필지의 면적에 따라 나누고, 허용범위를 초과하는 경우에는 지적공부(地籍公簿)상의 면적 또는 경계를 정정하여야 한다.<br>다. 분할 전후 면적의 차이를 배분한 산출면적은 다음의 계산식에 따라 필요한 자리까지 계산하고, 결정면적은 원면적과 일치하도록 산출면적의 구하려는 끝자리의 다음 숫자가 큰 것부터 순차로 올려서 정하되, 구하려는 끝자리의 다음 숫자가 서로 같을 때에는 산출면적이 큰 것을 올려서 정한다.<br>$$r = \frac{F}{A} \times a$$<br>($r$은 각 필지의 산출면적, $F$는 원면적, $A$는 측정면적 합계 또 |  |  |  |

| 법률 | 시행령 | 시행규칙 | 지적측량 시행규칙 | 지적업무처리규정 |
|---|---|---|---|---|
| | 는 보정면적 합계, $a$는 각 필지의 측정면적 또는 보정면적)<br>② 경계점좌표등록부가 있는 지역의 토지분할을 위하여 면적을 정할 때에는 제1항제2호나목에도 불구하고 다음 각 호의 기준에 따른다.<br>1. 분할 후 각 필지의 면적합계가 분할 전 면적보다 많은 경우에는 구하려는 끝자리의 다음 숫자가 작은 것부터 순차적으로 버려서 정하되, 분할 전 면적에 증감이 없도록 할 것<br>2. 분할 후 각 필지의 면적합계가 분할 전 면적보다 적은 경우에는 구하려는 끝자리의 다음 숫자가 큰 것부터 순차적으로 올려서 정하되, 분할 전 면적에 증감이 없도록 할 것 | | | |
| **제27조(지적기준점성과의 보관 및 열람 등)** ① 시 · 도지사나 지적소관청은 지적기준점성과(지적기준점에 의한 측량성과를 말한다. 이하 같다)와 그 측량기록을 보관하고 일반인이 열람할 수 있도록 하여야 한다.<br>② 지적기준점성과의 등본이나 그 측량기록의 사본을 발급받으려는 자는 국토교통부령으로 정하 | | **제26조(지적기준점성과의 열람 및 등본발급)** ① 법 제27조에 따라 지적측량기준점성과 또는 그 측량부를 열람하거나 등본을 발급받으려는 자는 지적삼각점성과에 대해서는 특별시장 · 광역시장 · 특별자치시장 · 도지사 · 특별자치도지사(이하 "시 · 도지사"라 한다) 또는 지적소관청에 신청하고, 지적삼각보조 | **제3조(지적기준점성과의 관리 등)** 법 제27조 제1항에 따른 지적기준점성과의 관리는 다음 각 호에 따른다.<br>1. 지적삼각점성과는 특별시장 · 광역시장 · 도지사 또는 특별자치도지사(이하 "시 · 도지사"라 한다)가 관리하고, 지적삼각보조점성과 및 지적도근점성과는 지적소관청이 관리할 | **제11조(지적기준점성과의 열람 및 등본 발급)** ① 규칙 제26조에 따른 지적기준점성과 또는 그 측량부의 열람신청이 있는 때에는 신청종류와 수수료금액을 확인하여 신청서에 첨부된 수입증지를 소인한 후 담당 공무원이 열람시킨다.<br>② 지적기준점성과 또는 그 측량부의 등본은 복사하거나 부동산종 |

| 법률 | 시행령 | 시행규칙 | 지적측량 시행규칙 | 지적업무처리규정 |
|---|---|---|---|---|
| 는 바에 따라 시·도지사나 지적소관청에 그 발급을 신청하여야 한다. 〈개정 2013. 3. 23.〉 | | 점성과 및 지적도근점성과에 대해서는 지적소관청에 신청하여야 한다. 〈개정 2013. 6. 19., 2015. 6. 4.〉<br>② 제1항에 따른 지적측량기준점성과 또는 그 측량부의 열람 및 등본 발급 신청서는 별지 제17호서식과 같다.<br>③ 지적측량기준점성과 또는 그 측량부의 열람이나 등본 발급 신청을 받은 해당 기관은 이를 열람하게 하거나 별지 제18호서식의 지적측량기준점성과 등본을 발급하여야 한다. | 것<br>2. 지적소관청이 지적삼각점을 설치하거나 변경하였을 때에는 그 측량성과를 시·도지사에게 통보할 것<br>3. 지적소관청은 지형·지물 등의 변동으로 인하여 지적삼각점성과가 다르게 된 때에는 지체 없이 그 측량성과를 수정하고 그 내용을 시·도지사에게 통보할 것 | 합공부시스템으로 작성하여 발급한다.<br>③ 지적기준점성과 또는 그 측량부의 등본을 복사할 때에는 기재사항 끝부분에 다음과 같이 날인한다.<br><br>(지적기준점성과 등 등본 날인문안 및 규격)<br><br>○○ 측량성과에 따라 작성한 등본입니다.<br>년 월 일<br>○○ 시·도지사<br>○○ 시장·군수·구청장 ㊞<br>4cm<br>10cm |
| 제28조(지적위원회) ① 다음 각 호의 사항을 심의·의결하기 위하여 국토교통부에 중앙지적위원회를 둔다. 〈개정 2013. 7. 17.〉<br>1. 지적 관련 정책 개발 및 업무 개선 등에 관한 사항<br>2. 지적측량기술의 연구·개발 및 보급에 관한 사항<br>3. 제29조제6항에 따른 지적측량 적부심사(適否審査)에 대한 재심사(再審査)<br>4. 제39조에 따른 측량기술자 중 지적분야 측량기술자(이하 "지적기술자"라 한다)의 양성에 관한 사항 | 제20조(중앙지적위원회의 구성 등)<br>① 법 제28조 제1항에 따른 중앙지적위원회(이하 "중앙지적위원회"라 한다)는 위원장 1명과 부위원장 1명을 포함하여 5명 이상 10명 이하의 위원으로 구성한다. 〈개정 2012. 7. 4.〉<br>② 위원장은 국토교통부의 지적업무 담당 국장이, 부위원장은 국토교통부의 지적업무 담당 과장이 된다. 〈개정 2013. 3. 23.〉<br>③ 위원은 지적에 관한 학식과 경험이 풍부한 사람 중에서 국토교통부장관이 임명하거나 위촉한다. 〈개정 2013. 3. 23.〉 | | | 제32조(중앙지적위원회의 의안제출) ① 국토교통부장관, 시·도지사, 지적소관청은 토지등록업무의 개선 및 지적측량기술의 연구·개발 등의 장기계획안을 중앙지적위원회에 제출할 수 있다.<br>② 공사에 소속된 지적측량기술자는 공사 사장에게, 공간정보산업협회에 소속된 지적측량기술자는 공간정보산업협회장에게 제1항에 따른 중·단기 계획안을 제출할 수 있다. 〈개정 2017. 6. 23.〉<br>③ 국토교통부장관은 제2항에 따른 안건이 접수된 때에는 그 계획안을 검토하여 중앙지적위원회에 |

| 법률 | 시행령 | 시행규칙 | 지적측량 시행규칙 | 지적업무처리규정 |
|---|---|---|---|---|
| 5. 제42조에 따른 지적기술자의 업무정지 처분 및 징계요구에 관한 사항<br>② 제29조에 따른 지적측량에 대한 적부심사 청구사항을 심의·의결하기 위하여 특별시·광역시·특별자치시·도 또는 특별자치도(이하 "시·도"라 한다)에 지방지적위원회를 둔다. 〈신설 2013. 7. 17.〉<br>③ 중앙지적위원회와 지방지적위원회의 위원 구성 및 운영에 필요한 사항은 대통령령으로 정한다. 〈개정 2013. 7. 17., 2017. 10. 24.〉<br>④ 중앙지적위원회와 지방지적위원회의 위원 중 공무원이 아닌 사람은 「형법」 제127조 및 제129조부터 제132조까지의 규정을 적용할 때에는 공무원으로 본다. 〈신설 2017. 10. 24.〉 | ④ 위원장 및 부위원장을 제외한 위원의 임기는 2년으로 한다.<br>⑤ 중앙지적위원회의 간사는 국토교통부의 지적업무 담당 공무원 중에서 국토교통부장관이 임명하며, 회의 준비, 회의록 작성 및 회의 결과에 따른 업무 등 중앙지적위원회의 서무를 담당한다. 〈개정 2013. 3. 23.〉<br>⑥ 중앙지적위원회의 위원에게는 예산의 범위에서 출석수당과 여비, 그 밖의 실비를 지급할 수 있다. 다만, 공무원인 위원이 그 소관 업무와 직접적으로 관련되어 출석하는 경우에는 그러하지 아니하다.<br><br>**제20조의2(위원의 제척·기피·회피)** ① 중앙지적위원회의 위원이 다음 각 호의 어느 하나에 해당하는 경우에는 중앙지적위원회의 심의·의결에서 제척(除斥)된다.<br>1. 위원 또는 그 배우자나 배우자이었던 사람이 해당 안건의 당사자가 되거나 그 안건의 당사자와 공동권리자 또는 공동의무자인 경우<br>2. 위원이 해당 안건의 당사자와 | **제26조의2(지적위원회 위원 제척·기피 신청서)** 영 제20조의2 및 제23조에 따른 중앙 및 지방 지적위원회 위원의 제척·기피 신청서는 별지 제18호의2서식과 같다.<br>[본조신설 2014. 1. 17.] | | 회부하여야 한다.<br>④ 중앙지적위원회는 제1항 및 제3항에 따른 안건이 접수된 때에는 영 제21조에 따라 위원회의 회의를 소집하여 안건 접수일로부터 30일 이내에 심의·의결하고, 그 의결 결과를 지체 없이 국토교통부장관에게 송부하여야 한다.<br>⑤ 국토교통부장관은 제4항에 따라 의결된 결과를 송부 받은 때에는 이를 시행하기 위하여 필요한 조치를 하여야 하고, 중·단기계획 제출자에게는 그 의결 결과를 통지하여야 한다. |

| 법률 | 시행령 | 시행규칙 | 지적측량 시행규칙 | 지적업무처리규정 |
|------|--------|----------|-------------------|-------------------|
| | 친족이거나 친족이었던 경우<br>3. 위원이 해당 안건에 대하여 증언, 진술 또는 감정을 한 경우<br>4. 위원이나 위원이 속한 법인·단체 등이 해당 안건의 당사자의 대리인이거나 대리인이었던 경우<br>5. 위원이 해당 안건의 원인이 된 처분 또는 부작위에 관여한 경우<br>② 해당 안건의 당사자는 위원에게 공정한 심의·의결을 기대하기 어려운 사정이 있는 경우에는 중앙지적위원회에 기피 신청을 할 수 있고, 중앙지적위원회는 의결로 이를 결정한다. 이 경우 기피 신청의 대상인 위원은 그 의결에 참여하지 못한다.<br>③ 위원이 제1항 각 호에 따른 제척 사유에 해당하는 경우에는 스스로 해당 안건의 심의·의결에서 회피(回避)하여야 한다.<br>[본조신설 2012. 7. 4.]<br><br>**제20조의3(위원의 해임·해촉)** 국토교통부장관은 중앙지적위원회의 위원이 다음 각 호의 어느 하나에 해당하는 경우에는 해당 위원을 해임 | | | |

| 법률 | 시행령 | 시행규칙 | 지적측량 시행규칙 | 지적업무처리규정 |
|---|---|---|---|---|
| | 하거나 해촉(解囑)할 수 있다. 〈개정 2013. 3. 23.〉<br>1. 심신장애로 인하여 직무를 수행할 수 없게 된 경우<br>2. 직무태만, 품위손상이나 그 밖의 사유로 인하여 위원으로 적합하지 아니하다고 인정되는 경우<br>3. 제20조의2 제1항 각 호의 어느 하나에 해당하는 데에도 불구하고 회피하지 아니한 경우<br>[본조신설 2012. 7. 4.]<br><br>**제21조(중앙지적위원회의 회의 등)**<br>① 중앙지적위원회 위원장은 회의를 소집하고 그 의장이 된다.<br>② 위원장이 부득이한 사유로 직무를 수행할 수 없을 때에는 부위원장이 그 직무를 대행하고, 위원장 및 부위원장이 모두 부득이한 사유로 직무를 수행할 수 없을 때에는 위원장이 미리 지명한 위원이 그 직무를 대행한다.<br>③ 중앙지적위원회의 회의는 재적위원 과반수의 출석으로 개의(開議)하고, 출석위원 과반수의 찬성으로 의결한다.<br>④ 중앙지적위원회는 관계인을 출석 | | | |

| 법률 | 시행령 | 시행규칙 | 지적측량 시행규칙 | 지적업무처리규정 |
|---|---|---|---|---|
| | 하게 하여 의견을 들을 수 있으며, 필요하면 현지조사를 할 수 있다.<br>⑤ 위원장이 중앙지적위원회의 회의를 소집할 때에는 회의 일시·장소 및 심의 안건을 회의 5일 전까지 각 위원에게 서면으로 통지하여야 한다.<br>⑥ 위원이 법 제29조 제6항에 따른 재심사 시 그 측량 사안에 관하여 관련이 있는 경우에는 그 안건의 심의 또는 의결에 참석할 수 없다.<br><br>**제22조(현지조사자의 지정)** 제21조 제4항에 따라 중앙지적위원회가 현지조사를 하려는 경우에는 관계 공무원을 지정하여 지적측량 및 자료조사 등 현지조사를 하고 그 결과를 보고하게 할 수 있으며, 필요할 때에는 법 제24조 제1항 각 호의 어느 하나에 해당하는 자(이하 "지적측량수행자"라 한다)에게 그 소속 측량기술자 중 지적분야 측량기술자(이하 "지적기술자"라 한다)를 참여시키도록 요청할 수 있다. 〈개정 2014. 1. 17.〉<br><br>**제23조(지방지적위원회의 구성 등)** 법 제28조 제2항에 따른 지방지적위원회의 구성 및 회의 등에 관하여는 제20조, 제20조의2, 제20조의3, 제21 | | | |

| 법률 | 시행령 | 시행규칙 | 지적측량 시행규칙 | 지적업무처리규정 |
|---|---|---|---|---|
| | 조 및 제22조를 준용한다. 이 경우 제20조, 제20조의2, 제20조의3, 제21조 및 제22조 중 "중앙지적위원회"는 "지방지적위원회"로, "국토교통부"는 "시·도"로, "국토교통부장관"은 "특별시장·광역시장·특별자치시장·도지사 또는 특별자치도지사"로, "법 제29조제6항에 따른 재심사"는 "법 제29조제1항에 따른 지적측량 적부심사"로 본다. 〈개정 2012. 7. 4., 2013. 3. 23., 2013. 6. 11., 2014. 1. 17.〉 | | | |
| **제29조(지적측량의 적부심사 등)** ① 토지소유자, 이해관계인 또는 지적측량수행자는 지적측량성과에 대하여 다툼이 있는 경우에는 대통령령으로 정하는 바에 따라 관할 시·도지사를 거쳐 지방지적위원회에 지적측량 적부심사를 청구할 수 있다. 〈개정 2013. 7. 17.〉<br>② 제1항에 따른 지적측량 적부심사 청구를 받은 시·도지사는 30일 이내에 다음 각 호의 사항을 조사하여 지방지적위원회에 회부하여야 한다.<br>  1. 다툼이 되는 지적측량의 경위 및 그 성과<br>  2. 해당 토지에 대한 토지이동 및 | **제24조(지적측량의 적부심사 청구 등)** ① 법 제29조 제1항에 따라 지적측량 적부심사(適否審査)를 청구하려는 자는 심사청구서에 다음 각 호의 구분에 따른 서류를 첨부하여 특별시장·광역시장·특별자치시장·도지사 또는 특별자치도지사(이하 "시·도지사"라 한다)를 거쳐 지방지적위원회에 제출하여야 한다. 〈개정 2014. 1. 17.〉<br>  1. 토지소유자 또는 이해관계인 : 지적측량을 의뢰하여 발급받은 지적측량성과<br>  2. 지적측량수행자(지적측량수행자 소속 지적기술자가 청구하는 경우만 해당한다) : 직접 | **제27조(지적측량 적부심사 청구서)** 영 제24조 제1항 및 제26조 제1항에 따른 지적측량 적부심사와 재심사의 청구서는 별지 제19호서식과 별지 제20호서식과 같다. | | |

| 법률 | 시행령 | 시행규칙 | 지적측량 시행규칙 | 지적업무처리규정 |
|---|---|---|---|---|
| 소유권 변동 연혁<br>3. 해당 토지 주변의 측량기준점, 경계, 주요 구조물 등 현황 실측도<br>③ 제2항에 따라 지적측량 적부심사 청구를 회부받은 지방지적위원회는 그 심사청구를 회부받은 날부터 60일 이내에 심의·의결하여야 한다. 다만, 부득이한 경우에는 그 심의기간을 해당 지적위원회의 의결을 거쳐 30일 이내에서 한 번만 연장할 수 있다.<br>④ 지방지적위원회는 지적측량 적부심사를 의결하였으면 대통령령으로 정하는 바에 따라 의결서를 작성하여 시·도지사에게 송부하여야 한다.<br>⑤ 시·도지사는 제4항에 따라 의결서를 받은 날부터 7일 이내에 지적측량 적부심사 청구인 및 이해관계인에게 그 의결서를 통지하여야 한다.<br>⑥ 제5항에 따라 의결서를 받은 자가 지방지적위원회의 의결에 불복하는 경우에는 그 의결서를 받은 날부터 90일 이내에 국토교통부장관을 거쳐 중앙지적위원회에 재심사를 청구할 수 있다. 〈개정 | 실시한 지적측량성과<br>② 시·도지사는 법 제29조 제2항 제3호에 따른 현황 실측도를 작성하기 위하여 필요한 경우에는 관계 공무원을 지정하여 지적측량을 하게 할 수 있으며, 필요하면 지적측량수행자에게 그 소속 지적기술자를 참여시키도록 요청할 수 있다. 〈개정 2015. 6. 1.〉<br><br>**제25조(지적측량의 적부심사 의결 등)** ① 지방지적위원회는 법 제29조 제4항에 따라 지적측량 적부심사를 의결하였으면 위원장과 참석위원 전원이 서명 및 날인한 지적측량 적부심사 의결서를 지체 없이 시·도지사에게 송부하여야 한다.<br>② 시·도지사가 법 제29조 제5항에 따라 지적측량 적부심사 의결서를 지적측량 적부심사 청구인 및 이해관계인에게 통지할 때에는 법 제29조 제6항에 따른 재심사를 청구할 수 있음을 서면으로 알려야 한다. | **제28조(지적측량 적부심사 의결서)** 영 제25조에 따른 지적측량 적부심사의 의결서 및 영 제26조에 따른 재심사의 의결서는 별지 제21호서식과 같다. | | |

| 법률 | 시행령 | 시행규칙 | 지적측량 시행규칙 | 지적업무처리규정 |
|---|---|---|---|---|
| 2013. 3. 23., 2013. 7. 17.〉<br>⑦ 제6항에 따른 재심사청구에 관하여는 제2항부터 제5항까지의 규정을 준용한다. 이 경우 "시·도지사"는 "국토교통부장관"으로, "지방지적위원회"는 "중앙지적위원회"로 본다. 〈개정 2013. 3. 23.〉<br>⑧ 제7항에 따라 중앙지적위원회로부터 의결서를 받은 국토교통부장관은 그 의결서를 관할 시·도지사에게 송부하여야 한다. 〈개정 2013. 3. 23.〉<br>⑨ 시·도지사는 제4항에 따라 지방지적위원회의 의결서를 받은 후 해당 지적측량 적부심사 청구인 및 이해관계인이 제6항에 따른 기간에 재심사를 청구하지 아니하면 그 의결서 사본을 지적소관청에 보내야 하며, 제8항에 따라 중앙지적위원회의 의결서를 받은 경우에는 그 의결서 사본에 제4항에 따라 받은 지방지적위원회의 의결서 사본을 첨부하여 지적소관청에 보내야 한다.<br>⑩ 제9항에 따라 지방지적위원회 또는 중앙지적위원회의 의결서 사본을 받은 지적소관청은 그 내용에 따라 지적공부의 등록사항을 | 제26조(지적측량의 적부심사에 관한 재심사 청구 등) ① 법 제29조 제6항에 따른 지적측량 적부심사의 재심사 청구를 하려는 자는 재심사청구서에 지방지적위원회의 지적측량 적부심사 의결서 사본을 첨부하여 국토교통부장관을 거쳐 중앙지적위원회에 제출하여야 한다. 〈개정 2013. 3. 23., 2014. 1. 17.〉<br>　1. 삭제 〈2014. 1. 17.〉<br>　2. 삭제 〈2014. 1. 17.〉<br>② 법 제29조 제7항에 따라 중앙지적위원회가 재심사를 의결하였을 때에는 위원장과 참석위원 전원이 서명 및 날인한 의결서를 지체 없이 국토교통부장관에게 송부하여야 한다. 〈개정 2013. 3. 23.〉 | | | |

| 법률 | 시행령 | 시행규칙 | 지적측량 시행규칙 | 지적업무처리규정 |
|---|---|---|---|---|
| 정정하거나 측량성과를 수정하여야 한다.<br>⑪ 제9항 및 제10항에도 불구하고 특별자치시장은 제4항에 따라 지방지적위원회의 의결서를 받은 후 해당 지적측량 적부심사 청구인 및 이해관계인이 제6항에 따른 기간에 재심사를 청구하지 아니하거나 제8항에 따라 중앙지적위원회의 의결서를 받은 경우에는 직접 그 내용에 따라 지적공부의 등록사항을 정정하거나 측량성과를 수정하여야 한다. 〈신설 2012. 12. 18.〉<br>⑫ 지방지적위원회의 의결이 있은 후 제6항에 따른 기간에 재심사를 청구하지 아니하거나 중앙지적위원회의 의결이 있는 경우에는 해당 지적측량성과에 대하여 다시 지적측량 적부심사청구를 할 수 없다. 〈개정 2012. 12. 18.〉 | | | | |
| **제6절 측량기술자**<br>〈개정 2020. 2. 18.〉 | **제6절 측량기술자** | | | |
| **제39조(측량기술자)** ① 이 법에서 정하는 측량은 측량기술자가 아니면 할 수 없다. 〈개정 2020. 2. 18.〉<br>② 측량기술자는 다음 각 호의 어느 하나에 해당하는 자로서 대통령 | **제31조(측량도서의 실명화)** 측량기술자는 그가 작성한 측량도서에 서명 및 날인하여야 한다. | **제42조(서명날인 시 기재사항)** 측량기술자가 영 제31조에 따라 측량도서에 서명 및 날인을 할 때에는 소속기관 또는 소속 업체명, 업체등록번호 및 국가기술자격번호 또는 학 | | |

| 법률 | 시행령 | 시행규칙 | 지적측량 시행규칙 | 지적업무처리규정 |
|---|---|---|---|---|
| 령으로 정하는 자격기준에 해당하는 자이어야 하며, 대통령령으로 정하는 바에 따라 그 등급을 나눌 수 있다.<br>1. 「국가기술자격법」에 따른 측량 및 지형공간정보, 지적, 측량, 지도 제작, 도화(圖畵) 또는 항공사진 분야의 기술자격 취득자<br>2. 측량, 지형공간정보, 지적, 지도 제작, 도화 또는 항공사진 분야의 일정한 학력 또는 경력을 가진 자<br>③ 측량기술자는 전문분야를 측량분야와 지적분야로 구분한다. 〈신설 2013. 7. 17.〉 | **제32조(측량기술자의 자격기준 등)** 법 제39조제2항에 따른 측량기술자의 자격기준과 등급은 별표 5와 같다.<br><br>**제32조의2(지적기술자의 업무정지 절차)** ① 국토교통부장관은 다음 각 호의 어느 하나에 해당하는 경우 법 제42조 제1항 각 호 외의 부분 후단에 따라 중앙지적위원회에 지적기술자의 업무정지 처분에 관한 심의를 요청하여야 한다. 〈개정 2015. 6. 1.〉<br>1. 국토교통부장관이 법 제42조 제1항 각 호의 어느 하나에 해당하는 사항을 발견(지적소관청으로부터 통보받은 경우를 포함한다)한 경우<br>2. 시·도지사가 법 제42조 제1항 각 호의 위반 사실을 발견(지적소관청으로부터 통보받은 경우를 포함한다)하여 국토교통부장관에게 통보한 경우<br>가. 삭제 〈2015. 6. 1.〉<br>나. 삭제 〈2015. 6. 1.〉<br>② 중앙지적위원회는 제1항에 따른 심의 요청이 있는 경우 지적기술자의 업무정지에 관하여 심의·의결하고, 그 결과를 지체 없이 국토교통부장관에게 보내야 한다. | 력·경력자 관리번호를 함께 적어야 한다. | | |

| 법률 | 시행령 | 시행규칙 | 지적측량 시행규칙 | 지적업무처리규정 |
|---|---|---|---|---|
| | ③ 국토교통부장관은 제2항에 따른 심의·의결 결과를 받은 경우 지체 없이 처분하고, 그 사실을 시·도지사에게 통지하여야 한다. [본조신설 2014. 1. 17.] | | | |
| **제40조(측량기술자의 신고 등)** ① 측량업무에 종사하는 측량기술자(「건설기술 진흥법」 제2조제8호에 따른 건설기술인인 측량기술자와 「기술사법」 제2조에 따른 기술사는 제외한다. 이하 이 조에서 같다)는 국토교통부령으로 정하는 바에 따라 근무처·경력·학력 및 자격 등(이하 "근무처 및 경력등"이라 한다)을 관리하는 데에 필요한 사항을 국토교통부장관에게 신고할 수 있다. 신고사항의 변경이 있는 경우에도 같다. 〈개정 2013. 3. 23., 2013. 5. 22., 2018. 8. 14., 2020. 2. 18.〉 ② 국토교통부장관은 제1항에 따른 신고를 받았으면 측량기술자의 근무처 및 경력등에 관한 기록을 유지·관리하여야 한다. 〈개정 2013. 3. 23., 2020. 2. 18.〉 ③ 국토교통부장관은 측량기술자가 신청하면 근무처 및 경력등에 관한 증명서(이하 "측량기술경력 | | **제43조(측량기술자의 신고 등)** ① 법 제40조 제1항에 따라 신고 또는 변경신고를 하려는 측량기술자는 별지 제29호서식의 측량기술자 경력신고서 또는 별지 제30호서식의 측량기술자 경력변경신고서에 다음 각 호의 서류(전자문서를 포함한다)를 첨부하여 공간정보산업협회에 제출하여야 한다. 다만, 근무처의 퇴직 사실만을 신고하는 경우에는 제1호에 따른 서류는 생략할 수 있다. 〈개정 2014. 1. 17., 2015. 6. 4.〉 1. 별지 제31호서식의 측량기술자 경력확인서(사용자(대표자) 또는 발주자의 확인을 받은 것만 해당한다) 2. 국가기술자격증 사본(해당자만 첨부한다) 3. 졸업증명서(해당자만 첨부한다) 4. 사진(3×4센티미터) 1장(경력신고의 경우만 해당한다) | | |

| 법률 | 시행령 | 시행규칙 | 지적측량 시행규칙 | 지적업무처리규정 |
|---|---|---|---|---|
| 증"이라 한다)를 발급할 수 있다. 〈개정 2013. 3. 23., 2020. 2. 18.〉<br>④ 국토교통부장관은 제1항에 따라 신고를 받은 내용을 확인하기 위하여 필요한 경우에는 중앙행정기관, 지방자치단체, 「초·중등교육법」 제2조 및 「고등교육법」 제2조의 학교, 신고를 한 측량기술자가 소속된 측량 관련 업체 등 관련 기관의 장에게 관련 자료를 제출하도록 요청할 수 있다. 이 경우 그 요청을 받은 기관의 장은 특별한 사유가 없으면 요청에 따라야 한다. 〈개정 2013. 3. 23., 2020. 2. 18.〉<br>⑤ 이 법이나 그 밖의 관계 법률에 따른 인가·허가·등록·면허 등을 하려는 행정기관의 장은 측량기술자의 근무처 및 경력 등을 확인할 필요가 있는 경우에는 국토교통부장관의 확인을 받아야 한다. 〈개정 2013. 3. 23., 2020. 2. 18.〉<br>⑥ 제1항에 따른 신고가 신고서의 기재사항 및 구비서류에 흠이 없고, 관계 법령 등에 규정된 형식상의 요건을 충족하는 경우에는 신고서가 접수기관에 도달된 때에 신고된 것으로 본다. 〈신설 2017. | | 5. 경력 또는 경력변경사항을 증명할 수 있는 서류<br>② 법 제40조 제3항에 따른 측량기술경력증은 별지 제32호서식과 같다.<br>③ 공간정보산업협회는 측량기술경력증을 발급한 때에는 별지 제33호서식의 측량기술경력증 발급대장에 기록하고 관리하여야 한다. 〈개정 2014. 1. 17., 2015. 6. 4.〉<br>④ 측량기술자가 법 제40조 제3항에 따른 측량기술경력증을 발급, 갱신 또는 재발급받으려는 경우에는 별지 제34호서식의 측량기술경력증 발급(신규·갱신·재발급) 신청서를 공간정보산업협회에 제출하여야 한다. 〈개정 2014. 1. 17., 2015. 6. 4.〉<br>⑤ 법 제40조 제5항에 따른 측량기술자의 근무처 및 경력등의 확인은 별지 제35호서식의 측량기술자 경력증명서 및 별지 제36호서식의 측량기술자 보유증명서에 따른다.<br>⑥ 공간정보산업협회는 측량기술경력증을 발급, 갱신 또는 재발급하거나 측량기술자 경력증명서 및 측량기술자 보유증명서를 발 | | |

| 법률 | 시행령 | 시행규칙 | 지적측량 시행규칙 | 지적업무처리규정 |
|------|--------|----------|------------------|-----------------|
| 10. 24.〉<br>⑦ 제1항부터 제6항까지에서 규정한 사항 외에 측량기술자의 신고, 기록의 유지·관리, 측량기술경력증의 발급 등에 필요한 사항은 국토교통부령으로 정한다. 〈개정 2013. 3. 23., 2017. 10. 24., 2020. 2. 18.〉 | | 급하는 때에는 그 신청인으로부터 실비의 범위에서 수수료를 받을 수 있다. 〈개정 2014. 1. 17., 2015. 6. 4.〉<br>⑦ 공간정보산업협회는 제1항에 따른 신고 또는 변경신고를 받은 경우에는 관련 기관에 그 신고내용을 확인하여야 한다. 〈개정 2014. 1. 17., 2015. 6. 4.〉<br>⑧ 영 별표 5에 따라 국토교통부장관이 측량기술자의 경력인정방법 및 절차 등을 정한 때에는 이를 고시하여야 한다. 〈개정 2013. 3. 23.〉 | | |
| **제41조(측량기술자의 의무)**<br>① 측량기술자는 신의와 성실로써 공정하게 측량을 하여야 하며, 정당한 사유 없이 측량을 거부하여서는 아니 된다.<br>② 측량기술자는 정당한 사유 없이 그 업무상 알게 된 비밀을 누설하여서는 아니 된다.<br>③ 측량기술자는 둘 이상의 측량업자에게 소속될 수 없다.<br>④ 측량기술자는 다른 사람에게 측량기술경력증을 빌려 주거나 자기의 성명을 사용하여 측량업무를 수행하게 하여서는 아니 된다. | | | | |

| 법률 | 시행령 | 시행규칙 | 지적측량 시행규칙 | 지적업무처리규정 |
|---|---|---|---|---|
| 제42조(측량기술자의 업무정지 등) ① 국토교통부장관은 측량기술자(「건설기술 진흥법」 제2조제8호에 따른 건설기술인인 측량기술자는 제외한다)가 다음 각 호의 어느 하나에 해당하는 경우에는 1년(지적기술자의 경우에는 2년) 이내의 기간을 정하여 측량업무의 수행을 정지시킬 수 있다. 이 경우 지적기술자에 대하여는 대통령령으로 정하는 바에 따라 중앙지적위원회의 심의·의결을 거쳐야 한다. 〈개정 2013. 3. 23., 2013. 5. 22., 2013. 7. 17., 2018. 8. 14., 2020. 2. 18.〉<br>1. 제40조제1항에 따른 근무처 및 경력 등의 신고 또는 변경신고를 거짓으로 한 경우<br>2. 제41조제4항을 위반하여 다른 사람에게 측량기술경력증을 빌려 주거나 자기의 성명을 사용하여 측량업무를 수행하게 한 경우<br>3. 지적기술자가 제50조제1항을 위반하여 신의와 성실로써 공정하게 지적측량을 하지 아니하거나 고의 또는 중대한 과실로 지적측량을 잘못하여 다른 | | 제44조(측량기술자에 대한 업무정지 기준 등) ① 법 제42조 제1항에 따른 측량기술자(지적기술자는 제외한다)의 업무정지의 기준은 다음 각 호의 구분과 같다. 〈개정 2014. 1. 17.〉<br>1. 법 제40조 제1항에 따른 근무처 및 경력등의 신고 또는 변경신고를 거짓으로 한 경우 : 1년<br>2. 법 제41조 제4항을 위반하여 다른 사람에게 측량기술경력증을 빌려 주거나 자기의 성명을 사용하여 측량업무를 수행하게 한 경우 : 1년<br>② 국토지리정보원장은 위반행위의 동기 및 횟수 등을 고려하여 다음 각 호의 구분에 따라 제1항에 따른 업무정지의 기간을 줄일 수 있다. 〈개정 2017. 1. 31.〉<br>1. 위반행위가 있은 날 이전 최근 2년 이내에 업무정지처분을 받은 사실이 없는 경우 : 4분의 1 경감<br>2. 해당 위반행위가 과실 또는 상당한 이유에 의한 것으로서 보완이 가능한 경우 : 4분의 1 경감<br>3. 제1호와 제2호 모두에 해당할 | | |

| 법률 | 시행령 | 시행규칙 | 지적측량 시행규칙 | 지적업무처리규정 |
|---|---|---|---|---|
| 사람에게 손해를 입힌 경우<br>4. 지적기술자가 제50조제1항을 위반하여 정당한 사유 없이 지적측량 신청을 거부한 경우<br>② 국토교통부장관은 지적기술자가 제1항 각 호의 어느 하나에 해당하는 경우 위반행위의 횟수, 정도, 동기 및 결과 등을 고려하여 지적기술자가 소속된 한국국토정보공사 또는 지적측량업자에게 해임 등 적절한 징계를 할 것을 요청할 수 있다. 〈신설 2013. 7. 17., 2014. 6. 3.〉<br>③ 제1항에 따른 업무정지의 기준과 그 밖에 필요한 사항은 국토교통부령으로 정한다. 〈개정 2013. 3. 23., 2013. 7. 17., 2020. 2. 18.〉<br>[제목개정 2013. 7. 17.] | | 경우 : 2분의 1 경감<br>③ 법 제42조 제1항에 따른 지적기술자의 업무정지의 기준은 별표 3의 2와 같다. 〈신설 2014. 1. 17.〉<br>④ 영 제32조의2 제1항에 따른 지적기술자 업무정지 심의요청서는 별지 제36호의2서식과 같고, 같은 조 제2항에 따른 지적기술자 업무정지 의결서는 별지 제36호의3 서식과 같으며, 같은 조 제3항에 따른 지적기술자 업무정지 처분서는 별지 제36호의4서식과 같다. 〈신설 2014. 1. 17.〉<br>[제목개정 2014. 1. 17.] | | |
| 제43조 삭제 〈2020. 2. 18.〉 | 제33조 삭제 〈2021. 2. 9.〉 | 제45조 삭제 〈2021. 2. 19.〉 | | |
| **제7절 측량업** 〈개정 2020. 2. 18.〉 | **제7절 측량업 및 수로사업** | | | |
| **제44조(측량업의 등록)** ① 측량업은 다음 각 호의 업종으로 구분한다.<br>  1. 측지측량업<br>  2. 지적측량업<br>  3. 그 밖에 항공촬영, 지도제작 등 대통령령으로 정하는 업종 | **제34조(측량업의 종류)** ① 법 제44조 제1항 제3호에 따른 "항공촬영, 지도제작 등 대통령령으로 정하는 업종"이란 다음 각 호와 같다.<br>  1. 공공측량업<br>  2. 일반측량업 | | | |

| 법률 | 시행령 | 시행규칙 | 지적측량 시행규칙 | 지적업무처리규정 |
|---|---|---|---|---|
| ② 측량업을 하려는 자는 업종별로 대통령령으로 정하는 기술인력·장비 등의 등록기준을 갖추어 국토교통부장관, 시·도지사 또는 대도시 시장에게 등록하여야 한다. 다만, 한국국토정보공사는 측량업의 등록을 하지 아니하고 제1항제2호의 지적측량업을 할 수 있다. 〈개정 2013. 3. 23., 2014. 6. 3., 2020. 2. 18.〉<br><br>③ 국토교통부장관, 시·도지사 또는 대도시 시장은 제2항에 따른 측량업의 등록을 한 자(이하 "측량업자"라 한다)에게 측량업등록증 및 측량업등록수첩을 발급하여야 한다. 〈개정 2013. 3. 23., 2020. 2. 18.〉<br><br>④ 측량업자는 등록사항이 변경된 경우에는 국토교통부장관, 시·도지사 또는 대도시 시장에게 신고하여야 한다. 〈개정 2013. 3. 23., 2020. 2. 18.〉<br><br>⑤ 측량업의 등록, 등록사항의 변경신고, 측량업등록증 및 측량업등록수첩의 발급절차 등에 필요한 사항은 대통령령으로 정한다. | 3. 연안조사측량업<br>4. 항공촬영업<br>5. 공간영상도화업<br>6. 영상처리업<br>7. 수치지도제작업<br>8. 지도제작업<br>9. 지하시설물측량업<br>② 측량업의 종류별 업무 내용은 별표 7과 같다.<br><br>제35조(측량업의 등록 등) ① 법 제44조 제1항 제1호의 측지측량업과 이 영 제34조 제1항 제3호부터 제9호까지의 측량업은 국토교통부장관에게 등록하고, 법 제44조 제1항 제2호의 지적측량업과 이 영 제34조 제1항 제1호 및 제2호의 측량업은 특별시장·광역시장·특별자치시장·도지사 또는 대도시 시장(「지방자치법」제175조에 따라 서울특별시·광역시 및 특별자치시를 제외한 인구 50만 이상의 시의 시장을 말한다. 이하 같다)에게 등록하여야 한다. 다만, 특별자치도의 경우에는 법 제44조 제1항 제1호 및 제2호와 이 영 제34조 제1항 각 호의 측량업을 특별자치도지사에게 등록하여야 한다. 〈개정 2013. 3. 23., 2013. 6. 11.〉 | 제46조(측량업의 등록 신청 서식) 영 제35조 제2항에 따른 측량업 등록신청서는 별지 제37호서식과 같다.<br><br>제47조(측량업등록부 등의 서식) ① 법 제44조 제3항에 따른 측량업등록증은 별지 제38호서식, 측량업등록수첩은 별지 제39호서식과 같고, 영 제35조 제4항에 따른 측량업등록부는 별지 제40호서식과 같다.<br>② 제1항의 측량업등록부는 전자적 처리가 불가능한 특별한 사유가 없으면 전자적 처리가 가능한 방법으로 작성·관리하여야 한다. | | 제15조(지적측량업의 등록 등) ① 영 제35조제4항에 따라 시·도지사는 지적측량업등록신청에 관한 적합여부를 심사하는 때에는 다음 각 호에 따라 처리한다.<br>1. 등록신청에 따른 서류를 심사할 경우에는 정본(등본 또는 증명서)은 서류 확인으로, 사본은 담당공무원이 원본과 대조하여 확인한다.<br>2. 지적측량업을 등록하려는 개인, 법인의 대표자와 임원에 관한 신원조회는 등록지 시장·구청장 또는 읍·면장에게 의뢰한다.<br>3. 지적측량업의 등록번호는 시·도명에 업종코드와 전국일련번호를 합하여 정한다. |

| 법률 | 시행령 | 시행규칙 | 지적측량 시행규칙 | 지적업무처리규정 |
|---|---|---|---|---|
| | ② 제1항에 따라 측량업의 등록을 하려는 자는 <u>국토교통부령</u>으로 정하는 신청서(전자문서로 된 신청서를 포함한다)에 다음 각 호의 서류(전자문서를 포함한다)를 첨부하여 국토교통부장관, 시·도지사 또는 대도시 시장에게 제출하여야 한다. 〈개정 2013. 3. 23., 2014. 1. 17., 2017. 1. 10., 2020. 12. 29.〉<br>1. <u>별표 8</u>에 따른 기술인력을 갖춘 사실을 증명하기 위한 다음 각 목의 서류<br>　가. 보유하고 있는 측량기술자의 명단<br>　나. 가목의 인력에 대한 측량기술 경력증명서<br>2. <u>별표 8</u>에 따른 장비를 갖춘 사실을 증명하기 위한 다음 각 목의 서류<br>　가. 보유하고 있는 장비의 명세서<br>　나. 가목의 장비의 성능검사서 사본<br>　다. 소유권 또는 사용권을 보유한 사실을 증명할 수 있는 서류<br>③ 제1항에 따른 등록신청을 받은 국 | | | ② 지적측량업을 등록한 자가 측량기기 성능검사를 받은 때에는 성능검사서 사본을 시·도지사에게 제출하여야 한다.<br>③ 지적측량업을 등록한 자가 폐업신고 시에는 측량업 폐업신고서 및 등록된 기술인력에 대한 자격상실증명원(4대 보험 중 하나)을 시·도지사에게 제출하여야 한다.<br>④ 지적측량업을 등록한 자가 측량업을 휴업할 경우, 휴업기간 중에도 등록기준에 미달되지 않도록 등록된 사항을 유지하여야 한다. 다만, 보증보험은 제외한다. |

| 법률 | 시행령 | 시행규칙 | 지적측량 시행규칙 | 지적업무처리규정 |
|------|--------|----------|------------------|------------------|
| | 토교통부장관, 시·도지사 또는 대도시 시장은 「전자정부법」 제36조 제1항에 따른 행정정보의 공동이용을 통하여 다음 각 호의 행정정보를 확인하여야 한다. 다만, 사업자등록증 및 제2호의 서류에 대해서는 신청인으로부터 확인에 대한 동의를 받고, 신청인이 확인에 동의하지 아니하는 경우에는 해당 서류의 사본을 첨부하도록 하여야 한다. 〈개정 2010. 5. 4., 2013. 3. 23., 2020. 12. 29.〉<br>1. 사업자등록증 또는 법인등기부 등본(법인인 경우만 해당한다)<br>2. 「국가기술자격법」에 따른 국가기술자격(정보처리기사의 경우만 해당한다)<br>④ 제2항에 따른 측량업의 등록신청을 받은 국토교통부장관, 시·도지사 또는 대도시 시장은 신청받은 날부터 10일 이내에 법 제44조에 따른 등록기준에 적합한지와 법 제47조 각 호의 결격사유가 없는지를 심사한 후 적합하다고 인정할 때에는 측량업등록부에 기록하고, 측량업등록증과 측량업등록수첩을 발급하여야 한다. | | | |

| 법률 | 시행령 | 시행규칙 | 지적측량 시행규칙 | 지적업무처리규정 |
|---|---|---|---|---|
| | 〈개정 2013. 3. 23., 2017. 1. 10., 2020. 12. 29.〉<br>⑤ 국토교통부장관, 시·도지사 또는 대도시 시장은 제2항에 따른 측량업의 등록신청이 등록기준에 적합하지 아니하다고 인정할 때에는 신청인에게 그 뜻을 통지하여야 한다. 〈개정 2013. 3. 23., 2020. 12. 29.〉<br>⑥ 국토교통부장관, 시·도지사 또는 대도시 시장은 법 제44조 제2항에 따라 등록을 하였을 때에는 이를 해당 기관의 게시판이나 인터넷 홈페이지에 10일 이상 공고하여야 한다. 〈개정 2013. 3. 23., 2014. 1. 17., 2020. 12. 29.〉<br><br>제36조(측량업의 등록기준) ① 측량업의 등록기준은 별표 8과 같다.<br>② 항공촬영업의 등록을 하려는 자는 별표 8의 등록기준을 갖추는 외에 「항공사업법」에 따른 항공기사용사업의 등록을 하여야 한다. 〈개정 2017. 3. 29.〉<br><br>제37조(등록사항의 변경) ① 측량업의 등록을 한 자는 등록사항 중 다음 각 호의 어느 하나에 해당하는 사항 | 제48조(측량업 등록사항의 변경신고) ① 영 제37조에 따라 등록사항을 변경하려는 측량업자는 별지 제41 | | |

| 법률 | 시행령 | 시행규칙 | 지적측량 시행규칙 | 지적업무처리규정 |
|---|---|---|---|---|
| | 을 변경하였을 때에는 법 제44조 제4항에 따라 변경된 날부터 30일 이내에 국토교통부령으로 정하는 바에 따라 변경신고를 하여야 한다. 다만, 제4호에 해당하는 사항을 변경한 때에는 그 변경이 있은 날부터 90일 이내에 변경신고를 하여야 한다. 〈개정 2012. 6. 25., 2014. 1. 17.〉<br>　1. 주된 영업소 또는 지점의 소재지<br>　2. 상호<br>　3. 대표자<br>　4. 기술인력 및 장비<br>② 둘 이상의 측량업에 등록한 자가 제1항제1호부터 제3호까지의 등록사항을 변경한 경우로서 제35조 제1항에 따라 등록한 기관이 같은 경우에는 이를 한꺼번에 신고할 수 있다. | 호서식의 신고서(전자문서로 된 신고서를 포함한다)에 다음 각 호의 구분에 따른 서류(전자문서를 포함한다)를 첨부하여 국토지리정보원장, 시·도지사 또는 대도시 시장 (「지방자치법」 제175조에 따라 서울특별시·광역시 및 특별자치시를 제외한 인구 50만 이상의 시의 시장을 말한다. 이하 같다)에게 제출하여야 한다. 〈개정 2014. 1. 17., 2020. 12. 31.〉<br>　1. 측량업용 장비 변경의 경우<br>　　가. 변경된 장비의 명세서 및 그 장비의 성능검사서 사본<br>　　나. 소유권 또는 사용권을 보유한 사실을 증명할 수 있는 서류<br>　2. 보유하고 있는 측량기술인력 변경의 경우<br>　　가. 입사하거나 퇴사한 기술인력의 명단<br>　　나. 입사한 기술인력의 측량기술 경력증명서<br>　　다. 입사·퇴사한 기술인력의 재직·퇴직증명서<br>② 제1항에 따른 신고서를 제출받은 국토지리정보원장, 시·도지사 또는 대도시 시장은 「전자정부법」 제36조 제1항에 따른 행정정보의 | | |

| 법률 | 시행령 | 시행규칙 | 지적측량 시행규칙 | 지적업무처리규정 |
|---|---|---|---|---|
| | | 공동이용을 통하여 다음 각 호의 정보를 확인해야 한다. 이 경우 제1호(사업자등록증만 해당한다) 및 제3호의 서류에 대해서는 신청인으로부터 확인에 대한 동의를 받고, 신청인이 확인에 동의하지 않는 경우에는 해당 서류의 사본을 첨부하도록 해야 한다. 〈개정 2011. 4. 11., 2012. 6. 25., 2020. 12. 31.〉<br>1. 주된 영업소 또는 지점의 소재지 변경 및 상호 변경의 경우 : 변경사항이 기재된 사업자등록증 또는 법인 등기사항증명서(법인인 경우만 해당한다)<br>2. 법인 대표자 변경의 경우 : 법인 등기사항증명서<br>3. 「국가기술자격법」에 따른 국가기술자격증(정보처리기사만 해당한다) | | |
| | 제38조(등록증 등의 재발급) 측량업자는 측량업등록증 또는 측량업등록수첩을 잃어버리거나 헐어서 못 쓰게 되었을 때에는 국토교통부장관, 시·도지사 또는 대도시 시장에게 재발급을 신청할 수 있다. 〈개정 2013. 3. 23., 2015. 6. 1., 2020. 12. 29.〉 | 제49조(등록증 등의 재발급 신청) 영 제38조에 따른 측량업등록증 또는 측량업등록수첩을 재발급받으려는 자는 별지 제42호서식을 작성하여 영 제35조 제1항에 따라 등록한 기관에 제출하여야 한다. 〈개정 2015. 6. 4.〉 | | |

| 법률 | 시행령 | 시행규칙 | 지적측량 시행규칙 | 지적업무처리규정 |
|---|---|---|---|---|
| | | [전문개정 2010. 6. 17.]<br><br>**제50조(공간정보산업협회에 대한 통보)** 국토지리정보원장, 시·도지사 또는 대도시 시장은 법 제44조 제2항에 따른 측량업의 등록, 법 제44조 제4항에 따른 변경신고, 법 제48조에 따른 측량업의 휴업·폐업 등 신고 또는 법 제52조에 따른 측량업의 등록취소가 있는 경우에는 이를 공간정보산업협회에 통보해야 한다. 〈개정 2015. 6. 4., 2020. 12. 31.〉 [제목개정 2015. 6. 4.] | | |
| **제45조(지적측량업자의 업무 범위)** 제44조제1항제2호에 따른 지적측량업의 등록을 한 자(이하 "지적측량업자"라 한다)는 제23조제1항제1호 및 제3호부터 제5호까지의 규정에 해당하는 사유로 하는 지적측량 중 다음 각 호의 지적측량과 지적전산자료를 활용한 정보화사업을 할 수 있다. 〈개정 2011. 9. 16., 2013. 7. 17., 2019. 12. 10.〉<br>1. 제73조에 따른 경계점좌표등록부가 있는 지역에서의 지적측량<br>2. 「지적재조사에 관한 특별법」에 따른 지적재조사지구에서 | **제39조(지적전산자료를 활용한 정보화사업 등)** 법 제45조에 따른 지적전산자료를 활용한 정보화사업에는 다음 각 호의 사업을 포함한다.<br>1. 지적도·임야도, 연속지적도, 도시개발사업 등의 계획을 위한 지적도 등의 정보처리시스템을 통한 기록·저장 업무<br>2. 토지대장, 임야대장의 전산화 업무 | | | |

| 법률 | 시행령 | 시행규칙 | 지적측량 시행규칙 | 지적업무처리규정 |
|---|---|---|---|---|
| 실시하는 지적재조사측량<br>3. 제86조에 따른 도시개발사업<br>　등이 끝남에 따라 하는 지적확<br>　정측량 | | | | |
| 제46조(측량업자의 지위 승계)<br>① 측량업자가 그 사업을 양도하거<br>　나 사망한 경우 또는 법인인 측량<br>　업자의 합병이 있는 경우에는 그<br>　사업의 양수인·상속인 또는 합<br>　병 후 존속하는 법인이나 합병에<br>　따라 설립된 법인은 종전의 측량<br>　업자의 지위를 승계한다.<br>② 제1항에 따라 측량업자의 지위를<br>　승계한 자는 그 승계 사유가 발생<br>　한 날부터 30일 이내에 대통령령<br>　으로 정하는 바에 따라 국토교통<br>　부장관, 시·도지사 또는 대도시<br>　시장에게 신고하여야 한다. 〈개<br>　정 2013. 3. 23., 2020. 2. 18.〉 | 제40조(측량업자의 지위승계)<br>① 법 제46조 제2항에 따른 측량업자<br>　의 지위승계 신고는 제35조 제1항<br>　에 따라 등록한 기관에 하여야 한<br>　다.<br>② 제1항에 따른 신고 절차는 국토교<br>　통부령으로 정한다. 〈개정 2013.<br>　3. 23.〉 | 제51조(측량업자의 지위승계 신고서)<br>① 법 제46조에 따라 측량업자의 지<br>　위를 승계한 자가 영 제40조 제1항<br>　에 따라 측량업자 지위승계의 신<br>　고를 하려는 경우에는 다음 각 호<br>　의 구분에 따라 신고서에 해당 서<br>　류(전자문서로 된 신고서와 서류<br>　를 포함한다)를 첨부하여 영 제35<br>　조 제1항에 따라 등록한 기관에 제<br>　출하여야 한다.<br>　1. 측량업 양도·양수 신고의 경<br>　　우 : 별지 제43호서식<br>　　가. 양도·양수 계약서 사본<br>　　나. 영 제35조 제2항 제1호 및<br>　　　　제2호의 서류<br>　2. 측량업 상속 신고의 경우 : 별<br>　　지 제44호서식<br>　　가. 상속인임을 증명할 수 있는<br>　　　　서류<br>　　나. 영 제35조 제2항 제1호 및<br>　　　　제2호의 서류<br>　3. 측량업 법인 합병 신고의 경<br>　　우 : 별지 제45호서식<br>　　가. 합병계약서 사본 | | |

| 법률 | 시행령 | 시행규칙 | 지적측량 시행규칙 | 지적업무처리규정 |
|---|---|---|---|---|
| | | 나. 합병공고문<br>다. 합병에 관한 사항을 의결한 총회 또는 창립총회의 결의서 사본<br>라. 영 제35조 제2항 제1호 및 제2호의 서류<br>② 제1항에 따른 신고서(상속신고서는 제외한다)를 제출받은 기관은 「전자정부법」 제36조 제1항에 따른 행정정보의 공동이용을 통하여 사업자등록증 또는 법인 등기사항증명서(신고인이 법인인 경우만 해당한다)를 확인하여야 한다. 이 경우 사업자등록증에 대해서는 신청인으로부터 확인에 대한 동의를 받고, 신청인이 확인에 동의하지 아니하는 경우에는 그 서류의 사본을 첨부하도록 하여야 한다. 〈개정 2011. 4. 11.〉 | | |
| **제47조(측량업등록의 결격사유)**<br>다음 각 호의 어느 하나에 해당하는 자는 측량업의 등록을 할 수 없다. 〈개정 2013. 7. 17., 2015. 12. 29.〉<br>　1. 피성년후견인 또는 피한정후견인<br>　2. 이 법이나 「국가보안법」 또는 「형법」 제87조부터 제104조까지의 규정을 위반하여 금고 | | | | |

| 법률 | 시행령 | 시행규칙 | 지적측량 시행규칙 | 지적업무처리규정 |
|---|---|---|---|---|
| 이상의 실형을 선고받고 그 집행이 끝나거나(집행이 끝난 것으로 보는 경우를 포함한다) 집행이 면제된 날부터 2년이 지나지 아니한 자<br>3. 이 법이나 「국가보안법」 또는 「형법」 제87조부터 제104조까지의 규정을 위반하여 금고 이상의 형의 집행유예를 선고받고 그 집행유예기간 중에 있는 자<br>4. 제52조에 따라 측량업의 등록이 취소(제47조제1호에 해당하여 등록이 취소된 경우는 제외한다)된 후 2년이 지나지 아니한 자<br>5. 임원 중에 제1호부터 제4호까지의 어느 하나에 해당하는 자가 있는 법인 | | | | |
| **제48조(측량업의 휴업·폐업 등 신고)** 다음 각 호의 어느 하나에 해당하는 자는 국토교통부령으로 정하는 바에 따라 국토교통부장관, 시·도지사 또는 대도시 시장에게 해당 각 호의 사실이 발생한 날부터 30일 이내에 그 사실을 신고하여야 한다. 〈개정 2013. 3. 23., 2020. 2. 18.〉<br>　1. 측량업자인 법인이 파산 또는 | | **제52조(측량업의 휴업·폐업 등 신고)** ① 법 제48조에 따라 측량업의 휴업 또는 폐업을 하려는 자는 다음 각 호의 구분에 따라 신고서(전자문서로 된 신고서를 포함한다)에 해당 서류를 첨부하여 영 제35조 제1항에 따라 등록한 기관에 제출하여야 한다.<br>　1. 법 제48조 제1호에 따라 해산한 측량업자인 법인 및 같은 조 | | |

| 법률 | 시행령 | 시행규칙 | 지적측량 시행규칙 | 지적업무처리규정 |
|---|---|---|---|---|
| 합병 외의 사유로 해산한 경우 : 해당 법인의 청산인<br>2. 측량업자가 폐업한 경우 : 폐업한 측량업자<br>3. 측량업자가 30일을 넘는 기간 동안 휴업하거나, 휴업 후 업무를 재개한 경우 : 해당 측량업자 | | 제2호에 따라 측량업을 폐업하려는 자 : 별지 제46호서식의 측량업 폐업신고서, 측량업등록증 및 측량업등록수첩<br>2. 법 제48조 제3호에 따라 측량업을 휴업하려는 자 : 별지 제47호서식의 측량업 휴업신고서, 측량업등록증 및 측량업등록수첩<br>3. 법 제48조 제3호에 따라 휴업 후 업무를 재개하려는 자 : 별지 제48호서식의 측량업 재개신고서<br>② 제1항에 따른 신고를 받은 기관은 「전자정부법」 제36조 제1항에 따른 행정정보의 공동이용을 통하여 법인 등기사항증명서(신고인이 법인인 경우만 해당한다)를 확인하여야 한다. 〈개정 2011. 4. 11.〉 | | |
| **제49조(측량업등록증의 대여 금지 등)** ① 측량업자는 다른 사람에게 자기의 측량업등록증 또는 측량업등록수첩을 빌려주거나 자기의 성명 또는 상호를 사용하여 측량업무를 하게 하여서는 아니 된다.<br>② 누구든지 다른 사람의 등록증 또는 등록수첩을 빌려서 사용하거나 다른 사람의 성명 또는 상호를 | | | | |

| 법률 | 시행령 | 시행규칙 | 지적측량 시행규칙 | 지적업무처리규정 |
|---|---|---|---|---|
| 사용하여 측량업무를 하여서는 아니 된다. | | | | |
| **제50조(지적측량수행자의 성실의무 등)** ① 지적측량수행자(소속 지적기술자를 포함한다. 이하 이 조에서 같다)는 신의와 성실로써 공정하게 지적측량을 하여야 하며, 정당한 사유 없이 지적측량 신청을 거부하여서는 아니 된다. 〈개정 2013. 7. 17.〉<br>② 지적측량수행자는 본인, 배우자 또는 직계 존속·비속이 소유한 토지에 대한 지적측량을 하여서는 아니 된다.<br>③ 지적측량수행자는 제106조제2항에 따른 지적측량수수료 외에는 어떠한 명목으로도 그 업무와 관련된 대가를 받으면 아니 된다. | | | | |
| **제51조(손해배상책임의 보장)**<br>① 지적측량수행자가 타인의 의뢰에 의하여 지적측량을 하는 경우 고의 또는 과실로 지적측량을 부실하게 함으로써 지적측량의뢰인이나 제3자에게 재산상의 손해를 발생하게 한 때에는 지적측량수행자는 그 손해를 배상할 책임이 있다. 〈개정 2020. 6. 9.〉<br>② 지적측량수행자는 제1항에 따른 손해배상책임을 보장하기 위하 | **제41조(손해배상책임의 보장)**<br>① 지적측량수행자는 법 제51조 제2항에 따라 손해배상책임을 보장하기 위하여 다음 각 호의 구분에 따라 보증보험에 가입하거나 공간정보산업협회가 운영하는 보증 또는 공제에 가입하는 방법으로 보증설정(이하 "보증설정"이라 한다)을 하여야 한다. 〈개정 2017. 1. 10.〉<br>1. 지적측량업자 : 보장기간 10 | | | |

| 법률 | 시행령 | 시행규칙 | 지적측량 시행규칙 | 지적업무처리규정 |
|---|---|---|---|---|
| 여 대통령령으로 정하는 바에 따라 보험가입 등 필요한 조치를 하여야 한다. | 년 이상 및 보증금액 1억원 이상<br>2. 「국가공간정보 기본법」 제12조에 따라 설립된 한국국토정보공사(이하 "한국국토정보공사"라 한다) : 보증금액 20억원 이상<br>② 지적측량업자는 지적측량업 등록증을 발급받은 날부터 10일 이내에 제1항제1호의 기준에 따라 보증설정을 하여야 하며, 보증설정을 하였을 때에는 이를 증명하는 서류를 제35조 제1항에 따라 등록한 시·도지사 또는 대도시 시장에게 제출하여야 한다. 〈개정 2014. 1. 17., 2017. 1. 10., 2020. 12. 29.〉<br><br>**제42조(보증설정의 변경)** ① 법 제51조에 따라 보증설정을 한 지적측량수행자는 그 보증설정을 다른 보증설정으로 변경하려는 경우에는 해당 보증설정의 효력이 있는 기간 중에 다른 보증설정을 하고 그 사실을 증명하는 서류를 제35조 제1항에 따라 등록한 시·도지사에게 제출하여야 한다.<br>② 보증설정을 한 지적측량수행자는 보증기간의 만료로 인하여 다 | | | |

| 법률 | 시행령 | 시행규칙 | 지적측량 시행규칙 | 지적업무처리규정 |
|---|---|---|---|---|
| | 시 보증설정을 하려는 경우에는 그 보증기간 만료일까지 다시 보증설정을 하고 그 사실을 증명하는 서류를 제35조 제1항에 따라 등록한 시 · 도지사에게 제출하여야 한다.<br>[전문개정 2017. 1. 10.]<br><br>**제43조(보험금 등의 지급 등)** ① 지적측량의뢰인은 법 제51조 제1항에 따른 손해배상으로 보험금 · 보증금 또는 공제금을 지급받으려면 다음 각 호의 어느 하나에 해당하는 서류를 첨부하여 보험회사 또는 공간정보산업협회에 손해배상금 지급을 청구하여야 한다. 〈개정 2017. 1. 10.〉<br>  1. 지적측량의뢰인과 지적측량수행자 간의 손해배상합의서 또는 화해조서<br>  2. 확정된 법원의 판결문 사본<br>  3. 제1호 또는 제2호에 준하는 효력이 있는 서류<br>② 지적측량수행자는 보험금 · 보증금 또는 공제금으로 손해배상을 하였을 때에는 지체 없이 다시 보증설정을 하고 그 사실을 증명하는 서류를 제35조 제1항에 따라 등록한 시 · 도지사 또는 대도시 시장에게 제출하여야 한다. 〈개정 | | | |

| 법률 | 시행령 | 시행규칙 | 지적측량 시행규칙 | 지적업무처리규정 |
|---|---|---|---|---|
| | 2017. 1. 10., 2020. 12. 29.〉<br>③ 지적소관청은 제1항에 따라 지적측량수행자가 지급하는 손해배상금의 일부를 지적소관청의 지적측량성과 검사 과실로 인하여 지급하여야 하는 경우에 대비하여 공제에 가입할 수 있다. 〈신설 2014. 1. 17.〉<br>[제목개정 2014. 1. 17., 2017. 1. 10.] | | | |
| **제52조(측량업의 등록취소 등)**<br>① 국토교통부장관, 시·도지사 또는 대도시 시장은 측량업자가 다음 각 호의 어느 하나에 해당하는 경우에는 측량업의 등록을 취소하거나 1년 이내의 기간을 정하여 영업의 정지를 명할 수 있다. 다만, 제2호·제4호·제7호·제8호·제11호 또는 제15호에 해당하는 경우에는 측량업의 등록을 취소하여야 한다. 〈개정 2013. 3. 23., 2014. 6. 3., 2018. 4. 17., 2020. 2. 18., 2020. 6. 9.〉<br>1. 고의 또는 과실로 측량을 부정확하게 한 경우<br>2. 거짓이나 그 밖의 부정한 방법으로 측량업의 등록을 한 경우<br>3. 정당한 사유 없이 측량업의 등록을 한 날부터 1년 이내에 영 | **제44조(일시적인 등록기준 미달)**<br>법 제52조 제1항 제4호 단서에서 "일시적으로 등록기준에 미달되는 등 대통령령으로 정하는 경우"란 별표 8에 따른 기술인력에 해당하는 사람의 사망·실종 또는 퇴직으로 인하여 등록기준에 미달되는 기간이 90일 이내인 경우를 말한다. 〈개정 2012. 6. 25., 2014. 1. 17.〉 | **제53조(측량업에 대한 행정처분기준)** 법 제52조 제1항에 따른 측량업의 등록취소 또는 영업정지 처분의 기준은 별표 4와 같다. | | |

| 법률 | 시행령 | 시행규칙 | 지적측량 시행규칙 | 지적업무처리규정 |
|---|---|---|---|---|
| 업을 시작하지 아니하거나 계속하여 1년 이상 휴업한 경우<br>4. 제44조제2항에 따른 등록기준에 미달하게 된 경우. 다만, 일시적으로 등록기준에 미달되는 등 대통령령으로 정하는 경우는 제외한다.<br>5. 제44조제4항을 위반하여 측량업 등록사항의 변경신고를 하지 아니한 경우<br>6. 지적측량업자가 제45조에 따른 업무 범위를 위반하여 지적측량을 한 경우<br>7. 제47조 각 호의 어느 하나에 해당하게 된 경우. 다만, 측량업자가 같은 조 제5호에 해당하게 된 경우로서 그 사유가 발생한 날부터 3개월 이내에 그 사유를 없앤 경우는 제외한다.<br>8. 제49조제1항을 위반하여 다른 사람에게 자기의 측량업등록증 또는 측량업등록수첩을 빌려 주거나 자기의 성명 또는 상호를 사용하여 측량업무를 하게 한 경우<br>9. 지적측량업자가 제50조를 위반한 경우<br>10. 제51조를 위반하여 보험가입 | | | | |

| 법률 | 시행령 | 시행규칙 | 지적측량 시행규칙 | 지적업무처리규정 |
|---|---|---|---|---|
| 등 필요한 조치를 하지 아니한 경우<br>11. 영업정지기간 중에 계속하여 영업을 한 경우<br>12. 제52조제3항에 따른 임원의 직무정지 명령을 이행하지 아니한 경우<br>13. 지적측량업자가 제106조제2항에 따른 지적측량수수료를 같은 조 제3항에 따라 고시한 금액보다 과다 또는 과소하게 받은 경우<br>14. 다른 행정기관이 관계 법령에 따라 등록취소 또는 영업정지를 요구한 경우<br>15.「국가기술자격법」제15조제2항을 위반하여 측량업자가 측량기술자의 국가기술자격증을 대여 받은 사실이 확인된 경우<br>② 측량업자의 지위를 승계한 상속인이 제47조에 따른 측량업등록의 결격사유에 해당하는 경우에는 그 결격사유에 해당하게 된 날부터 6개월이 지난 날까지는 제1항제7호를 적용하지 아니한다.<br>③ 국토교통부장관, 시·도지사 또는 대도시 시장은 측량업자가 제 | | | | |

| 법률 | 시행령 | 시행규칙 | 지적측량 시행규칙 | 지적업무처리규정 |
|---|---|---|---|---|
| 47조제5호에 해당하게 된 경우에는 같은 조 제1호부터 제4호까지의 어느 하나에 해당하는 임원의 직무를 정지하도록 해당 측량업자에게 명할 수 있다. 〈신설 2018. 4. 17., 2020. 2. 18.〉<br>④ 국토교통부장관, 시·도지사 또는 대도시 시장은 제1항에 따라 측량업등록을 취소하거나 영업정지의 처분을 하였으면 그 사실을 공고하여야 한다. 〈개정 2013. 3. 23., 2018. 4. 17., 2020. 2. 18.〉<br>⑤ 측량업등록의 취소 및 영업정지 처분에 관한 세부 기준은 국토교통부령으로 정한다. 〈개정 2013. 3. 23., 2018. 4. 17., 2020. 2. 18.〉 | | | | |
| **제52조의2(측량업자의 행정처분 효과의 승계 등)** ① 제48조에 따라 폐업신고한 측량업자가 폐업신고 당시와 동일한 측량업을 다시 등록한 때에는 폐업신고 전의 측량업자의 지위를 승계한다.<br>② 제1항의 경우 폐업신고 전의 측량업자에 대하여 제52조제1항 및 제111조제1항 각 호의 위반행위로 인한 행정처분의 효과는 그 폐업일부터 6개월 이내에 다시 측량업의 등록을 한 자(이하 이 조에서 | | | | |

| 법률 | 시행령 | 시행규칙 | 지적측량 시행규칙 | 지적업무처리규정 |
|---|---|---|---|---|
| "재등록 측량업자"라 한다)에게 승계된다.<br>③ 제1항의 경우 재등록 측량업자에 대하여 폐업신고 전의 제52조제1항 각 호의 위반행위에 대한 행정처분을 할 수 있다. 다만, 다음 각 호의 어느 하나에 해당하는 경우는 제외한다.<br> 1. 폐업신고를 한 날부터 다시 측량업의 등록을 한 날까지의 기간(이하 이 조에서 "폐업기간"이라 한다)이 2년을 초과한 경우<br> 2. 폐업신고 전의 위반행위에 대한 행정처분이 영업정지에 해당하는 경우로서 폐업기간이 1년을 초과한 경우<br>④ 제3항에 따라 행정처분을 할 때에는 폐업기간과 폐업의 사유를 고려하여야 한다.<br>[본조신설 2014. 6. 3.] | | | | |
| **제53조(등록취소 등의 처분 후 측량업자의 업무 수행 등)** ① 등록취소 또는 영업정지 처분을 받거나 제48조에 따라 폐업신고를 한 측량업자 및 그 포괄승계인은 그 처분 및 폐업신고 전에 체결한 계약에 따른 측량업무를 계속 수행할 수 있다. 다만, 등록 | | | | |

| 법률 | 시행령 | 시행규칙 | 지적측량 시행규칙 | 지적업무처리규정 |
|---|---|---|---|---|
| 취소 또는 영업정지 처분을 받은 지적측량업자나 그 포괄승계인의 경우에는 그러하지 아니하다. 〈개정 2014. 6. 3.〉<br><br>② 제1항에 따른 측량업자 또는 포괄승계인은 등록취소 또는 영업정지 처분을 받은 사실을 지체 없이 해당 측량의 발주자에게 알려야 한다.<br><br>③ 제1항에 따라 측량업무를 계속하는 자는 그 측량이 끝날 때까지 측량업자로 본다.<br><br>④ 측량의 발주자는 특별한 사유가 있는 경우를 제외하고는 그 측량업자로부터 제2항에 따른 통지를 받거나 등록취소 또는 영업정지의 처분이 있은 사실을 안 날부터 30일 이내에만 그 측량에 관한 계약을 해지할 수 있다. | | | | |
| **제54조** 삭제 〈2020. 2. 18.〉 | | **제54조** 삭제〈2021. 2. 19.〉<br>**제55조** 삭제〈2021. 2. 19.〉<br>**제56조** 삭제〈2021. 2. 19.〉<br>**제57조** 삭제〈2021. 2. 19.〉<br>**제58조** 삭제〈2021. 2. 19.〉 | | |
| **제55조(측량의 대가)** ① 기본측량 및 공공측량에 대한 대가의 기준과 산정방법에 필요한 사항은 대통령령으로 정한다. 〈개정 2020. 2. 18.〉 | **제48조(측량의 대가 기준 등)** ① 법 제55조 제1항에 따른 대가의 기준은 국토교통부장관이  정한다. 〈개정 2013. 3. 23., 2021. 2. 9.〉 | | | |

| 법률 | 시행령 | 시행규칙 | 지적측량 시행규칙 | 지적업무처리규정 |
|---|---|---|---|---|
| ② 국토교통부장관은 제1항에 따른 기준을 정할 때에는 기획재정부장관과 협의하여야 한다. 〈개정 2013. 3. 23., 2020. 2. 18.〉<br>③ 일반측량의 대가는 제1항에 따른 기준을 준용하여 산정할 수 있다.<br>[제목개정 2020. 2. 18.]<br><br>**제56조** 삭제 〈2014. 6. 3.〉<br>**제57조** 삭제 〈2020. 2. 18.〉<br>**제58조** 삭제 〈2014. 6. 3.〉<br>**제59조** 삭제 〈2014. 6. 3.〉<br>**제60조** 삭제 〈2014. 6. 3.〉<br>**제61조** 삭제 〈2014. 6. 3.〉<br>**제62조** 삭제 〈2014. 6. 3.〉<br>**제63조** 삭제 〈2014. 6. 3.〉 | ② 법 제55조 제1항에 따른 대가는 직접비 및 간접비로 구분하여 산정한다.<br>③ 국토교통부장관은 제1항에 따라 대가의 기준을 정하였을 때에는 관보에 고시하여야 한다. 〈개정 2013. 3. 23., 2021. 2. 9.〉<br>[제목개정 2021. 2. 9.] | | | |
| | **제3장 지적(地籍)**<br>**제1절 토지의 등록** | | | |
| **제64조(토지의 조사 · 등록 등)**<br>① 국토교통부장관은 모든 토지에 대하여 필지별로 소재 · 지번 · 지목 · 면적 · 경계 또는 좌표 등을 조사 · 측량하여 지적공부에 등록하여야 한다. 〈개정 2013. 3. 23.〉<br>② 지적공부에 등록하는 지번 · 지목 · 면적 · 경계 또는 좌표는 토지의 이동이 있을 때 토지소유자 | **제54조** 삭제 〈2014. 1. 17.〉 | **제59조(토지의 조사 · 등록)**<br>① 지적소관청은 법 제64조 제2항 단서에 따라 토지의 이동현황을 직권으로 조사 · 측량하여 토지의 지번 · 지목 · 면적 · 경계 또는 좌표를 결정하려는 때에는 토지이동현황 조사계획을 수립하여야 한다. 이 경우 토지이동현황 조사계획은 시 · 군 · 구별로 수립하되, 부득이한 사유가 있는 때에 | | |

| 법률 | 시행령 | 시행규칙 | 지적측량 시행규칙 | 지적업무처리규정 |
|---|---|---|---|---|
| (법인이 아닌 사단이나 재단의 경우에는 그 대표자나 관리인을 말한다. 이하 같다)의 신청을 받아 지적소관청이 결정한다. 다만, 신청이 없으면 지적소관청이 직권으로 조사·측량하여 결정할 수 있다.<br>③ 제2항 단서에 따른 조사·측량의 절차 등에 필요한 사항은 국토교통부령으로 정한다. 〈개정 2013. 3. 23.〉 | | 는 읍·면·동별로 수립할 수 있다.<br>② 지적소관청은 제1항에 따른 토지이동현황 조사계획에 따라 토지의 이동현황을 조사한 때에는 별지 제55호서식의 토지이동 조사부에 토지의 이동현황을 적어야 한다.<br>③ 지적소관청은 제2항에 따른 토지이동현황 조사 결과에 따라 토지의 지번·지목·면적·경계 또는 좌표를 결정한 때에는 이에 따라 지적공부를 정리하여야 한다.<br>④ 지적소관청은 제3항에 따라 지적공부를 정리하려는 때에는 제2항에 따른 토지이동 조사부를 근거로 별지 제56호서식의 토지이동 조서를 작성하여 별지 제57호서식의 토지이동정리 결의서에 첨부하여야 하며, 토지이동조서의 아래 부분 여백에 「공간정보의 구축 및 관리 등에 관한 법률」 제64조 제2항 단서에 따른 직권정리"라고 적어야 한다. 〈개정 2017. 1. 31.〉 | | |
| 제65조(지상경계의 구분 등)<br>① 토지의 지상경계는 둑, 담장이나 그 밖에 구획의 목표가 될 만한 구조물 및 경계점표지 등으로 구분 | 제55조(지상 경계의 결정 기준 등)<br>① 법 제65조 제1항에 따른 지상 경계의 결정기준은 다음 각 호의 구분에 따른다. 〈개정 2014. 1. 17., | 제60조(지상 경계점 등록부 작성 등)<br>① 법 제65조 제2항 제4호에 따른 경계점 위치 설명도의 작성 등에 관하여 필요한 사항은 국토교통부장 | | |

| 법률 | 시행령 | 시행규칙 | 지적측량 시행규칙 | 지적업무처리규정 |
|---|---|---|---|---|
| 한다.<br>② 지적소관청은 토지의 이동에 따라 지상경계를 새로 정한 경우에는 다음 각 호의 사항을 등록한 지상경계점등록부를 작성·관리하여야 한다.<br>1. 토지의 소재<br>2. 지번<br>3. 경계점 좌표(경계점좌표등록부 시행지역에 한정한다)<br>4. 경계점 위치 설명도<br>5. 그 밖에 국토교통부령으로 정하는 사항<br>③ 제1항에 따른 지상경계의 결정 기준 등 지상경계의 결정에 필요한 사항은 대통령령으로 정하고, 경계점표지의 규격과 재질 등에 필요한 사항은 국토교통부령으로 정한다.<br>[본조신설 2013. 7. 17.] | 2021. 1. 5.〉<br>1. 연접되는 토지 간에 높낮이 차이가 없는 경우 : 그 구조물 등의 중앙<br>2. 연접되는 토지 간에 높낮이 차이가 있는 경우 : 그 구조물 등의 하단부<br>3. 도로·구거 등의 토지에 절토(땅깎기)된 부분이 있는 경우 : 그 경사면의 상단부<br>4. 토지가 해면 또는 수면에 접하는 경우 : 최대만조위 또는 최대만수위가 되는 선<br>5. 공유수면매립지의 토지 중 제방 등을 토지에 편입하여 등록하는 경우 : 바깥쪽 어깨부분<br>② 지상 경계의 구획을 형성하는 구조물 등의 소유자가 다른 경우에는 제1항제1호부터 제3호까지의 규정에도 불구하고 그 소유권에 따라 지상 경계를 결정한다.<br>③ 다음 각 호의 어느 하나에 해당하는 경우에는 지상 경계점에 법 제65조 제1항에 따른 경계점표지를 설치하여 측량할 수 있다. 〈개정 2012. 4. 10., 2014. 1. 17.〉<br>1. 법 제86조 제1항에 따른 도시개발사업 등의 사업시행자가 사 | 관이 정한다. 〈개정 2014. 1. 17.〉<br>② 법 제65조 제2항 제5호에서 "그 밖에 국토교통부령으로 정하는 사항"이란 다음 각 호의 사항을 말한다. 〈신설 2014. 1. 17.〉<br>1. 공부상 지목과 실제 토지이용 지목<br>2. 경계점의 사진 파일<br>3. 경계점표지의 종류 및 경계점 위치<br>③ 법 제65조 제2항에 따른 지상경계점등록부는 별지 제58호서식과 같다. 〈신설 2014. 1. 17.〉<br>④ 법 제65조 제3항에 따른 경계점표지의 규격과 재질은 별표 6과 같다. 〈개정 2014. 1. 17.〉<br>[제목개정 2014. 1. 17.] | | |

| 법률 | 시행령 | 시행규칙 | 지적측량 시행규칙 | 지적업무처리규정 |
|---|---|---|---|---|
| | 업지구의 경계를 결정하기 위하여 토지를 분할하려는 경우<br>2. 법 제87조 제1호 및 제2호에 따른 사업시행자와 행정기관의 장 또는 지방자치단체의 장이 토지를 취득하기 위하여 분할하려는 경우<br>3. 「국토의 계획 및 이용에 관한 법률」 제30조 제6항에 따른 도시 · 군관리계획 결정고시와 같은 법 제32조 제4항에 따른 지형도면 고시가 된 지역의 도시 · 군관리계획선에 따라 토지를 분할하려는 경우<br>4. 제65조 제1항에 따라 토지를 분할하려는 경우<br>5. 관계 법령에 따라 인가 · 허가 등을 받아 토지를 분할하려는 경우<br>④ 분할에 따른 지상 경계는 지상건축물을 걸리게 결정해서는 아니 된다. 다만, 다음 각 호의 어느 하나에 해당하는 경우에는 그러하지 아니하다.<br>1. 법원의 확정판결이 있는 경우<br>2. 법 제87조 제1호에 해당하는 토지를 분할하는 경우<br>3. 제3항제1호 또는 제3호에 따 | | | |

| 법률 | 시행령 | 시행규칙 | 지적측량 시행규칙 | 지적업무처리규정 |
|---|---|---|---|---|
| | 라 토지를 분할하는 경우<br>⑤ 지적확정측량의 경계는 공사가 완료된 현황대로 결정하되, 공사가 완료된 현황이 사업계획도와 다를 때에는 미리 사업시행자에게 그 사실을 통지하여야 한다. 〈개정 2014. 1. 17.〉<br>[제목개정 2014. 1. 17.] | | | |
| 제66조(지번의 부여 등) ① 지번은 지적소관청이 지번부여지역별로 차례대로 부여한다.<br>② 지적소관청은 지적공부에 등록된 지번을 변경할 필요가 있다고 인정하면 시·도지사나 대도시 시장의 승인을 받아 지번부여지역의 전부 또는 일부에 대하여 지번을 새로 부여할 수 있다.<br>③ 제1항과 제2항에 따른 지번의 부여방법 및 부여절차 등에 필요한 사항은 대통령령으로 정한다. | 제56조(지번의 구성 및 부여방법 등) ① 지번(地番)은 아라비아숫자로 표기하되, 임야대장 및 임야도에 등록하는 토지의 지번은 숫자 앞에 "산"자를 붙인다.<br>② 지번은 본번(本番)과 부번(副番)으로 구성하되, 본번과 부번 사이에 "-" 표시로 연결한다. 이 경우 "-" 표시는 "의"라고 읽는다.<br>③ 법 제66조에 따른 지번의 부여방법은 다음 각 호와 같다. 〈개정 2014. 1. 17.〉<br>1. 지번은 북서에서 남동으로 순차적으로 부여할 것<br>2. 신규등록 및 등록전환의 경우에는 그 지번부여지역에서 인접토지의 본번에 부번을 붙여서 지번을 부여할 것. 다만, 다음 각 목의 어느 하나에 해당하는 경우에는 그 지번부여지역 | 제61조(도시개발사업 등 준공 전 지번부여) 지적소관청은 영 제56조 제4항에 따라 도시개발사업 등이 준공되기 전에 지번을 부여하는 때에는 제95조 제1항 제3호의 사업계획도에 따르되, 영 제56조 제3항 제5호에 따라 부여하여야 한다. | | |

| 법률 | 시행령 | 시행규칙 | 지적측량 시행규칙 | 지적업무처리규정 |
|---|---|---|---|---|
| | 의 최종 본번의 다음 순번부터 본번으로 하여 순차적으로 지번을 부여할 수 있다.<br>가. 대상토지가 그 지번부여지역의 최종 지번의 토지에 인접하여 있는 경우<br>나. 대상토지가 이미 등록된 토지와 멀리 떨어져 있어서 등록된 토지의 본번에 부번을 부여하는 것이 불합리한 경우<br>다. 대상토지가 여러 필지로 되어 있는 경우<br>3. 분할의 경우에는 분할 후의 필지 중 1필지의 지번은 분할 전의 지번으로 하고, 나머지 필지의 지번은 본번의 최종 부번 다음 순번으로 부번을 부여할 것. 이 경우 주거·사무실 등의 건축물이 있는 필지에 대해서는 분할 전의 지번을 우선하여 부여하여야 한다.<br>4. 합병의 경우에는 합병 대상 지번 중 선순위의 지번을 그 지번으로 하되, 본번으로 된 지번이 있을 때에는 본번 중 선순위의 지번을 합병 후의 지번으로 할 것. 이 경우 토지소유자가 합병 | | | |

| 법률 | 시행령 | 시행규칙 | 지적측량 시행규칙 | 지적업무처리규정 |
|---|---|---|---|---|
| | 전의 필지에 주거·사무실 등의 건축물이 있어서 그 건축물이 위치한 지번을 합병 후의 지번으로 신청할 때에는 그 지번을 합병 후의 지번으로 부여하여야 한다.<br>5. 지적확정측량을 실시한 지역의 각 필지에 지번을 새로 부여하는 경우에는 다음 각 목의 지번을 제외한 본번으로 부여할 것. 다만, 부여할 수 있는 종전 지번의 수가 새로 부여할 지번의 수보다 적을 때에는 블록 단위로 하나의 본번을 부여한 후 필지별로 부번을 부여하거나, 그 지번부여지역의 최종 본번 다음 순번부터 본번으로 하여 차례로 지번을 부여할 수 있다.<br>　가. 지적확정측량을　실시한 지역의 종전의 지번과 지적확정측량을 실시한 지역 밖에 있는 본번이 같은 지번이 있을 때에는 그 지번<br>　나. 지적확정측량을 실시한 지역의 경계에 걸쳐 있는 지번<br>6. 다음 각 목의 어느 하나에 해당할 때에는 제5호를 준용하여 | | | |

| 법률 | 시행령 | 시행규칙 | 지적측량 시행규칙 | 지적업무처리규정 |
|---|---|---|---|---|
| | 지번을 부여할 것<br>가. 법 제66조 제2항에 따라 지번부여지역의 지번을 변경할 때<br>나. 법 제85조 제2항에 따른 행정구역 개편에 따라 새로 지번을 부여할 때<br>다. 제72조 제1항에 따라 축척변경 시행지역의 필지에 지번을 부여할 때<br>④ 법 제86조에 따른 도시개발사업 등이 준공되기 전에 사업시행자가 지번부여 신청을 하면 국토교통부령으로 정하는 바에 따라 지번을 부여할 수 있다. 〈개정 2013. 3. 23.〉<br><br>**제57조(지번변경 승인신청 등)**<br>① 지적소관청은 법 제66조 제2항에 따라 지번을 변경하려면 지번변경 사유를 적은 승인신청서에 지번변경 대상지역의 지번·지목·면적·소유자에 대한 상세한 내용(이하 "지번등 명세"라 한다)을 기재하여 시·도지사 또는 대도시 시장에게 제출하여야 한다. 이 경우 시·도지사 또는 대도시 시장은 「전자정부법」 제36조 | **제62조(지번변경 승인신청서 등)**<br>영 제57조 제1항에 따른 지번변경 승인신청서는 별지 제59호서식과 같고, 같은 항에 따른 지번등 명세는 별지 제60호서식과 같다.<br><br>**제63조(결번대장의 비치)** 지적소관청은 행정구역의 변경, 도시개발사업의 시행, 지번변경, 축척변경, 지번 | | |

| 법률 | 시행령 | 시행규칙 | 지적측량 시행규칙 | 지적업무처리규정 |
|---|---|---|---|---|
| | 제1항에 따른 행정정보의 공동이용을 통하여 지번변경 대상지역의 지적도 및 임야도를 확인하여야 한다. 〈개정 2010. 11. 2., 2020. 12. 29.〉<br>② 제1항에 따라 신청을 받은 시·도지사 또는 대도시 시장은 지번변경 사유 등을 심사한 후 그 결과를 지적소관청에 통지하여야 한다. | 정정 등의 사유로 지번에 결번이 생긴 때에는 지체 없이 그 사유를 별지 제61호서식의 결번대장에 적어 영구히 보존하여야 한다. | | |
| **제67조(지목의 종류)** ① 지목은 전·답·과수원·목장용지·임야·광천지·염전·대(垈)·공장용지·학교용지·주차장·주유소용지·창고용지·도로·철도용지·제방(堤防)·하천·구거(溝渠)·유지(溜池)·양어장·수도용지·공원·체육용지·유원지·종교용지·사적지·묘지·잡종지로 구분하여 정한다.<br>② 제1항에 따른 지목의 구분 및 설정 방법 등에 필요한 사항은 대통령령으로 정한다. | **제58조(지목의 구분)** 법 제67조 제1항에 따른 지목의 구분은 다음 각 호의 기준에 따른다. 〈개정 2020. 6. 9.〉<br>1. 전<br>　물을 상시적으로 이용하지 않고 곡물·원예작물(과수류는 제외한다)·약초·뽕나무·닥나무·묘목·관상수 등의 식물을 주로 재배하는 토지와 식용(食用)으로 죽순을 재배하는 토지<br>2. 답<br>　물을 상시적으로 직접 이용하여 벼·연(蓮)·미나리·왕골 등의 식물을 주로 재배하는 토지<br>3. 과수원<br>　사과·배·밤·호두·귤나무 등 과수류를 집단적으로 재 | **제64조(지목의 표기방법)** 지목을 지적도 및 임야도(이하 "지적도면"이라 한다)에 등록하는 때에는 다음의 부호로 표기하여야 한다.<br><br>| 지목 | 부호 | 지목 | 부호 |<br>|---|---|---|---|<br>| 전 | 전 | 철도용지 | 철 |<br>| 답 | 답 | 제방 | 제 |<br>| 과수원 | 과 | 하천 | 천 |<br>| 목장용지 | 목 | 구거 | 구 |<br>| 임야 | 임 | 유지 | 유 |<br>| 광천지 | 광 | 양어장 | 양 |<br>| 염전 | 염 | 수도용지 | 수 |<br>| 대 | 대 | 공원 | 공 |<br>| 공장용지 | 장 | 체육용지 | 체 |<br>| 학교용지 | 학 | 유원지 | 원 |<br>| 주차장 | 차 | 종교용지 | 종 |<br>| 주유소용지 | 주 | 사적지 | 사 |<br>| 창고용지 | 창 | 묘지 | 묘 |<br>| 도로 | 도 | 잡종지 | 잡 | | | |

| 법률 | 시행령 | 시행규칙 | 지적측량 시행규칙 | 지적업무처리규정 |
|---|---|---|---|---|
| | 배하는 토지와 이에 접속된 저장고 등 부속시설물의 부지. 다만, 주거용 건축물의 부지는 "대"로 한다.<br>4. 목장용지<br>　다음 각 목의 토지. 다만, 주거용 건축물의 부지는 "대"로 한다.<br>　가. 축산업 및 낙농업을 하기 위하여 초지를 조성한 토지<br>　나. 「축산법」 제2조 제1호에 따른 가축을 사육하는 축사 등의 부지<br>　다. 가목 및 나목의 토지와 접속된 부속시설물의 부지<br>5. 임야<br>　산림 및 원야(原野)를 이루고 있는 수림지(樹林地)·죽림지·암석지·자갈땅·모래땅·습지·황무지 등의 토지<br>6. 광천지<br>　지하에서 온수·약수·석유류 등이 용출되는 용출구(湧出口)와 그 유지(維持)에 사용되는 부지. 다만, 온수·약수·석유류 등을 일정한 장소로 운송하는 송수관·송유관 및 저장시설의 부지는 제외한다. | | | |

| 법률 | 시행령 | 시행규칙 | 지적측량 시행규칙 | 지적업무처리규정 |
|---|---|---|---|---|
| | 7. 염전<br>　바닷물을 끌어들여 소금을 채취하기 위하여 조성된 토지와 이에 접속된 제염장(製鹽場) 등 부속시설물의 부지. 다만, 천일제염 방식으로 하지 아니하고 동력으로 바닷물을 끌어들여 소금을 제조하는 공장시설물의 부지는 제외한다.<br>8. 대<br>　가. 영구적 건축물 중 주거·사무실·점포와 박물관·극장·미술관 등 문화시설과 이에 접속된 정원 및 부속시설물의 부지<br>　나. 「국토의 계획 및 이용에 관한 법률」 등 관계 법령에 따른 택지조성공사가 준공된 토지<br>9. 공장용지<br>　가. 제조업을 하고 있는 공장시설물의 부지<br>　나. 「산업집적활성화 및 공장설립에 관한 법률」 등 관계 법령에 따른 공장부지 조성공사가 준공된 토지<br>　다. 가목 및 나목의 토지와 같은 구역에 있는 의료시설 등 | | | |

| 법률 | 시행령 | 시행규칙 | 지적측량 시행규칙 | 지적업무처리규정 |
|---|---|---|---|---|
| | 부속시설물의 부지<br>10. 학교용지<br>　학교의 교사(校舍)와 이에 접속된 체육장 등 부속시설물의 부지<br>11. 주차장<br>　자동차 등의 주차에 필요한 독립적인 시설을 갖춘 부지와 주차전용 건축물 및 이에 접속된 부속시설물의 부지. 다만, 다음 각 목의 어느 하나에 해당하는 시설의 부지는 제외한다.<br>　가. 「주차장법」 제2조 제1호 가목 및 다목에 따른 노상주차장 및 부설주차장(「주차장법」 제19조제4항에 따라 시설물의 부지 인근에 설치된 부설주차장은 제외한다)<br>　나. 자동차 등의 판매 목적으로 설치된 물류장 및 야외전시장<br>12. 주유소용지<br>　다음 각 목의 토지. 다만, 자동차·선박·기차 등의 제작 또는 정비공장 안에 설치된 급유·송유시설 등의 부지는 제외한다. | | | |

| 법률 | 시행령 | 시행규칙 | 지적측량 시행규칙 | 지적업무처리규정 |
|---|---|---|---|---|
| | 가. 석유·석유제품, 액화석유가스, 전기 또는 수소 등의 판매를 위하여 일정한 설비를 갖춘 시설물의 부지<br>나. 저유소(貯油所) 및 원유저장소의 부지와 이에 접속된 부속시설물의 부지<br>13. 창고용지<br>　물건 등을 보관하거나 저장하기 위하여 독립적으로 설치된 보관시설물의 부지와 이에 접속된 부속시설물의 부지<br>14. 도로<br>　다음 각 목의 토지. 다만, 아파트·공장 등 단일 용도의 일정한 단지 안에 설치된 통로 등은 제외한다.<br>가. 일반 공중(公衆)의 교통 운수를 위하여 보행이나 차량운행에 필요한 일정한 설비 또는 형태를 갖추어 이용되는 토지<br>나. 「도로법」 등 관계 법령에 따라 도로로 개설된 토지<br>다. 고속도로의 휴게소 부지<br>라. 2필지 이상에 진입하는 통로로 이용되는 토지<br>15. 철도용지 | | | |

| 법률 | 시행령 | 시행규칙 | 지적측량 시행규칙 | 지적업무처리규정 |
|---|---|---|---|---|
| | 교통 운수를 위하여 일정한 궤도 등의 설비와 형태를 갖추어 이용되는 토지와 이에 접속된 역사(驛舍)·차고·발전시설 및 공작창(工作廠) 등 부속시설물의 부지<br>16. 제방<br>　조수·자연유수(自然流水)·모래·바람 등을 막기 위하여 설치된 방조제·방수제·방사제·방파제 등의 부지<br>17. 하천<br>　자연의 유수(流水)가 있거나 있을 것으로 예상되는 토지<br>18. 구거<br>　용수(用水) 또는 배수(排水)를 위하여 일정한 형태를 갖춘 인공적인 수로·둑 및 그 부속시설물의 부지와 자연의 유수(流水)가 있거나 있을 것으로 예상되는 소규모 수로부지<br>19. 유지(溜池)<br>　물이 고이거나 상시적으로 물을 저장하고 있는 댐·저수지·소류지(沼溜地)·호수·연못 등의 토지와 연·왕골 등이 자생하는 배수가 잘 되지 아니하는 토지 | | | |

| 법률 | 시행령 | 시행규칙 | 지적측량 시행규칙 | 지적업무처리규정 |
|---|---|---|---|---|
| | 20. 양어장<br>　육상에 인공으로 조성된 수산<br>　생물의 번식 또는 양식을 위한<br>　시설을 갖춘 부지와 이에 접속<br>　된 부속시설물의 부지<br>21. 수도용지<br>　물을 정수하여 공급하기 위한<br>　취수ㆍ저수ㆍ도수(導水)ㆍ정<br>　수ㆍ송수 및 배수 시설의 부지<br>　및 이에 접속된 부속시설물의<br>　부지<br>22. 공원<br>　일반 공중의 보건ㆍ휴양 및 정<br>　서생활에 이용하기 위한 시설<br>　을 갖춘 토지로서 「국토의 계<br>　획 및 이용에 관한 법률」에 따<br>　라 공원 또는 녹지로 결정ㆍ고<br>　시된 토지<br>23. 체육용지<br>　국민의 건강증진 등을 위한 체<br>　육활동에 적합한 시설과 형태<br>　를 갖춘 종합운동장ㆍ실내체<br>　육관ㆍ야구장ㆍ골프장ㆍ스<br>　키장ㆍ승마장ㆍ경륜장 등 체<br>　육시설의 토지와 이에 접속된<br>　부속시설물의 부지. 다만, 체<br>　육시설로서의 영속성과 독립<br>　성이 미흡한 정구장ㆍ골프연 | | | |

| 법률 | 시행령 | 시행규칙 | 지적측량 시행규칙 | 지적업무처리규정 |
|---|---|---|---|---|
| | 습장·실내수영장 및 체육도장과 유수(流水)를 이용한 요트장 및 카누장 등의 토지는 제외한다.<br><br>24. 유원지<br>　일반 공중의 위락·휴양 등에 적합한 시설물을 종합적으로 갖춘 수영장·유선장(遊船場)·낚시터·어린이놀이터·동물원·식물원·민속촌·경마장·야영장 등의 토지와 이에 접속된 부속시설물의 부지. 다만, 이들 시설과의 거리 등으로 보아 독립적인 것으로 인정되는 숙식시설 및 유기장(遊技場)의 부지와 하천·구거 또는 유지[공유(公有)인 것으로 한정한다]로 분류되는 것은 제외한다.<br><br>25. 종교용지<br>　일반 공중의 종교의식을 위하여 예배·법요·설교·제사 등을 하기 위한 교회·사찰·향교 등 건축물의 부지와 이에 접속된 부속시설물의 부지<br><br>26. 사적지<br>　문화재로 지정된 역사적인 유적·고적·기념물 등을 보존 | | | |

| 법률 | 시행령 | 시행규칙 | 지적측량 시행규칙 | 지적업무처리규정 |
|---|---|---|---|---|
| | 하기 위하여 구획된 토지. 다만, 학교용지 · 공원 · 종교용지 등 다른 지목으로 된 토지에 있는 유적 · 고적 · 기념물 등을 보호하기 위하여 구획된 토지는 제외한다.<br><br>27. 묘지<br>　사람의 시체나 유골이 매장된 토지, 「도시공원 및 녹지 등에 관한 법률」에 따른 묘지공원으로 결정 · 고시된 토지 및 「장사 등에 관한 법률」 제2조 제9호에 따른 봉안시설과 이에 접속된 부속시설물의 부지. 다만, 묘지의 관리를 위한 건축물의 부지는 "대"로 한다.<br><br>28. 잡종지<br>　다음 각 목의 토지. 다만, 원상회복을 조건으로 돌을 캐내는 곳 또는 흙을 파내는 곳으로 허가된 토지는 제외한다.<br>　가. 갈대밭, 실외에 물건을 쌓아두는 곳, 돌을 캐내는 곳, 흙을 파내는 곳, 야외시장 및 공동우물<br>　나. 변전소, 송신소, 수신소 및 송유시설 등의 부지<br>　다. 여객자동차터미널, 자동 | | | |

| 법률 | 시행령 | 시행규칙 | 지적측량 시행규칙 | 지적업무처리규정 |
|---|---|---|---|---|
| | 차운전학원 및 폐차장 등 자동차와 관련된 독립적인 시설물을 갖춘 부지<br>라. 공항시설 및 항만시설 부지<br>마. 도축장, 쓰레기처리장 및 오물처리장 등의 부지<br>바. 그밖에 다른 지목에 속하지 않는 토지<br><br>**제59조(지목의 설정방법 등)** ① 법 제67조 제1항에 따른 지목의 설정은 다음 각 호의 방법에 따른다.<br>　1. 필지마다 하나의 지목을 설정할 것<br>　2. 1필지가 둘 이상의 용도로 활용되는 경우에는 주된 용도에 따라 지목을 설정할 것<br>② 토지가 일시적 또는 임시적인 용도로 사용될 때에는 지목을 변경하지 아니한다. | | | |
| **제68조(면적의 단위 등)** ① 면적의 단위는 제곱미터로 한다.<br>② 면적의 결정방법 등에 필요한 사항은 대통령령으로 정한다. | **제60조(면적의 결정 및 측량계산의 끝수처리)** ① 면적의 결정은 다음 각 호의 방법에 따른다.<br>　1. 토지의 면적에 1제곱미터 미만의 끝수가 있는 경우 0.5제곱미터 미만일 때에는 버리고 0.5제곱미터를 초과하는 때에는 올리며, 0.5제곱미터일 때에는 | | | |

| 법률 | 시행령 | 시행규칙 | 지적측량 시행규칙 | 지적업무처리규정 |
|---|---|---|---|---|
| | 구하려는 끝자리의 숫자가 0 또는 짝수이면 버리고 홀수이면 올린다. 다만, 1필지의 면적이 1제곱미터 미만일 때에는 1제곱미터로 한다.<br>2. 지적도의 축척이 600분의 1인 지역과 경계점좌표등록부에 등록하는 지역의 토지 면적은 제1호에도 불구하고 제곱미터 이하 한 자리 단위로 하되, 0.1제곱미터 미만의 끝수가 있는 경우 0.05제곱미터 미만일 때에는 버리고 0.05제곱미터를 초과할 때에는 올리며, 0.05제곱미터일 때에는 구하려는 끝자리의 숫자가 0 또는 짝수이면 버리고 홀수이면 올린다. 다만, 1필지의 면적이 0.1제곱미터 미만일 때에는 0.1제곱미터로 한다.<br>② 방위각의 각치(角値), 종횡선의 수치 또는 거리를 계산하는 경우 구하려는 끝자리의 다음 숫자가 5 미만일 때에는 버리고 5를 초과할 때에는 올리며, 5일 때에는 구하려는 끝자리의 숫자가 0 또는 짝수이면 버리고 홀수이면 올린다. 다만, 전자계산조직을 이용하여 연 | | | |

| 법률 | 시행령 | 시행규칙 | 지적측량 시행규칙 | 지적업무처리규정 |
|---|---|---|---|---|
| | 산할 때에는 최종수치에만 이를 적용한다. | | | |
| | **제2절 지적공부** | | | **제4장 지적공부의 작성 및 관리** |
| **제69조(지적공부의 보존 등)** ① 지적소관청은 해당 청사에 지적서고를 설치하고 그 곳에 지적공부(정보처리시스템을 통하여 기록·저장한 경우는 제외한다. 이하 이 항에서 같다)를 영구히 보존하여야 하며, 다음 각 호의 어느 하나에 해당하는 경우 외에는 해당 청사 밖으로 지적공부를 반출할 수 없다. 1. 천재지변이나 그 밖에 이에 준하는 재난을 피하기 위하여 필요한 경우 2. 관할 시·도지사 또는 대도시 시장의 승인을 받은 경우 ② 지적공부를 정보처리시스템을 통하여 기록·저장한 경우 관할 시·도지사, 시장·군수 또는 구청장은 그 지적공부를 지적정보 관리체계에 영구히 보존하여야 한다. 〈개정 2013. 7. 17.〉 ③ 국토교통부장관은 제2항에 따라 보존하여야 하는 지적공부가 멸 | | **제65조(지적서고의 설치기준 등)** ① 법 제69조 제1항에 따른 지적서고는 지적사무를 처리하는 사무실과 연접(連接)하여 설치하여야 한다. ② 제1항에 따른 지적서고의 구조는 다음 각 호의 기준에 따라야 한다. 1. 골조는 철근콘크리트 이상의 강질로 할 것 2. 지적서고의 면적은 별표 7의 기준면적에 따를 것 3. 바닥과 벽은 2중으로 하고 영구적인 방수설비를 할 것 4. 창문과 출입문은 2중으로 하되, 바깥쪽 문은 반드시 철제로 하고 안쪽 문은 곤충·쥐 등의 침입을 막을 수 있도록 철망 등을 설치할 것 5. 온도 및 습도 자동조절장치를 설치하고, 연중 평균온도는 섭씨 20±5도를, 연중평균습도는 65±5퍼센트를 유지할 것 6. 전기시설을 설치하는 때에는 단독퓨즈를 설치하고 소화장 | | **제33조(지적공부의 관리)** 법 제2조 제19호의 지적공부 관리방법은 부동산종합공부시스템에 따른 방법을 제외하고는 다음 각 호와 같다. 〈개정 2017. 6. 23.〉 1. 지적공부는 지적업무담당공무원 외에는 취급하지 못한다. 2. 지적공부 사용을 완료한 때에는 즉시 보관 상자에 넣어야 한다. 다만, 간이보관 상자를 비치한 경우에는 그러하지 아니하다. 3. 지적공부를 지적서고 밖으로 반출하고자 할 때에는 훼손이 되지 않도록 보관·운반함 등을 사용한다. 4. 도면은 항상 보호대에 넣어 취급하되, 말거나 접지 못하며 직사광선을 받게 하거나 건습이 심한 장소에서 취급하지 못한다. **제34조(지적공부의 복제 등)** ① 시 |

| 법률 | 시행령 | 시행규칙 | 지적측량 시행규칙 | 지적업무처리규정 |
|---|---|---|---|---|
| 실되거나 훼손될 경우를 대비하여 지적공부를 복제하여 관리하는 정보관리체계를 구축하여야 한다. 〈개정 2013. 3. 23., 2013. 7. 17.〉<br><br>④ 지적서고의 설치기준, 지적공부의 보관방법 및 반출승인 절차 등에 필요한 사항은 국토교통부령으로 정한다. 〈개정 2013. 3. 23.〉 | | 비를 갖춰 둘 것<br>7. 열과 습도의 영향을 받지 아니하도록 내부공간을 넓게 하고 천장을 높게 설치할 것<br>③ 지적서고는 다음 각 호의 기준에 따라 관리하여야 한다.<br>1. 지적서고는 제한구역으로 지정하고, 출입자를 지적사무담당공무원으로 한정할 것<br>2. 지적서고에는 인화물질의 반입을 금지하며, 지적공부, 지적 관계 서류 및 지적측량장비만 보관할 것<br>④ 지적공부 보관상자는 벽으로부터 15센티미터 이상 띄워야 하며, 높이 10센티미터 이상의 깔판 위에 올려놓아야 한다.<br><br>**제66조(지적공부의 보관방법 등)**<br>① 부책(簿冊)으로 된 토지대장·임야대장 및 공유지연명부는 지적공부 보관상자에 넣어 보관하고, 카드로 된 토지대장·임야대장·공유지연명부·대지권등록부 및 경계점좌표등록부는 100장 단위로 바인더(binder)에 넣어 보관하여야 한다.<br>② 일람도·지번색인표 및 지적도 | | 장·군수·구청장은 법 제69조제3항에 따라 지적공부를 복제할 때에는 2부를 복제하여야 한다.<br>② 제1항에 따라 복제된 지적공부 1부는 법 제69조제2항에 따라 보관하고, 나머지 1부는 시·도지사가 지정하는 안전한 장소에 이중문이 설치된 내화금고 등에 6개월 이상 보관하여야 한다.<br><br>**제35조(지적서고의 관리)** ① 지적소관청은 지적부서 실·과장을 지적공부 보관 정책임자로, 지적업무담당을 부책임자로 지정하여 관리한다.<br>② 지적서고의 자물쇠는 바깥쪽 문과 안쪽 문에 각각 설치하고 열쇠는 2조를 마련하되, 1조는 지적소관청이 봉인하여 관리하고, 다른 1조는 지적부서 실·과장이 관리한다.<br>③ 지적서고의 출입문이 자동으로 개폐되는 경우에는 보안 관리의 책임자는 지적부서 실·과장이 되고 담당자는 보안관리 책임자가 별도로 지정한다.<br><br>**제36조(지적공부등록현황의 비치·관리)** 지적소관청은 부동산종합공 |

| 법률 | 시행령 | 시행규칙 | 지적측량 시행규칙 | 지적업무처리규정 |
|---|---|---|---|---|
| | | 면은 지번부여지역별로 도면번호순으로 보관하되, 각 장별로 보호대에 넣어야 한다.<br>③ 법 제69조 제2항에 따라 지적공부를 정보처리시스템을 통하여 기록·보존하는 때에는 그 지적공부를 「공공기관의 기록물 관리에 관한 법률」 제19조 제2항에 따라 기록물관리기관에 이관할 수 있다.<br><br>**제67조(지적공부의 반출승인 절차)**<br>① 지적소관청이 법 제69조 제1항에 따라 지적공부를 그 시·군·구의 청사 밖으로 반출하려는 경우에는 시·도지사 또는 대도시 시장에게 지적공부 반출사유를 적은 별지 제62호서식의 승인신청서를 제출해야 한다. 〈개정 2020. 12. 31.〉<br>② 제1항에 따른 신청을 받은 시·도지사 또는 대도시 시장은 지적공부 반출사유 등을 심사한 후 그 승인 여부를 지적소관청에 통지하여야 한다. | | 부시스템에 의해 매월 말일 현재로 작성·관리되는 지적공부등록현황과 지적업무정리상황등의 이상 유무를 점검·확인하여야 한다. |
| **제70조(지적정보 전담 관리기구의 설치)** ① 국토교통부장관은 지적공부의 효율적인 관리 및 활용을 위하 | | | | |

| 법률 | 시행령 | 시행규칙 | 지적측량 시행규칙 | 지적업무처리규정 |
|---|---|---|---|---|
| 여 지적정보 전담 관리기구를 설치·운영한다. 〈개정 2013. 3. 23.〉<br>② 국토교통부장관은 지적공부를 과세나 부동산정책자료 등으로 활용하기 위하여 주민등록전산자료, 가족관계등록전산자료, 부동산등기전산자료 또는 공시지가전산자료 등을 관리하는 기관에 그 자료를 요청할 수 있으며 요청을 받은 관리기관의 장은 특별한 사정이 없으면 그 요청을 따라야 한다. 〈개정 2013. 3. 23., 2020. 6. 9.〉<br>③ 제1항에 따른 지적정보 전담 관리기구의 설치·운영에 관한 세부사항은 대통령령으로 정한다. | | | | |
| **제71조(토지대장 등의 등록사항)** ① 토지대장과 임야대장에는 다음 각 호의 사항을 등록하여야 한다. 〈개정 2011. 4. 12., 2013. 3. 23.〉<br>　1. 토지의 소재<br>　2. 지번<br>　3. 지목<br>　4. 면적<br>　5. 소유자의 성명 또는 명칭, 주소 및 주민등록번호(국가, 지방자치단체, 법인, 법인 아닌 사단이나 재단 및 외국인의 경우 | | **제68조(토지대장 등의 등록사항 등)**<br>① 법 제71조에 따른 토지대장·임야대장·공유지연명부 및 대지권등록부는 각각 별지 제63호서식부터 별지 제66호서식까지와 같다.<br>② 법 제71조 제1항 제6호에서 "그 밖에 국토교통부령으로 정하는 사항"이란 다음 각 호의 사항을 말한다. 〈개정 2013. 3. 23.〉<br>　1. 토지의 고유번호(각 필지를 서로 구별하기 위하여 필지마다 | | |

| 법률 | 시행령 | 시행규칙 | 지적측량 시행규칙 | 지적업무처리규정 |
|---|---|---|---|---|
| 에는 「부동산등기법」 제49조에 따라 부여된 등록번호를 말한다. 이하 같다)<br>6. 그 밖에 국토교통부령으로 정하는 사항<br>② 제1항제5호의 소유자가 둘 이상이면 공유지연명부에 다음 각 호의 사항을 등록하여야 한다. 〈개정 2013. 3. 23.〉<br>1. 토지의 소재<br>2. 지번<br>3. 소유권 지분<br>4. 소유자의 성명 또는 명칭, 주소 및 주민등록번호<br>5. 그 밖에 국토교통부령으로 정하는 사항<br>③ 토지대장이나 임야대장에 등록하는 토지가 「부동산등기법」에 따라 대지권 등기가 되어 있는 경우에는 대지권등록부에 다음 각 호의 사항을 등록하여야 한다. 〈개정 2013. 3. 23.〉<br>1. 토지의 소재<br>2. 지번<br>3. 대지권 비율<br>4. 소유자의 성명 또는 명칭, 주소 및 주민등록번호<br>5. 그 밖에 국토교통부령으로 정 | | 붙이는 고유한 번호를 말한다. 이하 같다)<br>2. 지적도 또는 임야도의 번호와 필지별 토지대장 또는 임야대장의 장번호 및 축척<br>3. 토지의 이동사유<br>4. 토지소유자가 변경된 날과 그 원인<br>5. 토지등급 또는 기준수확량등급과 그 설정·수정 연월일<br>6. 개별공시지가와 그 기준일<br>7. 그 밖에 국토교통부장관이 정하는 사항<br>③ 법 제71조 제2항 제5호에서 "그 밖에 국토교통부령으로 정하는 사항"이란 다음 각 호의 사항을 말한다. 〈개정 2013. 3. 23.〉<br>1. 토지의 고유번호<br>2. 필지별 공유지연명부의 장번호<br>3. 토지소유자가 변경된 날과 그 원인<br>④ 법 제71조 제3항 제5호에서 "그 밖에 국토교통부령으로 정하는 사항"이란 다음 각 호의 사항을 말한다. 〈개정 2013. 3. 23.〉<br>1. 토지의 고유번호<br>2. 전유부분(專有部分)의 건물표 | | |

| 법률 | 시행령 | 시행규칙 | 지적측량 시행규칙 | 지적업무처리규정 |
|---|---|---|---|---|
| 하는 사항 | | 시<br>3. 건물의 명칭<br>4. 집합건물별 대지권등록부의 장번호<br>5. 토지소유자가 변경된 날과 그 원인<br>6. 소유권 지분<br>⑤ 토지의 고유번호를 붙이는 데에 필요한 사항은 국토교통부장관이 정한다. 〈개정 2013. 3. 23.〉 | | |
| **제72조(지적도 등의 등록사항)**<br>지적도 및 임야도에는 다음 각 호의 사항을 등록하여야 한다. 〈개정 2013. 3. 23.〉<br>1. 토지의 소재<br>2. 지번<br>3. 지목<br>4. 경계<br>5. 그 밖에 국토교통부령으로 정하는 사항 | | **제69조(지적도면 등의 등록사항 등)**<br>① 법 제72조에 따른 지적도 및 임야도는 각각 별지 제67호서식 및 별지 제68호서식과 같다.<br>② 법 제72조 제5호에서 "그 밖에 국토교통부령으로 정하는 사항"이란 다음 각 호의 사항을 말한다. 〈개정 2013. 3. 23.〉<br>1. 지적도면의 색인도(인접도면의 연결 순서를 표시하기 위하여 기재한 도표와 번호를 말한다)<br>2. 지적도면의 제명 및 축척<br>3. 도곽선(圖廓線)과 그 수치<br>4. 좌표에 의하여 계산된 경계점 간의 거리(경계점좌표등록부를 갖춰 두는 지역으로 한정한다)<br>5. 삼각점 및 지적기준점의 위치 | | **제37조(일람도 및 지번색인표의 등재사항)** 규칙 제69조제5항에 따른 일람도 및 지번색인표에는 다음 각 호의 사항을 등재하여야 한다.<br>1. 일람도<br>　가. 지번부여지역의 경계 및 인접지역의 행정구역명칭<br>　나. 도면의 제명 및 축척<br>　다. 도곽선과 그 수치<br>　라. 도면번호<br>　마. 도로·철도·하천·구거·유지·취락 등 주요 지형·지물의 표시<br>2. 지번색인표<br>　가. 제명<br>　나. 지번·도면번호 및 결번<br><br>**제38조(일람도의 제도)** ① 규칙 제69 |

| 법률 | 시행령 | 시행규칙 | 지적측량 시행규칙 | 지적업무처리규정 |
|------|--------|----------|-------------------|-------------------|
| | | 6. 건축물 및 구조물 등의 위치<br>7. 그 밖에 국토교통부장관이 정하는 사항<br>③ 경계점좌표등록부를 갖춰 두는 지역의 지적도에는 해당 도면의 제명 끝에 "(좌표)"라고 표시하고, 도곽선의 오른쪽 아래 끝에 "이 도면에 의하여 측량을 할 수 없음"이라고 적어야 한다.<br>④ 지적도면에는 지적소관청의 직인을 날인하여야 한다. 다만, 정보처리시스템을 이용하여 관리하는 지적도면의 경우에는 그러하지 아니하다.<br>⑤ 지적소관청은 지적도면의 관리에 필요한 경우에는 지번부여지역마다 일람도와 지번색인표를 작성하여 갖춰 둘 수 있다.<br>⑥ 지적도면의 축척은 다음 각 호의 구분에 따른다.<br>  1. 지적도 : 1/500, 1/600, 1/1000,<br>    1/1200, 1/2400, 1/3000, 1/6000<br>  2. 임야도 : 1/3000, 1/6000<br><br>**제70조(지적도면의 복사) ①** 국가기관, 지방자치단체 또는 지적측량수행자가 지적도면(정보처리시스템에 구축된 지적도면 데이터 파일을 | | 조제5항에 따라 일람도를 작성할 경우 일람도의 축척은 그 도면축척의 10분의 1로 한다. 다만, 도면의 장수가 많아서 한장에 작성할 수 없는 경우에는 축척을 줄여서 작성할 수 있으며, 도면의 장수가 4장 미만인 경우에는 일람도의 작성을 하지 아니할 수 있다.<br>② 제명 및 축척은 일람도 윗부분에 "○○시ㆍ도 ○○시ㆍ군ㆍ구 ○ ○읍ㆍ면 ○○동ㆍ리 일람도 축척 ○○○○ 분의 1"이라 제도한다. 이 경우 경계점좌표등록부시행지역은 제명 중 일람도 다음에 "(좌표)"라 기재하며, 그 제도방법은 다음 각 호와 같다.<br>  1. 글자의 크기는 9밀리미터로 하고 글자 사이의 간격은 글자크기의 2분의 1 정도 띄운다.<br>  2. 제명의 일람도와 축척 사이는 20밀리미터를 띄운다.<br>③ 도면번호는 지번부여지역ㆍ축척 및 지적도ㆍ임야도ㆍ경계점좌표등록부 시행지별로 일련번호를 부여하고 이 경우 신규 등록 및 등록전환으로 새로 도면을 작성할 경우의 도면번호는 그 지역 마지막 도면번호의 다음 번호로 부여 |

| 법률 | 시행령 | 시행규칙 | 지적측량 시행규칙 | 지적업무처리규정 |
|------|--------|----------|------------------|------------------|
| | | 포함한다. 이하 이 조에서 같다)을 복사하려는 경우에는 지적도면 복사의 목적, 사업계획 등을 적은 신청서를 지적소관청에 제출하여야 한다.<br>② 제1항에 따른 신청을 받은 지적소관청은 신청 내용을 심사한 후 그 타당성을 인정하는 때에 지적도면을 복사할 수 있게 하여야 한다. 이 경우 복사 과정에서 지적도면을 손상시킬 염려가 있으면 지적도면의 복사를 정지시킬 수 있다.<br>③ 제2항에 따라 복사한 지적도면은 신청 당시의 목적 외의 용도로는 사용할 수 없다. | | 한다. 다만 제46조제12항에 따라 도면을 작성할 경우에는 종전 도면번호에 "-1"과 같이 부호를 부여한다. 〈개정 2017. 6. 23.〉<br>④ 일람도의 제도방법은 다음 각 호와 같다.<br>1. 도곽선과 그 수치의 제도는 제40조제5항을 준용한다.<br>2. 도면번호는 3밀리미터의 크기로 한다.<br>3. 인접 동·리 명칭은 4밀리미터, 그 밖의 행정구역 명칭은 5밀리미터의 크기로 한다.<br>4. 지방도로 이상은 검은색 0.2밀리미터 폭의 2선으로, 그 밖의 도로는 0.1밀리미터의 폭으로 제도한다.<br>5. 철도용지는 붉은색 0.2밀리미터 폭의 2선으로 제도한다.<br>6. 수도용지 중 선로는 남색 0.1밀리미터 폭의 2선으로 제도한다.<br>7. 하천·구거(溝渠)·유지(溜池)는 남색 0.1밀리미터의 폭의 2선으로 제도하고, 그 내부를 남색으로 엷게 채색한다. 다만, 적은 양의 물이 흐르는 하천 및 구거는 0.1밀리미터의 남색 선으로 제도한다. |

| 법률 | 시행령 | 시행규칙 | 지적측량 시행규칙 | 지적업무처리규정 |
|---|---|---|---|---|
| | | | | 8. 취락지·건물 등은 검은색 0.1 밀리미터의 폭으로 제도하고, 그 내부를 검은색으로 엷게 채색한다.<br>9. 삼각점 및 지적기준점의 제도는 제43조를 준용한다.<br>10. 도시개발사업·축척변경 등이 완료된 때에는 지구경계를 붉은색 0.1밀리미터 폭의 선으로 제도한 후 지구 안을 붉은색으로 엷게 채색하고, 그 중앙에 사업명 및 사업완료연도를 기재한다.<br><br>**제39조(지번색인표의 제도)** ① 제명은 지번색인표 윗부분에 9밀리미터의 크기로 "○○시·도 ○○시·군·구 ○○읍·면 ○○동·리 지번색인표"라 제도한다.<br>② 지번색인표에는 도면번호별로 그 도면에 등록된 지번을, 토지의 이동으로 결번이 생긴 때에는 결번란에 그 지번을 제도한다.<br><br>**제40조(도곽선의 제도)** ① 도면의 위 방향은 항상 북쪽이 되어야 한다.<br>② 지적도의 도곽 크기는 가로 40센티미터, 세로 30센티미터의 직사각형으로 한다. |

| 법률 | 시행령 | 시행규칙 | 지적측량 시행규칙 | 지적업무처리규정 |
|---|---|---|---|---|
| | | | | ③ 도곽의 구획은 영 제7조제3항 각 호에서 정한 좌표의 원점을 기준으로 하여 정하되, 그 도곽의 종횡선수치는 좌표의 원점으로부터 기산하여 영 제7조제3항에서 정한 종횡선수치를 각각 가산한다. <br> ④ 이미 사용하고 있는 도면의 도곽 크기는 제2항에도 불구하고 종전에 구획되어 있는 도곽과 그 수치로 한다. <br> ⑤ 도면에 등록하는 도곽선은 0.1밀리미터의 폭으로, 도곽선의 수치는 도곽선 왼쪽 아랫부분과 오른쪽 윗부분의 종횡선교차점 바깥쪽에 2밀리미터 크기의 아라비아 숫자로 제도한다. <br><br> **제41조(경계의 제도)** ① 경계는 0.1밀리미터 폭의 선으로 제도한다. <br> ② 1필지의 경계가 도곽선에 걸쳐 등록되어 있으면 도곽선 밖의 여백에 경계를 제도하거나, 도곽선을 기준으로 다른 도면에 나머지 경계를 제도한다. 이 경우 다른 도면에 경계를 제도할 때에는 지번 및 지목은 붉은색으로 표시한다. <br> ③ 규칙 제69조제2항제4호에 따른 경계점좌표등록부 등록지역의 도 |

| 법률 | 시행령 | 시행규칙 | 지적측량 시행규칙 | 지적업무처리규정 |
|------|--------|----------|-------------------|------------------|
| | | | | 면(경계점 간 거리등록을 하지 아니한 도면을 제외한다)에 등록할 경계점 간 거리는 검은색의 1.0~1.5밀리미터 크기의 아라비아숫자로 제도한다. 다만, 경계점 간 거리가 짧거나 경계가 원을 이루는 경우에는 거리를 등록하지 아니할 수 있다.<br>④ 지적기준점 등이 매설된 토지를 분할할 경우 그 토지가 작아서 제도하기가 곤란한 때에는 그 도면의 여백에 그 축척의 10배로 확대하여 제도할 수 있다.<br><br>**제42조(지번 및 지목의 제도)**<br>① 지번 및 지목은 경계에 닿지 않도록 필지의 중앙에 제도한다. 다만, 1필지의 토지의 형상이 좁고 길어서 필지의 중앙에 제도하기가 곤란한 때에는 가로쓰기가 되도록 도면을 왼쪽 또는 오른쪽으로 돌려서 제도할 수 있다.<br>② 지번 및 지목을 제도할 때에는 지번 다음에 지목을 제도한다. 이 경우 2밀리미터 이상 3밀리미터 이하 크기의 명조체로 하고, 지번의 글자 간격은 글자크기의 4분의 1 정도, 지번과 지목의 글자 간격은 |

| 법률 | 시행령 | 시행규칙 | 지적측량 시행규칙 | 지적업무처리규정 |
|---|---|---|---|---|
| | | | | 글자크기의 2분의 1 정도 떼어서 제도한다. 다만, 부동산종합공부시스템이나 레터링으로 작성할 경우에는 고딕체로 할 수 있다. ③ 1필지의 면적이 작아서 지번과 지목을 필지의 중앙에 제도할 수 없는 때에는 ㄱ, ㄴ, ㄷ, … ㄱ¹, ㄴ¹, ㄷ¹, … ㄱ², ㄴ², ㄷ²… 등으로 부호를 붙이고, 도곽선 밖에 그 부호·지번 및 지목을 제도한다. 이 경우 부호가 많아서 그 도면의 도곽선 밖에 제도할 수 없는 때에는 별도로 부호도를 작성할 수 있다. ④ 부동산종합공부시스템에 따라 지번 및 지목을 제도할 경우에는 제2항 중 글자의 크기에 대한 규정과 제3항을 적용하지 아니할 수 있다.<br><br>**제43조(지적기준점 등의 제도)** ① 삼각점 및 지적기준점(제5조에 따라 지적측량수행자가 설치하고, 그 지적기준점성과를 지적소관청이 인정한 지적기준점을 포함한다.)은 0.2밀리미터 폭의 선으로 다음 각 호와 같이 제도한다. <br>　1. 위성기준점은 직경 2밀리미터 및 3밀리미터의 2중원 안에 십자선을 표시하여 제도한다. |

| 법률 | 시행령 | 시행규칙 | 지적측량 시행규칙 | 지적업무처리규정 |
|------|--------|----------|-------------------|-------------------|
| | | | | ○ 위성기준점<br><br>3mm<br>2mm<br><br>2. 1등 및 2등삼각점은 직경 1밀리미터, 2밀리미터 및 3밀리미터의 3중원으로 제도한다. 이 경우 1등삼각점은 그 중심원 내부를 검은색으로 엷게 채색한다.<br>○1등삼각점   ○ 2등삼각점<br>3mm    3mm<br>2mm    2mm<br>1mm    1mm<br><br>3. 3등 및 4등삼각점은 직경 1밀리미터 및 2밀리미터의 2중원으로 제도한다. 이 경우 3등삼각점은 그 중심원 내부를 검은색으로 엷게 채색한다.<br>○ 3등삼각점   ○ 4등삼각점<br>2mm    2mm<br>1mm    1mm |

| 법률 | 시행령 | 시행규칙 | 지적측량 시행규칙 | 지적업무처리규정 |
|---|---|---|---|---|
| | | | | 4. 지적삼각점 및 지적삼각보조점은 직경 3밀리미터의 원으로 제도한다. 이 경우 지적삼각점은 원안에 십자선을 표시하고, 지적삼각보조점은 원안에 검은색으로 엷게 채색한다.<br>○ 지적삼각점　○ 지적삼각보조점<br><br>5. 지적도근점은 직경 2밀리미터의 원으로 다음과 같이 제도한다.<br>○ 지적도근점<br><br>6. 지적기준점의 명칭과 번호는 그 지적기준점의 윗부분에 2밀리미터 이상 3밀리미터 이하 크기의 명조체로 제도한다. 다만, 레터링으로 작성할 경우에는 고딕체로 할 수 있으며 경계에 닿는 경우에는 다른 위치에 제도할 수 있다.<br>② 「지적측량 시행규칙」제2조제2항 후단에 따라 지적기준점표지 |

| 법률 | 시행령 | 시행규칙 | 지적측량 시행규칙 | 지적업무처리규정 |
|---|---|---|---|---|
| | | | | 를 폐기한 때에는 도면에 등록된 그 지적기준점 표시사항을 말소한다.<br><br>**제44조(행정구역선의 제도)** ① 도면에 등록할 행정구역선은 0.4밀리미터 폭으로 다음 각 호와 같이 제도한다. 다만, 동·리의 행정구역선은 0.2밀리미터 폭으로 한다.<br>　1. 국계는 실선 4밀리미터와 허선 3밀리미터로 연결하고 실선 중앙에 실선과 직각으로 교차하는 1밀리미터의 실선을 긋고, 허선에 직경 0.3밀리미터의 점 2개를 제도한다.<br><br>　2. 시·도계는 실선 4밀리미터와 허선 2밀리미터로 연결하고 실선 중앙에 실선과 직각으로 교차하는 1밀리미터의 실선을 긋고, 허선에 직경 0.3밀리미터의 점 1개를 제도한다.<br><br>　3. 시·군계는 실선과 허선을 각각 3밀리미터로 연결하고, 허선에 0.3밀리미터의 점 2개를 |

| 법률 | 시행령 | 시행규칙 | 지적측량 시행규칙 | 지적업무처리규정 |
|---|---|---|---|---|
| | | | | 제도한다.<br><br>4. 읍·면·구계는 실선 3밀리미터와 허선 2밀리미터로 연결하고, 허선에 0.3밀리미터의 점 1개를 제도한다.<br><br>5. 동·리계는 실선 3밀리미터와 허선 1밀리미터로 연결하여 제도한다.<br><br>6. 행정구역선이 2종 이상 겹치는 경우에는 최상급 행정구역선만 제도한다.<br>7. 행정구역선은 경계에서 약간 띄워서 그 외부에 제도한다.<br>② 행정구역의 명칭은 도면여백의 넓이에 따라 4밀리미터 이상 6밀리미터 이하의 크기로 경계 및 지적기준점 등을 피하여 같은 간격으로 띄어서 제도한다.<br>③ 도로·철도·하천·유지 등의 고유명칭은 3밀리미터 이상 4밀리미터 이하의 크기로 같은 간격으로 띄어서 제도한다.<br><br>**제45조(색인도 등의 제도)** ① 색인도 |

| 법률 | 시행령 | 시행규칙 | 지적측량 시행규칙 | 지적업무처리규정 |
|---|---|---|---|---|
| | | | | 는 도곽선의 왼쪽 윗부분 여백의 중앙에 다음 각 호와 같이 제도한다.<br>　1. 가로 7밀리미터, 세로 6밀리미터 크기의 직사각형을 중앙에 두고 그의 4변에 접하여 같은 규격으로 4개의 직사각형을 제도한다.<br>　2. 1장의 도면을 중앙으로 하여 동일 지번부여지역 안 위쪽·아래쪽·왼쪽 및 오른쪽의 인접 도면번호를 각각 3밀리미터의 크기로 제도한다.<br>② 제명 및 축척은 도곽선 윗부분 여백의 중앙에 "○○시·군·구 ○○읍·면 ○○동·리 지적도 또는 임야도 ○○장 중 제○○호 축척 ○○○○분의 1"이라 제도한다. 이 경우 그 제도방법은 다음 각 호와 같다.<br>　1. 글자의 크기는 5밀리미터로 하고, 글자 사이의 간격은 글자크기의 2분의 1 정도 띄어 쓴다.<br>　2. 축척은 제명 끝에서 10밀리미터를 띄어 쓴다.<br><br>**제46조(토지의 이동에 따른 도면의 제도)** ① 토지의 이동으로 지번 및 지목을 제도하는 경우에는 이동 전 지번 |

| 법률 | 시행령 | 시행규칙 | 지적측량 시행규칙 | 지적업무처리규정 |
|---|---|---|---|---|
| | | | | 및 지목을 말소하고, 새로 설정된 지번 및 지목을 가로쓰기로 제도한다. ② 경계를 말소할 때에는 해당 경계선을 말소한다. ③ 말소된 경계를 다시 등록할 때에는 말소정리 이전의 자료로 원상회복 정리한다. ④ 신규 등록 · 등록전환 및 등록사항정정으로 도면에 경계, 지번 및 지목을 새로 등록할 때에는 이미 비치된 도면에 제도한다. 다만, 이미 비치된 도면에 정리할 수 없는 때에는 새로 도면을 작성한다. ⑤ 등록전환 할 때에는 임야도의 그 지번 및 지목을 말소한다. ⑥ 필지를 분할할 경우에는 분할 전 지번 및 지목을 말소하고, 분할경계를 제도한 후 필지마다 지번 및 지목을 새로 제도한다. ⑦ 도곽선에 걸쳐 있는 필지가 분할되어 도곽선 밖에 분할경계가 제도된 때에는 도곽선 밖에 제도된 필지의 경계를 말소하고, 그 도곽선 안에 필지의 경계, 지번 및 지목을 제도한다. ⑧ 합병할 때에는 합병되는 필지 사이의 경계 · 지번 및 지목을 말소한 후 새로 부여하는 지번과 지목 |

| 법률 | 시행령 | 시행규칙 | 지적측량 시행규칙 | 지적업무처리규정 |
|---|---|---|---|---|
| | | | | 을 제도한다.<br>⑨ 지번 또는 지목을 변경할 때에는 지번 또는 지목만 말소하고, 새로 설정된 지번 또는 지목을 제도한다.<br>⑩ 지적공부에 등록된 토지가 바다가 된 때에는 경계 · 지번 및 지목을 말소한다.<br>⑪ 행정구역이 변경된 때에는 변경 전 행정구역선과 그 명칭 및 지번을 말소하고, 변경 후의 행정구역선과 그 명칭 및 지번을 제도한다.<br>⑫ 도시개발사업 · 축척변경 등의 시행지역으로서 시행 전과 시행 후의 도면축적이 같고 시행 전 도면에 등록된 필지의 일부가 사업지구 안에 편입된 때에는 이미 비치된 도면에 경계 · 지번 및 지목을 제도하거나, 남아 있는 일부 필지를 포함하여 도면을 작성한다. 다만, 도면과 확정측량결과도의 도곽선 차이가 0.5밀리미터 이상인 경우에는 확정측량결과도에 따라 새로이 도면을 작성한다.<br>⑬ 도시개발사업 · 축척변경 등의 완료로 새로 도면을 작성한 지역의 종전도면의 지구 안의 지번 및 지목을 말소한다.<br>⑭ 부동산종합공부시스템으로 제1 |

| 법률 | 시행령 | 시행규칙 | 지적측량 시행규칙 | 지적업무처리규정 |
|---|---|---|---|---|
| | | | | 항부터 제13항까지를 정리한 경우에는 변동 전·후의 내용을 관리하여야 하며, 필요한 경우 필지별로 폐쇄 전·후의 내용을 열람 및 발급할 수 있어야 한다. |
| **제73조(경계점좌표등록부의 등록사항)** 지적소관청은 제86조에 따른 도시개발사업 등에 따라 새로이 지적공부에 등록하는 토지에 대하여는 다음 각 호의 사항을 등록한 경계점좌표등록부를 작성하고 갖춰 두어야 한다. 〈개정 2013. 3. 23.〉<br><br>1. 토지의 소재<br>2. 지번<br>3. 좌표<br>4. 그 밖에 국토교통부령으로 정하는 사항 | | **제71조(경계점좌표등록부의 등록사항 등)** ① 법 제73조의 경계점좌표등록부는 별지 제69호서식과 같다.<br>② 법 제73조에 따라 경계점좌표등록부를 갖춰 두는 토지는 지적확정측량 또는 축척변경을 위한 측량을 실시하여 경계점을 좌표로 등록한 지역의 토지로 한다.<br>③ 법 제73조 제4호에서 "그 밖에 국토교통부령으로 정하는 사항"이란 다음 각 호의 사항을 말한다. 〈개정 2013. 3. 23.〉<br>1. 토지의 고유번호<br>2. 지적도면의 번호<br>3. 필지별 경계점좌표등록부의 장번호<br>4. 부호 및 부호도 | | **제47조(경계점좌표등록부의 정리)** ① 부호도의 각 필지의 경계점부호는 왼쪽 위에서부터 오른쪽으로 경계를 따라 아라비아숫자로 연속하여 부여한다. 이 경우 토지의 빈번한 이동정리로 부호도가 복잡한 경우에는 아래 여백에 새로 정리할 수 있다.<br>② 분할된 경우의 부호도 및 부호에는 새로 결정된 경계점의 부호를 그 필지의 마지막 부호 다음 번호부터 부여하고, 다른 필지로 된 경계점의 부호도, 부호 및 좌표는 말소하여야 하며, 새로 결정된 경계점의 좌표를 다음 란에 정리한다.<br>③ 분할 후 필지의 부호도 및 부호의 정리는 제1항 본문을 준용한다.<br>④ 합병된 때에는 존치되는 필지의 경계점좌표등록부에 합병되는 필지의 좌표를 정리하고 부호도 및 부호를 새로 정리한다. 이 경우 부호는 마지막 부호 다음 부호부터 부여하고, 합병으로 인하여 필 |

| 법률 | 시행령 | 시행규칙 | 지적측량 시행규칙 | 지적업무처리규정 |
|---|---|---|---|---|
| | | | | 요 없게 된 경계점(일직선상에 있는 경계점을 말한다)의 부호도·부호 및 좌표를 말소한다. |
| | | | | ⑤ 합병으로 인하여 필지가 말소된 때에는 경계점좌표등록부의 부호도, 부호 및 좌표를 말소한다. 이 경우 말소된 경계점좌표등록부도 지번순으로 함께 보관한다. |
| | | | | ⑥ 등록사항정정으로 경계점좌표등록부를 정리할 때에는 제1항부터 제5항까지 규정을 준용한다. |
| | | | | ⑦ 부동산종합공부시스템에 따라 경계점좌표등록부를 정리할 때에는 제1항부터 제6항까지를 적용하지 아니할 수 있다. |
| **제74조(지적공부의 복구)** 지적소관청(제69조제2항에 따른 지적공부의 경우에는 시·도지사, 시장·군수 또는 구청장)은 지적공부의 전부 또는 일부가 멸실되거나 훼손된 경우에는 대통령령으로 정하는 바에 따라 지체 없이 이를 복구하여야 한다. | **제61조(지적공부의 복구)** ① 지적소관청이 법 제74조에 따라 지적공부를 복구할 때에는 멸실·훼손 당시의 지적공부와 가장 부합된다고 인정되는 관계 자료에 따라 토지의 표시에 관한 사항을 복구하여야 한다. 다만, 소유자에 관한 사항은 부동산등기부나 법원의 확정판결에 따라 복구하여야 한다. <br> ② 제1항에 따른 지적공부의 복구에 관한 관계 자료 및 복구절차 등에 관하여 필요한 사항은 국토교통부령으로 정한다. 〈개정 2013. 3. | **제72조(지적공부의 복구자료)** 영 제61조 제1항에 따른 지적공부의 복구에 관한 관계 자료(이하 "복구자료"라 한다)는 다음 각 호와 같다. <br> 1. 지적공부의 등본 <br> 2. 측량 결과도 <br> 3. 토지이동정리 결의서 <br> 4. 부동산등기부 등본 등 등기사실을 증명하는 서류 <br> 5. 지적소관청이 작성하거나 발행한 지적공부의 등록내용을 증명하는 서류 <br> 6. 법 제69조 제3항에 따라 복제 | | |

| 법률 | 시행령 | 시행규칙 | 지적측량 시행규칙 | 지적업무처리규정 |
|---|---|---|---|---|
| | 23.) | 된 지적공부<br>7. 법원의 확정판결서 정본 또는 사본<br><br>**제73조(지적공부의 복구절차 등)**<br>① 지적소관청은 법 제74조 및 영 제61조 제1항에 따라 지적공부를 복구하려는 경우에는 제72조 각 호의 복구자료를 조사하여야 한다.<br>② 지적소관청은 제1항에 따라 조사된 복구자료 중 토지대장·임야대장 및 공유지연명부의 등록 내용을 증명하는 서류 등에 따라 별지 제70호서식의 지적복구자료 조사서를 작성하고, 지적도면의 등록 내용을 증명하는 서류 등에 따라 복구자료도를 작성하여야 한다.<br>③ 제2항에 따라 작성된 복구자료도에 따라 측정한 면적과 지적복구자료 조사서의 조사된 면적의 증감이 영 제19조 제1항 제2호 가목의 계산식에 따른 허용범위를 초과하거나 복구자료도를 작성할 복구자료가 없는 경우에는 복구측량을 하여야 한다. 이 경우 같은 계산식 중 $A$는 오차허용면적, $M$은 축척분모, $F$는 조사된 면적을 말한다. | | |

| 법률 | 시행령 | 시행규칙 | 지적측량 시행규칙 | 지적업무처리규정 |
|------|--------|----------|-------------------|-------------------|
|  |  | ④ 제2항에 따라 작성된 지적복구자료 조사서의 조사된 면적이 <u>영 제19조 제1항 제2호 가목</u>의 계산식에 따른 허용범위 이내인 경우에는 그 면적을 복구면적으로 결정하여야 한다.<br>⑤ 제3항에 따라 복구측량을 한 결과가 복구자료와 부합하지 아니하는 때에는 토지소유자 및 이해관계인의 동의를 받어 경계 또는 면적 등을 조정할 수 있다. 이 경우 경계를 조정한 때에는 <u>제60조 제2항</u>에 따른 경계점표지를 설치하여야 한다.<br>⑥ 지적소관청은 제1항부터 제5항까지의 규정에 따른 복구자료의 조사 또는 복구측량 등이 완료되어 지적공부를 복구하려는 경우에는 복구하려는 토지의 표시 등을 시·군·구 게시판 및 인터넷 홈페이지에 15일 이상 게시하여야 한다.<br>⑦ 복구하려는 토지의 표시 등에 이의가 있는 자는 제6항의 게시기간 내에 지적소관청에 이의신청을 할 수 있다. 이 경우 이의신청을 받은 지적소관청은 이의사유를 검토하여 이유 있다고 인정되는 때 |  |  |

| 법률 | 시행령 | 시행규칙 | 지적측량 시행규칙 | 지적업무처리규정 |
|---|---|---|---|---|
| | | 에는 그 시정에 필요한 조치를 하여야 한다.<br>⑧ 지적소관청은 제6항 및 제7항에 따른 절차를 이행한 때에는 지적복구자료 조사서, 복구자료도 또는 복구측량 결과도 등에 따라 토지대장·임야대장·공유지연명부 또는 지적도면을 복구하여야 한다.<br>⑨ 토지대장·임야대장 또는 공유지연명부는 복구되고 지적도면이 복구되지 아니한 토지가 법 제83조에 따른 축척변경 시행지역이나 법 제86조에 따른 도시개발사업 등의 시행지역에 편입된 때에는 지적도면을 복구하지 아니할 수 있다. | | |
| **제75조(지적공부의 열람 및 등본 발급)** ① 지적공부를 열람하거나 그 등본을 발급받으려는 자는 해당 지적소관청에 그 열람 또는 발급을 신청하여야 한다. 다만, 정보처리시스템을 통하여 기록·저장된 지적공부(지적도 및 임야도는 제외한다)를 열람하거나 그 등본을 발급받으려는 경우에는 특별자치시장, 시장·군수 또는 구청장이나 읍·면·동의 장에게 신청할 수 있다. 〈개정 2012. 12. 18.〉 | | **제74조(지적공부 및 부동산종합공부의 열람·발급 등)** ① 법 제75조에 따라 지적공부를 열람하거나 그 등본을 발급받으려는 자는 별지 제71호서식의 지적공부·부동산종합공부 열람·발급 신청서(전자문서로 된 신청서를 포함한다)를 지적소관청 또는 읍·면·동장에게 제출하여야 한다. 〈개정 2014. 1. 17.〉<br>② 법 제76조의4에 따라 부동산종합공부를 열람하거나 부동산종합공부 기록사항의 전부 또는 일부 | | **제48조(지적공부의 열람 및 등본작성 방법 등)** ① 지적공부의 열람 및 등본발급 신청은 신청자가 대상토지의 지번을 제시한 경우에만 할 수 있다.<br>② 지적소관청은 지적공부의 열람신청이 있는 때에는 신청필지수와 수수료금액을 확인하여 신청서에 첨부된 수입증지를 소인한 후 컴퓨터 화면 등에 따라 담당공무원의 참여하에 지적공부를 열람시킨다.<br>③ 열람자가 보기 쉬운 장소에 다음 각 호와 같이 열람 시의 유의사항 |

| 법률 | 시행령 | 시행규칙 | 지적측량 시행규칙 | 지적업무처리규정 |
|---|---|---|---|---|
| ② 제1항에 따른 지적공부의 열람 및 등본 발급의 절차 등에 필요한 사항은 국토교통부령으로 정한다. 〈개정 2013. 3. 23.〉 | | 에 관한 증명서(이하 "부동산종합증명서"라 한다)를 발급받으려는 자는 별지 제71호서식의 지적공부·부동산종합공부 열람·발급 신청서(전자문서로 된 신청서를 포함한다)를 지적소관청 또는 읍·면·동장에게 제출하여야 한다. 〈신설 2014. 1. 17.〉<br>③ 부동산종합증명서의 건축물현황도 중 평면도 및 단위세대별 평면도의 열람·발급의 방법과 절차에 관하여는 「건축물대장의 기재 및 관리 등에 관한 규칙」 제11조 제3항에 따른다. 〈신설 2014. 1. 17.〉<br>④ 부동산종합증명서는 별지 제71호의2서식부터 별지 제71호의4서식까지와 같다. 〈신설 2014. 1. 17.〉<br>[제목개정 2014. 1. 17.] | | 을 게시하고 알려주어야 한다. 〈개정 2017. 6. 23.〉<br>1. 지정한 장소에서 열람하여 주십시오.<br>2. 화재의 위험이 있거나 지적공부를 훼손할 수 있는 물건을 휴대해서는 안 됩니다.<br>3. 열람 시 개인정보 등이 포함된 사항은 기록, 촬영하여서는 안 됩니다.<br>④ 지적공부의 등본은 지적공부를 복사·제도하여 작성하거나 부동산종합공부시스템으로 작성한다. 이 경우 대장등본은 작성일 현재의 최종사유를 기준으로 작성한다. 다만, 신청인의 요구가 있는 때에는 그러하지 아니하다.<br>⑤ 도면등본을 복사에 따라 작성 발급하는 때에는 윗부분과 아랫부분에 다음과 같이 날인하고, 축척은 규칙 제69조제6항에 따른다. 다만, 부동산종합공부시스템으로 발급하는 경우에는 신청인이 원하는 축척과 범위를 지정하여 발급할 수 있다.<br>(도면등본 날인문안 및 규격) |

| 법률 | 시행령 | 시행규칙 | 지적측량 시행규칙 | 지적업무처리규정 |
|---|---|---|---|---|
| | | | | (윗 부 분)<br><br>○○도 등본<br>○○시군구○○읍면○○동리○○번지 축척 ○○분의 1   2cm<br>◄─── 13cm ───►<br><br>(아 랫 부 분)<br><br>○○도에 따라 작성한 등본입니다.<br>년   월   일<br>○○ 시장·군수·구청장 @<br>(이 도면등본으로는 지적측량을 할 수 없습니다.)   4cm<br>◄─── 13cm ───►<br><br>⑥ 제4항에 따라 작성한 등본에는 수입증지를 첨부하여 소인한 후 지적소관청의 직인을 날인하여야 한다. 이 경우 등본이 1장을 초과할 경우에는 첫 장에만 직인을 날인하고 다음 장부터는 천공 또는 간인하여 발급한다.<br>⑦ 대장등본을 복사하여 작성 발급하는 때에는 대장의 앞면과 뒷면을 각각 복사하여 기재사항 끝부분에 다음과 같이 날인한다.<br>(대장등본 날인문안 및 규격)<br><br>○○ 대장에 따라 작성한 등본입니다.<br>년   월   일<br>○○ 시장·군수·구청장 @   4cm<br>◄─── 10cm ───►<br><br>⑧ 법 제106조에 따라 등본 발급의 수수료는 유료와 무료로 구분하여 처리하되, 무료로 발급할 경우에는 등본 앞면 여백에 붉은색으로 |

| 법률 | 시행령 | 시행규칙 | 지적측량 시행규칙 | 지적업무처리규정 |
|------|--------|---------|------------------|------------------|
| | | | | "무료"라 기재한다. |
| | | | | ⑨ 폐쇄 또는 말소된 지적공부의 등본을 작성할 때에는 "폐쇄 또는 말소된 ○○○○에 따라 작성한 등본입니다"라고 붉은색으로 기재한다. |
| | | | | ⑩ 부동산종합공부시스템으로 지적공부를 열람하는 경우 열람용 등본을 발급할 수 있으며, 이때에는 아랫부분에 "본토지(임야)대장은 열람용이므로 출력하신 토지(임야)대장은 법적인 효력이 없습니다."라고 기재한다. |
| | | | | ⑪ 등본은 공용으로 발급할 수 있으며, 이때 등본의 아랫부분에 "본토지(임야)대장은 공용이므로 출력하신 토지(임야)대장은 민원용으로 사용할 수 없습니다."라고 기재한다. |
| **제76조(지적전산자료의 이용 등)** ① 지적공부에 관한 전산자료(연속지적도를 포함하며, 이하 "지적전산자료"라 한다)를 이용하거나 활용하려는 자는 다음 각 호의 구분에 따라 국토교통부장관, 시ㆍ도지사 또는 지적소관청에 지적전산자료를 신청하여야 한다. 〈개정 2013. 3. 23., 2013. 7. 17., 2017. | **제62조(지적전산자료의 이용 등)** ① 법 제76조 제1항에 따라 지적공부에 관한 전산자료(이하 "지적전산자료"라 한다)를 이용하거나 활용하려는 자는 같은 조 제2항에 따라 다음 각 호의 사항을 적은 신청서를 관계 중앙행정기관의 장에게 제출하여 심사를 신청하여야 한다. | **제75조(지적전산자료이용신청서 등)** 영 제62조 제1항에 따른 지적전산자료의 이용 또는 활용 신청은 별지 제72호서식의 지적전산자료 이용ㆍ활용(심사ㆍ승인) 신청서에 따르고, 같은 조 제5항에 따른 지적전산자료 이용ㆍ활용 승인대장은 별지 제73호서식에 따른다. | | |

| 법률 | 시행령 | 시행규칙 | 지적측량 시행규칙 | 지적업무처리규정 |
|---|---|---|---|---|
| 10. 24.〉<br>1. 전국 단위의 지적전산자료 : 국토교통부장관, 시·도지사 또는 지적소관청<br>2. 시·도 단위의 지적전산자료 : 시·도지사 또는 지적소관청<br>3. 시·군·구(자치구가 아닌 구를 포함한다) 단위의 지적전산자료 : 지적소관청<br>② 제1항에 따라 지적전산자료를 신청하려는 자는 대통령령으로 정하는 바에 따라 지적전산자료의 이용 또는 활용 목적 등에 관하여 미리 관계 중앙행정기관의 심사를 받아야 한다. 다만, 중앙행정기관의 장, 그 소속 기관의 장 또는 지방자치단체의 장이 신청하는 경우에는 그러하지 아니하다. 〈개정 2017. 10. 24.〉<br>③ 제2항에도 불구하고 다음 각 호의 어느 하나에 해당하는 경우에는 관계 중앙행정기관의 심사를 받지 아니할 수 있다. 〈개정 2017. 10. 24.〉<br>1. 토지소유자가 자기 토지에 대한 지적전산자료를 신청하는 경우 | 1. 자료의 이용 또는 활용 목적 및 근거<br>2. 자료의 범위 및 내용<br>3. 자료의 제공 방식, 보관 기관 및 안전관리대책 등<br>② 제1항에 따른 심사 신청을 받은 관계 중앙행정기관의 장은 다음 각 호의 사항을 심사한 후 그 결과를 신청인에게 통지하여야 한다.<br>1. 신청 내용의 타당성, 적합성 및 공익성<br>2. 개인의 사생활 침해 여부<br>3. 자료의 목적 외 사용 방지 및 안전관리대책<br>③ 법 제76조 제1항에 따라 지적전산자료의 이용 또는 활용에 관한 승인을 받으려는 자는 승인신청을 할 때에 제2항에 따른 심사 결과를 제출하여야 한다. 다만, 중앙행정기관의 장이 승인을 신청하는 경우에는 제2항에 따른 심사 결과를 제출하지 아니할 수 있다.<br>④ 제3항에 따른 승인신청을 받은 국토교통부장관, 시·도지사 또는 지적소관청은 다음 각 호의 사항을 심사하여야 한다. 〈개정 2013. 3. 23.〉<br>1. 제2항 각 호의 사항 | **제76조(지적정보관리체계 담당자의 등록 등)** ① 국토교통부장관, 시·도지사 및 지적소관청(이하 이 조 및 제77조에서 "사용자권한 등록관리청"이라 한다)은 지적공부정리 등을 지적정보관리체계로 처리하는 담당자(이하 이 조와 제77조 및 제78조에서 "사용자"라 한다)를 사용자권한 등록파일에 등록하여 관리하여야 한다. 〈개정 2013. 3. 23., 2014. 1. 17.〉<br>② 지적정보관리시스템을 설치한 기관의 장은 그 소속공무원을 제1항에 따라 사용자로 등록하려는 때에는 별지 제74호서식의 지적정보관리시스템 사용자권한 등록신청서를 해당 사용자권한 등록관리청에 제출하여야 한다. 〈개정 2014. 1. 17.〉<br>③ 제2항에 따른 신청을 받은 사용자권한 등록관리청은 신청 내용을 심사하여 사용자권한 등록파일에 사용자의 이름 및 권한과 사용자번호 및 비밀번호를 등록하여야 한다.<br>④ 사용자권한 등록관리청은 사용자의 근무지 또는 직급이 변경되거나 사용자가 퇴직 등을 한 경우에는 사용자권한 등록내용을 변 | | |

| 법률 | 시행령 | 시행규칙 | 지적측량 시행규칙 | 지적업무처리규정 |
|---|---|---|---|---|
| 2. 토지소유자가 사망하여 그 상속인이 피상속인의 토지에 대한 지적전산자료를 신청하는 경우<br>3. 「개인정보 보호법」 제2조제1호에 따른 개인정보를 제외한 지적전산자료를 신청하는 경우<br>④ 제1항 및 제3항에 따른 지적전산자료의 이용 또는 활용에 필요한 사항은 대통령령으로 정한다. 〈개정 2013. 7. 17.〉 | 2. 신청한 사항의 처리가 전산정보처리조직으로 가능한지 여부<br>3. 신청한 사항의 처리가 지적업무수행에 지장을 주지 않는지 여부<br>⑤ 국토교통부장관, 시·도지사 또는 지적소관청은 제4항에 따른 심사를 거쳐 지적전산자료의 이용 또는 활용을 승인하였을 때에는 지적전산자료 이용·활용 승인대장에 그 내용을 기록·관리하고 승인한 자료를 제공하여야 한다. 〈개정 2013. 3. 23.〉<br>⑥ 제5항에 따라 지적전산자료의 이용 또는 활용에 관한 승인을 받은 자는 국토교통부령으로 정하는 사용료를 내야 한다. 다만, 국가나 지방자치단체에 대해서는 사용료를 면제한다. 〈개정 2013. 3. 23.〉 | 경하여야 한다. 이 경우 사용자권한 등록변경절차에 관하여는 제2항 및 제3항을 준용한다.<br>[제목개정 2014. 1. 17.]<br><br>**제77조(사용자번호 및 비밀번호 등)**<br>① 사용자권한 등록파일에 등록하는 사용자번호는 사용자권한 등록관리청별로 일련번호로 부여하여야 하며, 한번 부여된 사용자번호는 변경할 수 없다.<br>② 사용자권한 등록관리청은 사용자가 다른 사용자권한 등록관리청으로 소속이 변경되거나 퇴직 등을 한 경우에는 사용자번호를 따로 관리하여 사용자의 책임을 명백히 할 수 있도록 하여야 한다.<br>③ 사용자의 비밀번호는 6자리부터 16자리까지의 범위에서 사용자가 정하여 사용한다.<br>④ 제3항에 따른 사용자의 비밀번호는 다른 사람에게 누설하여서는 아니 되며, 사용자는 비밀번호가 누설되거나 누설될 우려가 있는 때에는 즉시 이를 변경하여야 한다.<br><br>**제78조(사용자의 권한구분 등)**<br>제76조 제1항에 따라 사용자권한 등 | | |

| 법률 | 시행령 | 시행규칙 | 지적측량 시행규칙 | 지적업무처리규정 |
|---|---|---|---|---|
| | | 록파일에 등록하는 사용자의 권한은 다음 각 호의 사항에 관한 권한으로 구분한다. 〈개정 2014. 1. 17.〉<br><br>1. 사용자의 신규등록<br>2. 사용자 등록의 변경 및 삭제<br>3. 법인이 아닌 사단 · 재단 등록번호의 업무관리<br>4. 법인이 아닌 사단 · 재단 등록번호의 직권수정<br>5. 개별공시지가 변동의 관리<br>6. 지적전산코드의 입력 · 수정 및 삭제<br>7. 지적전산코드의 조회<br>8. 지적전산자료의 조회<br>9. 지적통계의 관리<br>10. 토지 관련 정책정보의 관리<br>11. 토지이동 신청의 접수<br>12. 토지이동의 정리<br>13. 토지소유자 변경의 관리<br>14. 토지등급 및 기준수확량등급 변동의 관리<br>15. 지적공부의 열람 및 등본 발급의 관리<br>15의2. 부동산종합공부의 열람 및 부동산종합증명서 발급의 관리<br>16. 일반 지적업무의 관리<br>17. 일일마감 관리 | | |

| 법률 | 시행령 | 시행규칙 | 지적측량 시행규칙 | 지적업무처리규정 |
|---|---|---|---|---|
| | | 18. 지적전산자료의 정비<br>19. 개인별 토지소유현황의 조회<br>20. 비밀번호의 변경<br>**제79조(지적정보관리체계의 운영방법 등)** 지적전산업무의 처리, 지적전산프로그램의 관리 등 지적정보관리체계의 관리·운영 등에 필요한 사항은 국토교통부장관이 정한다. 〈개정 2013. 3. 23., 2014. 1. 17.〉<br>[제목개정 2014. 1. 17.] | | |
| **제76조의2(부동산종합공부의 관리 및 운영)** ① 지적소관청은 부동산의 효율적 이용과 부동산과 관련된 정보의 종합적 관리·운영을 위하여 부동산종합공부를 관리·운영한다.<br>② 지적소관청은 부동산종합공부를 영구히 보존하여야 하며, 부동산종합공부의 멸실 또는 훼손에 대비하여 이를 별도로 복제하여 관리하는 정보관리체계를 구축하여야 한다.<br>③ 제76조의3 각 호의 등록사항을 관리하는 기관의 장은 지적소관청에 상시적으로 관련 정보를 제공하여야 한다.<br>④ 지적소관청은 부동산종합공부의 정확한 등록 및 관리를 위하여 필 | | | | |

| 법률 | 시행령 | 시행규칙 | 지적측량 시행규칙 | 지적업무처리규정 |
|---|---|---|---|---|
| 요한 경우에는 제76조의3 각 호의 등록사항을 관리하는 기관의 장에게 관련 자료의 제출을 요구할 수 있다. 이 경우 자료의 제출을 요구받은 기관의 장은 특별한 사유가 없으면 자료를 제공하여야 한다.<br>[본조신설 2013. 7. 17.] | | | | |
| **제76조의3(부동산종합공부의 등록사항 등)** 지적소관청은 부동산종합공부에 다음 각 호의 사항을 등록하여야 한다. 〈개정 2016. 1. 19.〉<br>1. 토지의 표시와 소유자에 관한 사항 : 이 법에 따른 지적공부의 내용<br>2. 건축물의 표시와 소유자에 관한 사항(토지에 건축물이 있는 경우만 해당한다) : 「건축법」 제38조에 따른 건축물대장의 내용<br>3. 토지의 이용 및 규제에 관한 사항 : 「토지이용규제 기본법」 제10조에 따른 토지이용계획확인서의 내용<br>4. 부동산의 가격에 관한 사항 : 「부동산 가격공시에 관한 법률」 제10조에 따른 개별공시지가, 같은 법 제16조, 제17조 | **제62조의2(부동산종합공부의 등록사항)** 법 제76조의3 제5호에서 "대통령령으로 정하는 사항"이란 「부동산등기법」 제48조에 따른 부동산의 권리에 관한 사항을 말한다.<br>[본조신설 2014. 1. 17.]<br><br>**제62조의3(부동산종합공부의 등록사항 정정 등)** ① 지적소관청은 법 제76조의5에 따라 준용되는 법 제84조에 따른 부동산종합공부의 등록사항 정정을 위하여 법 제76조의3 각 호의 등록사항 상호 간에 일치하지 아니하는 사항(이하 이 조에서 "불일치등록사항"이라 한다)을 확인 및 관리하여야 한다.<br>② 지적소관청은 제1항에 따른 불일치 등록사항에 대해서는 법 제76조의3 각 호의 등록사항을 관리하는 기관의 장에게 그 내용을 통지 | | | |

| 법률 | 시행령 | 시행규칙 | 지적측량 시행규칙 | 지적업무처리규정 |
|---|---|---|---|---|
| 및 제18조에 따른 개별주택가격 및 공동주택가격 공시내용<br>5. 그 밖에 부동산의 효율적 이용과 부동산과 관련된 정보의 종합적 관리 · 운영을 위하여 필요한 사항으로서 대통령령으로 정하는 사항<br>[본조신설 2013. 7. 17.] | 하여 등록사항 정정을 요청할 수 있다.<br>③ 제1항 및 제2항에 따른 부동산종합공부의 등록사항 정정 절차 등에 관하여 필요한 사항은 국토교통부장관이 따로 정한다.<br>[본조신설 2014. 1. 17.] | | | |
| **제76조의4(부동산종합공부의 열람 및 증명서 발급)** ① 부동산종합공부를 열람하거나 부동산종합공부 기록사항의 전부 또는 일부에 관한 증명서(이하 "부동산종합증명서"라 한다)를 발급받으려는 자는 지적소관청이나 읍 · 면 · 동의 장에게 신청할 수 있다.<br>② 제1항에 따른 부동산종합공부의 열람 및 부동산종합증명서 발급의 절차 등에 관하여 필요한 사항은 국토교통부령으로 정한다.<br>[본조신설 2013. 7. 17.] | | | | |
| **제76조의5(준용)** 부동산종합공부의 등록사항 정정에 관하여는 제84조 를 준용한다.<br>[본조신설 2013. 7. 17.] | | | | |
| **제3절 토지의 이동 신청 및 지적정리 등** | | | | |
| **제77조(신규등록 신청)** 토지소유자 | **제63조(신규등록 신청)** 토지소유자 | **제80조(신규등록 등 신청서)** 법 제77 | | **제49조(상속 등의 토지에 대한 지적** |

| 법률 | 시행령 | 시행규칙 | 지적측량 시행규칙 | 지적업무처리규정 |
|---|---|---|---|---|
| 는 신규등록할 토지가 있으면 대통령령으로 정하는 바에 따라 그 사유가 발생한 날부터 60일 이내에 지적소관청에 신규등록을 신청하여야 한다. | 는 법 제77조에 따라 신규등록을 신청할 때에는 신규등록 사유를 적은 신청서에 국토교통부령으로 정하는 서류를 첨부하여 지적소관청에 제출하여야 한다. 〈개정 2013. 3. 23.〉 | 조부터 제84조까지의 규정에 따른 신규등록 신청, 등록전환 신청, 분할 신청, 합병 신청, 지목변경 신청, 바다가 된 토지의 등록말소 신청, 축척변경 신청 및 등록사항의 정정 신청은 별지 제75호서식에 따른다.<br><br>**제81조(신규등록 신청)** ① 영 제63조에서 "국토교통부령으로 정하는 서류"란 다음 각 호의 어느 하나에 해당하는 서류를 말한다. 〈개정 2010. 10. 15., 2013. 3. 23.〉<br>　1. 법원의 확정판결서 정본 또는 사본<br>　2. 「공유수면 관리 및 매립에 관한 법률」에 따른 준공검사확인증 사본<br>　3. 법률 제6389호 지적법개정법률 부칙 제5조에 따라 도시계획구역의 토지를 그 지방자치단체의 명의로 등록하는 때에는 기획재정부장관과 협의한 문서의 사본<br>　4. 그 밖에 소유권을 증명할 수 있는 서류의 사본<br>② 제1항 각 호의 어느 하나에 해당하는 서류를 해당 지적소관청이 관리하는 경우에는 지적소관청의 | | **공부정리 신청)** ① 상속, 공용징수, 판결, 경매 등 「민법」 제187조에 따라 등기를 요하지 아니하는 토지를 취득한 자는 지적공부정리신청을 할 수 있다. 이 경우 토지소유를 증명하는 서류를 첨부하여야 하고, 상속의 경우에는 상속인 전원이 신청하여야 한다.<br>② 삭제 〈2017. 6. 23.〉<br>③ 제1항에 따른 토지소유를 증명하는 서류는 다음 각 호를 말한다.<br>　1. 상속재산 분할 협의서<br>　2. 공용징수증<br>　3. 법원의 확정판결서 정본 또는 사본<br>　4. 경매 낙찰증서<br>　5. 그 밖에 소유권을 확인할 수 있는 서류<br>**제50조(지적공부정리신청의 조사)**<br>① 지적소관청은 법 제77조부터 제82조까지, 법 제84조, 법 제86조 및 법 제87조에 따른 지적공부정리신청이 있는 때에는 다음 각 호의 사항을 확인·조사하여 처리한다.<br>　1. 신청서의 기재사항과 지적공부등록사항과의 부합여부<br>　2. 관계법령의 저촉여부<br>　3. 대위신청에 관하여는 그 권한 |

| 법률 | 시행령 | 시행규칙 | 지적측량 시행규칙 | 지적업무처리규정 |
|---|---|---|---|---|
| | | 확인으로 그 서류의 제출을 갈음할 수 있다. | | 대위의 적법여부<br>4. 구비서류 및 수입증지의 첩부여부<br>5. 신청인의 신청권한 적법여부<br>6. 토지의 이동사유<br>7. 그 밖에 필요하다고 인정되는 사항<br>② 접수된 서류를 보완 또는 반려한 때에는 지적업무정리부의 비고란에 그 사유를 붉은색으로 기재한다.<br>③ 지목변경 및 합병을 하여야 하는 토지가 있을 때와 등록전환에 따라 지목이 바뀔 때에는 다음 각 호의 사항을 확인·조사하여 별지 제6호 서식에 따른 현지조사서를 작성하여야 한다.<br>1. 토지의 이용현황<br>2. 관계법령의 저촉여부<br>3. 조사자의 의견, 조사연월일 및 조사자 직·성명<br>④ 분할 및 등록전환 측량성과도가 발급된 지 1년이 경과한 후 지적공부정리 신청이 있는 때에는 지적소관청은 다음 각 호의 사항을 확인·조사하여야 한다.<br>1. 측량성과와 현지경계의 부합여부<br>2. 관계법령의 저촉여부 |

| 법률 | 시행령 | 시행규칙 | 지적측량 시행규칙 | 지적업무처리규정 |
|------|--------|----------|------------------|------------------|
|      |        |          |                  | **제51조(지적공부정리 접수 등)** ① 지적소관청은 법 제77조부터 제82조까지, 법 제84조, 법 제86조 및 법 제87조에 따른 지적공부정리신청이 있는 때에는 지적업무정리부에 토지이동 종목별로 접수하여야 한다. 이 경우 부동산종합공부시스템에서 부여된 접수번호를 토지의 이동신청서에 기재하여야 한다.<br>② 제1항에 따라 접수된 신청서는 다음 각 호 사항을 검토하여 정리하여야 한다.<br>　1. 신청사항과 지적전산자료의 일치여부<br>　2. 첨부된 서류의 적정여부<br>　3. 지적측량성과자료의 적정여부<br>　4. 그 밖에 지적공부정리를 하기 위하여 필요한 사항<br>③ 제1항에 따라 접수된 지적공부정리신청서를 보완 또는 반려(취하 포함)할 때에는 종목별로 그 처리내용을 정리하여야 한다. 이 경우 반려 또는 취하된 지적공부정리신청서가 다시 접수되었을 때에는 새로 접수하여야 한다.<br>④ 제1항의 신청에 따라 지적공부가 정리 완료한 때에는 별지 제7호 서식에 따라 지적정리결과를 신청인 |

| 법률 | 시행령 | 시행규칙 | 지적측량 시행규칙 | 지적업무처리규정 |
|---|---|---|---|---|
| | | | | 에게 통지하여야 한다. 다만, 법 제87조에 따라 대위신청에 대한 지적정리결과통지는 달리할 수 있다.<br>⑤ 법 제87조에 따라 지적공부정리가 완료된 때에는 사업시행자는 분할 목적 및 분할 결과를 토지소유자 등 이해관계인에게 통지하여야 한다.<br><br>제52조(임시파일 생성) ① 지적소관청이 지번변경, 행정구역변경, 구획정리, 경지정리, 축척변경, 토지개발사업을 하고자 하는 때에는 임시파일을 생성하여야 한다.<br>② 제1항에 따라 임시파일이 생성되면 지번별조서를 출력하여 임시파일이 정확하게 생성되었는지 여부를 확인하여야 한다. |
| 제78조(등록전환 신청) 토지소유자는 등록전환할 토지가 있으면 대통령령으로 정하는 바에 따라 그 사유가 발생한 날부터 60일 이내에 지적소관청에 등록전환을 신청하여야 한다. | 제64조(등록전환 신청) ① 법 제78조에 따라 등록전환을 신청할 수 있는 경우는 다음 각 호와 같다. 〈개정 2020. 6. 9.〉<br>1. 「산지관리법」에 따른 산지전용허가 · 신고, 산지일시사용허가 · 신고, 「건축법」에 따른 건축허가 · 신고 또는 그 밖의 관계 법령에 따른 개발행위 허가 등을 받은 경우 | 제82조(등록전환 신청) ① 영 제64조제3항에서 "국토교통부령으로 정하는 서류"란 관계 법령에 따른 개발행위 허가 등을 증명하는 서류의 사본(영 제64조제1항제1호에 해당하는 경우로 한정한다)을 말한다. 〈개정 2020. 6. 11.〉<br>② 제1항에 따른 서류를 그 지적소관청이 관리하는 경우에는 지적소관청의 확인으로 그 서류의 제출 | | |

| 법률 | 시행령 | 시행규칙 | 지적측량 시행규칙 | 지적업무처리규정 |
|---|---|---|---|---|
|  | 2. 대부분의 토지가 등록전환되어 나머지 토지를 임야도에 계속 존치하는 것이 불합리한 경우<br>3. 임야도에 등록된 토지가 사실상 형질변경되었으나 지목변경을 할 수 없는 경우<br>4. 도시ㆍ군관리계획선에 따라 토지를 분할하는 경우<br>② 삭제 〈2020. 6. 9.〉<br>③ 토지소유자는 법 제78조에 따라 등록전환을 신청할 때에는 등록전환 사유를 적은 신청서에 국토교통부령으로 정하는 서류를 첨부하여 지적소관청에 제출하여야 한다. 〈개정 2013. 3. 23.〉 | 을 갈음할 수 있다. |  |  |
| **제79조(분할 신청)** ① 토지소유자는 토지를 분할하려면 대통령령으로 정하는 바에 따라 지적소관청에 분할을 신청하여야 한다.<br>② 토지소유자는 지적공부에 등록된 1필지의 일부가 형질변경 등으로 용도가 변경된 경우에는 대통령령으로 정하는 바에 따라 용도가 변경된 날부터 60일 이내에 지적소관청에 토지의 분할을 신청하여야 한다. | **제65조(분할 신청)** ① 법 제79조 제1항에 따라 분할을 신청할 수 있는 경우는 다음 각 호와 같다. 다만, 관계 법령에 따라 해당 토지에 대한 분할이 개발행위 허가 등의 대상인 경우에는 개발행위 허가 등을 받은 이후에 분할을 신청할 수 있다. 〈개정 2014. 1. 17., 2020. 6. 9.〉<br>1. 소유권이전, 매매 등을 위하여 필요한 경우<br>2. 토지이용상 불합리한 지상 경계를 시정하기 위한 경우 | **제83조(분할 신청)** ① 영 제65조 제2항에서 "국토교통부령으로 정하는 서류"란 분할 허가 대상인 토지의 경우 그 허가서 사본을 말한다. 〈개정 2011. 10. 10., 2013. 3. 23.〉<br>② 제1항에 따른 서류를 해당 지적소관청이 관리하는 경우에는 지적소관청의 확인으로 그 서류의 제출을 갈음할 수 있다. 〈개정 2011. 10. 10.〉 |  |  |

| 법률 | 시행령 | 시행규칙 | 지적측량 시행규칙 | 지적업무처리규정 |
|---|---|---|---|---|
| | 3. 삭제 〈2020. 6. 9.〉<br>② 토지소유자는 법 제79조에 따라 토지의 분할을 신청할 때에는 분할 사유를 적은 신청서에 국토교통부령으로 정하는 서류를 첨부하여 지적소관청에 제출하여야 한다. 이 경우 법 제79조 제2항에 따라 1필지의 일부가 형질변경 등으로 용도가 변경되어 분할을 신청할 때에는 제67조 제2항에 따른 지목변경 신청서를 함께 제출하여야 한다. 〈개정 2013. 3. 23.〉 | | | |
| 제80조(합병 신청) ① 토지소유자는 토지를 합병하려면 대통령령으로 정하는 바에 따라 지적소관청에 합병을 신청하여야 한다.<br>② 토지소유자는 「주택법」에 따른 공동주택의 부지, 도로, 제방, 하천, 구거, 유지, 그 밖에 대통령령으로 정하는 토지로서 합병하여야 할 토지가 있으면 그 사유가 발생한 날부터 60일 이내에 지적소관청에 합병을 신청하여야 한다.<br>③ 다음 각 호의 어느 하나에 해당하는 경우에는 합병 신청을 할 수 없다. 〈개정 2020. 2. 4.〉<br>1. 합병하려는 토지의 지번부여지역, 지목 또는 소유자가 서로 | 제66조(합병 신청) ① 토지소유자는 법 제80조 제1항 및 제2항에 따라 토지의 합병을 신청할 때에는 합병 사유를 적은 신청서를 지적소관청에 제출하여야 한다.<br>② 법 제80조 제2항에서 "대통령령으로 정하는 토지"란 공장용지 · 학교용지 · 철도용지 · 수도용지 · 공원 · 체육용지 등 다른 지목의 토지를 말한다.<br>③ 법 제80조 제3항 제3호에서 "합병하려는 토지의 지적도 및 임야도의 축척이 서로 다른 경우 등 대통령령으로 정하는 경우"란 다음 각 호의 경우를 말한다. 〈개정 2020. 6. 9.〉 | | | |

| 법률 | 시행령 | 시행규칙 | 지적측량 시행규칙 | 지적업무처리규정 |
|---|---|---|---|---|
| 다른 경우<br>2. 합병하려는 토지에 다음 각 목의 등기 외의 등기가 있는 경우<br>　가. 소유권·지상권·전세권 또는 임차권의 등기<br>　나. 승역지(承役地)에 대한 지역권의 등기<br>　다. 합병하려는 토지 전부에 대한 등기원인(登記原因) 및 그 연월일과 접수번호가 같은 저당권의 등기<br>　라. 합병하려는 토지 전부에 대한 「부동산등기법」 제81조 제1항 각 호의 등기사항이 동일한 신탁등기<br>3. 그 밖에 합병하려는 토지의 지적도 및 임야도의 축척이 서로 다른 경우 등 대통령령으로 정하는 경우 | 1. 합병하려는 토지의 지적도 및 임야도의 축척이 서로 다른 경우<br>2. 합병하려는 각 필지가 서로 연접하지 않은 경우<br>3. 합병하려는 토지가 등기된 토지와 등기되지 아니한 토지인 경우<br>4. 합병하려는 각 필지의 지목은 같으나 일부 토지의 용도가 다르게 되어 법 제79조 제2항에 따른 분할대상 토지인 경우. 다만, 합병 신청과 동시에 토지의 용도에 따라 분할 신청을 하는 경우는 제외한다.<br>5. 합병하려는 토지의 소유자별 공유지분이 다르거나 소유자의 주소가 서로 다른 경우<br>6. 합병하려는 토지가 구획정리, 경지정리 또는 축척변경을 시행하고 있는 지역의 토지와 그 지역 밖의 토지인 경우 | | | |
| **제81조(지목변경 신청)** 토지소유자는 지목변경을 할 토지가 있으면 대통령령으로 정하는 바에 따라 그 사유가 발생한 날부터 60일 이내에 지적소관청에 지목변경을 신청하여야 한다. | **제67조(지목변경 신청)** ① 법 제81조에 따라 지목변경을 신청할 수 있는 경우는 다음 각 호와 같다.<br>1. 「국토의 계획 및 이용에 관한 법률」 등 관계 법령에 따른 토지의 형질변경 등의 공사가 준공된 경우 | **제84조(지목변경 신청)** ① 영 제67조 제2항에서 "국토교통부령으로 정하는 서류"란 다음 각 호의 어느 하나에 해당하는 서류를 말한다. 〈개정 2013. 3. 23.〉<br>1. 관계법령에 따라 토지의 형질변경 등의 공사가 준공되었음 | | **제53조(지목변경)** 영 제64조제1항에 따라 등록전환을 하여야 할 토지 중 목장용지·과수원 등 일단의 면적이 크거나 토지대장등록지로부터 거리가 멀어서 등록 전환하는 것이 부적당하다고 인정되는 경우에는 임야대장등록지에서 지목변경을 할 |

| 법률 | 시행령 | 시행규칙 | 지적측량 시행규칙 | 지적업무처리규정 |
|---|---|---|---|---|
| | 2. 토지나 건축물의 용도가 변경된 경우<br>3. 법 제86조에 따른 도시개발사업 등의 원활한 추진을 위하여 사업시행자가 공사 준공 전에 토지의 합병을 신청하는 경우<br>② 토지소유자는 법 제81조에 따라 지목변경을 신청할 때에는 지목변경 사유를 적은 신청서에 국토교통부령으로 정하는 서류를 첨부하여 지적소관청에 제출하여야 한다. 〈개정 2013. 3. 23.〉 | 을 증명하는 서류의 사본<br>2. 국유지·공유지의 경우에는 용도폐지 되었거나 사실상 공공용으로 사용되고 있지 아니함을 증명하는 서류의 사본<br>3. 토지 또는 건축물의 용도가 변경되었음을 증명하는 서류의 사본<br>② 개발행위허가·농지전용허가·보전산지전용허가 등 지목변경과 관련된 규제를 받지 아니하는 토지의 지목변경이나 전·답·과수원 상호 간의 지목변경인 경우에는 제1항에 따른 서류의 첨부를 생략할 수 있다.<br>③ 제1항 각 호의 어느 하나에 해당하는 서류를 해당 지적소관청이 관리하는 경우에는 지적소관청의 확인으로 그 서류의 제출을 갈음할 수 있다. | | 수 있다. |
| 제82조(바다로 된 토지의 등록말소 신청) ① 지적소관청은 지적공부에 등록된 토지가 지형의 변화 등으로 바다로 된 경우로서 원상(原狀)으로 회복될 수 없거나 다른 지목의 토지로 될 가능성이 없는 경우에는 지적공부에 등록된 토지소유자에게 지적공부의 등록말소 신청을 하도록 | 제68조(바다로 된 토지의 등록말소 및 회복) ① 법 제82조 제2항에 따라 토지소유자가 등록말소 신청을 하지 아니하면 지적소관청이 직권으로 그 지적공부의 등록사항을 말소하여야 한다.<br>② 지적소관청은 법 제82조 제3항에 따라 회복등록을 하려면 그 지적측 | | | |

| 법률 | 시행령 | 시행규칙 | 지적측량 시행규칙 | 지적업무처리규정 |
|---|---|---|---|---|
| 통지하여야 한다.<br>② 지적소관청은 제1항에 따른 토지소유자가 통지를 받은 날부터 90일 이내에 등록말소 신청을 하지 아니하면 대통령령으로 정하는 바에 따라 등록을 말소한다.<br>③ 지적소관청은 제2항에 따라 말소한 토지가 지형의 변화 등으로 다시 토지가 된 경우에는 대통령령으로 정하는 바에 따라 토지로 회복등록을 할 수 있다. | 량성과 및 등록말소 당시의 지적공부 등 관계 자료에 따라야 한다.<br>③ 제1항 및 제2항에 따라 지적공부의 등록사항을 말소하거나 회복등록하였을 때에는 그 정리 결과를 토지소유자 및 해당 공유수면의 관리청에 통지하여야 한다. | | | |
| 제83조(축척변경) ① 축척변경에 관한 사항을 심의·의결하기 위하여 지적소관청에 축척변경위원회를 둔다.<br>② 지적소관청은 지적도가 다음 각 호의 어느 하나에 해당하는 경우에는 토지소유자의 신청 또는 지적소관청의 직권으로 일정한 지역을 정하여 그 지역의 축척을 변경할 수 있다.<br>　1. 잦은 토지의 이동으로 1필지의 규모가 작아서 소축척으로는 지적측량성과의 결정이나 토지의 이동에 따른 정리를 하기가 곤란한 경우<br>　2. 하나의 지번부여지역에 서로 다른 축척의 지적도가 있는 경 | 제69조(축척변경 신청) 법 제83조 제2항에 따라 축척변경을 신청하는 토지소유자는 축척변경 사유를 적은 신청서에 국토교통부령으로 정하는 서류를 첨부하여 지적소관청에 제출하여야 한다. 〈개정 2013. 3. 23.〉<br><br>제70조(축척변경 승인신청) ① 지적소관청은 법 제83조 제2항에 따라 축척변경을 할 때에는 축척변경 사유를 적은 승인신청서에 다음 각 호의 서류를 첨부하여 시·도지사 또는 대도시 시장에게 제출하여야 한다. 이 경우 시·도지사 또는 대도시 시장은 「전자정부법」 제36조 제1항에 따른 행정정보의 공동이용을 통하여 축척변경 대상지역의 지적도를 확인하 | 제85조(축척변경 신청) 영 제69조에서 "국토교통부령으로 정하는 서류"란 토지소유자 3분의 2 이상의 동의서를 말한다. 〈개정 2013. 3. 23.〉<br><br>제86조(축척변경승인 신청서) 영 제70조 제1항에 따른 축척변경 승인신청은 별지 제76호서식의 축척변경 승인신청서에 따른다. | | 제54조(축척변경) 축척변경업무처리에 관하여는 제58조를 준용한다. 다만, 법 제83조제3항제1호 및 제2호에 따른 축척변경은 그러하지 아니하다. |

| 법률 | 시행령 | 시행규칙 | 지적측량 시행규칙 | 지적업무처리규정 |
|---|---|---|---|---|
| 우<br>3. 그 밖에 지적공부를 관리하기 위하여 필요하다고 인정되는 경우<br>③ 지적소관청은 제2항에 따라 축척변경을 하려면 축척변경 시행지역의 토지소유자 3분의 2 이상의 동의를 받아 제1항에 따른 축척변경위원회의 의결을 거친 후 시·도지사 또는 대도시 시장의 승인을 받아야 한다. 다만, 다음 각 호의 어느 하나에 해당하는 경우에는 축척변경위원회의 의결 및 시·도지사 또는 대도시 시장의 승인 없이 축척변경을 할 수 있다.<br>1. 합병하려는 토지가 축척이 다른 지적도에 각각 등록되어 있어 축척변경을 하는 경우<br>2. 제86조에 따른 도시개발사업 등의 시행지역에 있는 토지로서 그 사업 시행에서 제외된 토지의 축척변경을 하는 경우<br>④ 축척변경의 절차, 축척변경으로 인한 면적 증감의 처리, 축척변경 결과에 대한 이의신청 및 축척변경위원회의 구성·운영 등에 필요한 사항은 대통령령으로 정한다. | 여야 한다. 〈개정 2010. 11. 2.〉<br>1. 축척변경의 사유<br>2. 삭제 〈2010. 11. 2.〉<br>3. 지번등 명세<br>4. 법 제83조 제3항에 따른 토지소유자의 동의서<br>5. 법 제83조 제1항에 따른 축척변경위원회(이하 "축척변경위원회"라 한다)의 의결서 사본<br>6. 그 밖에 축척변경 승인을 위하여 시·도지사 또는 대도시 시장이 필요하다고 인정하는 서류<br>② 제1항에 따른 신청을 받은 시·도지사 또는 대도시 시장은 축척변경 사유 등을 심사한 후 그 승인 여부를 지적소관청에 통지하여야 한다.<br><br>**제71조(축척변경 시행공고 등)**<br>① 지적소관청은 법 제83조 제3항에 따라 시·도지사 또는 대도시 시장으로부터 축척변경 승인을 받았을 때에는 지체 없이 다음 각 호의 사항을 20일 이상 공고하여야 한다.<br>1. 축척변경의 목적, 시행지역 및 시행기간 | | | |

| 법률 | 시행령 | 시행규칙 | 지적측량 시행규칙 | 지적업무처리규정 |
|---|---|---|---|---|
| | 2. 축척변경의 시행에 관한 세부 계획<br>3. 축척변경의 시행에 따른 청산 방법<br>4. 축척변경의 시행에 따른 토지소유자 등의 협조에 관한 사항<br>② 제1항에 따른 시행공고는 시 · 군 · 구(자치구가 아닌 구를 포함한다) 및 축척변경 시행지역 동 · 리의 게시판에 주민이 볼 수 있도록 게시하여야 한다.<br>③ 축척변경 시행지역의 토지소유자 또는 점유자는 시행공고가 된 날(이하 "시행공고일"이라 한다)부터 30일 이내에 시행공고일 현재 점유하고 있는 경계에 국토교통부령으로 정하는 경계점표지를 설치하여야 한다. 〈개정 2013. 3. 23.〉<br><br>**제72조(토지의 표시 등)** ① 지적소관청은 축척변경 시행지역의 각 필지별 지번 · 지목 · 면적 · 경계 또는 좌표를 새로 정하여야 한다.<br>② 지적소관청이 축척변경을 위한 측량을 할 때에는 제71조 제3항에 따라 토지소유자 또는 점유자가 설치한 경계점표지를 기준으로 | **제87조(축척변경 절차 및 면적 결정 방법 등)** ① 영 제72조 제3항에 따라 면적을 새로 정하는 때에는 축척변경 측량결과도에 따라야 한다.<br>② 축척변경 측량 결과도에 따라 면적을 측정한 결과 축척변경 전의 면적과 축척변경 후의 면적의 오차가 영 제19조 제1항 제2호 가목 | | |

| 법률 | 시행령 | 시행규칙 | 지적측량 시행규칙 | 지적업무처리규정 |
|---|---|---|---|---|
| | 새로운 축척에 따라 면적·경계 또는 좌표를 정하여야 한다.<br>③ 법 제83조 제3항 단서에 따라 축척을 변경할 때에는 제1항에도 불구하고 각 필지별 지번·지목 및 경계는 종전의 지적공부에 따르고 면적만 새로 정하여야 한다.<br>④ 제3항에 따른 축척변경절차 및 면적결정방법 등에 관하여 필요한 사항은 국토교통부령으로 정한다. 〈개정 2013. 3. 23.〉<br><br>**제73조(축척변경 지번별 조서의 작성)** 지적소관청은 제72조 제2항에 따라 축척변경에 관한 측량을 완료하였을 때에는 시행공고일 현재의 지적공부상의 면적과 측량 후의 면적을 비교하여 그 변동사항을 표시한 축척변경 지번별 조서를 작성하여야 한다.<br><br>**제74조(지적공부정리 등의 정지)** 지적소관청은 축척변경 시행기간 중에는 축척변경 시행지역의 지적공부정리와 경계복원측량(제71조제3항에 따른 경계점표지의 설치를 위한 경계복원측량은 제외한다)을 제78조에 따른 축척변경 확정공고일 | 의 계산식에 따른 허용범위 이내인 경우에는 축척변경 전의 면적을 결정면적으로 하고, 허용면적을 초과하는 경우에는 축척변경 후의 면적을 결정면적으로 한다. 이 경우 같은 계산식 중 $A$는 오차허용면적, $M$은 축척이 변경될 지적도의 축척분모, $F$는 축척변경 전의 면적을 말한다.<br>③ 경계점좌표등록부를 갖춰 두지 아니하는 지역을 경계점좌표등록부를 갖춰 두는 지역으로 축척변경을 하는 경우에는 그 필지의 경계점을 평판(平板) 측량방법이나 전자평판(電子平板) 측량방법으로 지상에 복원시킨 후 경위의(經緯儀) 측량방법 등으로 경계점좌표를 구하여야 한다. 이 경우 면적은 제2항에도 불구하고 경계점좌표에 따라 결정하여야 한다.<br><br>**제88조(축척변경 지번별 조서)** 영 제73조에 따른 축척변경 지번별 조서는 별지 제77호서식과 같다. | | |

| 법률 | 시행령 | 시행규칙 | 지적측량 시행규칙 | 지적업무처리규정 |
|---|---|---|---|---|
| | 까지 정지하여야 한다. 다만, 축척변경위원회의 의결이 있는 경우에는 그러하지 아니하다.<br><br>**제75조(청산금의 산정)** ① 지적소관청은 축척변경에 관한 측량을 한 결과 측량 전에 비하여 면적의 증감이 있는 경우에는 그 증감면적에 대하여 청산을 하여야 한다. 다만, 다음 각 호의 어느 하나에 해당하는 경우에는 그러하지 아니하다.<br>　1. 필지별 증감면적이 <u>제19조 제1항 제2호 가목</u>에 따른 허용범위 이내인 경우. 다만, 축척변경위원회의 의결이 있는 경우는 제외한다.<br>　2. 토지소유자 전원이 청산하지 아니하기로 합의하여 서면으로 제출한 경우<br>② 제1항 본문에 따라 청산을 할 때에는 축척변경위원회의 의결을 거쳐 지번별로 제곱미터당 금액(이하 "지번별 제곱미터당 금액"이라 한다)을 정하여야 한다. 이 경우 지적소관청은 시행공고일 현재를 기준으로 그 축척변경 시행지역의 토지에 대하여 지번별 제곱미터당 금액을 미리 조사하여 축척변경 | **제89조(지번별 제곱미터당 금액조서)** 지적소관청은 영 <u>제75조 제2항</u> 후단에 따라 <u>별지 제78호서식</u>에 따른 지번별 제곱미터당 금액조서를 작성하여 축척변경위원회에 제출하여야 한다. | | |

| 법률 | 시행령 | 시행규칙 | 지적측량 시행규칙 | 지적업무처리규정 |
|---|---|---|---|---|
| | 위원회에 제출하여야 한다.<br>③ 청산금은 제73조에 따라 작성된 축척변경 지번별 조서의 필지별 증감면적에 제2항에 따라 결정된 지번별 제곱미터당 금액을 곱하여 산정한다.<br>④ 지적소관청은 청산금을 산정하였을 때에는 청산금 조서(축척변경 지번별 조서에 필지별 청산금 명세를 적은 것을 말한다)를 작성하고, 청산금이 결정되었다는 뜻을 제71조 제2항의 방법에 따라 15일 이상 공고하여 일반인이 열람할 수 있게 하여야 한다.<br>⑤ 제3항에 따라 청산금을 산정한 결과 증가된 면적에 대한 청산금의 합계와 감소된 면적에 대한 청산금의 합계에 차액이 생긴 경우 초과액은 그 지방자치단체(「제주특별자치도 설치 및 국제자유도시 조성을 위한 특별법」 제10조제2항에 따른 행정시의 경우에는 해당 행정시가 속한 특별자치도를 말하고, 「지방자치법」 제3조제3항에 따른 자치구가 아닌 구의 경우에는 해당 구가 속한 시를 말한다. 이하 이 항에서 같다)의 수입으로 하고, 부족액은 그 지방자치단체가 부담한다. | | | |

| 법률 | 시행령 | 시행규칙 | 지적측량 시행규칙 | 지적업무처리규정 |
|---|---|---|---|---|
| | 〈개정 2016. 1. 22.〉<br><br>**제76조(청산금의 납부고지 등)**<br>① 지적소관청은 제75조 제4항에 따라 청산금의 결정을 공고한 날부터 20일 이내에 토지소유자에게 청산금의 납부고지 또는 수령통지를 하여야 한다.<br>② 제1항에 따른 납부고지를 받은 자는 그 고지를 받은 날부터 6개월 이내에 청산금을 지적소관청에 내야 한다. 〈개정 2017. 1. 10.〉<br>③ 지적소관청은 제1항에 따른 수령통지를 한 날부터 6개월 이내에 청산금을 지급하여야 한다.<br>④ 지적소관청은 청산금을 지급받을 자가 행방불명 등으로 받을 수 없거나 받기를 거부할 때에는 그 청산금을 공탁할 수 있다.<br>⑤ 지적소관청은 청산금을 내야 하는 자가 제77조 제1항에 따른 기간 내에 청산금에 관한 이의신청을 하지 아니하고 제2항에 따른 기간 내에 청산금을 내지 아니하면 지방세 체납처분의 예에 따라 징수할 수 있다.<br><br>**제77조(청산금에 관한 이의신청)** ① | **제90조(청산금납부고지서)** 영 제76조 제1항에 따른 청산금 납부고지는 별지 제79호서식에 따른다.<br><br><br><br><br><br><br><br><br><br><br><br><br><br><br><br><br><br><br><br><br><br><br><br>**제91조(청산금 이의신청서)** 영 제77 | | |

| 법률 | 시행령 | 시행규칙 | 지적측량 시행규칙 | 지적업무처리규정 |
|---|---|---|---|---|
| | 제76조 제1항에 따라 납부고지되거나 수령통지된 청산금에 관하여 이의가 있는 자는 납부고지 또는 수령통지를 받은 날부터 1개월 이내에 지적소관청에 이의신청을 할 수 있다.<br>② 제1항에 따른 이의신청을 받은 지적소관청은 1개월 이내에 축척변경위원회의 심의·의결을 거쳐 그 인용(認容) 여부를 결정한 후 지체 없이 그 내용을 이의신청인에게 통지하여야 한다.<br><br>**제78조(축척변경의 확정공고)**<br>① 청산금의 납부 및 지급이 완료되었을 때에는 지적소관청은 지체 없이 축척변경의 확정공고를 하여야 한다.<br>② 지적소관청은 제1항에 따른 확정공고를 하였을 때에는 지체 없이 축척변경에 따라 확정된 사항을 지적공부에 등록하여야 한다.<br>③ 축척변경 시행지역의 토지는 제1항에 따른 확정공고일에 토지의 이동이 있는 것으로 본다.<br><br>**제79조(축척변경위원회의 구성 등)**<br>① 축척변경위원회는 5명 이상 10명 이하의 위원으로 구성하되, 위원 | 조 제1항에 따른 청산금에 대한 이의 신청은 별지 제80호서식에 따른다.<br><br>**제92조(축척변경의 확정공고)**<br>① 영 제78조 제1항에 따른 축척변경의 확정공고에는 다음 각 호의 사항이 포함되어야 한다.<br>1. 토지의 소재 및 지역명<br>2. 영 제73조에 따른 축척변경 지번별 조서<br>3. 영 제75조 제4항에 따른 청산금 조서<br>4. 지적도의 축척<br>② 영 제78조 제2항에 따라 지적공부에 등록하는 때에는 다음 각 호의 기준에 따라야 한다.<br>1. 토지대장은 제1항제2호에 따라 확정공고된 축척변경 지번별 조서에 따를 것 | | |

| 법률 | 시행령 | 시행규칙 | 지적측량 시행규칙 | 지적업무처리규정 |
|---|---|---|---|---|
| | 의 2분의 1 이상을 토지소유자로 하여야 한다. 이 경우 그 축척변경 시행지역의 토지소유자가 5명 이하일 때에는 토지소유자 전원을 위원으로 위촉하여야 한다.<br>② 위원장은 위원 중에서 지적소관청이 지명한다.<br>③ 위원은 다음 각 호의 사람 중에서 지적소관청이 위촉한다.<br>  1. 해당 축척변경 시행지역의 토지소유자로서 지역 사정에 정통한 사람<br>  2. 지적에 관하여 전문지식을 가진 사람<br>④ 축척변경위원회의 위원에게는 예산의 범위에서 출석수당과 여비, 그 밖의 실비를 지급할 수 있다. 다만, 공무원인 위원이 그 소관 업무와 직접적으로 관련되어 출석하는 경우에는 그러하지 아니하다.<br><br>**제80조(축척변경위원회의 기능)**<br>축척변경위원회는 지적소관청이 회부하는 다음 각 호의 사항을 심의·의결한다.<br>  1. 축척변경 시행계획에 관한 사항 | 2. 지적도는 확정측량 결과도 또는 경계점좌표에 따를 것 | | |

| 법률 | 시행령 | 시행규칙 | 지적측량 시행규칙 | 지적업무처리규정 |
|---|---|---|---|---|
| | 2. 지번별 제곱미터당 금액의 결정과 청산금의 산정에 관한 사항<br>3. 청산금의 이의신청에 관한 사항<br>4. 그 밖에 축척변경과 관련하여 지적소관청이 회의에 부치는 사항<br><br>제81조(축척변경위원회의 회의)<br>① 축척변경위원회의 회의는 지적소관청이 제80조 각 호의 어느 하나에 해당하는 사항을 축척변경위원회에 회부하거나 위원장이 필요하다고 인정할 때에 위원장이 소집한다.<br>② 축척변경위원회의 회의는 위원장을 포함한 재적위원 과반수의 출석으로 개의(開議)하고, 출석위원 과반수의 찬성으로 의결한다.<br>③ 위원장은 축척변경위원회의 회의를 소집할 때에는 회의일시·장소 및 심의안건을 회의 개최 5일 전까지 각 위원에게 서면으로 통지하여야 한다. | | | |
| 제84조(등록사항의 정정) ① 토지소유자는 지적공부의 등록사항에 잘못이 있음을 발견하면 지적소관청에 그 정정을 신청할 수 있다. | 제82조(등록사항의 직권정정 등) ① 지적소관청이 법 제84조 제2항에 따라 지적공부의 등록사항에 잘못이 있는지를 직권으로 조사· | 제93조(등록사항의 정정 신청) ① 토지소유자는 법 제84조 제1항에 따라 지적공부의 등록사항에 대한 정정을 신청할 때에는 정정사 | | 제55조(등록사항정정대상토지의 관리) ① 지적소관청은 등록사항정정대상 토지관리대장을 작성·비치하고, 토지의 표시에 잘못이 있음을 |

| 법률 | 시행령 | 시행규칙 | 지적측량 시행규칙 | 지적업무처리규정 |
|---|---|---|---|---|
| ② 지적소관청은 지적공부의 등록 사항에 잘못이 있음을 발견하면 대통령령으로 정하는 바에 따라 직권으로 조사·측량하여 정정 할 수 있다.<br>③ 제1항에 따른 정정으로 인접 토지 의 경계가 변경되는 경우에는 다 음 각 호의 어느 하나에 해당하는 서류를 지적소관청에 제출하여 야 한다.<br>1. 인접 토지소유자의 승낙서<br>2. 인접 토지소유자가 승낙하지 아 니하는 경우에는 이에 대항할 수 있는 확정판결서 정본(正本)<br>④ 지적소관청이 제1항 또는 제2항 에 따라 등록사항을 정정할 때 그 정정사항이 토지소유자에 관한 사항인 경우에는 등기필증, 등기 완료통지서, 등기사항증명서 또 는 등기관서에서 제공한 등기전 산정보자료에 따라 정정하여야 한다. 다만, 제1항에 따라 미등기 토지에 대하여 토지소유자의 성 명 또는 명칭, 주민등록번호, 주소 등에 관한 사항의 정정을 신청한 경우로서 그 등록사항이 명백히 잘못된 경우에는 가족관계 기록 사항에 관한 증명서에 따라 정정 | 측량하여 정정할 수 있는 경우는 다음 각 호와 같다. 〈개정 2015. 6. 1., 2017. 1. 10.〉<br>1. 제84조 제2항에 따른 토지이 동정리 결의서의 내용과 다르 게 정리된 경우<br>2. 지적도 및 임야도에 등록된 필 지가 면적의 증감 없이 경계의 위치만 잘못된 경우<br>3. 1필지가 각각 다른 지적도나 임야도에 등록되어 있는 경우 로서 지적공부에 등록된 면적과 측량한 실제면적은 일치하지만 지적도나 임야도에 등록된 경 계가 서로 접합되지 않아 지적 도나 임야도에 등록된 경계를 지상의 경계에 맞추어 정정하 여야 하는 토지가 발견된 경우<br>4. 지적공부의 작성 또는 재작성 당시 잘못 정리된 경우<br>5. 지적측량성과와 다르게 정리 된 경우<br>6. 법 제29조 제10항에 따라 지적 공부의 등록사항을 정정하여 야 하는 경우<br>7. 지적공부의 등록사항이 잘못 입력된 경우<br>8. 「부동산등기법」 제37조 제2항 | 유를 적은 신청서에 다음 각 호의 구분에 따른 서류를 첨부하여 지 적소관청에 제출하여야 한다. 〈개정 2014. 1. 17.〉<br>1. 경계 또는 면적의 변경을 가져 오는 경우 : 등록사항 정정 측 량성과도<br>2. 그 밖의 등록사항을 정정하는 경우 : 변경사항을 확인할 수 있는 서류<br>② 제1항에 따른 서류를 해당 지적소 관청이 관리하는 경우에는 지적 소관청의 확인으로 해당 서류의 제출을 갈음할 수 있다. 〈신설 2014. 1. 17.〉<br><br>**제94조(등록사항 정정 대상토지의 관리 등)** ① 지적소관청은 토지의 표 시가 잘못되었음을 발견하였을 때 에는 지체 없이 등록사항 정정에 필 요한 서류와 등록사항 정정 측량성 과도를 작성하고, 영 제84조 제2항에 따라 토지이동정리 결의서를 작성 한 후 대장의 사유란에 "등록사항정 정 대상토지"라고 적고, 토지소유자 에게 등록사항 정정 신청을 할 수 있 도록 그 사유를 통지하여야 한다. 다 만, 영 제82조 제1항에 따라 지적소관 | | 발견한 때에는 그 내용을 별지 제8호 서식의 등록사항정정대상 토지관리 대장에 기재하여야 한다. 다만, 영 제 82조제1항에 따라 지적소관청이 직 권으로 지적공부의 등록사항을 정 정할 경우에는 그러하지 아니하다.<br>② 지적소관청은 제20조제8항에 따 라 지적측량수행자로부터 토지 의 표시에 잘못이 있음을 통보받 은 때에는 지체 없이 그 내용을 조 사하여 규칙 제94조에 따라 처리 하고, 그 결과를 지적측량수행자 에게 통지하여야 한다. 다만, 해당 토지가 소유권분쟁으로 소송계 류 중일 때는 소송이 확정될 때까 지 지적공부정리를 보류할 수 있 다.<br>③ 지적소관청이 지적측량성과를 제시할 수 없어 등록사항정정대 상토지로 결정한 경우에는 그 정 정할 사항이 정리되기 전까지는 지적측량을 할 수 없다는 뜻을 토 지소유자에게 통지하고 일반인 에게 공고하여야 한다. |

| 법률 | 시행령 | 시행규칙 | 지적측량 시행규칙 | 지적업무처리규정 |
|---|---|---|---|---|
| 하여야 한다. 〈개정 2011. 4. 12.〉 | 에 따른 통지가 있는 경우(지적 소관청의 착오로 잘못 합병한 경우만 해당한다)<br>9. 법률 제2801호 지적법개정법 률 부칙 제3조에 따른 면적 환 산이 잘못된 경우<br>② 지적소관청은 제1항 각 호의 어느 하나에 해당하는 토지가 있을 때 에는 지체 없이 관계 서류에 따라 지적공부의 등록사항을 정정하 여야 한다.<br>③ 지적공부의 등록사항 중 경계나 면적 등 측량을 수반하는 토지의 표시가 잘못된 경우에는 지적소관 청은 그 정정이 완료될 때까지 지 적측량을 정지시킬 수 있다. 다만, 잘못 표시된 사항의 정정을 위한 지적측량은 그러하지 아니하다. | 청이 직권으로 정정할 수 있는 경우 에는 토지소유자에게 통지를 하지 아니할 수 있다.<br>② 제1항에 따른 등록사항 정정 대상 토지에 대한 대장을 열람하게 하 거나 등본을 발급하는 때에는 "등 록사항 정정 대상토지"라고 적은 부분을 흑백의 반전(反轉)으로 표 시하거나 붉은색으로 적어야 한 다. | | |
| 제85조(행정구역의 명칭변경 등) ①<br>행정구역의 명칭이 변경되었으면 지적공부에 등록된 토지의 소재는 새로운 행정구역의 명칭으로 변경 된 것으로 본다.<br>② 지번부여지역의 일부가 행정구 역의 개편으로 다른 지번부여지 역에 속하게 되었으면 지적소관 청은 새로 속하게 된 지번부여지 역의 지번을 부여하여야 한다. | | | | 제56조(행정구역경계의 설정)<br>① 행정관할구역이 변경되거나 새 로운 행정구역이 설치되는 경우 의 행정관할구역 경계선은 다음 각 호에 따라 등록한다.<br>1. 도로, 구거, 하천은 그 중앙<br>2. 산악은 분수선(分水線)<br>3. 해안은 만조 시에 있어서 해면 과 육지의 분계선<br>② 행정관할구역 경계를 결정할 때 |

| 법률 | 시행령 | 시행규칙 | 지적측량 시행규칙 | 지적업무처리규정 |
|---|---|---|---|---|
| | | | | 공공시설의 관리 등의 이유로 제1항 각 호를 경계선으로 등록하는 것이 불합리한 경우에는 해당 시·군·구와 합의하여 행정구역경계를 설정할 수 있다. <br>③ 행정구역경계를 등록하여야 하는 경우에는 직접측량방법에 따라 등록하여야 한다. 다만 하천의 중앙 등 직접측량이 곤란한 경우에는 항공정사영상 또는 1/1000 수치지형도 등을 이용한 간접측량방법에 따라 등록할 수 있다. <br><br>**제57조(행정구역변경)** ① 행정구역변경은 다음 각 호의 어느 하나에 해당하는 경우에 할 수 있다. <br> 1. 행정구역명칭변경 <br> 2. 행정관할구역변경 <br> 3. 지번변경을 수반한 행정관할구역변경 <br>② 지적소관청은 제1항제3호에 따른 지번변경을 수반한 행정관할구역변경은 시행일 이전에 행정구역변경 임시자료를 생성하여 시행일 전일에 일일마감을 완료한 후 처리한다. |
| 제86조(도시개발사업 등 시행지역의 토지이동 신청에 관한 특례) | 제83조(토지개발사업 등의 범위 및 신고) ① 법 제86조 제1항에서 "대통 | 제95조(도시개발사업 등의 신고) ① 법 제86조 제1항 및 영 제83조 제2항 | | **제58조(도시개발 등의 사업신고)** ① 지적소관청은 규칙 제95조제1항 |

| 법률 | 시행령 | 시행규칙 | 지적측량 시행규칙 | 지적업무처리규정 |
|---|---|---|---|---|
| ① 「도시개발법」에 따른 도시개발 사업, 「농어촌정비법」에 따른 농어촌정비사업, 그 밖에 대통령령으로 정하는 토지개발사업의 시행자는 대통령령으로 정하는 바에 따라 그 사업의 착수·변경 및 완료 사실을 지적소관청에 신고하여야 한다.<br>② 제1항에 따른 사업과 관련하여 토지의 이동이 필요한 경우에는 해당 사업의 시행자가 지적소관청에 토지의 이동을 신청하여야 한다.<br>③ 제2항에 따른 토지의 이동은 토지의 형질변경 등의 공사가 준공된 때에 이루어진 것으로 본다.<br>④ 제1항에 따라 사업의 착수 또는 변경의 신고가 된 토지의 소유자가 해당 토지의 이동을 원하는 경우에는 해당 사업의 시행자에게 그 토지의 이동을 신청하도록 요청하여야 하며, 요청을 받은 시행자는 해당 사업에 지장이 없다고 판단되면 지적소관청에 그 이동을 신청하여야 한다. | 령령으로 정하는 토지개발사업"이란 다음 각 호의 사업을 말한다. 〈개정 2010. 10. 14., 2013. 3. 23., 2014. 1. 17., 2014. 4. 29., 2014. 12. 30., 2015. 12. 28., 2019. 3. 12., 2020. 7. 28.〉<br>1. 「주택법」에 따른 주택건설사업<br>2. 「택지개발촉진법」에 따른 택지개발사업<br>3. 「산업입지 및 개발에 관한 법률」에 따른 산업단지개발사업<br>4. 「도시 및 주거환경정비법」에 따른 정비사업<br>5. 「지역 개발 및 지원에 관한 법률」에 따른 지역개발사업<br>6. 「체육시설의 설치·이용에 관한 법률」에 따른 체육시설 설치를 위한 토지개발사업<br>7. 「관광진흥법」에 따른 관광단지 개발사업<br>8. 「공유수면 관리 및 매립에 관한 법률」에 따른 매립사업<br>9. 「항만법」, 「신항만건설촉진법」에 따른 항만개발사업 및 「항만재개발 및 주변지역 발전에 관한 법률」에 따른 항만재개발사업 | 에 따른 도시개발사업 등의 착수 또는 변경의 신고를 하려는 자는 별지 제81호서식의 도시개발사업 등의 착수(시행)·변경·완료 신고서에 다음 각 호의 서류를 첨부하여야 한다. 다만, 변경신고의 경우에는 변경된 부분으로 한정한다.<br>1. 사업인가서<br>2. 지번별 조서<br>3. 사업계획도<br>② 법 제86조 제1항 및 영 제83조 제2항에 따른 도시개발사업 등의 완료신고를 하려는 자는 별지 제81호서식의 신청서에 다음 각 호의 서류를 첨부하여야 한다. 이 경우 지적측량수행자가 지적소관청에 측량검사를 의뢰하면서 미리 제출한 서류는 첨부하지 아니할 수 있다.<br>1. 확정될 토지의 지번별 조서 및 종전 토지의 지번별 조서<br>2. 환지처분과 같은 효력이 있는 고시된 환지계획서. 다만, 환지를 수반하지 아니하는 사업인 경우에는 사업의 완료를 증명하는 서류를 말한다. | | 에 따른 도시개발사업 등의 착수(시행) 또는 변경신고가 있는 때에는 다음 각 호에 따라 처리한다.<br>1. 다음 각 목의 사항을 확인한다.<br>　가. 지번별조서와 지적공부등록사항과의 부합여부<br>　나. 지번별조서·지적(임야)도와 사업계획도와의 부합여부<br>　다. 착수 전 각종 집계의 정확여부<br>2. 제1호에 따라 서류의 확인이 완료된 때에는 지체 없이 지적공부에 그 사유를 정리하여야 한다.<br>② 지적소관청은 규칙 제95조제2항에 따라 도시개발사업 등의 완료신고가 있는 때에는 다음 각 호에 따라 처리한다.<br>1. 다음 각 목의 사항을 확인한다.<br>　가. 확정될 토지의 지번별조서와 면적측정부 및 환지계획서의 부합여부<br>　나. 종전토지의 지번별조서와 지적공부등록사항 및 환지계획서의 부합여부<br>　다. 측량결과도 또는 경계점좌표와 새로이 작성된 지적 |

| 법률 | 시행령 | 시행규칙 | 지적측량 시행규칙 | 지적업무처리규정 |
|---|---|---|---|---|
| | 10. 「공공주택 특별법」에 따른 공공주택지구조성사업<br>11. 「물류시설의 개발 및 운영에 관한 법률」 및 「경제자유구역의 지정 및 운영에 관한 특별법」에 따른 개발사업<br>12. 「철도의 건설 및 철도시설 유지관리에 관한 법률」에 따른 고속철도, 일반철도 및 광역철도 건설사업<br>13. 「도로법」에 따른 고속국도 및 일반국도 건설사업<br>14. 그 밖에 제1호부터 제13호까지의 사업과 유사한 경우로서 국토교통부장관이 고시하는 요건에 해당하는 토지개발사업<br>② 법 제86조 제1항에 따른 도시개발사업 등의 착수ㆍ변경 또는 완료 사실의 신고는 그 사유가 발생한 날부터 15일 이내에 하여야 한다.<br>③ 법 제86조 제2항에 따른 토지의 이동 신청은 그 신청대상지역이 환지(換地)를 수반하는 경우에는 법 제86조 제1항에 따른 사업완료 신고로써 이를 갈음할 수 있다. 이 경우 사업완료 신고서에 법 제86조 제2항에 따른 토지의 이동 신청을 | | | 도와의 부합여부<br>라. 종전토지 소유명의인 동일 여부 및 종전토지 등기부에 소유권등기 이외의 다른 등기사항이 없는지 여부<br>마. 그 밖에 필요한 사항<br>2. 제1호에 따른 서류의 확인이 완료된 때에는 확정될 토지의 지번별조서에 따라 토지대장을, 측량성과에 따라 경계점좌표등록부 등을 작성한다. 이 경우 토지대장에 등록하는 소유자의 성명 또는 명칭과 등록번호 및 주소는 환지계획서에 따르되, 소유자의 변동일자와 변동원인은 다음 각 목에 따라 정리한다.<br>가. 소유자변동일자 : 환지처분 또는 사업준공 인가일자(환지처분을 아니할 경우에 만 해당한다)<br>나. 소유자변동원인 : 환지 또는 지적확정(환지처분을 아니하는 경우에만 해당한다)<br>3. 지적공부의 작성이 완료된 때에는 새로 지적공부가 확정 시행됨을 7일 이상 시ㆍ군ㆍ구 게시판 또는 홈페이지 등에 게시 |

| 법률 | 시행령 | 시행규칙 | 지적측량 시행규칙 | 지적업무처리규정 |
|---|---|---|---|---|
| | 갈음한다는 뜻을 적어야 한다.<br>④「주택법」에 따른 주택건설사업의 시행자가 파산 등의 이유로 토지의 이동 신청을 할 수 없을 때에는 그 주택의 시공을 보증한 자 또는 입주예정자 등이 신청할 수 있다. | | | 한다.<br>4. 도시개발사업 등의 완료로 인하여 폐쇄되는 지적공부는 폐쇄사유를 그 지적공부에 정리하고 별도로 영구 보관한다.<br><br>**제59조(도시개발사업 등의 정리)** ① 지적소관청은 <u>규칙 제95조제1항</u>에 따른 도시개발사업 등의 착수(시행) 또는 변경신고서를 접수할 때에는 사업시행지별로 등록하고, 접수순으로 사업시행지 번호를 부여받아야 한다.<br>② 제1항에 따라 사업시행지 번호를 부여받은 때에는 지체 없이 사업시행지 번호별로 도시개발사업 등의 임시파일을 생성한 후 지번별조서를 출력하여 임시파일이 정확하게 생성되었는지 여부를 확인하여야 한다.<br>③ 지구계분할을 하고자 하는 경우에는 부동산종합공부시스템에 시행지 번호와 지구계 구분코드(지구 내 0, 지구 외 1)를 입력하여야 한다. |
| **제87조(신청의 대위)** 다음 각 호의 어느 하나에 해당하는 자는 이 법에 따라 토지소유자가 하여야 하는 신청 | | | | |

| 법률 | 시행령 | 시행규칙 | 지적측량 시행규칙 | 지적업무처리규정 |
|---|---|---|---|---|
| 을 대신할 수 있다. 다만, 제84조에 따른 등록사항 정정 대상토지는 제외한다. 〈개정 2014. 6. 3.〉<br>　1. 공공사업 등에 따라 학교용지 · 도로 · 철도용지 · 제방 · 하천 · 구거 · 유지 · 수도용지 등의 지목으로 되는 토지인 경우 : 해당 사업의 시행자<br>　2. 국가나 지방자치단체가 취득하는 토지인 경우 : 해당 토지를 관리하는 행정기관의 장 또는 지방자치단체의 장<br>　3. 「주택법」에 따른 공동주택의 부지인　경우 :「집합건물의 소유 및 관리에 관한 법률」에 따른 관리인(관리인이 없는 경우에는 공유자가 선임한 대표자) 또는 해당 사업의 시행자<br>　4. 「민법」 제404조에 따른 채권자 | | | | |
| **제88조(토지소유자의 정리)**<br>① 지적공부에 등록된 토지소유자의 변경사항은 등기관서에서 등기한 것을 증명하는 등기필증, 등기완료통지서, 등기사항증명서 또는 등기관서에서 제공한 등기전산정보자료에 따라 정리한다. | **제84조(지적공부의 정리 등)**<br>① 지적소관청은 지적공부가 다음 각 호의 어느 하나에 해당하는 경우에는 지적공부를 정리하여야 한다. 이 경우 이미 작성된 지적공부에 정리할 수 없을 때에는 새로 작성하여야 한다. | **제96조(관할 등기관서에 대한 통지)**<br>법 제88조 제3항 후단에 따른 관할 등기관서에 대한 통지는 별지 제82호 서식에 따른다. | | **제60조(소유자정리)** ① 대장의 소유자변동일자는 등기필통지서, 등기필증, 등기부 등본 · 초본 또는 등기관서에서 제공한 등기전산정보자료의 경우에는 등기접수일자로, 법 제84조제4항 단서의 미등기토지 소유자에 관한 정정신청의 경우와 법 제 |

| 법률 | 시행령 | 시행규칙 | 지적측량 시행규칙 | 지적업무처리규정 |
|---|---|---|---|---|
| 다만, 신규등록하는 토지의 소유자는 지적소관청이 직접 조사하여 등록한다. 〈개정 2011. 4. 12.〉<br>② 「국유재산법」 제2조제10호에 따른 총괄청이나 같은 조 제11호에 따른 중앙관서의 장이 같은 법 제12조제3항에 따라 소유자 없는 부동산에 대한 소유자 등록을 신청하는 경우 지적소관청은 지적공부에 해당 토지의 소유자가 등록되지 아니한 경우에만 등록할 수 있다. 〈개정 2011. 3. 30.〉<br>③ 등기부에 적혀 있는 토지의 표시가 지적공부와 일치하지 아니하면 제1항에 따라 토지소유자를 정리할 수 없다. 이 경우 토지의 표시와 지적공부가 일치하지 아니하다는 사실을 관할 등기관서에 통지하여야 한다.<br>④ 지적소관청은 필요하다고 인정하는 경우에는 관할 등기관서의 등기부를 열람하여 지적공부와 부동산등기부가 일치하는지 여부를 조사·확인하여야 하며, 일치하지 아니하는 사항을 발견하면 등기사항증명서 또는 등기관서에서 제공한 등기전산정보자료에 따라 지적공부를 직권으로 | 1. 법 제66조 제2항에 따라 지번을 변경하는 경우<br>2. 법 제74조에 따라 지적공부를 복구하는 경우<br>3. 법 제77조부터 제86조까지의 규정에 따른 신규등록·등록전환·분할·합병·지목변경 등 토지의 이동이 있는 경우<br>② 지적소관청은 제1항에 따른 토지의 이동이 있는 경우에는 토지이동정리 결의서를 작성하여야 하고, 토지소유자의 변동 등에 따라 지적공부를 정리하려는 경우에는 소유자정리 결의서를 작성하여야 한다.<br>③ 제1항 및 제2항에 따른 지적공부의 정리방법, 토지이동정리 결의서 및 소유자정리 결의서 작성방법 등에 관하여 필요한 사항은 국토교통부령으로 정한다. 〈개정 2013. 3. 23.〉 | | | 88조제2항에 따른 소유자등록신청의 경우에는 소유자정리결의일자로, 공유수면 매립준공에 따른 신규등록의 경우에는 매립준공일자로 정리한다.<br>② 주소·성명·명칭의 변경 또는 경정 및 소유권이전 등이 같은 날짜에 등기가 된 경우의 지적공부 정리는 등기접수 순서에 따라 모두 정리하여야 한다.<br>③ 소유자의 주소가 토지소재지와 같은 경우에도 등기부와 일치하게 정리한다. 다만, 등기관서에서 제공한 등기전산정보자료에 따라 정리하는 경우에는 등기전산정보자료에 따른다.<br>④ 법 제88조제4항에 따라 지적소관청이 소유자에 관한 사항이 대장과 부합되지 아니하는 토지소유자를 정리할 때에는 제1항부터 제3항까지와 제65조제2항을 준용하며, 토지소유자 등 이해관계인이 등기부 등본·초본 등에 따라 소유자정정을 신청하는 경우에는 별지 제9호 서식의 소유자정정 신청서를 제출하여야 한다.<br>⑤ 국토교통부장관은 등기관서로부터 법인 또는 재외국민의 부동산 |

| 법률 | 시행령 | 시행규칙 | 지적측량 시행규칙 | 지적업무처리규정 |
|---|---|---|---|---|
| 정리하거나, 토지소유자나 그 밖의 이해관계인에게 그 지적공부와 부동산등기부가 일치하게 하는 데에 필요한 신청 등을 하도록 요구할 수 있다. 〈개정 2011. 4. 12.〉<br>⑤ 지적소관청 소속 공무원이 지적공부와 부동산등기부의 부합 여부를 확인하기 위하여 등기부를 열람하거나, 등기사항증명서의 발급을 신청하거나, 등기전산정보자료의 제공을 요청하는 경우 그 수수료는 무료로 한다. 〈개정 2011. 4. 12.〉 | | | | 등기용등록번호 정정통보가 있는 때에는 정정 전 등록번호에 따라 토지소재를 조사하여 시·도지사에게 그 내용을 통지하여야 한다. 이 경우 시·도지사는 지체 없이 그 내용을 해당 지적소관청에 통지하여야 한다.<br>⑥ 소유자등록사항 중 토지이동과 함께 소유자가 결정되는 신규 등록, 도시개발사업 등의 환지 등록 시에는 토지이동업무 처리와 동시에 소유자를 정리하여야 한다. |
| **제89조(등기촉탁)** ① 지적소관청은 제64조제2항(신규등록은 제외한다), 제66조제2항, 제82조, 제83조제2항, 제84조제2항 또는 제85조제2항에 따른 사유로 토지의 표시 변경에 관한 등기를 할 필요가 있는 경우에는 지체 없이 관할 등기관서에 그 등기를 촉탁하여야 한다. 이 경우 등기촉탁은 국가가 국가를 위하여 하는 등기로 본다.<br>② 제1항에 따른 등기촉탁에 필요한 사항은 국토교통부령으로 정한다. 〈개정 2013. 3. 23.〉 | | **제97조(등기촉탁)** ① 지적소관청은 법 제89조 제1항에 따라 등기관서에 토지표시의 변경에 관한 등기를 촉탁하려는 때에는 별지 제83호서식의 토지표시변경등기 촉탁서에 그 취지를 적어야 한다. 〈개정 2011. 4. 11.〉<br>1. 삭제 〈2011. 4. 11.〉<br>2. 삭제 〈2011. 4. 11.〉<br>② 제1항에 따라 토지표시의 변경에 관한 등기를 촉탁한 때에는 별지 제84호서식의 토지표시변경등기 촉탁대장에 그 내용을 적어야 한다. | | **제61조(미등기토지의 소유자정정 등)**<br>① 법 제84조제4항 단서에 따른 적용 대상 토지는 미등기토지로서 소유자의 정정에 관한 사항과 토지조사당시에 사정 또는 재결 등에 따라 대장에 소유자는 등록하였으나, 소유자의 주소가 등록되어 있지 아니한 토지와 종전 「지적법 시행령」(대통령령 제497호 1951년 4월 1일 제정) 제3조제4호에 따라 국유지를 매각·교환 또는 양여하여 취득한 토지(이하 "국유지의 취득"이라 한다)의 소유자주소가 대장에 등록되어 있지 아니 |

| 법률 | 시행령 | 시행규칙 | 지적측량 시행규칙 | 지적업무처리규정 |
|---|---|---|---|---|
| | | | | 한 미등기토지로 한다. 다만, 1950. 12. 1 법률 제165호로 제정된 「지적법」(1975. 12. 31 법률 제2801호로 전문 개정되기 이전의 법률을 말한다)이 시행된 시기에 복구, 소유권확인청구의 소에 따른 확정판결이 있었거나, 이에 관한 소송이 법원에 진행 중인 토지는 제외한다.<br>② 미등기토지의 소유자주소를 대장에 등록하고자 하는 때에는 사정 · 재결 또는 국유지의 취득 당시 최초 주소를 등록한다.<br>③ 법 제84조제4항 단서의 미등기토지 소유자에 관한 정정신청은 별지 제10호 서식에 따르며, 지적소관청은 미등기토지의 소유자정정 등에 관한 신청이 있는 때에는 14일 이내에 다음 각 호의 사항을 확인하여 처리하여야 하며, 별지 제11호의 조사서를 작성하여야 한다.<br>1. 적용대상토지 여부<br>2. 대장상 소유자와 가족관계등록부 · 제적부에 등재된 자와의 동일인 여부<br>3. 적용대상토지에 대한 확정판결이나 소송의 진행여부 |

| 법률 | 시행령 | 시행규칙 | 지적측량 시행규칙 | 지적업무처리규정 |
|---|---|---|---|---|
| | | | | 4. 첨부서류의 적합여부<br>5. 그 밖에 지적소관청이 필요하다고 인정되는 사항<br>④ 지적소관청은 제3항에 따른 조사를 할 때에는 기간을 정하여 신청인에게 필요한 자료의 제출 또는 보완을 요구할 수 있다.<br>⑤ 지적소관청은 대장에 소유자의 주소 등을 등록한 때에는 지체 없이 신청인에게 그 내용을 통지하여야 한다.<br><br>**제62조(토지표시변경 등기촉탁)** 다른 법령에서 토지표시변경 등기촉탁에 관한 규정이 있는 경우에는 법 제89조제1항에 따른 등기촉탁을 하지 아니할 수 있다. |
| | | **제98조(지적공부의 정리방법 등)**<br>① 영 제84조 제2항에 따른 토지이동정리 결의서의 작성은 별지 제57호서식에 따라 토지대장·임야대장 또는 경계점좌표등록부별로 구분하여 작성하되, 토지이동정리 결의서에는 토지이동신청서 또는 도시개발사업 등의 완료신고서 등을 첨부하여야 하며, 소유자정리 결의서의 작성은 별지 | | **제63조(지적공부 등의 정리)** ① 지적공부 등의 정리에 사용하는 문자·기호 및 경계는 따로 규정을 둔 사항을 제외하고 정리사항은 검은색, 도곽선과 그 수치 및 말소는 붉은색으로 한다.<br>② 지적확정측량·축척변경 및 지번변경에 따른 토지이동의 경우를 제외하고는 폐쇄 또는 말소된 지번을 다시 사용할 수 없다. |

| 법률 | 시행령 | 시행규칙 | 지적측량 시행규칙 | 지적업무처리규정 |
|---|---|---|---|---|
| | | 제85호서식에 따르되 등기필증, 등기부 등본 또는 그 밖에 토지소유자가 변경되었음을 증명하는 서류를 첨부하여야 한다. 다만, 「전자정부법」 제36조 제1항에 따른 행정정보의 공동이용을 통하여 첨부서류에 대한 정보를 확인할 수 있는 경우에는 그 확인으로 첨부서류를 갈음할 수 있다. 〈개정 2011. 4. 11.〉<br>② 제1항의 대장 외에 지적공부의 정리와 토지이동정리 결의서 및 소유자정리 결의서의 작성에 필요한 사항은 국토교통부장관이 정한다. 〈개정 2013. 3. 23.〉 | | ③ 토지의 이동에 따른 도면정리는 예시 2의 도면정리 예시에 따른다. 이 경우 법 제2조제19호의 지적공부를 이용하여 지적측량을 한 때에는 측량성과파일에 따라 지적공부를 정리할 수 있다.<br><br>**제64조(지적업무정리부 등의 정리)**<br>① 지적소관청은 토지의 이동 또는 소유자의 변경 등으로 지적공부를 정리하고자 하는 때에는 별지 제12호 서식의 지적업무정리부와 별지 제13호 서식의 소유자정리부에 그 처리내용을 기재하여야 한다.<br>② 제1항의 따른 지적업무정리부는 토지의 이동 종목별로, 소유자정리부는 소유권보존·이전 및 기타로 구분하여 기재한다. 다만, 부동산종합공부시스템을 통하여 정보를 확인 및 출력할 수 있으면 지적업무정리부와 소유자정리부의 별도 기재 없이 출력물로 대체할 수 있다.<br><br>**제65조(토지이동정리결의서 및 소유자정리결의서 작성)** ① 규칙 제98조제2항에 따른 토지이동정리결의 |

| 법률 | 시행령 | 시행규칙 | 지적측량 시행규칙 | 지적업무처리규정 |
|---|---|---|---|---|
| | | | | 서는 다음 각 호와 같이 작성한다. 이 경우 증감란의 면적과 지번수는 늘어난 경우에는 ( + )로, 줄어든 경우에는 ( − )로 기재한다.<br>1. 지적공부정리종목은 토지이동 종목별로 구분하여 기재한다.<br>2. 토지소재 · 이동 전 · 이동 후 및 증감란은 읍 · 면 · 동 단위로 지목별로 작성한다.<br>3. 신규 등록은 이동 후란에 지목 · 면적 및 지번수를, 증감란에는 면적 및 지번수를 기재한다.<br>4. 등록전환은 이동 전란에 임야대장에 등록된 지목 · 면적 및 지번수를, 이동 후란에 토지대장에 등록될 지목 · 면적 및 지번수를, 증감란에는 면적을 기재한다. 이 경우 등록전환에 따른 임야대장 및 임야도의 말소정리는 등록전환결의서에 따른다.<br>5. 분할 및 합병은 이동 전 · 후란에 지목 및 지번수를, 증감란에 지번수를 기재한다.<br>6. 지목변경은 이동 전란에 변경 전의 지목 · 면적 및 지번수를, 이동 후란에 변경 후의 지목 · |

| 법률 | 시행령 | 시행규칙 | 지적측량 시행규칙 | 지적업무처리규정 |
|---|---|---|---|---|
| | | | | 면적 및 지번수를 기재한다. |
| | | | | 7. 지적공부등록말소는 이동 전·증감란에 지목·면적 및 지번수를 기재한다. |
| | | | | 8. 축척변경은 이동 전란에 축척변경 시행 전 토지의 지목·면적 및 지번수를, 이동 후란에 축척이 변경된 토지의 지목·면적 및 지번수를 기재한다. 이 경우 축척변경완료에 따른 종전 지적공부의 폐쇄정리는 축척변경결의서에 따른다. |
| | | | | 9. 등록사항정정은 이동 전란에 정정 전의 지목·면적 및 지번수를, 이동 후란에 정정 후의 지목·면적 및 지번수를, 증감란에는 면적 및 지번수를 기재한다. |
| | | | | 10. 도시개발사업 등은 이동 전란에 사업 시행 전 토지의 지목·면적 및 지번수를, 이동 후란에 확정된 토지의 지목·면적 및 지번수를 기재한다. 이 경우 도시개발사업 등의 완료에 따른 종전 지적공부의 폐쇄정리는 도시개발사업 등 결의서에 따른다. |
| | | | | ② 규칙 제98조제2항에 따른 소유자 |

| 법률 | 시행령 | 시행규칙 | 지적측량 시행규칙 | 지적업무처리규정 |
|---|---|---|---|---|
| | | | | 정리결의서는 다음 각 호와 같이 작성한다. 다만, 등기전산정보자료에 따라 소유자를 정리하는 경우에는 생략할 수 있다.<br>1. 토지소재 · 소유권보존 · 소유권이전 및 기타란은 읍 · 면 · 동별로 기재한다.<br>2. 정리일자는 소유자정리결의 일부터 정리완료일까지 기재한다.<br>3. 정리자는 업무담당자로 하고 확인자는 지적업무 담당으로 한다.<br>4. 소유자정리결과에 따라 접수 · 정리 · 기정리 및 불부합 통지로 구분 기재한다.<br><br>**제66조(오기정정)** 지적공부정리 중에 잘못 정리하였음을 즉시 발견하여 정정할 때에는 오기정정할 지적전산자료를 출력하여 지적전산자료책임관의 확인을 받은 후 정정하여야 한다. 다만, 잘못 정리하였음을 즉시 발견하지 못한 경우의 정정은 등록사항정정의 방법으로 하여야 한다. |
| **제90조(지적정리 등의 통지)** 제64조제2항 단서, 제66조제2항, 제74조, 제82조제2항, 제84조제2항, 제85조제2 | **제85조(지적정리 등의 통지)** 지적소관청이 법 제90조에 따라 토지소유자에게 지적정리 등을 통지하여야 | | | |

| 법률 | 시행령 | 시행규칙 | 지적측량 시행규칙 | 지적업무처리규정 |
|---|---|---|---|---|
| 항, 제86조제2항, 제87조 또는 제89조에 따라 지적소관청이 지적공부에 등록하거나 지적공부를 복구 또는 말소하거나 등기촉탁을 하였으면 대통령령으로 정하는 바에 따라 해당 토지소유자에게 통지하여야 한다. 다만, 통지받을 자의 주소나 거소를 알 수 없는 경우에는 국토교통부령으로 정하는 바에 따라 일간신문, 해당 시·군·구의 공보 또는 인터넷홈페이지에 공고하여야 한다. 〈개정 2013. 3. 23.〉 | 하는 시기는 다음 각 호의 구분에 따른다.<br>1. 토지의 표시에 관한 변경등기가 필요한 경우 : 그 등기완료의 통지서를 접수한 날부터 15일 이내<br>2. 토지의 표시에 관한 변경등기가 필요하지 아니한 경우 : 지적공부에 등록한 날부터 7일 이내 | | | |
| 제4장 보칙 | | | | |
| | | | | 제67조(도면 및 측량결과도용지의 규격) ① 측량결과도용지의 규격은 별표 6에 따른다. 다만, 동등 이상의 품질인 합성수지제 등을 사용하고자 할 때에는 국토교통부장관의 승인을 받아 사용할 수 있다.<br>② 측량결과도 예시는 별표 7부터 9까지와 같다. |
| 제91조(지명의 결정) ① 지명의 제정, 변경과 그 밖에 지명에 관한 중요 사항을 심의·의결하기 위하여 국토교통부에 국가지명위원회를 두고, 시·도에 시·도 지명위원회를 두며, 시·군 또는 구(자치구를 말한다. 이하 같다)에 시·군·구 지명위원 | 제86조(지명의 고시) 법 제91조 제2항에 따른 지명의 고시에는 다음 각 호의 사항이 포함되어야 한다. 〈개정 2021. 2. 9.〉<br>1. 제정되거나 변경된 지명<br>2. 소재지(행정구역으로 표시한다) | | 제29조(문서의 서식) 이 규칙에 따른 서식은 다음 각 호와 같다.<br>1. 지적삼각측량부 : 별지 제1호서식<br>2. 기지점방위각 및 거리 계산부 : 별지 제2호서식<br>3. 수평각 관측부 : 별지 제3호서 | |

| 법률 | 시행령 | 시행규칙 | 지적측량 시행규칙 | 지적업무처리규정 |
|---|---|---|---|---|
| 회를 둔다. 〈개정 2013. 3. 23., 2020. 2. 18.〉<br>② 지명은 「지방자치법」이나 그 밖의 다른 법령에서 정한 것 외에는 국가지명위원회의 심의·의결로 결정하고 국토교통부장관이 그 결정 내용을 고시하여야 한다. 〈개정 2013. 3. 23., 2020. 2. 18.〉<br>③ 시·군·구의 지명에 관한 사항은 관할 시·군·구 지명위원회가 심의·의결하여 관할 시·도 지명위원회에 보고하고, 관할 시·도 지명위원회는 관할 시·군·구 지명위원회의 보고사항을 심의·의결하여 국가지명위원회에 보고하며, 국가지명위원회는 관할 시·도 지명위원회의 보고사항을 심의·의결하여 결정한다.<br>④ 제3항에도 불구하고 둘 이상의 시·군·구에 걸치는 지명에 관한 사항은 관할 시·도 지명위원회가 해당 시장·군수 또는 구청장의 의견을 들은 후 심의·의결하여 국가지명위원회에 보고하고, 국가지명위원회는 관할 시·도 지명위원회의 보고사항을 심의·의결하여 결정하여야 하며, | 3. 위치(경도 및 위도로 표시한다) 또는 범위<br>[제목개정 2021. 2. 9.]<br><br>**제87조(국가지명위원회의 구성)**<br>① 법 제91조에 따른 국가지명위원회는 위원장 1명과 부위원장 1명을 포함한 30명 이내의 위원으로 구성한다. 〈개정 2021. 2. 9.〉<br>② 국가지명위원회의 위원장은 제3항에 따라 위촉된 위원 중 공무원이 아닌 위원 중에서 호선(互選)하고, 부위원장은 국토지리정보원장이 된다. 〈개정 2021. 2. 9.〉<br>③ 부위원장을 제외한 위원은 다음 각 호의 어느 하나에 해당하는 사람으로서 국토교통부장관이 위촉하는 사람이 된다. 〈개정 2013. 3. 23., 2014. 11. 19., 2018. 4. 24., 2021. 2. 9.〉<br>1. 국토교통부의 4급 이상 공무원으로서 측량·지적에 관한 사무를 담당하는 사람 3명<br>2. 외교부, 국방부 및 행정안전부의 4급 이상 공무원으로서 소속 장관이 추천하는 사람 각 1명 | | 식<br>4. 수평각개정 계산부 : 별지 제4호서식<br>5. 수평각 측점귀심 계산부 : 별지 제5호서식<br>6. 수평각 점표귀심 계산부 : 별지 제6호서식<br>7. 거리측정부(광파측거기) : 별지 제7호서식<br>8. 평면거리 계산부 : 별지 제8호서식<br>9. 삼각형 내각 계산부 : 별지 제9호서식<br>10. 연직각 관측부 : 별지 제10호서식<br>11. 표고 계산부 : 별지 제11호서식<br>12. 유심다각망(삽입망) 조정계산부 : 별지 제12호서식<br>13. 사각망 조정계산부 : 별지 제13호서식<br>14. 삼각쇄 조정계산부 : 별지 제14호서식<br>15. 삼각망 조정계산부 : 별지 제15호서식<br>16. 변장 계산부 : 별지 제16호서식<br>17. 종횡선 계산부 : 별지 제17호 | |

| 법률 | 시행령 | 시행규칙 | 지적측량 시행규칙 | 지적업무처리규정 |
|---|---|---|---|---|
| 둘 이상의 시·도에 걸치는 지명에 관한 사항은 국가지명위원회가 해당 시·도지사의 의견을 들은 후 심의·의결하여 결정하여야 한다.<br>⑤ 삭제 〈2020. 2. 18.〉<br>⑥ 국가지명위원회, 시·도 지명위원회 및 시·군·구 지명위원회의 위원 중 공무원이 아닌 위원은 「형법」 제127조 및 제129조부터 제132조까지의 규정을 적용할 때에는 공무원으로 본다. 〈신설 2019. 12. 10.〉<br>⑦ 국가지명위원회의 구성 및 운영 등에 필요한 사항은 대통령령으로 정하고, 시·도 지명위원회와 시·군·구 지명위원회의 구성 및 운영 등에 필요한 사항은 대통령령으로 정하는 기준에 따라 해당 지방자치단체의 조례로 정한다. 〈개정 2019. 12. 10.〉 | 3. 교육부의 교과용 도서 편찬에 관한 사무를 담당하는 4급 이상 공무원 또는 장학관으로서 교육부장관이 추천하는 사람 1명<br>4. 문화체육관광부의 문화재 관리 또는 국어정책에 관한 사무를 담당하는 4급 이상 공무원으로서 문화체육관광부장관이 추천하는 사람 1명<br>5. 국사편찬위원회의 교육연구관 중 국사편찬위원회 위원장이 추천하는 사람 1명<br>6. 지명에 관한 학식과 경험이 풍부한 사람 중에서 국토교통부장관이 임명하거나 위촉하는 다음 각 목의 어느 하나에 해당하는 사람 19명 이내<br>　가. 5년 이상 지리, 해양, 국문학 등 지명 관련 분야에 근무한 경력이 있는 사람으로서 「고등교육법」 제2조에 따른 학교의 부교수 이상인 사람<br>　나. 지리, 해양, 국문학 등 지명 관련 연구기관에서 5년 이상 근무한 경력이 있는 연구원 |  | 서식<br>18. 좌표전환 계산부(X·Y→B·L) : 별지 제18호서식<br>19. 좌표전환 계산부(B·L→X·Y) : 별지 제19호서식<br>20. 지적삼각점 성과표 : 별지 제20호서식<br>21. 지적삼각보조측량부 : 별지 제21호서식<br>22. 지적삼각보조점 방위각 계산부 : 별지 제22호서식<br>23. 교회점 계산부 : 별지 제23호서식<br>24. 후방교회점 계산부(2점법) : 별지 제24호서식<br>25. 후방교회점 계산부(3점법) : 별지 제25호서식<br>26. 교점다각망 계산부 : 별지 제26호서식<br>27. 교점다각망 계산부(X·Y형) : 별지 제27호서식<br>28. 교점다각망 계산부(H·A형) : 별지 제28호서식<br>29. 다각점좌표 계산부 : 별지 제29호서식<br>30. 지적도근측량부 : 별지 제30호서식<br>31. 배각 관측 및 거리 측정부 : 별 |  |

| 법률 | 시행령 | 시행규칙 | 지적측량 시행규칙 | 지적업무처리규정 |
|---|---|---|---|---|
| | 다. 그 밖에 지리, 해양, 국문학 등 지명 관련 분야에 관한 연구 실적 또는 경력 등이 가목 및 나목의 기준에 상당하다고 인정되는 사람으로서 「비영리민간단체 지원법」 제2조의 비영리민간단체로부터 추천을 받은 사람<br>④ 제3항제6호의 위원의 임기는 3년으로 하며, 보궐위원의 임기는 전임자 임기의 남은 기간으로 한다.<br>⑤ 위원장은 국가지명위원회의 원활한 운영을 위하여 필요한 경우 소위원회를 구성·운영할 수 있다.<br><br>**제87조의2(위원의 해촉)** 국토교통부장관은 제87조 제3항 제6호에 따른 위원이 다음 각 호의 어느 하나에 해당하는 경우에는 해당 위원을 해촉(解囑)할 수 있다. 〈개정 2021. 2. 9.〉<br>　1. 심신장애로 인하여 직무를 수행할 수 없게 된 경우<br>　2. 직무와 관련된 비위사실이 있는 경우<br>　3. 직무태만, 품위손상이나 그 밖 | | 지 제31호서식<br>32. 방위각 관측 및 거리 측정부 : 별지 제32호서식<br>33. 지적도근측량 계산부(배각법) : 별지 제33호서식<br>34. 지적도근측량 계산부(방위각법) : 별지 제34호서식<br>35. 지적삼각보조(도근)점 성과표 : 별지 제35호서식<br>36. 경계점관측부 : 별지 제36호서식<br>37. 좌표면적 및 경계점간 거리 계산부 : 별지 제37호서식<br>38. 교차점 계산부 : 별지 제38호서식<br>39. 경계점좌표측량부 : 별지 제39호서식<br>40. 면적 측정부 : 별지 제40호서식<br>41. 지적측량 결과부 : 별지 제41호서식<br>42. 지적(경계복원·현황)측량 결과부 : 별지 제42호서식 | |

| 법률 | 시행령 | 시행규칙 | 지적측량 시행규칙 | 지적업무처리규정 |
|------|--------|----------|-------------------|-------------------|
| | 의 사유로 인하여 위원으로 적합하지 아니하다고 인정되는 경우<br>4. 위원 스스로 직무를 수행하는 것이 곤란하다고 의사를 밝히는 경우<br>[본조신설 2015. 12. 31.]<br><br>**제88조(지방지명위원회의 구성)**<br>① 법 제91조 제1항에 따른 시·도 지명위원회는 위원장 1명과 부위원장 1명을 포함한 10명 이내의 위원으로 구성하고, 시·군·구 지명위원회는 위원장 1명과 부위원장 1명을 포함한 7명 이내의 위원으로 구성한다.<br>② 시·도 지명위원회의 위원장은 부지사(특별시, 광역시 및 특별자치시의 경우에는 부시장을 말한다) 중 지명업무를 담당하는 사람이 되고, 위원은 관계 공무원 및 지명에 관한 학식과 경험이 풍부한 사람 중에서 시·도지사가 임명하거나 위촉한다. 〈개정 2013. 6. 11., 2020. 6. 9.〉<br>③ 시·군·구 지명위원회의 위원장은 시장·군수 또는 구청장이 되고, 위원은 관계 공무원 및 지명 | | | |

| 법률 | 시행령 | 시행규칙 | 지적측량 시행규칙 | 지적업무처리규정 |
|---|---|---|---|---|
| | 에 관한 학식과 경험이 풍부한 사람 중에서 시장·군수 또는 구청장이 임명하거나 위촉한다.<br>④ 공무원이 아닌 위원의 수는 시·도 지명위원회에서는 5명 이상으로 하고, 시·군·구 지명위원회에서는 3명 이상으로 한다.<br>⑤ 시·도 지명위원회의 위원 또는 시·군·구 지명위원회의 위원이 제87조의2 각 호의 어느 하나에 해당하는 경우에는 시·도 지명위원회의 위원은 시·도지사가, 시·군·구 지명위원회의 위원은 시장·군수 또는 구청장이 각각 해당 위원을 해임하거나 해촉할 수 있다. 〈신설 2015. 12. 31.〉<br><br>**제89조(위원장의 직무 등)** ① 국가지명위원회, 시·도 지명위원회 및 시·군·구 지명위원회(이하 "지명위원회"라 한다)의 위원장은 해당 지명위원회를 대표하며, 그 업무를 총괄한다.<br>② 부위원장은 위원장을 보좌하며, 위원장이 부득이한 사유로 직무를 수행할 수 없을 때에는 그 직무를 대행한다.<br>③ 지명위원회의 위원장 및 부위원 | | | |

| 법률 | 시행령 | 시행규칙 | 지적측량 시행규칙 | 지적업무처리규정 |
|---|---|---|---|---|
| | 장이 모두 부득이한 사유로 직무를 수행할 수 없을 때에는 위원장이 미리 지명한 위원이 그 직무를 대행한다.<br><br>**제90조(회의)** ① 위원장은 지명위원회의 회의를 소집하며, 그 의장이 된다.<br>② 지명위원회의 회의는 재적위원 과반수의 출석과 출석위원 과반수의 찬성으로 의결한다.<br><br>**제91조(간사)** ① 지명위원회의 서무를 처리하게 하기 위하여 국가지명위원회에는 간사 1명을 두고, 시·도 지명위원회 및 시·군·구 지명위원회에는 각각 간사 1명을 둔다. 〈개정 2021. 2. 9.〉<br>② 국가지명위원회의 간사는 국토지리정보원의 지명업무를 담당하는 과장이 되며, 시·도 지명위원회 및 시·군·구 지명위원회의 간사는 해당 시·도 또는 시·군·자치구 소속 공무원 중에서 위원장이 각각 위촉한다. 〈개정 2021. 2. 9.〉<br><br>**제92조(수당 등)** ① 국가지명위원회 | | | |

| 법률 | 시행령 | 시행규칙 | 지적측량 시행규칙 | 지적업무처리규정 |
|------|--------|----------|------------------|-----------------|
| | 에 출석한 위원이나 제93조에 따라 출석한 전문가에게는 예산의 범위에서 수당과 여비를 지급할 수 있다. 다만, 공무원인 위원이 소관 업무와 직접 관련되어 출석한 경우에는 그러하지 아니하다.<br>② 시·도 지명위원회 및 시·군·구 지명위원회의 위원에게는 예산의 범위에서 그 시·도 또는 시·군·자치구의 조례로 정하는 바에 따라 수당과 여비를 지급할 수 있다.<br><br>**제93조(현장조사 등)** 지명위원회의 위원장은 지명의 제정, 변경 또는 그 밖의 중요 사항을 심의·결정하기 위하여 필요하면 관련 기관 또는 지방자치단체의 장에게 자료나 정보를 요청할 수 있으며, 현장조사를 하거나 관계 공무원 또는 전문가를 회의에 출석하게 하여 그 의견을 들을 수 있다. 〈개정 2021. 2. 9.〉<br><br>**제94조(회의록)** 지명위원회의 간사는 회의록을 작성·보관하여야 한다.<br><br>**제95조(보고)** 법 제91조 제3항에 따 | **제99조(지명위원회의 보고)** ① 영 제 | | |

| 법률 | 시행령 | 시행규칙 | 지적측량 시행규칙 | 지적업무처리규정 |
|---|---|---|---|---|
| | 른 보고는 국토교통부령으로 정하는 바에 따라 심의 · 결정한 날부터 15일 이내에 하여야 한다. 〈개정 2013. 3. 23., 2021. 2. 9.〉<br><br>**제96조(운영세칙)** 지명위원회의 운영에 관하여 이 영에서 정한 사항을 제외하고는 지명위원회의 의결을 거쳐 위원장이 정한다. | 95조에 따른 보고는 별지 제86호서식에 따른다.<br>② 제1항에 따른 보고서에는 다음 각 호의 서류를 첨부하여야 한다.<br>　1. 관련지역 표기지도 1부<br>　2. 회의록 사본 1부 | | |
| **제92조(측량기기의 검사)** ① 측량업자는 트랜싯, 레벨, 그 밖에 대통령령으로 정하는 측량기기에 대하여 5년의 범위에서 대통령령으로 정하는 기간마다 국토교통부장관이 실시하는 성능검사를 받아야 한다. 다만, 「국가표준기본법」 제14조에 따라 국가교정업무 전담기관의 교정검사를 받은 측량기기로서 국토교통부장관이 제6항에 따른 성능검사 기준에 적합하다고 인정한 경우에는 성능검사를 받은 것으로 본다. 〈개정 2013. 3. 23., 2020. 4. 7.〉<br>② 한국국토정보공사는 성능검사를 위한 적합한 시설과 장비를 갖추고 자체적으로 검사를 실시하여야 한다. 〈개정 2014. 6. 3.〉<br>③ 제93조제1항에 따라 측량기기의 성능검사업무를 대행하는 자로 | **제97조(성능검사의 대상 및 주기 등)** ① 법 제92조 제1항에 따라 성능검사를 받아야 하는 측량기기와 검사주기는 다음 각 호와 같다. 〈개정 2020. 12. 29., 2021. 1. 5.〉<br>　1. 트랜싯(데오드라이트) : 3년<br>　2. 레벨 : 3년<br>　3. 거리측정기 : 3년<br>　4. 토털 스테이션(total station : 각도 · 거리 통합 측량기) : 3년<br>　5. 지피에스(GPS) 수신기 : 3년<br>　6. 금속 또는 비금속 관로 탐지기 : 3년<br>② 법 제92조 제1항에 따른 성능검사(신규 성능검사는 제외한다)는 제1항에 따른 성능검사 유효기간 만료일 2개월 전부터 유효기간 만료일까지의 기간에 받아야 한다. | **제100조(성능검사의 신청)** 법 제92조 제1항에 따라 측량기기의 성능검사를 받으려는 자는 별지 제87호서식의 측량기기 성능검사 신청서에 해당 측량기기의 설명서를 첨부하여 국토지리정보원장(법 제92조제3항에 따라 성능검사대행자가 성능검사를 대행하는 경우에는 그 성능검사대행자를 말한다)에게 제출하여야 한다. 이 경우 신청인은 성능검사를 받아야 하는 해당 측량기기를 제시하여야 한다.<br><br>**제101조(성능검사의 방법 등)** ① 성능검사는 외관검사, 구조 · 기능검사 및 측정검사로 구분하며, 그 검사항목은 별표 8과 같다.<br>② 성능검사의 방법 · 절차와 그 밖에 성능검사에 필요한 세부 사항 | | **제68조(측량기기의 검사)** 지적측량(지적측량검사를 포함한다)을 할 때에는 영 제97조에 따라 사용하는 측량기기의 성능을 검사하여 사용하고, 정기적으로 이상 유무를 확인하여야 한다. |

| 법률 | 시행령 | 시행규칙 | 지적측량 시행규칙 | 지적업무처리규정 |
|---|---|---|---|---|
| 등록한 자(이하 "성능검사대행자"라 한다)는 제1항에 따른 국토교통부장관의 성능검사업무를 대행할 수 있다. 〈개정 2013. 3. 23., 2020. 4. 7.〉<br>④ 한국국토정보공사와 성능검사대행자는 제6항에 따른 성능검사의 기준, 방법 및 절차와 다르게 성능검사를 하여서는 아니 된다. 〈신설 2020. 4. 7.〉<br>⑤ 국토교통부장관은 한국국토정보공사와 성능검사대행자가 제6항에 따른 기준, 방법 및 절차에 따라 성능검사를 정확하게 하는지 실태를 점검하고, 필요한 경우에는 시정을 명할 수 있다. 〈신설 2020. 4. 7.〉<br>⑥ 제1항 및 제2항에 따른 성능검사의 기준, 방법 및 절차와 제5항에 따른 실태점검 및 시정명령 등에 필요한 사항은 국토교통부령으로 정한다. 〈개정 2013. 3. 23., 2020. 4. 7.〉 | 〈개정 2015. 6. 1.〉<br>③ 법 제92조 제1항에 따른 성능검사의 유효기간은 종전 유효기간 만료일의 다음 날부터 기산(起算)한다. 다만, 제2항에 따른 기간 외의 기간에 성능검사를 받은 경우에는 그 검사를 받은 날의 다음 날부터 기산한다. 〈신설 2015. 6. 1.〉 | 은 국토지리정보원장이 정하여 고시한다.<br><br>**제102조(성능기준)** 법 제92조 제1항 및 제2항에 따른 성능검사의 측량기기별 성능기준은 별표 9와 같다. 〈개정 2021. 4. 8.〉<br><br>**제103조(성능검사서의 발급 등)**<br>① 성능검사대행자는 성능검사를 완료한 때에는 별지 제88호서식의 측량기기 성능검사서에 그 적합 여부의 표시를 하여 신청인에게 발급하여야 한다.<br>② 성능검사대행자는 성능검사 결과 제102조에 따른 성능기준에 적합하다고 인정하는 때에는 별표 10의 검사필증을 해당 측량기기에 붙여야 한다.<br>③ 성능검사대행자는 제1항에 따라 성능검사를 완료한 때에는 별지 제89호서식의 측량기기 성능검사 기록부에 성능검사의 결과를 기록하고 이를 5년간 보존하여야 한다.<br><br>**제103조의2(성능검사대행자 실태점검 등)** ① 국토지리정보원장 및 | | |

| 법률 | 시행령 | 시행규칙 | 지적측량 시행규칙 | 지적업무처리규정 |
|---|---|---|---|---|
| | | 시·도지사는 법 제92조제5항에 따른 실태점검을 연 1회 이상 실시해야 한다.<br>② 국토지리정보원장 및 시·도지사는 법 제92조제5항에 따라 실태점검을 할 때에는 실태점검을 하기 14일 전까지 다음 각 호의 사항을 성능검사대행자에게 서면(전자문서를 포함한다)으로 통보해야 한다.<br>1. 점검날짜 및 시간<br>2. 점검취지<br>3. 점검내용<br>4. 그 밖에 실태점검에 필요한 사항<br>③ 국토지리정보원장 및 시·도지사는 법 제92조제5항에 따라 「국가공간정보 기본법」 제12조에 따른 한국국토정보공사 및 성능검사대행자에게 시정명령을 할 때에는 다음 각 호의 사항을 서면으로 알려야 한다.<br>1. 시정대상<br>2. 시정명령의 이유<br>3. 시정기한<br>4. 시정명령 불이행 시 처분 등에 관한 사항<br>④ 제1항부터 제3항까지에서 규정 | | |

| 법률 | 시행령 | 시행규칙 | 지적측량 시행규칙 | 지적업무처리규정 |
|------|--------|----------|------------------|------------------|
| | | 한 사항 외에 실태점검 및 시정명령에 필요한 세부적인 사항은 국토지리정보원장이 정하여 고시한다.<br>[본조신설 2021. 4. 8.] | | |
| **제93조(성능검사대행자의 등록 등)**<br>① 제92조제1항에 따른 측량기기의 성능검사업무를 대행하려는 자는 측량기기별로 대통령령으로 정하는 기술능력과 시설 등의 등록기준을 갖추어 시·도지사에게 등록하여야 하며, 등록사항을 변경하려는 경우에는 시·도지사에게 신고하여야 한다.<br>② 시·도지사는 제1항에 따라 등록신청을 받은 경우 등록기준에 적합하다고 인정되면 신청인에게 측량기기 성능검사대행자 등록증을 발급한 후 그 발급사실을 공고하고 국토교통부장관에게 통지하여야 한다. 〈개정 2013. 3. 23.〉<br>③ 성능검사대행자가 폐업을 한 경우에는 30일 이내에 국토교통부령으로 정하는 바에 따라 시·도지사에게 폐업사실을 신고하여야 한다. 〈개정 2013. 3. 23., 2020. 4. 7.〉<br>④ 성능검사대행자와 그 검사업무 | **제98조(성능검사대행자의 등록기준)** 법 제93조 제1항에 따른 성능검사대행자의 등록기준은 별표 11과 같다. | **제104조(성능검사대행자의 등록)**<br>① 법 제93조 제1항에 따라 성능검사대행자로 등록하려는 자는 별지 제90호서식의 측량기기 성능검사대행자 등록신청서(전자문서로 된 신청서를 포함한다)에 다음 각 호의 서류(전자문서를 포함한다)를 첨부하여 관할 시·도지사에게 제출하여야 한다. 〈개정 2015. 6. 4.〉<br>1. 성능검사용 시설 및 장비의 명세서<br>2. 보유 검사기술인력 명단 및 그 자격(국가기술자격의 경우는 제외한다)을 증명하는 서류<br>3. 사업계획서<br>② 제1항에 따른 측량기기 성능검사대행자 등록신청서를 제출받은 시·도지사는 「전자정부법」 제36조 제1항에 따라 행정정보의 공동이용을 통하여 다음 각 호의 정보를 확인하여야 한다. 이 경우 제1호 및 제3호의 서류에 대하여는 신청인으로부터 확인에 대한 동 | | |

| 법률 | 시행령 | 시행규칙 | 지적측량 시행규칙 | 지적업무처리규정 |
|---|---|---|---|---|
| 를 담당하는 임직원은 「형법」제129조부터 제132조까지의 규정을 적용할 때에는 공무원으로 본다. 〈개정 2020. 4. 7.〉<br>⑤ 성능검사대행자의 등록, 등록사항의 변경신고, 측량기기 성능검사대행자 등록증의 발급, 검사 수수료 등에 필요한 사항은 국토교통부령으로 정한다. 〈개정 2013. 3. 23.〉<br>[제목개정 2020. 4. 7.] | | 의를 받고, 신청인이 확인에 동의하지 아니하는 경우에는 해당 서류의 사본을 첨부하게 하여야 한다. 〈개정 2011. 4. 11.〉<br>1. 사업자등록증(개인사업자인 경우만 해당한다)<br>2. 법인 등기사항증명서(법인인 경우만 해당한다)<br>3. 보유 검사기술인력의 국가기술자격증<br>③ 법 제93조 제2항에 따른 측량기기 성능검사대행자 등록증은 별지 제91호서식에 따른다.<br><br>**제105조(성능검사대행자의 등록사항의 변경)** ① 법 제93조 제2항에 따라 등록한 성능검사대행자가 같은 조 제1항에 따라 등록사항을 변경하려는 경우에는 별지 제92호서식의 측량기기 성능검사대행자 변경신고서(전자문서로 된 신청서를 포함한다)에 다음 각 호의 구분에 따른 서류(전자문서를 포함한다)를 첨부하여 그 변경된 날부터 60일 이내에 시·도지사에게 변경신고를 하여야 한다. 〈개정 2014. 1. 17.〉<br>1. 검사시설 또는 검사장비 변경의 경우 | | |

| 법률 | 시행령 | 시행규칙 | 지적측량 시행규칙 | 지적업무처리규정 |
|---|---|---|---|---|
| | | 가. 변경된 시설 또는 장비의 명세서 및 성능검사서 사본<br>나. 소유권 또는 사용권을 보유한 사실을 증명할 수 있는 서류<br>2. 기술인력 변경의 경우<br>　가. 입사 또는 퇴사한 검사기술인력의 명단<br>　나. 검사기술인력의 측량기술경력증 또는 입사한 경력증명서(실무경력 인정이 필요한 자의 경우만을 말한다)<br>② 제1항에 따른 측량기기성능 검사대행자 변경신고서를 제출받은 시·도지사는 「전자정부법」 제36조 제1항에 따라 행정정보의 공동이용을 통하여 다음 각 호의 정보를 확인하여야 한다. 이 경우 사업자등록증 및 국가기술자격증에 대하여는 신청인으로부터 확인에 대한 동의를 받고, 신청인이 확인에 동의하지 아니하는 경우에는 해당 서류의 사본을 첨부하도록 하여야 한다. 〈개정 2011. 4. 11.〉<br>1. 법인의 대표자 또는 임원이 변경된 경우에는 법인 등기사항증명서 | | |

| 법률 | 시행령 | 시행규칙 | 지적측량 시행규칙 | 지적업무처리규정 |
|---|---|---|---|---|
| | | 2. 상호 또는 주된 영업소 소재지가 변경된 경우에는 변경된 사항이 기재된 사업자등록증 또는 법인 등기사항증명서(법인인 경우만 해당한다)<br>3. 보유 검사기술인력의 국가기술자격증<br><br>**제106조(성능검사대행자의 폐업신고)** 법 제93조 제3항에 따른 폐업신고는 별지 제93호서식에 따른다.<br><br>**제107조(성능검사대행자 등록증의 재발급신청서)** 법 제93조 제5항에 따른 측량기기 성능검사대행자 등록증 재발급신청서는 별지 제94호서식과 같다. | | |
| **제94조(성능검사대행자 등록의 결격사유)** 다음 각 호의 어느 하나에 해당하는 자는 성능검사대행자의 등록을 할 수 없다. 〈개정 2013. 7. 17., 2020. 6. 9.〉<br>1. 피성년후견인 또는 피한정후견인<br>2. 이 법을 위반하여 징역의 실형을 선고받고 그 집행이 종료(집행이 종료된 것으로 보는 경우를 포함한다)되거나 집행이 면 | | | | |

| 법률 | 시행령 | 시행규칙 | 지적측량 시행규칙 | 지적업무처리규정 |
|---|---|---|---|---|
| 제된 날부터 2년이 지나지 아니한 자<br>3. 이 법을 위반하여 징역형의 집행유예를 선고받고 그 유예기간 중에 있는 자<br>4. 제96조제1항에 따라 등록이 취소된 후 2년이 지나지 아니한 자<br>5. 임원 중에 제1호부터 제4호까지의 어느 하나에 해당하는 자가 있는 법인 | | | | |
| 제95조(성능검사대행자 등록증의 대여 금지 등) ① 성능검사대행자는 다른 사람에게 자기의 성능검사대행자 등록증을 빌려주거나 자기의 성명 또는 상호를 사용하여 성능검사대행업무를 수행하게 하여서는 아니 된다.<br>② 누구든지 다른 사람의 성능검사대행자 등록증을 빌려서 사용하거나 다른 사람의 성명 또는 상호를 사용하여 성능검사대행업무를 수행하여서는 아니 된다. | | | | |
| 제96조(성능검사대행자의 등록취소 등) ① 시·도지사는 성능검사대행자가 다음 각 호의 어느 하나에 해당하는 경우에는 성능검사대행자의 등록을 취소하거나 1년 이내의 기간 | 제99조(일시적인 등록기준 미달) 법 제96조 제1항 제2호 단서에서 "일시적으로 등록기준에 미달하는 등 대통령령으로 정하는 경우"란 별표 11에 따른 기술인력에 해당하는 사 | 제108조(성능검사대행자에 대한 행정처분기준) 법 제96조 제3항에 따른 성능검사대행자의 등록취소 또는 업무정지 처분의 기준은 별표 11과 같다. | | |

| 법률 | 시행령 | 시행규칙 | 지적측량 시행규칙 | 지적업무처리규정 |
|---|---|---|---|---|
| 을 정하여 업무정지 처분을 할 수 있다. 다만, 제1호·제4호·제6호 또는 제7호에 해당하는 경우에는 성능검사대행자의 등록을 취소하여야 한다. 〈개정 2020. 4. 7.〉<br>　1. 거짓이나 그 밖의 부정한 방법으로 등록을 한 경우<br>　1의2. 제92조제5항에 따른 시정명령을 따르지 아니한 경우<br>　2. 제93조제1항의 등록기준에 미달하게 된 경우. 다만, 일시적으로 등록기준에 미달하는 등 대통령령으로 정하는 경우는 제외한다.<br>　3. 제93조제1항에 따른 등록사항 변경신고를 하지 아니한 경우<br>　4. 제95조를 위반하여 다른 사람에게 자기의 성능검사대행자 등록증을 빌려 주거나 자기의 성명 또는 상호를 사용하여 성능검사대행업무를 수행하게 한 경우<br>　5. 정당한 사유 없이 성능검사를 거부하거나 기피한 경우<br>　6. 거짓이나 부정한 방법으로 성능검사를 한 경우<br>　7. 업무정지기간 중에 계속하여 성능검사대행업무를 한 경우 | 람의 사망·실종 또는 퇴직으로 인하여 등록기준에 미달하는 기간이 90일 이내인 경우를 말한다. 〈개정 2012. 6. 25., 2014. 1. 17.〉 | **제108조의2(성능검사대행자 및 그 소속 직원의 교육)** ① 법 제98조 제2항에 따른 성능검사대행자 및 그 소속 직원에 대한 교육은 다음 각 호의 내용을 포함해야 한다.<br>　1. 측량기기 성능검사 관련 법령<br>　2. 측량기기 성능검사 대상 및 검사 절차<br>　3. 측량기기 성능검사의 주기적 관리에 관한 사항<br>　4. 그 밖에 측량기기 성능검사대행에 필요한 사항<br>② 제1항에 따른 교육의 종류와 이수 시기는 다음 각 호의 구분과 같다.<br>　1. 신규교육 : 다음 각 목의 구분에 따른 날부터 다음 해의 12월 31일까지<br>　　가. 성능검사대행자(법인인 경우에는 법인의 대표자를 말한다) : 성능검사대행자로 등록한 날<br>　　나. 소속 직원(성능검사대행자 등록기준에 해당하는 기술인력으로 한정한다) : 성능검사대행자에 최초로 채용된 날<br>　2. 정기교육 : 신규교육 또는 이전 정기교육을 받은 날부터 2 | | |

| 법률 | 시행령 | 시행규칙 | 지적측량 시행규칙 | 지적업무처리규정 |
|---|---|---|---|---|
| 8. 다른 행정기관이 관계 법령에 따라 등록취소 또는 업무정지를 요구한 경우<br>② 시·도지사는 제1항에 따라 성능검사대행자의 등록을 취소하였으면 취소 사실을 공고한 후 국토교통부장관에게 통지하여야 한다. 〈개정 2013. 3. 23.〉<br>③ 성능검사대행자의 등록취소 및 업무정지 처분에 관한 기준은 국토교통부령으로 정한다. 〈개정 2013. 3. 23.〉 |  | 년이 되는 날이 속하는 해의 1월 1일부터 12월 31일까지<br>③ 제2항 각 호의 교육시간은 4시간 이상으로 한다.<br>④ 국토지리정보원장은 교육을 이수한 성능검사대행자 및 그 소속 직원에게 별지 제91호의2서식의 교육 이수증을 발급해야 한다.<br>⑤ 국토지리정보원장은 교육 이수증을 발급한 때에는 별지 제91호의3서식의 교육 이수증 발급대장을 작성하여 3년 동안 보관해야 한다.<br>⑥ 제1항부터 제5항까지에서 규정한 사항 외에 교육방법, 교육수료 기준 등 교육에 필요한 세부적인 사항은 국토지리정보원장이 정하여 고시한다.<br>[본조신설 2021. 4. 8.] |  |  |
| 제97조(연구·개발의 추진 등)<br>① 국토교통부장관은 측량 및 지적제도의 발전을 위한 시책을 추진하여야 한다. 〈개정 2020. 2. 18.〉<br>② 국토교통부장관은 제1항에 따른 시책에 관한 연구·기술개발 및 교육 등의 업무를 수행하는 연구기관을 설립하거나 대통령령으로 정하는 관련 전문기관에 해당 | 제100조(제도 발전을 위한 시책)<br>국토교통부장관은 법 제97조 제1항에 따라 다음 각 호의 시책을 추진하여야 한다. 〈개정 2013. 3. 23., 2021. 2. 9.〉<br>1. 수치지형 및 지적 정보에 관한 정보화와 표준화<br>2. 정밀측량기기와 조사장비의 개발 또는 검사·교정 |  |  |  |

| 법률 | 시행령 | 시행규칙 | 지적측량 시행규칙 | 지적업무처리규정 |
|---|---|---|---|---|
| 업무를 수행하게 할 수 있다. 〈개정 2013. 3. 23., 2020. 2. 18.〉<br>③ 국토교통부장관은 제2항에 따른 연구기관 또는 관련 전문기관에 예산의 범위에서 제2항에 따른 업무를 수행하는 데에 필요한 비용의 전부 또는 일부를 지원할 수 있다. 〈개정 2013. 3. 23., 2020. 2. 18.〉<br>④ 국토교통부장관은 측량 및 지적제도에 관한 정보 생산과 서비스 기술을 향상시키기 위하여 관련 국제기구 및 국가 간 협력 활동을 추진하여야 한다. 〈개정 2020. 2. 18.〉 | 3. 지도제작기술의 개발 및 자동화<br>4. 우주 측지(測地) 기술의 도입 및 활용<br>5. 삭제 〈2021. 2. 9.〉<br>6. 그 밖에 측량 및 지적제도의 발전을 위하여 필요한 사항으로서 국토교통부장관이 정하여 고시하는 사항<br><br>**제101조(연구기관)** 법 제97조 제2항에서 "대통령령으로 정하는 관련 전문기관"이란 다음 각 호의 기관 등을 말한다. 〈개정 2014. 1. 17., 2015. 6. 1., 2020. 6. 9.〉<br>　1. 「정부출연연구기관 등의 설립·운영 및 육성에 관한 법률」 제8조에 따른 정부출연연구기관 및 「과학기술분야 정부출연연구기관 등의 설립·운영 및 육성에 관한 법률」 제8조에 따른 과학기술분야 정부출연연구기관<br>　2. 「고등교육법」에 따라 설립된 대학의 부설연구소<br>　3. 공간정보산업협회<br>　4. 삭제 〈2021. 2. 9.〉<br>　5. 한국국토정보공사<br>　6. 공간정보산업진흥원 | | | |

| 법률 | 시행령 | 시행규칙 | 지적측량 시행규칙 | 지적업무처리규정 |
|---|---|---|---|---|
| **제98조(측량 분야 종사자 등의 교육훈련)** ① 국토교통부장관은 측량업무 수행능력의 향상을 위하여 측량기술자와 그 밖에 측량 분야와 관련된 업무에 종사하는 자에 대하여 교육훈련을 실시할 수 있다. 〈개정 2013. 3. 23., 2020. 2. 18., 2020. 4. 7.〉<br>② 성능검사대행자 및 그 소속 직원은 측량기기 성능검사의 품질향상과 서비스제고를 위하여 국토교통부령으로 정하는 바에 따라 국토교통부장관이 실시하는 교육을 받아야 한다. 〈신설 2020. 4. 7.〉<br>[세목개정 2020. 2. 18., 2020. 4. 7.] | . | | | |
| **제99조(보고 및 조사)** ① 국토교통부장관, 시·도지사, 대도시 시장 또는 지적소관청은 다음 각 호의 어느 하나에 해당하는 경우에는 그 사유를 명시하여 해당 각 호의 자에게 필요한 보고를 하게 하거나 소속 공무원으로 하여금 조사를 하게 할 수 있다. 〈개정 2013. 3. 23., 2020. 2. 18., 2020. 4. 7.〉<br> 1. 측량업자 또는 지적측량수행자가 고의나 중대한 과실로 측량을 부실하게 하여 민원을 발생하게 한 경우<br> 2. 삭제 〈2020. 2. 18.〉 | | **제109조(현지조사자의 증표)**법 제99조 제4항에 따른 증표는 별지 제95호서식과 같다. | | |

| 법률 | 시행령 | 시행규칙 | 지적측량 시행규칙 | 지적업무처리규정 |
|---|---|---|---|---|
| 3. 측량업자가 제44조제2항에 따른 측량업의 등록기준에 미달된다고 인정되는 경우<br>4. 성능검사대행자가 성능검사를 부실하게 하거나 등록기준에 미달된다고 인정되는 경우<br>5. 제92조제5항에 따른 한국국토정보공사와 성능검사대행자에 대한 실태점검을 위하여 필요한 경우<br>② 제1항에 따라 조사를 하는 경우에는 조사 3일 전까지 조사 일시·목적·내용 등에 관한 계획을 조사 대상자에게 알려야 한다. 다만, 긴급한 경우나 사전에 조사계획이 알려지면 조사 목적을 달성할 수 없다고 인정하는 경우에는 그러하지 아니하다.<br>③ 제1항에 따라 조사를 하는 공무원은 그 권한을 표시하는 증표를 지니고 관계인에게 이를 내보여야 한다.<br>④ 제3항의 증표에 관한 사항은 국토교통부령으로 정한다. 〈개정 2013. 3. 23., 2020. 2. 18.〉 | | | | |
| **제100조(청문)** 국토교통부장관, 시·도지사 또는 대도시 시장은 다음 각 호의 어느 하나에 해당하는 처분을 하려는 경우에는 청문을 하여야 한 | | | | |

| 법률 | 시행령 | 시행규칙 | 지적측량 시행규칙 | 지적업무처리규정 |
|---|---|---|---|---|
| 다. 〈개정 2013. 3. 23., 2020. 2. 18.〉<br> 1. 삭제 〈2020. 2. 18.〉<br> 2. 제52조제1항에 따른 측량업의<br>　　등록취소<br> 3. 삭제 〈2020. 2. 18.〉<br> 4. 제96조제1항에 따른 성능검사<br>　　대행자의 등록취소 | | | | |
| **제101조(토지 등에의 출입 등)**<br>① 이 법에 따라 측량을 하거나, 측량<br>　기준점을 설치하거나, 토지의 이<br>　동을 조사하는 자는 그 측량 또는<br>　조사 등에 필요한 경우에는 타인<br>　의 토지·건물·공유수면 등(이<br>　하 "토지 등"이라 한다)에 출입하<br>　거나 일시 사용할 수 있으며, 특히<br>　필요한 경우에는 나무, 흙, 돌, 그<br>　밖의 장애물(이하 "장애물"이라<br>　한다)을 변경하거나 제거할 수 있<br>　다. 〈개정 2020. 2. 18.〉<br>② 제1항에 따라 타인의 토지 등에 출<br>　입하려는 자는 관할 특별자치시<br>　장, 특별자치도지사, 시장·군수<br>　또는 구청장의 허가를 받아야 하<br>　며, 출입하려는 날의 3일 전까지<br>　해당 토지 등의 소유자·점유자<br>　또는 관리인에게 그 일시와 장소<br>　를 통지하여야 한다. 다만, 행정청<br>　인 자는 허가를 받지 아니하고 타 | | **제110조(권한을 표시하는 허가증)**<br>① 법 제101조 제9항에 따른 허가증<br>　(이하 "허가증"이라 한다)을 발급<br>　(재발급을 포함한다. 이하 같다)<br>　받으려는 자는 별지 제96호서식<br>　에 따른 측량 및 토지이동조사 허<br>　가증 발급신청서를 관할 특별자<br>　치시장, 특별자치도지사, 시장·<br>　군수 또는 구청장(이하 "발급권<br>　자"라 한다)에게 제출하여야 한<br>　다. 〈개정 2021. 2. 19.〉<br>② 발급권자는 별지 제97호서식에<br>　따른 허가증을 발급하는 경우 별<br>　지 제97호의2서식의 측량 및 토지<br>　이동조사 허가증 발급대장에 그<br>　사유를 기재하여야 한다. 다만, 기<br>　존에 발급받은 허가증이 있는 경<br>　우에는 그 허가증을 반납 받아 폐<br>　기하여야 한다. 〈개정 2014. 1.<br>　17., 2021. 2. 19.〉<br>[전문개정 2013. 6. 19.] | | **제69조(권한을 표시하는 증표의 발<br>급)** ① 삭제 〈개정 2017. 6. 23.〉<br>② 증표를 발급받은 자가 퇴직 또는<br>　전출하는 경우에는 증표를 발급<br>　권자에게 즉시 반납하여야 하며,<br>　증표 및 허가증의 유효기간이 경<br>　과한 경우에는 즉시 폐기하여야<br>　한다. |

| 법률 | 시행령 | 시행규칙 | 지적측량 시행규칙 | 지적업무처리규정 |
|---|---|---|---|---|
| 인의 토지 등에 출입할 수 있다. 〈개정 2012. 12. 18.〉<br>③ 제1항에 따라 타인의 토지 등을 일시 사용하거나 장애물을 변경 또는 제거하려는 자는 그 소유자·점유자 또는 관리인의 동의를 받아야 한다. 다만, 소유자·점유자 또는 관리인의 동의를 받을 수 없는 경우 행정청인 자는 관할 특별자치시장, 특별자치도지사, 시장·군수 또는 구청장에게 그 사실을 통지하여야 하며, 행정청이 아닌 자는 미리 관할 특별자치시장, 특별자치도지사, 시장·군수 또는 구청장의 허가를 받아야 한다. 〈개정 2012. 12. 18.〉<br>④ 특별자치시장, 특별자치도지사, 시장·군수 또는 구청장은 제3항 단서에 따라 허가를 하려면 미리 그 소유자·점유자 또는 관리인의 의견을 들어야 한다. 〈개정 2012. 12. 18.〉<br>⑤ 제3항에 따라 토지 등을 일시 사용하거나 장애물을 변경 또는 제거하려는 자는 토지 등을 사용하려는 날이나 장애물을 변경 또는 제거하려는 날의 3일 전까지 그 소유자·점유자 또는 관리인에게 통지하여야 한다. 다만, 토지 등의 | | | | |

| 법률 | 시행령 | 시행규칙 | 지적측량 시행규칙 | 지적업무처리규정 |
|---|---|---|---|---|
| 소유자·점유자 또는 관리인이 현장에 없거나 주소 또는 거소가 분명하지 아니할 때에는 관할 특별자치시장, 특별자치도지사, 시장·군수 또는 구청장에게 통지하여야 한다. 〈개정 2012. 12. 18.〉<br>⑥ 해 뜨기 전이나 해가 진 후에는 그 토지 등의 점유자의 승낙 없이 택지나 담장 또는 울타리로 둘러싸인 타인의 토지에 출입할 수 없다.<br>⑦ 토지 등의 점유자는 정당한 사유 없이 제1항에 따른 행위를 방해하거나 거부하지 못한다.<br>⑧ 제1항에 따른 행위를 하려는 자는 그 권한을 표시하는 허가증을 지니고 관계인에게 이를 내보여야 한다. 〈개정 2012. 12. 18.〉<br>⑨ 제8항에 따른 허가증에 관하여 필요한 사항은 국토교통부령으로 정한다. 〈개정 2012. 12. 18., 2013. 3. 23., 2020. 2. 18.〉 | | | | |
| **제102조(토지 등의 출입 등에 따른 손실보상)** ① 제101조제1항에 따른 행위로 손실을 받은 자가 있으면 그 행위를 한 자는 그 손실을 보상하여야 한다.<br>② 제1항에 따른 손실보상에 관하여는 손실을 보상할 자와 손실을 받 | **제102조(손실보상)** ① 법 제102조 제1항에 따른 손실보상은 토지, 건물, 나무, 그 밖의 공작물 등의 임대료·거래가격·수익성 등을 고려한 적정가격으로 하여야 한다.<br>② 법 제102조 제3항에 따라 재결을 신청하려는 자는 국토교통부령 | **제111조(재결신청서)** 영 제102조 제2항의 재결신청서는 별지 제98호서식과 같다. | | |

| 법률 | 시행령 | 시행규칙 | 지적측량 시행규칙 | 지적업무처리규정 |
|---|---|---|---|---|
| 은 자가 협의하여야 한다.<br>③ 손실을 보상할 자 또는 손실을 받은 자는 제2항에 따른 협의가 성립되지 아니하거나 협의를 할 수 없는 경우에는 관할 토지수용위원회에 재결(裁決)을 신청할 수 있다.<br>④ 관할 토지수용위원회의 재결에 관하여는 「공익사업을 위한 토지 등의 취득 및 보상에 관한 법률」 제84조부터 제88조까지의 규정을 준용한다. | 으로 정하는 바에 따라 다음 각 호의 사항을 적은 재결신청서를 관할 토지수용위원회에 제출하여야 한다. 〈개정 2013. 3. 23.〉<br>1. 재결의 신청자와 상대방의 성명 및 주소<br>2. 측량의 종류<br>3. 손실 발생 사실<br>4. 보상받으려는 손실액과 그 명세<br>5. 협의의 내용<br>③ 제2항에 따른 재결에 불복하는 자는 재결서 정본(正本)을 송달받은 날부터 30일 이내에 중앙토지수용위원회에 이의를 신청할 수 있다. 이 경우 그 이의신청은 해당 지방토지수용위원회를 거쳐야 한다. | | | |
| 제103조(토지의 수용 또는 사용)<br>① 국토교통부장관은 기본측량을 실시하기 위하여 필요하다고 인정하는 경우에는 토지, 건물, 나무, 그 밖의 공작물을 수용하거나 사용할 수 있다. 〈개정 2013. 3. 23., 2020. 2. 18.〉<br>② 제1항에 따른 수용 또는 사용 및 이에 따른 손실보상에 관하여는 「공익사업을 위한 토지 등의 취득 및 보상에 관한 법률」을 적용한다. | | | | |

| 법률 | 시행령 | 시행규칙 | 지적측량 시행규칙 | 지적업무처리규정 |
|---|---|---|---|---|
| 제104조(업무의 수탁) 국토교통부장관은 그 업무 수행에 지장이 없는 범위에서 공익을 위하여 필요하다고 인정되면 국토교통부령으로 정하는 바에 따라 측량 업무를 위탁받아 수행할 수 있다. 〈개정 2013. 3. 23., 2020. 2. 18.〉 | | 제112조(업무의 위탁) ① 법 제104조에 따라 업무위탁을 하려는 자는 별지 제99호서식에 따른 업무위탁 청약서를 국토지리정보원장에게 제출하여야 한다. 〈개정 2021. 2. 19.〉<br>② 제1항에 따른 업무위탁 청약서에는 다음 각 호의 서류를 첨부하여야 한다.<br>1. 사업계획서 2부<br>2. 사업지역 도면 2부<br>③ 제1항에 따라 업무를 위탁하려는 자는 국토지리정보원장이 정하는 경비를 내야 한다. 〈개정 2021. 2. 19.〉 | | |
| 제105조(권한의 위임·위탁 등) ① 이 법에 따른 국토교통부장관의 권한은 그 일부를 대통령령으로 정하는 바에 따라 소속 기관의 장, 시·도지사 또는 지적소관청에 위임할 수 있다. 〈개정 2013. 3. 23., 2020. 2. 18.〉<br>② 이 법에 따른 국토교통부장관, 시·도지사 및 지적소관청의 권한중 다음 각 호의 업무에 관한 권한은 대통령령으로 정하는 바에 따라 한국국토정보공사, 「공간정보산업 진흥법」 제24조에 따른 공간정보산업협회 또는 「민법」 | 제103조(권한의 위임) ① 국토교통부장관은 법 제105조 제1항에 따라 다음 각 호의 권한을 국토지리정보원장에게 위임한다. 〈개정 2013. 3. 23., 2014. 12. 3., 2015. 6. 1., 2017. 1. 10., 2020. 6. 9., 2021. 2. 9., 2021. 4. 6.〉<br>1. 법 제4조에 따른 측량의 고시<br>2. 법 제5조 제1항에 따른 측량기본계획의 수립 및 같은 조 제2항에 따른 연도별 시행계획의 수립·평가<br>3. 법 제6조 제1항 제2호 단서에 따른 원점의 고시 | 제113조 삭제 〈2021. 2. 19.〉 | | |

| 법률 | 시행령 | 시행규칙 | 지적측량 시행규칙 | 지적업무처리규정 |
|---|---|---|---|---|
| 제32조에 따라 국토교통부장관의 허가를 받아 설립된 비영리법인으로서 대통령령으로 정하는 측량 관련 인력과 장비를 갖춘 법인에 위탁할 수 있다. 〈개정 2020. 2. 18.〉<br>1. 삭제 〈2020. 2. 18.〉<br>1의2. 제10조의2에 따른 측량업 정보 종합관리체계의 구축·운영<br>1의3. 제10조의3에 따른 측량업자의 측량용역사업에 대한 사업수행능력 공시 및 실적 등의 접수 및 내용의 확인<br>2. 제15조제3항에 따른 지도 등의 간행에 관한 심사<br>3. 제18조제3항에 따른 공공측량성과의 심사<br>4. 삭제 〈2020. 2. 18.〉<br>5. 삭제 〈2020. 2. 18.〉<br>6. 삭제 〈2020. 2. 18.〉<br>7. 삭제 〈2020. 2. 18.〉<br>8. 삭제 〈2020. 2. 18.〉<br>9. 제40조에 따른 측량기술자의 신고 접수, 기록의 유지·관리, 측량기술경력증의 발급, 신고받은 내용의 확인을 위한 관련 자료 제출 요청 및 제출 자료의 | 4. 법 제8조 제1항에 따른 국가기준점표지의 설치·관리<br>5. 법 제8조 제2항에 따른 국가기준점표지의 종류와 설치 장소 통지의 접수<br>6. 법 제8조 제5항에 따른 측량기준점표지의 현황 조사 보고의 접수<br>7. 법 제8조 제6항에 따른 측량기준점표지의 현황 조사<br>8. 법 제10조 제2항에 따른 지도 등에 관한 자료 제공<br>9. 법 제11조 제2항에 따른 지형·지물의 변동사항 통보의 접수와 같은 조 제3항에 따른 건설공사 착공사실, 지형·지물 변동사항 통보의 접수 및 같은 조 제4항에 따른 기본측량 자료의 제출 요구<br>10. 법 제12조에 따른 기본측량 실시 및 통지<br>11. 법 제13조 제1항에 따른 기본측량성과 고시<br>12. 법 제13조 제2항에 따른 기본측량성과의 정확도 검증 의뢰<br>13. 법 제13조 제3항에 따른 기본측량성과 수정<br>14. 법 제14조 제1항에 따른 기본 | | | |

| 법률 | 시행령 | 시행규칙 | 지적측량 시행규칙 | 지적업무처리규정 |
|---|---|---|---|---|
| 접수, 측량기술자의 근무처 및 경력등의 확인<br>10. 삭제 〈2020. 2. 18.〉<br>11. 제98조에 따른 지적기술자의 교육훈련<br>12. 제8조제1항에 따른 측량기준점(지적기준점에 한정한다)의 관리<br>13. 제8조제5항에 따른 측량기준점(지적기준점에 한정한다) 표지의 현황조사 보고의 접수<br>③ 제2항에 따라 국토교통부장관, 시·도지사 및 지적소관청으로부터 위탁받은 업무에 종사하는 한국국토정보공사, 「공간정보산업 진흥법」 제24조에 따른 공간정보산업협회 또는 비영리법인의 임직원은 「형법」 제127조 및 제129조부터 제132조까지의 규정을 적용할 때에는 공무원으로 본다. 〈개정 2013. 3. 23., 2013. 7. 17., 2014. 6. 3., 2020. 2. 18.〉 | 측량성과 및 기본측량기록 보관<br>15. 법 제14조 제2항에 따른 기본측량성과 또는 기본측량기록의 복제 또는 사본 발급 신청의 접수 및 발급<br>16. 법 제15조 제1항에 따른 지도 등의 간행·판매 및 배포<br>17. 법 제15조 제2항에 따른 기본도 지정<br>18. 법 제16조 제1항에 따른 기본측량성과의 국외 반출 허가<br>19. 법 제17조 제2항에 따른 공공측량 작업계획서의 접수<br>20. 법 제17조 제3항에 따른 장기 계획서 또는 연간 계획서의 제출요구<br>21. 법 제17조 제4항에 따른 계획서의 타당성 검토 및 그 결과의 통지<br>22. 법 제18조 제2항에 따른 공공측량기록의 사본 제출 요구<br>23. 법 제18조 제4항에 따른 공공측량성과 고시<br>24. 법 제19조 제1항에 따른 공공측량성과 또는 공공측량기록 사본의 보관 및 열람<br>25. 법 제19조 제2항에 따른 공공 | | | |

| 법률 | 시행령 | 시행규칙 | 지적측량 시행규칙 | 지적업무처리규정 |
|---|---|---|---|---|
| | 측량성과 또는 공공측량기록의 복제 또는 사본 발급 신청의 접수 및 발급<br>26. 법 제21조 제1항에 따른 공공측량성과의 국외 반출 허가<br>27. 법 제22조 제2항에 따른 일반측량성과 및 일반측량기록 사본의 제출 요구<br>27의2. 법 제22조 제3항에 따른 일반측량에 관한 작업기준 설정<br>28. 법 제42조 제1항에 따른 측량기술자(지적기술자는 제외한다)의 업무정지<br>29. 법 제44조 제2항에 따른 측량업의 등록<br>30. 법 제44조 제3항에 따른 측량업등록증 및 측량업등록수첩의 발급<br>31. 법 제44조 제4항에 따른 등록사항 변경신고의 수리<br>32. 법 제46조 제2항에 따른 측량업자의 지위 승계 신고의 수리<br>33. 법 제48조에 따른 측량업의 휴업·폐업 등의 신고 수리<br>34. 법 제52조 제1항에 따른 측량업의 등록취소 및 영업정지와 같은 조 제3항에 따른 등록취소 및 영업정지 사실의 공고 | | | |

| 법률 | 시행령 | 시행규칙 | 지적측량 시행규칙 | 지적업무처리규정 |
|---|---|---|---|---|
| | 35. 법 제55조 제2항에 따른 기본측량, 공공측량 대가 기준 산정 및 기획재정부장관과의 협의 | | | |
| | 36. 법 제91조 제2항에 따른 지명의 고시 | | | |
| | 37. 법 제92조 제1항에 따른 성능검사의 실시 | | | |
| | 37의2. 법 제92조 제5항에 따른 한국국토정보공사의 측량기기 성능검사에 대한 실태점검 및 시정명령 | | | |
| | 38. 법 제93조 제2항에 따른 성능검사대행자 등록증 발급사실 통지의 접수 | | | |
| | 39. 법 제96조 제2항에 따른 성능검사대행자 등록 취소사실 통지의 접수 | | | |
| | 40. 법 제97조에 따른 측량제도 발전을 위한 시책의 추진과 국제기구 및 국가간 협력 활동의 추진 | | | |
| | 41. 법 제98조 제1항에 따른 측량업무 종사자에 대한 교육훈련 | | | |
| | 41의2. 법 제98조 제2항에 따른 성능검사대행자 및 그 소속 직원에 대한 교육 | | | |
| | 42. 법 제99조에 따른 측량업자 | | | |

| 법률 | 시행령 | 시행규칙 | 지적측량 시행규칙 | 지적업무처리규정 |
|---|---|---|---|---|
| | (지적측량업자는 제외한다)에 대한 보고 접수 및 조사<br>43. 법 제100조에 따른 측량업자(지적측량업자는 제외한다)의 등록취소에 대한 청문<br>44. 법 제103조 제1항에 따른 기본측량 실시를 위한 토지, 건물, 나무, 그 밖의 공작물의 수용 또는 사용<br>45. 법 제104조에 따라 위탁받은 측량 업무의 수행<br>46. 법 제111조 제1항(제14호 및 제15호는 제외한다)에 따른 과태료의 부과·징수<br>47. 제3조에 따른 공공측량의 지정·고시<br>48. 제4조 및 별표 1 제22호에 따른 수치주제도의 지정·고시<br>49. 제6조 제4호에 따른 원점의 특례지역 지정·고시<br>50. 제11조 제3항에 따른 현지조사 실시 또는 재조사 요구<br>51. 제14조에 따른 기본측량성과 검증기관의 지정에 따른 신청 접수, 지정 및 공고<br>52. 제16조 제5호에 따른 시설의 고시<br>52의2. 제16조의2에 따른 협의체 | | | · |

| 법률 | 시행령 | 시행규칙 | 지적측량 시행규칙 | 지적업무처리규정 |
|---|---|---|---|---|
| | 의 구성 및 운영<br>53. 제17조 제1항 제1호에 따른 공공측량시행자와의 지형도 공동제작<br>54. 제17조 제2항에 따른 지도의 축척 및 판매가격 등 통보의 접수<br>55. 제35조 제6항에 따른 측량업등록의 공고<br>56. 제38조에 따른 측량업등록증 또는 측량업등록수첩의 재발급<br>57. 제48조 제3항에 따른 측량의 대가 기준의 고시<br>58. 제104조 제1항에 따라 지정된 측량성과 심사수탁기관에 대한 지도·감독<br>59. 제104조 제1항부터 제4항까지의 규정에 따른 측량성과 심사수탁기관 지정에 따른 신청 접수, 지정 및 공고<br>60. 제104조 제6항에 따른 심사 결과 보고의 접수와 같은 조 제7항에 따른 자료의 제공<br>② 국토교통부장관은 법 제105조 제1항에 따라 법 제92조 제5항에 따른 성능검사대행자의 측량기기 성능검사에 대한 실태점검 및 시 | | | |

| 법률 | 시행령 | 시행규칙 | 지적측량 시행규칙 | 지적업무처리규정 |
|---|---|---|---|---|
| | 정명령의 권한을 시·도지사에게 위임한다. 〈신설 2021. 4. 6.〉<br><br>제104조(권한의 위탁 등) ① 법 제105조 제2항에 따라 국토교통부장관은 다음 각 호의 권한을 한국국토정보공사, 공간정보산업협회 또는 「민법」 제32조에 따라 국토교통부장관의 허가를 받아 설립된 비영리법인 중 별표 12의 인력과 장비를 갖춘 기관(이하 "측량성과 심사수탁기관"이라 한다)을 지정하여 위탁한다. 〈개정 2013. 3. 23., 2014. 1. 17., 2015. 6. 1.〉<br>　1. 법 제15조 제3항에 따른 지도<br>　　등의 간행에 대한 심사<br>　2. 법 제18조 제3항에 따른 공공<br>　　측량성과의 심사<br>② 제1항에 따른 측량성과 심사수탁기관으로 지정받으려는 자는 국토교통부령으로 정하는 서류를 갖추어 국토교통부장관에게 신청하여야 한다. 〈개정 2013. 3. 23.〉<br>③ 국토교통부장관은 제2항에 따른 신청을 받았을 때에는 측량 관련 인력과 장비의 보유 현황 등을 종합적으로 검토하여 측량성과 심사수탁기관으로 지정하여야 한 | 제114조(측량성과 심사수탁기관의 지정 신청) 영 제104조 제1항에 따른 측량성과 심사수탁기관으로 지정받으려는 자는 별지 제100호서식에 따른 지정신청서(전자문서로 된 신청서를 포함한다)에 다음 각 호의 서류(전자문서를 포함한다)를 첨부하여 국토지리정보원장에게 제출하여야 한다. 이 경우 국토지리정보원장은 「전자정부법」 제36조 제1항에 따라 행정정보의 공동이용을 통하여 법인 등기사항증명서를 확인하여야 한다. 〈개정 2011. 4. 11.〉<br>　1. 정관 1부<br>　2. 측량기술인력과 장비의 보유<br>　　현황 및 그 증명서류 각 1부 | | |

| 법률 | 시행령 | 시행규칙 | 지적측량 시행규칙 | 지적업무처리규정 |
|---|---|---|---|---|
| | 다. 〈개정 2013. 3. 23.〉<br>④ 국토교통부장관은 제3항에 따라 측량성과 심사수탁기관을 지정한 경우에는 신청인에게 서면으로 통지하고 지체 없이 공고하여야 한다. 〈개정 2013. 3. 23.〉<br>⑤ 측량성과 심사수탁기관의 지정 절차 등에 관하여 필요한 세부사항은 국토교통부령으로 정한다. 〈개정 2013. 3. 23.〉<br>⑥ 제1항에 따라 심사 권한을 위탁받은 측량성과 심사수탁기관의 장은 심사가 완료되면 그 결과를 국토교통부장관에게 보고하여야 한다. 〈개정 2013. 3. 23.〉<br>⑦ 국토교통부장관은 측량성과 심사수탁기관의 요청을 받으면 제1항에 따른 심사에 필요한 자료를 측량성과 심사수탁기관에 제공할 수 있다. 〈개정 2013. 3. 23.〉<br>⑧ 국토교통부장관은 법 제105조 제2항에 따라 다음 각 호의 업무를 공간정보산업협회에 위탁한다. 〈개정 2015. 6. 1.〉<br>　1. 법 제10조의2에 따른 측량업 정보 종합관리체계의 구축·운영<br>　2. 법 제10조의3에 따른 측량업 | | | |

| 법률 | 시행령 | 시행규칙 | 지적측량 시행규칙 | 지적업무처리규정 |
|---|---|---|---|---|
| | 자의 측량용역사업에 대한 사업수행능력 공시 및 실적 등의 접수 및 내용의 확인<br>3. 법 제40조에 따른 측량기술자 신고 접수, 기록의 유지 · 관리, 측량기술경력증의 발급, 신고받은 내용의 확인을 위한 관련 자료 제출 요청 및 제출 자료의 접수, 측량기술자의 근무처 및 경력등의 확인<br>⑨ 삭제 〈2021. 2. 9.〉<br>⑩ 삭제 〈2021. 2. 9.〉<br>⑪ 시 · 도지사 및 지적소관청은 법 제105조 제2항에 따라 법 제8조 제1항에 따른 측량기준점(지적기준점으로 한정한다)의 관리 업무를 한국국토정보공사에 위탁한다. 〈신설 2015. 6. 1.〉<br><br>**제104조의2(고유식별정보의 처리)**<br>국토교통부장관(법 제105조에 따라 국토교통부장관의 권한을 위임 · 위탁받은 자를 포함한다), 시 · 도지사, 대도시 시장, 지적소관청 또는 한국국토정보공사는 다음 각 호의 사무를 수행하기 위하여 불가피한 경우 「개인정보 보호법 시행령」 제19조에 따른 주민등록번호 또는 외국인등록 | | | |

| 법률 | 시행령 | 시행규칙 | 지적측량 시행규칙 | 지적업무처리규정 |
|---|---|---|---|---|
| | 번호가 포함된 자료를 처리할 수 있다. 〈개정 2013. 3. 23., 2014. 8. 6., 2015. 6. 1., 2017. 1. 10., 2017. 3. 27., 2020. 12. 29., 2021. 2. 9.〉<br>　1. 법 제10조의2에 따른 측량업 정보의 종합관리에 관한 사무<br>　1의2. 법 제10조의3에 따른 측량 용역사업에 대한 사업수행능력의 평가 및 공시에 관한 사무<br>　1의3. 법 제15조에 따른 기본측량 성과 등을 사용한 지도등의 간행에 관한 사무<br>　1의4. 법 제24조에 따른 지적측량 의뢰에 관한 사무<br>　2. 법 제40조에 따른 측량기술자의 신고 등에 관한 사무<br>　3. 법 제42조에 따른 측량기술자의 업무정지에 관한 사무<br>　4. 법 제44조에 따른 측량업의 등록에 관한 사무<br>　5. 법 제46조에 따른 측량업자의 지위 승계에 관한 사무<br>　6. 법 제48조에 따른 측량업의 휴업·폐업 등 신고에 관한 사무<br>　7. 법 제52조에 따른 측량업의 등록취소 등에 관한 사무<br>　8. 법 제70조 제2항에 따른 지적 정보의 활용에 관한 사무 | | | |

| 법률 | 시행령 | 시행규칙 | 지적측량 시행규칙 | 지적업무처리규정 |
|---|---|---|---|---|
| | 9. 법 제77조에 따른 신규등록 신청에 관한 사무<br><br>10. 법 제78조에 따른 등록전환 신청에 관한 사무<br><br>11. 법 제79조에 따른 분할 신청에 관한 사무<br><br>12. 법 제80조에 따른 합병 신청에 관한 사무<br><br>13. 법 제81조에 따른 지목변경 신청에 관한 사무<br><br>14. 법 제82조에 따른 바다로 된 토지의 등록말소 신청에 관한 사무<br><br>15. 법 제83조에 따른 축척변경 신청에 관한 사무<br><br>16. 법 제84조에 따른 등록사항의 정정 신청에 관한 사무<br><br>17. 법 제88조에 따른 토지소유자의 정리에 관한 사무<br><br>18. 법 제93조에 따른 성능검사대행자의 등록에 관한 사무<br><br>19. 법 제96조에 따른 성능검사대행자의 등록취소 등에 관한 사무<br>[본조신설 2013. 1. 16.]<br><br>**제104조의3(규제의 재검토)** ① 국토교통부장관은 제41조에 따른 손해배 | | | |

| 법률 | 시행령 | 시행규칙 | 지적측량 시행규칙 | 지적업무처리규정 |
|---|---|---|---|---|
| | 상책임의 보장에 대하여 2014년 1월 1일을 기준으로 3년마다(매 3년이 되는 해의 1월 1일 전까지를 말한다) 그 타당성을 검토하여 개선 등의 조치를 해야 한다. 〈개정 2020. 3. 3.〉<br>② 삭제 〈2021. 2. 9.〉<br>[본조신설 2013. 12. 30.] | | | |
| **제106조(수수료 등)** ① 다음 각 호의 어느 하나에 해당하는 신청 등을 하는 자는 국토교통부령으로 정하는 바에 따라 수수료를 내야 한다. 〈개정 2020. 2. 18.〉<br>　1. 제14조제2항 및 제19조제2항에 따른 측량성과 등의 복제 또는 사본의 발급 신청<br>　2. 제15조에 따른 기본측량성과·기본측량기록 또는 같은 조 제1항에 따라 간행한 지도 등의 활용 신청<br>　3. 제15조제3항에 따른 지도 등 간행의 심사 신청<br>　4. 제16조 또는 제21조에 따른 측량성과의 국외 반출 허가 신청<br>　5. 제18조에 따른 공공측량성과의 심사 요청<br>　6. 제27조에 따른 지적기준점성과의 열람 또는 그 등본의 발급 신청 | | **제115조(수수료)** ① 법 제106조 제1항 제1호부터 제4호까지, 제6호, 제9호부터 제14호까지, 제14호의2, 제15호, 제17호 및 제18호에 따른 수수료는 별표 12와 같다. 〈개정 2014. 1. 17.〉<br>② 법 제106조 제1항 제5호에 따른 공공측량성과의 심사 수수료 산정방법은 별표 13과 같다. 〈개정 2017. 1. 31.〉<br>③ 삭제 〈2021. 2. 19.〉<br>④ 삭제 〈2021. 2. 19.〉<br>⑤ 법 제106조 제1항 제16호에 따른 측량기기 성능검사 신청 수수료는 별표 16과 같다.<br>⑥ 제1항부터 제5항까지의 수수료는 수입인지, 수입증지 또는 현금으로 내야 한다. 다만, 법 제93조 제1항에 따라 등록한 성능검사대행자가 하는 성능검사 수수료와 법 제105조 제2항에 따라 공간정보산업협회 등에 위탁된 업무의 | | |

| 법률 | 시행령 | 시행규칙 | 지적측량 시행규칙 | 지적업무처리규정 |
|---|---|---|---|---|
| 7. 삭제 〈2020. 2. 18.〉<br>8. 삭제 〈2020. 2. 18.〉<br>9. 제44조제2항에 따른 측량업의 등록 신청<br>10. 제44조제3항에 따른 측량업 등록증 및 측량업등록수첩의 재발급 신청<br>11. 삭제 〈2020. 2. 18.〉<br>12. 삭제 〈2020. 2. 18.〉<br>13. 제75조에 따른 지적공부의 열람 및 등본 발급 신청<br>14. 제76조에 따른 지적전산자료의 이용 또는 활용 신청<br>14의2. 제76조의4에 따른 부동산종합공부의 열람 및 부동산종합증명서 발급 신청<br>15. 제77조에 따른 신규등록 신청, 제78조에 따른 등록전환 신청, 제79조에 따른 분할 신청, 제80조에 따른 합병 신청, 제81조에 따른 지목변경 신청, 제82조에 따른 바다로 된 토지의 등록말소 신청, 제83조에 따른 축척변경 신청, 제84조에 따른 등록사항의 정정 신청 또는 제86조에 따른 도시개발사업 등 시행지역의 토지이동 신청<br>16. 제92조제1항에 따른 측량기 | | 수수료는 현금으로 내야 한다. 〈개정 2015. 6. 4.〉<br>⑦ 국토교통부장관, 국토지리정보원장, 시·도지사 및 지적소관청은 제6항에도 불구하고 정보통신망을 이용하여 전자화폐·전자결제 등의 방법으로 수수료를 내게 할 수 있다. 〈개정 2013. 3. 23., 2021. 2. 19.〉<br><br>**제116조(지적측량수수료의 산정기준 등)** ① 법 제106조 제2항에 따른 지적측량수수료는 국토교통부장관이 고시하는 표준품셈 중 지적측량품에 지적기술자의 정부노임단가를 적용하여 산정한다. 〈개정 2013. 3. 23.〉<br>② 제1항에 따른 지적측량 종목별 지적측량수수료의 세부 산정기준 등에 필요한 사항은 국토교통부장관이 정한다. 〈개정 2013. 3. 23.〉<br><br>**제117조(수수료 납부기간)** 법 제106조 제4항에 따른 수수료는 지적공부를 정리한 날부터 30일 내에 내야 한다. | | |

| 법률 | 시행령 | 시행규칙 | 지적측량 시행규칙 | 지적업무처리규정 |
|---|---|---|---|---|
| 기의 성능검사 신청<br>17. 제93조제1항에 따른 성능검사대행자의 등록 신청<br>18. 제93조제2항에 따른 성능검사대행자 등록증의 재발급 신청<br>② 제24조제1항에 따라 지적측량을 의뢰하는 자는 국토교통부령으로 정하는 바에 따라 지적측량수행자에게 지적측량수수료를 내야 한다. 〈개정 2013. 3. 23.〉<br>③ 제2항에 따른 지적측량수수료는 국토교통부장관이 매년 12월 31일까지 고시하여야 한다. 〈개정 2020. 6. 9.〉<br>④ 지적소관청이 제64조제2항 단서에 따라 직권으로 조사·측량하여 지적공부를 정리한 경우에는 그 조사·측량에 들어간 비용을 제2항에 준하여 토지소유자로부터 징수한다. 다만, 제82조에 따라 지적공부를 등록말소한 경우에는 그러하지 아니하다.<br>⑤ 제1항에도 불구하고 다음 각 호의 경우에는 수수료를 면제할 수 있다. 〈개정 2020. 2. 18.〉<br>　1. 제1항제1호 또는 제2호의 신청자가 공공측량시행자인 경우 | | 제118조(규제의 재검토) 국토교통부장관은 다음 각 호의 사항에 대하여 2017년 1월 1일을 기준으로 3년마다(매 3년이 되는 해의 1월 1일 전까지를 말한다) 그 타당성을 검토하여 개선 등의 조치를 하여야 한다.<br>　1. 제48조제1항에 따른 측량업 등록사항 변경신고 시 첨부하여야 하는 서류의 종류<br>　2. 제51조에 따른 측량업자 지위 승계 신고 시 첨부하여야 하는 서류의 종류<br>　3. 제101조에 따른 성능검사의 방법 등<br>　4. 제102조 및 별표 9에 따른 측량기기별 성능기준<br>　5. 제103조에 따른 성능검사서의 발급 등 | | |

| 법률 | 시행령 | 시행규칙 | 지적측량 시행규칙 | 지적업무처리규정 |
|---|---|---|---|---|
| 2. 삭제 〈2020. 2. 18.〉<br>3. 삭제 〈2020. 2. 18.〉<br>4. 제1항제13호의 신청자가 국가, 지방자치단체 또는 지적측량수행자인 경우<br>5. 제1항제14호의2 및 제15호의 신청자가 국가 또는 지방자치단체인 경우<br>⑥ 제1항 및 제4항에 따른 수수료를 국토교통부령으로 정하는 기간 내에 내지 아니하면 국세 또는 지방세 체납처분의 예에 따라 징수한다. 〈개정 2013. 3. 23., 2020. 2. 18.〉 | | | | |
| | | | | 제70조(재검토기한) 국토교통부장관은 「훈령ㆍ예규 등의 발령 및 관리에 관한 규정」에 따라 이 훈령에 대하여 2021년 1월 1일 기준으로 매 3년이 되는 시점(매 3년째의 12월 31일까지를 말한다)마다 그 타당성을 검토하여 개선 등의 조치를 하여야 한다. 〈개정 2017. 6. 23., 2020.8.10.〉 |
| **제5장 벌칙** | | | | |
| **제107조(벌칙)** 측량업자로서 속임수, 위력(威力), 그 밖의 방법으로 측량업과 관련된 입찰의 공정성을 해친 자는 3년 이하의 징역 또는 3천만 | | | | |

| 법률 | 시행령 | 시행규칙 | 지적측량 시행규칙 | 지적업무처리규정 |
|---|---|---|---|---|
| 원 이하의 벌금에 처한다. 〈개정 2020. 2. 18.〉 | | | | |
| **제108조(벌칙)** 다음 각 호의 어느 하나에 해당하는 자는 2년 이하의 징역 또는 2천만원 이하의 벌금에 처한다. 〈개정 2020. 2. 18.〉<br> 1. 제9조제1항을 위반하여 측량 기준점표지를 이전 또는 파손 하거나 그 효용을 해치는 행위 를 한 자<br> 2. 고의로 측량성과를 사실과 다 르게 한 자<br> 3. 제16조 또는 제21조를 위반하여 측량성과를 국외로 반출한 자<br> 4. 제44조를 위반하여 측량업의 등록을 하지 아니하거나 거짓 이나 그 밖의 부정한 방법으로 측량업의 등록을 하고 측량업 을 한 자<br> 5. 삭제 〈2020. 2. 18.〉<br> 6. 제92조제1항에 따른 성능검사 를 부정하게 한 성능검사대행자<br> 7. 제93조제1항을 위반하여 성능 검사대행자의 등록을 하지 아 니하거나 거짓이나 그 밖의 부 정한 방법으로 성능검사대행 자의 등록을 하고 성능검사업 무를 한 자 | | | | |

| 법률 | 시행령 | 시행규칙 | 지적측량 시행규칙 | 지적업무처리규정 |
|---|---|---|---|---|
| **제109조(벌칙)** 다음 각 호의 어느 하나에 해당하는 자는 1년 이하의 징역 또는 1천만원 이하의 벌금에 처한다. 〈개정 2020. 2. 18.〉<br><br>1. 제14조제2항 또는 제19조제2항을 위반하여 무단으로 측량성과 또는 측량기록을 복제한 자<br>2. 제15조제3항에 따른 심사를 받지 아니하고 지도등을 간행하여 판매하거나 배포한 자<br>3. 삭제 〈2020. 2. 18.〉<br>4. 제39조제1항을 위반하여 측량기술자가 아님에도 불구하고 측량을 한 자<br>5. 제41조제2항을 위반하여 업무상 알게 된 비밀을 누설한 측량기술자<br>6. 제41조제3항을 위반하여 둘 이상의 측량업자에게 소속된 측량기술자<br>7. 제49조제1항을 위반하여 다른 사람에게 측량업등록증 또는 측량업등록수첩을 빌려주거나 자기의 성명 또는 상호를 사용하여 측량업무를 하게 한 자<br>8. 제49조제2항을 위반하여 다른 사람의 측량업등록증 또는 측 | | | | |

| 법률 | 시행령 | 시행규칙 | 지적측량 시행규칙 | 지적업무처리규정 |
|---|---|---|---|---|
| 량업등록수첩을 빌려서 사용하거나 다른 사람의 성명 또는 상호를 사용하여 측량업무를 한 자<br>9. 제50조제3항을 위반하여 제106조제2항에 따른 지적측량 수수료 외의 대가를 받은 지적측량기술자<br>10. 거짓으로 다음 각 목의 신청을 한 자<br>　가. 제77조에 따른 신규등록 신청<br>　나. 제78조에 따른 등록전환 신청<br>　다. 제79조에 따른 분할 신청<br>　라. 제80조에 따른 합병 신청<br>　마. 제81조에 따른 지목변경 신청<br>　바. 제82조에 따른 바다로 된 토지의 등록말소 신청<br>　사. 제83조에 따른 축척변경 신청<br>　아. 제84조에 따른 등록사항의 정정 신청자. 제86조에 따른 도시개발사업 등 시행지역의 토지이동 신청<br>11. 제95조제1항을 위반하여 다른 사람에게 자기의 성능검 | | | | |

| 법률 | 시행령 | 시행규칙 | 지적측량 시행규칙 | 지적업무처리규정 |
|---|---|---|---|---|
| 사대행자 등록증을 빌려주거나 자기의 성명 또는 상호를 사용하여 성능검사대행업무를 수행하게 한 자<br>12. 제95조제2항을 위반하여 다른 사람의 성능검사대행자 등록증을 빌려서 사용하거나 다른 사람의 성명 또는 상호를 사용하여 성능검사대행업무를 수행한 자 | | | | |
| **제110조(양벌규정)** 법인의 대표자나 법인 또는 개인의 대리인, 사용인, 그 밖의 종업원이 그 법인 또는 개인의 업무에 관하여 제107조부터 제109조까지의 어느 하나에 해당하는 위반행위를 하면 그 행위자를 벌하는 외에 그 법인 또는 개인에게도 해당 조문의 벌금형을 과(科)한다. 다만, 법인 또는 개인이 그 위반행위를 방지하기 위하여 해당 업무에 관하여 상당한 주의와 감독을 게을리하지 아니한 경우에는 그러하지 아니하다. | | | | |
| **제111조(과태료)** ① 다음 각 호의 어느 하나에 해당하는 자에게는 300만원 이하의 과태료를 부과한다. 〈개정 2013. 3. 23., 2020. 2. 18.〉<br>  1. 정당한 사유 없이 측량을 방해한 자 | **제105조(과태료의 부과기준)** 법 제111조 제1항 및 제2항에 따른 과태료의 부과기준은 별표 13과 같다. 〈개정 2021. 4. 6.〉 | | | |

| 법률 | 시행령 | 시행규칙 | 지적측량 시행규칙 | 지적업무처리규정 |
|---|---|---|---|---|
| 2. 제13조제4항을 위반하여 고시된 측량성과에 어긋나는 측량성과를 사용한 자 | | | | |
| 3. 삭제 〈2020. 2. 18.〉 | | | | |
| 4. 삭제 〈2020. 2. 18.〉 | | | | |
| 5. 삭제 〈2020. 2. 18.〉 | | | | |
| 6. 삭제 〈2020. 2. 18.〉 | | | | |
| 7. 제40조제1항을 위반하여 거짓으로 측량기술자의 신고를 한 자 | | | | |
| 8. 제44조제4항을 위반하여 측량업 등록사항의 변경신고를 하지 아니한 자 | | | | |
| 9. 제46조제2항을 위반하여 측량업자의 지위 승계 신고를 하지 아니한 자 | | | | |
| 10. 제48조를 위반하여 측량업의 휴업·폐업 등의 신고를 하지 아니하거나 거짓으로 신고한 자 | | | | |
| 11. 제50조제2항을 위반하여 본인, 배우자 또는 직계 존속·비속이 소유한 토지에 대한 지적측량을 한 자 | | | | |
| 12. 삭제 〈2020. 2. 18.〉 | | | | |
| 13. 제92조제1항을 위반하여 측량기기에 대한 성능검사를 받지 아니하거나 부정한 방법으로 성능검사를 받은 자 | | | | |

| 법률 | 시행령 | 시행규칙 | 지적측량 시행규칙 | 지적업무처리규정 |
|---|---|---|---|---|
| 14. 제93조제1항을 위반하여 성능검사대행자의 등록사항 변경을 신고하지 아니한 자<br>15. 제93조제3항을 위반하여 성능검사대행업무의 폐업신고를 하지 아니한 자<br>16. 정당한 사유 없이 제99조제1항에 따른 보고를 하지 아니하거나 거짓으로 보고를 한 자<br>17. 정당한 사유 없이 제99조제1항에 따른 조사를 거부·방해 또는 기피한 자<br>18. 정당한 사유 없이 제101조제7항을 위반하여 토지 등에의 출입 등을 방해하거나 거부한 자<br>② 정당한 사유 없이 제98조제2항에 따른 교육을 받지 아니한 자에게는 100만원 이하의 과태료를 부과한다. 〈신설 2020. 4. 7.〉<br>③ 제1항 및 제2항에 따른 과태료는 대통령령으로 정하는 바에 따라 국토교통부장관, 시·도지사, 대도시 시장 또는 지적소관청이 부과·징수한다. 〈개정 2013. 3. 23., 2020. 2. 18., 2020. 4. 7.〉 | | | | |

# 지적재조사특별법 5단

**CONTENTS**

| 지적재조사에 관한 특별법 [시행 2021. 6. 23.] [법률 제17744호, 2020. 12. 22, 일부개정] | 지적재조사에 관한 특별법 시행령 [시행 2021. 6. 23.] [대통령령 제31754호, 2021. 6. 8., 일부개정] | 지적재조사에 관한 특별법 시행규칙 [시행 2021. 6. 23] [국토교통부령 제857호, 2021. 6. 21., 일부개정] | 지적재조사업무규정 [시행 2021. 2. 16.] [국토교통부고시 제2021-196호, 2021. 2. 16., 일부개정] | 지적재조사행정시스템 운영규정 [시행 2015. 8. 11.] [국토교통부훈령 제567호, 2015. 8. 11., 제정] |
|---|---|---|---|---|
| | | **제1장 총칙** | | |
| 제1조(목적) 제2조(정의) | 제1조(목적) | 제1조(목적) | 제1조(목적) 제2조(적용범위) 제3조 삭제 〈2017. 12. 7〉 | 제1조(목적) 제3조(용어정의) 제2조(적용범위) |
| 제3조(다른 법률과의 관계) | | | 제4조 삭제 〈2017. 12. 7〉 | 제4조(다른 법령과의 관계 등) |
| | | **제2장 지적재조사사업의 시행** **제1절 기본계획의 수립 등** | | |
| 제4조(기본계획의 수립) | 제2조(기본계획의 수립 등) 제3조(기본계획의 경미한 변경) | | | |
| 제4조의2(시 · 도종합계획의 수립) | 제3조의2(시 · 도종합계획의 경미한 변경) | | | |
| 제5조(지적재조사사업의 시행자) | 제4조(측량 · 조사 위탁에 관한 고시 등) | 제2조(책임수행기관 지정) | | |
| 제5조의2(책임수행기관의 지정 등) | 제4조의2(책임수행기관의 지정 요건 등) | | | |
| | 제4조의3(책임수행기관의 지정절차) | | | |
| | 제4조의4(책임수행기관의 지정취소) | | | |

| 법률 | 시행령 | 시행규칙 | 지적재조사업무규정 | 지적재조사행정시스템 운영규정 |
|---|---|---|---|---|
| 제6조(실시계획의 수립) | 제4조의5(책임수행기관의 운영 등)<br>제5조(실시계획의 수립 등) | | **제2장 실시계획의 수립 등**<br><br>제5조(실시계획의 수립)<br>제6조(주민설명회 의견청취)<br>제7조(주민홍보 등)<br>제8조(동의서 산정 등) | |
| 제7조(지적재조사지구의 지정)<br><br><br><br><br><br><br>제8조(지적재조사지구 지정고시)<br>제9조(지적재조사지구 지정의 효력 상실 등) | 제6조(지적재조사지구의 지정 등)<br><br>제7조(토지소유자 수 및 동의자 수 산정방법 등)<br>제8조(지적재조사지구의 경미한 변경)<br>제9조 삭제 〈2017. 10. 17.〉 | 제3조(동의서 등) | 제9조(지적재조사지구의 지정신청 등)<br>제10조(책임수행기관 위탁 등) | |
| **제2절 지적측량 등** | | | **제3장 토지현황조사 등** | |
| 제10조(토지현황조사)<br><br><br><br><br><br>제11조(지적재조사측량) | | 제4조(토지현황조사)<br><br><br><br><br><br>제5조(지적재조사측량) | 제11조(토지현황 사전조사)<br>제12조(토지현황 현지조사)<br>제13조(토지현황조사서 작성 등)<br>제14조(토지현황 현지조사 입회)<br>제15조(경계점표지 설치 입회)<br>제16조 삭제 〈2017. 12. 7.〉<br>제17조 삭제 〈2017. 12. 7.〉 | |

| 법률 | 시행령 | 시행규칙 | 지적재조사업무규정 | 지적재조사행정시스템 운영규정 |
|---|---|---|---|---|
| 제12조(경계복원측량 및 지적공부 정리의 정지) 제13조(토지소유자협의회) | 제10조(토지소유자협의회의 구성 등) | 제6조(지적재조사측량성과검사의 방법 등) 제7조(지적재조사측량성과의 결정) 제7조의2(토지소유자협의회구성 동의서) | 제18조(토지소유자협의회) | |
| **제3절 경계의 확정 등** | | | **제4장 경계의 확정 등** | |
| 제14조(경계설정의 기준) 제15조(경계점표지 설치 및 지적확 정예정조서 작성 등) 제16조(경계의 결정) 제17조(경계결정에 대한 이의신청) 제18조(경계의 확정) 제19조(지목의 변경) | 제10조의2(경계설정합의서) 제11조(지적확정예정조서의 작성) | 제7조의3(경계설정합의서) 제8조(지적확정예정조서) 제9조(경계결정에 대한 이의신청) 제10조(지상경계점등록부) | 제19조 삭제 〈2017. 12. 7.〉 제20조(지적확정예정통지서에 대한 의견제출) 제21조(경계결정 등) 제22조(지상경계점등록부 작성) 제23조(지번의 부여) 제24조(지목의 변경) | |
| **제4절 조정금 산정 등** | | | **제5장 조정금 산정 등** | |
| 제20조(조정금의 산정) 제21조(조정금의 지급·징수 또는 공탁) | 제12조(조정금의 산정) 제13조(분할납부) 제14조 삭제 〈2017. 10. 17.〉 | 제11조(조정금 분할납부신청서) | 제25조(조정금의 산정 등) 제26조(조정금 등의 통지) 제27조(조정금의 분할납부) 제28조(조정금 수령통지) 제29조(조정금 공탁 공고) | |

| 법률 | 시행령 | 시행규칙 | 지적재조사업무규정 | 지적재조사행정시스템 운영규정 |
|---|---|---|---|---|
| 제21조의2(조정금에 관한 이의신청)<br><br>제22조(조정금의 소멸시효) | | 제12조(조정금에 관한 이의신청) | | |
| | **제5절 새로운 지적공부의 작성 등** | | **제6장 새로운 지적공부 작성 등** | |
| 제23조(사업완료 공고 및 공람 등)<br><br>제24조(새로운 지적공부의 작성) | 제15조(사업완료의 공고)<br><br>제16조(경계미확정 토지 지적공부의 관리 등) | 제13조(새로운 지적공부의 등록사항) | 제30조(사업완료 공고)<br><br>제31조(토지이동사유 코드 등)<br><br>제31조의2(확정판결에 따른 지적공부 정리 등)<br><br>제32조(소유자정리)<br><br>제33조 삭제 〈2019. 10. 8.〉 | |
| 제25조(등기촉탁) | 제17조(토지소유자 등의 등기신청) | 제14조(등기촉탁) | 제34조(등기촉탁)<br><br>제35조(재검토기한) | |
| 제26조(폐쇄된 지적공부의 관리)<br><br>제27조(건축물현황에 관한 사항의 통보) | | | | |
| | **제3장 지적재조사위원회 등** | | | |
| 제28조(중앙지적재조사위원회) | 제18조(중앙위원회의 운영 등)<br><br>제19조(중앙위원회의 간사)<br><br>제20조(중앙위원회 위원의 제척·기피·회피)<br><br>제21조(중앙위원회 위원의 해촉)<br><br>제22조(의견청취)<br><br>제23조(회의록) | | | |

| 법률 | 시행령 | 시행규칙 | 지적재조사업무규정 | 지적재조사행정시스템 운영규정 |
|---|---|---|---|---|
| | 제24조(수당 등) | | | |
| | 제25조(운영세칙) | | | |
| 제29조(시·도 지적재조사위원회) | | | | |
| 제30조(시·군·구 지적재조사위원회) | | | | |
| 제31조(경계결정위원회) | | | | |
| 제32조(지적재조사기획단 등) | 제26조(지적재조사기획단의 구성 등) | | | 제5조(역할분담) |
| | | | | 제6조(자료의 입력 및 관리) |
| | | | | 제7조(전산자료의 구축 및 운영) |
| | | | | 제8조(사용자 교육실시) |
| | | | | 제9조(지원단장의 업무) |
| | | | | 제10조(추진단장의 업무) |
| | | | | 제11조(대행자 업무) |
| | | | | 제12조(소유자 및 이해관계인) |
| | | | | 제13조(사용자권한 관리) |
| | | | | 제14조(사용자번호 및 인증서 로그인) |
| | | | | 제15조(운영관리책임자 등) |
| | 제4장 보칙 | | | 제16조(우편물 발송 업무) |
| 제33조(임대료 등의 증감청구) | | | | |
| 제34조(권리의 포기 등) | | | | 제17조(백업 및 복구) |
| 제35조(청구 등의 제한) | | | | 제18조(시스템 장애 및 전산자료 오 |

| 법률 | 시행령 | 시행규칙 | 지적재조사업무규정 | 지적재조사행정시스템 운영규정 |
|---|---|---|---|---|
| 제36조(물상대위) | | | | 류 수정) |
| | | | | 제19조(개인정보의 안전성 확보조치) |
| 제37조(토지 등에의 출입 등) | | 제15조(증표 및 허가증) | | 제20조(보안 관리) |
| 제38조(서류의 열람 등) | 제27조(공개시스템의 구축·운영 등) | 제16조(서류의 열람 등) | | |
| | 제28조(공개시스템 입력 정보) | | | |
| | 제28조의2(고유식별정보의 처리) | | | |
| 제39조(지적재조사사업에 관한 보고·감독) | | | | |
| 제40조(권한의 위임) | | | | |
| 제41조(비밀누설금지) | | | | |
| 제42조(「도시개발법」의 준용) | | | | |
| 제42조의2(벌칙 적용에서 공무원 의제) | | | | |
| **제5장 벌칙** | | | | |
| 제43조(벌칙) | | | | |
| 제44조(양벌규정) | | | | |
| 제45조(과태료) | 제29조(과태료의 부과기준) | | | |

| 법률 | 시행령 | 시행규칙 | 지적재조사업무규정 | 지적재조사행정시스템 운영규정 |
|---|---|---|---|---|
| 제1장 총칙 | | | | |
| 제1조(목적) 이 법은 토지의 실제 현황과 일치하지 아니하는 지적공부(地籍公簿)의 등록사항을 바로잡고 종이에 구현된 지적(地籍)을 디지털지적으로 전환함으로써 국토를 효율적으로 관리함과 아울러 국민의 재산권 보호에 기여함을 목적으로 한다. | 제1조(목적) 이 영은 「지적재조사에 관한 특별법」에서 위임된 사항과 그 시행에 필요한 사항을 규정함을 목적으로 한다. | 제1조(목적) 이 규칙은 「지적재조사에 관한 특별법」 및 같은 법 시행령에서 위임된 사항과 그 시행에 필요한 사항을 규정함을 목적으로 한다. | 제1조(목적) 이 규정은 「지적재조사에 관한 특별법」 제6조, 같은 법 시행규칙 제4조 및 제10조에서 국토교통부장관에게 정하도록 한 사항과 그 밖에 지적재조사사업의 시행에 필요한 세부적인 사항을 정함을 목적으로 한다. | 제1조(목적) 이 규정은 「지적재조사에 관한 특별법」 제38조, 같은 법 시행령 제27조에 따라 구축·운영하는 지적재조사행정시스템의 운용·관리 및 이용 등에 관한 사항을 규정함을 목적으로 한다. |
| 제2조(정의) 이 법에서 사용하는 용어의 정의는 다음과 같다. 〈개정 2014. 6. 3., 2017. 4. 18., 2019. 12. 10.〉<br>1. "지적공부"란 「공간정보의 구축 및 관리 등에 관한 법률」 제2조제19호에 따른 지적공부를 말한다.<br>2. "지적재조사사업"이란 「공간정보의 구축 및 관리 등에 관한 법률」 제71조부터 제73조까지의 규정에 따른 지적공부의 등록사항을 조사·측량하여 기존의 지적공부를 디지털에 의한 새로운 지적공부로 대체함과 동시에 지적공부의 등록사항이 토지의 실제 현황과 일치하지 아니하는 경우 이를 바로잡기 위하여 실시하는 국가사업을 말한다. | | | | 제3조(용어정의) 이 규정에서 사용하는 용어의 정의는 다음과 같다.<br>1. "시스템"이라 함은 지적재조사사업 수행에 필요한 각종 속성정보 및 공간정보를 전산화하여 통합적으로 관리하는 시스템을 말한다.<br>2. "기획단"이라 함은 같은 법 제32조제1항에 따른 국토교통부 지적재조사기획단을 말한다.<br>3. "지원단"이라 함은 같은 법 제32조제2항에 따른 지적재조사지원단을 말한다.<br>4. "추진단"이라 함은 같은 법 제32조제2항에 따른 지적재조사추진단을 말한다.<br>5. "대행자"라 함은 같은 법 제5조제2항에 따른 지적재조사사업의 측량·조사 등을 대행하 |

| 법률 | 시행령 | 시행규칙 | 지적재조사업무규정 | 지적재조사행정시스템 운영규정 |
|---|---|---|---|---|
| 3. "지적재조사지구"란 지적재조사사업을 시행하기 위하여 제7조 및 제8조에 따라 지정·고시된 지구를 말한다.<br>4. "토지현황조사"란 지적재조사사업을 시행하기 위하여 필지별로 소유자, 지번, 지목, 면적, 경계 또는 좌표, 지상건축물 및 지하건축물의 위치, 개별공시지가 등을 조사하는 것을 말한다.<br>5. "지적소관청"이란 「공간정보의 구축 및 관리 등에 관한 법률」 제2조제18호에 따른 지적소관청을 말한다. | | | | 는 자를 말한다.<br>6. "권한관리자" 라 함은 기획단, 지원단, 추진단별 각 소속 기관에서 시스템을 이용하여 사용자권한 업무를 수행하는 자를 말한다.<br>7. "자료"라 함은 시스템에서 전산등록·관리하는 지적재조사사업 전반 업무와 관련한 공간 및 속성정보를 통칭한다. |
| | | | **제2조(적용범위)** 이 규정은 「지적재조사에 관한 특별법」(이하 "법"이라 한다), 같은 법 시행령(이하 "영"이라 한다) 및 같은 법 시행규칙(이하 "규칙"이라 한다)에 따라 시행하는 지적재조사사업에 적용한다.<br><br>**제3조** 삭제 〈2017. 12. 7.〉<br>**제4조** 삭제 〈2017. 12. 7.〉 | **제2조(적용범위)** 이 규정은 지적재조사 행정시스템(이하 "시스템"이라 한다)을 이용하여 업무를 수행하는 모든 과정에 적용하며 사용 대상은 다음과 같다.<br>1. 시스템을 운용·관리하는 국토교통부와 사업관련 정보의 필요성이 인정되는 중앙행정기관<br>2. 지적재조사 행정시스템 업무를 담당하는 지원단 및 추진단<br>3. 같은 법 제5조 및 같은 법 시행령 제4조 제1항에 따라 지적측량대행자로 선정 고시된 자 |

| 법률 | 시행령 | 시행규칙 | 지적재조사업무규정 | 지적재조사행정시스템 운영규정 |
|---|---|---|---|---|
| | | | | 4. 지적재조사 사업지구의 토지 소유자 및 이해관계인 |
| **제3조(다른 법률과의 관계)** ① 이 법은 지적재조사사업에 관하여 다른 법률에 우선하여 적용한다.<br>② 지적재조사사업을 시행할 때 이 법에서 규정하지 아니한 사항에 대하여는 「공간정보의 구축 및 관리 등에 관한 법률」에 따른다. 〈개정 2014. 6. 3.〉 | | | | **제4조(다른 법령과의 관계 등)** 시스템의 관리 · 이용 및 정보제공에 관하여 다른 법령에 특별한 규정이 있는 경우를 제외하고는 이 규정이 정하는 바에 따른다. |
| | **제2장 지적재조사사업의 시행<br>제1절 기본계획의 수립 등** | | | |
| **제4조(기본계획의 수립)** ① 국토교통부장관은 지적재조사사업을 효율적으로 시행하기 위하여 다음 각 호의 사항이 포함된 지적재조사사업에 관한 기본계획(이하 "기본계획"이라 한다)을 수립하여야 한다. 〈개정 2013. 3. 23., 2017. 4. 18., 2021. 1. 12.〉<br>1. 지적재조사사업에 관한 기본방향<br>2. 지적재조사사업의 시행기간 및 규모<br>3. 지적재조사사업비의 연도별 집행계획<br>4. 지적재조사사업비의 특별시 · 광역시 · 도 · 특별자치도 · 특 | **제2조(기본계획의 수립 등)** ①「지적재조사에 관한 특별법」(이하 "법"이라 한다) 제4조제1항제6호에서 "대통령령으로 정하는 사항"이란 다음 각 호의 사항을 말한다. 〈개정 2013. 3. 23.〉<br>1. 디지털 지적(地籍)의 운영 · 관리에 필요한 표준의 제정 및 그 활용<br>2. 지적재조사사업의 효율적 추진을 위하여 필요한 교육 및 연구 · 개발<br>3. 그 밖에 국토교통부장관이 법 제4조제1항에 따른 지적재조사사업에 관한 기본계획(이하 | | | |

| 법률 | 시행령 | 시행규칙 | 지적재조사업무규정 | 지적재조사행정시스템 운영규정 |
|---|---|---|---|---|
| 별자치시 및 「지방자치법」 제198조에 따른 대도시로서 구(區)를 둔 시(이하 "시·도"라 한다)별 배분 계획<br>5. 지적재조사사업에 필요한 인력의 확보에 관한 계획<br>6. 그 밖에 지적재조사사업의 효율적 시행을 위하여 필요한 사항으로서 대통령령으로 정하는 사항<br>② 국토교통부장관은 기본계획을 수립할 때에는 미리 공청회를 개최하여 관계 전문가 등의 의견을 들어 기본계획안을 작성하고, 특별시장·광역시장·도지사·특별자치도지사·특별자치시장 및 「지방자치법」 제198조에 따른 대도시로서 구를 둔 시의 시장(이하 "시·도지사"라 한다)에게 그 안을 송부하여 의견을 들은 후 제28조에 따른 중앙지적재조사위원회의 심의를 거쳐야 한다. 〈개정 2013. 3. 23., 2017. 4. 18., 2021. 1. 12.〉<br>③ 시·도지사는 제2항에 따라 기본계획안을 송부받았을 때에는 이를 지체 없이 지적소관청에 송부하여 그 의견을 들어야 한다.<br>④ 지적소관청은 제3항에 따라 기본 | "기본계획"이라 한다)의 수립에 필요하다고 인정하는 사항<br>② 국토교통부장관은 기본계획 수립을 위하여 관계 중앙행정기관의 장에게 필요한 자료제출을 요청할 수 있다. 이 경우 자료제출을 요청받은 관계 중앙행정기관의 장은 특별한 사정이 없으면 요청에 따라야 한다. 〈개정 2013. 3. 23.〉<br><br>**제3조(기본계획의 경미한 변경)** 법 제4조제5항 단서에서 "대통령령으로 정하는 경미한 사항"이란 다음 각 호의 어느 하나에 해당하는 사항을 말한다. 〈개정 2017. 10. 17.〉<br>1. 다음 각 목의 요건을 모두 충족하는 토지로서 기본계획에 반영된 전체 지적재조사사업 대상 토지의 증감<br>　가. 필지의 100분의 20 이내의 증감<br>　나. 면적의 100분의 20 이내의 증감<br>2. 지적재조사사업 총사업비의 처음 계획 대비 100분의 20 이내의 증감 | | | |

| 법률 | 시행령 | 시행규칙 | 지적재조사업무규정 | 지적재조사행정시스템 운영규정 |
|---|---|---|---|---|
| 계획안을 송부받은 날부터 20일 이내에 시·도지사에게 의견을 제출하여야 하며, 시·도지사는 제2항에 따라 기본계획안을 송부받은 날부터 30일 이내에 지적소관청의 의견에 자신의 의견을 첨부하여 국토교통부장관에게 제출하여야 한다. 이 경우 기간 내에 의견을 제출하지 아니하면 의견이 없는 것으로 본다. 〈개정 2013. 3. 23.〉<br>⑤ 제2항부터 제4항까지의 규정은 기본계획을 변경할 때에도 적용한다. 다만, 대통령령으로 정하는 경미한 사항을 변경할 때에는 제외한다.<br>⑥ 국토교통부장관은 기본계획을 수립하거나 변경하였을 때에는 이를 관보에 고시하고 시·도지사에게 통지하여야 하며, 시·도지사는 이를 지체 없이 지적소관청에 통지하여야 한다. 〈개정 2013. 3. 23.〉<br>⑦ 국토교통부장관은 기본계획이 수립된 날부터 5년이 지나면 그 타당성을 다시 검토하고 필요하면 이를 변경하여야 한다. 〈개정 2013. 3. 23.〉 | | | | |

| 법률 | 시행령 | 시행규칙 | 지적재조사업무규정 | 지적재조사행정시스템 운영규정 |
|---|---|---|---|---|
| **제4조의2(시·도종합계획의 수립)** ① 시·도지사는 기본계획을 토대로 다음 각 호의 사항이 포함된 지적재조사사업에 관한 종합계획(이하 "시·도종합계획"이라 한다)을 수립하여야 한다. 〈개정 2019. 12. 10.〉<br>1. 지적재조사지구 지정의 세부 기준<br>2. 지적재조사사업의 연도별·지적소관청별 사업량<br>3. 지적재조사사업비의 연도별 추산액<br>4. 지적재조사사업비의 지적소관청별 배분 계획<br>5. 지적재조사사업에 필요한 인력의 확보에 관한 계획<br>6. 지적재조사사업의 교육과 홍보에 관한 사항<br>7. 그 밖에 시·도의 지적재조사사업을 위하여 필요한 사항<br>② 시·도지사는 시·도종합계획을 수립할 때에는 시·도종합계획안을 지적소관청에 송부하여 의견을 들은 후 제29조에 따른 시·도 지적재조사위원회의 심의를 거쳐야 한다.<br>③ 지적소관청은 제2항에 따라 시·도종합계획안을 송부받았을 때 | **제3조의2(시·도종합계획의 경미한 변경)** 법 제4조의2제7항 단서에서 "대통령령으로 정하는 경미한 사항"이란 다음 각 호의 어느 하나에 해당하는 사항을 말한다.<br>1. 다음 각 목의 요건을 모두 충족하는 토지로서 법 제4조의2제1항에 따른 시·도종합계획(이하 "시·도종합계획"이라 한다)에 반영된 전체 지적재조사사업 대상 토지의 증감<br>　가. 필지의 100분의 20 이내의 증감<br>　나. 면적의 100분의 20 이내의 증감<br>2. 시·도종합계획에 반영된 지적재조사사업 총사업비의 처음 계획 대비 100분의 20 이내의 증감<br>[본조신설 2017. 10. 17.] | | | |

| 법률 | 시행령 | 시행규칙 | 지적재조사업무규정 | 지적재조사행정시스템 운영규정 |
|---|---|---|---|---|
| 에는 송부받은 날부터 14일 이내에 의견을 제출하여야 한다. 이 경우 기간 내에 의견을 제출하지 아니하면 의견이 없는 것으로 본다. ④ 시·도지사는 시·도종합계획을 확정한 때에는 지체 없이 국토교통부장관에게 제출하여야 한다. ⑤ 국토교통부장관은 제4항에 따라 제출된 시·도종합계획이 기본계획과 부합되지 아니할 때에는 그 사유를 명시하여 시·도지사에게 시·도종합계획의 변경을 요구할 수 있다. 이 경우 시·도지사는 정당한 사유가 없으면 그 요구에 따라야 한다. ⑥ 시·도지사는 시·도종합계획이 수립된 날부터 5년이 지나면 그 타당성을 다시 검토하고 필요하면 변경하여야 한다. ⑦ 제2항부터 제5항까지의 규정은 제6항에 따라 시·도종합계획을 변경할 때에도 적용한다. 다만, 대통령령으로 정하는 경미한 사항을 변경할 때에는 그러하지 아니하다. ⑧ 시·도지사는 제1항에 따라 시·도종합계획을 수립하거나 제6항에 따라 변경하였을 때에는 시·도의 공보에 고시하고 지적소관 | | | | |

| 법률 | 시행령 | 시행규칙 | 지적재조사업무규정 | 지적재조사행정시스템 운영규정 |
|---|---|---|---|---|
| 청에 통지하여야 한다.<br>⑨ 시 · 도종합계획의 작성 기준, 작성 방법, 그 밖에 시 · 도종합계획의 수립에 관한 세부적인 사항은 국토교통부장관이 정한다.<br>[본조신설 2017. 4. 18.] | | | | |
| **제5조(지적재조사사업의 시행자)** ① 지적재조사사업은 지적소관청이 시행한다.<br>② 지적소관청은 지적재조사사업의 측량 · 조사 등을 제5조의2에 따른 책임수행기관에 위탁할 수 있다. 〈개정 2014. 6. 3., 2020. 12. 22.〉<br>③ 지적소관청이 지적재조사사업의 측량 · 조사 등을 책임수행기관에 위착한 때에는 대통령령으로 정하는 바에 따라 이를 고시하여야 한다. 〈개정 2020. 12. 22.〉 | **제4조(측량 · 조사 위탁에 관한 고시 등)** ① 지적소관청은 법 제5조제2항에 따라 법 제5조의2에 따른 책임수행기관(이하 "책임수행기관"이라 한다)에 지적재조사사업의 측량 · 조사 등을 위탁한 때에는 법 제5조제3항에 따라 다음 각 호의 사항을 공보에 고시해야 한다. 〈개정 2020. 6. 23., 2021. 6. 8.〉<br>　1. 책임수행기관의 명칭<br>　2. 지적재조사지구의 명칭<br>　3. 지적재조사지구의 위치 및 면적<br>　4. 책임수행기관에 위탁할 측량 · 조사에 관한 사항<br>② 지적소관청은 토지소유자와 책임수행기관에 제1항 각 호의 사항을 통지해야 한다. 〈개정 2021. 6. 8.〉<br>③ 책임수행기관은 제1항에 따라 위탁받은 지적재조사사업의 측량 · 조사 등의 업무 중 다음 각 호의 업 | **제2조(책임수행기관 지정)** ①「지적재조사에 관한 특별법 시행령」(이하 "영"이라 한다) 제4조의3제1항에 따른 지정신청서는 별지 제1호서식의 지적재조사사업 책임수행기관 지정신청서에 따른다.<br>② 국토교통부장관은 제1항에 따른 지정신청서를 받은 때에는「전자정부법」제36조제1항에 따른 행정정보의 공동이용을 통하여 법인등기사항증명서를 확인해야 한다. 다만, 신청인이 해당 서류의 확인에 동의하지 않은 경우에는 해당 서류를 첨부하도록 해야 한다.<br>③ 국토교통부장관은「지적재조사에 관한 특별법」(이하 "법"이라 한다) 제5조의2제1항에 따라 책임수행기관을 지정한 때에는 별지 제1호의2서식의 지적재조사사업 책임수행기관 지정서를 발급해야 한다.<br>[전문개정 2021. 6. 21.] | | |

| 법률 | 시행령 | 시행규칙 | 지적재조사업무규정 | 지적재조사행정시스템 운영규정 |
|---|---|---|---|---|
| | 무를 「공간정보의 구축 및 관리 등에 관한 법률」 제44조에 따라 지적측량업의 등록을 한 자에게 대행하게 할 수 있다. 〈신설 2021. 6. 8.〉<br>1. 법 제10조제1항 및 제2항에 따른 토지현황조사 및 토지현황조사서 작성<br>2. 법 제11조제1항에 따른 지적재조사측량 중 경계점 측량 및 필지별 면적산정<br>3. 법 제15조제1항에 따른 임시경계점표지 설치<br>4. 법 제18조제2항에 따른 경계점표지 설치<br>④ 책임수행기관은 제3항 각 호의 업무를 대행하게 한 경우에는 지적소관청에 대행업무를 수행하는 자(이하 "지적재조사대행자"라 한다)의 성명(법인인 경우에는 명칭 및 대표자의 성명을 말한다)과 소재지를 알려야 한다. 〈신설 2021. 6. 8.〉<br>⑤ 제3항에 따른 대행을 위한 계약의 체결방법·절차 등에 관하여 필요한 사항은 국토교통부장관이 정하여 고시한다. 〈신설 2021. 6. 8.〉 | | | |

| 법률 | 시행령 | 시행규칙 | 지적재조사업무규정 | 지적재조사행정시스템 운영규정 |
|---|---|---|---|---|
| 제5조의2(책임수행기관의 지정 등) ① 국토교통부장관은 지적재조사사업의 측량·조사 등의 업무를 전문적으로 수행하는 책임수행기관을 지정할 수 있다.<br>② 국토교통부장관은 제1항에 따라 지정된 책임수행기관이 거짓 또는 부정한 방법으로 지정을 받거나 업무를 게을리 하는 등 대통령령으로 정하는 사유가 있는 때에는 그 지정을 취소할 수 있다.<br>③ 국토교통부장관은 제1항에 따른 책임수행기관을 지정·지정취소할 때에는 대통령령으로 정하는 바에 따라 이를 고시하여야 한다.<br>④ 그 밖에 책임수행기관의 지정·지정취소 및 운영 등에 필요한 사항은 대통령령으로 정한다.<br>[본조신설 2020. 12. 22.] | 제4조의2(책임수행기관의 지정 요건 등) ① 국토교통부장관은 법 제5조의2제1항에 따라 사업범위를 전국으로 하는 책임수행기관을 지정하거나 인접한 2개 이상의 특별시·광역시·도·특별자치도·특별자치시를 묶은 권역별로 책임수행기관을 지정할 수 있다.<br>② 법 제5조의2제1항에 따른 책임수행기관의 지정대상은 다음 각 호에 해당하는 자로 한다.<br>1. 「국가공간정보 기본법」 제12조에 따른 한국국토정보공사 (이하 "한국국토정보공사"라 한다)<br>2. 다음 각 목의 기준을 모두 충족하는 자<br>　가. 「민법」 또는 「상법」에 따라 설립된 법인일 것<br>　나. 지적재조사사업을 전담하기 위한 조직과 측량장비를 갖추고 있을 것<br>　다. 「공간정보의 구축 및 관리 등에 관한 법률」 제39조에 따른 측량기술자(지적분야로 한정한다) 1,000명(제1항에 따라 권역별로 책임수행기관을 지정하는 경우에는 권역별로 200명) 이상 | | | |

| 법률 | 시행령 | 시행규칙 | 지적재조사업무규정 | 지적재조사행정시스템 운영규정 |
|---|---|---|---|---|
| | 이 상시 근무할 것<br>③ 책임수행기관의 지정기간은 5년으로 한다.<br>[본조신설 2021. 6. 8.]<br><br>**제4조의3(책임수행기관의 지정절차)**<br>① 법 제5조의2제1항에 따른 지정을 받으려는 자는 국토교통부령으로 정하는 지정신청서에 다음 각 호의 서류를 첨부하여 국토교통부장관에게 제출해야 한다.<br>　1. 사업계획서<br>　2. 제4조의2제2항에 따른 지정 기준을 충족했음을 증명하는 서류<br>② 제1항에 따른 지정신청을 받은 국토교통부장관은 다음 각 호의 사항을 고려하여 지정 여부를 결정한다.<br>　1. 사업계획의 충실성 및 실행가능성<br>　2. 지적재조사사업을　전담하기 위한 조직과 측량장비의 적정성<br>　3. 기술인력의 확보 수준<br>　4. 지적재조사사업의 조속한 이행 필요성<br>③ 국토교통부장관은 제1항에 따른 지정신청이 없거나 제4조의2제2 | | | |

| 법률 | 시행령 | 시행규칙 | 지적재조사업무규정 | 지적재조사행정시스템 운영규정 |
|---|---|---|---|---|
| | 항제2호에 해당하는 자의 지정신청을 검토한 결과 적합한 자가 없는 경우에는 한국국토정보공사를 책임수행기관으로 지정할 수 있다.<br>④ 국토교통부장관은 책임수행기관을 지정한 경우에는 이를 관보 및 인터넷 홈페이지에 공고하고 시·도지사 및 신청자에게 통지해야 한다. 이 경우 시·도지사는 이를 지체 없이 지적소관청에 통보해야 한다.<br>[본조신설 2021. 6. 8.]<br><br>**제4조의4(책임수행기관의 지정취소)**<br>① 국토교통부장관은 법 제5조의2 제2항에 따라 책임수행기관이 다음 각 호의 어느 하나에 해당하는 경우 그 지정을 취소할 수 있다. 다만, 제1호 또는 제2호에 해당하는 경우에는 지정을 취소해야 한다.<br>  1. 거짓이나 부정한 방법으로 지정을 받은 경우<br>  2. 거짓이나 부정한 방법으로 지적재조사·측량업무를 수행한 경우<br>  3. 90일 이상 계속하여 제4조의2 제2항제2호에 따른 지정기준에 미달되는 경우 | | | |

| 법률 | 시행령 | 시행규칙 | 지적재조사업무규정 | 지적재조사행정시스템 운영규정 |
|---|---|---|---|---|
| | 4. 정당한 사유 없이 지적소관청으로부터 위탁받은 업무를 위탁받은 날부터 1개월 이내에 시작하지 않거나 3개월 이상 계속하여 중단한 경우<br>② 국토교통부장관은 제1항에 따라 지정을 취소하려는 경우에는 청문을 실시해야 한다.<br>③ 책임수행기관 지정취소의 공고 및 통지에 관하여는 제4조의3제4항을 준용한다.<br>[본조신설 2021. 6. 8.]<br><br>**제4조의5(책임수행기관의 운영 등)**<br>① 책임수행기관은 법 제5조의2제4항에 따라 매년 다음 연도의 지적재조사사업에 관한 운영계획을 수립하여 11월 30일까지 국토교통부장관에게 제출해야 한다.<br>② 책임수행기관은 지적재조사사업의 효율적 수행을 위하여 다음 각 호의 업무를 수행해야 한다.<br>　1. 제4조제3항에 따라 지적재조사사업의 일부를 대행하게 한 경우 지적재조사대행자에 대한 다음 각 목의 업무 지원<br>　　가. 지적재조사사업을 수행하기 위한 행정지원반 설치·운영 | | | |

| 법률 | 시행령 | 시행규칙 | 지적재조사업무규정 | 지적재조사행정시스템 운영규정 |
|---|---|---|---|---|
| | 나. 경계설정 및 현지조사 등 업무 자문<br>다. 측량소프트웨어 지원<br>라. 지적재조사사업 수행에 필요한 기술 지원<br>2. 지적재조사사업에 관한 연구개발<br>3. 지적재조사사업 홍보<br>③ 국토교통부장관은 책임수행기관에 지적재조사사업 추진실적을 보고하게 할 수 있다.<br>④ 제1항부터 제3항까지에서 규정한 사항 외에 책임수행기관의 지적재조사사업 수행에 관한 구체적 내용 및 절차 등에 관하여 필요한 사항은 국토교통부장관이 정하여 고시한다.<br>[본조신설 2021. 6. 8.] | | | |
| **제6조(실시계획의 수립)** ① 지적소관청은 시·도 종합계획을 통지받았을 때에는 다음 각 호의 사항이 포함된 지적재조사사업에 관한 실시계획(이하 "실시계획"이라 한다)을 수립하여야 한다. 〈개정 2017. 4. 18., 2019. 12. 10.〉<br>1. 지적재조사사업의 시행자<br>2. 지적재조사지구의 명칭<br>3. 지적재조사지구의 위치 및 면 | **제5조(실시계획의 수립 등)** ① 법 제6조제1항제7호에서 "대통령령으로 정하는 사항"이란 다음 각 호의 사항을 말한다. 〈개정 2020. 6. 23.〉<br>1. 지적재조사지구의 현황<br>2. 지적재조사사업의 시행에 관한 세부계획<br>3. 지적재조사측량에 관한 시행계획<br>4. 지적재조사사업의 시행에 따 | | **제2장 실시계획의 수립 등**<br><br>**제5조(실시계획의 수립)** ① 지적소관청은 실시계획 수립을 위하여 당해 지적재조사지구의 토지소유 현황·주택의 현황, 토지의 이용 상황 등을 조사하여야 한다. 〈개정 2020. 11. 24.〉<br>② 지적재조사지구에 대한 기초조사는 공간정보 및 국토정보화사업의 추진에 따라 토지이용·건 | |

| 법률 | 시행령 | 시행규칙 | 지적재조사업무규정 | 지적재조사행정시스템 운영규정 |
|---|---|---|---|---|
| 적<br>4. 지적재조사사업의 시행시기 및 기간<br>5. 지적재조사사업비의 추산액<br>6. 토지현황조사에 관한 사항<br>7. 그 밖에 지적재조사사업의 시행을 위하여 필요한 사항으로서 대통령령으로 정하는 사항<br>② 지적소관청은 실시계획 수립내용을 30일 이상 주민에게 공람하여야 한다. 이 경우 지적소관청은 공람기간 내에 지적재조사지구 토지소유자와 이해관계인에게 실시계획 수립내용을 서면으로 통보한 후 주민설명회를 개최하여야 한다. 〈신설 2020. 12. 22.〉<br>③ 지적재조사지구에 있는 토지소유자와 이해관계인은 주민 공람기간에 지적소관청에 의견을 제출할 수 있으며, 지적소관청은 제출된 의견이 타당하다고 인정할 때에는 이를 반영하여야 한다. 〈신설 2020. 12. 22.〉<br>④ 지적소관청은 실시계획에 포함된 필지는 지적재조사예정지구임을 지적공부에 등록하여야 한다. 〈신설 2020. 12. 22.〉<br>⑤ 실시계획의 작성 기준 및 방법은 국토교통부장관이 정한다. 〈개정 | 른 홍보<br>5. 그 밖에 지적소관청이 법 제6조제1항에 따른 지적재조사사업에 관한 실시계획(이하 "실시계획"이라 한다)의 수립에 필요하다고 인정하는 사항<br>② 지적소관청은 실시계획을 수립할 때에는 시·도종합계획과 연계되도록 하여야 한다. 〈개정 2017. 10. 17.〉 | | 축물 등에 대하여 전산화된 자료와 각종 문헌이나 통계자료를 충분히 활용하도록 하며, 기초조사 항목과 조사내용은 다음과 같다. 〈개정 2020. 11. 24.〉<br><br>③ 지적재조사지구의 토지면적은 토지대장 및 임야대장에 의한 면적으로 한다. 다만, 사업지구를 지나는 도로·구거·하천 등 국·공유지는 실시계획 수립을 위한 지적도면에서 사업지구로 포함되는 부분을 산정한 면적으로 한다. 〈개정 2020. 11. 24.〉<br>④ 지적소관청이 지적재조사 사업 | |

지적재조사업무규정 내 표:

| 조사항목 | 조사내용 | 비고 |
|---|---|---|
| 위치와 면적 | 사업지구의 위치와 면적 | 지적도 및 지형도 |
| 건축물 | 유형별 건축물(단독, 공동 등) | 건축물대장 |
| 용도별 분포 | 용도지역·지구·구역별 면적 | 토지이용계획 자료 |
| 토지 소유현황 | 국유지, 공유지, 사유지 구분 | 토지(임야) 대장 |
| 개별공시지가 현황 | 지목별 평균지가 | 지가자료 |
| 토지의 이용상황 | 지목별 면적과 분포 | 토지대장 |

| 법률 | 시행령 | 시행규칙 | 지적재조사업무규정 | 지적재조사행정시스템 운영규정 |
|---|---|---|---|---|
| 2013. 3. 23., 2020. 12. 22.〉 | | | 을 시행하기 위하여 수립한 실시계획이 법 제7조제7항에 따른 경미한 변경에 따라 시·도지사의 지적재조사지구 변경고시가 있은 때에는 고시된 날로부터 10일 이내에 실시계획을 변경하고, 30일 이상 주민에게 공람공고를 하는 등 후속조치를 하여야 한다. 다만, 법 제7조제7항 단서에 따라 시행령에서 정하는 경미한 사항을 변경할 때에는 제외한다. 〈개정 2019. 10. 8., 2020. 11. 24.〉<br>⑤ 삭제<br><br>**제6조(주민설명회 의견청취)** ① 지적소관청은 작성된 실시계획에 대하여 해당 토지소유자와 이해관계인 및 지역 주민들이 참석하는 주민설명회를 개최하고, 실시계획을 별지 제1호서식에 따라 30일 이상 공람공고를 하여 의견을 청취하여야 하며, 주민설명회를 개최할 때에는 실시계획 수립 내용을 해당 지적재조사지구 토지소유자와 이해관계인에게 서면으로 통보한 후 설명회 개최예정일 14일 전까지 다음 각 호의 사항을 게시판에 게시하여야 한다. 〈개정 2020. 11. 24.〉<br>　1. 주민설명회 개최목적 | |

| 법률 | 시행령 | 시행규칙 | 지적재조사업무규정 | 지적재조사행정시스템 운영규정 |
|---|---|---|---|---|
| | | | 2. 주민설명회 개최 일시 및 장소<br>3. 실시계획의 개요<br>4. 그 밖에 필요한 사항<br>② 주민설명회에는 다음 각 호의 사항을 설명 내용에 포함시켜야 한다. 〈개정 2019. 10. 8., 2020. 11. 24.〉<br>  1. 지적재조사사업의 목적 및 지구 선정배경<br>  2. 사업추진절차<br>  3. 토지소유자협의회의 구성 및 역할<br>  4. 지적재조사지구지정신청동의서 제출 방법<br>  5. 토지현황조사 및 경계설정에 따른 주민 협조사항<br>  6. 그 밖에 주민설명회에 필요한 사항 등<br>③ 주민설명회는 주민의 편의를 고려하여 지적재조사지구를 둘 이상으로 나누어 실시할 수 있다. 〈개정 2020. 11. 24.〉<br>④ 지적재조사지구에 있는 토지소유자와 이해관계인이 실시계획 수립에 따른 의견서를 제출하는 때에는 별지 제2호서식에 따른다. 〈개정 2020. 11. 24.〉<br>⑤ 지적소관청은 주민설명회 개최 등을 통하여 제출된 의견은 면밀 | |

| 법률 | 시행령 | 시행규칙 | 지적재조사업무규정 | 지적재조사행정시스템 운영규정 |
|---|---|---|---|---|
| | | | 히 검토하여 제출된 의견이 타당하다고 인정될 때에는 이를 실시계획에 반영하여야 하며, 제출된 의견은 조치결과, 미조치사유 등 의견청취결과 요지를 지적재조사지구 지정을 신청할 때에 첨부하여야 한다. 〈개정 2020. 11. 24.〉<br><br>**제7조(주민홍보 등)** ① 시·도지사 및 지적소관청은 지적재조사사업에 관한 홍보물을 제작하여 주민 등에게 배포하거나 게시할 수 있다.<br>② 지적소관청은 연도별, 지구별 주민홍보계획을 수립하여 시행할 수 있다.<br><br>**제8조(동의서 산정 등)** ① 영 제7조제1항의 토지소유자 수 및 동의자 수를 산정하는 세부기준은 다음 각 호와 같다. 〈개정 2020. 11. 24.〉<br>　1. 토지소유자의 수를 산정할 때는 등기사항전부증명서에 따른다.<br>　2. 토지소유자에게 동의서 제출을 우편으로 안내하는 경우에는 토지소유자의 주민등록주소지 또는 토지소유자가 송달받을 곳을 지정한 경우 그 주소 | |

| 법률 | 시행령 | 시행규칙 | 지적재조사업무규정 | 지적재조사행정시스템 운영규정 |
|---|---|---|---|---|
|  |  |  | 지로 등기우편으로 발송하여야 하고, 주소불명 등으로 송달이 불가능하여 반송된 때에는 행정절차법 제14조제4항 및 제15조제3항에 따른 공고일로부터 14일이 지난 경우 법 제7조제2항 및 제13조제1항의 토지소유자 총수 및 전체 토지면적에서 제외할 수 있다.<br>3. 동의자 수 기준 시점은 지적재조사지구지정 신청일로 한다.<br>②동의서는 방문, 우편, 이메일, 팩스, 전산매체 등 다양한 방법으로 받을 수 있다.<br>③토지소유자가 본인의 사정상 동의서를 제출할 수 없을 경우 다른 사람에게 그 행위를 위임할 수 있다. 이 경우 동의서에 위임사실을 기재한 위임장과 신분증 사본을 첨부하여야 하며, 위임장은 별지 제3호서식에 따른다.<br>④토지소유자가 미성년자이거나 심신 미약, 사망 등으로 권리행사 능력이 없는 경우에는 민법의 규정을 따른다. 이 경우 동의서에 친권자, 후견인 또는 상속인임을 증명하는 서면을 첨부하여야 한다.<br>⑤토지소유자가 종중, 마을회 등 기 |  |

| 법률 | 시행령 | 시행규칙 | 지적재조사업무규정 | 지적재조사행정시스템 운영규정 |
|---|---|---|---|---|
| | | | 타단체인 경우에는 동의서에 대표자임을 확인할 수 있는 서면을 첨부하여야 한다. | |
| **제7조(지적재조사지구의 지정)** ① 지적소관청은 실시계획을 수립하여 시·도지사에게 지적재조사지구 지정 신청을 하여야 한다. 〈개정 2019. 12. 10.〉<br>② 지적소관청이 시·도지사에게 지적재조사지구 지정을 신청하고자 할 때에는 다음 각 호의 사항을 고려하여 지적재조사지구 토지소유자(국유지·공유지의 경우에는 그 재산관리청을 말한다. 이하 같다) 총수의 3분의 2 이상과 토지면적 3분의 2 이상에 해당하는 토지소유자의 동의를 받아야 한다. 〈개정 2017. 4. 18., 2019. 12. 10.〉<br>1. 지적공부의 등록사항과 토지의 실제 현황이 다른 정도가 심하여 주민의 불편이 많은 지역인지 여부<br>2. 사업시행이 용이한지 여부<br>3. 사업시행의 효과 여부<br>③ 제2항에도 불구하고 지적소관청은 지적재조사지구에 제13조에 따른 토지소유자협의회(이하 "토 | **제6조(지적재조사지구의 지정 등)** ① 법 제7조제1항에 따른 지적재조사지구 지정 신청을 받은 특별시장·광역시장·도지사·특별자치도지사·특별자치시장 및 「지방자치법」 제175조에 따른 대도시로서 구를 둔 시의 시장(이하 "시·도지사"라 한다)은 15일 이내에 그 신청을 법 제29조제1항에 따른 시·도 지적재조사위원회(이하 "시·도 위원회"라 한다)에 회부해야 한다. 〈개정 2017. 10. 17., 2020. 6. 23.〉<br>② 제1항에 따라 지적재조사지구 지정 신청을 회부받은 시·도 위원회는 그 신청을 회부받은 날부터 30일 이내에 지적재조사지구의 지정 여부에 대하여 심의·의결해야 한다. 다만, 사실 확인이 필요한 경우 등 불가피한 사유가 있을 때에는 그 심의기간을 해당 시·도 위원회의 의결을 거쳐 15일의 범위에서 그 기간을 한 차례만 연장할 수 있다. 〈개정 2020. 6. 23.〉<br>③ 시·도 위원회는 지적재조사지구 지정 신청에 대하여 의결을 하였 | | **제9조(지적재조사지구의 지정신청 등)** ① 지적소관청이 법 제7조제1항의 규정에 따라 시·도지사에게 사업지구 지정을 신청할 때에는 별지 제4호서식의 지적재조사지구 지정 신청서에 다음 각 호의 서류를 첨부하여야 한다. 〈개정 2020. 11. 24.〉<br>1. 지적재조사사업 실시계획 내용<br>2. 주민 서면통보, 주민설명회 및 주민공람 개요 등 현황<br>3. 주민 의견청취 내용과 반영 여부<br>4. 토지소유자 동의서<br>5. 토지소유자협의회 구성 현황<br>6. 별지 제5호서식에 의한 토지의 지번별조서<br>② 지적재조사지구 지정 신청서를 받은 시·도지사는 다음 각 호의 사항을 검토한 후 시·도 지적재조사위원회 심의안건을 별지 제6호서식에 따라 작성하여 시·도 지적재조사위원회에 회부하여야 한다. 〈개정 2020. 11. 24.〉<br>1. 지적소관청의 실시계획 수립 | |

| 법률 | 시행령 | 시행규칙 | 지적재조사업무규정 | 지적재조사행정시스템 운영규정 |
|---|---|---|---|---|
| 지소유자협의회"라 한다)가 구성되어 있고 토지소유자 총수의 4분의 3 이상의 동의가 있는 지구에 대하여는 우선하여 지적재조사지구로 지정을 신청할 수 있다. 〈개정 2019. 12. 10.〉<br><br>④ 삭제 〈2020. 12. 22.〉<br>⑤ 삭제 〈2020. 12. 22.〉<br>⑥ 시·도지사는 지적재조사지구를 지정할 때에는 대통령령으로 정하는 바에 따라 제29조에 따른 시·도 지적재조사위원회의 심의를 거쳐야 한다. 〈개정 2019. 12. 10.〉<br>⑦ 제1항부터 제3항까지, 제6항 및 제6조제2항부터 제4항까지의 규정은 지적재조사지구를 변경할 때에도 적용한다. 다만, 대통령령으로 정하는 경미한 사항을 변경할 때에는 제외한다. 〈개정 2019. 12. 10., 2020. 12. 22.〉<br>⑧ 제2항에 따른 동의자 수의 산정방법, 동의절차, 그 밖에 필요한 사항은 대통령령으로 정한다.<br>[제목개정 2019. 12. 10.] | 을 때에는 의결서를 작성하여 지체 없이 시·도지사에게 송부해야 한다. 〈개정 2020. 6. 23.〉<br>④ 시·도지사는 제3항에 따라 의결서를 받은 날부터 7일 이내에 법 제8조에 따라 지적재조사지구를 지정·고시하거나, 지적재조사지구를 지정하지 않는다는 결정을 하고, 그 사실을 지적소관청에 통지해야 한다. 〈개정 2020. 6. 23.〉<br>⑤ 제1항부터 제4항까지의 규정은 지적재조사지구를 변경할 때에도 적용한다. 〈개정 2020. 6. 23.〉<br>[제목개정 2020. 6. 23.]<br><br>**제7조(토지소유자 수 및 동의자 수 산정방법 등)** ① 법 제7조제2항에 따른 토지소유자 수 및 동의자 수는 다음 각 호의 기준에 따라 산정한다.<br>　1. 1필지의 토지가 수인의 공유에 속할 때에는 그 수인을 대표하는 1인을 토지소유자로 산정할 것<br>　2. 1인이 다수 필지의 토지를 소유하고 있는 경우에는 필지 수에 관계없이 토지소유자를 1인으로 산정할 것<br>　3. 토지등기부 및 토지대장·임야대장에 소유자로 등재될 당 | | 내용이 기본계획 및 종합계획과 연계성 여부<br>　2. 주민 의견청취에 대한 적정성 여부<br>　3. 토지소유자 동의요건 충족 여부<br>　4. 그 밖에 시·도 지적재조사위원회 심의에 필요한 사항 등<br>③ 시·도지사는 지적재조사지구를 지정하거나 변경한 경우에 별지 제7호서식에 따라 시·도 공보에 고시하여야 한다. 〈개정 2020. 11. 24.〉<br>④ 시·도지사로부터 지적재조사지구 지정 또는 변경을 통보받은 지적소관청은 관계서류를 해당 지적재조사지구 토지소유자와 주민들에게 열람시켜야 하며, 지적공부에 지적재조사지구로 지정된 사실을 기재하여야 한다. 〈개정 2020. 11. 24.〉<br>[제목개정 2020. 11. 24.]<br><br>**제10조(책임수행기관 위탁 등)** ① 지적소관청이 법 제5조제3항에 따라 지적재조사사업의 측량·조사 등을 책임수행기관에게 위탁할 경우 별지 제8호서식에 따라 지적소관청 공보에 고시하여야 한다. 〈개정 | |

| 법률 | 시행령 | 시행규칙 | 지적재조사업무규정 | 지적재조사행정시스템 운영규정 |
|---|---|---|---|---|
| | 시 주민등록번호의 기재가 없거나 기재된 주소가 현재 주소와 다른 경우 또는 소재가 확인되지 아니한 자는 토지소유자의 수에서 제외할 것<br>4. 삭제 〈2017. 10. 17.〉<br>② 토지소유자가 법 제7조제2항 또는 제3항에 따라 동의하거나 그 동의를 철회할 경우에는 국토교통부령으로 정하는 지적재조사지구지정신청동의서 또는 동의철회서를 지적소관청에 제출해야 한다. 〈개정 2013. 3. 23., 2017. 10. 17., 2020. 6. 23.〉<br>③ 제1항제1호에 해당하는 공유토지의 대표 소유자는 국토교통부령으로 정하는 대표자 지정 동의서를 첨부하여 제2항에 따른 동의서 또는 동의철회서와 함께 지적소관청에 제출하여야 한다. 〈개정 2013. 3. 23.〉<br>④ 토지소유자가 외국인인 경우에는 지적소관청은 「전자정부법」 제36조제1항에 따른 행정정보의 공동이용을 통하여 「출입국관리법」 제88조에 따른 외국인등록 사실증명을 확인하여야 하되, 토지소유자가 행정정보의 공동이용을 통한 외국인등록 사실증명의 | 제3조(동의서 등) ① 영 제7조제2항에 따른 지적재조사지구지정신청동의서·동의철회서는 별지 제1호의3서식에 따른다. 〈개정 2017. 10. 19., 2020. 6. 18., 2021. 6. 21.〉<br>② 영 제7조제3항에 따른 대표자 지정 동의서는 별지 제2호서식에 따른다. | 2021. 2. 16.〉<br>② 지적재조사사업의 측량·조사 수수료에 관한 사항은 「지적측량 수수료 산정기준 등에 관한 규정」을 따른다.<br>③ 지적재조사사업의 측량·조사 수수료 산정 필지수는 지적재조사지구 지정 고시일을 기준으로 한다. 〈개정 2020. 11. 24.〉<br>[제목개정 2021. 2. 16.] | |

| 법률 | 시행령 | 시행규칙 | 지적재조사업무규정 | 지적재조사행정시스템 운영규정 |
|---|---|---|---|---|
| | 확인에 동의하지 아니하는 경우에는 해당 서류를 첨부하게 하여야 한다.<br>⑤ 지적소관청은 지적재조사지구 지정 신청에 관한 업무를 위하여 필요한 때에는 관계 기관에 주민등록 및 가족관계 등록사항에 관한 자료 제공을 요청할 수 있다. 이 경우 요청을 받은 관계 기관은 정당한 사유가 없는 한 이에 따라야 한다. 〈신설 2017. 10. 17., 2020. 6. 23.〉<br><br>**제8조(지적재조사지구의 경미한 변경)** 법 제7조제7항 단서에서 "대통령령으로 정하는 경미한 사항"이란 다음 각 호의 어느 하나에 해당하는 사항을 말한다. 〈개정 2017. 10. 17., 2020. 6. 23.〉<br>　1. 지적재조사지구 명칭의 변경<br>　2. 1년 이내의 범위에서의 지적재조사사업기간의 조정<br>　3. 다음 각 목의 요건을 모두 충족하는 지적재조사사업 대상 토지의 증감<br>　　가. 필지의 100분의 20 이내의 증감<br>　　나. 면적의 100분의 20 이내의 증감<br>[제목개정 2020. 6. 23.] | | | |

| 법률 | 시행령 | 시행규칙 | 지적재조사업무규정 | 지적재조사행정시스템 운영규정 |
|---|---|---|---|---|
| **제8조(지적재조사지구 지정고시)** ① 시·도지사는 지적재조사지구를 지정하거나 변경한 경우에 시·도 공보에 고시하고 그 지정내용 또는 변경내용을 국토교통부장관에게 보고하여야 하며, 관계 서류를 일반인이 열람할 수 있도록 하여야 한다. 〈개정 2013. 3. 23., 2019. 12. 10.〉<br>② 지적재조사지구의 지정 또는 변경에 대한 고시가 있을 때에는 지적공부에 지적재조사지구로 지정된 사실을 기재하여야 한다. 〈개정 2019. 12. 10.〉<br>[제목개정 2019. 12. 10.] | **제9조** 삭제 〈2017. 10. 17.〉 | | | |
| **제9조(지적재조사지구 지정의 효력 상실 등)** ① 지적소관청은 지적재조사지구 지정고시를 한 날부터 2년 내에 토지현황조사 및 지적재조사를 위한 지적측량(이하 "지적재조사측량"이라 한다)을 시행하여야 한다. 〈개정 2017. 4. 18., 2019. 12. 10.〉<br>② 제1항의 기간 내에 토지현황조사 및 지적재조사측량을 시행하지 아니할 때에는 그 기간의 만료로 지적재조사지구의 지정은 효력이 상실된다. 〈개정 2017. 4. 18., 2019. 12. 10.〉 | | | | |

| 법률 | 시행령 | 시행규칙 | 지적재조사업무규정 | 지적재조사행정시스템 운영규정 |
|---|---|---|---|---|
| ③ 시·도지사는 제2항에 따라 지적재조사지구 지정의 효력이 상실되었을 때에는 이를 시·도 공보에 고시하고 국토교통부장관에게 보고하여야 한다. 〈개정 2013. 3. 23., 2019. 12. 10.〉<br>[제목개정 2019. 12. 10.] | | | | |
| | **제2절 지적측량 등** | | **제3장 토지현황조사 등** | |
| **제10조(토지현황조사)** ① 지적소관청은 제6조에 따른 실시계획을 수립한 때에는 지적재조사예정지구임이 지적공부에 등록된 토지를 대상으로 토지현황조사를 하여야 하며, 토지현황조사는 지적재조사측량과 병행하여 실시할 수 있다. 〈개정 2017. 4. 18., 2019. 12. 10., 2020. 12. 22.〉<br>② 토지현황조사를 할 때에는 소유자, 지번, 지목, 경계 또는 좌표, 지상건축물 및 지하건축물의 위치, 개별공시지가 등을 기재한 토지현황조사서를 작성하여야 한다. 〈개정 2017. 4. 18.〉<br>③ 토지현황조사에 따른 조사 범위·대상·항목과 토지현황조사서 기재·작성 방법에 관련된 사항은 국토교통부령으로 정한다. | | **제4조(토지현황조사)** ① 법 제10조제1항에 따른 토지현황조사(이하 "토지현황조사"라 한다)는 지적재조사지구의 필지별로 다음 각 호의 사항에 대하여 조사한다. 〈개정 2020. 6. 18.〉<br>　1. 토지에 관한 사항<br>　2. 건축물에 관한 사항<br>　3. 토지이용계획에 관한 사항<br>　4. 토지이용 현황 및 건축물 현황<br>　5. 지하시설물(지하구조물) 등에 관한 사항<br>　6. 그 밖에 국토교통부장관이 토지현황조사와 관련하여 필요하다고 인정하는 사항<br>② 토지현황조사는 사전조사와 현지조사로 구분하여 실시하며, 현지조사는 법 제9조제1항에 따른 | **제11조(토지현황 사전조사)** 규칙 제4조제2항에 따른 토지현황 사전조사는 다음 각 호의 자료를 기준으로 작성한다.<br>　1. 토지에 관한 사항 : 지적공부 및 토지등기부<br>　　가. 소유자 : 등기사항증명서<br>　　나. 이해관계인 : 등기사항증명서<br>　　다. 지번 : 토지(임야)대장 또는 지적(임야)도<br>　　라. 지목 : 토지(임야)대장<br>　　마. 토지면적 : 토지(임야)대장<br>　2. 건축물에 관한 사항 : 건축물대장 및 건물등기부<br>　　가. 소유자 : 등기사항증명서<br>　　나. 이해관계인 : 등기사항증명서 | |

| 법률 | 시행령 | 시행규칙 | 지적재조사업무규정 | 지적재조사행정시스템 운영규정 |
|---|---|---|---|---|
| 〈개정 2013. 3. 23., 2017. 4. 18.〉<br>[제목개정 2017. 4. 18.] | | 지적재조사를 위한 지적측량(이하 "지적재조사측량"이라 한다)과 함께 할 수 있다. 〈개정 2017. 10. 19.〉<br>③ 법 제10조제2항에 따른 토지현황조사서는 별지 제3호서식에 따른다. 〈개정 2017. 10. 19.〉<br>④ 제1항부터 제3항까지에서 규정한 사항 외에 토지현황조사서 작성에 필요한 사항은 국토교통부장관이 정하여 고시한다. 〈개정 2013. 3. 23., 2017. 10. 19.〉<br>[제목개정 2017. 10. 19.] | 다. 건물면적 : 건축물대장<br>라. 구조물 및 용도 : 건축물대장<br>3. 토지이용계획에 관한 사항 : 토지이용계획확인서(토지이용규제기본법령에 따라 구축·운영하고 있는 국토이용정보체계의 지역·지구 등의 정보)<br>4. 토지이용 현황 및 건축물 현황 : 개별공시지가 토지특성조사표, 국·공유지 실태조사표, 건축물대장 현황 및 배치도<br>5. 지하시설(구조)물 등 현황 : 도시철도 및 지하상가 등 지하시설물을 관리하는 관리기관·관리부서의 자료와 구분지상권 등기사항<br><br>**제12조(토지현황 현지조사)** 토지현황 현지조사는 지적재조사측량과 병행하여 다음 각 호의 방법으로 한다. 〈개정 2020. 11. 24.〉<br>1. 토지의 이용현황과 담장, 옹벽, 전주, 통신주 및 도로시설물 등 구조물의 위치를 조사하여 측량도면에 표시하여야 한다.<br>2. 지상 건축물 및 지하 건축물의 위치를 조사하여 측량도면에 | |

| 법률 | 시행령 | 시행규칙 | 지적재조사업무규정 | 지적재조사행정시스템 운영규정 |
|---|---|---|---|---|
| | | | 표시하여야 한다. 이 경우 측량할 수 없는 지하 건축은 제외하거나 제11조제5호에 따른 자료가 있는 경우 이용·활용하여 표시하며, 건축물대장에 기재되어 있지 않은 건축물이 있는 경우 또는 면적과 위치가 다른 경우 관련부서로 통보하여야 한다.<br>3. 경계 등 조사내용은 점유경계 현황, 임대차 현황 등 특이사항이 있는 경우 조사자 의견란에 구체적으로 작성하여야 한다.<br><br>**제13조(토지현황조사서 작성 등)** 토지현황조사서는 다음 각 호와 같이 작성한다. 〈개정 2020. 11. 24.〉<br>1. 조사항목별 내용을 기록할 때는 별표의 토지현황조사표 항목코드에 따라 속성 및 코드로 항목속성에 부합되게 작성한다. 다만, 코드화하지 못한 사항은 수기로 작성하여야 한다.<br>2. 토지현황 사전·현지 조사서는 예시1, 예시2와 같이 구분하여 작성한다.<br>3. 조사서에 사용하였던 관련서류는 디지털화하고, 디지털화하기 어려운 비규격 용지의 경 | |

| 법률 | 시행령 | 시행규칙 | 지적재조사업무규정 | 지적재조사행정시스템 운영규정 |
|---|---|---|---|---|
| | | | 우 별도의 장소에 보관한다.<br>4. 현황사진은 해당토지의 이용<br>현황과 주변토지의 이용현황<br>을 드론 또는 항공사진측량 등<br>으로 촬영한 정사영상자료에<br>해당토지의 점유현황 경계를<br>붉은색으로 표시하여 작성하<br>여야 한다. 다만, 비행금지구<br>역 또는 보안규정 등으로 인하<br>여 작성할 수 없는 경우에는 생<br>략할 수 있다.<br>5. 토지특성은 현장조사를 통해<br>필지별로 조사한다.<br>6. 건축물 등에 관한 사항은 지상<br>건축물의 층수, 이용현황, 거<br>주 및 경작자 현황 등을 조사하<br>여 작성한다.<br>7. 현황경계는 동서남북의 방위<br>별로 경계형태, 경계폭, 연접<br>토지현황, 연접토지와의 고저<br>등을 상세하게 작성하고, 명확<br>한 경계가 없는 경우에는 특이<br>사항에 현실경계현황을 구체<br>적으로 작성하여야 한다.<br>8. 토지현황조사 과정에서 나타<br>나는 특이사항 등은 조사자 의<br>견란에 구체적으로 작성하고,<br>작성할 내용이 많은 경우 별지<br>로 작성할 수 있다. | |

| 법률 | 시행령 | 시행규칙 | 지적재조사업무규정 | 지적재조사행정시스템 운영규정 |
|---|---|---|---|---|
| | | | **제14조(토지현황 현지조사 입회)** 지적소관청은 토지현황 현지조사를 위하여 토지소유자, 그 밖에 이해관계인 또는 그 대리인을 입회하게 할 수 있다. | |
| **제11조(지적재조사측량)** ① 지적재조사측량은 「공간정보의 구축 및 관리 등에 관한 법률」 제2조제4호에 따른 지적측량(이하 "지적측량"이라 한다)으로 한다. 이 경우 성과의 검사에 관련된 사항은 「공간정보의 구축 및 관리 등에 관한 법률」 제25조를 준용한다. 〈개정 2014. 6. 3., 2017. 4. 18.〉<br>② 지적재조사측량은 「공간정보의 구축 및 관리 등에 관한 법률」 제6조제1항제1호의   측량기준으로 한다. 〈개정 2014. 6. 3.〉<br>③ 제1항과 제2항 외에 지적재조사측량의 방법과 절차 등은 국토교통부령으로 정한다. 〈개정 2013. 3. 23.〉 | | **제5조(지적재조사측량)** ① 지적재조사측량은 지적기준점을 정하기 위한 기초측량과 일필지의 경계와 면적을 정하는 세부측량으로 구분한다.<br>② 기초측량과 세부측량은 「공간정보의 구축 및 관리에 관한 법률 시행령」 제8조제1항에 따른 국가기준점 및 지적기준점을 기준으로 측정하여야 한다. 〈개정 2017. 10. 19.〉<br>③ 기초측량은 위성측량 및 토털 스테이션측량의 방법으로 한다.<br>④ 세부측량은 위성측량, 토털 스테이션측량 및 항공사진측량 등의 방법으로 한다.<br>⑤ 제1항부터 제4항까지에서 규정한 사항 외에 지적재조사측량의 기준, 방법 및 절차 등에 관하여 필요한 사항은 국토교통부장관이 정하여 고시한다. 〈개정 2013. 3. 23.〉 | **제15조(경계점표지 설치 입회)** 토지의 경계에 임시 경계점표지 또는 경계점표지를 설치하는 경우 토지소유자협의회 위원, 토지소유자 등을 입회시켜야 한다. 다만, 토지소유자 등이 입회를 거부하거나 입회를 할 수 없는 부득이한 경우에는 그러하지 아니하다.<br><br>**제16조** 삭제 〈2017. 12. 7.〉<br>**제17조** 삭제 〈2017. 12. 7.〉 | |

| 법률 | 시행령 | 시행규칙 | 지적재조사업무규정 | 지적재조사행정시스템 운영규정 |
|---|---|---|---|---|
| | | **제6조(지적재조사측량성과검사의 방법 등)** ① 지적측량수행자는 지적재조사측량성과의 검사에 필요한 자료를 지적소관청에 제출하여야 한다. 〈개정 2017. 10. 19.〉<br>② 지적소관청은 위성측량, 토털 스테이션측량 및 항공사진측량 방법 등으로 지적재조사측량성과 (지적기준점측량성과는 제외한다)의 정확성을 검사하여야 한다.<br>③ 제2항에도 불구하고 지적소관청은 인력 및 장비 부족 등의 부득이한 사유로 지적재조사측량성과의 정확성에 대한 검사를 할 수 없는 경우에는 특별시장·광역시장·도지사·특별자치도지사·특별자치시장 및 「지방자치법」 제175조에 따른 대도시로서 구를 둔 시의 시장(이하 "시·도지사"라 한다)에게 그 검사를 요청할 수 있다. 이 경우 시·도지사는 검사를 하였을 때에는 그 결과를 지적소관청에 통지하여야 한다. 〈개정 2017. 10. 19.〉<br>④ 지적소관청은 지적기준점측량성과의 검사에 필요한 자료를 시·도지사에게 송부하고, 그 정확성에 대한 검사를 요청하여야 한다. 이 경우 시·도지사는 검사를 하 | | |

| 법률 | 시행령 | 시행규칙 | 지적재조사업무규정 | 지적재조사행정시스템 운영규정 |
|---|---|---|---|---|
| | | 였을 때에는 그 결과를 지적소관청에 통지하여야 한다.<br><br>**제7조(지적재조사측량성과의 결정)** 지적재조사측량성과와 지적재조사측량성과에 대한 검사의 연결교차가 다음 각 호의 범위 이내일 때에는 해당 지적재조사측량성과를 최종 측량성과로 결정한다.<br>　1. 지적기준점 : ±0.03미터<br>　2. 경계점 : ±0.07미터 | | |
| **제12조(경계복원측량 및 지적공부 정리의 정지)** ① 제8조에 따른 지적재조사지구 지정고시가 있으면 해당 지적재조사지구 내의 토지에 대해서는 제23조에 따른 사업완료 공고 전까지 다음 각 호의 행위를 할 수 없다. 〈개정 2019. 12. 10.〉<br>　1. 「공간정보의 구축 및 관리 등에 관한 법률」 제23조제1항제4호에 따라 경계점을 지상에 복원하기 위하여 하는 지적측량(이하 "경계복원측량"이라 한다)<br>　2. 「공간정보의 구축 및 관리 등에 관한 법률」 제77조부터 제84조까지에 따른 지적공부의 정리(이하 "지적공부정리"라 한다)<br>② 제1항에도 불구하고 다음 각 호의 | | | | |

| 법률 | 시행령 | 시행규칙 | 지적재조사업무규정 | 지적재조사행정시스템 운영규정 |
|---|---|---|---|---|
| 어느 하나에 해당하는 경우에는 경계복원측량 또는 지적공부정리를 할 수 있다.<br>1. 지적재조사사업의 시행을 위하여 경계복원측량을 하는 경우<br>2. 법원의 판결 또는 결정에 따라 경계복원측량 또는 지적공부정리를 하는 경우<br>3. 토지소유자의 신청에 따라 제30조에 따른 시·군·구 지적재조사위원회가 경계복원측량 또는 지적공부정리가 필요하다고 결정하는 경우<br>[전문개정 2017. 4. 18.] | | | | |
| 제13조(토지소유자협의회) ① 지적재조사지구의 토지소유자는 토지소유자 총수의 2분의 1 이상과 토지면적 2분의 1 이상에 해당하는 토지소유자의 동의를 받아 토지소유자협의회를 구성할 수 있다. 〈개정 2017. 4. 18., 2019. 12. 10.〉<br>② 토지소유자협의회는 위원장을 포함한 5명 이상 20명 이하의 위원으로 구성한다. 토지소유자협의회의 위원은 그 지적재조사지구에 있는 토지의 소유자이어야 하며, 위원장은 위원 중에서 호선한다. 〈개정 2019. 12. 10.〉 | 제10조(토지소유자협의회의 구성 등) ① 법 제13조제1항에 따른 토지소유자협의회(이하 이 조에서 "협의회"라 한다)를 구성할 때 토지소유자 수 및 동의자 수 산정은 제7조제1항의 기준에 따른다.<br>② 토지소유자가 협의회 구성에 동의하거나 그 동의를 철회하려는 경우에는 국토교통부령으로 정하는 협의회구성동의서 또는 동의철회서에 본인임을 확인한 후 서명 또는 날인하여 지적소관청에 제출하여야 한다. 〈개정 2017. 10. 17.〉 | 제7조의2(토지소유자협의회구성동의서) 영 제10조제2항에 따른 토지소유자협의회구성동의서는 별지 제3호의2서식에 따른다. | 제18조(토지소유자협의회) ① 지적소관청은 협의회 운영에 필요한 사항을 지원할 수 있다.<br>② 지적소관청은 협의회 구성에 필요한 별지 제8호의2서식과 의결 내용의 관리에 필요한 별지 제9호서식을 제공할 수 있다. | |

| 법률 | 시행령 | 시행규칙 | 지적재조사업무규정 | 지적재조사행정시스템 운영규정 |
|---|---|---|---|---|
| ③ 토지소유자협의회의 기능은 다음 각 호와 같다. 〈개정 2017. 4. 18., 2019. 12. 10.〉<br>1. 지적소관청에 대한 제7조제3항에 따른 지적재조사지구의 신청<br>2. 토지현황조사에 대한 입회<br>3. 임시경계점표지 및 경계점표지의 설치에 대한 입회<br>4. 삭제 〈2017. 4. 18.〉<br>5. 제20조제3항에 따른 조정금 산정기준에 대한 의견 제출<br>6. 제31조에 따른 경계결정위원회(이하 "경계결정위원회"라 한다) 위원의 추천<br>④ 제1항에 따른 동의자 수의 산정방법 및 동의절차, 토지소유자협의회의 구성 및 운영, 그 밖에 필요한 사항은 대통령령으로 정한다. | ③ 협의회의 위원장은 협의회를 대표하고, 협의회의 업무를 총괄한다.<br>④ 협의회의 회의는 재적위원 과반수의 출석으로 개의(開議)하고, 출석위원 과반수의 찬성으로 의결한다.<br>⑤ 제1항부터 제4항까지에서 규정한 사항 외에 협의회의 운영 등에 필요한 사항은 협의회의 의결을 거쳐 위원장이 정한다. | | | |
| | **제3절 경계의 확정 등** | | **제4장 경계의 확정 등** | |
| **제14조(경계설정의 기준)** ① 지적소관청은 다음 각 호의 순위로 지적재조사를 위한 경계를 설정하여야 한다.<br>1. 지상경계에 대하여 다툼이 없는 경우 토지소유자가 점유하는 토지의 현실경계<br>2. 지상경계에 대하여 다툼이 있는 경우 등록할 때의 측량기록 | **제10조의2(경계설정합의서)** 법 제14조제2항에 따라 토지소유자들이 합의하여 경계를 설정하려는 경우에는 국토교통부령으로 정하는 경계설정합의서를 법 제15조제1항에 따른 임시경계점표지 설치 전까지 지적소관청에 제출하여야 한다.<br>[본조신설 2017. 10. 17.] | **제7조의3(경계설정합의서)** 영 제10조의2에 따른 경계설정합의서는 별지 제3호의3서식에 따른다. | **제19조** 삭제 〈2017. 12. 7.〉 | |

| 법률 | 시행령 | 시행규칙 | 지적재조사업무규정 | 지적재조사행정시스템 운영규정 |
|---|---|---|---|---|
| 을 조사한 경계<br>3. 지방관습에 의한 경계<br>② 지적소관청은 제1항 각 호의 방법에 따라 지적재조사를 위한 경계 설정을 하는 것이 불합리하다고 인정하는 경우에는 토지소유자들이 합의한 경계를 기준으로 지적재조사를 위한 경계를 설정할 수 있다. 〈개정 2017. 4. 18.〉<br>③ 지적소관청은 제1항과 제2항에 따라 지적재조사를 위한 경계를 설정할 때에는 「도로법」, 「하천법」 등 관계 법령에 따라 고시되어 설치된 공공용지의 경계가 변경되지 아니하도록 하여야 한다. 다만, 해당 토지소유자들 간에 합의한 경우에는 그러하지 아니하다. 〈개정 2017. 4. 18.〉 | | | | |
| 제15조(경계점표지 설치 및 지적확정예정조서 작성 등) ① 지적소관청은 제14조에 따라 경계를 설정하면 지체 없이 임시경계점표지를 설치하고 지적재조사측량을 실시하여야 한다.<br>② 지적소관청은 지적재조사측량을 완료하였을 때에는 대통령령으로 정하는 바에 따라 기존 지적공부상의 종전 토지면적과 지적재조사를 통하여 산정된 토지면적 | 제11조(지적확정예정조서의 작성) 지적소관청은 법 제15조제2항 본문에 따른 지적확정예정조서에 다음 각 호의 사항을 포함하여야 한다. 〈개정 2013. 3. 23., 2017. 10. 17., 2021. 6. 8.〉<br>1. 토지의 소재지<br>2. 종전 토지의 지번, 지목 및 면적<br>3. 산정된 토지의 지번, 지목 및 면적<br>4. 토지소유자의 성명 또는 명칭 | 제8조(지적확정예정조서) 법 제15조제2항에 따른 지적확정예정조서는 별지 제4호서식에 따른다. 〈개정 2017. 10. 19.〉<br>[제목개정 2017. 10. 19.] | 제20조(지적확정예정통지서에 대한 의견제출) 법 제15조제3항에 따른 지적확정예정통지서는 별지 제9호의2서식에 의하며, 통지받은 토지소유자나 이해관계인이 의견을 제출하는 경우에는 지적확정예정통지서를 수령한 날부터 20일 이내에 별지 제10호서식에 따라 지적소관청에 제출하여야 한다. 〈개정 2019. 10. 8.〉 | |

| 법률 | 시행령 | 시행규칙 | 지적재조사업무규정 | 지적재조사행정시스템 운영규정 |
|---|---|---|---|---|
| 에 대한 지번별 내역 등을 표시한 지적확정예정조서를 작성하여야 한다. 다만, 제8조제1항에 따라 지적재조사지구로 지정되지 아니한 경우에는 그러하지 아니하다. 〈개정 2017. 4. 18., 2020. 12. 22.〉<br>③ 지적소관청은 제2항에 따른 지적확정예정조서를 작성하였을 때에는 토지소유자나 이해관계인에게 그 내용을 통보하여야 하며, 통보를 받은 토지소유자나 이해관계인은 지적소관청에 의견을 제출할 수 있다. 이 경우 지적소관청은 제출된 의견이 타당하다고 인정할 때에는 경계를 다시 설정하고, 임시경계점표지를 다시 설치하는 등의 조치를 하여야 한다. 〈개정 2017. 4. 18.〉<br>④ 누구든지 제1항 및 제3항에 따른 임시경계점표지를 이전 또는 파손하거나 그 효용을 해치는 행위를 하여서는 아니 된다.<br>⑤ 그 밖에 지적확정예정조서의 작성에 필요한 사항은 국토교통부령으로 정한다. 〈개정 2013. 3. 23., 2017. 4. 18.〉<br>[제목개정 2017. 4. 18.] | 및 주소<br>5. 그 밖에 국토교통부장관이 지적확정예정조서 작성에 필요하다고 인정하여 고시하는 사항 | | | |

| 법률 | 시행령 | 시행규칙 | 지적재조사업무규정 | 지적재조사행정시스템 운영규정 |
|---|---|---|---|---|
| 제16조(경계의 결정) ① 지적재조사에 따른 경계결정은 경계결정위원회의 의결을 거쳐 결정한다.<br>② 지적소관청은 제1항에 따른 경계에 관한 결정을 신청하고자 할 때에는 제15조제2항에 따른 지적확정예정조서에 토지소유자나 이해관계인의 의견을 첨부하여 경계결정위원회에 제출하여야 한다. 〈개정 2017. 4. 18.〉<br>③ 제2항에 따른 신청을 받은 경계결정위원회는 지적확정예정조서를 제출받은 날부터 30일 이내에 경계에 관한 결정을 하고 이를 지적소관청에 통지하여야 한다. 이 기간 안에 경계에 관한 결정을 할 수 없는 부득이한 사유가 있을 때에는 경계결정위원회는 의결을 거쳐 30일의 범위에서 그 기간을 연장할 수 있다. 〈개정 2017. 4. 18.〉<br>④ 토지소유자나 이해관계인은 경계결정위원회에 참석하여 의견을 진술할 수 있다. 경계결정위원회는 토지소유자나 이해관계인이 의견진술을 신청하는 경우에는 특별한 사정이 없으면 이에 따라야 한다. 〈개정 2020. 6. 9.〉<br>⑤ 경계결정위원회는 제3항에 따라 경계에 관한 결정을 하기에 앞서 | | | 제21조(경계결정 등) ① 법 제16조제3항에 의한 지적확정예정조서 의결서는 별지 제11호서식에 따른다.<br>② 지적소관청은 법 제16조제6항에 따라 토지소유자나 이해관계인에게 경계에 관한 결정을 통지하는 때에는 별지 제12호서식에 따른다.<br>③ 지적소관청은 법 제17조제3항에 따라 경계결정위원회에 제출하는 이의신청에 대한 의견서는 별지 제13호서식으로, 법 제17조제5항에 의한 경계결정 이의신청에 대한 의결서는 별지 제14호서식에 따른다. | |

| 법률 | 시행령 | 시행규칙 | 지적재조사업무규정 | 지적재조사행정시스템 운영규정 |
|---|---|---|---|---|
| 토지소유자들로 하여금 경계에 관한 합의를 하도록 권고할 수 있다.<br>⑥ 지적소관청은 제3항에 따라 경계 결정위원회로부터 경계에 관한 결정을 통지받았을 때에는 지체 없이 이를 토지소유자나 이해관계인에게 통지하여야 한다. 이 경우 제17조제1항에 따른 기간 안에 이의신청이 없으면 경계결정위원회의 결정대로 경계가 확정된다는 취지를 명시하여야 한다. | | | | |
| **제17조(경계결정에 대한 이의신청)**<br>① 제16조제6항에 따라 경계에 관한 결정을 통지받은 토지소유자나 이해관계인이 이에 대하여 불복하는 경우에는 통지를 받은 날부터 60일 이내에 지적소관청에 이의신청을 할 수 있다.<br>② 제1항에 따라 이의신청을 하고자 하는 토지소유자나 이해관계인은 지적소관청에 이의신청서를 제출하여야 한다. 이 경우 이의신청서에는 증빙서류를 첨부하여야 한다.<br>③ 지적소관청은 제2항에 따라 이의신청서가 접수된 날부터 14일 이내에 이의신청서에 의견서를 첨부하여 경계결정위원회에 송부 | | **제9조(경계결정에 대한 이의신청)** 법 제17조제2항에 따라 경계결정에 대한 이의신청을 하려는 토지소유자나 이해관계인은 별지 제5호서식의 경계결정 이의신청서에 증명서류를 첨부하여 지적소관청에 제출하여야 한다. | | |

| 법률 | 시행령 | 시행규칙 | 지적재조사업무규정 | 지적재조사행정시스템 운영규정 |
|---|---|---|---|---|
| 하여야 한다.<br>④ 제3항에 따라 이의신청서를 송부 받은 경계결정위원회는 이의신 청서를 송부받은 날부터 30일 이 내에 이의신청에 대한 결정을 하 여야 한다. 다만, 부득이한 경우에 는 30일의 범위에서 처리기간을 연장할 수 있다.<br>⑤ 경계결정위원회는 이의신청에 대 한 결정을 하였을 때에는 그 내용 을 지적소관청에 통지하여야 하 며, 지적소관청은 결정내용을 통 지받은 날부터 7일 이내에 결정서 를 작성하여 이의신청인에게는 그 정본을, 그 밖의 토지소유자나 이해관계인에게는 그 부본을 송 달하여야 한다. 이 경우 토지소유 자는 결정서를 송부받은 날부터 60일 이내에 경계결정위원회의 결정에 대하여 행정심판이나 행 정소송을 통하여 불복할 지 여부 를 지적소관청에 알려야 한다.<br>⑥ 삭제 〈2017. 4. 18.〉 | | | | |
| **제18조(경계의 확정)** ① 지적재조사 사업에 따른 경계는 다음 각 호의 시 기에 확정된다.<br> 1. 제17조제1항에 따른 이의신청 기간에 이의를 신청하지 아니 | | **제10조(지상경계점등록부)** ① 법 제 18조제2항에 따라 지적소관청이 작 성하여 관리하는 지상경계점등록부 에는 다음 각 호의 사항이 포함되어야 한다. 〈개정 2017. 10. 19., 2020. 10. | **제22조(지상경계점등록부 작성)** ① 규칙 제10조에 따른 지상경계점등 록부는 다음 각 호에 따라 예시 3과 같이 작성한다. 〈개정 2020. 11. 24.〉<br> 1. 토지소재의 지번, 지목 및 면적 | |

| 법률 | 시행령 | 시행규칙 | 지적재조사업무규정 | 지적재조사행정시스템 운영규정 |
|---|---|---|---|---|
| 하였을 때<br>2. 제17조제4항에 따른 이의신청에 대한 결정에 대하여 60일 이내에 불복의사를 표명하지 아니하였을 때<br>3. 제16조제3항에 따른 경계에 관한 결정이나 제17조제4항에 따른 이의신청에 대한 결정에 불복하여 행정소송을 제기한 경우에는 그 판결이 확정되었을 때<br>② 제1항에 따라 경계가 확정되었을 때에는 지적소관청은 지체 없이 경계점표지를 설치하여야 하며, 국토교통부령으로 정하는 바에 따라 지상경계점등록부를 작성하고 관리하여야 한다. 이 경우 제1항에 따라 확정된 경계가 제15조제1항 및 제3항에 따라 설정된 경계와 동일할 때에는 같은 조 제1항 및 제3항에 따른 임시경계점표지를 경계점표지로 본다. 〈개정 2013. 3. 23., 2017. 4. 18.〉<br>③ 누구든지 제2항에 따른 경계점표지를 이전 또는 파손하거나 그 효용을 해치는 행위를 하여서는 아니 된다. | | 15.〉<br>  1. 토지의 소재<br>  2. 지번<br>  3. 지목<br>  4. 작성일<br>  5. 위치도<br>  6. 경계점 번호 및 표지종류<br>  7. 경계설정기준 및 경계형태<br>  8. 경계위치<br>  9. 경계점 세부설명 및 관련자료<br>  10. 작성자의 소속 · 직급(직위) · 성명<br>  11. 확인자의 직급 · 성명<br>  12. 삭제 〈2020. 10. 15.〉<br>  13. 삭제 〈2020. 10. 15.〉<br>  14. 삭제 〈2020. 10. 15.〉<br>  15. 삭제 〈2017. 10. 19.〉<br>  16. 삭제 〈2017. 10. 19.〉<br>② 법 제18조제2항에 따른 지상경계점등록부는 별지 제6호서식에 따른다. 〈개정 2017. 10. 19.〉<br>③ 제1항 및 제2항에서 규정한 사항 외에 지상경계점등록부 작성 방법에 관하여 필요한 사항은 국토교통부장관이 정하여 고시한다. 〈개정 2013. 3. 23., 2017. 10. 19.〉<br>[제목개정 2017. 10. 19.] | 은 새로이 확정한 지번, 지목 및 면적으로 기재한다.<br>2. 위치도는 해당 토지 위주로 작성하여야 하며, 드론 또는 항공사진측량 등으로 촬영한 정사영상자료에 확정된 경계를 붉은색으로 표시하고 경계점번호는 경계점좌표등록부의 부호 순서대로 일련번호(1, 2, 3, 4, 5........순)를 부여한다. 다만, 비행금지구역 또는 보안규정 등으로 인하여 정사영상자료가 없는 경우에는 정사영상자료를 생략하고 확정된 경계에 의하여 작성할 수 있다.<br>3. 지목은 법 제19조에 따라 변경된 지목을 기재한다.<br>4. 삭제<br>5. 작성자는 지적재조사측량수행자의 기술자격과 성명을 기재하고, 확인자는 지적소관청의 검사자 성명을 기재한다.<br>6. 경계점 위치 상세설명<br>  가. 경계점번호는 위치도에 표시한 경계점좌표등록부의 부호를 기재한다.<br>  나. 표지의 종류는 「지적재조사측량규정」 별표 3에 따른 경계점표지의 규격 코 | |

| 법률 | 시행령 | 시행규칙 | 지적재조사업무규정 | 지적재조사행정시스템 운영규정 |
|---|---|---|---|---|
| | | | 드로 등록한다.<br>다. 경계설정기준은 법 제14조에 따라 확정된 경계의 기준을 등록한다.<br>라. 경계형태는 경계선에 설치된 구조물(담장, 울타리, 축대, 논·밭의 두렁 등)과 경계점표지로 작성한다.<br>마. 경계위치는 확정된 경계점의 구조물의 위치를 중앙, 상단, 하단, 안·바깥 등 구체적으로 구분하여 등록한다.<br>바. 세부설명과 관련자료는 경계를 확정하게 된 특별한 사유를 상세하게 작성하고, 연접토지와 합의한 경우 합의서를 별첨으로 등록하여야 한다.<br>7. 삭제 〈2020. 11. 24.〉<br>8. 지상경계점등록부는 파일형태로 전자적 매체에 저장하여 관리하여야 한다.<br>9. 삭제<br>10. 삭제<br>11. 삭제<br>12. 삭제<br>13. 삭제<br>② 제1항에 불구하고 도로, 구거, 하 | |

| 법률 | 시행령 | 시행규칙 | 지적재조사업무규정 | 지적재조사행정시스템 운영규정 |
|---|---|---|---|---|
| | | | 천, 제방 등 공공용지와 그 밖에 지적소관청이 인정하는 경우에는 지상경계점등록부의 작성을 생략할 수 있다. 이 경우 별지 제15호 서식의 지상경계점등록부 미작성조서를 지적소관청에 제출하여야 한다. 〈개정 2020. 11. 24.〉 | |
| **제19조(지목의 변경)** 지적재조사측량 결과 기존의 지적공부상 지목이 실제의 이용현황과 다른 경우 지적소관청은 제30조에 따른 시·군·구 지적재조사위원회의 심의를 거쳐 기존의 지적공부상의 지목을 변경할 수 있다. 이 경우 지목을 변경하기 위하여 다른 법령에 따른 인허가 등을 받아야 할 때에는 그 인허가 등을 받거나 관계 기관과 협의한 경우에만 실제의 지목으로 변경할 수 있다. 〈개정 2017. 4. 18., 2020. 6. 9.〉 | | | **제23조(지번의 부여)** 지적재조사 사업완료에 따라 각 필지에 지번을 부여하는 경우에는 「공간정보의 구축 및 관리 등에 관한 법률 시행령」 제56조제3항제5호 준용 또는 종전 토지의 지번으로 한다. 다만, 종전 토지가 임야대장 및 임야도에 등록된 경우는 「공간정보의 구축 및 관리 등에 관한 법률 시행령」 제56조제3항제2호 또는 제5호를 준용한다. 〈개정 2020. 11. 24.〉<br><br>**제24조(지목의 변경)** 지적소관청은 법 제19조에 따라 지적공부상 지목이 실제의 이용현황에 따라 지목변경할 토지가 있는 경우 인허가 등 관련 사항을 조사하여야 하며, 필요한 경우 인허가 등을 받거나 관계 기관과 협의하여야 한다. | |

| 법률 | 시행령 | 시행규칙 | 지적재조사업무규정 | 지적재조사행정시스템 운영규정 |
|---|---|---|---|---|
| 제4절 조정금 산정 등 | | | 제5장 조정금 산정 등 | |
| **제20조(조정금의 산정)** ① 지적소관청은 제18조에 따른 경계 확정으로 지적공부상의 면적이 증감된 경우에는 필지별 면적 증감내역을 기준으로 조정금을 산정하여 징수하거나 지급한다. ② 제1항에도 불구하고 국가 또는 지방자치단체 소유의 국유지·공유지 행정재산의 조정금은 징수하거나 지급하지 아니한다. ③ 조정금은 제18조에 따라 경계가 확정된 시점을 기준으로 「감정평가 및 감정평가사에 관한 법률」에 따른 감정평가법인 등이 평가한 감정평가액으로 산정한다. 다만, 토지소유자협의회가 요청하는 경우에는 제30조에 따른 시·군·구 지적재조사위원회의 심의를 거쳐 「부동산 가격공시에 관한 법률」에 따른 개별공시지가로 산정할 수 있다. 〈개정 2017. 4. 18., 2020. 4. 7.〉 ④ 지적소관청은 제3항에 따라 조정금을 산정하고자 할 때에는 제30조에 따른 시·군·구 지적재조사위원회의 심의를 거쳐야 한다. ⑤ 제2항부터 제4항까지에 규정된 것 외에 조정금의 산정에 필요한 | **제12조(조정금의 산정)** 법 제20조제3항 단서에 따라 조정금을 「부동산 가격공시에 관한 법률」 제10조에 따른 개별공시지가(이하 "개별공시지가"라 한다)로 산정하는 경우에는 법 제18조에 따라 경계가 확정된 시점을 기준으로 필지별 증감면적에 개별공시지가를 곱하여 산정한다. [전문개정 2017. 10. 17.] | | **제25조(조정금의 산정 등)** ① 조정금 산정방법은 법 제15조에 따른 지적확정예정조서가 작성되기 전에 결정하여야 한다. 〈개정 2019. 10. 8.〉 ② 조정금을 산정하고자 할 때에는 별지 제16호서식의 조정금 조서를 작성하여야 한다. ③ 조정금은 지적확정예정조서의 지번별 증감면적에 법 제20조제3항에 따른 감정평가액의 제곱미터당 금액 또는 개별공시지가를 곱하여 산정한다. 단, 개별공시지가가 없는 경우와 개별공시지가 산정에 오류가 있는 경우에는 개별공시지가 담당부서에 의뢰하여야 한다. ④ 지적소관청은 조정금의 납부와 지급을 처리하기 위해 「지방재정법」 제36조에 따라 세입·세출예산으로 편성하여 운영해야 한다. ⑤ 지적소관청은 조정금 산정을 위한 감정평가수수료를 예산에 반영할 수 있으며, 감정평가를 하고자 할 경우에는 해당토지의 증감된 면적에 대하여만 의뢰하여야 한다. | |

| 법률 | 시행령 | 시행규칙 | 지적재조사업무규정 | 지적재조사행정시스템 운영규정 |
|---|---|---|---|---|
| 사항은 대통령령으로 정한다. | | | **제26조(조정금 등의 통지)** 조정금 등의 통지 및 서류의 송달은 행정절차법의 규정을 따른다. | |
| **제21조(조정금의 지급 · 징수 또는 공탁)** ① 조정금은 현금으로 지급하거나 납부하여야 한다. 〈개정 2017. 4. 18.〉<br>② 지적소관청은 제20조제1항에 따라 조정금을 산정하였을 때에는 지체 없이 조정금조서를 작성하고, 토지소유자에게 개별적으로 조정금액을 통보하여야 한다.<br>③ 지적소관청은 제2항에 따라 조정금액을 통지한 날부터 10일 이내에 토지소유자에게 조정금의 수령통지 또는 납부고지를 하여야 한다.<br>④ 지적소관청은 제3항에 따라 수령통지를 한 날부터 6개월 이내에 조정금을 지급하여야 한다.<br>⑤ 제3항에 따라 납부고지를 받은 자는 그 부과일부터 6개월 이내에 조정금을 납부하여야 한다. 다만, 지적소관청은 1년의 범위에서 대통령령으로 정하는 바에 따라 조정금을 분할납부하게 할 수 있다. 〈개정 2017. 4. 18.〉<br>⑥ 지적소관청은 조정금을 납부하 | **제13조(분할납부)** ① 지적소관청은 법 제21조제5항 단서에 따라 조정금이 1천만원을 초과하는 경우에는 그 조정금을 부과한 날부터 1년 이내의 기간을 정하여 4회 이내에서 나누어 내게 할 수 있다. 〈개정 2017. 10. 17.〉<br>② 제1항에 따라 분할납부를 신청하려는 자는 국토교통부령으로 정하는 조정금 분할납부신청서에 분할납부 사유 등을 적고, 분할납부 사유를 증명할 수 있는 자료 등을 첨부하여 지적소관청에 제출하여야 한다. 〈개정 2017. 10. 17.〉<br>③ 지적소관청은 제2항에 따라 분할납부신청서를 받은 날부터 15일 이내에 신청인에게 분할납부 여부를 서면으로 알려야 한다.<br><br>**제14조** 삭제 〈2017. 10. 17.〉 | **제11조(조정금 분할납부 신청서)** 영 제13조제2항에 따른 조정금 분할납부신청서는 별지 제7호서식에 따른다.<br>[전문개정 2017. 10. 19.] | **제27조(조정금의 분할납부)** 토지소유자에게 조정금의 납부고지를 하는 때에는 납부할 조정금액이 1천만원을 초과하는 경우 그 조정금을 부과한 날부터 1년 이내의 기간을 정하여 4회 이내로 분할 납부가 가능함을 안내하여야 한다.<br><br>**제28조(조정금 수령통지)** 지적소관청이 조정금 수령통지를 하는 때에는 별지 제17호서식의 조정금 수령통지서에 따르며, 조정금 수령통지를 받은 토지소유자는 별지 제18호서식의 조정금 청구서에 입금계좌 통장사본을 첨부하여 지적소관청에 제출하여야 한다.<br><br>**제29조(조정금 공탁 공고)** 법 제21조제7항에 따라 조정금을 공탁한 때에는 그 사실을 해당 시·군·구의 홈페이지 및 게시판에 14일 이상 공고하여야 한다. 〈개정 2019. 10.8.〉 | |

| 법률 | 시행령 | 시행규칙 | 지적재조사업무규정 | 지적재조사행정시스템 운영규정 |
|---|---|---|---|---|
| 여야 할 자가 기한까지 납부하지 아니할 때에는 「지방행정제재 · 부과금의 징수 등에 관한 법률」에 따라 징수할 수 있다. 〈신설 2017. 4. 18., 2020. 3. 24., 2020. 6. 9.〉<br>⑦ 지적소관청은 조정금을 지급하여야 하는 경우로서 다음 각 호의 어느 하나에 해당하는 때에는 조정금을 지급받을 자의 토지 소재지 공탁소에 그 조정금을 공탁할 수 있다. 〈개정 2017. 4. 18.〉<br>1. 조정금을 받을 자가 그 수령을 거부하거나 주소 불분명 등의 이유로 조정금을 수령할 수 없을 때<br>2. 지적소관청이 과실 없이 조정금을 받을 자를 알 수 없을 때<br>3. 압류 또는 가압류에 따라 조정금의 지급이 금지되었을 때<br>⑧ 지적재조사지구 지정이 있은 후 권리의 변동이 있을 때에는 그 권리를 승계한 자가 제1항에 따른 조정금 또는 제7항에 따른 공탁금을 수령하거나 납부한다. 〈개정 2017. 4. 18., 2019. 12. 10.〉 | | | | |
| 제21조의2(조정금에 관한 이의신청)<br>① 제21조제3항에 따라 수령통지 또는 납부고지된 조정금에 이의가 있는 토지소유자는 수령통지 또 | | 제12조(조정금에 관한 이의신청) 법 제21조의2제1항에 따른 조정금에 관한 이의신청은 별지 제8호서식의 조정금 이의신청서에 따른다. 〈개정 | | |

| 법률 | 시행령 | 시행규칙 | 지적재조사업무규정 | 지적재조사행정시스템 운영규정 |
|---|---|---|---|---|
| 는 납부고지를 받은 날부터 60일 이내에 지적소관청에 이의신청을 할 수 있다.<br>② 지적소관청은 제1항에 따른 이의신청을 받은 날부터 30일 이내에 제30조에 따른 시·군·구 지적재조사위원회의 심의·의결을 거쳐 이의신청에 대한 결과를 신청인에게 서면으로 알려야 한다.<br>[본조신설 2017. 4. 18.] | | 2017. 10. 19.） | | |
| **제22조(조정금의 소멸시효)** 조정금을 받을 권리나 징수할 권리는 5년간 행사하지 아니하면 시효의 완성으로 소멸한다. | | | | |
| | 제5절 새로운 지적공부의 작성 등 | | 제6장 새로운 지적공부 작성 등 | |
| **제23조(사업완료 공고 및 공람 등)** ① 지적소관청은 지적재조사지구에 있는 모든 토지에 대하여 제18조에 따른 경계 확정이 있었을 때에는 지체 없이 대통령령으로 정하는 바에 따라 사업완료 공고를 하고 관계 서류를 일반인이 공람하게 하여야 한다. 〈개정 2019. 12. 10.〉<br>② 제16조제3항 또는 제17조제4항에 따른 경계결정위원회의 결정에 불복하여 경계가 확정되지 아니한 토지가 있는 경우 그 면적이 지적재조사지구 전체 토지면적 | **제15조(사업완료의 공고)** ① 지적소관청은 법 제23조제1항에 따라 사업완료 공고를 하려는 때에는 다음 각 호의 사항을 공보에 고시해야 한다. 〈개정 2020. 6. 23.〉<br>1. 지적재조사지구의 명칭<br>2. 제11조 각 호의 사항<br>3. 삭제 〈2017. 10. 17.〉<br>② 지적소관청은 제1항에 따른 공고를 한 때에는 다음 각 호의 서류를 14일 이상 일반인이 공람할 수 있도록 하여야 한다. 〈개정 2017. 10. 17.〉 | | **제30조(사업완료 공고)** 법 제23조제2항에 따른 경계결정위원회의 결정에 불복하여 경계가 확정되지 아니한 토지가 있는 경우에 사업완료 공고를 할 수 있는 토지면적과 토지소유자 수의 산정방법은 영 제7조를 준용하고, 사업완료공고는 별지 제19호 서식에 따른다. 〈개정 2019. 10. 8.〉 | |

| 법률 | 시행령 | 시행규칙 | 지적재조사업무규정 | 지적재조사행정시스템 운영규정 |
|---|---|---|---|---|
| 의 10분의 1 이하이거나, 토지소유자의 수가 지적재조사지구 전체 토지소유자 수의 10분의 1 이하인 경우에는 제1항에도 불구하고 사업완료 공고를 할 수 있다. 〈개정 2017. 4. 18., 2019. 12. 10.〉 | 1. 새로 작성한 지적공부<br>2. 지상경계점등록부<br>3. 측량성과 결정을 위하여 취득한 측량기록물 | | | |
| 제24조(새로운 지적공부의 작성) ① 지적소관청은 제23조에 따른 사업완료 공고가 있었을 때에는 기존의 지적공부를 폐쇄하고 새로운 지적공부를 작성하여야 한다. 이 경우 그 토지는 제23조제1항에 따른 사업완료 공고일에 토지의 이동이 있은 것으로 본다.<br>② 제1항에 따라 새로이 작성하는 지적공부에는 다음 각 호의 사항을 등록하여야 한다. 〈개정 2013. 3. 23.〉<br>1. 토지의 소재<br>2. 지번<br>3. 지목<br>4. 면적<br>5. 경계점좌표<br>6. 소유자의 성명 또는 명칭, 주소 및 주민등록번호(국가, 지방자치단체, 법인, 법인 아닌 사단이나 재단 및 외국인의 경우에는 「부동산등기법」 제49조에 따라 부여된 등록번호를 말한다. | 제16조(경계미확정 토지 지적공부의 관리 등) 지적소관청은 법 제24조제3항에 따라 경계가 확정되지 아니한 토지의 새로운 지적공부에 "경계미확정 토지"라고 기재한 때에는 토지소유자에게 그 사실을 통지하여야 한다. | 제13조(새로운 지적공부의 등록사항) ① 법 제24조제2항제10호에서 "국토교통부령으로 정하는 사항"이란 다음 각 호의 사항을 말한다. 〈개정 2013. 3. 23.〉<br>1. 토지의 고유번호<br>2. 토지의 이동 사유<br>3. 토지소유자가 변경된 날과 그 원인<br>4. 개별공시지가, 개별주택가격, 공동주택가격 및 부동산 실거래가격과 그 기준일<br>5. 필지별 공유지 연명부의 장 번호<br>6. 전유(專有) 부분의 건물 표시<br>7. 건물의 명칭<br>8. 집합건물별 대지권등록부의 장 번호<br>9. 좌표에 의하여 계산된 경계점 사이의 거리<br>10. 지적기준점의 위치<br>11. 필지별 경계점좌표의 부호 및 | 제31조(토지이동사유 코드 등) 지적재조사사업에 따른 토지이동사유의 코드는 다음과 같고, 토지(임야)대장의 토지표시 연혁 기재는 예시 4와 같이 한다. 〈개정 2020. 11. 24., 2021. 2. 16.〉<br><br>제31조의2(확정판결에 따른 지적공부 정리 등) ① 법 제18조제1항제3호에 따른 행정심판 또는 소송의 재 | |

제31조 코드표:

| 코드 | 코드명 |
|---|---|
| 33 | 년 월 일 지적재조사 예정지구 |
| 34 | 년 월 일 지적재조사 예정지구 폐지 |
| 53 | 년 월 일 지적재조사 지구 지정 |
| 54 | 년 월 일 지적재조사 지구 지정 폐지 |
| 55 | 년 월 일 지적재조사 완료 |
| 56 | 년 월 일 지적재조사로 폐쇄 |
| 57 | 년 월 일 지적재조사 경계미확정 토지 |
| 58 | 년 월 일 지적재조사 경계확정 토지 |

| 법률 | 시행령 | 시행규칙 | 지적재조사업무규정 | 지적재조사행정시스템 운영규정 |
|---|---|---|---|---|
| 이하 같다)<br>7. 소유권지분<br>8. 대지권비율<br>9. 지상건축물 및 지하건축물의 위치<br>10. 그 밖에 국토교통부령으로 정하는 사항<br>③ 제23조제2항에 따라 경계가 확정되지 아니하고 사업완료 공고가 된 토지에 대하여는 대통령령으로 정하는 바에 따라 "경계미확정토지"라고 기재하고 지적공부를 정리할 수 있으며, 경계가 확정될 때까지 지적측량을 정지시킬 수 있다. 〈개정 2017. 4. 18.〉 | | 부호도<br>12. 「토지이용규제 기본법」에 따른 토지이용과 관련된 지역·지구 등의 지정에 관한 사항<br>13. 건축물의 표시와 건축물 현황도에 관한 사항<br>14. 구분지상권에 관한 사항<br>15. 도로명주소<br>16. 그 밖에 새로운 지적공부의 등록과 관련하여 국토교통부장관이 필요하다고 인정하는 사항<br>② 법 제24조제1항에 따라 새로 작성하는 지적공부는 토지, 토지·건물 및 집합건물로 각각 구분하여 작성하며, 해당 지적공부는 각각 별지 제9호서식의 부동산 종합공부(토지), 별지 제10호서식의 부동산 종합공부(토지, 건물) 및 별지 제11호서식의 부동산 종합공부(집합건물)에 따른다. | 결·확정판결이 있는 경우 경계 결정·확정 절차와 지적공부정리는 다음과 각 호와 같다.<br>1. 지적소관청이 승소한 경우<br>가. 판결이 확정되는 날로부터 7일 이내에 판결문을 첨부하여 토지이동 결의 후 "(58)지적재조사 경계확정토지"로 지적공부를 정리한다.<br>나. 토지이동일자는 결의일자로 등록한다.<br>다. 행정심판은 재결이 있은 후 행정소송 제소기간 내에 토지소유자가 제소하지 않았을 때에는 7일 이내에 지적공부를 정리한다.<br>2. 지적소관청이 패소한 경우<br>가. 지적소관청은 법 제14조부터 제18조까지의 절차에 따라 경계를 확정한다.<br>나. 토지이동 사유는 행정심판 또는 행정소송의 대상인 경우 "(58)지적재조사 경계확정토지"로 하고, 연접토지는 "(45)경계정정"으로 지적공부를 정리한다.<br>[본조신설 2020. 11. 24.] | |

| 법률 | 시행령 | 시행규칙 | 지적재조사업무규정 | 지적재조사행정시스템 운영규정 |
|---|---|---|---|---|
| | | | **제32조(소유자정리)** 지적재조사사업 완료에 따른 소유자정리는 종전 토지의 소유권 변동연혁 중 최종 연혁만 새로운 지적공부에 이기한다.<br><br>**제33조** 삭제 〈2019. 10. 8.〉 | |
| **제25조(등기촉탁)** ① 지적소관청은 제24조에 따라 새로이 지적공부를 작성하였을 때에는 지체 없이 관할등기소에 그 등기를 촉탁하여야 한다. 이 경우 그 등기촉탁은 국가가 자기를 위하여 하는 등기로 본다.<br>② 토지소유자나 이해관계인은 지적소관청이 제1항에 따른 등기촉탁을 지연하고 있는 경우에는 대통령령으로 정하는 바에 따라 직접 제1항에 따른 등기를 신청할 수 있다.<br>③ 제1항 및 제2항에 따른 등기에 관하여 필요한 사항은 대법원규칙으로 정한다. | **제17조(토지소유자 등의 등기신청)** 토지소유자 및 이해관계인(이하 "토지소유자 등"이라 한다)이 법 제25조제2항에 따라 등기를 신청하는 경우에는 지적소관청은 새로운 지적공부 등 등기신청에 필요한 지적 관련 서류를 작성하여 토지소유자 등에게 제공하여야 한다. | **제14조(등기촉탁)** ① 지적소관청은 법 제25조제1항에 따라 관할등기소에 지적재조사 완료에 따른 등기를 촉탁할 때에는 별지 제12호서식의 지적재조사 완료 등기촉탁서에 그 취지를 적고 등기촉탁서 부본(副本)과 토지(임야)대장을 첨부하여야 한다.<br>② 지적소관청은 제1항에 따라 등기를 촉탁하였을 때에는 별지 제13호서식의 등기촉탁 대장에 그 내용을 적어야 한다. | **제34조(등기촉탁)** 지적재조사완료에 따른 등기촉탁은 서면 또는 전자등기촉탁 시스템을 이용하여 등기촉탁하여야 하며, 등기를 완료한 경우에는 토지소유자 및 이해관계인에게 등기완료통지서를 통지하여야 한다.<br><br>**제35조(재검토기한)** 국토교통부장관은 「훈령·예규 등의 발령 및 관리에 관한 규정」에 따라 이 고시에 대하여 2019년 7월 1일 기준으로 매 3년이 되는 시점(매 3년째의 6월 30일까지를 말한다)마다 그 타당성을 검토하여 개선 등의 조치를 하여야 한다. 〈개정 2019. 10. 8.〉 | |
| **제26조(폐쇄된 지적공부의 관리)** ① 제24조제1항에 따라 폐쇄된 지적공부는 영구히 보존하여야 한다.<br>② 제24조제1항에 따라 폐쇄된 지적공부의 열람이나 그 등본의 발급에 관하여는 「공간정보의 구축 및 관리 등에 관한 법률」 제75조를 준 | | | | |

| 법률 | 시행령 | 시행규칙 | 지적재조사업무규정 | 지적재조사행정시스템 운영규정 |
|---|---|---|---|---|
| 용한다. 〈개정 2014. 6. 3.〉 | | | | |
| **제27조(건축물현황에 관한 사항의 통보)** 제23조제1항에 따른 사업완료 공고가 있었던 지역을 관할하는 특별자치도지사 또는 시장·군수·자치구청장은 「건축법」 제38조에 따라 건축물대장을 새로이 작성하거나, 건축물대장의 기재사항 중 지상건축물 또는 지하건축물의 위치에 관한 사항을 변경할 때에는 그 내용을 지적소관청에 통보하여야 한다. | | | | |
| **제3장 지적재조사위원회 등** | | | | |
| **제28조(중앙지적재조사위원회)** ① 지적재조사사업에 관한 주요 정책을 심의·의결하기 위하여 국토교통부장관 소속으로 중앙지적재조사위원회(이하 "중앙위원회"라 한다)를 둔다. 〈개정 2013. 3. 23.〉<br>② 중앙위원회는 다음 각 호의 사항을 심의·의결한다. 〈개정 2020. 6. 9.〉<br>  1. 기본계획의 수립 및 변경<br>  2. 관계 법령의 제정·개정 및 제도의 개선에 관한 사항<br>  3. 그 밖에 지적재조사사업에 필요하여 중앙위원회의 위원장이 회의에 부치는 사항<br>③ 중앙위원회는 위원장 및 부위원 | **제18조(중앙위원회의 운영 등)** ① 법 제28조제1항에 따른 중앙지적재조사위원회(이하 "중앙위원회"라 한다)의 위원장(이하 "위원장"이라 한다)은 중앙위원회를 대표하고, 중앙위원회의 업무를 총괄한다.<br>② 위원장이 부득이한 사유로 직무를 수행할 수 없을 때에는 부위원장이 그 직무를 대행하고, 위원장과 부위원장이 모두 부득이한 사유로 그 직무를 수행할 수 없을 때에는 위원장이 미리 지명한 위원이 그 직무를 대행한다.<br>③ 위원장은 회의 개최 5일 전까지 회의 일시·장소 및 심의안건을 각 위원에게 통보하여야 한다. 다만, | | | |

| 법률 | 시행령 | 시행규칙 | 지적재조사업무규정 | 지적재조사행정시스템 운영규정 |
|---|---|---|---|---|
| 장 각 1명을 포함한 15명 이상 20명 이하의 위원으로 구성한다.<br>④ 중앙위원회의 위원장은 국토교통부장관이 되며, 부위원장은 위원 중에서 위원장이 지명한다. 〈개정 2013. 3. 23.〉<br>⑤ 중앙위원회의 위원은 다음 각 호의 어느 하나에 해당하는 사람 중에서 위원장이 임명 또는 위촉한다. 〈개정 2013. 3. 23., 2014. 11. 19., 2017. 7. 26.〉<br>1. 기획재정부·법무부·행정안전부 또는 국토교통부의 1급부터 3급까지 상당의 공무원 또는 고위공무원단에 속하는 공무원<br>2. 판사·검사 또는 변호사<br>3. 법학이나 지적 또는 측량 분야의 교수로 재직하고 있거나 있었던 사람<br>4. 그 밖에 지적재조사사업에 관하여 전문성을 갖춘 사람<br>⑥ 중앙위원회의 위원 중 공무원이 아닌 위원의 임기는 2년으로 한다.<br>⑦ 중앙위원회는 재적위원 과반수의 출석과 출석위원 과반수의 찬성으로 의결한다.<br>⑧ 그 밖에 중앙위원회의 조직 및 운영 등에 관하여 필요한 사항은 대통령령으로 정한다. | 긴급한 경우에는 회의 개최 전까지 통보할 수 있다.<br>④ 회의는 분기별로 개최한다. 다만, 위원장이 필요하다고 인정하는 때에는 임시회를 소집할 수 있다.<br><br>**제19조(중앙위원회의 간사)** 중앙위원회의 사무를 처리하기 위하여 간사 1명을 두며, 간사는 국토교통부 소속 3급 공무원 또는 고위공무원단에 속하는 일반직공무원 중에서 국토교통부장관이 지명한다. 〈개정 2013. 3. 23.〉<br><br>**제20조(중앙위원회 위원의 제척·기피·회피)** ① 중앙위원회의 위원은 다음 각 호의 어느 하나에 해당하는 경우에는 그 안건의 심의·의결에서 제척(除斥)된다.<br>1. 위원이 해당 심의·의결 안건에 관하여 연구·용역 또는 그 밖의 방법으로 직접 관여한 경우<br>2. 위원이 최근 3년 이내에 심의·의결 안건과 관련된 업체의 임원 또는 직원으로 재직한 경우<br>3. 그 밖에 심의·의결 안건과 직접적인 이해관계가 있다고 인정되는 경우<br>② 중앙위원회가 심의·의결하는 사항과 직접적인 이해관계가 있는 |  |  |  |

| 법률 | 시행령 | 시행규칙 | 지적재조사업무규정 | 지적재조사행정시스템 운영규정 |
|---|---|---|---|---|
| 1. 기획재정부·법무부·행정안전부 또는 국토교통부의 1급부터 3급까지 상당의 공무원 또는 고위공무원단에 속하는 공무원<br>2. 판사·검사 또는 변호사<br>3. 법학이나 지적 또는 측량 분야의 교수로 재직하고 있거나 있었던 사람<br>4. 그 밖에 지적재조사사업에 관하여 전문성을 갖춘 사람<br>⑥ 중앙위원회의 위원 중 공무원이 아닌 위원의 임기는 2년으로 한다.<br>⑦ 중앙위원회는 재적위원 과반수의 출석과 출석위원 과반수의 찬성으로 의결한다.<br>⑧ 그 밖에 중앙위원회의 조직 및 운영 등에 관하여 필요한 사항은 대통령령으로 정한다. | 자는 제1항에 따른 제척 사유가 있거나 공정한 심의·의결을 기대하기 어려운 사유가 있는 중앙위원회의 위원에 대해서는 그 사유를 밝혀 중앙위원회에 그 위원에 대한 기피신청을 할 수 있다. 이 경우 중앙위원회는 의결로 해당 위원의 기피 여부를 결정하여야 한다.<br>③ 중앙위원회의 위원은 제1항 또는 제2항에 해당하는 경우에는 스스로 심의·의결을 회피할 수 있다.<br><br>**제21조(중앙위원회 위원의 해촉)** 위원장은 중앙위원회의 위원 중 위원장이 위촉한 위원이 다음 각 호의 어느 하나에 해당하는 경우에는 해당 위원을 해촉할 수 있다. 〈개정 2016. 5. 10.〉<br>　1. 심신장애로 인하여 직무를 수행할 수 없게 된 경우<br>　2. 직무와 관련된 비위사실이 있는 경우<br>　3. 직무태만, 품위손상, 그 밖의 사유로 인하여 위원으로 적합하지 아니하다고 인정된 경우<br>　4. 위원이 제20조제1항 각 호의 제척 사유에 해당함에도 불구하고 회피하지 아니한 경우<br>　5. 위원 스스로 직무를 수행하는 | | | |

| 법률 | 시행령 | 시행규칙 | 지적재조사업무규정 | 지적재조사행정시스템 운영규정 |
|---|---|---|---|---|
| | 것이 곤란하다고 의사를 밝히는 경우<br><br>**제22조(의견청취)** 중앙위원회는 안건심의와 업무수행에 필요하다고 인정하는 경우에는 관계 기관에 자료제출을 요청하거나 이해관계인 또는 전문가를 출석하게 하여 그 의견을 들을 수 있다.<br><br>**제23조(회의록)** 위원회는 회의록을 작성하여 갖추어 두어야 한다.<br>**제24조(수당 등)** 회의에 출석한 위원, 관계인 및 전문가에게는 예산의 범위에서 수당과 여비를 지급할 수 있다. 다만, 공무원이 그 소관 업무와 직접적으로 관련되는 회의에 출석하는 경우에는 그러하지 아니하다<br><br>**제25조(운영세칙)** 제18조부터 제24조까지에서 규정한 사항 외에 중앙위원회의 운영에 필요한 사항은 중앙위원회의 의결을 거쳐 위원장이 정한다. | | | |
| **제29조(시·도 지적재조사위원회)**<br>① 시·도의 지적재조사사업에 관한 주요 정책을 심의·의결하기 위하여 시·도지사 소속으로 시· | | | | |

| 법률 | 시행령 | 시행규칙 | 지적재조사업무규정 | 지적재조사행정시스템 운영규정 |
|---|---|---|---|---|
| 도 지적재조사위원회(이하 "시·도 위원회"라 한다)를 둘 수 있다.<br>② 시·도 위원회는 다음 각 호의 사항을 심의·의결한다. 〈개정 2017. 4. 18., 2019. 12. 10., 2020. 6. 9.〉<br>1. 지적소관청이 수립한 실시계획<br>1의2. 시·도종합계획의 수립 및 변경<br>2. 지적재조사지구의 지정 및 변경<br>3. 시·군·구별 지적재조사사업의 우선순위 조정<br>4. 그 밖에 지적재조사사업에 필요하여 시·도 위원회의 위원장이 회의에 부치는 사항<br>③ 시·도 위원회는 위원장 및 부위원장 각 1명을 포함한 10명 이내의 위원으로 구성한다.<br>④ 시·도 위원회의 위원장은 시·도지사가 되며, 부위원장은 위원 중에서 위원장이 지명한다.<br>⑤ 시·도 위원회의 위원은 다음 각 호의 어느 하나에 해당하는 사람 중에서 위원장이 임명 또는 위촉한다.<br>1. 해당 시·도의 3급 이상 공무원<br>2. 판사·검사 또는 변호사<br>3. 법학이나 지적 또는 측량 분야의 교수로 재직하고 있거나 있 | | | | |

| 법률 | 시행령 | 시행규칙 | 지적재조사업무규정 | 지적재조사행정시스템 운영규정 |
|---|---|---|---|---|
| 었던 사람<br>4. 그 밖에 지적재조사사업에 관하여 전문성을 갖춘 사람<br>⑥ 시·도 위원회의 위원 중 공무원이 아닌 위원의 임기는 2년으로 한다.<br>⑦ 시·도 위원회는 재적위원 과반수의 출석과 출석위원 과반수의 찬성으로 의결한다.<br>⑧ 그 밖에 시·도 위원회의 조직 및 운영 등에 관하여 필요한 사항은 해당 시·도의 조례로 정한다. | | | | |
| **제30조(시·군·구 지적재조사위원회)** ① 시·군·구의 지적재조사사업에 관한 주요 정책을 심의·의결하기 위하여 지적소관청 소속으로 시·군·구 지적재조사위원회(이하 "시·군·구 위원회"라 한다)를 둘 수 있다.<br>② 시·군·구 위원회는 다음 각 호의 사항을 심의·의결한다. 〈개정 2017. 4. 18., 2020. 6. 9.〉<br>1. 제12조제2항제3호에 따른 경계복원측량 또는 지적공부정리의 허용 여부<br>2. 제19조에 따른 지목의 변경<br>3. 제20조에 따른 조정금의 산정<br>3의2. 제21조의2제2항에 따른 조 | | | | |

| 법률 | 시행령 | 시행규칙 | 지적재조사업무규정 | 지적재조사행정시스템 운영규정 |
|---|---|---|---|---|
| 정금 이의신청에 관한 결정<br>4. 그 밖에 지적재조사사업에 필요하여 시·군·구 위원회의 위원장이 회의에 부치는 사항<br>③ 시·군·구 위원회는 위원장 및 부위원장 각 1명을 포함한 10명 이내의 위원으로 구성한다.<br>④ 시·군·구 위원회의 위원장은 시장·군수 또는 구청장이 되며, 부위원장은 위원 중에서 위원장이 지명한다.<br>⑤ 시·군·구 위원회의 위원은 다음 각 호의 어느 하나에 해당하는 사람 중에서 위원장이 임명 또는 위촉한다. 〈개정 2019. 12. 10.〉<br>1. 해당 시·군·구의 5급 이상 공무원<br>2. 해당 지적재조사지구의 읍장·면장·동장<br>3. 판사·검사 또는 변호사<br>4. 법학이나 지적 또는 측량 분야의 교수로 재직하고 있거나 있었던 사람<br>5. 그 밖에 지적재조사사업에 관하여 전문성을 갖춘 사람<br>⑥ 시·군·구 위원회의 위원 중 공무원이 아닌 위원의 임기는 2년으로 한다.<br>⑦ 시·군·구 위원회는 재적위원 | | | | |

| 법률 | 시행령 | 시행규칙 | 지적재조사업무규정 | 지적재조사행정시스템 운영규정 |
|---|---|---|---|---|
| 과반수의 출석과 출석위원 과반수의 찬성으로 의결한다.<br>⑧ 그 밖에 시·군·구 위원회의 조직 및 운영 등에 관하여 필요한 사항은 해당 시·군·구의 조례로 정한다. | | | | |
| **제31조(경계결정위원회)** ① 다음 각 호의 사항을 의결하기 위하여 지적소관청 소속으로 경계결정위원회를 둔다.<br>　1. 경계설정에 관한 결정<br>　2. 경계설정에 따른 이의신청에 관한 결정<br>② 경계결정위원회는 위원장 및 부위원장 각 1명을 포함한 11명 이내의 위원으로 구성한다.<br>③ 경계결정위원회의 위원장은 위원인 판사가 되며, 부위원장은 위원 중에서 지적소관청이 지정한다.<br>④ 경계결정위원회의 위원은 다음 각 호에서 정하는 사람이 된다. 다만, 제3호 및 제4호의 위원은 해당 지적재조사지구에 관한 안건인 경우에 위원으로 참석할 수 있다. 〈개정 2019. 12. 10.〉<br>　1. 관할 지방법원장이 지명하는 판사 | | | | |

| 법률 | 시행령 | 시행규칙 | 지적재조사업무규정 | 지적재조사행정시스템 운영규정 |
|---|---|---|---|---|
| 2. 다음 각 목의 어느 하나에 해당하는 사람으로서 지적소관청이 임명 또는 위촉하는 사람<br>　가. 지적소관청 소속 5급 이상 공무원<br>　나. 변호사, 법학교수, 그 밖에 법률지식이 풍부한 사람<br>　다. 지적측량기술자, 감정평가사, 그 밖에 지적재조사사업에 관한 전문성을 갖춘 사람<br>3. 각 지적재조사지구의 토지소유자(토지소유자협의회가 구성된 경우에는 토지소유자협의회가 추천하는 사람을 말한다)<br>4. 각 지적재조사지구의 읍장·면장·동장<br>⑤ 경계결정위원회의 위원에는 제4항제3호에 해당하는 위원이 반드시 포함되어야 한다.<br>⑥ 경계결정위원회의 위원 중 공무원이 아닌 위원의 임기는 2년으로 한다.<br>⑦ 경계결정위원회는 직권 또는 토지소유자나 이해관계인의 신청에 따라 사실조사를 하거나 신청인 또는 토지소유자나 이해관계인에게 필요한 서류의 제출을 요청할 수 있으며, 지적소관청의 소 | | | | |

| 법률 | 시행령 | 시행규칙 | 지적재조사업무규정 | 지적재조사행정시스템 운영규정 |
|---|---|---|---|---|
| 속 공무원으로 하여금 사실조사를 하게 할 수 있다.<br>⑧ 토지소유자나 이해관계인은 경계결정위원회에 출석하여 의견을 진술하거나 필요한 증빙서류를 제출할 수 있다.<br>⑨ 경계결정위원회의 결정 또는 의결은 문서로써 재적위원 과반수의 찬성이 있어야 한다.<br>⑩ 제9항에 따른 결정서 또는 의결서에는 주문, 결정 또는 의결 이유, 결정 또는 의결 일자 및 결정 또는 의결에 참여한 위원의 성명을 기재하고, 결정 또는 의결에 참여한 위원 전원이 서명날인하여야 한다. 다만, 서명날인을 거부하거나 서명날인을 할 수 없는 부득이한 사유가 있는 위원의 경우 해당 위원의 서명날인을 생략하고 그 사유만을 기재할 수 있다.<br>⑪ 경계결정위원회의 조직 및 운영 등에 관하여 필요한 사항은 해당 시·군·구의 조례로 정한다. | | | | |
| 제32조(지적재조사기획단 등) ① 기본계획의 입안, 지적재조사사업의 지도·감독, 기술·인력 및 예산 등의 지원, 중앙위원회 심의·의결사항에 대한 보좌를 위하여 국토교통부 | 제26조(지적재조사기획단의 구성 등) ① 법 제32조제1항에 따른 지적재조사기획단(이하 "기획단"이라 한다)은 단장 1명과 소속 직원으로 구성하며, 단장은 국토교통부의 고위공무 | | | 제5조(역할분담) ① 기획단장은 시스템 관리체계의 총괄 책임자로서 시스템의 원활한 운영·관리를 위하여 다음 각 호의 역할을 수행하여야 한다. |

| 법률 | 시행령 | 시행규칙 | 지적재조사업무규정 | 지적재조사행정시스템 운영규정 |
|---|---|---|---|---|
| 에 지적재조사기획단을 둔다. 〈개정 2013. 3. 23.〉<br>② 지적재조사사업의 지도 · 감독, 기술 · 인력 및 예산 등의 지원을 위하여 시 · 도에 지적재조사지원단을, 실시계획의 입안, 지적재조사사업의 시행, 책임수행기관에 대한 지도 · 감독 등을 위하여 지적소관청에 지적재조사추진단을 둘 수 있다. 〈개정 2020. 12. 22.〉<br>③ 제1항에 따른 지적재조사기획단의 조직과 운영에 관하여 필요한 사항은 대통령령으로, 제2항에 따른 지적재조사지원단과 지적재조사추진단의 조직과 운영에 관하여 필요한 사항은 해당 지방자치단체의 조례로 정한다. | 원단에 속하는 일반직공무원 중에서 국토교통부장관이 지명하는 자가 겸직한다. 〈개정 2013. 3. 23.〉<br>② 국토교통부장관은 기획단의 업무수행을 위하여 필요하다고 인정할 때에는 관계 행정기관의 공무원 및 관련 기관 · 단체의 임직원의 파견을 요청할 수 있다. 〈개정 2013. 3. 23.〉<br>③ 제1항 및 제2항에서 규정한 사항 외에 기획단의 조직과 운영에 필요한 사항은 국토교통부장관이 정한다. 〈개정 2013. 3. 23.〉 | | | 1. 법령 변경에 따른 시스템과 데이터베이스의 변경사항<br>2. 시스템의 갱신, 유지 · 보수 및 응용프로그램 관리<br>3. 시스템 운영 · 관리에 관한 교육 및 지도 · 감독<br>4. 그 밖에 시스템 관리 · 운영의 개선을 위하여 필요한 사항<br>② 지원단장 및 추진단장은 시스템의 원활한 운영 · 관리를 위하여 다음 각 호의 역할을 수행하여야 한다.<br>1. 시스템 자료의 등록 · 수정 · 갱신<br>2. 시스템 권한 부여 및 전산등록 사항 관리<br><br>**제6조(자료의 입력 및 관리)** ① 지원단장 및 추진단장은 국토교통부「지적재조사업무규정」,「지적재조사측량규정」,「지적공부 세계측지계 변환규정」에 명시된 규정에 따라 최신 자료가 유지되도록 조치하여야 한다.<br>② 지원단장 및 추진단장은 자료의 전산등록과정에서 장애가 발생할 경우 기획단장과 협의하여야 한다. |

| 법률 | 시행령 | 시행규칙 | 지적재조사업무규정 | 지적재조사행정시스템 운영규정 |
|---|---|---|---|---|
| | | | | **제7조(전산자료의 구축 및 운영)** ① 기획단장은 제6조 제1항의 규정에 따라 시스템을 적합하게 구축하여야 한다.<br>② 기획단장은 시스템의 안정적인 운영을 위하여 시스템 관리자를 지정하고 유지관리 대책을 수립하여야 한다.<br><br>**제8조(사용자 교육실시)** ① 기획단장은 사용자가 시스템을 체계적으로 이용하고 관리할 수 있도록 교육을 실시하여야 한다.<br>② 지원단장, 추진단장 및 대행자는 사용자가 교육을 받을 수 있도록 지원하여야 한다.<br>③ 기획단장은 사용자 교육을 관련 기관에 위탁하여 실시할 수 있다.<br><br>**제9조(지원단장의 업무)** 지원단장은 다음 각 호의 업무를 수행한다.<br>1. 추진단에서 승인 요청한 사업지구 승인 및 고시 사항 전산등록<br>2. 사업지구별 지적기준점 성과검사<br>3. 해당 사업지구의 연도별 사업추진 현황 등 통계 관리<br>4. 추진단 권한관리자 및 지원단 |

| 법률 | 시행령 | 시행규칙 | 지적재조사업무규정 | 지적재조사행정시스템 운영규정 |
|------|--------|----------|---------------------|-------------------------------|
|      |        |          |                     | 사용자에 대한 사용자 권한 승인 및 관리<br><br>**제10조(추진단장의 업무)** 추진단장은 다음 각 호의 업무를 수행한다.<br>　1. 지적재조사사업지구 등 실시계획에 관한 사항 전산등록<br>　2. 일필지 사전조사 및 현지조사에 관한 사항 전산등록<br>　3. 주민설명회 · 동의서 징구 등 사업지구 지정 신청에 관한 사항 전산등록<br>　4. 추진단 업무담당자 및 해당 사업지구 대행자에 대한 사용자 권한 승인 및 관리<br>　5. 그 밖에 지적재조사업무 전반에 관한 자료 전산등록 및 관리<br><br>**제11조(대행자 업무)** 대행자는 다음 각 호의 업무를 수행한다.<br>　1. 해당 사업지구 사용자 전산등록 및 승인 요청<br>　2. 일필지측량 완료 후 지적확정조서에 관한 사항 전산등록<br>　3. 일필지 현지조사에 관한 사항 전산등록<br>　4. 대국민공개시스템 및 모바일 현장지원 시스템 활용<br>　5. 경계점 표지등록부 전산등록 |

| 법률 | 시행령 | 시행규칙 | 지적재조사업무규정 | 지적재조사행정시스템 운영규정 |
|---|---|---|---|---|
| | | | | 6. 그 밖에 지적재조사 측량규정에 의한 측량 성과 전산등록 등<br><br>**제12조(소유자 및 이해관계인)** 해당 토지의 소유자 및 이해관계인은 다음 각 호의 내용을 열람하고 동의 또는 의견 제출 등을 할 수 있다.<br>　1. 토지소유자 사업 동의 및 토지소유자협의회 구성 동의<br>　2. 경계 및 지적확정조서에 관한 사항<br><br>**제13조(사용자권한 관리)** ① 시스템 사용자권한을 새로이 부여받거나 변경하고자 하는 자는 <u>별지 제1호 및 제2호 서식</u>에 의하여 권한관리자에게 신청하여야 한다.<br>② 권한관리자는 사용자 권한을 새로이 부여하거나 변경하고자 할 때에는 <u>별지 제3호 서식</u>에 따라 사용자 권한 등록부를 관리할 수 있다.<br><br>**제14조(사용자번호 및 인증서 로그인)** ① 시스템에 전산등록하는 사용자번호는 고유의 일련번호로 부여하여야 하며, 한번 부여된 사용자번호는 변경할 수 없다.<br>② 소속이 변경되거나 퇴직 등을 한 |

| 법률 | 시행령 | 시행규칙 | 지적재조사업무규정 | 지적재조사행정시스템 운영규정 |
|---|---|---|---|---|
| | | | | 경우에는 사용자의 책임을 명확히 할수 있도록 관리하여야 한다.<br>③ 제2조 제1호 및 제2호에 따른 사용자의 인증서는 행정안전부에서 부여받은 GPKI로 사용하며, 로그인 후 사용자 로그인 접속내용을 인증서에 의하여 관리한다.<br>④ 대행자는 공공Ⅰ-PIN 등의 공인된 실명인증 방식으로 로그인 후 사업지구별 권한 신청 후 승인을 받아야 한다.<br>⑤ 사업지구 내 토지소유자 및 이해관계인은 공공Ⅰ-PIN 등의 공인된 실명인증 방식으로 로그인 후 소유 및 이해관계 필지에 대하여 관련 자료를 열람할 수 있다.<br>⑥ 제3항부터 제5항까지에 따른 사용자의 인증서는 다른 사람에게 누설하여서는 아니 되며, 사용자는 인증서가 누설되거나 누설될 우려가 있는 때에는 즉시 이를 변경하여야 한다.<br><br>**제15조(운영관리책임자 등)** ① 시스템을 총괄하는 운영관리책임자는 지적재조사업무를 담당하는 담당과장이 되며, 담당과장은 운영 및 유지관리를 위하여 권한관리자를 지정하여야 한다. |

| 법률 | 시행령 | 시행규칙 | 지적재조사업무규정 | 지적재조사행정시스템 운영규정 |
|---|---|---|---|---|
| | | | | ② 운영관리책임자는 다음 각 호의 업무를 수행한다.<br>1. 수시 예방점검 및 장애사항 처리<br>2. 보안관리 및 침해대응<br>3. 사업지구별 통계자료 관리<br>4. 개인정보 보호법에 의한 개인정보 침해대응<br>5. 그 밖에 정보자원을 운영·관리함에 있어 필요한 사항 |
| | **제4장 보칙** | | | **제16조(우편물 발송 업무)** ① 우편물 발송은 행정정보공동망 「지적재조사 행정시스템과 우정사업본부 전자우편(e−그린)」 연계 시스템에 의하여 처리할 수 있으며, 이용요금은 우정사업본부 고시금액으로 한다. |
| **제33조(임대료 등의 증감청구)** ① 지적재조사사업으로 인하여 임차권 등의 목적인 토지나 지역권에 관한 승역지(承役地)의 이용이 증진되거나 방해됨으로써 종전의 임대료·지료, 그 밖의 사용료 등이 불합리하게 되었을 때에는 당사자는 계약조건에도 불구하고 장래에 대하여 그 증감을 청구할 수 있다.<br>② 제1항의 경우 당사자는 그 권리를 포기하거나 계약을 해지하여 그 의무를 면할 수 있다. | | | | 1. 고지서에 의한 납부 방법<br>2. 카드에 의한 납부 방법<br>② 우편물 발송 시 회송용 봉투를 동봉하고자 하는 경우에는 관할 배송우체국과 별도 계약을 체결하여 운영할 수 있다.<br>③ 제1항의 우편물 발송정보 변경 시 별지 제4호 서식에 따라 발송우체국(서울지방우정청 서울중앙우체국)에 5일 이내 통보 후 사용하여야 한다. |

| 법률 | 시행령 | 시행규칙 | 지적재조사업무규정 | 지적재조사행정시스템 운영규정 |
|---|---|---|---|---|
| **제34조(권리의 포기 등)** ① 지적재조사사업의 시행으로 인하여 임차권 등 또는 지역권을 설정한 목적을 달성할 수 없게 되었을 때에는 당사자는 그 권리를 포기하거나 계약을 해지할 수 있다.<br>② 제1항에 따라 권리를 포기하거나 계약을 해지한 자는 그로 인한 손실의 보상을 지적소관청에 청구할 수 있다.<br>③ 제2항에 따라 손실을 보상한 지적소관청은 그 토지 또는 건축물의 소유자나 그로 인하여 이익을 받는 자에게 이를 구상할 수 있다. | | | | **제17조(백업 및 복구)** ① 정부통합전산센터의 장은 프로그램 및 전산자료의 멸실·손괴에 대비하여 정기적으로 관련 자료를 백업하여야 한다. 백업 주기와 방법 및 범위는 「행정안전부 정부통합전산센터」의 백업지침에 따른다.<br>② 제1항의 백업자료는 도난·훼손·멸실되지 않도록 안전한 장소에 보관하여야 한다. |
| **제35조(청구 등의 제한)** 사업완료 공고가 있었던 날부터 2개월이 지났을 때에는 제33조에 따른 임대료·지료, 그 밖의 사용료 등의 증감청구나 제34조에 따른 권리의 포기 또는 계약의 해지를 할 수 없다. 〈개정 2020. 6. 9.〉 | | | | **제18조(시스템 장애 및 전산자료 오류 수정)** ① 지원단장 및 추진단장은 지적재조사 행정시스템 자료에 오류가 발생한 경우에는 지체 없이 이를 수정하여야 한다.<br>② 지원단장 및 추진단장은 시스템 장애가 발생하여 처리할 수 없는 경우에는 별지 제5호 서식에 따라 이를 기획단장에게 보고하고, 그에 따른 필요한 조치를 요청할 수 있다.<br>③ 제2항에 따라 보고받은 기획단장은 시스템 장애 사항이 정비될 수 있도록 필요한 조치를 하여야 한다. |

| 법률 | 시행령 | 시행규칙 | 지적재조사업무규정 | 지적재조사행정시스템 운영규정 |
|---|---|---|---|---|
| **제36조(물상대위)** 지적재조사지구에 있는 토지 또는 건축물에 관하여 설정된 저당권은 저당권설정자가 지급받을 조정금에 대하여 행사할 수 있다. 이 경우에는 지급 전에 압류하여야 한다. 〈개정 2019. 12. 10.〉 | | | | **제19조(개인정보의 안전성 확보조치)** ① 기획단장은 「개인정보 보호법」 제33조에 따라 시스템의 개인정보 영향평가 및 위험도 분석을 실시하여 필요시 고유식별정보 등에 대한 암호화 기술 적용 또는 이에 상응하는 조치 등의 방안을 마련하여야 한다. ② 시스템을 운영 또는 사용하는 자는 「개인정보 보호법」 제29조, 같은 법 시행령 제30조 및 개인정보의 안전성 확보조치 기준에 따라 개인정보의 안전성 확보에 필요한 관리적·기술적 조치를 취하여야 한다. ③ 시스템을 운영 또는 사용하는 자는 시스템으로 인하여 국민의 사생활에 대한 권익이 침해받지 않도록 하여야 한다. |
| **제37조(토지 등에의 출입 등)** ① 지적소관청은 지적재조사사업을 위하여 필요한 경우에는 소속 공무원 또는 책임수행기관으로 하여금 타인의 토지·건물·공유수면 등(이하 이 조에서 "토지 등"이라 한다)에 출입하거나 이를 일시 사용하게 할 수 있으며, 특히 필요한 경우에는 나무·흙·돌, 그 밖의 장애물(이하 "장애물 등"이라 한다)을 변경하거나 제거하게 할 수 | | **제15조(증표 및 허가증)** 법 제37조제5항에 따른 증표와 허가증은 별지 제14호서식에 따른다. | | **제20조(보안 관리)** ① 시스템을 운영 또는 사용하는 자는 보안관련 법령에 따라 관리적·기술적 대책을 강구하고 보안 관리를 철저히 하여야 한다. ② 기획단장은 시스템의 유지관리를 용역사업으로 추진하는 경우에는 보안관련 규정을 준용하여야 한다. |

| 법률 | 시행령 | 시행규칙 | 지적재조사업무규정 | 지적재조사행정시스템 운영규정 |
|---|---|---|---|---|
| 있다. 〈개정 2020. 12. 22.〉<br>② 지적소관청은 제1항에 따라 소속 공무원 또는 책임수행기관으로 하여금 타인의 토지 등에 출입하게 하거나 이를 일시 사용하게 하거나 장애물 등을 변경 또는 제거하게 하려는 때에는 출입 등을 하려는 날의 3일 전까지 해당 토지 등의 소유자·점유자 또는 관리인에게 그 일시와 장소를 통지하여야 한다. 〈개정 2020. 12. 22.〉<br>③ 해 뜨기 전이나 해가 진 후에는 그 토지 등의 점유자의 승낙 없이 택지나 담장 또는 울타리로 둘러싸인 타인의 토지 등에 출입할 수 없다.<br>④ 토지 등의 점유자는 정당한 사유 없이 제1항에 따른 행위를 방해하거나 거부하지 못한다.<br>⑤ 제1항에 따른 행위를 하려는 자는 그 권한을 표시하는 증표와 허가증을 지니고 이를 관계인에게 내보여야 한다.<br>⑥ 지적소관청은 제1항의 행위로 인하여 손실을 입은 자가 있으면 이를 보상하여야 한다.<br>⑦ 제6항에 따른 손실보상에 관하여는 지적소관청과 손실을 입은 자가 협의하여야 한다.<br>⑧ 지적소관청 또는 손실을 입은 자 | | | | |

| 법률 | 시행령 | 시행규칙 | 지적재조사업무규정 | 지적재조사행정시스템 운영규정 |
|---|---|---|---|---|
| 는 제7항에 따른 협의가 성립되지 아니하거나 협의를 할 수 없는 경우에는 「공익사업을 위한 토지 등의 취득 및 보상에 관한 법률」에 따른 관할 토지수용위원회에 재결을 신청할 수 있다.<br>⑨ 제8항에 따른 관할 토지수용위원회의 재결에 관하여는 「공익사업을 위한 토지 등의 취득 및 보상에 관한 법률」 제84조부터 제88조까지의 규정을 준용한다. | | | | |
| 제38조(서류의 열람 등) ① 토지소유자나 이해관계인은 지적재조사사업에 관한 서류를 열람할 수 있으며, 지적소관청은 정당한 사유가 없으면 이를 거부하여서는 아니 된다. 〈개정 2020. 6. 9.〉<br>② 토지소유자나 이해관계인은 지적소관청에 자기의 비용으로 지적재조사사업에 관한 서류의 사본 교부를 청구할 수 있다.<br>③ 국토교통부장관은 토지소유자나 이해관계인이 지적재조사사업과 관련한 정보를 인터넷 등을 통하여 실시간 열람할 수 있도록 공개시스템을 구축·운영하여야 한다. 〈개정 2013. 3. 23.〉<br>④ 제3항에 따른 시스템의 구축 및 운 | 제27조(공개시스템의 구축·운영 등) ① 국토교통부장관은 법 제38조제3항에 따른 공개시스템(이하 "공개시스템"이라 한다)을 개발하여 시·도지사 및 지적소관청에 보급하여야 한다. 〈개정 2013. 3. 23.〉<br>② 국토교통부장관은 제1항에 따른 공개시스템을 「전자정부법」 제36조제1항에 따른 행정정보의 공동이용과 연계하거나 정보의 공동활용체계를 구축할 수 있다. 〈개정 2013. 3. 23.〉<br>③ 제1항 및 제2항에서 규정한 사항 외에 공개시스템의 구축 및 운영에 필요한 사항은 국토교통부장관이 정하여 고시한다. 〈개정 2013. 3. 23.〉 | 제16조(서류의 열람 등) 법 제38조제1항 및 제2항에 따른 지적재조사사업에 관한 서류의 열람 및 사본의 발급은 별지 제15호서식의 지적재조사사업에 관한 서류 열람(발급) 신청서(전자문서로 된 신청서를 포함한다)에 따른다. | | |

| 법률 | 시행령 | 시행규칙 | 지적재조사업무규정 | 지적재조사행정시스템 운영규정 |
|---|---|---|---|---|
| 영에 필요한 사항은 대통령령으로 정한다. | **제28조(공개시스템 입력 정보)** 시·도지사 및 지적소관청은 법 제38조에 따라 토지소유자 등이 지적재조사사업과 관련한 정보를 인터넷 등을 통하여 실시간 열람할 수 있도록 다음 각 호의 사항을 공개시스템에 입력해야 한다. 〈개정 2020. 6. 23., 2021. 6. 8.〉<br>　1. 실시계획<br>　2. 지적재조사지구<br>　2의2. 책임수행기관의 지정 및 지정 취소<br>　2의3. 지적재조사대행자의 성명 (법인인 경우에는 명칭 및 대표자의 성명을 말한다)과 소재지<br>　3. 토지현황조사<br>　4. 지적재조사측량 및 경계의 확정<br>　5. 조정금의 산정, 징수 및 지급<br>　6. 새로운 지적공부 및 등기촉탁<br>　7. 건축물 위치 및 건물 표시<br>　8. 토지와 건물에 대한 개별공시지가, 개별주택가격, 공동주택가격 및 부동산 실거래가격<br>　9. 「토지이용규제 기본법」에 따른 토지이용규제<br>　10. 그 밖에 국토교통부장관이 필요하다고 인정하는 사항<br><br>**제28조의2(고유식별정보의 처리)** 지적소관청은 다음 각 호의 사무를 수행 | | | |

| 법률 | 시행령 | 시행규칙 | 지적재조사업무규정 | 지적재조사행정시스템 운영규정 |
|---|---|---|---|---|
| | 하기 위하여 불가피한 경우 「개인정보 보호법 시행령」 제19조에 따른 주민등록번호 또는 외국인등록번호가 포함된 자료를 처리할 수 있다.<br>1. 법 제6조제1항에 따른 실시계획 수립에 관한 사무<br>2. 법 제7조제2항에 따른 토지소유자의 동의에 관한 사무<br>3. 법 제10조제2항에 따른 토지현황조사서 작성에 관한 사무<br>4. 법 제15조제2항에 따른 지적확정예정조서 작성에 관한 사무<br>5. 법 제21조제3항에 따른 조정금 수령통지 또는 납부고지에 관한 사무<br>6. 법 제24조제1항에 따른 새로운 지적공부의 작성에 관한 사무<br>7. 법 제25조제1항에 따른 등기촉탁에 관한 사무 | | | |
| **제39조(지적재조사사업에 관한 보고·감독)** 국토교통부장관은 시·도지사에게, 시·도지사는 지적소관청에 대하여 지적재조사사업의 진행현황에 관하여 보고하게 하고 필요한 지원과 감독을 할 수 있다. 〈개정 2013. 3. 23.〉 | | | | |

| 법률 | 시행령 | 시행규칙 | 지적재조사업무규정 | 지적재조사행정시스템 운영규정 |
|---|---|---|---|---|
| **제40조(권한의 위임)** 국토교통부장관은 이 법에 따른 권한의 전부 또는 일부를 대통령령으로 정하는 바에 따라 소속 기관의 장, 시·도지사 또는 지적소관청에 위임할 수 있다. 〈개정 2013. 3. 23.〉 | | | | |
| **제41조(비밀누설금지)** 지적재조사사업에 종사하는 자와 이에 종사하였던 자가 지적재조사사업의 시행 중에 알게 된 타인의 비밀에 속하는 사항을 정당한 사유 없이 타인에게 누설하거나 사용하여서는 아니 된다. | | | | |
| **제42조(「도시개발법」의 준용)** 지적재조사사업과 관련된 환지에 관하여는 「도시개발법」 제28조부터 제49조까지의 규정을 준용한다. 이 경우 「도시개발법」 제40조에 따른 "환지처분"은 제23조에 따른 "사업완료 공고"로 본다. | | | | |
| **제42조의2(벌칙 적용에서 공무원 의제)** 제5조제2항에 따라 위탁을 받은 책임수행기관의 임직원은 「형법」 제129조부터 제132조까지의 규정을 적용할 때에는 공무원으로 본다. [본조신설 2020. 12. 22.] | | | | |

| 법률 | 시행령 | 시행규칙 | 지적재조사업무규정 | 지적재조사행정시스템 운영규정 |
|---|---|---|---|---|
| 제5장 벌칙 | | | | |
| **제43조(벌칙)** ① 지적재조사사업을 위한 지적측량을 고의로 진실에 반하게 측량하거나 지적재조사사업 성과를 거짓으로 등록을 한 자는 2년 이하의 징역 또는 2천만원 이하의 벌금에 처한다.<br>② 제41조를 위반하여 지적재조사사업 중에 알게 된 타인의 비밀을 누설하거나 사용한 자는 1년 이하의 징역 또는 1천만원 이하의 벌금에 처한다. | | | | |
| **제44조(양벌규정)** 법인의 대표자나 법인 또는 개인의 대리인, 사용인, 그 밖의 종업원이 그 법인 또는 개인의 업무에 관하여 제43조의 위반행위를 하면 그 행위자를 벌하는 외에 그 법인 또는 개인에게도 해당 조문의 벌금형을 과(科)한다. 다만, 법인 또는 개인이 그 위반행위를 방지하기 위하여 해당 업무에 관하여 상당한 주의와 감독을 게을리하지 아니한 경우에는 그러하지 아니하다. | | | | |
| **제45조(과태료)** ① 다음 각 호의 어느 하나에 해당하는 자에게는 300만원 이하의 과태료를 부과한다.<br>　1. 제15조제4항 또는 제18조제3항을 위반하여 임시경계점표 | **제29조(과태료의 부과기준)** 법 제45조제1항에 따른 과태료의 부과기준은 별표와 같다. | | | |

| 법률 | 시행령 | 시행규칙 | 지적재조사업무규정 | 지적재조사행정시스템 운영규정 |
|---|---|---|---|---|
| 지 또는 경계점표지를 이전 또는 파손하거나 그 효용을 해치는 행위를 한 자<br>2. 지적재조사사업을 정당한 이유 없이 방해한 자<br>② 제1항에 따른 과태료는 대통령령으로 정하는 바에 따라 국토교통부장관, 시·도지사 또는 지적소관청이 부과·징수한다. 〈개정 2013. 3. 23.〉 | | | | |

# 공간정보기본법 및
# 산업 진흥법 5단

**CONTENTS**

| 국가공간정보 기본법<br>[시행 2022. 3. 17.] [법률 제17942호,<br>2021. 3. 16., 일부개정] | 국가공간정보 기본법 시행령<br>[시행 2021. 2. 19.] [대통령령 제31438호,<br>2021. 2. 9., 타법개정] | 공간정보산업 진흥법<br>[시행 2021. 2. 19.] [법률 제17063호,<br>2020. 2. 18., 타법개정] | 공간정보산업 진흥법 시행령<br>[시행 2021. 2. 19.] [대통령령 제31438호,<br>2021. 2. 9., 일부개정] | 공간정보산업 진흥법 시행규칙<br>[시행 2018. 5. 14.] [국토교통부령 제511호,<br>2018. 4. 27., 일부개정] |
|---|---|---|---|---|
| 제1장 총칙 | | 제1장 총칙 | | |
| 제1조(목적)<br><br>제2조(정의)<br><br>제3조(국민의 공간정보복지 증진)<br><br>제3조의2(공간정보 취득ㆍ관리의 기본원칙)<br><br>제4조(다른 법률과의 관계) | 제1조(목적)<br><br>제2조(민간기관의 범위) | 제1조(목적)<br><br>제2조(정의)<br><br>제2조의2(국가 및 지방자치단체의 책무)<br><br>제3조(다른 법률과의 관계) | 제1조(목적)<br><br>제1조의2(공간정보기술자의 범위) | 제1조(목적)<br><br>제2조 삭제 〈2018. 4. 27.〉 |
| 제2장 국가공간정보정책의 추진체계 | | 제2장 공간정보산업 진흥시책 | | |
| 제5조(국가공간정보위원회)<br><br><br><br><br><br><br><br><br><br><br><br><br><br><br><br><br><br>제6조(국가공간정보정책 기본계획의 수립)<br><br>제7조(국가공간정보정책 시행계획) | 제3조(국가공간정보위원회의 위원)<br><br>제4조(위원회의 운영)<br><br>제5조(위원회의 간사)<br><br>제6조 삭제 〈2015. 6. 1.〉<br><br>제7조(전문위원회의 구성 및 운영)<br><br>제8조(의견청취 및 현지조사)<br><br>제9조(회의록)<br><br>제10조(수당)<br><br>제11조(운영세칙)<br><br>제12조(국가공간정보정책 기본계획의 수립)<br><br>제13조(국가공간정보정책 시행계획의 수립 등) | 제4조(공간정보산업진흥 계획의 수립)<br><br>제5조(공간정보산업 관련 공공수요의 공개 등)<br><br>제5조의2(공간정보산업 관련 통계의 작성)<br><br>제6조(공간정보의 제공)<br><br>제7조(가공공간정보의 생산 및 유통)<br><br>제8조(공간정보 등의 유통 활성화)<br><br>제9조(융ㆍ복합 공간정보산업 지원)<br><br>제10조(지식재산권의 보호)<br><br>제11조(재정지원 등) | 제2조(공간정보산업 진흥계획의 수립 등)<br><br>제3조(공간정보산업 관련 공공수요의 공개 등)<br><br>제3조의2(공간정보산업 관련 통계)<br><br>제4조(공간정보의 제공 등)<br><br><br><br>제5조(유통사업자의 지원)<br><br><br><br><br><br>제6조(지식재산권 보호) | 제3조(공간정보 유통사업 지원신청서) |

| 국가공간정보 기본법 | 국가공간정보 기본법 시행령 | 공간정보산업 진흥법 | 공간정보산업 진흥법 시행령 | 공간정보산업 진흥법 시행규칙 |
|---|---|---|---|---|
| 제8조(관리기관과의 협의 등) | | **제3장 공간정보산업 기반조성** | | |
| 제9조(연구·개발 등) | 제14조(연구와 개발의 위탁) | 제12조(품질인증) | 제7조(품질인증의 절차) | 제4조(품질인증 신청서 등) |
| 제10조(정부의 지원) | | | 제8조(품질인증기관의 지정요건 등) | 제5조(품질인증기관 지정신청서) |
| 제11조(국가공간정보정책에 관한 연차보고) | | 제13조(공간정보기술의 개발 촉진) | | |
| **제3장 한국국토정보공사** 〈신설 2014. 6. 3.〉 | | 제14조(공간정보산업의 표준화 지원) | 제9조(공간정보산업의 표준화 지원) | |
| 제12조(한국국토정보공사의 설립) | 제14조의2(한국국토정보공사의 설립등기 사항) | 제15조(전문인력의 양성 등) | 제10조(전문인력 양성의 내용) | |
| 제13조(공사의 정관 등) | | | 제11조(전문인력 양성기관의 지정 등) | 제6조(전문인력 양성기관 지정신청서) |
| 제14조(공사의 사업) | 제14조의3(공사의 사업) | | 제12조(전문인력 양성기관의 지정 해제) | |
| 제15조(공사의 임원) | | | | |
| 제16조(공사에 대한 감독) | | 제16조(국제협력 및 해외진출 지원) | | |
| 제17조(유사 명칭의 사용 금지) | | | | |
| 제18조(다른 법률의 준용) | | 제16조의2(창업의 지원) | | |
| **제4장 국가공간정보기반의 조성** 〈개정 2014. 6. 3.〉 | | 제17조(공간정보 관련 용역에 대한 사업대가) | | |
| 제19조(기본공간정보의 취득 및 관리) | 제15조(기본공간정보의 취득 및 관리) | **제4장 공간정보산업의 지원** | | |
| 제20조(공간객체등록번호의 부여) | 제16조(공간객체등록번호의 관리) | 제18조(공간정보산업진흥시설의 지정 등) | 제13조(공간정보산업진흥시설의 지정 등) | 제7조(공간정보산업진흥시설 지정신청서) |
| 제21조(공간정보 표준화) | 제17조(공간정보 표준화 등) | 제19조(진흥시설의 지정해제) | 제14조(진흥시설의 지정해제 등) | |
| 제22조(표준의 연구 및 보급) | | 제20조(진흥시설에 대한 지방자치단체의 지원) | | |
| 제23조(표준 등의 준수의무) | | | | |
| 제24조(국가공간정보통합체계의 구축과 운영) | 제18조(국가공간정보통합체계의 구축과 운영) | 제21조(산업재산권 등의 출자 특례) | 제15조(기술평가기관) | |

| 국가공간정보 기본법 | 국가공간정보 기본법 시행령 |
|---|---|
| 제25조(국가공간정보센터의 설치) | |
| 제26조(자료의 제출요구 등) | |
| 제27조(자료의 가공 등) | |
| **제5장 국가공간정보체계의 구축 및 활용** 〈개정 2014. 6. 3.〉 | |
| 제28조(공간정보데이터베이스의 구축 및 관리) | |
| 제29조(중복투자의 방지) | 제19조(중복투자의 방지) |
| 제30조(공간정보 목록정보의 작성) | 제20조(공간정보 목록정보의 작성 및 관리) |
| 제31조(협력체계 구축) | |
| 제32조(공간정보의 활용 등) | 제21조(공간정보의 활용 등) |
| 제33조(공간정보의 공개) | 제22조(공간정보의 공개) |
| 제34조(공간정보의 복제 및 판매 등) | 제23조(공간정보의 복제 및 판매 등) |
| **제6장 국가공간정보의 보호** 〈개정 2014. 6. 3.〉 | |
| 제35조(보안관리) | 제24조(공간정보의 보호) |
| 제35조의2(보안심사) | |
| 제35조의3(보안심사 전문기관의 지정 등) | |
| 제35조의4(보안심사 전문기관의 지정취소 등) | |
| 제35조의5(보고 및 조사) | |
| 제36조(공간정보데이터베이스의 안전성 확보) | 제25조(공간정보데이터베이스의 보관) |

| 공간정보산업 진흥법 | 공간정보산업 진흥법 시행령 | 공간정보산업 진흥법 시행규칙 |
|---|---|---|
| 제22조(중소공간정보사업자의 사업참여 지원) | | |
| **제4장의2 공간정보사업의 관리** 〈신설 2014. 6. 3.〉 | | |
| 제22조의2(공간정보사업자의 신고 등) | | 제7조의2(공간정보사업자의 신고) |
| | | 제7조의3(공간정보사업 수행실적의 통보 및 확인) |
| 제22조의3(공간정보기술자의 신고 등) | 제20조(고유식별정보의 처리) | 제8조(공간정보기술자의 신고) |
| | | 제9조(공간정보기술 경력증명 등) |
| **제5장 공간정보산업진흥원 등** 〈개정 2014. 6. 3.〉 | | |
| 제23조(공간정보산업진흥원) | 제16조(공간정보산업진흥원의 수익사업) | |
| | 제16조의2(진흥원의 운영 등) | |
| 제24조(공간정보산업협회의 설립) | 제16조의3(협회의 정관 기재사항) | |
| | 제16조의4(협회 설립인가의 공고) | |
| | 제16조의5(협회의 지도·감독) | |
| 제25조(공간정보집합투자기구의 설립 등) | 제17조(공간정보집합투자기구의 등록에 관한 협의 등) | |
| 제26조(자산운용의 방법) | 제18조(자산운용의 방법) | |
| **제6장 보칙** | | |
| 제27조(권한의 위임·위탁) | 제19조(업무의 위탁) | |

| 국가공간정보 기본법 | 국가공간정보 기본법 시행령 |
|---|---|
| 제37조(공간정보 등의 침해 또는 훼손 등의 금지) | |
| 제38조(비밀준수 등의 의무) | |
| 제38조의2(벌칙 적용에서 공무원 의제) | |
| **제7장 벌칙** 〈개정 2014. 6. 3.〉 | |
| 제39조(벌칙) | |
| 제40조(벌칙) | |
| 제41조(양벌규정) | |
| 제42조(과태료) | 제26조(과태료의 부과기준) |

| 공간정보산업 진흥법 | 공간정보산업 진흥법 시행령 | 공간정보산업 진흥법 시행규칙 |
|---|---|---|
| 제28조(공무원 의제) | | |
| **제7장 벌칙** | | |
| 제29조(벌칙) | | |
| 제30조(양벌규정) | | |
| 제31조(과태료) | 제21조(과태료의 부과기준) | |

| 국가공간정보 기본법 | 국가공간정보 기본법 시행령 | 공간정보산업 진흥법 | 공간정보산업 진흥법 시행령 | 공간정보산업 진흥법 시행규칙 |
|---|---|---|---|---|
| 제1장 총칙 | | 제1장 총칙 | | |
| 제1조(목적) 이 법은 국가공간정보체계의 효율적인 구축과 종합적 활용 및 관리에 관한 사항을 규정함으로써 국토 및 자원을 합리적으로 이용하여 국민경제의 발전에 이바지함을 목적으로 한다. | 제1조(목적) 이 영은 「국가공간정보 기본법」에서 위임된 사항과 그 시행에 필요한 사항을 규정함을 목적으로 한다. 〈개정 2015. 6. 1.〉 | 제1조(목적) 이 법은 공간정보산업의 경쟁력을 강화하고 그 진흥을 도모하여 국민경제의 발전과 국민의 삶의 질 향상에 이바지함을 목적으로 한다. | 제1조(목적) 이 영은 「공간정보산업 진흥법」에서 위임된 사항과 그 시행에 필요한 사항을 규정함을 목적으로 한다. | 제1조(목적) 이 규칙은 「공간정보산업 진흥법」 및 같은 법 시행령에서 위임된 사항과 그 시행에 필요한 사항을 규정함을 목적으로 한다. |
| 제2조(정의) 이 법에서 사용하는 용어의 뜻은 다음과 같다. 〈개정 2012. 12. 18., 2013. 3. 23., 2014. 6. 3.〉<br>1. "공간정보"란 지상·지하·수상·수중 등 공간상에 존재하는 자연적 또는 인공적인 객체에 대한 위치정보 및 이와 관련된 공간적 인지 및 의사결정에 필요한 정보를 말한다.<br>2. "공간정보데이터베이스"란 공간정보를 체계적으로 정리하여 사용자가 검색하고 활용할 수 있도록 가공한 정보의 집합체를 말한다.<br>3. "공간정보체계"란 공간정보를 효과적으로 수집·저장·가공·분석·표현할 수 있도록 서로 유기적으로 연계된 컴퓨터의 하드웨어, 소프트웨어, 데이터 | 제2조(민간기관의 범위) 「국가공간정보 기본법」(이하 "법"이라 한다) 제2조제4호에서 "대통령령으로 정하는 민간기관"이란 다음 각 호의 자 중에서 국토교통부장관이 관계 중앙행정기관의 장과 특별시장·광역시장·특별자치시장·도지사 및 특별자치도지사(이하 "시·도지사"라 한다)와 협의하여 고시하는 자를 말한다. 〈개정 2010. 10. 1., 2013. 3. 23., 2013. 6. 11., 2015. 6. 1.〉<br>1. 「전기통신사업법」 제2조제8호에 따른 전기통신사업자로서 같은 법 제6조에 따라 허가를 받은 기간통신사업자<br>2. 「도시가스사업법」 제2조제2호에 따른 도시가스사업자로서 같은 법 제3조에 따라 허가를 받은 일반도시가스사업자 | 제2조(정의) 이 법에서 사용하는 용어의 뜻은 다음과 같다. 〈개정 2014. 6. 3., 2015. 5. 18., 2020. 2. 18.〉<br>1. "공간정보"란 지상·지하·수상·수중 등 공간상에 존재하는 자연 또는 인공적인 객체에 대한 위치정보 및 이와 관련된 공간적 인지와 의사결정에 필요한 정보를 말한다.<br>2. "공간정보산업"이란 공간정보를 생산·관리·가공·유통하거나 다른 산업과 융·복합하여 시스템을 구축하거나 서비스 등을 제공하는 산업을 말한다.<br>3. "공간정보사업"이란 공간정보산업에 속하는 다음 각 목의 사업을 말한다.<br>가. 「공간정보의 구축 및 관 | 제1조의2(공간정보기술자의 범위) 법 제2조제4호의2에서 "대통령령으로 정하는 사람"이란 별표 1에서 정하는 사람을 말한다. 〈개정 2018. 2. 13., 2018. 7. 31.〉<br>[본조신설 2015. 6. 1.] | 제2조 삭제 〈2018. 4. 27.〉 |

| 국가공간정보 기본법 | 국가공간정보 기본법 시행령 | 공간정보산업 진흥법 | 공간정보산업 진흥법 시행령 | 공간정보산업 진흥법 시행규칙 |
|---|---|---|---|---|
| 베이스 및 인적자원의 결합체를 말한다.<br>4. "관리기관"이란 공간정보를 생산하거나 관리하는 중앙행정기관, 지방자치단체, 「공공기관의 운영에 관한 법률」 제4조에 따른 공공기관(이하 "공공기관"이라 한다), 그 밖에 대통령령으로 정하는 민간기관을 말한다.<br>5. "국가공간정보체계"란 관리기관이 구축및관리하는 공간정보체계를 말한다.<br>6. "국가공간정보통합체계"란 제19조제3항의 기본공간정보데이터베이스를 기반으로 국가공간정보체계를 통합 또는 연계하여 국토교통부장관이 구축·운용하는 공간정보체계를 말한다.<br>7. "공간객체등록번호"란 공간정보를 효율적으로 관리 및 활용하기 위하여 자연적 또는 인공적 객체에 부여하는 공간정보의 유일식별번호를 말한다. | 3. 「송유관 안전관리법」 제2조제3호에 따른 송유관설치자 및 같은 조 제4호에 따른 송유관관리자 | 리 등에 관한 법률」 제44조에 따른 측량업 및 「해양조사와 해양정보 활용에 관한 법률」 제2조제13호에 따른 해양조사·정보업<br>나. 위성영상을 공간정보로 활용하는 사업<br>다. 위성측위 등 위치결정 관련 장비산업 및 위치기반 서비스업<br>라. 공간정보의 생산·관리·가공·유통을 위한 소프트웨어의 개발·유지관리 및 용역업<br>마. 공간정보시스템의 설치 및 활용업<br>바. 공간정보 관련 교육 및 상담업<br>사. 그 밖에 공간정보를 활용한 사업<br>4. "공간정보사업자"란 공간정보사업을 영위하는 자를 말한다.<br>4의2. "공간정보기술자"란 「국가기술자격법」 등 관계 법률에 따라 공간정보사업에 관련된 분야의 자격·학력 또 | | |
| **제3조(국민의 공간정보복지 증진)** ① 국가 및 지방자치단체는 국민이 공간정보에 쉽게 접근하여 활용할 수 있도록 체계적으로 공간정보를 생산 및 관 | | | | |

| 국가공간정보 기본법 | 국가공간정보 기본법 시행령 | 공간정보산업 진흥법 | 공간정보산업 진흥법 시행령 | 공간정보산업 진흥법 시행규칙 |
|---|---|---|---|---|
| 리하고 공개함으로써 국민의 공간정보복지를 증진시킬 수 있도록 노력하여야 한다.<br>② 국민은 법령에 따라 공개 및 이용이 제한된 경우를 제외하고는 관리기관이 생산한 공간정보를 정당한 절차를 거쳐 활용할 권리를 가진다. | | 는 경력을 취득한 사람으로서 대통령령으로 정하는 사람을 말한다.<br>5. "가공공간정보"란 공간정보를 가공하거나 이에 다른 정보를 추가하는 등의 방법으로 생산된 공간정보를 말한다. | | |
| **제3조의2(공간정보 취득 · 관리의 기본원칙)** 국가공간정보체계의 효율적인 구축과 종합적 활용을 위하여 다음 각 호의 어느 하나에 해당하는 경우에는 국토의 공간별 · 지역별 공간정보가 균형있게 포함되도록 하여야 한다. 〈개정 2014. 6. 3.〉<br>　1. 제6조에 따른 국가공간정보정책 기본계획 또는 기관별 국가공간정보정책 기본계획을 수립하는 경우<br>　2. 제7조에 따른 국가공간정보정책 시행계획 또는 기관별 국가공간정보정책 시행계획을 수립하는 경우<br>　3. 제19조에 따른 기본공간정보를 취득 및 관리하는 경우<br>　4. 제24조에 따라 국가공간정보통합체계를 구축하는 경우 | | 6. "공간정보 등"이란 공간정보 및 이를 기반으로 하는 가공공간정보, 소프트웨어, 기기, 서비스 등을 말한다.<br>7. "융 · 복합 공간정보산업"이란 공간정보와 다른 정보 · 기술 등이 결합하여 새로운 자료 · 기기 · 소프트웨어 · 서비스 등을 생산하는 산업을 말한다.<br>8. "공간정보오픈플랫폼"이란 국가에서 보유하고 있는 공개 가능한 공간정보를 국민이 자유롭게 활용할 수 있도록 다양한 방법을 제공하는 공간정보체계를 말한다. | | |
| **제4조(다른 법률과의 관계)** 공간정보의 생산 · 관리 · 활용 및 유통 등에 관 | | **제2조의2(국가 및 지방자치단체의 책무)** 국가 및 지방자치단체는 공간정보산업이 국가경제 및 산업에서 차지하는 중요성을 인식하고 그 | | |

| 국가공간정보 기본법 | 국가공간정보 기본법 시행령 | 공간정보산업 진흥법 | 공간정보산업 진흥법 시행령 | 공간정보산업 진흥법 시행규칙 |
|---|---|---|---|---|
| 하여 다른 법률에 특별한 규정이 있는 경우를 제외하고는 이 법에서 정하는 바에 따른다. | | 발전을 지원하도록 노력하여야 한다.<br>[본조신설 2015. 5. 18.] | | |

<table>
<tr>
<td colspan="2" align="center">제2장 국가공간정보정책의 추진체계</td>
<td>제3조(다른 법률과의 관계) 공간정보산업의 진흥 및 지원 등에 관하여는 다른 법률에 특별한 규정이 있는 경우를 제외하고는 이 법에서 정하는 바에 따른다.</td>
<td></td>
<td></td>
</tr>
</table>

| 국가공간정보 기본법 | 국가공간정보 기본법 시행령 | 공간정보산업 진흥법 | 공간정보산업 진흥법 시행령 | 공간정보산업 진흥법 시행규칙 |
|---|---|---|---|---|
| 제5조(국가공간정보위원회) ① 국가공간정보정책에 관한 사항을 심의·조정하기 위하여 국토교통부에 국가공간정보위원회(이하 "위원회"라 한다)를 둔다. 〈개정 2013. 3. 23.〉<br>② 위원회는 다음 각 호의 사항을 심의한다. 〈개정 2020. 6. 9., 2021. 3. 16.〉<br>1. 제6조에 따른 국가공간정보정책 기본계획의 수립·변경 및 집행실적의 평가<br>2. 제7조에 따른 국가공간정보정책 시행계획(제7조에 따른 기관별 국가공간정보정책 시행계획을 포함한다)의 수립·변경 및 집행실적의 평가<br>3. 공간정보의 활용촉진, 유통과 보호에 관한 사항<br>4. 국가공간정보체계의 중복투자 방지 등 투자 효율화에 관한 사항<br>5. 국가공간정보체계의 구축·관리 및 활용에 관한 주요 정책의 조정에 관한 사항 | 제3조(국가공간정보위원회의 위원) ① 법 제5조제4항제1호에 따른 위원은 다음 각 호의 사람으로 한다. 〈개정 2013. 3. 23., 2013. 11. 22., 2014. 11. 19., 2017. 7. 26.〉<br>1. 기획재정부 제1차관, 교육부차관, 과학기술정보통신부 제2차관, 국방부차관, 행정안전부차관, 농림축산식품부차관, 산업통상자원부차관, 환경부차관 및 해양수산부차관<br>2. 통계청장, 소방청장, 문화재청장, 농촌진흥청장 및 산림청장<br>② 법 제5조에 따른 국가공간정보위원회(이하 "위원회"라 한다)의 위원장은 법 제5조제4항제3호에 따라 민간전문가를 위원으로 위촉하는 경우 관계 중앙행정기관의 장의 의견을 들을 수 있다.<br><br>제4조(위원회의 운영) ① 위원회의 위원장(이하 "위원장"이라 한다)은 위원회를 대표하고, 위원회의 업무를 총괄한다. | 제4조(공간정보산업진흥 계획의 수립) ① 국토교통부장관은 공간정보산업 진흥을 위하여 「국가공간정보 기본법」 제6조에 따른 국가공간정보정책 기본계획에 따라 5년마다 다음 각 호의 사항이 포함된 공간정보산업진흥 기본계획(이하 "기본계획"이라 한다)을 수립하여야 한다. 〈개정 2013. 3. 23., 2014. 6. 3.〉<br>1. 공간정보산업 진흥을 위한 정책의 기본방향<br>2. 공간정보산업의 부문별 진흥시책에 관한 사항<br>3. 공간정보산업 기반조성에 관한 사항<br>4. 지방 공간정보산업의 육성에 관한 사항 | 제2조(공간정보산업 진흥계획의 수립 등) ① 국토교통부장관은 「공간정보산업 진흥법」(이하 "법"이라 한다) 제4조에 따라 공간정보산업 진흥 기본계획 및 공간정보산업진흥 시행계획을 수립하거나 변경하였을 때에는 그 내용을 공고하여야 한다. 〈개정 2013. 3. 23.〉<br>② 법 제4조제4항 후단에서 "대통령령으로 정하는 중요 사항을 변경하는 경우"란 법 제4조제1항 제2호부터 제9호까지의 사항과 관련된 사업의 기간을 2년 이상 가감하거나 총사업비를 처음 계획의 100분의 10 이상 증감하는 경우를 말한다. | |

공간정보산업 진흥시책 헤더:

| 국가공간정보 기본법 | 국가공간정보 기본법 시행령 | 공간정보산업 진흥법 | 공간정보산업 진흥법 시행령 | 공간정보산업 진흥법 시행규칙 |
|---|---|---|---|---|
| 6. 그 밖에 국가공간정보정책 및 국가공간정보체계와 관련된 사항으로서 위원장이 회의에 부치는 사항<br>③ 위원회는 위원장을 포함하여 30인 이내의 위원으로 구성한다.<br>④ 위원장은 국토교통부장관이 되고, 위원은 다음 각 호의 자가 된다. 〈개정 2012. 12. 18., 2013. 3. 23.〉<br>1. 국가공간정보체계를 관리하는 중앙행정기관의 차관급 공무원으로서 대통령령으로 정하는 자<br>2. 지방자치단체의 장(특별시·광역시·특별자치시·도·특별자치도의 경우에는 부시장 또는 부지사)으로서 위원장이 위촉하는 자 7인 이상<br>3. 공간정보체계에 관한 전문지식과 경험이 풍부한 민간전문가로서 위원장이 위촉하는 자 7인 이상<br>⑤ 제4항제2호 및 제3호에 해당하는 위원의 임기는 2년으로 한다. 다만, 위원의 사임 등으로 새로 위촉된 위원의 임기는 전임 위원의 남은 임기로 한다.<br>⑥ 위원회는 제2항에 따른 심의 사항을 전문적으로 검토하기 위하여 전 | ② 위원장이 부득이한 사유로 직무를 수행할 수 없을 때에는 위원장이 지명하는 위원의 순으로 그 직무를 대행한다.<br>③ 위원장은 회의 개최 5일 전까지 회의 일시·장소 및 심의안건을 각 위원에게 통보하여야 한다. 다만, 긴급한 경우에는 회의 개최 전까지 통보할 수 있다.<br>④ 회의는 재적위원 과반수의 출석으로 개의(開議)하고, 출석위원 과반수의 찬성으로 의결한다.<br><br>**제5조(위원회의 간사)** 위원회에 간사 2명을 두되, 간사는 국토교통부와 행정안전부 소속 3급 또는 고위공무원단에 속하는 일반직공무원 중에서 국토교통부장관과 행정안전부장관이 각각 지명한다. 〈개정 2013. 3. 23., 2014. 11. 19.〉<br><br>**제6조** 삭제 〈2015. 6. 1.〉<br><br>**제7조(전문위원회의 구성 및 운영)** ① 법 제5조제6항에 따른 전문위원회(이하 "전문위원회"라 한다)는 위원장 1명을 포함하여 30명 이내의 위원으로 구성한다. | 5. 융·복합 공간정보산업의 촉진에 관한 사항<br>6. 공간정보사업자 육성에 관한 사항<br>7. 공간정보산업 전문 인력 양성에 관한 사항<br>8. 공간정보 활용기술의 연구개발 및 보급에 관한 사항<br>9. 공간정보 이용촉진 및 유통 활성화에 관한 사항<br>10. 그 밖에 공간정보산업 진흥을 위하여 필요한 사항<br>② 국토교통부장관은 공간정보산업의 시장 및 기술동향 등을 고려하여 기본계획의 범위 안에서 매년 공간정보산업진흥 시행계획(이하 "시행계획"이라 한다)을 수립·시행할 수 있다. 〈개정 2013. 3. 23., 2020. 6. 9.〉<br>③ 국토교통부장관은 관계 중앙행정기관의 장 또는 지방자치단체에 제1항에 따른 기본계획과 제2항에 따른 시행계획(이하 "진흥계획"이라 한다)의 수립에 필요한 자료를 요청할 수 있으며, 중앙행정기관의 장 또는 지방자치단체의 장은 특별한 사유가 없는 한 이에 협조하여야 한다. 〈개정 | | |

| 국가공간정보 기본법 | 국가공간정보 기본법 시행령 | 공간정보산업 진흥법 | 공간정보산업 진흥법 시행령 | 공간정보산업 진흥법 시행규칙 |
|---|---|---|---|---|
| 문위원회를 둘 수 있다. 〈개정 2014. 6. 3.〉<br>⑦ 그 밖에 위원회 및 전문위원회의 구성·운영 등에 관하여 필요한 사항은 대통령령으로 정한다. 〈개정 2014. 6. 3.〉 | ② 전문위원회 위원은 공간정보와 관련한 4급 이상 공무원과 민간전문가 중에서 국토교통부장관이 임명 또는 위촉하되, 성별을 고려하여야 한다.<br>③ 전문위원회 위원장은 전문위원회 위원 중에서 국토교통부장관이 지명하는 자가 된다.<br>④ 전문위원회 위촉위원의 임기는 2년으로 한다.<br>⑤ 전문위원회에 간사 1명을 두며, 간사는 국토교통부 소속 공무원 중에서 국토교통부장관이 지명하는 자가 된다.<br>⑥ 전문위원회의 운영에 관하여는 제4조를 준용한다.<br><br>**제8조(의견청취 및 현지조사)** 위원회와 전문위원회는 안건심의와 업무수행에 필요하다고 인정하는 경우에는 관계기관에 자료의 제출을 요청하거나 관계인 또는 전문가를 출석하게 하여 그 의견을 들을 수 있으며 현지조사를 할 수 있다. 〈개정 2015. 6. 1.〉<br><br>**제9조(회의록)** 위원회와 전문위원회는 각각 회의록을 작성하여 갖춰 두어야 한다. 〈개정 2015. 6. 1.〉 | 2013. 3. 23.〉<br>④ 국토교통부장관은 진흥계획을 수립하고 「국가공간정보 기본법」 제5조에 따른 국가공간정보위원회의 심의를 거친 후 이를 확정한다. 확정된 진흥계획 중 대통령령으로 정하는 중요 사항을 변경하는 경우에도 또한 같다. 〈개정 2013. 3. 23., 2014. 6. 3.〉<br><br>**제5조(공간정보산업 관련 공공수요의 공개 등)** ① 국토교통부장관은 다음 해의 공간정보산업 관련 공공수요를 조사하여 공개할 수 있다. 〈개정 2013. 3. 23.〉<br>② 국토교통부장관은 공공수요를 조사하기 위하여 관계 중앙행정기관의 장에게 필요한 자료를 요청할 수 있으며 관계 중앙행정기관의 장은 특별한 사유가 없으면 그 요청을 따라야 한다. 〈개정 2013. 3. 23., 2020. 6. 9.〉<br>③ 국토교통부장관은 국내외 공간정보산업의 기술 및 시장동향 등 공간정보산업 전반에 관한 정보를 종합적으로 조사하여 공개할 수 있다. 〈개정 2013. 3. 23.〉<br>④ 제1항부터 제3항까지에 따른 공공수요의 공개와 공간정보산업 | **제3조(공간정보산업 관련 공공수요의 공개 등)** ① 국토교통부장관은 법 제5조제2항에 따라 공공수요를 조사하기 위하여 관계 중앙행정기관의 장에게 다음 해 공간정보산업(융·복합 공간정보산업을 포함한다. 이하 같다) 관련 사업계획을 요청할 수 있다. 〈개정 2013. 3. 23.〉<br>② 제1항의 공간정보산업 관련 사업계획을 요청받은 관계 중앙행정기관의 장은 매년 12월 31일까지 이를 제출하여야 한다.<br>③ 국토교통부장관은 제2항에 따라 제출받은 공간정보산업 관련 사업계획을 종합·분석하여 매년 1월 31일까지 공간정보산업 관련 공공수요를 공개하여야 한다. 〈개정 2013. 3. 23.〉 | |

| 국가공간정보 기본법 | 국가공간정보 기본법 시행령 | 공간정보산업 진흥법 | 공간정보산업 진흥법 시행령 | 공간정보산업 진흥법 시행규칙 |
|---|---|---|---|---|
| | **제10조(수당)** 위원회 또는 전문위원회에 출석한 위원·관계인 및 전문가에게는 예산의 범위에서 수당과 여비를 지급할 수 있다. 다만, 공무원인 위원이 그 소관 업무와 직접 관련하여 회의에 출석한 경우에는 그러하지 아니하다. 〈개정 2015. 6. 1.〉<br><br>**제11조(운영세칙)** 이 영에서 규정한 사항 외에 위원회 및 전문위원회의 운영에 필요한 사항은 위원회 및 전문위원회의 의결을 거쳐 위원장 및 전문위원회의 위원장이 정할 수 있다. 〈개정 2015. 6. 1.〉 | 정보의 조사에 관하여 필요한 사항은 대통령령으로 정한다.<br><br>**제5조의2(공간정보산업 관련 통계의 작성)** ① 국토교통부장관은 공간정보산업 진흥을 위하여 공간정보산업에 관한 통계를 작성하여 관리할 수 있다.<br>② 제1항에 따른 통계의 작성 대상 등에 관하여는 대통령령으로 정한다.<br>③ 제1항에 따른 통계의 작성에 관하여 이 법에 규정된 것 외에는 「통계법」을 준용한다.<br>[본조신설 2014. 6. 3.] | **제3조의2(공간정보산업 관련 통계)** ① 법 제5조의2제1항에 따른 공간정보산업에 관한 통계(이하 "공간정보산업통계"라 한다)의 작성 대상은 공간정보산업 및 융·복합 공간정보산업으로 한다.<br>② 국토교통부장관은 매년 공간정보산업통계를 작성하고 이를 위한 조사를 실시하되, 필요하면 수시로 할 수 있다.<br>③ 공간정보산업통계의 작성 항목은 다음 각 호와 같다.<br>　1. 공간정보산업체의 경영 및 인력 등에 관한 현황<br>　2. 공간정보산업 육성을 위한 정책수립에 관한 사항<br>　3. 공간정보의 경제적 파급효과 분석과 관련한 사항<br>　4. 그 밖에 국토교통부장관이 공간정보산업의 발전을 위하여 필요하다고 인정하는 사항<br>[본조신설 2015. 6. 1.] | |
| **제6조(국가공간정보정책 기본계획의 수립)** ① 정부는 국가공간정보체계의 구축 및 활용을 촉진하기 위하여 국가공간정보정책 기본계획(이하 "기본계획"이라 한다)을 5년마다 수립하고 시행하여야 한다.<br>② 기본계획에는 다음 각 호의 사항이 포함되어야 한다. 〈개정 2014. 6. 3., 2021. 3. 16.〉<br>　1. 국가공간정보체계의 구축 및 공간정보의 활용 촉진을 위한 정책의 기본 방향<br>　2. 제19조에 따른 기본공간정보의 취득 및 관리 | **제12조(국가공간정보정책 기본계획의 수립)** ① 관계 중앙행정기관의 장은 법 제6조제3항에 따라 소관 업무에 관한 기관별 국가공간정보정책 기본계획을 국토교통부장관이 정하는 수립·제출 일정에 따라 국토교통부장관에게 제출하여야 한다. 이 경우 국토교통부장관은 기관별 국가공간정보정책 기본계획 수립에 필요한 지침을 정하여 관계 중앙행정기관의 장에게 통보할 수 있다. 〈개정 2013. 3. 23.〉<br>② 국토교통부장관은 법 제6조제4항에 따라 국가공간정보정책 기본계획의 수립을 위하여 필요하면 시· | **제6조(공간정보의 제공)** ① 정부는 「국가공간정보 기본법」 제25조에 따른 국가공간정보센터(이하 "국 | **제4조(공간정보의 제공 등)** ① 법 제6조제1항 본문에 따라 공간정보를 이용하려는 자에게 유상으로 제공 | |

| 국가공간정보 기본법 | 국가공간정보 기본법 시행령 | 공간정보산업 진흥법 | 공간정보산업 진흥법 시행령 | 공간정보산업 진흥법 시행규칙 |
|---|---|---|---|---|
| 3. 국가공간정보체계에 관한 연구·개발<br>4. 공간정보 관련 전문인력의 양성<br>5. 국가공간정보체계의 활용 및 공간정보의 유통<br>6. 국가공간정보체계의 구축·관리 및 공간정보의 유통 촉진에 필요한 투자 및 재원조달 계획<br>7. 국가공간정보체계와 관련한 국가적 표준의 연구·보급 및 기술기준의 관리<br>8. 「공간정보산업 진흥법」 제2조제1항제2호에 따른 공간정보산업의 육성에 관한 사항<br>9. 그 밖에 국가공간정보정책에 관한 사항<br>③ 관계 중앙행정기관의 장은 제2항 각 호의 사항 중 소관 업무에 관한 기관별 국가공간정보정책 기본계획(이하 "기관별 기본계획"이라 한다)을 작성하여 대통령령으로 정하는 바에 따라 국토교통부장관에게 제출하여야 한다. 〈개정 2013. 3. 23.〉<br>④ 국토교통부장관은 제3항에 따라 관계 중앙행정기관의 장이 제출한 기관별 기본계획을 종합하여 기본계획을 수립하고 위원회의 심의를 | 도지사에게 법 제6조제2항 각 호의 사항 중 소관 업무에 관한 자료의 제출을 요청할 수 있다. 이 경우 시·도지사는 특별한 사유가 없으면 이에 따라야 한다. 〈개정 2013. 3. 23.〉<br>③ 국토교통부장관은 법 제6조제4항 및 제5항에 따라 국가공간정보정책 기본계획을 확정하거나 변경한 경우에는 이를 관보에 고시하여야 한다. 〈개정 2013. 3. 23.〉<br>④ 법 제6조제5항 단서에서 "대통령령으로 정하는 경미한 사항을 변경하는 경우"란 다음 각 호의 경우를 말한다.<br>1. 법 제6조제2항제2호부터 제5호까지, 제7호 또는 제8호와 관련된 사업으로서 사업기간을 2년 이내에서 가감하거나 사업비를 처음 계획의 100분의 10 이내에서 증감하는 경우<br>2. 법 제6조제2항제6호의 투자 및 재원조달 계획에 따른 투자금액 또는 재원조달금액을 처음 계획의 100분의 10 이내에서 증감하는 경우 | 가공간정보센터"라 한다) 또는 같은 법 제2조제4호의 관리기관(민간기관인 관리기관은 제외한다. 이하 같다)이 보유하고 있는 공간정보를 공간정보를 이용하고자 하는 자에게 유상 또는 무상으로 제공할 수 있다. 다만, 다른 법령에서 공개가 금지된 정보는 그러하지 아니하다. 〈개정 2014. 6. 3., 2020. 6. 9.〉<br>② 제1항에 따른 공간정보의 제공 등에 필요한 사항은 대통령령으로 정한다. 〈개정 2014. 6. 3.〉<br>③ 삭제 〈2014. 6. 3.〉 | 하는 경우 그 사용료 또는 수수료에 관하여는 「국가공간정보 기본법 시행령」 제23조제2항 및 제3항을 준용한다. 〈개정 2015. 6. 1., 2018. 2. 13.〉<br>② 법 제6조제1항 본문에 따른 공간정보의 제공은 「국가공간정보 기본법」 제25조에 따른 국가공간정보센터(이하 "국가공간정보센터"라 한다) 또는 같은 법 제2조제4호에 따른 관리기관(민간기관인 관리기관은 제외한다. 이하 같다)을 통하여 국토교통부장관 또는 관계 중앙행정기관의 장이 행한다. 〈개정 2013. 3. 23., 2015. 6. 1.〉<br>③ 삭제 〈2015. 6. 1.〉<br>④ 관계 중앙행정기관의 장이 제2항에 따라 공간정보를 제공한 경우 반기별로 국가공간정보센터에 자료제공 실적을 통보하여야 한다. | |
| | | **제7조(가공공간정보의 생산 및 유통)** ① 공간정보사업자는 가공공간정보를 생산하여 유통시킬 수 있다. 이 경우 가공공간정보에는 「군사기지 및 군사시설 보호법」 제2조제1호의 군사기지 및 같은 조 제2호 | | |

| 국가공간정보 기본법 | 국가공간정보 기본법 시행령 | 공간정보산업 진흥법 | 공간정보산업 진흥법 시행령 | 공간정보산업 진흥법 시행규칙 |
|---|---|---|---|---|
| 거쳐 이를 확정한다. 〈개정 2009. 5. 22., 2013. 3. 23.〉<br>⑤ 제4항에 따라 확정된 기본계획을 변경하는 경우 그 절차에 관하여는 제4항을 준용한다. 다만, 대통령령으로 정하는 경미한 사항을 변경하는 경우에는 그러하지 아니하다. | | 의 군사시설에 대한 공간정보가 포함되지 아니하도록 하여야 한다.<br>② 국토교통부장관은 가공공간정보 관련 산업의 육성시책을 강구할 수 있다. 〈개정 2013. 3. 23.〉 | | |
| 제7조(국가공간정보정책 시행계획) ① 관계 중앙행정기관의 장과 특별시장·광역시장·특별자치시장·도지사 및 특별자치도지사(이하 "시·도지사"라 한다)는 매년 기본계획에 따라 소관 업무와 관련된 기관별 국가공간정보정책 시행계획(이하 "기관별 시행계획"이라 한다)을 수립한다. 〈개정 2012. 12. 18.〉<br>② 관계 중앙행정기관의 장과 시·도지사는 제1항에 따라 수립한 기관별 시행계획을 대통령령으로 정하는 바에 따라 국토교통부장관에게 제출하여야 하며, 국토교통부장관은 제출된 기관별 시행계획을 통합하여 매년 국가공간정보정책 시행계획(이하 "시행계획"이라 한다)을 수립하고 위원회의 심의를 거쳐 이를 확정한다. 〈개정 2013. 3. 23.〉 | 제13조(국가공간정보정책 시행계획의 수립 등) ① 관계 중앙행정기관의 장과 시·도지사는 법 제7조제2항에 따라 다음 각 호의 사항이 포함된 다음 연도의 기관별 국가공간정보정책 시행계획(이하 "기관별 시행계획"이라 한다)과 전년도 기관별 시행계획의 집행실적(제3항에 따른 평가결과를 포함한다)을 매년 2월 말까지 국토교통부장관에게 제출하여야 한다. 〈개정 2013. 3. 23.〉<br>　1. 사업 추진방향<br>　2. 세부 사업계획<br>　3. 사업비 및 재원조달 계획<br>② 법 제7조제3항 단서에서 "대통령령으로 정하는 경미한 사항을 변경하는 경우"란 해당 연도 사업비를 100분의 10 이내에서 증감하는 경우를 말한다.<br>③ 국토교통부장관, 관계 중앙행정기관의 장 및 시·도지사는 법 제7조 | 제8조(공간정보 등의 유통 활성화) ① 정부는 공간정보산업의 진흥을 위하여 공간정보 등의 유통 활성화에 노력하여야 한다.<br>② 국토교통부장관은 공간정보 등의 공유와 유통 등을 목적으로 유통망을 설치·운영하는 민간사업자(이하 "유통사업자"라고 한다) 또는 유통사업자가 되고자 하는 자에게 유통시스템 구축에 소요되는 자금의 일부를 융자의 방식으로 지원할 수 있다. 〈개정 2013. 3. 23.〉<br>③ 제2항에 따라 지원을 받은 유통사업자는 국토교통부장관이 요청하는 경우에는 공간정보의 유통현황 등 관련 정보를 제공하여야 한다. 〈개정 2013. 3. 23.〉<br>④ 제2항에 따른 유통사업자에 대한 자금의 지원방법 및 기준 등은 대통령령으로 정한다. | 제5조(유통사업자의 지원) ① 국토교통부장관은 법 제8조제2항에 따라 유통사업자 또는 유통사업자가 되고자 하는 자에게 새로 유통시스템을 구축하거나 기존 유통시스템을 개선하는 데 직접 필요한 자금의 일부를 융자의 방식으로 지원할 수 있다. 〈개정 2013. 3. 23.〉<br>② 제1항에 따른 자금지원을 받으려는 자는 국토교통부령으로 정하는 신청서를 국토교통부장관에게 제출하여야 한다. 〈개정 2013. 3. 23.〉<br>③ 국토교통부장관은 제2항에 따라 자금지원의 신청을 받은 경우에는 다음 각 호의 사항을 심사하여 지원 여부 및 지원금액을 결정하여야 한다. 〈개정 2013. 3. 23.〉<br>　1. 사업계획의 실현 가능성<br>　2. 공간정보 등의 공유와 유통 등을 위한 기반시설의 확보 수준 | 제3조(공간정보 유통사업 지원신청서) ① 「공간정보산업 진흥법 시행령」(이하 "영"이라 한다) 제5조제2항에서 "국토교통부령으로 정하는 신청서"란 별지 제2호서식의 공간정보 유통사업 지원신청서(전자문서로 된 신청서를 포함한다)를 말한다. 〈개정 2013. 3. 23., 2018. 4. 27.〉<br>② 제1항의 공간정보 유통사업 지원신청서에는 다음 각 호의 서류를 첨부하여야 한다. 이 경우 담당 공무원은 「전자정부법」 제21조제1항에 따른 행정정보의 공동이용을 통하여 법인등기부 등본(신청인이 법인인 경우만 해당한다)을 확인하여야 한다.<br>　1. 사업계획서<br>　2. 인력 및 기반시설을 증명할 수 있는 서류<br>　3. 예산설계서 및 융자금 상환계획서 |

| 국가공간정보 기본법 | 국가공간정보 기본법 시행령 | | 공간정보산업 진흥법 | 공간정보산업 진흥법 시행령 | 공간정보산업 진흥법 시행규칙 |
|---|---|---|---|---|---|
| ③ 제2항에 따라 확정된 시행계획을 변경하고자 하는 경우에는 제2항을 준용한다. 다만, 대통령령으로 정하는 경미한 사항을 변경하는 경우에는 그러하지 아니하다.<br>④ 국토교통부장관, 관계 중앙행정기관의 장 및 시·도지사는 제2항 또는 제3항에 따라 확정 또는 변경된 시행계획 및 기관별 시행계획을 시행하고 그 집행실적을 평가하여야 한다. 〈개정 2013. 3. 23.〉<br>⑤ 국토교통부장관은 시행계획 또는 기관별 시행계획의 집행에 필요한 예산에 대하여 위원회의 심의를 거쳐 기획재정부장관에게 의견을 제시할 수 있다. 〈개정 2013. 3. 23.〉<br>⑥ 시행계획 또는 기관별 시행계획의 수립, 시행 및 집행실적의 평가와 제5항에 따른 국토교통부장관의 의견제시에 관하여 필요한 사항은 대통령령으로 정한다. 〈개정 2013. 3. 23.〉 | 제4항에 따라 국가공간정보정책 시행계획 또는 기관별 시행계획의 집행실적에 대하여 다음 각 호의 사항을 평가하여야 한다. 〈개정 2013. 3. 23.〉<br>1. 국가공간정보정책 기본계획의 목표 및 추진방향과의 적합성 여부<br>2. 법 제22조에 따라 중복되는 국가공간정보체계 사업 간의 조정 및 연계<br>3. 그 밖에 국가공간정보체계의 투자효율성을 높이기 위하여 필요한 사항<br>④ 국토교통부장관이 법 제7조제5항에 따라 기획재정부장관에게 의견을 제시하는 경우에는 제3항에 따른 평가결과를 그 의견에 반영하여야 한다. 〈개정 2013. 3. 23.〉 | | | 3. 공간정보 등의 공유와 유통 등을 위한 인력의 전문성 및 적절성<br>4. 융자금 지출항목의 적합성<br>5. 융자금 상환계획의 적절성<br>④ 제1항부터 제3항까지에서 규정한 사항 외에 자금지원의 세부절차는 국토교통부장관이 정하여 고시한다. 〈개정 2013. 3. 23.〉 | |
| **제8조(관리기관과의 협의 등)** ① 기관별 시행계획을 수립 또는 변경하고자 하는 관계 중앙행정기관의 장과 시·도지사는 관련된 관리기관과 협의하여야 한다. 이 경우 관계 중앙행정기관의 장과 시·도지사는 관련된 관리 | | | **제9조(융·복합 공간정보산업 지원)**<br>① 정부는 연차별계획을 수립하여 재난·안전·환경·복지·교육·문화 등 공공의 이익을 위한 융·복합 공간정보체계를 구축할 수 있다.<br>② 국토교통부장관은 융·복합 공간정보산업의 육성을 위하여 교통, 물류, 실내공간 측위체계, 유비쿼터스 도시 사업 등에 지원할 수 있다. 〈개정 2013. 3. 23.〉<br>③ 국토교통부장관은 제1항에 따른 융·복합 공간정보체계의 구축과 제2항에 따른 융·복합 공간정보산업의 육성을 위하여 공간정보오픈플랫폼 등의 시스템을 구축·운영할 수 있다. 〈신설 2015. 5. 18.〉 | | |

| 국가공간정보 기본법 | 국가공간정보 기본법 시행령 | 공간정보산업 진흥법 | 공간정보산업 진흥법 시행령 | 공간정보산업 진흥법 시행규칙 |
|---|---|---|---|---|
| 기관의 장에게 해당 사항에 관한 협의를 요청할 수 있다.<br>② 제1항에 따라 협의를 요청받은 관리기관의 장은 특별한 사유가 없는 한 30일 이내에 협의를 요청한 관계 중앙행정기관의 장 또는 시·도지사에게 의견을 제시하여야 한다. | | 제10조(지식재산권의 보호) ① 정부는 공간정보 관련 기술 및 데이터 등에 포함된 지식재산권을 보호하기 위하여 다음 각 호의 시책을 추진할 수 있다. 〈개정 2011. 5. 19.〉<br>　1. 민간부문 공간정보 활용체계 및 데이터베이스의 기술적 보호<br>　2. 공간정보 신기술에 대한 관리정보의 표시 활성화<br>　3. 공간정보 분야의 저작권 등 지식재산권에 관한 교육 또는 홍보<br>　4. 제1호부터 제3호까지의 사업에 필요한 그 밖의 부대사업<br>② 정부는 대통령령으로 정하는 바에 따라 공간정보 등에 대한 지식재산권 분야의 전문성을 보유한 기관 또는 단체에 위탁하여 제1항 각 호의 시책에 따른 사업을 수행하도록 할 수 있다. 〈개정 2011. 5. 19.〉<br>[제목개정 2011. 5. 19.] | 제6조(지식재산권 보호) 법 제10조제2항에 따라 같은 조 제1항 각 호의 시책에 따른 사업을 위탁받을 수 있는 자는 다음 각 호와 같다. 〈개정 2009. 12. 14., 2015. 6. 1., 2016. 9. 21.〉<br>　1. 법 제23조에 따른 공간정보산업진흥원<br>　2. 법 제24조제1항에 따라 설립된 공간정보산업협회<br>　3. 「저작권법」 제112조에 따른 한국저작권위원회 또는 같은 법 제122조의2에 따른 한국저작권보호원<br>　4. 「정보통신망 이용촉진 및 정보보호 등에 관한 법률」 제52조에 따른 한국정보보호진흥원<br>　5. 삭제 〈2015. 6. 1.〉<br>　6. 「국가공간정보 기본법」 제12조에 따른 한국국토정보공사(이하 "한국국토정보공사"라 한다)<br>　7. 「중소기업협동조합법 시행령」 제8조에 따라 설립된 조합, 사업조합 또는 연합회(이하 "조합등"이라 한다)로서 공간정보산업 육성과 관련 | |
| 제9조(연구·개발 등) ① 관계 중앙행정기관의 장은 공간정보체계의 구축 및 활용에 필요한 기술의 연구와 개발 사업을 효율적으로 추진하기 위하여 다음 각 호의 업무를 행할 수 있다.<br>　1. 공간정보체계의 구축·관리·활용 및 공간정보의 유통 등에 관한 기술의 연구·개발, 평가 및 이전과 보급<br>　2. 산업계 또는 학계와의 공동 연구 및 개발<br>　3. 전문인력 양성 및 교육<br>　4. 국제 기술협력 및 교류<br>② 관계 중앙행정기관의 장은 대통령령으로 정하는 바에 따라 제1항 각 호의 업무를 대통령령으로 정하는 공간정보 관련 기관, 단체 또는 법인에 위탁할 수 있다. 〈개정 2012. 12. 18.〉 | 제14조(연구와 개발의 위탁) ① 관계 중앙행정기관의 장은 법 제9조제2항에 따라 다음 각 호의 어느 하나에 해당하는 기관을 지정하여 법 제9조제1항의 업무를 위탁할 수 있다. 〈개정 2009. 8. 21., 2009. 12. 14., 2010. 12. 31., 2013. 6. 11., 2014. 5. 22., 2015. 6. 1., 2016. 9. 22., 2020. 12. 8, 2021. 2. 9.〉<br>　1. 「건설기술 진흥법」 제11조에 따른 기술평가기관<br>　2. 「고등교육법」 제25조에 따른 학교부설연구소<br>　3. 「공간정보산업 진흥법」 제23조에 따른 공간정보산업진흥원<br>　4. 「과학기술분야 정부출연연구기관 등의 설립·운영 및 육성에 관한 법률」 제8조에 따른 연구기관<br>　5. 「지능정보화 기본법」 제12조에 따른 한국지능정보사회진흥원<br>　6. 「기초연구진흥 및 기술개발지 | | | |

| 국가공간정보 기본법 | 국가공간정보 기본법 시행령 | | 공간정보산업 진흥법 | 공간정보산업 진흥법 시행령 | 공간정보산업 진흥법 시행규칙 |
|---|---|---|---|---|---|
| | 원에 관한 법률」 제14조의2제1항에 따라 인정받은 기업부설연구소<br>7. 「전자정부법」 제72조에 따른 한국지역정보개발원<br>8. 「전파법」 제66조에 따른 한국방송통신전파진흥원<br>9. 「정부출연연구기관 등의 설립·운영 및 육성에 관한 법률」 제8조에 따른 연구기관<br>10. 「공간정보산업 진흥법」 제24조에 따른 공간정보산업협회<br>11. 「해양조사와 해양정보 활용에 관한 법률」 제54조에 따른 한국해양조사협회<br>12. 법 제12조에 따른 한국국토정보공사<br>13. 「특정연구기관 육성법」 제2조에 따른 특정연구기관<br>② 제1항에 따른 기관의 지정 기준 및 절차 등은 관계 중앙행정기관의 장이 정하는 바에 따른다. | | | 되는 업무를 수행하는 조합 등<br>8. 「민법」 제32조에 따라 설립된 법인으로서 공간정보산업의 육성과 관련되는 업무를 수행하는 비영리법인<br>[제목개정 2011. 7. 19.] | |
| | | | 제11조(재정지원 등) 국가 및 지방자치단체는 공간정보산업의 진흥을 위하여 재정 및 금융지원 등 필요한 시책을 시행할 수 있다. | | |
| | | | 제3장 공간정보산업 기반조성 | | |
| 제10조(정부의 지원) 정부는 국가공간정보체계의 효율적 구축 및 활용을 촉진하기 위하여 다음 각 호의 어느 하나에 해당하는 업무를 수행하는 자에 대하여 출연 또는 보조금의 지급 등 필요한 지원을 할 수 있다. 〈개정 2014. | | | 제12조(품질인증) ① 국토교통부장관은 공간정보 등의 품질확보 및 유통촉진을 위하여 공간정보 및 가공공간정보와 관련한 기기·소프트웨어·서비스 등에 대한 품질인증을 대통령령으로 정하는 바에 따라 실시할 수 있다. 〈개정 2013. 3. 23.〉<br>② 제1항의 품질인증을 받은 제품 중 중소기업자가 생산한 제품은 「중소기업제품 구매촉진 및 판로지원에 관한 법률」 제6조에 따라 지정된 경쟁제품으로 본다. 〈개정 2015. 5. 18.〉<br>③ 국토교통부장관은 제1항의 품 | 제7조(품질인증의 절차) ① 법 제12조제1항에 따른 품질인증을 받으려는 자는 국토교통부령으로 정하는 신청서를 법 제12조제4항에 따라 국토교통부장관이 지정한 인증기관(이하 "품질인증기관"이라 한다)에 제출하여야 한다. 〈개정 2013. 3. 23.〉<br>② 품질인증기관은 국토교통부장관이 정하여 고시하는 품질인증 평가기준에 따라 심사한 후 그 평가기준에 적합하다고 인정된 경우에는 품질인증을 하고 품질인증서를 신청인에게 발급하여야 한다. 〈개정 2013. 3. 23.〉 | 제4조(품질인증 신청서 등) ① 영 제7조제1항에서 "국토교통부령으로 정하는 신청서"란 별지 제3호서식의 품질인증 신청서(전자문서로 된 신청서를 포함한다)를 말한다. 〈개정 2013. 3. 23.〉<br>② 제1항의 품질인증 신청서에는 다음 각 호의 서류를 첨부하여야 한다. 이 경우 담당 공무원은 「전자정부법」 제21조제1항에 따른 행정정보의 공동이용을 통하여 사업자등록증을 확인하여야 한다.<br>1. 제품에 대한 기술설명서<br>2. 제품 사용설명서 |

| 국가공간정보 기본법 | 국가공간정보 기본법 시행령 | 공간정보산업 진흥법 | 공간정보산업 진흥법 시행령 | 공간정보산업 진흥법 시행규칙 |
|---|---|---|---|---|
| 6. 3.〉<br>　1. 공간정보체계와 관련한 기술의 연구 · 개발<br>　2. 공간정보체계와 관련한 전문인력의 양성<br>　3. 공간정보체계와 관련한 전문지식 및 기술의 지원<br>　4. 공간정보데이터베이스의 구축 및 관리<br>　5. 공간정보의 유통<br>　6. 제30조에 따른 공간정보에 관한 목록정보의 작성<br><br>**제11조(국가공간정보정책에 관한 연차보고)** ① 정부는 국가공간정보정책의 주요시책에 관한 보고서(이하 "연차보고서"라 한다)를 작성하여 매년 정기국회의 개회 전까지 국회에 제출하여야 한다.<br>② 연차보고서에는 다음 각 호의 내용이 포함되어야 한다.<br>　1. 기본계획 및 시행계획<br>　2. 국가공간정보체계 구축 및 활용에 관하여 추진된 시책과 추진하고자 하는 시책<br>　3. 국가공간정보체계 구축 등 국가공간정보정책 추진 현황<br>　4. 공간정보 관련 표준 및 기술기준 현황 | | 질인증을 받은 제품 중 중소기업자가 생산한 제품을 우선 구매하도록 관리기관에 요청할 수 있으며, 공간정보 인력양성기관 및 교육기관으로 하여금 동 제품을 우선하여 활용하도록 지원할 수 있다. 〈개정 2013. 3. 23.〉<br>④ 국토교통부장관은 제1항의 품질인증을 실시하기 위하여 인증기관을 지정할 수 있다. 〈개정 2013. 3. 23.〉<br>⑤ 제1항에 따른 품질인증의 절차와 제4항에 따른 인증기관의 지정요건 등 품질인증의 실시에 관하여 필요한 사항은 대통령령으로 정한다. | ③ 품질인증기관은 제2항에 따른 심사결과 품질인증 평가기준에 부적합한 경우에는 지체 없이 그 사유를 구체적으로 밝혀 신청인에게 통지하여야 한다.<br>④ 제1항부터 제3항까지에서 규정한 사항 외에 품질인증의 실시에 필요한 세부절차는 국토교통부장관이 정하여 고시한다. 〈개정 2013. 3. 23.〉<br><br>**제8조(품질인증기관의 지정요건 등)** ① 품질인증기관으로 지정받으려는 자는 국토교통부령으로 정하는 신청서를 국토교통부장관에게 제출하여야 한다. 〈개정 2013. 3. 23.〉<br>② 법 제12조제4항에 따른 품질인증기관의 지정요건은 다음 각 호와 같다. 〈개정 2013. 3. 23.〉<br>　1. 품질인증업무에 필요한 조직과 인력을 보유할 것<br>　2. 품질인증업무에 필요한 설비와 그 설비의 작동에 필요한 환경조건을 갖출 것<br>　3. 품질인증 대상 분야별로 국토교통부장관이 정하는 평가항목 · 평가기준 및 평가절 | ③ 영 제7조제2항에 따른 품질인증서란 별지 제4호서식을 말한다.<br><br>**제5조(품질인증기관 지정신청서)** ① 영 제8조제1항에서 "국토교통부령으로 정하는 신청서"란 별지 제5호서식의 품질인증기관 지정신청서(전자문서로 된 신청서를 포함한다)를 말한다. 〈개정 2013. 3. 23.〉<br>② 제1항의 품질인증기관 지정신청서에는 다음 각 호의 서류를 첨부하여야 한다. 이 경우 담당 공무원은 「전자정부법」 제21조제1항에 따른 행정정보의 공동이용을 통하여 법인등기부 등본을 확인하여야 한다. 〈개정 2018. 4. 27.〉<br>　1. 품질인증 평가계획서<br>　2. 조직, 시험설비, 전문인력 및 기술능력 등에 관한 명세서 및 운용계획서 |

| 국가공간정보 기본법 | 국가공간정보 기본법 시행령 | 공간정보산업 진흥법 | 공간정보산업 진흥법 시행령 | 공간정보산업 진흥법 시행규칙 |
|---|---|---|---|---|
| 5. 「공간정보산업 진흥법」 제2조 제1항제2호에 따른 공간정보산업 육성에 관한 사항<br>6. 그 밖에 국가공간정보정책에 관한 중요 사항<br>③ 국토교통부장관은 연차보고서의 작성 등을 위하여 중앙행정기관의 장 또는 지방자치단체의 장에게 필요한 자료의 제출을 요청할 수 있다. 이 경우 요청을 받은 중앙행정기관의 장 또는 지방자치단체의 장은 특별한 사유가 없으면 그 요청을 따라야 한다. 〈개정 2013. 3. 23., 2020. 6. 9.〉<br>④ 그 밖에 연차보고서의 작성 절차 및 방법 등에 관하여 필요한 사항은 대통령령으로 정한다. | | | 차를 갖출 것<br>③ 국토교통부장관은 법 제12조제4항에 따라 품질인증기관을 지정하였을 때에는 그 사실을 공고하여야 한다. 〈개정 2013. 3. 23.〉<br>④ 제1항부터 제3항까지에서 규정한 사항 외에 품질인증기관의 세부 지정요건은 국토교통부장관이 정하여 고시한다. 〈개정 2013. 3. 23.〉 | |
| | | **제13조(공간정보기술의 개발 촉진)** 정부는 공간정보산업과 관련된 기술의 개발을 촉진하기 위하여 기술개발 사업을 실시하는 자에게 소요되는 자금의 전부 또는 일부를 지원할 수 있다. | | |
| **제3장 한국국토정보공사** 〈신설 2014. 6. 3.〉 | | **제14조(공간정보산업의 표준화 지원)** ① 국토교통부장관은 공간정보의 공동이용에 필요한 기술기준 등의 산업표준화를 위한 각종 활동을 지원할 수 있다. 〈개정 2013. 3. 23.〉<br>② 제1항의 기술기준 등의 산업표준화 활동의 지원에 관하여 필요한 사항은 대통령령으로 정한다. | **제9조(공간정보산업의 표준화 지원)** 법 제14조에 따른 공간정보산업의 표준화를 위한 지원대상 활동은 다음 각 호와 같다.<br>1. 국내외 공간정보산업의 표준 제정 · 개정 활동<br>2. 공간정보산업 관련 분야 표준과의 연계 · 협력<br>3. 그 밖에 공간정보산업의 경쟁력 강화에 필요한 표준화 활동 | |
| **제12조(한국국토정보공사의 설립)** ① 공간정보체계의 구축 지원, 공간정보와 지적제도에 관한 연구, 기술 개발 및 지적측량 등을 수행하기 위하여 한국국토정보공사(이하 이 장에서 "공사"라 한다)를 설립한다.<br>② 공사는 법인으로 한다.<br>③ 공사는 그 주된 사무소의 소재지에서 설립등기를 함으로써 성립한다.<br>④ 공사의 설립등기에 필요한 사항은 | **제14조의2(한국국토정보공사의 설립등기 사항)** 법 제12조제1항에 따른 한국국토정보공사(이하 "공사"라 한다)의 같은 조 제4항에 따른 설립등기 사항은 다음 각 호와 같다.<br>1. 목적<br>2. 명칭<br>3. 주된 사무소의 소재지<br>4. 이사 및 감사의 성명과 주소<br>5. 자산에 관한 사항 | | | |

| 국가공간정보 기본법 | 국가공간정보 기본법 시행령 | 공간정보산업 진흥법 | 공간정보산업 진흥법 시행령 | 공간정보산업 진흥법 시행규칙 |
|---|---|---|---|---|
| 대통령령으로 정한다. | 6. 공고의 방법 | **제15조(전문인력의 양성 등)** ① 국토교통부장관은 공간정보 관련 전문인력의 양성과 기술의 향상에 필요한 정책을 수립하고 추진할 수 있다. 〈개정 2013. 3. 23.〉<br>② 국토교통부장관은 전문인력 양성기관을 지정하여 제1항에 따른 교육훈련을 실시하게 할 수 있으며, 필요한 예산을 지원할 수 있다. 〈개정 2013. 3. 23.〉<br>③ 제1항 및 제2항에 따른 전문인력의 양성, 양성기관의 지정 및 해제에 관하여 필요한 사항은 대통령령으로 정한다. | **제10조(전문인력 양성의 내용)** 법 제15조제1항에 따른 전문인력 양성의 내용은 다음 각 호와 같다.<br>　1. 공간정보 온라인 교육의 실시<br>　2. 공간정보기술자 양성 지원 및 재교육 지원 | |
| **제13조(공사의 정관 등)** ① 공사의 정관에는 다음 각 호의 사항이 포함되어야 한다.<br>　1. 목적<br>　2. 명칭<br>　3. 주된 사무소의 소재지<br>　4. 조직 및 기구에 관한 사항<br>　5. 업무 및 그 집행에 관한 사항<br>　6. 이사회에 관한 사항<br>　7. 임직원에 관한 사항<br>　8. 재산 및 회계에 관한 사항<br>　9. 정관의 변경에 관한 사항<br>　10. 공고의 방법에 관한 사항<br>　11. 규정의 제정, 개정 및 폐지에 관한 사항<br>　12. 해산에 관한 사항<br>② 공사는 정관을 변경하려면 미리 국토교통부장관의 인가를 받아야 한다. | | | **제11조(전문인력 양성기관의 지정 등)** ① 법 제15조제2항에 따른 전문인력 양성기관(이하 "전문인력 양성기관"이라 한다)은 다음 각 호의 기관 중에서 지정한다. 〈개정 2009. 12. 14., 2013. 3. 23., 2015. 6. 1., 2020. 1. 29.〉<br>　1. 「고등교육법」 제2조 각 호에 따른 대학 중 공간정보 관련 학과 또는 전공이 설치된 대학<br>　2. 법 제23조에 따라 설립된 공간정보산업진흥원<br>　3. 법 제24조에 따라 설립된 공간정보산업협회<br>　4. 한국국토정보공사<br>　5. 「정부출연연구기관 등의 설립·운영 및 육성에 관한 법률」 제8조에 따라 설립된 연구기관 | **제6조(전문인력 양성기관 지정신청서)** ① 영 제11조제2항에서 "국토교통부령으로 정하는 신청서"는 별지 제6호서식의 전문인력 양성기관 지정신청서(전자문서로 된 신청서를 포함한다)를 말한다. 〈개정 2013. 3. 23.〉<br>② 제1항의 전문인력 양성기관 지정신청서에는 다음 각 호의 서류를 첨부하여야 한다. 이 경우 담당 공무원은 「전자정부법」 제21조제1항에 따른 행정정보의 공동이용을 통하여 법인등기부 등본(신청인이 법인인 경우만 해당한다)을 확인하여야 한다.<br>　1. 교육 인력·시설·설비의 확보 현황<br>　2. 교육계획서 및 교육평가계획서<br>　3. 운영경비 조달계획서 및 지 |
| **제14조(공사의 사업)** 공사는 다음 각 호의 사업을 한다.<br>　1. 다음 각 목을 제외한 공간정보체계 구축 지원에 관한 사업으로서 대통령령으로 정하는 사업<br>　가. 「공간정보의 구축 및 관리 등에 관한 법률」에 따른 측량업(지적측량업은 제외한 | **제14조의3(공사의 사업)** 법 제14조제1호 각 목 외의 부분에서 "대통령령으로 정하는 사업"이란 다음 각 호의 사업을 말한다.<br>　1. 국가공간정보체계 구축 및 활용 관련 계획수립에 관한 지원<br>　2. 국가공간정보체계 구축 및 활용에 관한 지원 | | | |

| 국가공간정보 기본법 | 국가공간정보 기본법 시행령 | | 공간정보산업 진흥법 | 공간정보산업 진흥법 시행령 | 공간정보산업 진흥법 시행규칙 |
|---|---|---|---|---|---|
| 다)의 범위에 해당하는 사업<br>나. 「중소기업제품 구매촉진 및 판로지원에 관한 법률」에 따른 중소기업자 간 경쟁 제품에 해당하는 사업<br>2. 공간정보·지적제도에 관한 연구, 기술 개발, 표준화 및 교육사업<br>3. 공간정보·지적제도에 관한 외국 기술의 도입, 국제 교류·협력 및 국외 진출 사업<br>4. 「공간정보의 구축 및 관리 등에 관한 법률」 제23조제1항제1호 및 제3호부터 제5호까지의 어느 하나에 해당하는 사유로 실시하는 지적측량<br>5. 「지적재조사에 관한 특별법」에 따른 지적재조사사업<br>6. 다른 법률에 따라 공사가 수행할 수 있는 사업<br>7. 그 밖에 공사의 설립 목적을 달성하기 위하여 필요한 사업으로서 정관으로 정하는 사업 | 3. 공간정보체계 구축과 관련한 출자(出資) 및 출연(出捐)<br>[본조신설 2015. 6. 1.] | | | 6. 삭제 〈2015. 6. 1.〉<br>7. 그 밖에 공간정보 관련 교육 훈련 기관 또는 단체로서 국토교통부장관이 관계 중앙행정기관의 장과 협의하여 인정하는 기관 또는 단체<br>② 전문인력 양성기관으로 지정받으려는 자는 국토교통부령으로 정하는 신청서를 국토교통부장관에게 제출하여야 한다. 〈개정 2013. 3. 23.〉<br>③ 전문인력 양성기관으로 지정받으려는 자는 다음 각 호의 요건을 갖추어야 한다.<br>1. 교육시설 및 전문 교수요원 인력의 적정성<br>2. 교육장비의 보유현황<br>3. 지원금 활용계획의 적절성<br>4. 교육 대상에 따른 교육과정 및 교육내용의 적절성<br>④ 국토교통부장관은 전문인력 양성기관을 지정하였을 때에는 그 사실을 공고하여야 한다. 〈개정 2013. 3. 23.〉<br>⑤ 법 제15조제2항에 따른 전문인력 양성기관 지정, 교육훈련 실시, 예산 지원의 구체적인 내용 및 절차 등에 관하여 필요한 사 | 원금 사용계획서<br>4. 교육규정 |
| **제15조(공사의 임원)** ① 공사에는 임원으로 사장 1명과 부사장 1명을 포함한 11명 이내의 이사와 감사 1명을 두며, 이사는 정관으로 정하는 바에 따라 | | | | | |

| 국가공간정보 기본법 | 국가공간정보 기본법 시행령 | 공간정보산업 진흥법 | 공간정보산업 진흥법 시행령 | 공간정보산업 진흥법 시행규칙 |
|---|---|---|---|---|
| 상임이사와 비상임이사로 구분한다.<br>② 사장은 공사를 대표하고 공사의 사무를 총괄한다.<br>③ 감사는 공사의 회계와 업무를 감사한다. | | | 항은 국토교통부장관이 정하여 고시한다. 〈개정 2013. 3. 23., 2015. 6. 1.〉<br><br>**제12조(전문인력 양성기관의 지정 해제)** 국토교통부장관은 전문인력 양성기관이 다음 각 호의 어느 하나에 해당하는 경우에는 그 지정을 해제할 수 있다. 〈개정 2013. 3. 23.〉<br>  1. 제11조제3항 각 호의 전문인력 양성기관 지정요건에 더 이상 해당하지 아니하는 경우<br>  2. 전문인력 양성기관이 정당한 사유를 밝히고 지정해제를 신청하는 경우<br>  3. 법 제15조제2항에 따른 지원금을 용도 외로 사용한 경우 | |
| **제16조(공사에 대한 감독)** ① 국토교통부장관은 공사의 사업 중 다음 각 호의 사항에 대하여 지도·감독한다.<br>  1. 사업실적 및 결산에 관한 사항<br>  2. 제14조에 따른 사업의 적절한 수행에 관한 사항<br>  3. 그 밖에 관계 법령에서 정하는 사항<br>② 국토교통부장관은 제1항에 따른 감독 결과 위법 또는 부당한 사항이 발견된 경우 공사에 그 시정을 명하거나 필요한 조치를 취할 수 있다. | | | | |
| **제17조(유사 명칭의 사용 금지)** 공사가 아닌 자는 한국국토정보공사 또는 이와 유사한 명칭을 사용하지 못한다. | | **제16조(국제협력 및 해외진출 지원)** ① 정부는 공간정보산업의 국제협력 및 해외시장 진출을 추진하기 위하여 관련 기술 및 인력 교류, 전시회, 공동연구개발 등의 사업을 지원할 수 있다.<br>② 국토교통부장관은 제1항의 사업 수행에 필요한 예산을 지원할 수 있다. 〈개정 2013. 3. 23.〉 | | |
| **제18조(다른 법률의 준용)** 공사에 관하여는 이 법 및 「공공기관의 운영에 관한 법률」에서 규정한 사항을 제외하고는 「민법」 중 재단법인에 관한 규정을 준용한다. | | | | |

| 국가공간정보 기본법 | 국가공간정보 기본법 시행령 | 공간정보산업 진흥법 | 공간정보산업 진흥법 시행령 | 공간정보산업 진흥법 시행규칙 |
|---|---|---|---|---|
| **제4장 국가공간정보기반의 조성** 〈개정 2014.6.3.〉 | | 제16조의2(창업의 지원) 국토교통부장관은 「중소기업기본법」 제2조에 따른 중소기업에 해당하는 공간정보산업에 관한 창업을 촉진하고 창업자의 성장·발전을 위하여 다음 각 호의 지원을 할 수 있다. | | |
| 제19조(기본공간정보의 취득 및 관리) ① 국토교통부장관은 지형·해안선·행정경계·도로 또는 철도의 경계·하천경계·지적, 건물 등 인공구조물의 공간정보, 그 밖에 대통령령으로 정하는 주요 공간정보를 기본공간정보로 선정하여 관계 중앙행정기관의 장과 협의한 후 이를 관보에 고시하여야 한다. 〈개정 2013. 3. 23.〉 ② 관계 중앙행정기관의 장은 제1항에 따라 선정·고시된 기본공간정보(이하 "기본공간정보"라 한다)를 대통령령으로 정하는 바에 따라 데이터베이스로 구축하여 관리하여야 한다. ③ 국토교통부장관은 관리기관이 제2항에 따라 구축·관리하는 데이터베이스(이하 "기본공간정보데이터베이스"라 한다)를 통합하여 하나의 데이터베이스로 관리하여야 한다. 〈개정 2013. 3. 23.〉 ④ 기본공간정보 선정의 기준 및 절차, 기본공간정보데이터베이스의 구축과 관리, 기본공간정보데이터베이스의 통합 관리, 그 밖에 필요한 사항은 대통령령으로 정한다. | 제15조(기본공간정보의 취득 및 관리) ① 법 제19조제1항에서 "대통령령으로 정하는 주요 공간정보"란 다음 각 호의 공간정보를 말한다. 〈개정 2009. 12. 14., 2013. 3. 23., 2013. 6. 11., 2015. 6. 1., 2021. 2. 9.〉 1. 기준점(「공간정보의 구축 및 관리 등에 관한 법률」 제8조제1항에 따른 측량기준점표지 및 「해양조사와 해양정보 활용에 관한 법률」 제9조 제2항에 따른 국가해양기준점 표지를 말한다) 2. 지명 3. 정사영상[항공사진 또는 인공위성의 영상을 지도와 같은 정사투영법(正射投影法)으로 제작한 영상을 말한다] 4. 수치표고 모형[지표면의 표고(標高)를 일정간격 격자마다 수치로 기록한 표고모형을 말한다] 5. 공간정보 입체 모형(지상에 존재하는 인공적인 객체의 외형에 관한 위치정보를 현실과 유사하게 입체적으로 표현한 정보를 말한다) 6. 실내공간정보(지상 또는 지하 | 1. 유상 공간정보의 무상제공 2. 공간정보산업 연구·개발 성과의 제공 3. 창업에 필요한 법률, 세무, 회계 등의 상담 4. 공간정보 기반의 우수한 아이디어의 발굴 및 사업화 지원 5. 그 밖에 대통령령으로 정하는 사항 [본조신설 2015. 5. 18.] 제17조(공간정보 관련 용역에 대한 사업대가) ① 관리기관의 장(민간 관리기관의 장은 제외한다. 이하 같다)은 공간정보 관련 용역을 발주하는 경우에는 「엔지니어링산업 진흥법」, 「소프트웨어 진흥법」, 「공간정보의 구축 및 관리 등에 관한 법률」 또는 「해양조사와 해양정보 활용에 관한 법률」에서 정한 대가기준을 준용할 수 있다. 〈개정 2010. 4. 12., 2016. 3. 22., 2020. 2. | | |

| 국가공간정보 기본법 | 국가공간정보 기본법 시행령 | 공간정보산업 진흥법 | 공간정보산업 진흥법 시행령 | 공간정보산업 진흥법 시행규칙 |
|---|---|---|---|---|
| | 에 존재하는 건물 등 인공구조물의 내부에 관한 공간정보를 말한다)<br>7. 그 밖에 위원회의 심의를 거쳐 국토교통부장관이 정하는 공간정보<br>② 관계 중앙행정기관의 장은 법 제19조제1항에 따른 기본공간정보(이하 "기본공간정보"라 한다)를 데이터베이스로 구축·관리하기 위하여 재원조달 계획을 포함한 기본공간정보데이터베이스의 구축 또는 갱신계획, 유지·관리계획을 법 제6조제3항에 따른 기관별 국가공간정보정책 기본계획에 포함하여 수립하고 시행하여야 한다. 〈개정 2015. 6. 1.〉<br>③ 관계 중앙행정기관의 장은 법 19조제2항에 따라 기본공간정보데이터베이스를 구축·관리할 때에는 다음 각 호의 기준에 따라야 한다. 〈개정 2009. 12. 14., 2013. 3. 23., 2015. 6. 1.〉<br>1. 법 제21조에 따른 표준 및 기술기준<br>2. 관계 중앙행정기관의 장과 협의하여 국토교통부장관이 정하는 기본공간정보 교환형식 및 지형 | 18., 2020. 6. 9.〉<br>② 제1항의 대가기준의 적용대상에 포함되지 아니한 용역 및 준용이 곤란하다고 판단되는 공간정보 관련 용역에 대한 대가기준은 국토교통부장관이 따로 정할 수 있다. 〈개정 2013. 3. 23.〉<br><br>**제4장 공간정보산업의 지원**<br><br>**제18조(공간정보산업진흥시설의 지정 등)** ① 국토교통부장관은 공간정보산업 진흥을 위하여 공간정보산업진흥시설(이하 "진흥시설"이라 한다)을 지정하고, 자금 및 설비제공 등 필요한 지원을 할 수 있다. 〈개정 2013. 3. 23.〉<br>② 진흥시설로 지정받고자 하는 자는 대통령령으로 정하는 바에 따라 국토교통부장관에게 지정신청을 하여야 한다. 〈개정 2013. 3. 23.〉<br>③ 국토교통부장관은 제2항의 신청에 따라 진흥시설을 지정하는 경우에는 공간정보산업의 발전을 위하여 필요한 조건을 붙일 수 있다. 이 경우 그 조건은 공공의 이익을 증진하기 위하여 필요한 최소한도에 한정되어야 하며, 부당한 의무를 부과하여서 | **제13조(공간정보산업진흥시설의 지정 등)** ① 법 제18조제1항에 따른 공간정보산업진흥시설(이하 "진흥시설"이라 한다)의 지정요건은 다음 각 호와 같다. 〈개정 2015. 6. 1.〉<br>1. 5 이상의 공간정보사업자가 입주할 것<br>2. 진흥시설로 인정받으려는 시설에 입주한 공간정보사업자 중 「중소기업 기본법」 제2조에 따른 중소기업자가 100분의 50 이상일 것<br>3. 공간정보사업자가 사용하는 시설 및 그 지원시설이 차지하는 면적이 건축물 총면적의 100분의 30 이상일 것<br>② 진흥시설로 지정받으려는 자는 국토교통부령으로 정하는 신청서를 국토교통부장관에게 제출 | **제7조(공간정보산업진흥시설 지정신청서)** ① 영 제13조제2항에서 "국토교통부령으로 정하는 신청서"란 별지 제7호서식의 공간정보산업진흥시설 지정신청서(전자문서로 된 신청서를 포함한다)를 말한다. 〈개정 2013. 3. 23.〉<br>② 제1항의 공간정보산업진흥시설 지정신청서에는 다음 각 호의 서류를 첨부하여야 한다. 〈개정 2015. 6. 4.〉<br>1. 별지 제8호서식에 따른 공간정보산업진흥시설 조성계획서<br>2. 공간정보산업진흥시설의 범위를 증명하는 서류<br>3. 입주 공간정보사업자 명세서<br>4. 입주사업자 등의 사업자등록증 및 분양(임대)계약서 사 |

| 국가공간정보 기본법 | 국가공간정보 기본법 시행령 | 공간정보산업 진흥법 | 공간정보산업 진흥법 시행령 | 공간정보산업 진흥법 시행규칙 |
|---|---|---|---|---|
| | 지물 분류체계<br>3. 「공간정보의 구축 및 관리 등에 관한 법률 시행령」 제7조제3항에 따른 직각좌표의 기준<br>4. 그 밖에 관계 중앙행정기관과 협의하여 국토교통부장관이 정하는 기준 | 는 아니 된다. 〈개정 2013. 3. 23., 2020. 6. 9.〉<br>④ 제3항에 따라 지정된 진흥시설 은 「벤처기업육성에 관한 특별 조치법」 제18조에 따른 벤처기 업집적시설로 지정된 것으로 본 다.<br>⑤ 진흥시설의 지정요건 및 진흥시 설에 대한 지원 등에 관하여 필 요한 사항은 대통령령으로 정한 다. | 하여야 한다. 〈개정 2013. 3. 23.〉<br>③ 국토교통부장관은 진흥시설을 지정하였을 때에는 그 사실을 공 고하여야 한다. 〈개정 2013. 3. 23.〉<br>④ 제1항부터 제3항까지에서 규정 한 사항 외에 진흥시설의 지정 및 관리에 필요한 사항은 국토교 통부장관이 정하여 고시한다. 〈개정 2013. 3. 23.〉 | 본 |
| 제20조(공간객체등록번호의 부여)<br>① 국토교통부장관은 공간정보데이 터베이스의 효율적인 구축ㆍ관리 및 활용을 위하여 건물ㆍ도로ㆍ하 천ㆍ교량 등 공간상의 주요 객체에 대하여 공간객체등록번호를 부여 하고 이를 고시할 수 있다. 〈개정 2012. 12. 18., 2013. 3. 23.〉<br>② 관리기관의 장은 제1항에 따라 부 여된 공간객체등록번호에 따라 공 간정보데이터베이스를 구축하여 야 한다. 〈개정 2012. 12. 18.〉<br>③ 국토교통부장관은 공간정보를 효 율적으로 관리 및 활용하기 위하여 필요한 경우 관리기관의 장과 공동 으로 제2항에 따른 공간정보데이 터베이스를 구축할 수 있다. 〈신설 2012. 12. 18., 2013. 3. 23.〉<br>④ 공간객체등록번호의 부여방법ㆍ 대상ㆍ유지 및 관리, 그 밖에 필요 한 사항은 국토교통부령으로 정한 | 제16조(공간객체등록번호의 관리) 국 토교통부장관은 법 제20조제1항에 따른 공간객체등록번호 업무의 관리 기관 간 협의 및 조정 등을 위하여 법 제31조에 따른 협력체계로서 협의체 (이하 "협의체"라 한다)를 구성하여 운 영할 수 있다. 〈개정 2013. 3. 23., 2013. 6. 11., 2015. 6. 1.〉 | 제19조(진흥시설의 지정해제) 국 토교통부장관은 진흥시설이 지정 요건에 미달하게 되거나 진흥시설 의 지정을 받은 자가 제18조제3항 에 따른 지정조건을 이행하지 아니 한 때에는 대통령령으로 정하는 바 에 따라 그 지정을 해제할 수 있다. 〈개정 2013. 3. 23.〉 | 제14조(진흥시설의 지정해제 등)<br>① 국토교통부장관은 진흥시설이 제13조제1항에 따른 지정요건 에 미달하게 된 경우에는 3개월 이내의 기간을 정하여 보완을 요구할 수 있다. 〈개정 2013. 3. 23.〉<br>② 진흥시설의 지정을 받은 자가 제 1항에 따른 보완 요구를 거부하 거나 그 보완기간에 보완하지 아 니한 경우에는 국토교통부장관 은 법 제19조에 따라 진흥시설의 지정을 해제할 수 있다. 〈개정 2013. 3. 23.〉<br>③ 국토교통부장관은 제2항에 따 라 진흥시설의 지정을 해제하려 면 미리 관할 특별시장ㆍ광역시 | |

| 국가공간정보 기본법 | 국가공간정보 기본법 시행령 | 공간정보산업 진흥법 | 공간정보산업 진흥법 시행령 | 공간정보산업 진흥법 시행규칙 |
|---|---|---|---|---|
| 다. 〈개정 2012. 12. 18., 2013. 3. 23.〉<br><br>**제21조(공간정보 표준화)** ① 공간정보와 관련한 표준의 제정 및 관리에 관하여는 이 법에서 정하는 것을 제외하고는 「국가표준기본법」과 「산업표준화법」에서 정하는 바에 따른다.<br>② 관리기관의 장은 공간정보의 공유 및 공동 이용을 촉진하기 위하여 공간정보와 관련한 표준에 대한 의견을 산업통상자원부장관에게 제시할 수 있다. 〈개정 2013. 3. 23.〉<br>③ 관리기관의 장은 대통령령으로 정하는 바에 따라 공간정보의 구축·관리·활용 및 공간정보의 유통과 관련된 기술기준을 정할 수 있다.<br>④ 관리기관의 장이 공간정보와 관련한 표준에 대한 의견을 제시하거나 기술기준을 제정하고자 하는 경우에는 국토교통부장관과 미리 협의하여야 한다. 〈개정 2013. 3. 23.〉<br>[제14조에서 이동, 종전 제21조는 제28조로 이동 〈2014. 6. 3.〉] | **제17조(공간정보 표준화 등)** ① 국토교통부장관은 법 제21조에 따른 공간정보와 관련한 표준의 제정 및 관리를 위하여 관리기관과 협의체를 구성·운영할 수 있다. 〈개정 2013. 3. 23., 2015. 6. 1.〉<br>② 협의체는 다음 각 호의 업무를 수행한다.<br>1. 공간정보와 관련한 표준의 제안<br>2. 공간정보의 구축·관리·활용 및 공간정보의 유통과 관련된 기술기준의 제정<br>3. 제1호 및 제2호에 따른 공간정보와 관련한 표준 및 기술기준의 준수 방안 제안<br>4. 국제 표준기구와의 협력체계 구축<br>5. 공간정보와 관련한 표준에 관한 연구·개발의 위탁<br>③ 국토교통부장관은 법 제21조제4항에 따라 표준에 대한 의견을 제시하거나 기술기준에 관하여 협의할 때에는 전문위원회의 검토를 거쳐야 한다. 〈개정 2013. 3. 23., 2015. 6. 1.〉 | | 장·도지사 또는 특별자치도지사의 의견을 들어야 하며, 그 지정을 해제하였을 때에는 그 사실을 공고하여야 한다. 〈개정 2013. 3. 23.〉 | |
| | | **제20조(진흥시설에 대한 지방자치단체의 지원)** 지방자치단체는 공간정보산업의 진흥을 위하여 필요한 경우 진흥시설을 조성하고자 하는 자와 공간정보사업의 창업을 지원하는 공공단체 등에 출연하거나 출자할 수 있다. 〈개정 2014. 5. 28.〉 | | |
| | | **제21조(산업재산권 등의 출자 특례)** 공간정보사업을 목적으로 하는 회사를 설립하거나 이러한 회사가 신주를 발행하면서 공간정보 관련 특허권·실용신안권·디자인권, 그 밖에 이에 준하는 기술과 그 사용에 관한 권리를 현물 출자하는 경우 대통령령으로 정하는 기술평가기관이 그 가격을 평가한 때에는 그 평가내용은 「상법」 제299조의2에 따라 공인된 감정인이 감정한 것으로 본다. 〈개정 2020. 6. 9.〉 | **제15조(기술평가기관)** 법 제21조에서 "대통령령으로 정하는 기술평가기관"이란 다음 각 호의 기관을 말한다. 〈개정 2013. 3. 23., 2014. 5. 22., 2016. 5. 31.〉<br>1. 「산업기술혁신 촉진법」 제38조에 따른 한국산업기술진흥원<br>2. 「산업기술혁신 촉진법」 제39조에 따른 한국산업기술평가관리원<br>3. 「기술보증기금법」 제12조에 따른 기술보증기금<br>4. 「한국과학기술원법」에 따른 한국과학기술원<br>5. 「건설기술 진흥법」 제11조 | |

| 국가공간정보 기본법 | 국가공간정보 기본법 시행령 | 공간정보산업 진흥법 | 공간정보산업 진흥법 시행령 | 공간정보산업 진흥법 시행규칙 |
|---|---|---|---|---|
| **제22조(표준의 연구 및 보급)** 국토교통부장관은 공간정보와 관련한 표준의 연구 및 보급을 촉진하기 위하여 다음 각 호의 시책을 행할 수 있다. 〈개정 2013. 3. 23.〉<br>　1. 공간정보체계의 구축·관리·활용 및 공간정보의 유통 등과 관련된 표준의 연구<br>　2. 공간정보에 관한 국제표준의 연구 | | | 에 따른 기술평가기관<br>　6. 「민법」 제32조에 따라 설립된 법인으로서 법 제21조에 따른 공간정보 관련 특허권·실용신안권·디자인권, 그 밖에 이에 준하는 기술과 그 사용에 관한 권리의 평가를 수행할 수 있다고 국토교통부장관이 인정하는 비영리법인 | |
| **제23조(표준 등의 준수의무)** 관리기관의 장은 공간정보체계를 구축·관리하거나 활용하는 경우 이 법에서 정하는 기술기준과 다른 법률에서 정하는 표준을 따라야 한다. 〈개정 2020. 6. 9.〉 | | **제22조(중소공간정보사업자의 사업참여 지원)** ① 정부는 중소공간정보사업자의 육성을 위하여 관리기관이 공간정보 관련 공사·제조·구매·용역 등에 관한 조달계약을 체결하려는 때에는 중소공간정보사업자의 수주기회가 증대되도록 노력하여야 한다.<br>② 관리기관의 장은 공간정보 관련 공사·제조·구매·용역 등에 관한 입찰을 실시하는 경우에는 낙찰자로 결정되지 아니한 자 중 제안서 평가에서 우수한 평가를 받은 자에 대하여는 작성비 등의 일부를 보상할 수 있다. 다만, 대기업과 중소공간정보사업자가 협력하여 입찰하는 경우에는 그러하지 아니하다. | | |
| **제24조(국가공간정보통합체계의 구축과 운영)** ① 국토교통부장관은 관리기관과 공동으로 국가공간정보통합체계를 구축하거나 운영할 수 있다. 〈개정 2013. 3. 23.〉<br>② 국토교통부장관은 관리기관의 장에게 국가공간정보통합체계의 구축과 운영에 필요한 자료 또는 정보의 제공을 요청할 수 있다. 이 경우 자료 또는 정보의 제공을 요청받은 관리기관의 장은 특별한 사유가 없으면 그 요청을 따라야 한다. 〈개 | **제18조(국가공간정보통합체계의 구축과 운영)** ① 국토교통부장관은 법 제24조제1항에 따른 국가공간정보통합체계의 구축과 운영을 효율적으로 하기 위하여 관리기관과 협의체를 구성하여 운영할 수 있다. 〈개정 2013. 3. 23., 2015. 6. 1.〉<br>② 국토교통부장관은 관리기관의 장과 협의하여 국가공간정보통합체계의 구축 및 운영에 필요한 국가공간정보체계의 개발기준과 유지·관리 기준을 정할 수 있다. 〈개정 | | | |

| 국가공간정보 기본법 | 국가공간정보 기본법 시행령 | 공간정보산업 진흥법 | 공간정보산업 진흥법 시행령 | 공간정보산업 진흥법 시행규칙 |
|---|---|---|---|---|
| 정 2013. 3. 23., 2020. 6. 9.)<br>③ 그 밖에 국가공간정보통합체계의 구축 및 운영에 관하여 필요한 사항은 대통령령으로 정한다. | 2013. 3. 23.)<br>③ 관리기관이 국가공간정보통합체계와 연계하여 공간정보데이터베이스를 활용하는 경우에는 제2항에 따른 기준을 적용하여야 한다.<br>④ 국토교통부장관은 국가공간정보통합체계의 구축과 운영을 위하여 필요한 예산의 전부 또는 일부를 관리기관에 지원할 수 있다. 〈개정 2013. 3. 23.〉 | 제4장의2 공간정보사업의 관리 〈신설 2014. 6. 3.〉 | | |
| | | 제22조의2(공간정보사업자의 신고 등) ① 공간정보사업을 영위하려는 자는 소속 공간정보기술자 등 국토교통부령으로 정하는 사항을 국토교통부장관에게 신고하여야 하며, 신고한 사항이 변경된 경우에는 그 변경신고를 하여야 한다. 다만, 「공간정보의 구축 및 관리 등에 관한 법률」 또는 「해양조사와 해양정보 활용에 관한 법률」에 따라 해당 사업의 등록 등을 한 경우에는 국토교통부장관에게 신고한 것으로 본다. 〈개정 2020. 2. 18.〉 | | 제7조의2(공간정보사업자의 신고) ① 「공간정보산업 진흥법」(이하 "법"이라 한다) 제22조의2제1항 본문에서 "소속 공간정보기술자 등 국토교통부령으로 정하는 사항"이란 다음 각 호의 사항을 말한다. 〈개정 2018. 4. 27.〉<br>1. 영위하려는 공간정보산업의 분야<br>2. 상호(법인인 경우에는 법인의 명칭) 및 대표자<br>3. 주된 영업소의 소재지<br>4. 소속 공간정보기술자<br>5. 보유하고 있는 장비의 현황<br>6. 재무현황 |
| 제25조(국가공간정보센터의 설치)<br>① 국토교통부장관은 공간정보를 수집·가공하여 정보이용자에게 제공하기 위하여 국가공간정보센터를 설치하고 운영하여야 한다. 〈개정 2013. 3. 23.〉<br>② 제1항에 따른 국가공간정보센터(이하 "국가공간정보센터"라 한다)의 설치와 운영 등에 관하여 필요한 사항은 대통령령으로 정한다. | | ② 국토교통부장관은 제1항에 따라 신고받은 사항을 확인하거나 공간정보사업자의 관리·감독을 위하여 필요한 경우 관계 행정기관의 장에게 필요한 자료를 요청할 수 있다. 이 경우 요청을 받은 자는 특별한 사유가 없으면 이에 따라야 한다. | | ② 법 제22조의2제1항에 따라 공간정보사업자의 신고 및 변경신고를 하려는 자는 별지 제9호서식에 따른 신고서(전자문서로 된 신고서를 포함한다)에 다음 각 호의 구분에 따른 서류를 첨부하여 법 제27조 및 영 제19조에 따라 신고업무를 위탁받은 기관 |
| 제26조(자료의 제출요구 등) 국토교통부장관은 국가공간정보센터의 운영에 필요한 공간정보를 생산 또는 관리하는 관리기관의 장에게 자료의 제출을 요구할 수 있으며, 자료제출 요청을 받은 관리기관의 장은 특별한 사유가 있는 경우를 제외하고는 자료를 제 | | ③ 제1항에 따른 신고의 절차 등에 필요한 사항은 국토교통부령으로 정한다.<br>[본조신설 2014. 6. 3.] | | (이하 "신고업무 수탁기관"이라 한다)의 장에게 제출하여야 한다.<br>1. 신규로 신고하는 경우 : 제1 |

| 국가공간정보 기본법 | 국가공간정보 기본법 시행령 | | 공간정보산업 진흥법 | 공간정보산업 진흥법 시행령 | 공간정보산업 진흥법 시행규칙 |
|---|---|---|---|---|---|
| 공하여야 한다. 다만, 관리기관이 공공기관일 경우는 자료를 제출하기 전에 「공공기관의 운영에 관한 법률」 제6조제2항에 따른 주무기관(이하 "주무기관"이라 한다)의 장과 미리 협의하여야 한다. 〈개정 2013. 3. 23.〉 | | | | | 항 제4호부터 제6호까지의 사항을 증명할 수 있는 서류<br>2. 변경신고를 하는 경우 : 변경사항을 증명할 수 있는 서류<br>③ 제2항에 따른 신고를 받은 신고업무 수탁기관의 장은 「전자정부법」 제21조제1항에 따른 행정정보의 공동이용을 통하여 사업자등록증 또는 법인등기사항증명서를 확인하여야 한다. 다만, 신고인이 사업자등록증의 확인에 동의하지 아니하는 경우에는 그 사본을 첨부하도록 하여야 한다. |
| 제27조(자료의 가공 등) ① 국토교통부장관은 공간정보의 이용을 촉진하기 위하여 제25조에 따라 수집한 공간정보를 분석 또는 가공하여 정보이용자에게 제공할 수 있다. 〈개정 2013. 3. 23., 2014. 6. 3.〉<br>② 국토교통부장관은 제1항에 따라 가공된 정보의 정확성을 유지하기 위하여 수집한 공간정보 등에 오류가 있다고 판단되는 경우에는 자료를 제공한 관리기관에 대하여 자료의 수정 또는 보완을 요구할 수 있으며, 자료의 수정 또는 보완을 요구받은 관리기관의 장은 그에 따른 조치결과를 국토교통부장관에게 제출하여야 한다. 다만, 관리기관이 공공기관일 경우는 조치결과를 제출하기 전에 주무기관의 장과 미리 협의하여야 한다. 〈개정 2013. 3. 23.〉 | | | | | ④ 제2항에 따른 신고를 받은 신고업무 수탁기관의 장은 별지 제10호서식에 따른 등록부에 신고내용을 기록하고, 별지 제11호서식에 따른 신고확인서를 신고인에게 내주어야 한다.<br>[본조신설 2015. 6. 4.]<br><br>제7조의3(공간정보사업 수행실적의 통보 및 확인) ① 법 제22조의2제1항에 따라 신고한 공간정보사업자는 공간정보사업 수행실적 증명 등을 위하여 수행하고 있는 공간정 |

| 국가공간정보 기본법 | 국가공간정보 기본법 시행령 | 공간정보산업 진흥법 | 공간정보산업 진흥법 시행령 | 공간정보산업 진흥법 시행규칙 |
|---|---|---|---|---|
| **제5장 국가공간정보체계의 구축 및 활용** 〈개정 2014. 6. 3.〉 | | | | 보사업의 내용을 신고업무 수탁기관의 장에게 통보할 수 있다. |
| **제28조(공간정보데이터베이스의 구축 및 관리)** ① 관리기관의 장은 해당 기관이 생산 또는 관리하는 공간정보가 다른 기관이 생산 또는 관리하는 공간정보와 호환이 가능하도록 제21조에 따른 공간정보와 관련한 표준 또는 기술기준에 따라 공간정보데이터베이스를 구축·관리하여야 한다. 〈개정 2014. 6. 3.〉<br>② 관리기관의 장은 해당 기관이 관리하고 있는 공간정보데이터베이스가 최신 정보를 기반으로 유지될 수 있도록 노력하여야 한다.<br>③ 관리기관의 장은 중앙행정기관 및 지방자치단체로부터 공간정보데이터베이스의 구축·관리 등을 위하여 필요한 공간정보의 열람·복제 등 관련 자료의 제공 요청을 받은 때에는 특별한 사유가 없으면 그 요청을 따라야 한다. 〈개정 2020. 6. 9.〉<br>④ 관리기관의 장은 중앙행정기관 및 지방자치단체를 제외한 다른 관리기관으로부터 공간정보데이터베이스의 구축·관리 등을 위하여 필요한 공간정보의 열람·복제 등 관련 자료의 제공 요청을 받은 때에는 | | | | ② 신고업무 수탁기관의 장은 제1항에 따라 통보받은 공간정보사업 수행실적에 관한 사항을 기록·관리하여야 하며, 공간정보사업자가 공간정보사업 수행실적에 관한 확인서를 신청하면 이를 발급하여야 한다.<br>③ 신고업무 수탁기관의 장은 제1항에 따라 통보받은 내용의 확인을 위하여 필요한 때에는 공간정보사업의 발주자 등에 통보된 내용의 확인을 요청할 수 있다.<br>④ 제1항부터 제3항까지에서 규정한 사항 외에 공간정보사업 수행 실적의 통보 및 확인에 관하여 필요한 그 밖의 사항은 신고업무 수탁기관의 장이 정한다.<br>[본조신설 2015. 6. 4.] |
| | | **제22조의3(공간정보기술자의 신고 등)** ① 공간정보산업에 종사하는 사람으로서 공간정보기술자로 인정받으려는 사람은 그 자격·경력·학력 및 근무처 등 국토교통부령으로 정하는 사항을 국토교통부장관에게 신고하여야 하며, 신고한 사항이 변경된 경우에는 그 변경신 | **제20조(고유식별정보의 처리)** ① 국토교통부장관(법 제27조에 따라 국토교통부장관의 권한 및 업무를 위임·위탁받은 자를 포함한다)은 법 제22조의3에 따른 공간정보기술자의 신고에 관한 사무를 수행하기 위하여 불가피한 경우 「개인정보 보호법 시행령」 제19조제1호 또 | **제8조(공간정보기술자의 신고)** ① 법 제22조의3제1항 본문에 따라 공간정보기술자로 신고하려는 사람은 별지 제12호서식의 공간정보기술자 경력신고서(전자문서로 된 신고서를 포함한다)에 다음 각 호의 서류(전자문서를 포함한다)를 첨부하여 신고업무 수탁기관에 제 |

| 국가공간정보 기본법 | 국가공간정보 기본법 시행령 | 공간정보산업 진흥법 | 공간정보산업 진흥법 시행령 | 공간정보산업 진흥법 시행규칙 |
|---|---|---|---|---|
| 이에 협조할 수 있다.<br>⑤ 제3항 및 제4항에 따라 제공받은 공간정보는 제1항에 따른 공간정보 데이터베이스의 구축·관리 외의 용도로 이용되어서는 아니 된다. | | 고를 하여야 한다. 다만, 「공간정보의 구축 및 관리 등에 관한 법률」 제39조에 따른 측량기술자 및 「해양조사와 해양정보 활용에 관한 법률」 제25조에 따른 해양조사기술자가 「공간정보의 구축 및 관리 등에 관한 법률」, 「해양조사와 해양정보 활용에 관한 법률」 및 「건설기술 진흥법」에 따라 그 신고 등을 한 경우에는 국토교통부장관에게 신고한 것으로 본다. 〈개정 2016. 3. 22., 2020. 2. 18.〉<br>② 국토교통부장관은 제1항에 따라 신고받은 사항을 국토교통부령으로 정하는 바에 따라 관리하여야 한다.<br>③ 국토교통부장관은 제1항에 따라 신고받은 사항을 확인하기 위하여 관계 행정기관의 장 또는 해당 공간정보기술자가 소속된 공간정보사업자에게 필요한 자료를 요청할 수 있다. 이 경우 요청을 받은 자는 특별한 사유가 없으면 이에 따라야 한다.<br>④ 국토교통부장관은 공간정보기술자의 신청이 있는 경우 제1항에 따라 신고받은 사항에 관한 증명서를 국토교통부령으로 정하는 바에 따라 발급하여야 한 | 는 제4호에 따른 주민등록번호 또는 외국인등록번호가 포함된 자료를 처리할 수 있다.<br>② 협회는 법 제24조제5항제5호가목부터 다목까지에 따른 보증사업, 융자 및 공제사업에 관한 사무를 수행하기 위하여 불가피한 경우 「개인정보 보호법 시행령」 제19조제1호 또는 제4호에 따른 주민등록번호 또는 외국인등록번호가 포함된 자료를 처리할 수 있다.<br>[본조신설 2018. 2. 13.] | 출하여야 한다. 다만, 근무처의 퇴직사실만을 신고하는 경우에는 제1호에 따른 서류는 생략할 수 있으며, 제2호부터 제6호까지의 서류는 해당하는 사람만 첨부한다.<br>1. 별지 제13호서식의 경력확인서(공간정보사업의 발주자, 관계 행정기관 또는 사용자(대표자)의 확인을 받은 것으로 한정한다)<br>2. 「국가기술자격법」 제13조에 따른 국가기술자격증의 사본<br>3. 영 별표 제1호나목1)에 따라 국토교통부장관이 고시하는 학과의 졸업증명서<br>4. 교육·훈련 사항을 증명할 수 있는 서류<br>5. 관계 행정기관이 공간정보 업무와 관련하여 수여한 상훈증 사본<br>6. 근무처 또는 경력 사항을 증명할 수 있는 서류<br>7. 증명사진 1장(공간정보기술자 경력신고서에 증명사진을 첨부하여 인쇄한 경우에는 제외한다)<br>② 법 제22조의3제1항 본문에 따라 |
| 제29조(중복투자의 방지) ① 관리기관의 장은 새로운 공간정보데이터베이스를 구축하고자 하는 경우 기존에 구축된 공간정보체계와 중복투자가 되지 아니하도록 사전에 다음 각 호의 사항을 검토하여야 한다.<br>1. 구축하고자 하는 공간정보데이터베이스가 해당 기관 또는 다른 관리기관에 이미 구축되었는지 여부<br>2. 해당 기관 또는 다른 관리기관에 이미 구축된 공간정보데이터베이스의 활용 가능 여부<br>② 관리기관의 장이 새로운 공간정보데이터베이스를 구축하고자 하는 경우에는 해당 공간정보데이터베이스의 구축 및 관리에 관한 계획을 수립하여 국토교통부장관에게 통보하여야 한다. 다만, 관리기관이 공공기관일 경우는 통보 전에 주무기관의 장과 미리 협의하여야 한다. 〈개정 2013. 3. 23.〉 | 제19조(중복투자의 방지) ① 관리기관의 장(민간기관의 장은 제외한다. 이하 이 조에서 같다)이 법 제29조제2항에 따라 수립하는 공간정보데이터베이스의 구축 및 관리에 관한 계획에는 다음 각 호의 사항이 포함되어야 한다. 〈개정 2015. 6. 1.〉<br>1. 공간정보데이터베이스의 명칭·종류 및 규모<br>2. 공간정보데이터베이스를 구축하려는 범위 또는 지역<br>3. 법 제30조에 따른 공간정보에 관한 목록정보<br>4. 공간정보데이터베이스의 구축 방법 및 기간<br>5. 사업비 및 재원조달 계획<br>6. 사업 시행계획<br>② 법 제29조제5항에 따른 중복투자 여부의 판단에 필요한 기준은 다음 각 호와 같다. 〈개정 2015. 6. 1.〉<br>1. 사업의 유형 및 성격<br>2. 다른 관리기관에서의 비슷한 종 | | | |

| 국가공간정보 기본법 | 국가공간정보 기본법 시행령 | 공간정보산업 진흥법 | 공간정보산업 진흥법 시행령 | 공간정보산업 진흥법 시행규칙 |
|---|---|---|---|---|
| ③ 국토교통부장관은 제2항에 따라 통보받은 공간정보데이터베이스의 구축 및 관리에 관한 계획이 중복투자에 해당된다고 판단하는 때에는 위원회의 심의를 거쳐 해당 공간정보데이터베이스를 구축하고자 하는 관리기관의 장에게 시정을 요구할 수 있다. 〈개정 2013. 3. 23.〉<br>④ 국토교통부장관은 관리기관의 장이 제1항에 따른 검토를 위하여 필요한 자료를 요청하는 경우에는 특별한 사유가 없으면 이를 제공하여야 한다. 〈개정 2013. 3. 23., 2020. 6. 9.〉<br>⑤ 제3항에 따른 중복투자 여부의 판단에 필요한 기준은 대통령령으로 정할 수 있다. | 류의 사업추진 여부<br>3. 법 제21조에 따른 공간정보 관련 표준 또는 기술기준의 준수 여부<br>4. 다른 관리기관에서 구축한 사업의 활용 여부<br>5. 법 제28조에 따른 공간정보데이터베이스의 활용 여부 | 다. 이 경우 국토교통부장관은 증명서의 발급에 필요한 수수료를 신청인에게 받을 수 있다.<br>⑤ 제1항에 따른 신고의 절차 등에 필요한 사항은 국토교통부령으로 정한다.<br>[본조신설 2014. 6. 3.] | | 공간정보기술자 변경신고를 하려는 사람은 별지 제14호서식의 공간정보기술자 경력변경신고서에서 제1항제1호 및 제6호의 서류를 첨부하여 신고업무 수탁기관에 제출하여야 한다.<br>③ 신고업무 수탁기관은 법 제22조의3제3항에 따라 제1항 및 제2항에 따른 신고 또는 변경신고를 받은 경우에는 관계기관에 그 신고내용을 확인하여야 한다.<br>[본조신설 2018. 4. 27.]<br><br>**제9조(공간정보기술 경력증명 등)**<br>① 신고업무 수탁기관은 법 제22조의3제2항에 따라 신고받은 사항을 기록·관리하여야 하며, 공간정보사업자가 공간정보기술자 보유에 관한 증명서를 신청하면 별지 제15호서식의 공간정보기술자 보유증명서를 발급하여야 한다.<br>② 신고업무 수탁기관은 법 제22조의3제4항 전단에 따라 공간정보기술자가 공간정보기술자의 경력에 관한 증명서를 신청하는 경우에는 별지 제16호서식의 공간정보기술자 경력증명서(이하 |
| **제30조(공간정보 목록정보의 작성)**<br>① 관리기관의 장은 해당 기관이 구축·관리하고 있는 공간정보에 관한 목록정보(정보의 내용, 특징, 정확도, 다른 정보와의 관계 등 정보의 특성을 설명하는 정보를 말한다. 이하 "목록정보"라 한다)를 제21조에 따른 공간정보와 관련한 표준 또는 기술기준에 따라 작성 또는 관리하도록 노력하여야 한다. 〈개정 2014. 6. 3.〉 | **제20조(공간정보 목록정보의 작성 및 관리)** ① 관리기관의 장(민간기관의 장은 제외한다. 이하 이 조에서 같다)은 법 제30조제1항에 따른 공간정보에 관한 목록정보(이하 "목록정보"라 한다)를 12월 31일 기준으로 작성하여 다음 해 3월 31일까지 국토교통부장관에게 제출하여야 한다. 〈개정 2013. 3. 23., 2015. 6. 1.〉<br>② 관리기관의 장은 법 제30조에 따라 해당 기관이 구축·관리하고 있는 | | | |

| 국가공간정보 기본법 | 국가공간정보 기본법 시행령 | 공간정보산업 진흥법 | 공간정보산업 진흥법 시행령 | 공간정보산업 진흥법 시행규칙 |
|---|---|---|---|---|
| ② 관리기관의 장은 해당 기관이 구축·관리하고 있는 목록정보를 특별한 사유가 없으면 국토교통부장관에게 수시로 제출하여야 한다. 다만, 관리기관이 공공기관일 경우는 제출하기 전에 주무기관의 장과 미리 협의하여야 한다. 〈개정 2013. 3. 23., 2020. 6. 9.〉<br>③ 그 밖에 목록정보의 작성 또는 관리에 관하여 필요한 사항은 대통령령으로 정한다. | 목록정보를 변경하거나 폐지한 경우에는 그 변경사항을 국토교통부장관에게 통보하여야 한다. 〈개정 2013. 3. 23., 2015. 6. 1.〉<br>③ 국토교통부장관은 매년 공개목록집을 발간하여 관리기관에게 배포할 수 있다. 〈개정 2013. 3. 23.〉 | | | "공간정보기술자 경력증명서"라 한다)를 발급하여야 한다.<br>③ 공간정보기술자는 법 제22조의3제4항 전단에 따라 별지 제17호서식의 공간정보기술경력증(이하 "공간정보기술경력증"이라 한다)을 발급·갱신 또는 재발급 받으려는 경우에는 별지 제18호서식의 공간정보기술경력증(신규·갱신·재발급) 신청서에 증명사진 1장을 첨부하여 신고업무 수탁기관에 제출하여야 한다.<br>④ 신고업무 수탁기관은 별지 제19호서식의 공간정보기술경력증 발급대장에 공간정보기술경력증을 발급한 사실을 기록하고 관리하여야 한다.<br>⑤ 신고업무 수탁기관은 공간정보기술자 경력증명서를 발급하거나 공간정보기술경력증을 발급·갱신 또는 재발급한 때에는 그 신청인으로부터 실비의 범위에서 수수료를 받을 수 있다.<br>[본조신설 2018. 4. 27.] |
| 제31조(협력체계 구축) 관리기관의 장은 공간정보체계를 구축·관리하거나 활용하는 경우 관리기관 상호 간 또는 관리기관과 산업계 및 학계 간 협력체계를 구축할 수 있다. 〈개정 2020. 6. 9.〉 | | | | |
| 제32조(공간정보의 활용 등) ① 관리기관의 장은 소관 업무를 수행할 때 공간정보를 활용하는 시책을 강구하여야 한다. 〈개정 2020. 6. 9.〉<br>② 국토교통부장관은 대통령령으로 정하는 국토현황을 조사하고 이를 공간정보로 제작하여 제1항에 따른 업무에 활용할 수 있도록 제공할 수 있다. 〈개정 2013. 3. 23.〉<br>③ 관리기관의 장은 특별한 사유가 없으면 해당 기관이 구축 또는 관리하 | 제21조(공간정보의 활용 등) ① 법 제32조제2항에서 "대통령령으로 정하는 국토현황"이란 「국토기본법」 제25조 및 같은 법 시행령 제10조에 따라 국토조사의 대상이 되는 사항을 말한다. 〈개정 2015. 6. 1.〉<br>② 국토교통부장관은 법 제32조제2항에 따라 제작한 공간정보를 국토계획 또는 정책의 수립에 활용하기 위하여 필요한 공간정보체계를 구축·운영할 수 있다. 〈개정 2013. | | | |
| | | 제5장 공간정보산업진흥원 등 〈개정 2014. 6. 3.〉 | | |
| | | 제23조(공간정보산업진흥원) ① 국토교통부장관은 공간정보산업을 효율적으로 지원하기 위하여 공간 | 제16조(공간정보산업진흥원의 수익사업) ① 법 제23조제1항에 따른 공간정보산업진흥원(이하 "진흥원" | |

| 국가공간정보 기본법 | 국가공간정보 기본법 시행령 | 공간정보산업 진흥법 | 공간정보산업 진흥법 시행령 | 공간정보산업 진흥법 시행규칙 |
|---|---|---|---|---|
| 고 있는 공간정보체계를 다른 관리기관과 공동으로 이용할 수 있도록 협조하여야 한다. 〈개정 2020. 6. 9.〉 | 3. 23., 2015. 6. 1.〉 | 정보산업진흥원(이하 "진흥원"이라 한다)을 설립한다. 〈개정 2013. 3. 23., 2014. 6. 3.〉<br>② 진흥원은 법인으로 한다. 〈개정 2014. 6. 3.〉<br>③ 진흥원은 그 주된 사무소의 소재지에서 설립등기를 함으로써 성립한다. 〈신설 2014. 6. 3.〉<br>④ 진흥원은 다음 각 호의 사업 중 국토교통부장관으로부터 위탁을 받은 업무를 수행할 수 있다. 〈개정 2011. 5. 19., 2013. 3. 23., 2014. 6. 3., 2015. 5. 18.〉 | 이라 한다)이 같은 조 제5항에 따라 할 수 있는 수익사업은 다음 각 호와 같다.<br>1. 공간정보산업 진흥을 위한 각종 교육 및 홍보<br>2. 공간정보 기술자문 사업<br>3. 공간정보의 가공 및 유통과 관련된 사업<br>② 진흥원의 장은 제1항에 따른 수익사업에 대하여 수수료의 요율 또는 금액을 결정하였을 때에는 그 결정된 내용과 금액산정의 명세를 공개하여야 한다.<br>[전문개정 2015. 6. 1.] | |
| **제33조(공간정보의 공개)** ① 관리기관의 장은 해당 기관이 생산하는 공간정보를 국민이 이용할 수 있도록 공개목록을 작성하여 대통령령으로 정하는 바에 따라 공개하여야 한다. 다만, 「공공기관의 정보공개에 관한 법률」 제9조에 따른 비공개대상정보는 그러하지 아니하다. 〈개정 2013. 5. 22.〉<br>② 국토교통부장관은 관리기관의 장과 협의하여 제1항 본문에 따른 공개목록 중 활용도가 높은 공간정보의 목록을 정하고, 국민이 쉽게 이용할 수 있도록 대통령령으로 정하는 바에 따라 공개하여야 한다. 〈신설 2013. 5. 22.〉 | **제22조(공간정보의 공개)** ① 관리기관의 장은 법 제33조제1항 본문에 따라 작성한 공간정보의 공개목록을 해당 기관의 인터넷 홈페이지와 법 제25조에 따른 국가공간정보센터(이하 "국가공간정보센터"라 한다)를 통하여 공개하여야 한다. 〈개정 2013. 11. 22., 2015. 6. 1.〉<br>② 국토교통부장관은 법 제33조제2항에 따라 공개목록 중 활용도가 높은 공간정보의 목록을 국가공간정보센터를 통하여 공개하고, 관리기관의 장에게 요청하여 해당 기관의 인터넷 홈페이지를 통하여 공개하도록 하여야 한다. 〈신설 2013. 11. 22., 2015. 6. 1.〉 | 1. 제5조에 따른 공공수요 및 공간정보산업정보의 조사<br>1의2. 제5조의2에 따른 공간정보산업과 관련된 통계의 작성<br>2. 제8조에 따른 유통현황의 조사·분석<br>3. 제9조에 따른 융·복합 공간정보산업 지원을 위한 정보수집 및 분석<br>3의2. 제9조제3항에 따른 공간정보오픈플랫폼 등 시스템의 운영<br>4. 제10조에 따른 지식재산권 보호를 위한 시책추진 | **제16조의2(진흥원의 운영 등)** 진흥원의 정관에는 다음 각 호의 사항을 기재하여야 한다.<br>1. 설립목적<br>2. 명칭<br>3. 주된 사무소의 소재지<br>4. 사업의 내용 및 집행에 관한 사항<br>5. 임원의 정원·임기·선출방법 및 해임 등에 관한 사항<br>6. 이사회에 관한 사항<br>7. 재정 및 회계에 관한 사항<br>8. 조직 및 운영에 관한 사항 | |
| **제34조(공간정보의 복제 및 판매 등)** ① 관리기관의 장은 대통령령으로 정하는 바에 따라 해당 기관이 관리하고 있는 공간정보데이터베이스의 전부 또는 일부를 복제 또는 간행하여 판매 또는 배포하거나 해당 데이터베이스로부터 출력한 자료를 정보이용자에게 제공할 수 있다. 다만, 법령과 제35조의 보안관리규 | **제23조(공간정보의 복제 및 판매 등)** ① 관리기관의 장은 법 제34조제1항 본문에 따라 정보이용자에게 제공하려는 공간정보데이터베이스를 해당 기관의 인터넷 홈페이지와 국가공간정보센터를 통하여 공개하여야 한다. 〈개정 2015. 6. 1.〉<br>② 법 제34조제2항에 따라 관리기관의 장이 사용료 또는 수수료를 받으 | | | |

| 국가공간정보 기본법 | 국가공간정보 기본법 시행령 | 공간정보산업 진흥법 | 공간정보산업 진흥법 시행령 | 공간정보산업 진흥법 시행규칙 |
|---|---|---|---|---|
| 정에 따라 공개가 금지 또는 제한되거나 유출이 금지된 정보에 대하여는 그러하지 아니한다. 〈개정 2014. 6. 3., 2021. 3. 16.〉<br>② 제1항 단서에도 불구하고 관리기관(중앙행정기관 및 지방자치단체에 한정한다. 이하 이 조 제3항, 제35조의2제1항, 제35조의3, 제35조의4제1항 및 제35조의5제1항에서 같다)의 장은 「공간정보산업 진흥법」에 따른 공간정보사업자 또는 「위치정보의 보호 및 이용 등에 관한 법률」에 따른 위치정보사업자가 공간정보사업, 위치기반 서비스 사업 등을 영위하기 위하여 제1항 본문에 따른 공간정보데이터베이스 또는 해당 데이터베이스로부터 출력한 자료의 제공을 신청하는 경우에는 대통령령으로 정하는 바에 따라 공개가 제한된 공간정보를 제공할 수 있다. 〈신설 2021. 3. 16.〉<br>③ 제2항에 따라 공간정보를 제공받은 자는 제35조에 따른 관리기관의 보안관리규정을 준수하여야 한다. 〈신설 2021. 3. 16.〉<br>④ 관리기관의 장은 대통령령으로 정하는 바에 따라 공간정보데이터베 | 려는 경우에는 실비(實費)의 범위에서 정하여야 하며, 사용료 또는 수수료를 정하였을 때에는 그 내용을 관보 또는 공보에 고시하고(중앙행정기관 또는 지방자치단체에 한정한다) 해당 기관의 인터넷 홈페이지와 국가공간정보센터를 통하여 공개하여야 한다. 〈개정 2015. 6. 1.〉<br>③ 관리기관의 장은 공간정보데이터베이스로부터 복제하거나 출력한 자료의 사용이 다음 각 호의 어느 하나에 해당하는 경우에는 법 제34조제2항에 따른 사용료 또는 수수료를 감면할 수 있다. 〈개정 2015. 6. 1.〉<br>1. 국가, 지방자치단체 또는 관리기관이 그 업무에 사용하는 경우<br>2. 교육연구기관이 교육연구용으로 사용하는 경우 | 5. 공간정보산업의 산학 연계 프로그램 지원<br>6. 제12조에 따른 공간정보 관련 제품 및 서비스의 품질인증<br>7. 제13조에 따른 공간정보기술의 개발 촉진<br>8. 제14조에 따른 공간정보산업의 표준화 지원<br>9. 제15조에 따른 공간정보산업과 관련된 전문인력 양성 및 지원<br>9의2. 제16조에 따른 공간정보사업자 등의 국외 진출 지원 및 공간정보산업과 관련된 국제교류ㆍ협력<br>9의3. 「국가공간정보 기본법」 제9조제1항제1호에 따른 공간정보체계의 구축ㆍ관리ㆍ활용 및 공간정보의 유통 등에 관한 기술의 연구ㆍ개발, 평가 및 이전과 보급<br>9의4. 제16조의2에 따른 창업지원을 위한 사업의 추진<br>10. 제18조에 따른 공간정보산업진흥시설의 지원<br>11. 그 밖에 국토교통부장관으로부터 위탁을 받은 사항 | 9. 수익사업에 관한 사항 | |

| 국가공간정보 기본법 | 국가공간정보 기본법 시행령 | 공간정보산업 진흥법 | 공간정보산업 진흥법 시행령 | 공간정보산업 진흥법 시행규칙 |
|---|---|---|---|---|
| 이스로부터 복제 또는 출력한 자료를 이용하는 자로부터 사용료 또는 수수료를 받을 수 있다. | | ⑤ 진흥원은 공간정보산업을 효율적으로 지원하고 제4항에 따른 업무를 수행하는 데에 필요한 경비를 조달하기 위하여 대통령령으로 정하는 바에 따라 수익사업을 할 수 있다. 〈신설 2014. 6. 3.〉 | | |
| **제6장 국가공간정보의 보호** 〈개정 2014. 6. 3.〉 | | ⑥ 국토교통부장관은 진흥원에 대하여 제4항에 따라 위탁을 받은 업무를 수행하는 데 필요한 경비를 예산의 범위 안에서 지원할 수 있다. 〈개정 2013. 3. 23., 2014. 6. 3.〉 | | |
| **제35조(보안관리)** ① 관리기관의 장은 공간정보 또는 공간정보데이터베이스를 구축·관리하거나 활용하는 경우 공개가 제한되는 공간정보에 대한 부당한 접근과 이용 또는 공간정보의 유출을 방지하기 위하여 필요한 보안관리규정을 대통령령으로 정하는 바에 따라 제정하고 시행하여야 한다. 〈개정 2020. 6. 9.〉<br>② 관리기관의 장은 제1항에 따라 보안관리규정을 제정하는 경우에는 제5조제6항에 따른 전문위원회의 의견을 들은 후 국가정보원장과 협의하여야 한다. 보안관리규정을 개정하고자 하는 경우에도 또한 같다. 〈개정 2021. 3. 16.〉 | **제24조(공간정보의 보호)** ① 법 제35조에 따른 보안관리규정에는 다음 각 호의 사항이 포함되어야 한다. 〈개정 2015. 6. 1.〉<br>1. 공간정보의 관리부서 및 공간정보 보안담당자 등 보안관리체계<br>2. 공간정보체계 및 공간정보 유통망의 관리방법과 그 보호대책<br>3. 보안대상 공간정보의 분류기준 및 관리절차<br>4. 보안대상 공간정보의 공개 요건 및 절차<br>5. 보안대상 공간정보의 유출·훼손 등 사고발생 시 처리절차 및 처리방법<br>② 국가정보원장은 법 제35조에 따른 협의를 위하여 필요한 때에는 제1항에 따른 보안관리규정의 제정·시행에 필요한 기본지침을 작성하여 관리기관의 장에게 통보할 수 있다. 〈개정 2015. 6. 1.〉<br>③ 국가정보원장은 관리기관에 대하여 공간정보의 보안성 검토 등 보안 | ⑦ 개인·법인 또는 단체는 진흥원의 사업을 지원하기 위하여 진흥원에 금전이나 현물, 그 밖의 재산을 출연 또는 기부할 수 있다. 〈개정 2014. 6. 3.〉<br>⑧ 진흥원에 관하여 이 법에서 규정한 것 외에는 「민법」 중 재단법인에 관한 규정을 준용한다. 〈신설 2014. 6. 3.〉<br>⑨ 그 밖에 진흥원의 운영 등에 필요한 사항은 대통령령으로 정한다. 〈개정 2014. 6. 3.〉<br>[제목개정 2014. 6. 3.] | | |
| | | **제24조(공간정보산업협회의 설립)** ① 공간정보사업자와 공간정보기술자는 공간정보산업의 건전한 | **제16조의3(협회의 정관 기재사항)** 법 제24조제1항에 따른 공간정보산업협회(이하 "협회"라 한다)가 같 | |

| 국가공간정보 기본법 | 국가공간정보 기본법 시행령 | 공간정보산업 진흥법 | 공간정보산업 진흥법 시행령 | 공간정보산업 진흥법 시행규칙 |
|---|---|---|---|---|
|  | 관리에 필요한 협조와 지원을 할 수 있다. | 발전과 구성원의 공동이익을 도모하기 위하여 공간정보산업협회(이하 "협회"라 한다)를 설립할 수 있다. 〈개정 2014. 6. 3.〉<br>② 협회는 법인으로 한다.<br>③ 협회는 주된 사무소의 소재지에서 설립등기를 함으로써 성립한다. 〈신설 2014. 6. 3.〉<br>④ 협회를 설립하려는 자는 공간정보기술자 300명 이상 또는 공간정보사업자 10분의 1 이상을 발기인으로 하여 정관을 작성한 후 창립총회의 의결을 거쳐 국토교통부장관의 인가를 받아야 한다. 〈신설 2014. 6. 3.〉 | 은 조 제12항에 따라 정관에 기재하여야 하는 사항은 다음 각 호와 같다. 〈개정 2018. 2. 13.〉<br>1. 설립목적<br>2. 명칭<br>3. 주된 사무소의 소재지<br>4. 사업의 내용 및 그 집행에 관한 사항<br>5. 회원의 자격, 가입과 탈퇴 및 권리·의무에 관한 사항 |  |
| 제35조의2(보안심사) ① 관리기관의 장은 제34조제2항에 따라 공간정보를 제공받으려는 자에 대하여 다음 각 호의 사항에 관한 보안심사를 하여야 한다.<br>　1. 공개가 제한되는 공간정보의 보안관리에 관한 사항<br>　2. 공개가 제한되는 공간정보 또는 그 정보를 활용하여 생산한 공간정보를 제3자에게 제공할 때의 보안관리에 관한 사항<br>② 제1항에 따른 보안심사의 세부 내용, 절차 및 방법 등에 관하여 필요한 사항은 국토교통부장관이 국가정보원장과 협의하여 정한다.<br>[본조신설 2021. 3. 16.] |  | ⑤ 협회는 다음 각 호의 업무를 행한다. 〈개정 2014. 6. 3., 2016. 3. 22.〉<br>　1. 공간정보산업에 관한 연구 및 제도 개선의 건의<br>　2. 공간정보사업자의 저작권·상표권 등의 보호활동 지원에 관한 사항<br>　3. 공간정보 등 관련 기술에 관한 각종 자문 | 6. 임원의 정원·임기 및 선출 방법에 관한 사항<br>7. 총회의 구성 및 의결사항<br>8. 이사회, 분회 및 지회에 관한 사항<br>9. 재정 및 회계에 관한 사항<br>[본조신설 2015. 6. 1.] |  |
| 제35조의3(보안심사 전문기관의 지정 등) ① 관리기관의 장은 대통령령으로 정하는 바에 따라 제35조의2제1항에 따른 보안심사 업무를 전문적·체계적으로 수행하는 보안심사 전문기관(이하 "전문기관"이라 한다)을 지정할 수 있다.<br>② 관리기관의 장은 제1항에 따라 전문기관을 지정하는 경우에 국가정보원장과 협의하여야 한다. |  | 　4. 공간정보기술자의 교육 등 전문인력의 양성<br>　5. 다음 각 목의 사업 | 제16조의4(협회 설립인가의 공고) 국토교통부장관은 법 제24조제4항에 따라 협회의 설립을 인가하였을 때에는 그 주요 내용을 국토교통부의 인터넷 홈페이지에 공고하여야 한다.<br>[본조신설 2015. 6. 1.]<br><br>제16조의5(협회의 지도·감독) 국토교통부장관은 협회의 지도·감 |  |

| 국가공간정보 기본법 | 국가공간정보 기본법 시행령 | 공간정보산업 진흥법 | 공간정보산업 진흥법 시행령 | 공간정보산업 진흥법 시행규칙 |
|---|---|---|---|---|
| ③ 관리기관의 장은 제1항에 따라 보안심사 업무에 대한 전문기관을 지정하는 경우에 해당 전문기관에 필요한 경비의 전부 또는 일부를 지원할 수 있다.<br>[본조신설 2021. 3. 16.]<br><br>제35조의4(보안심사 전문기관의 지정취소 등) ① 관리기관의 장은 전문기관이 다음 각 호의 어느 하나에 해당하면 국가정보원장과 협의한 후 전문기관의 지정을 취소하거나 6개월 이내의 기간을 정하여 그 업무의 전부 또는 일부의 정지를 명하거나 시정명령 등 필요한 조치를 할 수 있다. 다만, 제1호 및 제2호에 해당하는 경우에는 그 지정을 취소하여야 한다.<br>　1. 거짓이나 그 밖에 부정한 방법으로 전문기관으로 지정받은 경우<br>　2. 업무정지 명령을 위반하여 업무정지 기간 중에 보안심사 업무를 수행한 경우<br>　3. 정당한 사유 없이 지정받은 날부터 1년 이상 보안심사 업무를 수행하지 아니한 경우<br>　4. 전문기관의 지정 기준에 적합하지 아니하게 된 경우<br>　5. 고의 또는 중대한 과실로 보안 | | 　가. 회원의 업무수행에 따른 입찰, 계약, 손해배상, 선급금 지급, 하자보수 등에 대한 보증사업<br>　나. 회원에 대한 자금의 융자<br>　다. 회원의 업무수행에 따른 손해배상책임에 관한 공제사업 및 회원에 고용된 사람의 복지향상과 업무상 재해로 인한 손실을 보상하는 공제사업<br>　6. 이 법 또는 다른 법률의 규정에 따라 협회가 위탁받아 수행할 수 있는 사업<br>　7. 그 밖에 협회의 설립목적을 달성하는데 필요한 사업으로서 정관으로 정하는 사업<br>⑥ 협회에서 제5항제5호가목에 따른 보증사업 및 같은 호 다목에 따른 공제사업을 하려면 보증규정 및 공제규정을 제정하여 미리 국토교통부장관의 승인을 받아야 한다. 보증규정 및 공제규정을 변경하려는 경우에도 또한 같다. 〈신설 2016. 3. 22.〉<br>⑦ 제6항에 따른 보증규정 및 공제규정에는 다음 각 호의 사항을 포함하여야 한다. 〈신설 2016. | 독을 위하여 필요한 경우 협회에 자료제출을 요구할 수 있다. | |

| 국가공간정보 기본법 | 국가공간정보 기본법 시행령 | 공간정보산업 진흥법 | 공간정보산업 진흥법 시행령 | 공간정보산업 진흥법 시행규칙 |
|---|---|---|---|---|
| 심사 기준 및 절차를 위반하거나 부당하게 보안심사 업무를 수행한 경우<br>② 전문기관의 지정취소, 업무정지 등에 관하여 필요한 사항은 국가정보원장과의 협의를 거쳐 대통령령으로 정한다.<br>[본조신설 2021. 3. 16.] | | 3. 22.)<br>1. 보증규정 : 보증사업의 범위, 보증계약의 내용, 보증수수료, 보증에 충당하기 위한 책임준비금 등 보증사업의 운영에 필요한 사항<br>2. 공제규정 : 공제사업의 범위, 공제계약의 내용, 공제료, 공제금, 공제금에 충당하기 위한 책임준비금 등 공제사업의 운영에 필요한 사항 | | |
| **제35조의5(보고 및 조사)** ① 관리기관의 장은 필요하다고 인정하는 때에는 국가정보원장과의 협의를 거쳐 전문기관에 대하여 보안심사 업무에 관하여 필요한 보고를 하게 하거나 소속 공무원으로 하여금 조사를 하게 할 수 있다.<br>② 제1항에 따라 조사를 하는 경우에는 조사 3일 전까지 조사 일시·목적·내용 등에 관한 계획을 조사 대상자에게 알려야 한다. 다만, 긴급한 경우나 사전에 조사 계획이 알려지면 조사 목적을 달성할 수 없다고 인정하는 경우에는 그러하지 아니하다.<br>③ 제1항에 따라 조사를 하는 공무원은 그 권한을 표시하는 증표를 지니고 관계인에게 이를 내보여야 한다.<br>[본조신설 2021. 3. 16.] | | ⑧ 국토교통부장관은 제5항제5호가목에 따른 보증사업 및 같은 호 다목에 따른 공제사업의 건전한 육성과 가입자의 보호를 위하여 보증사업 및 공제사업의 감독에 관한 기준을 정하여 고시하여야 한다. 〈신설 2016. 3. 22.〉<br>⑨ 국토교통부장관은 제6항에 따라 보증규정 및 공제규정을 승인하거나 제8항에 따라 보증사업 및 공제사업의 감독에 관한 기준을 정하는 경우에는 미리 금융위원회와 협의하여야 한다. 〈신설 2016. 3. 22.〉<br>⑩ 국토교통부장관은 제5항제5호가목에 따른 보증사업 및 같은 호 다목에 따른 공제사업에 대하 | | |

| 국가공간정보 기본법 | 국가공간정보 기본법 시행령 | 공간정보산업 진흥법 | 공간정보산업 진흥법 시행령 | 공간정보산업 진흥법 시행규칙 |
|---|---|---|---|---|
| **제36조(공간정보데이터베이스의 안전성 확보)** 관리기관의 장은 공간정보데이터베이스의 멸실 또는 훼손에 대비하여 대통령령으로 정하는 바에 따라 이를 별도로 복제하여 관리하여야 한다. | **제25조(공간정보데이터베이스의 보관)** 관리기관의 장은 법 제36조에 따라 공간정보데이터베이스의 복제·관리 계획을 수립하여 정기적으로 복제하고 안전한 장소에 보관하여야 한다. 〈개정 2015. 6. 1.〉 | 여 「금융위원회의 설치 등에 관한 법률」에 따른 금융감독원의 원장에게 검사를 요청할 수 있다. 〈신설 2016. 3. 22.〉<br>⑪ 협회에 관하여 이 법에서 규정되어 있는 것을 제외하고는 민법 중 사단법인에 관한 규정을 준용한다. 〈개정 2014. 6. 3., 2016. 3. 22.〉<br>⑫ 제1항부터 제11항까지에서 정한 것 외에 협회의 정관, 설립 인가 및 감독 등에 필요한 사항은 대통령령으로 정한다. 〈신설 2014. 6. 3., 2016. 3. 22.〉 | | |
| **제37조(공간정보 등의 침해 또는 훼손 등의 금지)** ① 누구든지 관리기관이 생산 또는 관리하는 공간정보 또는 공간정보데이터베이스를 침해 또는 훼손하거나 법령에 따라 공개가 제한되는 공간정보를 관리기관의 승인 없이 무단으로 열람·복제·유출하여서는 아니 된다.<br>② 누구든지 공간정보 또는 공간정보데이터베이스를 이용하여 다른 사람의 권리나 사생활을 침해하여서는 아니 된다. | | **제25조(공간정보집합투자기구의 설립 등)** ① 「자본시장과 금융투자업에 관한 법률」에 따라 공간정보산업에 자산을 투자하여 그 수익을 주주에게 배분하는 것을 목적으로 하는 집합투자기구(이하 "공간정보집합투자기구"라 한다)를 설립할 수 있다.<br>② 금융위원회는 「자본시장과 금융투자업에 관한 법률」 제182조에 따라 공간정보집합투자기구의 등록신청을 받은 경우 대통령령으로 정하는 바에 따라 미리 국토교통부장관과 협의하여야 한다. 〈개정 2013. 3. 23.〉 | **제17조(공간정보집합투자기구의 등록에 관한 협의 등)** 금융위원회는 법 제25조제2항에 따라 공간정보집합투자기구의 등록신청을 받은 날부터 7일 이내에 국토교통부장관에게 등록 여부에 대한 협의를 요청하여야 한다. 〈개정 2013. 3. 23.〉 | |
| **제38조(비밀준수 등의 의무)** 관리기관 또는 이 법이나 다른 법령에 따라 위탁을 받은 국가공간정보체계 관련 업무를 수행하는 기관, 법인, 단체에 소속되거나 소속되었던 자(용역계약 등에 따라 해당 업무를 수임한 자 또는 그 사용인을 포함한다)는 국가공간정보체계의 구축·관리 및 활용과 관련한 직무를 수행하면서 알게 된 비밀을 누설하거나 도용하여서는 아니 된다. | | | | |

| 국가공간정보 기본법 | 국가공간정보 기본법 시행령 | 공간정보산업 진흥법 | 공간정보산업 진흥법 시행령 | 공간정보산업 진흥법 시행규칙 |
|---|---|---|---|---|
| 〈개정 2020. 6. 9.〉<br>[제31조에서 이동 〈2014. 6. 3.〉]<br><br>**제38조의2(벌칙 적용에서 공무원 의제)** 전문기관의 임직원은 「형법」 제129조부터 제132조까지의 규정을 적용할 때에는 공무원으로 본다.<br>[본조신설 2021. 3. 16.] | | ③ 공간정보집합투자기구는 이 법으로 특별히 정하는 경우를 제외하고는 「자본시장과 금융투자업에 관한 법률」의 적용을 받는다. | | |
| **제7장 벌칙** 〈개정 2014. 6. 3.〉 | | **제26조(자산운용의 방법)** 공간정보집합투자기구는 자본금의 100분의 50 이상에 해당하는 금액을 다음 각 호의 어느 하나에 사용하여야 한다. 〈개정 2013. 3. 23.〉<br>1. 대통령령으로 정하는 공간정보사업자에 대한 출자 또는 이들 사업자가 발행하는 주식·지분·수익권·대출채권의 취득<br>2. 그 밖에 국토교통부장관이 사업을 위하여 필요한 것으로 승인한 투자 | **제18조(자산운용의 방법)** 법 제26조제1호에서 "대통령령으로 정하는 공간정보사업자"란 법 제25조제1항에 따른 공간정보집합투자기구의 자산운용 당시 법 제12조에 따른 품질인증을 받은 기기·소프트웨어·서비스 등을 보유한 공간정보사업자를 말한다. | |
| **제39조(벌칙)** 제37조제1항을 위반하여 공간정보 또는 공간정보데이터베이스를 무단으로 침해하거나 훼손한 자는 2년 이하의 징역 또는 2천만원 이하의 벌금에 처한다. 〈개정 2014. 6. 3.〉 | | | | |
| **제40조(벌칙)** 다음 각 호의 어느 하나에 해당하는 자는 1년 이하의 징역 또는 1천만원 이하의 벌금에 처한다. 〈개정 2014. 6. 3., 2021. 3. 16.〉<br>1. 제37조제1항을 위반하여 공간정보 또는 공간정보데이터베이스를 관리기관의 승인 없이 무단으로 열람·복제·유출한 자<br>2. 제38조를 위반하여 직무상 알게 된 비밀을 누설하거나 도용한 자<br>3. 제34조제3항을 위반하여 보안 | | **제6장 보칙** | | |
| | | **제27조(권한의 위임·위탁)** ① 국토교통부장관은 이 법에 따른 권한의 일부를 대통령령으로 정하는 바에 따라 특별시장·광역시장 또는 도지사에게 위임할 수 있다. 〈개정 2013. 3. 23.〉<br>② 국토교통부장관은 이 법에 따른 업무의 일부를 대통령령으로 정하는 바에 따라 공간정보산업과 | **제19조(업무의 위탁)** ① 국토교통부장관은 법 제27조제2항에 따라 다음 각 호에 규정된 업무의 전부 또는 일부를 진흥원, 협회 또는 국토교통부장관이 지정·고시하는 공간정보산업과 관련된 기관에 위탁할 수 있다. 〈개정 2011. 7. 19., 2013. 3. 23., 2015. 6. 1., 2018. 2. 13.〉<br>1. 법 제5조에 따른 공공수요 및 공 | |

| 국가공간정보 기본법 | 국가공간정보 기본법 시행령 | 공간정보산업 진흥법 | 공간정보산업 진흥법 시행령 | 공간정보산업 진흥법 시행규칙 |
|---|---|---|---|---|
| 관리규정을 준수하지 아니한 자<br>4. 거짓이나 그 밖의 부정한 방법으로 전문기관으로 지정받은 자 | | 관련한 기관, 법인 또는 협회에 위탁할 수 있다. 〈개정 2013. 3. 23.〉 | 간정보산업정보의 조사업무<br>1의2. 법 제5조의2에 따른 공간정보산업에 관한 통계의 작성<br>2. 법 제8조에 따른 유통사업자 및 유통사업자가 되고자 하는 자에 대한 지원업무<br>3. 법 제9조에 따른 융·복합 공간정보산업의 지원을 위한 정보 수집 및 분석<br>3의2. 법 제9조제3항에 따른 공간정보오픈플랫폼 등 시스템 운영<br>4. 법 제10조에 따른 지식재산권의 보호를 위한 시책 추진<br>5. 법 제12조에 따른 공간정보 및 가공공간정보 관련 기기·소프트웨어·서비스 등에 대한 품질인증<br>6. 법 제13조에 따른 공간정보산업 관련 기술개발사업을 실시하는 자에 대한 자금의 지원<br>7. 법 제14조에 따른 공간정보산업의 표준화를 위한 활동의 지원<br>8. 법 제15조에 따른 공간정보산업과 관련된 전문인력의 양성 및 지원 |  |
| **제41조(양벌규정)** 법인의 대표자나 법인 또는 개인의 대리인, 사용인, 그 밖의 종업원이 그 법인 또는 개인의 업무에 관하여 제39조 또는 제40조의 위반행위를 하면 그 행위자를 벌하는 외에 그 법인 또는 개인에게도 해당 조문의 벌금형을 과(科)한다. 다만, 법인 또는 개인이 그 위반 행위를 방지하기 위하여 해당 업무에 관하여 상당한 주의와 감독을 게을리하지 아니한 경우에는 그러하지 아니하다. 〈개정 2014. 6. 3.〉 | | | | |
| **제42조(과태료)** ① 제17조를 위반한 자에게는 500만원 이하의 과태료를 부과한다.<br>② 제1항에 따른 과태료는 대통령령으로 정하는 바에 따라 국토교통부장관이 부과·징수한다. | **제26조(과태료의 부과기준)** 법 제42조제1항에 따른 과태료의 부과기준은 다음 각 호와 같다.<br>1. 공사가 아닌 자가 한국국토정보공사의 명칭을 사용한 경우 : 400만원<br>2. 공사가 아닌 자가 한국국토정보공사와 유사한 명칭을 사용한 경우 : 300만원<br>[본조신설 2015. 6. 1.] | | | |

| 공간정보산업 진흥법 | 공간정보산업 진흥법 시행령 | 공간정보산업 진흥법 시행규칙 |
| --- | --- | --- |
| | 8의2. 법 제16조의2에 따른 창업 지원을 위한 사업의 추진<br><br>9. 법 제18조에 따른 공간정보산업진흥시설의 지원<br><br>10. 법 제22조의2에 따른 공간정보사업자 신고의 접수, 신고받은 내용의 확인 등을 위한 자료 제출 요청 및 제출자료의 접수<br><br>11. 법 제22조의3에 따른 공간정보기술자 신고사항의 관리, 신고받은 내용의 확인을 위한 자료 제출 요청 및 제출자료의 접수, 공간정보기술자의 신고 증명서 발급<br><br>② 국토교통부장관은 제1항 각 호에 따른 업무를 위탁하는 경우 그 수탁자 및 위탁업무 등을 고시하여야 한다. 〈신설 2015. 6. 1.〉<br><br>**제20조(고유식별정보의 처리)** ① 국토교통부장관(법 제27조에 따라 국토교통부장관의 권한 및 업무를 위임ㆍ위탁받은 자를 포함한다)은 법 제22조의3에 따른 공간정보기술자의 신고에 관한 사무를 수행하기 위하여 불가피한 경우 「개인정보 보호법 시행령」 제19조제1호 또 | |

| 공간정보산업 진흥법 | 공간정보산업 진흥법 시행령 | 공간정보산업 진흥법 시행규칙 |
|---|---|---|
| | 는 제4호에 따른 주민등록번호 또는 외국인등록번호가 포함된 자료를 처리할 수 있다.<br>② 협회는 법 제24조제5항제5호가목부터 다목까지에 따른 보증사업, 융자 및 공제사업에 관한 사무를 수행하기 위하여 불가피한 경우 「개인정보 보호법 시행령」 제19조제1호 또는 제4호에 따른 주민등록번호 또는 외국인등록번호가 포함된 자료를 처리할 수 있다.<br>[본조신설 2018. 2. 13.] | |
| **제28조(공무원 의제)** 제23조제4항 또는 제27조제2항에 따라 업무를 위탁받은 관련 기관·법인 또는 협회의 임직원으로서 위탁업무 수행자는 「형법」을 적용할 때에는 공무원으로 본다. 〈개정 2014. 6. 3., 2020. 6. 9.〉 | | |
| **제7장 벌칙** | | |
| **제29조(벌칙)** 허위 그 밖에 부정한 방법으로 제12조에 따른 품질인증을 받은 자는 2년 이하의 징역 또는 2천만원 이하의 벌금에 처한다. | | |
| **제30조(양벌규정)** 법인의 대표자나 법인 또는 개인의 대리인, 사용인, 그 밖의 종업원이 그 법인 또는 개인의 | | |

| 공간정보산업 진흥법 | 공간정보산업 진흥법 시행령 | 공간정보산업 진흥법 시행규칙 |
|---|---|---|
| 업무에 관하여 제29조의 위반행위를 하면 그 행위자를 벌하는 외에 그 법인 또는 개인에게도 해당 조문의 벌금형을 과(科)한다. 다만, 법인 또는 개인이 그 위반행위를 방지하기 위하여 해당 업무에 관하여 상당한 주의와 감독을 게을리하지 아니한 경우에는 그러하지 아니하다. | | |
| **제31조(과태료)** ① 다음 각 호의 어느 하나에 해당하는 자에게는 500만원 이하의 과태료를 부과한다. 〈개정 2014. 6. 3., 2020. 6. 9.〉<br>　1. 정당한 사유 없이 제8조제3항에 따른 요청을 따르지 아니한 유통사업자<br>　2. 제22조의2제1항을 위반하여 그 신고 또는 변경신고를 하지 아니하거나 거짓으로 신고 또는 변경신고를 한 자<br>　3. 제22조의3제1항을 위반하여 그 신고 또는 변경신고를 하지 아니하거나 거짓으로 신고 또는 변경신고를 한 자<br>② 제1항에 따른 과태료는 대통령령으로 정하는 바에 따라 국토교통부장관이 부과·징수한다. 〈개정 2013. 3. 23.〉 | **제21조(과태료의 부과기준)** 법 제31조제1항에 따른 과태료의 부과기준은 별표 2와 같다.<br>[본조신설 2018. 7. 31.] | |

M.E.M.O

# 지적재조사측량 외 규정 4단

**CONTENTS**

| 지적재조사측량규정<br>[시행 2020. 12. 4.]<br>[국토교통부고시 제2020-902호, 2020. 12. 4.,<br>일부개정] | 지적확정측량규정<br>[시행 2020. 8. 10.]<br>[국토교통부예규 제303호, 2020. 8. 10., 일부개정] | GNSS에 의한 지적측량규정<br>[시행 2020. 8. 10.]<br>[국토교통부예규 제304호, 2020. 8. 10., 일부개정] | 지적측량수수료 산정기준 등에 관한 규정<br>[시행 2020. 8. 10.]<br>[국토교통부예규 제302호, 2020. 8. 10., 일부개정] |
|---|---|---|---|
| **제1장 총칙** | | | |
| 제1조(목적)<br><br>제2조(정의)<br>제3조(다른 규정과의 관계) | 제1조(목적)<br><br>제2조(정의)<br>제3조(다른 규정과의 관계) | 제1조(목적)<br>제2조(적용범위) | 제1조(목적)<br>제2조(적용 범위)<br>제3조(정의) |
| **제2장 지적재조사 측량** | **제2장 확정측량 의뢰 및 계획수립** | **제2장 선점 및 측량** | **제2장 지적측량수수료의 산정** |
| 제4조(측량방법)<br>제5조(측량계획의 수립)<br>제6조(지적위성측량의 기준 등) | 제4조(확정측량의 의뢰)<br>제5조(계획수립 및 준비) | 제4조(관측준비)<br>제5조(소구점의 선점)<br>제6조(관측) | 제4조(수수료의 산정)<br>제5조(수수료의 산정방법)<br>제6조(직접인건비 산출)<br>제7조(직접경비 산출) |
| | **제3장 지적기준점 측량** | | **제3장 지적측량수수료 세부 적용** |
| 제7조(지적기준점 측량)<br>제8조(경계점 측량)<br>제9조(지적재조사지구의 내·외 경계)<br>제10조(면적산정 등) | 제6조(지적기준점의 측량)<br>제7조(지적기준점 측량방법)<br>제8조(지적도근점의 성과확인) | 제7조(정지측량)<br>제8조(이동측량)<br>제9조(GNSS데이터 관리) | 제8조(면적가산계수 적용)<br>제9조(지가계수 적용)<br>제10조(지역구분계수 적용)<br>제11조(연속지·집단지 체감계수 적용)<br>제12조(필지체감계수 적용) |
| **제3장 경계점표지의 설치** | **제4장 세부측량** | | **제4장 지적측량수수료 종목별 적용** |
| 제11조(임시경계점표지의 설치)<br>제12조(경계점표지의 설치) | 제9조(경위의측량 기준)<br>제10조(지적위성측량 기준) | | 제13조(지적측량기준점 매설비)<br>제14조(지적삼각보조점측량) |

| 지적재조사측량규정 | 지적확정측량규정 | GNSS에 의한 지적측량규정 | 지적측량수수료 산정기준 등에 관한 규정 |
|---|---|---|---|
| | | | 제15조(지적확정측량) |
| | | | 제16조(등록전환측량) |
| | **제5장 지구계 측량** | | |
| | 제11조(측량준비 파일의 작성) | | 제17조(분할측량) |
| | 제12조(지구계 측량) | | 제18조(경계복원측량) |
| | 제13조(지구계점 설치) | | |
| | **제6장 지적확정측량** | | |
| | 제14조(확정측량의 경계결정) | | 제19조(지적현황측량) |
| | 제15조(가로중심점 계산) | | 제20조(실비가산) |
| | 제16조(가구점의 확정) | | 제21조(경계점표지의 설치) |
| | 제17조(필계점 측량) | | 제22조(그 밖의 수수료적용 등) |
| | 제18조(필계점 확정) | | |
| | 제19조(지번부여 및 지목설정) | | |
| | 제20조(면적산출 및 결정) | | |
| **제4장 측량성과의 계산 및 성과물 등** | **제7장 측량성과 작성** | **제3장 성과계산** | |
| 제13조(측량성과 계산 및 결정) | 제21조(지적확정측량부) | 제10조(기선해석) | |
| 제14조(측량성과 작성 및 제출) | 제22조(확정측량 성과도 작성) | 제11조(기선해석의 점검) | |
| | 제23조(확정측량 결과도 작성) | 제12조(망조정) | |
| | | 제13조(세계좌표의 계산) | |
| | | 제14조(지역좌표의 계산) | |
| | | 제15조(표고의 계산) | |
| | | 제16조(성과작성) | |

| 지적재조사측량규정 | 지적확정측량규정 | GNSS에 의한 지적측량규정 | 지적측량수수료 산정기준 등에 관한 규정 |
|---|---|---|---|
| **제5장 측량성과의 검사방법 등** | **제8장 측량성과 검사** | **제4장 성과검사** | **제5장 지적측량수수료 감면** |
| 제15조(측량성과 검사기준) | 제24조(성과검사) | 제17조(성과검사방법) | 제23조(재해지역 등 수수료 감면) |
| 제16조(측량성과 검사방법) | 제25조(확정측량 성과검사 기준) | | 제24조(동일지번 두 종목 이상 지적측량신청 감면) |
| 제17조(측량성과 검사항목) | 제26조(현지 측량성과 검사 방법) | | |
| 제18조(측량성과 검사기간) | 제27조(확정측량 성과도 발급) | | |
| 제19조(안전조치) | 제28조(지적공부 정리) | | |
| 제20조(재검토기한) | 제29조(재검토기한) | | |
| | | **제5장 GNSS측량기** | **제6장 지적측량수수료의 반환** |
| | | 제18조(GNSS측량기) | 제25조(수수료의 반환) |
| | | 제19조(GNSS측량기의 점검) | |
| | | 제20조(소프트웨어의 제한) | |
| | | **제6장 보칙** | **제7장 수수료 고시** |
| | | 제21조(서식) | 제26조(수수료 단가 조정고시) |
| | | 제22조(재검토기한) | 제27조(재검토 기한) |

| 지적재조사측량규정 | 지적확정측량규정 | GNSS에 의한 지적측량규정 | 지적측량수수료 산정기준 등에 관한 규정 |
|---|---|---|---|
| 제1장 총칙 | | | |
| **제1조(목적)** 이 규정은 「지적재조사에 관한 특별법」 제11조 및 같은 법 시행규칙 제5조에서 국토교통부장관에게 위임한 사항과 그 시행에 필요한 세부적인 절차를 정함을 목적으로 한다. | **제1조(목적)** 이 규정은 「공간정보의 구축 및 관리 등에 관한 법률」 제86조, 같은 법 시행령 제83조, 같은 법 시행규칙 제95조 및 「지적측량 시행규칙」 제22조에 따라 실시하는 지적확정측량에 필요한 측량방법 및 절차 등 세부사항을 규정함을 목적으로 한다. | **제1조(목적)** 이 규정은 「지적측량 시행규칙」 제5조 및 제7조제2항에 따라 GNSS(Global Navigation Satellite System)측량기를 사용하여 실시하는 지적측량에 필요한 측량방법 및 절차 등 세부사항을 규정함을 목적으로 한다. | **제1조(목적)** 이 규정은 「공간정보의 구축 및 관리 등에 관한 법률 시행규칙」 제116조제2항에 따른 지적측량수수료의 세부산정기준 등을 정함을 목적으로 한다. |
| | | **제2조(적용범위)** 지적위성측량으로 지적측량을 실시하는 경우에는 「공간정보의 구축 및 관리 등에 관한 법률」, 같은 법 시행령, 같은 법 시행규칙 및 「지적측량 시행규칙」, 「지적업무 처리규정」에서 정하는 것을 제외하고는 이 규정에 따른다. | **제2조(적용 범위)** 이 규정은 「공간정보의 구축 및 관리 등에 관한 법률」(이하 "법"이라 한다) 제106조제2항에 따른 지적측량수행자가 지적측량업무(이하 "측량업무"라 한다)를 수행함에 따른 지적측량수수료(이하 "수수료"라 한다)를 산정하는 경우에 적용한다. |
| **제2조(정의)** 이 규정에서 사용하는 용어의 정의는 다음과 같다.<br>　1. "지적측량수행자"란 법 제5조제2항에 따른 지적재조사사업의 측량·조사 등을 대행하는 자를 말한다.<br>　2. "지적위성측량"이란 GNSS(Global Navigation Satellite System)측량기를 사용하여 실시하는 지적측량을 말한다.<br>　3. "다중기준국실시간이동측량(Network-RTK)"이란 3점 이상의 위성기준점을 이용하여 산출한 보정정보와 이동국이 수신한 GNSS 반송파 위상 신호를 실시간 기선해석을 통해 이동국의 위치를 결정하는 측량을 말한다.<br>　4. "단일기준국실시간이동측량(Single- | **제2조(정의)** 이 규정에서 사용하는 용어의 정의는 다음과 같다.<br>　1. "지구계점"이란 사업계획에서 정한 사업지구를 구획하는 외곽 경계점을 말한다.<br>　2. "가로중심점"이란 공사가 완료된 현황을 측정하고 사업계획선과 대조하여 중심선을 구하고 상호 교차하여 구하는 점을 말한다.<br>　3. "가구점"이란 사업계획 및 현황측량성과에 의하여 결정된 가로의 각 조건에 따라 도로모퉁이 등 가구 변장 및 가구의 면적을 확정한 경계점을 말한다.<br>　4. "필계점"이란 일필지를 구획하는 경계점을 말한다. | **제3조(용어의 정의)** 이 규정에서 사용하는 용어의 정의는 다음과 같으며, 여기서 정하지 아니한 기타 용어는 일반적인 해석에 따른다.<br>　1. "지적위성측량"이라 함은 GNSS측량기를 사용하여 실시하는 지적측량을 말한다.<br>　2. "세계좌표"란 세계측지계를 기준으로 한 경도, 위도, 타원체고 또는 T.M(Transvere Mercator) 투영법에 의한 평면직각좌표와 표고를 말한다.<br>　3. "지역좌표"란 베셀타원체를 기준으로 한 경도, 위도, 높이 또는 가우스상사이중투영에 의한 평면직각좌표와 구소삼각원점 등을 기준으로 한 평면좌표를 말한다. | **제3조(정의)** 이 규정에서 사용하는 용어의 뜻은 다음과 같다.<br>　1. "경계점좌표등록부"란 필지 단위로 경계점의 위치를 좌표로 등록 공시하는 지적공부로서 토지의 소재, 지번, 좌표(평면직각종횡선수치), 고유번호, 부호도 등을 기재한 장부를 말한다.<br>　2. "수치"란 경계점좌표등록부가 비치된 지역 등에서 경위의측량방법으로 지적측량을 실시하는 경우에 적용하는 수수료 적용구분을 말한다.<br>　3. "도해"란 토지경계가 지적도·임야도에 등록된 지역 등에서 평판 및 전자평판측량에 의한 도해측량방법으로 지적측량을 실시하는 경우에 적용하는 수수료 |

| 지적재조사측량규정 | 지적확정측량규정 | GNSS에 의한 지적측량규정 | 지적측량수수료 산정기준 등에 관한 규정 |
|---|---|---|---|
| RTK)"이란 기지점(통합기준점 및 지적기준점)에 설치한 GNSS 측량기로부터 수신된 보정정보와 이동국이 수신한 GNSS 반송파 위상 신호를 실시간 기선해석을 통해 이동국의 위치를 결정하는 측량을 말한다. <br> 5. "정지측량(Static)"이란 위성수신기를 관측지점에 일정시간 동안 고정하여 연속적으로 위성데이터를 취득한 후 기선해석 및 조정계산을 수행하는 측량방법을 말한다. <br> 6. "토털스테이션측량"이란 기지점(통합기준점 및 지적기준점)에 설치한 토털스테이션에 의하여 기지점과 경계점 간의 수평각, 연직각 및 거리를 측정하여 소구점의 위치를 결정하는 측량을 말한다. <br> 7. "세션"이란 당해 측량을 위하여 일정한 관측간격을 두고 GNSS측량기를 동시에 설치하여 지적위성측량을 실시하는 작업 단위를 말한다. <br> 8. "기선해석"이란 2대 이상의 고정된 측량기 사이의 3차원 기선벡터($\triangle X$, $\triangle Y$, $\triangle Z$)를 결정하는 것을 말한다. <br> 9. "라이넥스(RINEX)"란 GNSS관측데이터의 저장과 교환에 사용되는 세계 표준의 GNSS데이터 자료형식을 말한다. | 5. "세계측지계"란 「공간정보의 구축 및 관리 등에 관한 법률」 시행령 제7조제1항에 따른 위치측정의 기준을 말한다. <br> 6. "평면직각좌표"란 기준 타원체상의 경위도 좌표를 T.M(Transverse Mercator) 투영법에 의해 계산된 좌표를 말하며 투영원점의 가산수치는 종선(N)에 60만 미터, 횡선(E)에 20만 미터로 하여 사용한다. <br> 7. 〈삭제〉 <br> 8. 〈삭제〉 <br> 9. 〈삭제〉 <br> 10. 〈삭제〉 <br> 11. "예정지적좌표"란 「공간정보의 구축 및 관리 등에 관한 법률」 제86조에 따른 도시개발사업 등의 사업시행 초기에 실시하여 확정될 지구계점, 가로중심점, 가구점 등을 수치화하여 산출한 좌표를 말한다. | 4. "고정점"이란 조정계산 시 이용하는 경위도와 높이 또는 평면직각종횡선좌표와 높이의 성과가 고시된 기지점을 말한다. <br> 5. "표고점"이란 수준점으로부터 직접 또는 간접수준측량에 의하여 표고를 결정하여 지적위성측량 시 표고의 기지점으로 사용할 수 있는 점을 말한다. <br> 6. "정지측량(Static Survey)"이란 GNSS측량기를 관측지점에 일정시간 동안 고정하여 연속적으로 위성데이터를 취득한 후 기선해석 및 조정계산을 수행하는 측량방법을 말한다. <br> 7. "단일기준국 실시간 이동측량(Single-RTK 측량(Real Time Kinematic Survey))"이란 기지점(통합기준점 및 지적기준점)에 설치한 GNSS측량기로부터 수신된 보정정보와 이동국이 수신한 GNSS 반송파 위상 신호를 실시간 기선해석을 통해 이동국의 위치를 결정하는 측량을 말한다. <br> 8. "다중기준국 실시간 이동측량(Network-RTK 측량)"이란 3점 이상의 위성기준점을 이용하여 산출한 보정정보와 이동국이 수신한 GNSS 반송파 위상 신호를 실시간 기선해석을 통해 이동국의 위치를 결정하는 측량을 말한다. <br> 9. "세션(Session)"이란 당해 측량을 위하여 일정한 관측간격을 두고 GNSS측량 | 적용구분을 말한다. <br> 4. "지가계수"란 접수일 기준으로 공시된 개별공시지가를 기준으로 토지가격대별로 수수료를 적용하기 위한 계수를 말한다. <br> 5. "등록계수"란 토지, 임야 등 지적공부 등록지를 구분 및 차등화한 계수를 말한다. <br> 6. "지역구분계수"란 행정구역(시·군·구)을 구분하여 차등화한 계수를 말한다. <br> 7. "연속지·집단지 체감계수"란 51개 이상의 측량필지가 연속되거나 집단지의 형태를 이루고 있어 동일한 작업과정으로 계속하여 측량 업무를 수행할 수 있는 경우, 수수료를 체감하기 위한 계수를 말한다. <br> 8. "필지체감계수"란 50개 이하의 측량필지가 연속되거나 집단지의 형태를 이루고 있어 동일한 작업과정으로 계속하여 측량업무를 수행할 수 있는 경우, 수수료를 체감하기 위한 계수를 말한다. <br> 9. "면적계수"란 1필지당 측량 기준면적을 초과할 때 수수료를 가산하기 위한 계수를 말한다. <br> 10. "기준면적"이란 업무종목별, 등록지별로 단가산출의 기준이 되는 최소면적을 말한다. <br> 11. "기본단가"란 지가적용계수가 기본구간(15,001원~30,000원)에 해당하는 |

| 지적재조사측량규정 | 지적확정측량규정 | GNSS에 의한 지적측량규정 | 지적측량수수료 산정기준 등에 관한 규정 |
|---|---|---|---|
| | | 기를 동시에 설치하여 지적위성측량을 실시하는 작업 단위를 말한다.<br>10. "기선해석"이란 2대 이상의 고정된 GNSS측량기 사이의 3차원 기선벡터($\triangle X$, $\triangle Y$, $\triangle Z$)를 결정하는 것을 말한다.<br>11. "망조정"이란 기선해석이 완료된 GNSS 관측데이터의 최종 성과를 산정하기 위하여 기지점을 고정하여 통합 조정하는 것을 말한다.<br>12. "라이넥스(RINEX(Receiver Independent Exchange Format))"란 GNSS 관측데이터의 저장과 교환에 사용되는 세계 표준의 GNSS 데이터 자료형식을 말한다.<br>13. "고정밀 자료처리 소프트웨어"란 GNSS 기반 고정밀 위치결정, 위성 궤도 추정, 시간측정 등의 목적으로 개발된 과학기술용 자료처리 소프트웨어를 말한다.<br>14. "궤도력"이란 GNSS 위성의 위치 계산에 사용되는 정밀력, 신속력, 초신속력, 방송력, 개략력을 말한다. | 기준면적의 고시단가를 말하며, 공시지가 적용대상 종목이 아닌 경우 지역 구분계수별 기준면적의 고시단가를 말한다. |
| 제3조(다른 규정과의 관계) 이 규정은 지적재조사측량에 관하여 다른 규정에 우선하여 적용한다. | 제3조(다른 규정과의 관계) ① 이 규정은 「공간정보의 구축 및 관리 등에 관한 법률」에 따른 지적확정측량(이하 "확정측량"이라 한다) 업무를 처리하는 경우에 적용한다.<br>② 확정측량의 방법과 절차는 「공간정보의 구축 및 관리 등에 관한 법률」(이하 "법"이라 한다), 같은 법 시행령(이하 "영"이라 한다), 같 | | |

| 지적재조사측량규정 | 지적확정측량규정 | GNSS에 의한 지적측량규정 | 지적측량수수료 산정기준 등에 관한 규정 |
|---|---|---|---|
| | 은 법 시행규칙(이하 "규칙"이라 한다), 「지적측량 시행규칙」, 「지적업무처리규정」 및 「GNSS에 의한 지적측량규정」에서 규정한 것을 제외하고는 이 규정에 따른다. | | |

| 제2장 지적재조사 측량 | 제2장 확정측량 의뢰 및 계획수립 | 제2장 선점 및 측량 | 제2장 지적측량수수료의 산정 |
|---|---|---|---|
| **제4조(측량방법)** ① 「지적재조사에 관한 특별법 시행규칙」(이하 "규칙"이라 한다) 제5조에 따라 지적기준점 및 경계점을 측량하는 경우 다음 각 호의 방법에 의한다.<br>  1. 정지측량<br>  2. 다중기준국실시간이동측량<br>  3. 단일기준국실시간이동측량<br>  4. 토털스테이션측량<br>② 지적측량수행자는 제1항에 따라 측량하는 경우 사전에 특별시장·광역시장·도지사·특별자치도지사·특별자치시장 및 「지방자치법」 제175조에 따른 대도시로서 구를 둔 시의 시장(이하 "시·도지사"라 한다) 또는 지적소관청과 협의하여야 한다.<br><br>**제5조(측량계획의 수립)** ① 지적측량수행자는 사업지역에 대하여 토지소재, 면적, 측량방법, 작업여건, 측량기간, 인원, 장비 등을 조사·검토하여 별지 제1호의 서식에 따라 지적재조사측량 수행계획서를 지적소관청에 제출하여야 한다.<br>② 지적측량수행자는 다음 각 호의 순서대로 지적재조사측량을 시행하여야 한다. 다만, | **제4조(확정측량의 의뢰)** ① 확정측량 의뢰인은 업무처리에 필요한 다음 각 호의 자료를 지적측량수행자에게 제출하여야 하며, 확정측량 의뢰에 대하여는 규칙 제25조를 따른다.<br>  1. 사업인가서(사업허가서 등 이에 준하는 서류를 포함한다. 이하 같다) 및 사업계획도<br>  2. 확정될 토지의 지번별 조서 및 종전 토지의 지번별 조서<br>  3. 사업시행자가 사용한 기준점성과표 및 관측부<br>  4. 지구계점·가로중심점·가구점 계산부 및 망도<br>  5. 행정구역 변경에 관한 사항<br>  6. 그 밖의 업무처리에 필요한 서류<br>② 지적측량수행자는 제1항에 따른 확정측량을 의뢰받은 때에는 지적측량수행계획서를 사업지구 해당 지적소관청에 제출하여야 한다.<br>③ 지적소관청은 제24조제2항의 기준에 따라 시·도지사 및 대도시(「지방자치법」 제175조에 따라 서울특별시·광역시 및 특별자치시를 제외한 인구 50만 이상의 시의 시 | **제4조(관측준비)** 지적위성측량 작업 착수 전에 GNSS 관측을 위하여 다음 각 호를 고려하여야 한다.<br>  1. GNSS 측량기 대수, 투입인력, 위성기준점 및 기지점 분포현황 조사<br>  2. GNSS 개략 궤도력 정보를 이용하여 위성배치상태가 최적의 시간대 선정<br>  3. 관측점은 기지점 및 소구점으로 구성<br>  4. 관측망은 기지점과 소구점을 결합한 폐합다각형이 되도록 구성하고 지적위성측량 관측계획 망도 작성<br>  5. 세선구성은 삼각형, 사각형 또는 혼합형으로 2세선 이상일 경우 인접세선과 최소 1변 이상이 중복되도록 구성<br><br>**제5조(소구점의 선점)** ① 소구점은 인위적인 전파장애, 지형·지물 등의 영향을 받지 않도록 다음 각 호의 장소를 피하여 선점하여야 한다.<br>  1. 건물내부, 산림 속, 고층건물이 밀집한 시가지, 교량아래 등 상공시계 확보가 어려운 곳<br>  2. 초고압송전선, 고속철도 등의 전차경로 | **제4조(수수료의 산정)** ① 수수료는 측량업무 종목별로 개별 산출하고 선납하는 것을 원칙으로 하며, 지적측량 접수 후 변동사항 등에 대해서는 따로 정산처리 한다.<br>② 수수료는 국토교통부장관이 고시하는 표준 품셈(이하 "품셈"이라 한다)의 지적측량 종목에 따라 면적, 지역구분, 지적공부등록지별(수치·토지·임야) 계수를 적용하여 산정하며, 기준면적 초과분은 품셈에서 정한 가산계수를 적용하고, 개별공시지가에 의한 지가계수의 경우 체감 또는 가산계수를, 연속지·집단지는 체감계수를 적용하여 산정한다.<br>③ 수수료는 원단위까지 산정한 후 1천원단위(500원 초과는 절상)로 결정한다. 다만, 지적확정측량 수수료단가는 10전 단위(5전 초과는 절상)로 산정하되, 수수료 총액은 1천원단위(1,000원 미만은 절사)로 결정한다.<br><br>**제5조(수수료의 산정방법)** ① 수수료의 산정방법은 직접측량비(직접인건비 + 직접경비)와 간접측량비(제경비 + 기술료)를 합산하여 |

| 지적재조사측량규정 | 지적확정측량규정 | GNSS에 의한 지적측량규정 | 지적측량수수료 산정기준 등에 관한 규정 |
|---|---|---|---|
| 시 · 도지사 또는 지적소관청과 협의한 경우에는 그러하지 아니한다. 〈개정 2020. 12. 4.〉<br>1. 측량계획 수립<br>2. 지적기준점측량<br>3. 지적재조사지구의 내 · 외 경계측량<br>4. 임시경계점표지 설치<br>5. 경계점의 측정<br>6. 측량성과의 계산 및 점검<br>7. 측량성과의 작성<br>8. 면적의 산정<br><br>**제6조(지적위성측량의 기준 등)** ① 지적위성측량에 대한 기준은 다음 각 호와 같다.<br>1. 동시수신 위성 수는 정지측량에 의하는 경우 4개 이상, 다중기준국실시간이동측량 · 단일기준국실시간이동측량(이하 "이동측량" 이라 한다)에 의하는 경우 5개 이상 이어야 한다.<br>2. 위성의 최저 고도 각은 15°를 기준으로 한다. 다만, 상공시야의 확보가 어려운 지점에서는 최저 고도 각을 30°까지 할 수 있다.<br>3. 이동측량 시 위성수신기에서 표시하는 PDOP(위치정밀도 저하율)가 3 이상, 정밀도가 수평 ±3cm 이상, 수직 ±5cm 이상인 경우 관측을 중지한다.<br>4. 이동측량 시 위성수신기 초기화 시간이 3회 이상 3분을 초과할 경우 관측을 중지 | 장을 말한다. 이하 같다) 시장이 확정측량 검사를 실시할 경우 지적측량수행자로부터 제출받은 지적측량수행계획서를 지체 없이 시 · 도지사 및 대도시 시장에게 송부하여야 한다.<br>④ 지적측량수행자가 제2항에 따른 지적측량수행계획서를 제출하는 때에는 별지 제1호 서식의 업무집행계획서에 다음 각 호의 사항을 포함하여 함께 제출하여야 한다.<br>1. 측량의 목적과 대상지역 및 업무량<br>2. 측량소요 기간과 측량팀의 편성 및 인력 투입 계획<br>3. 기초측량 및 세부측량 실시 방법<br>4. 그 밖의 필요한 사항<br><br>**제5조(계획수립 및 준비)** ① 지적측량수행자는 사업지역에 대하여 토지소재, 지구명, 면적, 업무량, 작업여건, 측량기간, 인원, 장비 등을 고려하여 계획을 수립하여야 한다.<br>② 지적측량수행자는 현지답사를 통하여 사업계획도, 지구계 현황, 가로망 상황, 기준점과의 시통 여부 등 확정측량에 필요한 사항을 조사한다.<br>③ 지적측량수행자는 업무처리과정에서 발생될 수 있는 다음 각 호의 사항을 시 · 도지사, 대도시시장 및 지적소관청(이하 "검사기관"이라 한다)과 협의하여 계획에 반영할 수 있다.<br>1. 측량원점 등 기준에 관한 사항 | 등 전기불꽃의 영향을 받는 곳<br>3. 레이더안테나, TV중계탑, 방송국, 우주통신국 등 강력한 전파의 영향을 받는 곳<br>② 후속작업으로 토털스테이션 이용 등을 고려하여 1방향 이상의 기지점 또는 소구점 시통이 가능하도록 선점하여야 한다.<br><br>**제6조(관측)** ① 관측 시 위성의 조건은 다음 각 호의 기준에 의한다.<br>1. 관측점으로부터 위성에 대한 고도각이 15° 이상에 위치할 것<br>2. 위성의 작동상태가 정상일 것<br>3. 관측점에서 동시에 수신 가능한 위성 수는 정지측량에 의하는 경우에는 4개 이상, 이동측량에 의하는 경우에는 5개 이상일 것<br>② GNSS측량기에 입력하는 안테나의 높이 등에 관하여는 GNSS측량기에서 정해진 방법에 따라 측정하고, 관측 후 확인한다.<br>③ 관측 시 주의사항은 다음 각 호와 같다.<br>1. 안테나 주위의 10미터 이내에는 자동차 등의 접근을 피할 것<br>2. 관측 중에는 무전기 등 전파발신기의 사용을 금한다. 다만, 부득이한 경우에는 안테나로부터 100미터 이상의 거리에서 사용할 것<br>3. 발전기를 사용하는 경우에는 안테나로부터 20미터 이상 떨어진 곳에서 사용할 것 | 산정한다.<br>② 수수료의 산정에 필요한 직접측량비와 간접측량비의 세부내용은 다음 각 호에 따른다.<br>1. 직접인건비<br> 가. 해당 측량 업무에 직접 종사하는 지적기술자 및 인부에게 지급되는 급여, 제 수당, 상여금 및 퇴직적립금 비용 등<br> 나. 기초비용과 추가(체감)비용<br> 다. 특수비용(특별인건비)<br>2. 직접경비<br> 가. 직접측량비 중 직접인건비를 제외한 해당 업무에 직접 필요한 현장 여비(「공무원 여비규정」을 준용하여 산정)<br> 나. 측량재료 · 소모품비, 기계상각비 및 정비비, 특수재료비<br> 다. 정보이용 및 고객서비스 이용료<br> 라. 산재보험, 지적측량보증보험 등 보험료<br>3. 제경비<br> 가. 지적측량업의 유지 · 관리를 위한 임원 · 서무 · 경리직원 등의 급여, 사무실비, 광열비, 상하수도사용료, 소모품비, 비품비, 통신비, 제세공과금, 법정비용 등<br> 나. 제경비는 직접인건비의 100분의 50 이내로 계상 |

| 지적재조사측량규정 | 지적확정측량규정 | GNSS에 의한 지적측량규정 | 지적측량수수료 산정기준 등에 관한 규정 |
|---|---|---|---|
| 한다.<br>5. 측정 중 수신기 표시장치 등을 통하여 측정 상태를 수시로 확인하고 이상 발생 시에는 다시 측정한다.<br>6. 보정정보 지연시간이 5초를 초과하거나 세션 간 측량성과의 오차가 5cm를 초과하는 경우에는 다시 측정한다.<br>7. 측정 중 특이사항(날씨, 상공의 시계확보, 주위상황 등)을 지적위성측량관측 기록부에 기재한다.<br>8. 위성수신기 환경설정은 위성수신기 제조사에서 제공하는 측량장비별 매뉴얼에 따른다.<br>② 관측 시 주의사항은 다음 각 호와 같다.<br>  1. 안테나 주위의 10미터 이내에는 안테나 높이보다 높은 자동차 등의 접근을 피할 것<br>  2. 측정 중에는 위성수신기 인근에서 휴대전화, 무전기 등(이하 "각종 통신장치"라 한다)의 사용을 제한할 것<br>  3. 발전기를 사용하는 경우에는 각종 통신장치를 안테나로부터 20미터 이상 떨어진 곳에서 사용할 것<br>③ 지적위성측량 및 토털스테이션측량에 사용되는 측량기기는 「공간정보의 구축 및 관리 등에 관한 법률」 제92조에 따른 측량기기의 검사를 받은 장비로서 그 성능은 다음 각 호의 성능기준 이상이어야 한다.<br>  1. 위성수신기 성능기준 | 2. 사용하여야 할 국가기준점 및 지적기준점에 관한 사항<br>3. 도면의 축척 결정<br>4. 국유지·공유지 관리에 따른 필지 구획에 관한 사항<br>5. 그 밖의 업무계획수립에 필요한 사항 | 4. 관측 중에는 수신기 표시장치 등을 통하여 관측상태를 수시로 확인하고 이상 발생 시에는 재관측을 실시할 것<br>④ 관측 완료 후 점검결과 제1항 내지 제3항의 관측조건에 맞지 아니한 경우에는 다시 관측을 하여야 한다.<br>⑤ 지적위성측량을 실시하는 경우에는 지적위성측량관측부를 작성하여야 한다. | 4. 기술료<br>  가. 지적측량수행자가 개발·보유한 기술의 사용 및 기술축적을 위한 대가와 지적측량기술의 연구개발, 지적재조사사업, 지적기술자의 교육훈련 및 지적제도의 개선발전 등을 위한 투자비용 등<br>  나. 기술료는 직접인건비에 제경비를 합한 금액의 100분의 20 이내로 계상<br><br>**제6조(직접인건비 산출)** ① 직접인건비 세부 산출 요령은 다음 각 호에 따른다.<br>  1. 금액＝수량×단가<br>  2. 수량은 품셈 중 자격별, 지적공부등록지(도해, 수치)별 지적측량품에 등록계수, 지역구분계수, 면적계수 등을 계상한 공정의 품(인원수)으로 함<br>  3. 단가는 「국가를 당사자로 하는 계약에 관한 법률 시행규칙」 제7조제1항제1호에 따라 지정기관이 조사하여 공표한 지적기술자의 노임단가를, 인부임은 보통 인부의 노임단가를 적용함<br>② 지적측량기술자 노임단가는 1일 8시간(주 40시간), 1개월을 22일로 계상한다. 다만, 1일 8시간을 초과하거나 월 22일을 초과하는 경우에는 「근로기준법」 제56조를 따른다.<br>③ 지적측량기술자의 자격기준과 등급은 「공간정보의 구축 및 관리 등에 관한 법률 시행령」(이하 "영"이라 한다) 제32조의 별표 5와 |

| 지적재조사측량규정 | 지적확정측량규정 | GNSS에 의한 지적측량규정 | 지적측량수수료 산정기준 등에 관한 규정 |
|---|---|---|---|
| (table below) | | | (text below) |

**지적재조사측량규정** 열:

| 구분 | 정밀도 |
|---|---|
| 정지측량 | $\pm(5\text{mm} \pm 1\text{ppm} \cdot D)$ |
| 이동측량 | $\pm(10\text{mm} \pm 1\text{ppm} \cdot D)$ |

| 수신주파수 | 비고 |
|---|---|
| $L_1$, $L_2$ | $D$ : 기선거리(km) |

2. 토털스테이션 측량기기 성능기준

| 각도 측정부 | |
|---|---|
| 수평각 | 정밀도 |
| 1초 이하 | $\pm2$초 이하 |

| 거리 측정부 | |
|---|---|
| 측정거리 | 정밀도 |
| 6km | $\pm(5\text{mm} \pm 2\text{ppm} \cdot D)$ |

| 비고 |
|---|
| $D$ : 기선거리(km) |

**지적측량수수료 산정기준 등에 관한 규정** 열:

같다.

**제7조(직접경비 산출)** ① 현장여비는 측량외업에 종사하는 지적기술자 및 인부에게 지급하는 것으로 세부산출요령은 다음 각 호에 따른다.

1. 금액＝수량×단가
2. 수량은 품셈 중 자격별, 지적공부등록지(도해, 수치)별 지적측량품에 등록계수, 지역구분계수, 면적계수 등을 계상한 공정의 외업품(인원수)으로 함
3. 단가는 수수료단가를 산정하는 연도의 「공무원 여비규정」 제16조제1항에 따른 별표 2의 국내여행자 일비를 적용함

② 기계경비는 해당 측량에 사용되는 기계의 감가상각비·정비비로서 측량종목별 금액에 합산하며 사용일수, 산정기준 등은 품셈을 적용하되, 가격의 기준은 다음 각 호에 따른다.

1. 내자 : 수수료 단가산정 연도의 9월 15일 현재 물가조사 기관에서 조사한 국내 도매가격
2. 외자 : 수수료 단가산정 연도의 9월 15일 현재 물가조사 기관에서 조사한 보험료 등을 포함한 도착가격(C.I.F)
3. 금액＝(상각비 + 정비비)×사용일수 (품셈의 일수)
4. 상각비계산＝취득가격 ÷ (내용연수 × 220일) × 0.95

| 지적재조사측량규정 | 지적확정측량규정 | GNSS에 의한 지적측량규정 | 지적측량수수료 산정기준 등에 관한 규정 |
|---|---|---|---|
| | | | 5. 정비비<br>　가. 실내사용기재 : 취득가격 ÷ (내용<br>　　　연수 × 220일) × 0.025<br>　나. 현장사용기재 : 취득가격 ÷ (내용<br>　　　연수 × 220일) × 0.050<br>③ 재료소모품비는 측량업무에 필요한 재료<br>　비로서 수수료 단가산정 연도의 9월 15일<br>　현재 물가조사 기관에서 조사한 국내 도매<br>　가격을 기준으로 한다.<br>1. 금액＝조사가격 × 사용량<br>2. 재료소모품비는 측량에 사용되는 재료<br>　비를 계상함 |
| | **제3장 지적기준점 측량** | | **제3장 지적측량수수료 세부 적용** |
| **제7조(지적기준점 측량)** ① 지적기준점의 측량계획 및 확인·선점 등에 관하여는 「지적업무처리규정」 제9조 및 제10조를 따른다.<br>② 지적기준점좌표는 세계측지계좌표로 산출한다. 다만, 지적재조사지구의 내·외 경계를 결정하기 위하여 필요한 경우 지역측지계좌표를 산출할 수 있다. 〈개정 2020. 12. 4.〉<br>③ 정지측량으로 지적기준점측량을 실시하는 경우 다음 각 호의 순서에 따른다.<br>　1. 일정별 위성의 궤도정보에 따라 수신 가능한 위성들의 궤도와 밀도를 분석하여 관측일정표와 관측망도를 작성한다.<br>　2. 관측망도에서 순차적인 세션을 결정하고 기지점과 관측점에 위성수신기를 동 | **제6조(지적기준점의 측량)** ① 지적기준점의 측량계획은 지적업무처리규정 제9조에 따른다.<br>② 지적기준점의 확인 및 선점 등에 관하여는 지적업무처리규정 제10조에 따른다.<br>③ 경위의측량방법에 의할 경우 사업계획도를 활용하여 지적도근점 설치 계획과 망구성을 하며 가능한 다각망도선법으로 망구성을 한다. 단, 다중기준국 실시간 이동측량으로 기준점측량을 실시하는 경우에는 망구성을 생략한다.<br><br>**제7조(지적기준점 측량방법)** ① 지적기준점의 좌표는 세계좌표로 산출한다. 다만, 사업지구계 결정을 위하여 필요한 경우 지역좌표 산 | **제7조(정지측량)** GNSS측량기를 사용하여 정지측량방법으로 기초측량 또는 세부측량을 하고자 하는 때에는 다음 각 호의 기준에 의한다.<br>　1. 기지점과 소구점에 GNSS측량기를 동시에 설치하여 세션단위로 실시할 것<br>　2. 관측성과의 기선벡터 점검을 위하여 다른 세션에 속하는 관측망과 1변 이상이 중복되게 관측할 것<br>　3. 관측시간 등은 다음 표에 의할 것<br><br>| 구분 | 지적삼각측량 |<br>\|---\|---\|<br>\| 기지점과의 거리 \| 10km 미만 \|<br>\| 세션 관측시간 \| 60분 이상 \|<br>\| 데이터 취득간격 \| 30초 이하 \| | **제8조(면적가산계수 적용)** ① 기준면적을 초과하면 품셈에 따른 가산계수를 곱하여 품을 가산한 수수료를 적용하며 면적가산계수 적용은 다음 각 호에 따른다.<br>　1. 「지적측량 시행규칙」 제20조제4항 본문에 해당하면 가산면적 수수료를 적용하지 아니한다. 다만, 같은 항 단서와 해당 필지 주위 전체에 대하여 측량이 수반되는 경우에는 면적가산계수를 적용한다.<br>　2. 분할 후 필지의 면적이 토지대장등록지는 3만제곱미터 이상, 임야대장등록지는 10만제곱미터 이상일 경우 각각 3만제곱미터, 10만제곱미터에 해당하는 수수료를 적용한다. 다만 해당 필지 주위 전체에 대하여 측량이 수반되는 경우에 |

구분 표:

| 구분 | 지적삼각측량 |
|---|---|
| 기지점과의 거리 | 10km 미만 |
| 세션 관측시간 | 60분 이상 |
| 데이터 취득간격 | 30초 이하 |

| 지적재조사측량규정 | 지적확정측량규정 | GNSS에 의한 지적측량규정 | 지적측량수수료 산정기준 등에 관한 규정 |
|---|---|---|---|

**지적재조사측량규정**

시에 설치하여 세션단위로 측정한다.

3. 관측성과의 기선벡터 점검을 위하여 다른 세션에 속하는 관측망과 1변 이상이 중복되게 측정을 실시한다.

4. 측정시간과 데이터 수신간격은 다음 표와 같다.

| 기점과의 거리 | 측정시간 |
|---|---|
| 5km 이상 | 60분 이상 |
| 5km 미만 | 30분 이상 |
| 데이터 수신간격 | |
| 30초 이하 | |

5. 정지측량의 기선해석 및 점검 등은 별표 1의 기준에 의한다.

④ 이동측량으로 지적도근점측량을 실시하는 경우 다음 각 호의 기준을 따른다.

1. 측정시간과 데이터 수신간격은 다음 표와 같다.

**지적확정측량규정**

출을 병행할 수 있다.

② 지적삼각(보조)점은 위성측량방법으로 실시할 경우 정지측량에 의하며, 지적도근점은 정지측량 및 다중기준국 실시간 이동측량에 의한다.

③ 지적기준점의 측량, 방법 및 계산은 「지적측량 시행규칙」 제8조부터 제15조까지 및 「GNSS에 의한 지적측량규정」 제6조부터 제12조까지 따른다.

④ 지적기준점 및 지적공부상 좌표의 산출은 소수점 이하 셋째 자리까지 하고 결정은 소수점 이하 둘째 자리까지 한다.

**제8조(지적도근점의 성과확인)** 지적도근점의 성과확인은 지적업무처리규정 제13조에 따른다.

**GNSS에 의한 지적측량규정**

| 지적삼각보조측량 | 지적도근측량 |
|---|---|
| 5km 미만 | 2km 미만 |
| 30분 이상 | 10분 이상 |
| 30초 이하 | 15초 이하 |
| 세부측량 | |
| 1km 미만 | |
| 5분 이상 | |
| 15초 이하 | |

**제8조(이동측량)** ① GNSS측량기를 사용하여 지적도근측량 또는 세부측량을 하고자 하는 경우에는 단일기준국 실시간 이동측량 또는 다중기준국 실시간 이동측량에 의한다.

② 단일기준국 실시간 이동측량(Single-RTK) 및 다중기준국 실시간 이동측량(Network-RTK)으로 실시할 경우 기준은 다음 각 호와 같다.

1. 관측 전 이동국 GNSS측량기의 초기화 작업을 완료할 것

2. 관측 중 위성신호의 단절 또는 통신장치의 이상으로 보정정보를 안정적으로 수신할 수 없는 경우 이동국 GNSS측량기를 재초기화할 것

3. GNSS측량기 안테나를 기준으로 고도각 15° 이상에 정상 작동 중인 GNSS위성이 5개 이상일 것

4. GNSS측량기에 표시하는 PDOP가 3 이상이거나 위치정밀도가 수평 ±3cm 이상 또는 수직 ±5cm 이상인 경우 관측을

**지적측량수수료 산정기준 등에 관한 규정**

는 면적가산계수를 적용한다.

3. 여러 도곽에 연속되어 걸쳐 있는 지목이 도로, 하천, 제방, 구거, 철도용지, 수도용지인 1필지의 토지 일부분만 측량할 경우에는 해당 도곽 내 면적만 가산계수를 적용한다.

4. 법 제86조에 따른 일단의 토지개발사업지구 또는 2개 이상 연접한 토지개발사업지구를 동일한 지적측량수행자와 동시에 계약하는 경우 및 사업완료시기가 다르나 그 시기가 1년을 초과하지 않는 경우에는 지구 면적을 합산하여 면적가산계수를 적용할 수 있다.

② 신규등록, 등록전환, 분할, 지적현황(분할식)의 경우, 소면적(토지대장등록지는 60m² 이하, 임야대장등록지의 경우 200m² 이하)인 필지에 대해서는 종목별 기본단가의 10%를 감면 적용한다. 다만, 제24조를 제외한 지적측량수수료를 감면 적용하는 필지에 대해서는 추가로 적용하지 아니한다.

③ 연속지·집단지 체감계수를 적용할 경우에는 면적가산계수는 적용하지 아니한다.

**제9조(지가계수 적용)** ① 분할측량, 경계복원측량, 지적현황측량, 도시계획선명시측량에 지가계수를 적용하며, 종목별 기본단가에, 품셈에 따른 가격대별 지가계수를 적용하여 계상한다. 다만, 측량 대상 필지 수가 51필지 이상 연속지·집단지일 경우에는 그러하지 아니한다.

| 지적재조사측량규정 | 지적확정측량규정 | GNSS에 의한 지적측량규정 | 지적측량수수료 산정기준 등에 관한 규정 |
|---|---|---|---|

**지적재조사측량규정**

| 구분 | 측정횟수(세션) |
|---|---|
| 다중기준국 실시간 이동측량 | 2회 |
| 단일기준국 실시간 이동측량 | 기준국을 달리하여 2회 |

| 관측간격 | 측정시간 |
|---|---|
| 60분 이상 | 고정해를 얻고 나서 60초 이상 |

| 데이터 수신간격 |
|---|
| 1초 |

※ 단일기준국 실시간 이동측량 시 기준국은 통합기준점 또는 정지측량에 의한 지적기준점을 사용하며, 기지점과의 거리는 5km 이내

2. 단일기준국 실시간 이동측량의 경우 기준국을 제외한 3점 이상(표고산출 시 4점 이상)의 기지점을 관측하여 GNSS측량기에서 제공하는 프로그램을 이용 수평, 수직성분의 오차 보정량을 소구점성과에 반영하여야 한다.

3. 1, 2회의 관측성과가 규칙 제7조제1호의 연결교차 범위 이내일 때에는 1회 관측성과를 기준으로 측량성과를 작성한다.

⑤ 토털스테이션측량 방법으로 지적기준점측량을 실시하는 경우 「지적측량 시행규칙」 제8조부터 제15조까지를 적용한다.

**제8조(경계점 측량)** ① 이동측량으로 경계점 측량을 실시하는 경우 제7조제4항을 적용한다. 다만, 측정시간은 고정해를 얻고 나서 15초 이상으로 한다.

**GNSS에 의한 지적측량규정**

중지할 것

5. 1, 2회의 관측치가 제5항제4호의 오차 이내일 경우에는 1회 관측치를 기준으로 결과부를 작성

6. 지역좌표를 구하고자 할 경우에는 GNSS측량기에서 제공하는 소프트웨어를 이용하여 좌표변환 계산방법에 의할 것

7. 관측시간 및 관측횟수는 다음 표에 따른다. 다만, 단일기준국 실시간 이동측량(Single−RTK 측량) 시 기선거리는 5km 이내로 한다.

| 구분 | 관측횟수 |
|---|---|
| 도근측량 | 2회 |
| 세부측량 | 2회 |

| 관측 간격 | 관측시간(고정해) |
|---|---|
| 60분 이상 | 60초 이상 |
| 60분 이상 | 15초 이상 |

| 데이터 취득 간격 |
|---|
| 1초 |
| 1초 |

③ 단일기준국 실시간 이동측량(Single−RTK 측량)에 의한 방법은 다음 각 호와 같다.

1. 기지점에 기준국을 설치하고 위치를 결정하고자 하는 지적도근점이나 경계점 등을 이동국으로 하여 GNSS측량기를 순차적으로 설치하여 이동하며 관측을 실시할 것

2. 관측 노선(단위)을 포함하도록 기준국을 달리하여 2회 관측할 것

**지적측량수수료 산정기준 등에 관한 규정**

② 대상토지에 적용하는 개별공시지가는 접수시점을 기준으로 시장 · 군수 · 구청장이 결정 · 공시한 개별토지의 단위면적당 가격(원/m²)을 적용한다.

③ 대상토지의 개별공시지가 자료가 없으면 가장 유사한 토지가격대를 형성하는 인접지의 개별공시지가를 적용한다.

④ 측량대상 필지의 지목이 도로 · 철도용지 · 제방 · 하천 · 구거 · 유지 · 수도용지로써 개별공시지가가 공시되지 않은 경우에는 지가적용계수가 기본구간(15,001원~30,000원)에 해당하는 면적별 단가를 적용한다. 다만, 인접지의 개별공시지가가 지가적용계수의 기본구간보다 낮을 경우에는 제3항을 적용한다.

**제10조(지역구분계수 적용)** 지가계수를 적용하지 아니하는 종목이나 연속지 · 집단지측량 시에 적용한다.

**제11조(연속지 · 집단지 체감계수 적용)** ① 신규등록, 등록전환, 분할, 경계복원, 지적현황, 도시계획선명시측량, 축척변경측량, 지적불부합지조사측량에는 종목별 기본단가에 품셈에 따른 연속지 · 집단지 체감계수를 적용하여 계상한다.

② 필지수의 증가에 따라 체감계수를 적용하여 단가가 저렴한 필지부터 순차적으로 적용하고, 필지체감계수는 적용하지 아니한다.

| 지적재조사측량규정 | 지적확정측량규정 | GNSS에 의한 지적측량규정 | 지적측량수수료 산정기준 등에 관한 규정 |
|---|---|---|---|

② 토털스테이션측량방법으로 경계점측량을 실시하는 경우 다음 각 호의 기준을 따른다.

1. 도선법 및 방사법에 따라 경계점을 측정한다.
2. 수평각과 수평거리의 측정횟수·측정단위 및 허용교차는 다음 표와 같다.

| 구분 | | 측정횟수 |
|---|---|---|
| 수평각 | 방향관측법 | 1대회 |
| | 배각법 | 2배각 |
| 수평거리 | | 2회 |

| 측정단위 | 허용교차 |
|---|---|
| 초 | ±30″ 이내(1측회 폐색) |
| 초 | ±20″ 이내(2배각 교차) |
| 0.001m | 「지적측량 시행규칙」제13조제4호 적용 |

※ 기지점과 경계점 및 기지점과 보조점의 거리는 300m 이내로 한다.

**제9조(지적재조사지구의 내·외 경계)** ① 지적재조사사업지구의 경계는 「지적재조사에 관한 특별법」(이하 "법"이라 한다) 제8조의 규정에 따라 지정된 지적재조사지구 외곽 필지의 바깥쪽 경계로 한다. 다만, 지적재조사지구의 내·외를 지나는 도로·구거·하천·제방 등 국·공유지 등의 경우 지적재조사지구 지정·고시 도면에 의한 경계를 기준(국·공유지에 인접한 필지의 바깥쪽 경계를 서로 연결)으로 사업시행자가 직권으로 분할하여 지적재

④ 다중기준국 실시간 이동측량(Network-RTK 측량)에 의한 방법은 다음 각 호와 같다.

1. 이동국은 보정정보 생성에 사용되는 상시관측소 네트워크 내부에 있을 것. 다만, 부득이한 경우 네트워크 외부에서 10km 이내일 것
2. 통신장치를 이용하여 위성기준점 네트워크 보정신호를 수신하여 고정해를 얻고 이동국을 순차로 이동하면서 관측을 실시할 것

⑤ 단일기준국 실시간 이동측량(Single-RTK) 및 다중기준국 실시간 이동측량(Network-RTK)에 의한 경우 제2항제1호부터 제4호까지의 조건을 만족하지 못하거나 다음 각 호의 경우에는 측량방법을 달리하여 실시한다.

1. 초기화 시간이 3회 이상 3분을 초과하는 경우
2. 보정정보의 송수신이 불안정한 경우
3. 보정정보 지연시간이 5초 이상인 경우
4. 세션 간 측량성과의 오차가 5.0cm를 초과하는 경우

**제9조(GNSS데이터 관리)** ① GNSS측량기로부터 수신된 원시 데이터는 GNSS 공통 포맷인 라이넥스(Rinex) 파일로 변환하여 원시데이터와 함께 관리하여야 한다.

③ 지적소관청별로 각각 51필지 이상일 경우 적용하며, 제19조 및 제23조에 따라 수수료를 감면 적용하는 필지에는 적용하지 아니한다.

④ 도해지역과 경계점좌표등록부를 비치하는 지역이 혼합된 경우에는 각각의 수수료를 적용한다.

**제12조(필지체감계수 적용)** ① 분할, 경계복원, 지적현황, 도시계획선명시측량에는 필지체감계수를 적용한다.

② 지적소관청별로 지적측량 전체 필지수가 3필지 이상 50필지까지 기본단가의 100분의 5를 체감하여 적용한다.

③ 제11조제3항에도 불구하고 지적소관청별로 지적측량 전체 필지수가 51필지 이상일 경우에도 필지체감계수를 적용한 수수료가 저렴할 경우 필지체감계수를 적용할 수 있다.

④ 제24조를 제외한 지적측량수수료를 감면 적용하는 필지에 대해서는 적용하지 아니한다.

| 지적재조사측량규정 | 지적확정측량규정 | GNSS에 의한 지적측량규정 | 지적측량수수료 산정기준 등에 관한 규정 |
|---|---|---|---|
| 조사지구의 내·외 경계를 결정한다. 〈개정 2020. 12. 4.〉<br>② 지적재조사지구의 경계는 인접 지역의 기지경계선과 부합여부를 확인하여야 한다. 〈개정 2020. 12. 4.〉<br>③ 지적재조사지구의 내·외 경계는 지적재조사사업지구 지정 이전의 측량방법에 따라 현지에 경계를 복원한 후 그 경계점표지를 세계측지계기준으로 현지측량을 통하여 확정하여야 한다. 〈개정 2020. 12. 4.〉<br><br>**제10조(면적산정 등)** ① 필지별 면적은 경계점좌표에 따른 좌표면적계산법으로 계산하며 「지적측량 시행규칙」 제20조제1항제2호에 따라 결정한다.<br>② 제1항에 따라 면적산정을 할 때에는 「공간정보의 구축 및 관리 등에 관한 법률 시행령」 제60조제1항제2호에 따라 결정한다. | | ② 라이넥스(Rinex) 변환은 GNSS측량기 장비사에서 제공하는 소프트웨어 또는 공통변환 소프트웨어를 사용하여야 하며 후속작업에 활용할 수 있도록 관리하여야 한다.<br>③ 라이넥스(Rinex) 변환 시에는 GNSS측량기 장비사의 안테나 모델, 안테나 기준위치로부터 위상중심변동 보정값, 안테나고 등의 변수를 안테나 모델에 적합하게 설정하여야 한다. | |
| **제3장 경계점표지의 설치** | **제4장 세부측량** | | **제4장 지적측량수수료 종목별 적용** |
| **제11조(임시경계점표지의 설치)** 임시경계점표지는 법 제14조의 경계설정의 기준 및 다음 각 호의 세부기준에 따라 설치하여야 한다.<br>1. 지상경계에 대하여 다툼이 없는 경우에는 담장·구조물 등 지형지물을 경계로 한다. 이 경우 세부적인 경계설정은 「공간정보의 구축 및 관리 등에 관한 법률 시행령」 제55조제1항 각 호를 따르며 경계설정 예시는 별표 2와 같다. | **제9조(경위의측량 기준)** ① 경위의측량방법(전자평판측량방법을 포함한다)에 따른 세부측량의 기준과 관측 및 계산은 「지적측량 시행규칙」 제18조제9항 및 제10항에 따른다.<br>② 〈삭제〉<br><br>**제10조(지적위성측량 기준)** ① 단일기준국 실시간 이동측량(Single-RTK)에 의한 세부측량은 「GNSS에 의한 지적측량규정」 제8조제3 | | **제13조(지적측량기준점 매설비)** 지적측량기준점 매설비 등 산출방법은 별표 1에 따른다.<br><br>**제14조(지적삼각보조점측량)** 지적삼각보조점측량 수수료는 지적삼각점측량 수수료 단가의 100분의 50을 적용한다. 다만, 「지적측량 시행규칙」 제10조제2항에 따른 영구표지를 설치하고, GNSS측량 또는 지적삼각점측량방법에 준하였을 경우에는 지적삼각점측량 수 |

| 지적재조사측량규정 | 지적확정측량규정 | GNSS에 의한 지적측량규정 | 지적측량수수료 산정기준 등에 관한 규정 |
|---|---|---|---|
| 2. 지상경계에 대하여 다툼이 있는 경우에는 다음 각 목의 절차에 따라 경계를 결정한다.<br>　가. 지적공부·토지이동결의서·측량결과도 및 측량이력과 지적전산 파일 등을 조사·분석한다.<br>　나. 축척이 서로 다른 지역의 경계가 접하는 부분은 등록 선·후와 등록 축척을 조사·분석한다.<br>　다. 가목과 나목에서 조사·분석한 결과를 토대로 등록할 때의 측량기록과 동일한 측량방법으로 인근 필지의 경계를 확인한 후 경계를 지상에 표시하여 설정한다.<br>3. 경계가 서로 연접해 있는 토지소유자들이 경계에 합의한 경우에는 그 경계에 경계점표지를 설치한다.<br><br>**제12조(경계점표지의 설치)** ① 제11조제1항제1호에 따라 담장·구조물 등 뚜렷한 지형지물에 경계점 위치를 표시하여 사용할 수 있다.<br>② 제11조에 따라 설치한 임시경계점의 위치와 법 제18조에 의해 최종 확정된 경계점의 위치가 다른 경우에는 토지소유자 등을 입회시켜 새로운 경계점표지를 설치하여야 한다.<br>③ 경계점표지의 규격과 재질은 별표 3과 같다. | 항에 따른다.<br>② 다중기준국 실시간 이동측량(Network−RTK)에 의한 세부측량은 「GNSS에 의한 지적측량규정」 제8조제4항에 따른다.<br>③ 단일기준국 실시간 이동측량(Single−RTK) 및 다중기준국 실시간 이동측량(Network−RTK)으로 세부측량을 할 경우의 기준은 「GNSS에 의한 지적측량규정」 제8조제2항에 따른다.<br>④ 단일기준국 실시간 이동측량(Single−RTK) 및 다중기준국 실시간 이동측량(Network−RTK)에 의한 경우 제3항의 조건을 만족하지 못하거나 「GNSS에 의한 지적측량규정」 제8조제2항제1호부터 제4호까지 해당되는 경우에는 측량방법을 달리하여 세부측량을 실시하여야 한다.<br>1. 〈삭제〉<br>2. 〈삭제〉<br>3. 〈삭제〉<br>4. 〈삭제〉<br>⑤ 필계점의 좌표산출은 소수점 이하 셋째 자리까지 하고 결정은 소수점 이하 둘째 자리까지 한다.<br>⑥ 단일기준국 실시간 이동측량(Single−RTK) 및 다중기준국 실시간 이동측량(Network−RTK)에 의한 좌표계산은 별지 제4호에 따라 계산한다. | | 수료를 적용한다.<br><br>**제15조(지적확정측량)** 법 제86조제1항에 따른 사업을 지적확정측량방법으로 시행할 경우에는 지적확정측량 수수료를 적용한다.<br>**제16조(등록전환측량)** ① 법 제78조, 영 제64조제2항 및 관계 법령에 따라 토지의 형질변경·개간·건축물의 사용검사 등으로 인하여 지목이 변경되어야 할 임야가 임야분할측량을 수반하여 등록전환 할 경우에는 다음 각 호의 수수료를 적용한다.<br>　1. 해당 임야의 일부만 인가·허가 업무를 수반하여 등록전환 할 경우, 의뢰인이 등록전환을 필요로 하는 부분에 대해 수수료를 적용한다.<br>　2. 등록전환 될 임야가 지목이 서로 다른 여러 필지로 분할될 경우<br>　　가. 필지전체를 등록전환하되 등록전환측량 수수료는 인가·허가 부분의 면적만 적용한다.<br>　　나. 지목이 서로 다른 필지의 분할은 분할 후 필지수만큼 수수료를 적용하되, 인가·허가를 받지 아니하여 종전 지목대로 존치되는 부분의 분할 수수료는 감면한다.<br>② 임야에 대한 개발행위 등 각종 인가·허가와 관련하여 지적업무처리규정 제22조제7항에 따라 토목공사 등의 완료 전에 측량이 필요한 경우에는 다음 각 호와 같이 측량을 |

| 지적재조사측량규정 | 지적확정측량규정 | GNSS에 의한 지적측량규정 | 지적측량수수료 산정기준 등에 관한 규정 |
|---|---|---|---|
| | | | 실시하고 수수료를 적용한다.<br>1. 토목공사 전에는 등록전환예정지에 대한 지적현황측량을 실시하여 지적현황측량수수료를 적용<br>2. 제1호의 측량결과에 따라 토목공사를 완료한 후에는 등록전환측량을 실시하여 이미 납부한 지적현황측량수수료와의 차액을 적용<br>③ 인가·허가사항을 수반하지 아니하는 단순 소유권이전 목적 등으로 임야분할측량을 의뢰한 경우와 영 제64조제2항제3호에 따라 등록전환이 요구될 경우 등록전환측량 수수료는 감면하고 분할측량 수수료만 적용한다.<br>④ 인가·허가선 등을 기준으로 면적을 도상에서 맞추어 현장에 표시하는 경우에는 등록전환측량 수수료 단가의 100분의 40을 가산 적용한다.<br>⑤ 인가·허가선, 도시·군관리계획선 등을 도상에서 맞추어 현장에 표시하는 경우에는 등록전환측량 수수료 단가의 100분의 30을 가산 적용한다.<br>⑥ 제4항 및 제5항은 토지전용을 인가 또는 허가받은 면적이나 의뢰인이 면적(선)지정을 요청한 부분에 대해서만 적용한다.<br>⑦ 등록전환측량 수수료 적용예시는 별표 2에 따른다. |

| 지적재조사측량규정 | 지적확정측량규정 | GNSS에 의한 지적측량규정 | 지적측량수수료 산정기준 등에 관한 규정 |
|---|---|---|---|
| | **제5장 지구계 측량** | | |
| | **제11조(측량준비 파일의 작성)** 지구계 측량을 실시할 경우 지적전산파일을 이용하여 「지적측량 시행규칙」 제17조에 따라 측량준비 파일을 작성한다.<br><br>**제12조(지구계 측량)** ① 사업지구 인가·허가선에 의한 지구계 확정을 위하여 분할측량, 경계복원측량 또는 지적현황측량을 실시하여야 한다. 이 경우 세부측량방법은 「지적측량 시행규칙」 제18조에 따른다.<br>② 지구계 측량은 다음 각 호에 따른다.<br> 1. 지적기준점을 사용하여 기지경계선과 지구계점을 측정하여 그 부합여부를 도해측량방법으로 결정한다. 단, 기존 경계점좌표등록부 지역을 재확정 측량하는 경우에는 수치측량방법으로 결정한다.<br> 2. 지구계점 좌표는 제1호에 따라 설치된 경계점표지를 경위의 또는 지적위성측량방법으로 측량하여 산출한다.<br>③ 예정지적좌표 작성은 사업승인 및 시공 등을 위하여 확정측량 이전에 실시하여야 한다. 이 경우 지구계점 좌표는 제1항 및 제2항에 의해 산출하고 지구 내 예정지적좌표는 사업계획도와 대비하여 산출한다.<br><br>**제13조(지구계점 설치)** 지구계 측량성과에 따라 사업시행자는 사업계획에 따른 사업지구 | | **제17조(분할측량)** ① 인가·허가 면적 등을 도상에서 맞추어 분할선을 현장에 표시하는 지정분할의 경우에는 분할측량 수수료 단가에 100분의 40을 가산 적용한다.<br>② 선을 도상에서 맞추어 분할선을 현장에 표시하는 지정분할의 경우에는 분할측량 수수료 단가에 100분의 30을 가산 적용한다.<br>③ 제1항 및 제2항은 토지전용을 인가 또는 허가받은 면적이나 의뢰인이 면적(선)지정을 요청한 부분에 대해서만 적용한다.<br><br>**제18조(경계복원측량)** ① 분할측량과 동시에 수반되는 경계복원측량 시 경계복원측량 수수료는 분할선에 따라 구분된 필지 면적으로 한다. 다만, 전체 필지를 경계복원할 경우에는 원래면적으로 한다.<br>② 동일인 소유의 연접한 필지를 합산한 면적이 기준면적을 초과하지 않고 외곽경계만 필요시 1필지의 경계복원측량 수수료를 적용한다. 이 경우 지가계수는 해당 필지 중 면적이 가장 큰 필지를 기준으로 적용하며, 해당 필지의 면적이 동일한 경우에는 지가가 낮은 필지를 기준으로 한다.<br>③ 해당 필지의 일부 경계점에 대한 경계복원이 필요한 경우에는 도해측량, 수치측량 등 측량방법의 구분에 따라 연접한 작은 면적에 해당하는 필지의 수수료를 적용한다. 이 |

| 지적재조사측량규정 | 지적확정측량규정 | GNSS에 의한 지적측량규정 | 지적측량수수료 산정기준 등에 관한 규정 |
|---|---|---|---|
| | 경계에 대하여 구조물 또는 영 제55조제3항에 따른 경계점표지를 설치하여야 하며, 지적측량수행자는 이를 확인하여 조정이 필요한 경우 사업시행자와 협의하여야 한다. | | 경우 확인하려는 경계복원점이 여러 필지에 연접해 있는 경우에는 연접한 필지별 수수료를 적용한다.<br>④ 도시계획선명시측량 수수료는 도시·군관리계획선에 따라 구분되는 필지 중 작은 필지의 면적을 적용하며, 적용 예시는 별표 3에 따른다. |
| | **제6장 지적확정측량** | | |
| | **제14조(확정측량의 경계결정)** ① 확정측량의 경계는 영 제55조제5항에 따른다.<br>② 영 제55조제5항에 따라 통지를 받은 사업시행자는 15일 이내에 사업변경 또는 재시공 계획 등을 수립하여 관련부서와 협의 등의 조치를 하고 지적측량수행자에게 회신하여야 한다.<br><br>**제15조(가로중심점 계산)** 공사가 완료된 현황선과 사업계획도를 확인하고, 도로 등 공공용지 확보와 계획조건이 부합하도록 가로중심점을 결정한다.<br><br>**제16조(가구점의 확정)** ① 도로모퉁이의 길이 등에 관하여는 「도시·군계획시설의 결정·구조 및 설치기준에 관한 규칙」 제14조의 기준에 따르며, 지적측량수행자는 설계 및 시공의 적합 여부를 확인하여야 한다.<br>② 지적기준점을 기준으로 하여 측량한 시공 현황과 사업계획에 따라 가로중심점 좌표를 산 | | **제19조(지적현황측량)** ① 지적현황측량은 토지, 지상구조물 또는 지형지물이 점유하는 위치현황을 지적도 또는 임야도에 등록된 경계와 대비하여 표시하는 데 필요한 경우에 실시하며 수수료 적용기준은 다음 각 호에 따른다.<br>1. 작업과정이 분할측량과 같을 경우(공부 정리에 필요한 일부작업이 생략된 경우도 포함한다)에는 분할측량과 같은 필지 수로 한다.<br>2. 적용유형은 구획(건축·구조물, 점유형태)현황, 선 현황, 점 현황으로 구분한다.<br>3. 면적측정을 요하지 않는 선 현황, 점 현황이면 기본단가를 적용한다. 다만, 동일 필지 내 추가되는 현황은 100분의 50을 감면 적용한다.<br>4. 면적측정을 요하지 않는 건축·구조물 등의 점유현황은 1구획마다 실측면적을 기준으로 적용한다.<br>② 지적현황측량 유형별 수수료 적용은 다음 각 호와 같으며, 적용예시는 별표 4에 따른 |

| 지적재조사측량규정 | 지적확정측량규정 | GNSS에 의한 지적측량규정 | 지적측량수수료 산정기준 등에 관한 규정 |
|---|---|---|---|
|  | 출한 후 가구정점과 가구점을 확정한다.<br>③ 가구의 경계가 곡선을 이루고 있을 때에는 「지적측량 시행규칙」 제18조제9항제3호에도 불구하고 곡선 중앙 종거의 길이는 10cm 이내로 결정할 수 있다.<br><br>**제17조(필계점 측량)** ① 필계점에 대한 경계점 표지의 설치는 사업시행자가 사업계획에 따라 설치하여야 한다. 다만, 사업시행자가 경계점 표지를 직접 설치하기 어려울 경우에는 지적측량수행자에게 위탁할 수 있다.<br>② 확정된 가구별로 필계점을 계산하며, 현장에서의 공사 현황이 사업계획과 부합되지 않거나 구조물 또는 건물 등이 있을 경우에는 영 제55조의 지상 경계의 결정 기준에 따라 사업시행자와의 협의를 거쳐 경계선을 조정할 수 있다.<br>③ 확정 필지 경계점은 사업계획도와 공사 준공선의 부합여부를 확인하여 결정한다.<br><br>**제18조(필계점 확정)** ① 산출된 각 필계점은 가구선과의 교차계산을 한 후 결정한다.<br>② 경계점좌표등록부를 갖춰 두는 지역에서의 확정측량을 실시할 경우 경계점의 관측 및 산출방법은 「지적측량 시행규칙」 제18조제9항부터 제12항에 따라 실시한다.<br><br>**제19조(지번부여 및 지목설정)** ① 지번의 구성 및 부여방법에 대하여는 영 제56조에 따른다. |  | 다.<br>1. 구획(건축·구조물, 점유형태) 현황<br>　가. 구획은 건축·구조물 및 점유형태의 현황에 대하여 적용한다.<br>　나. 분할식이 아닌 위치만 표시하는 건축·구조물 또는 점유현황의 실측 면적이 기준면적을 초과하면 면적 가산계수를 적용한다.<br>　다. 건축·구조물 등은 독립된 구획단위를 기준으로 하며, 건축·구조물 등이 2필지 이상에 걸치면 1구획을 적용한다. 다만, 건축·구조물 등에 대하여 각 필지마다 별도로 면적측정을 하는 경우에는 분할 필지수와 동일하게 적용한다.<br>　라. 토지면적을 감안하지 않고 건물 단독으로 면적측정을 한 경우에는 1구획으로 적용한다. 이 경우 건물을 분할식으로 면적측정을 합산하여 1구획으로 성과를 제출한 경우에도 1구획으로 적용한다.<br>　마. 축척이 상이한 지역 또는 행정구역이 다른 지역에 걸쳐서 하나의 구획으로 이루어진 현황에 대해서는 분할식으로 각각 면적을 산출할 경우 분할측량과 같게 적용하며, 동일축척으로 작성·교부할 수 있다. 다만, 면적측정을 하지 않는 경우에는 1구획으로 적용한다. |

| 지적재조사측량규정 | 지적확정측량규정 | GNSS에 의한 지적측량규정 | 지적측량수수료 산정기준 등에 관한 규정 |
|---|---|---|---|
| | ② 부번은 지번의 진행방향에 따라 부여하되 도곽이 다른 경우에도 같은 본번에 부번을 차례로 부여한다.<br>③ 도시개발사업 등이 준공되기 전에 지번을 부여하는 경우에는 규칙 제61조에 따른다.<br>④ 지목의 설정방법은 영 제59조를 준용하여 설정하되 토지의 이용이 일시적인 경우 사업계획에 따라 지목을 설정할 수 있다.<br>⑤ 사업지역 내의 제척 토지는 축척변경을 할 수 있다.<br><br>**제20조(면적산출 및 결정)** 지구계 및 필지면적은 세계좌표를 기준으로 좌표면적 계산법으로 계산하며, 「지적측량 시행규칙」 제20조제1항제2호에 따라 결정한다. | | 바. 건축물이나 구조물을 층별로 측량할 때 1개의 층을 제외한 다른 층 및 건축물 내부를 다시 구획할 때 증가되는 구획에 대해서는 100분의 50을 감면 적용한다.<br>사. 건축·구조물 또는 점유현황이 필지 경계선과 완전히 일치할 경우에는 필지 원면적을 기준으로 1구획을 적용한다.<br>아. 건축허가 및 준공 등에 수반되는 진입로 등의 도로현황은 1구획으로 적용하되 진입로 실측면적에 대해서는 면적가산계수를 적용한다. 다만, 각 필지에 대한 면적측정 시에는 분할측량과 같게 적용한다.<br>2. 선 현황<br>　가. 도로, 하천, 구거, 제방, 상·하수도선, 둑, 담장, 축대(옹벽), 울타리(철조망), 경계말뚝 등에 의한 현황은 선 현황에 해당한다.<br>　나. 선 현황은 필지 내 선의 개수와 원필지 면적을 기준으로 한다.<br>　다. 선 현황이 필지 내 선을 기준으로 분할측량과 같을 경우 분할측량과 같은 필지수로 적용하고 기준면적 초과 시에는 면적가산계수를 적용한다.<br>　라. 인가·허가 선등을 기준으로 면적을 도상에서 맞추어 현장에 표시하는 지정현황의 경우, 분할측량과 같은 |

| 지적재조사측량규정 | 지적확정측량규정 | GNSS에 의한 지적측량규정 | 지적측량수수료 산정기준 등에 관한 규정 |
|---|---|---|---|
| | | | 필지수를 적용하고 지적현황측량 수수료 단가에 100분의 40을 가산 적용한다.<br>마. 인가·허가 선, 법 제86조에 따른 도시개발사업 및 영 제83조에 따른 토지개발사업 승인선 또는 예정선 등을 도상에서 맞추어 현장에 표시하는 지정현황의 경우 지적현황측량 수수료 단가의 100분의 30을 가산 적용한다.<br>바. 라목 및 마목은 토지전용을 인가 또는 허가받은 면적이나 의뢰인이 면적(선) 지정을 요청한 부분에 대해서만 적용한다.<br>사. 면적측정을 요하지 않는 선 현황의 경우에는 연속된 매 200m마다 기본단가로 1구획을 적용하고, 1필지 내 선의 증가 시마다 100분의 50을 감면 적용한다.<br>아. 현황선 일부가 경계와 일치하였을 경우에는 그 부분에 대한 수수료는 적용하지 아니한다.<br>3. 점 현황<br>가. 전신주, 묘지, 철탑, 소화전, 나무, 전주, 도근점, 가로등, 수도전, 소화전 등과 같이 점 형태로 표시되는 현황은 점 현황으로 구분한다.<br>나. 실측하는 점으로 위치를 표시하는 경우에는 점을 필지수로 하여 1필지 내 |

| 지적재조사측량규정 | 지적확정측량규정 | GNSS에 의한 지적측량규정 | 지적측량수수료 산정기준 등에 관한 규정 |
|---|---|---|---|
| | | | 1점일 경우 기본단가를 적용하고 1 필지 내 증가되는 점은 기본단가의 100분의 50을 감면 적용한다.<br>다. 일정한 규모의 묘지, 철탑 등에 대한 면적을 측정할 때에는 분할식으로 적용한다. 다만, 단독으로 면적을 측정할 경우에는 1구획을 적용한다.<br>③ 구획, 선, 점 현황 등이 혼합되어 현황대상 및 필지수가 연속지·집단지일 때에는 연속지·집단지 체감계수를 적용한다.<br>④ 지적현황측량성과에 따라 지적공부를 정리할 경우 적용기준은 다음 각 호에 따른다.<br>1. 분할될 필지의 지적경계선, 분할선 및 현황이 변경되지 않아 추가측량 및 면적 재산정 등의 공정이 필요하지 않은 경우에 한정하여 종목변경 시점의 수수료와 기납부한 수수료의 차액을 납부하고 분할측량으로 종목을 변경할 수 있다. 다만, 분할·합병 등의 사유로 면적 재산정 등 내업 공정만 필요한 경우에는 분할 내업품 수수료를 납부하고 분할측량으로 종목을 변경할 수 있다.<br>2. 제1호에도 불구하고 지적현황측량일로부터 3년이 경과한 경우에는 재측량하여야 하며, 전산파일로 현황측량을 하였을 경우에는 그러하지 아니하다.<br>3. 지적현황측량 성과에 변경 없이 건물 등의 현황만을 추가로 재측량할 경우에는 지적현황측량 수수료를 추가 납부하고 |

| 지적재조사측량규정 | 지적확정측량규정 | GNSS에 의한 지적측량규정 | 지적측량수수료 산정기준 등에 관한 규정 |
|---|---|---|---|
| | | | 처리한다.<br>4. 2지번 이상 같은 건으로 지적현황측량 완료 후 그중 일부 필지만 분할측량이 완료되고, 나머지 필지에 대하여 추가로 분할측량을 할 경우 현황측량 시점의 지적경계선, 분할선 및 현황선이 변경되지 않은 필지에 한정하여 필지단위로 종목변경이 가능하다. 다만, 현황측량일로부터 3년이 경과한 경우에는 그러하지 아니한다.<br><br>**제20조(실비가산)** 도서지역 등을 측량하기 위하여 특별히 선박을 임차할 경우에는 선박 임차료 실비를 가산하며, 의뢰인의 특별요청에 따라 관외로 출장할 경우에는 관외에서 소요되는 여비 실비를 가산한다.<br><br>**제21조(경계점표지의 설치)** 지적측량에 따른 경계점표지는 「공간정보의 구축 및 관리 등에 관한 법률 시행규칙」 제60조제4항에 따른 규격과 재질로 하며 지적측량 시 경계점표지는 의뢰인이 설치한다.<br><br>**제22조(그 밖의 수수료적용 등)** ① 도농통합형태 시지역의 경우 행정구역상 동지역은 시지역에 적용하는 수수료를, 읍·면은 군지역에 적용하는 수수료를 적용한다. 다만, 자치구 및 일반구의 동지역은 구지역에 적용하는 수수료를 적용한다.<br>② 품셈에 규정되지 아니한 업무로서 도시계 |

| 지적재조사측량규정 | 지적확정측량규정 | GNSS에 의한 지적측량규정 | 지적측량수수료 산정기준 등에 관한 규정 |
|---|---|---|---|
| | | | 획선명시측량 및 도시개발사업 등으로 조성된 토지를 준공 전 허가를 받아 사용하기 위한 측량은 「경계복원측량품셈」을 적용한다. 그 밖의 특수한 업무에 대한 품셈은 국토교통부장관이 정하여 고시할 수 있다.<br>③ 제2항의 후단의 그 밖의 특수한 업무 중 지적측량을 수반하지 아니하는 업무에 대해서는 과업내용에 의하여 지적측량수행자가 산출한 용역대가의 범위 내에서 계약자 쌍방의 합의에 의하여 결정할 수 있다. |
| **제4장 측량성과의 계산 및 성과물 등** | **제7장 측량성과 작성** | **제3장 성과계산** | |
| **제13조(측량성과 계산 및 결정)** ① 측량성과의 계산 및 결정은 다음 각 호에 따르며 측량성과가 규칙 제7조의 연결교차를 초과할 때에는 다시 측정하여야 한다.<br>　1. 경위도의 단위는 도·분·초이며 계산 및 결정은 소수점 이하 넷째 자리까지로 한다.<br>　2. 각의 관측 및 결정은 초단위로 한다.<br>　3. 타원체고·안테나고·표고의 측정 및 결정은 0.001m로 한다.<br>　4. 거리와 평면직각 좌표는 0.001m까지 계산하여 0.01m로 결정한다.<br>② 측량성과는 위성수신기에 부속된 소프트웨어(국토교통부장관이 사용승인 한 것에 한정한다)에서 계산된 성과를 사용한다. | **제21조(지적확정측량부)** ① 지적측량수행자가 작성하여야 할 지적확정측량부는 별지 제5호와 같다.<br>② 지적확정측량부는 세계좌표를 기준으로 작성한다. 다만, 종전 토지 관련사항은 지역좌표를 기준으로 작성할 수 있다.<br><br>**제22조(확정측량 성과도 작성)** 확정측량 성과도는 명칭 앞에 "(좌표)"라 기재하고, 경계점 간 계산거리를 기재하여야 한다.<br><br>**제23조(확정측량 결과도 작성)** ① 확정측량 결과도에는 다음 각 호의 사항이 포함되어야 한다.<br>　1. 측량결과도의 제명·축척 및 색인도<br>　2. 확정된 필지의 경계(경계점좌표를 전개하여 연결한 선)·지번 및 지목 | **제10조(기선해석)** 지적위성측량에 의한 기선해석은 다음 각 호의 기준에 의한다.<br>　1. 당해 관측지역의 가장 가까운 위성기준점(최소 2점 이상) 또는 세계좌표를 이미 알고 있는 측량기준점을 기점으로 하여 인접하는 기지점 또는 소구점을 순차적으로 각 성분의 교차($\Delta X$, $\Delta Y$, $\Delta Z$)를 해석할 것<br>　2. 기지점과 소구점 간의 거리가 50킬로미터를 초과하는 경우에는 정밀궤도력에 의하고 기타는 방송궤도력을 이용할 수 있음<br>　3. 제2호의 기준에도 불구하고 고정밀 자료처리 소프트웨어를 사용할 경우에는 초신속 또는 신속궤도력을 이용할 수 있음<br>　4. 기선해석의 방법은 세선별로 실시하되 | |

| 지적재조사측량규정 | 지적확정측량규정 | GNSS에 의한 지적측량규정 | 지적측량수수료 산정기준 등에 관한 규정 |
|---|---|---|---|
| **제14조(측량성과 작성 및 제출)** ① 지적측량수행자는 별표 4의 기준에 따라 측량성과물을 작성하여 지적소관청에 제출한다. 이 경우 측량파일(GDB 또는 SDB, DXF, SHP, DAT)의 레이어코드 및 속성코드는 별표 5에 따른다. 〈개정 2020. 12. 4.〉<br>② 제1항에 따른 측량성과물을 제출 후 경계가 변동된 경우에는 변동된 경계에 따른 측량성과물을 지적소관청에 제출하여야 한다. | 3. 경계점 간 계산거리 및 실측거리. 다만, 경지정리지역에서는 실측거리 기재를 생략할 수 있다.<br><br>$$\frac{(계산거리)}{실측거리}$$<br><br>4. 지적기준점 및 그 번호와 지적기준점 간 방위각 및 거리<br>5. 행정구역선과 그 명칭<br>6. 도곽선과 그 수치<br>7. 확정 경계선에 지상구조물 등이 걸리는 경우에는 그 위치현황<br>8. 측량 및 검사연월일, 측량자 및 검사자의 성명 · 소속 · 자격등급<br>② 제1항에 따라 확정측량 결과도를 작성하는 때에는 제1항제1호 · 제2호, 제4호 중 지적기준점 및 그 번호 · 제5호와 제8호는 검은색으로, 제1항제4호 중 지적기준점 간 방위각 및 거리와 제6호는 붉은색으로, 그 밖의 사항은 검은색으로 표시한다.<br>③ 제1항 및 제2항 이외의 측량결과도 및 측량계산부의 작성은 「지적측량 시행규칙」 제26조에 따라 작성한다. | 단일기선해석방법에 의할 것<br>5. 기선해석 시에 사용되는 단위는 미터단위로 하고 계산은 소수점 이하 셋째 자리까지 할 것<br>6. 2주파 이상의 관측데이터를 이용하여 처리할 경우에는 전리층 보정을 할 것<br>7. 기선해석의 결과는 고정해에 의하며, 그 결과를 기초로 소프트웨어에서 제공하는 형식으로 기선해석계산부를 작성할 것<br><br>**제11조(기선해석의 점검)** ① 서로 다른 세션에 속하는 중복기선으로 최소변수의 폐합다각형을 구성하여 기선벡터 각 성분($\Delta X$, $\Delta Y$, $\Delta Z$)의 폐합차를 계산한다.<br>② 제1항에 의한 폐합차의 허용범위는 다음 표에 의하며, 그 기준을 초과하는 경우에는 다시 관측을 하여야 한다.<br><br>**제12조(망조정)** GNSS 데이터의 망조정은 자유망조정으로 처리하여 기지점들의 성과를 점검 후 다점고정망으로 모든 기지점을 고정하여 처리하며 다음 각 호의 기준에 의한다. | |

GNSS 열의 표:

| 폐합기선장의 총합 | $\Delta X$, $\Delta Y$, $\Delta Z$의 폐합차 |
|---|---|
| 10km 미만 | 3cm 이내 |
| 10km 이상 | 2cm + 1ppm × $D$ 이내 |
| 비고 | |
| $D$ : 기선장(km) | |

| 지적재조사측량규정 | 지적확정측량규정 | GNSS에 의한 지적측량규정 | 지적측량수수료 산정기준 등에 관한 규정 |
|---|---|---|---|
| | | 1. 자유망조정은 기지점 중 한 점을 고정하고 기지점들을 처리하며, 기지점들 간의 성과부합여부를 확인할 것<br>2. 자유망조정 결과 기지점들에 이상이 없을 때 모든 기지점을 고정하여 다점고정망조정으로 처리할 것<br>3. 고정밀 자료처리 소프트웨어를 사용할 경우에는 기지점 및 소구점을 동시에 조정하여 처리할 수 있음<br><br>**제13조(세계좌표의 계산)** 관측점의 세계좌표는 제10조의 규정에 의한 기선해석성과를 기준으로 조정계산에 의해 결정하되, 조정계산은 다음 각 호의 기준에 의한다.<br>1. 고정점은 위성기준점, 통합기준점 또는 정확한 세계좌표를 알고 있는 지적측량기준점으로 할 것<br>2. 계산방법은 기선해석에 사용하는 소프트웨어에서 정한 방법에 의할 것<br><br>**제14조(지역좌표의 계산)** ① 제13조의 규정에 의거 세계좌표를 지역좌표로 변환하는 때에는 좌표변환계산방법 또는 조정계산방법에 의한다.<br>② 제1항의 규정에 의한 좌표변환계산방법은 다음 각 호에 의한다.<br>1. 당해 관측지역에서 측정한 모든 기지점을 점검하여 변환계수 산출에 사용할 3점 이상의 양호한 점을 결정할 것 | |

| 지적재조사측량규정 | 지적확정측량규정 | GNSS에 의한 지적측량규정 | 지적측량수수료 산정기준 등에 관한 규정 |
|---|---|---|---|

GNSS에 의한 지적측량규정 칸:

2. 제1호의 규정에 의한 기지점의 지역좌표와 그 기지점을 좌표변환계산에 의하여 산출한 지역좌표간의 수평성분교차 ($\varDelta X$, $\varDelta Y$)의 허용범위는 다음 표에 의하며, 그 기준을 초과하는 경우에는 조정계산에 의할 것

| 측량 범위 | 수평성분교차 |
|---|---|
| 2km × 2km 이내 | $6cm + 2cm \times \sqrt{N}$ 이내 |
| 5km × 5km 이내 | $10cm + 4cm \times \sqrt{N}$ 이내 |
| 10km × 10km 이내 | $15cm + 4cm \times \sqrt{N}$ 이내 |
| 비고 | |
| $N$은 좌표변환 시 사용한 기지점수 | |
| 〃 | |
| 〃 | |

3. 제1호의 규정에 의하여 결정한 기지점을 이용하여 변환계수를 산출하고 이를 모든 관측점에 적용하여 지역좌표를 산출할 것. 다만, 좌표변환계수가 결정되어 있는 지역에는 그 값을 적용할 것

4. 좌표변환계산의 단위 및 자리수는 다음 표에 의할 것

| 지적재조사측량규정 | 지적확정측량규정 | GNSS에 의한 지적측량규정 | 지적측량수수료 산정기준 등에 관한 규정 |
|---|---|---|---|
| | | (표 및 본문 아래 참조) | |

| 구분 | 단위 |
|---|---|
| 평면직각<br>종 · 횡선수치 | m |
| 경위도 | 도, 분, 초 |
| 표고 | m |

| 계산 자리수 | 결정 자리수 |
|---|---|
| 소수점 이하 3자리 | 소수점 이하 2자리 |
| 소수점 이하 4자리 | 소수점 이하 4자리 |
| 소수점 이하 3자리 | 소수점 이하 2자리 |

③ 제1항의 규정에 의한 조정계산방법은 다음 각 호에 의한다.
1. 당해 관측지역에서 측정한 모든 기지점을 대상으로 기지점 성과를 점검하고 조정계산에 사용할 2점 이상의 고정점을 결정할 것
2. 제1호의 규정에 의하여 결정한 고정점을 이용하여 지역좌표를 산출할 것

**제15조(표고의 계산)** ① 지적기준점의 표고 산출은 직접 · 간접수준측량 또는 지적위성측량에 의한다.
② 지적위성측량에 의한 표고결정은 정지측량 또는 이동측량에 의하며, 통합기준점, 수준점 및 표고가 등록된 지적기준점 등을 기지점으로 하여야 한다.
③ 지적위성측량에 의한 표고결정은 다음 각 호의 기준에 의한다.
1. 3점 이상의 표고점의 지오이드고를 내삽하여 소구점의 지오이드고를 산출하

| 지적재조사측량규정 | 지적확정측량규정 | GNSS에 의한 지적측량규정 | 지적측량수수료 산정기준 등에 관한 규정 |
|---|---|---|---|
| | | 여 그 값과 타원체고와의 차이를 표고로 하며, 다음 산식에 의하여 계산할 것<br><br>소구점표고＝소구점타원체고－소구점지오이드고<br><br>2. 소구점으로부터 2킬로미터 이내에 표고점이 있는 경우에는 소구점과 표고점 간의 타원체고의 차이를 표고차로 하며, 다음 산식에 의하여 계산할 것<br><br>소구점표고＝표고점표고＋(표고점타원체고－소구점타원체고)<br><br>3. 국가 지오이드모델을 이용하는 경우에는 다음 기준에 의할 것<br>가. 기지점에서 지오이드모델로부터 구한 지오이드고에서 고시된 지오이드고 차이를 계산하고 소구점 지오이드고에 감하여 보정지오이드고를 산출하고 그 값과 타원체고와의 차이를 표고로 하며, 다음 산식에 의하여 계산할 것<br>나. 보정지오이드고＝소구점 지오이드모델 지오이드고－(기지점 지오이드모델 지오이드고－고시 지오이드고)<br>다. 소구점표고＝소구점타원체고－보정지오이드고<br><br>**제16조(성과작성)** 지적위성측량의 성과 및 측량기록은 관측데이터파일, 지적위성측량부, 지적위성측량성과검사부 등에 정리한다. | |

| 지적재조사측량규정 | 지적확정측량규정 | GNSS에 의한 지적측량규정 | 지적측량수수료 산정기준 등에 관한 규정 |
|---|---|---|---|
| 제5장 측량성과의 검사방법 등 | 제8장 측량성과 검사 | 제4장 성과검사 | 제5장 지적측량수수료 감면 |

**지적재조사측량규정 — 제5장 측량성과의 검사방법 등**

제15조(측량성과 검사기준) ① 측량성과 검사 대상은 지적기준점, 지적재조사지구의 내·외 경계점, 경계점으로 한다. 〈개정 2020. 12. 4.〉

② 지적재조사측량 성과검사는 측량에 사용한 기지점과 신설점, 신설점 상호 간의 실측거리에 의하여 비교한다. 이 경우 검사성과와의 연결교차 허용기준은 규칙 제7조에 의한다.

③ 지적기준점측량 성과검사는 시·도지사가 하며 경계점측량 성과검사는 지적소관청이 지적재조사지구 특성에 맞는 표본을 추출하여 검사한다. 〈개정 2020. 12. 4.〉

④ 지적재조사측량을 지적소관청이 시행한 경우의 측량성과 검사는 시·도지사가 하여야 한다.

제16조(측량성과 검사방법) ① 측량성과검사는 현지측량 검사를 원칙으로 하며 지적재조사지구 특성에 맞게 다음 표의 측량방법에 따라 검사할 수 있다. 〈개정 2020. 12. 4.〉

| 구분 | 데이터 수신간격 | 측정시간 |
|---|---|---|
| 정지측량 | 30초 이하 | 10분 이상 |
| 이동측량 | 1초 | 고정해를 유지한 상태로 10초 이상 |

※ 토털스테이션측량을 하는 경우 수평각은 방향관측법으로 하며 수평거리는 1회 이상

**지적확정측량규정 — 제8장 측량성과 검사**

제24조(성과검사) ① 지적측량수행자는 지적기준점측량을 완료하면 지적기준점성과, 기지경계선의 부합여부 등을 확인한 측량결과도, 지적삼각점측량부 등 관련서류를 첨부하여 지적측량 시행규칙 제3조에 따른 지적기준점 성과 관리기관에 측량성과검사를 요청한다. 다만, 사전 협의가 있는 경우에는 기준점성과와 세부측량성과를 동시에 검사요청 할 수 있다.

② 확정측량 성과 검사 기관은 지역 및 확정측량 사업지구 면적에 따라 아래 표와 같이 구분하며, 확정측량 성과 검사 요청 시 지적측량수행자가 제출할 서류는 다음 각 호와 같다.

| 지역 구분 | 검사 기관 구분 | |
|---|---|---|
| | 지적소관청 | 시·도지사, 대도시시장 |
| 시·구 지역 | 10,000m² 이하 | 10,000m² 초과 |
| 군 지역 | 30,000m² 이하 | 30,000m² 초과 |

1. 사업인가서 및 사업계획서
2. 환지처분과 같은 효력이 있는 고시된 환지계획서. 다만, 환지를 수반하지 아니하는 사업인 경우에는 사업의 완료를 증명하는 서류
3. 토지이동정리파일
4. 별지 제5호의 지적확정측량부 등

**GNSS에 의한 지적측량규정 — 제4장 성과검사**

제17조(성과검사방법) 지적위성측량의 성과 검사는 다음 각 호의 방법에 의한다.

1. 지적위성측량관표, 지적위성측량관측망도 등에 근거하여 관측환경, 세션 및 관측망 구성 등이 적합한지를 검사할 것
2. 지적위성측량관측기록부 등에 근거하여 위성측량기의 설치 및 입력 요소 등의 설정이 적합한지를 검사할 것
3. 기선해석계산부, 기선벡터점검계산부, 기선벡터점검계산망도 등에 근거하여 제10조 및 제11조의 기준에 따라 기선해석이 되었는지 검사할 것
4. 좌표변환계산부, 점간거리계산부 등에 의해 기지점 좌표의 부합 등을 확인하고 제14조에 의한 지역좌표의 산출이 이루어졌는지 검사할 것
5. 지적위성측량성과표의 기재사항과 관측데이터의 관리 상태를 점검할 것
6. 지적위성측량성과의 결정은 「지적측량 시행규칙」 제27조의 규정에 의할 것

**지적측량수수료 산정기준 등에 관한 규정 — 제5장 지적측량수수료 감면**

제23조(재해지역 등 수수료 감면) ① 국민의 재산권행사에 대한 불편을 해소하고 편익을 도모하기 위하여 다음 각 호의 어느 하나에 해당하는 사업에는 국토교통부장관의 승인을 받아 해당 연도 수수료의 100분의 30을 감면하여 적용한다.

1. 기준점정비, 지적불부합정리 등 국가·지방자치단체에서 시행하는 국가시책사업
2. 농업기반시설 정부보조사업 및 저소득층 지원사업 등 특수시책사업

② 지적측량수행자가 산불·폭설·태풍 등 천재지변으로 인한 피해정보를 행정안전부로부터 제공받은 경우와 의뢰인이 「자연재해대책법」 제74조의 피해사실확인서를 제출한 경우 재해지역 복구를 위한 측량 수수료는 해당 연도 수수료의 100분의 50을 감면하여 적용한다. 다만, 재난 발생일로부터 2년이 경과하였거나 국가·지방자치단체 또는 「공공기관의 운영에 관한 법률」 제4조에 따른 공공기관이 의뢰하는 경우에는 그러지 아니한다. 〈개정 2020. 1. 10.〉

③ 국토교통부장관은 지적재조사 사업의 원활한 추진을 위해 필요한 경우와 국가안보와 관련된 돌발사태로 상당한 피해를 받아 피해복구가 필요한 경우, 해당 연도 수수료의 100분의 50 이내에서 감면 조정하여 적

| 지적재조사측량규정 | 지적확정측량규정 | GNSS에 의한 지적측량규정 | 지적측량수수료 산정기준 등에 관한 규정 |
|---|---|---|---|
| ② 측량성과 검사자는 관측데이터 파일(RINEX 포함)과 측량장비의 원시데이터 파일을 비교하여 다음 각 호의 사항을 분석하여야 한다.<br>  1. 위성의 배치 및 동시 수신 위성수의 적정성<br>  2. 위성수신기 제원과 안테나 높이 입력의 적정성<br>  3. PDOP 및 수평·수직정밀도 허용범위 초과 여부<br>  4. 측량장비별 관측환경 설정 및 측정시간의 적정성<br><br>**제17조(측량성과 검사항목)** 지적재조사측량 성과의 검사항목은 다음 각 호와 같다. 〈개정 2020. 12. 4.〉<br>  1. 상공장애도 조사의 적정성<br>  2. 측량방법의 적정성<br>  3. 지적기준점설치망 구성의 적정성<br>  4. 지적기준점 선점 및 표지설치의 적정성<br>  5. 지적재조사지구의 내·외 경계의 적정성<br>  6. 임시경계점표지 및 경계점표지 설치의 적정성<br>  7. 측량성과 계산 및 점검의 적정성<br>  8. 측량성과 작성의 적정성<br>  9. 면적산정의 적정성<br><br>**제18조(측량성과 검사기간)** 시·도지사 또는 지적소관청은 규칙 제6조에 따라 지적재조사 | ③ 검사요청을 받은 검사기관은 지적측량성 과검사정리부에 그 내용을 기재한 후 확정 측량 성과검사를 실시한다.<br>④ 확정측량 성과의 검사 방법 및 절차는 「지 적측량 시행규칙」 제28조, 「지적업무처리 규정」 제30조 및 제31조에 따르며, 다음 각 호의 사항을 확인하여야 한다.<br>  1. 가구계점 및 각 필계점 계산의 적정 여부<br>  2. 좌표면적 계산의 적정 여부<br>  3. 지번 및 지목설정의 적정 여부<br>⑤ 지적확정측량 기간이 1년 이상일 경우에는 규칙 제25조제4항에도 불구하고 측량검사 기간을 60일 이내로 한다.<br><br>**제25조(확정측량 성과검사 기준)** ① 측량성과 검사대상은 지적기준점, 지구계점 및 필계점 으로 한다.<br>② 확정측량 성과검사는 측량에 사용한 기지 점과 신설점, 신설점 상호 간의 실측거리에 의하여 비교하여야 하며 검사성과의 연결 교차 허용기준은 다음 각 호와 같다.<br>  1. 지적삼각점 : ±20cm 이내<br>  2. 지적삼각보조점 : ±25cm 이내<br>  3. 지적도근점(도선을 달리하여 검사) : ±15cm 이내<br>  4. 경계점 : ±10cm 이내<br><br>**제26조(현지 측량성과 검사 방법)** ① 확정측량 에 의한 세계좌표의 성과검사는 현지측량 검 | | 용할 수 있다.<br>④ 사회공헌활동 등 특별한 사유로 인하여 추 진되는 사업 및 국민부담 경감을 위한 서비 스제도 등은 한국국토정보공사장이 국토 교통부장관의 승인을 받아 감면 적용할 수 있다.<br>⑤ 「감정인등 선정과 감정료 산정기준 등에 관 한 예규」 제29조에 따라 이동정리를 수반하 지 않는 측량감정의 경우에는 해당 연도 수 수료의 100분의 30을 감면한다.<br>⑥ 제1항부터 제5항까지 수수료 감면요건이 둘 이상 중복되는 경우에는 감면율이 높은 한 가지만 적용한다.<br><br>**제24조(동일지번 두 종목 이상 지적측량신청 감면)** ① 소유자가 같은 동일 지번 또는 연접된 필지를 두 종목 이상의 지적측량을 신청하여 1회 측량으로 완료될 경우 추가종목당 기본단 가의 100분의 30을 감면 적용한다.<br>② 제1항에 따른 감면은 경계복원측량, 도시 계획선명시측량, 지적현황측량, 분할측량, 등록전환측량을 순차적으로 적용하며, 연 속지·집단지일 경우 적용하지 아니한다. |

| 지적재조사측량규정 | 지적확정측량규정 | GNSS에 의한 지적측량규정 | 지적측량수수료 산정기준 등에 관한 규정 |
|---|---|---|---|
| 측량성과의 검사에 필요한 자료를 제출받은 때에는 제출받은 날로부터 20일 이내에 성과검사를 하여야 한다.<br><br>**제19조(안전조치)** 지적측량수행자는 지적재조사측량 과정에서 안전사고가 발생하지 않도록 예방에 필요한 조치를 하여야 한다.<br><br>**제20조(재검토기한)** 국토교통부장관은 이 고시에 대하여 「훈령·예규 등의 발령 및 관리에 관한 규정」에 따라 2021년 1월 1일 기준으로 매 3년이 되는 시점(매 3년째의 12월 31일까지를 말한다)마다 그 타당성을 검토하여 개선 등의 조치를 하여야 한다. 〈개정 2020. 12. 4.〉 | 사를 원칙으로 하며, 검사방법은 경위의측량방법 또는 위성측량방법으로 한다.<br>② 검사기관은 현지측량 검사 시 다음 각 호의 사항을 확인하여야 한다.<br>　1. 영 제55조에 따른 지상경계결정 기준과의 부합 여부<br>　2. 필계점의 각, 거리, 좌표 등 측정의 적정성 여부<br>　3. 건축물 등 구조물의 지구계 저촉여부<br>　4. 확정측량 결과도의 지구계선과 지상 경계의 부합여부<br>　5. 지상경계의 위치표시 등에 관하여 법 제65조제1항의 기준과의 부합여부<br><br>**제27조(확정측량 성과도 발급)** ① 시·도지사 및 대도시시장이 확정측량 성과검사를 완료하였을 때에는 그 결과를 지적소관청에게 통지하여야 하며, 확정측량 성과도 발급은 지적측량 시행규칙 제28조제2항에 따른다. 다만 확정측량 성과도를 발급함에 있어 성과검사 결과 보완사항이 있는 때에는 보완조치 후 확정측량 성과도를 발급하여야 한다.<br>② 지적소관청으로부터 확정측량 성과도를 발급받은 지적측량수행자는 확정측량 성과도를 측량의뢰인에게 교부한다.<br><br>**제28조(지적공부 정리)** ① 지적공부정리는 세계좌표로 한다.<br>② 지적공부정리는 확정 토지의 지번별조서 | | |

| 지적재조사측량규정 | 지적확정측량규정 | GNSS에 의한 지적측량규정 | 지적측량수수료 산정기준 등에 관한 규정 |
|---|---|---|---|
| | 에 따라 지적전산파일을 정리하고, 확정측량 성과에 따라 경계점좌표등록부를 작성한다.<br>③ 소유자는 환지계획서에 의하되, 소유권변동일자는 환지처분일 또는 사업준공일로 정리한다.<br>④ 지적소관청은 지적공부정리가 완료되면 새로운 지적공부가 확정 시행된다는 내용을 7일 이상 게시판 또는 인터넷 홈페이지 등에 게시하여야 한다.<br><br>**제29조(재검토기한)** 국토교통부장관은 「훈령·예규 등의 발령 및 관리에 관한 규정」에 따라 이 예규에 대하여 2021년 1월 1일 기준으로 매 3년이 되는 시점(매 3년째의 12월 31일까지를 말한다)마다 그 타당성을 검토하여 개선 등의 조치를 하여야 한다. 〈개정 2020. 8. 10.〉 | | |

| | | 제5장 GNSS측량기 | 제6장 지적측량수수료의 반환 |
|---|---|---|---|
| | | **제18조(GNSS측량기)** 지적위성측량에 사용하는 GPS측량기는 수신기, 안테나, 소프트웨어 및 부대장비로 구성되며, 다음 각 호의 기준에 의한다.<br>1. 측량방법에 따른 GNSS측량기의 성능은 다음 표의 기준에 의할 것 | **제25조(수수료의 반환)** 지적측량을 의뢰한 후에 의뢰인이 측량의뢰를 취소하거나 측량성과를 제시할 수 없을 때에는 다음 각 호의 기준에 따라 수수료를 반환하여야 한다.<br>1. 측량의뢰 후 의뢰인이 취소하는 경우에는 다음 각 목의 기준에 따라 취소한 시점까지 수행된 작업공정을 감안하여 수수료를 반환한다.<br>　가. 현지에 출장가기 전에 취소한 경우에는 수수료 전액<br>　나. 현지에 출장하여 측량착수 전에 취소 |

| 구분 | 기선거리 측정정도 |
|---|---|
| 정지측량 | ±(5mm + 1ppm × 기선거리) 이내 |
| 이동측량 | ±(20mm + 2ppm × 기선거리) 이내 |

| 지적재조사측량규정 | 지적확정측량규정 | GNSS에 의한 지적측량규정 | 지적측량수수료 산정기준 등에 관한 규정 |
|---|---|---|---|
| | | 2. 안테나는 위성의 전파를 수신하여 수신기에 전달할 수 있어야 하며, 측점에 정확하게 정치할 수 있는 구심 기능과 수평조정 기능을 갖는 장치가 있을 것<br>3. 소프트웨어는 지적위성측량의 사전 계획수립을 위한 위성에 관련된 정보획득과 관측데이터의 점검, 기선해석, 조정계산 및 좌표변환 등의 기능을 가질 것<br><br>**제19조(GNSS측량기의 점검)** ① 지적위성측량(측량검사를 포함한다)을 하는 때에는 GNSS측량기에 대한 기능점검을 하여 사용하고 측량 중에도 이상 유무를 확인하여야 한다.<br>② 기능점검은 다음 각 호의 기준에 의한다.<br>　1. 안테나 장착을 위한 광학구심장치, 각종 케이블 및 접속부분, 전원장치 등이 정상일 것<br>　2. 안테나 및 수신기가 정상적으로 작동할 것<br>③ 제1호에 의한 점검을 한 때에는 지적위성측량기점검기록부를 작성하여야 한다.<br><br>**제20조(소프트웨어의 제한)** ① 지적위성측량의 성과계산에 사용되는 소프트웨어는 GNSS측량기에 부속된 소프트웨어 또는 동등 이상의 기능을 가져야 한다.<br>② 기선해석 소프트웨어는 서로 다른 GNSS측량기에서 관측한 데이터의 조합에 의한 처리가 가능하여야 한다. 이 경우 관측한 데이 | 하는 경우에는 기본 1필지에 대한 수수료의 100분의 30을 차감한 잔액<br>다. 기초측량을 취소하는 경우에는 다음에 의하여 산정한 금액<br>　(1) 선점을 하지 아니한 경우에는 수수료의 전액<br>　(2) 선점을 완료한 경우에는 선점한 점수에 대하여 기본단가의 100분의 10을 차감한 잔액<br>　(3) 관측을 완료한 경우에는 관측한 점수에 대하여 기본단가의 100분의 30을 차감한 잔액<br>2. 현지측량을 완료하였으나 지적측량수행자의 사정에 의하여 측량성과를 제시하지 못하는 경우에는 수수료 전액을 반환한다.<br>3. 의뢰인이 같은 필지에 대하여 2종목 이상의 지적측량을 의뢰하여 전체 종목을 동시에 취소하면 의뢰받은 종목 중 수수료가 저렴한 종목의 기본 1필지에 대하여 제1호의 따라 반환하고 나머지 종목은 전액을 반환한다.<br>4. 지적공부의 정리를 목적으로 실시한 측량을 완료하였으나 관계법규에 저촉되어 지적공부를 정리할 수 없는 경우에는 측량의뢰인과 협의하여 업무를 종결하거나 지적현황측량으로 종목을 변경하고 그 차액을 반환한다. 다만, 측량 접수 시에 관계법규에 저촉되는 사항을 알 수 있었음에도 불구하고 착오로 접수하였 |

| 지적재조사측량규정 | 지적확정측량규정 | GNSS에 의한 지적측량규정 | 지적측량수수료 산정기준 등에 관한 규정 |
|---|---|---|---|
| | | 터는 GNSS측량기 공통변환형식(RINEX 파일)으로 변환하여 사용할 수 있다. | 을 때에는 수수료 전액을 반환한다.<br>5. 현장 여건상 수목, 장애물 등 현장사정으로 인하여 측량수행이 불가능하거나 의뢰인의 사정으로 지적측량이 측량일 또는 계약만료일로부터 3개월 이상 보류된 경우에는 3개월이 지난 날부터 10일 이내에 제1호부터 제4호까지의 기준에 따라 수수료를 반환한다.<br>6. 의뢰인이 서면으로 측량연기를 요청한 경우에는 요청일부터 1년의 범위에서 연기할 수 있고, 연기 만료일로부터 10일 이내에 제1호부터 제4호까지의 기준에 따라 수수료를 반환한다.<br>7. 측량결과 의뢰수량보다 완료수량이 감소된 경우에는 감소된 수량에 대한 수수료 금액을 반환한다.<br>8. 수수료 기준을 잘못 적용하여 기준보다 초과하여 받은 경우에는 초과 금액에 대하여 즉시 반환한다.<br>9. 반환금액은 1천원단위(1,000원 미만은 절상)로 한다. |
| | | **제6장 보칙** | **제7장 수수료 고시** |
| | | 제21조(서식) 이 규정에 의한 서식은 다음 각 호와 같다.<br>  1. 지적위성측량부 : 별지 제1호 서식(별지 제1호 서식 붙임)<br>  2. 지적위성측량성과검사부 : 별지 제2호 서식 | 제26조(수수료 단가 조정고시) ① 국토교통부장관은 수수료 단가를 노임단가, 현장여비, 기계경비, 재료소모품비 등을 고려하여 산출된 금액으로 고시한다.<br>② 제1항에도 불구하고 국민의 부담을 경감하기 위하여 산출된 금액을 조정하여 고시할 |

| 지적재조사측량규정 | 지적확정측량규정 | GNSS에 의한 지적측량규정 | 지적측량수수료 산정기준 등에 관한 규정 |
|---|---|---|---|
| | | 3. GNSS측량기점검기록부 : 별지 제3호 서식<br><br>**제22조(재검토 기한)** 국토교통부장관은 「훈령·예규 등의 발령 및 관리에 관한 규정」에 따라 이 예규에 대하여 2021년 1월 1일 기준으로 매 3년이 되는 시점(매 3년째의 12월 31일까지를 말한다)마다 그 타당성을 검토하여 개선 등의 조치를 하여야 한다. 〈개정 2020. 8. 10.〉 | 수 있다.<br><br>**제27조(재검토 기한)** 국토교통부장관은 「훈령·예규 등의 발령 및 관리에 관한 규정」에 따라 이 규정에 대하여 2021년 1월 1일을 기준으로 매 3년이 되는 시점(매 3년째의 12월 31일까지를 말한다)마다 그 타당성을 검토하여 개선 등의 조치를 하여야 한다. 〈개정 2020. 8. 10.〉 |

# 지적원도 데이터베이스 구축 작업기준 외 5단

CONTENTS

| 지적공부 세계측지계 변환규정<br>[시행 2021. 4. 19.]<br>[국토교통부훈령 제1380호,<br>2021. 4. 19., 일부개정] | 무인비행장치 측량 작업규정<br>[시행 2020. 12. 30.]<br>[국토지리정보원고시 제2020-5670호,<br>2020. 12. 30., 일부개정] | 국가공간정보센터 운영규정<br>[시행 2017. 7. 26.]<br>[대통령령 제28211호, 2017. 7. 26., 타법개정] | 부동산종합공부시스템운영 및<br>관리규정 [시행 2021. 2. 16.]<br>[국토교통부훈령 제1368호, 2021. 2. 16,<br>일부개정] | 지적원도 데이터베이스 구축<br>작업기준 [시행 2020. 8. 10.]<br>[국토교통부예규 제305호, 2020. 8. 10,<br>일부개정] |
|---|---|---|---|---|
| **제1장 총칙** | **제1장 총칙** | **제1장 총칙** | 제1조(목적) | **제1장 총칙** |
| 제1조(목적) | 제1조(목적) | 제1조(목적) | 제2조(정의) | 제1조(목적) |
| 제2조(정의) | 제2조(용어의 정의) | 제2조(정의) | 제3조(적용범위) | 제2조(용어의 정의) |
| 제3조(적용범위) | 제3조(적용) | 제3조(다른 법령과의 관계) | 제4조(역할분담) | **제2장 지적원도 이미지파일 및<br>수치파일 제작** |
| **제2장 계획 및 준비** | 제4조(위치의 기준) | 제4조(국가공간정보센터의 운영) | 제5조(사용자권한 부여) | |
| 제4조(세계측지계 변환 시행자) | 제5조(사업자 및 조종자 준수사항) | **제2장 국가공간정보의 관리 및 유통** | 제5조의2(사용자권한 신청) | 제3조(작업공정) |
| 제5조(실시계획 수립) | 제6조(사용장비 및 성능기준) | 제5조(공간정보 등의 수집) | 제6조(전산자료의 관리책임) | 제4조(사용장비) |
| 제6조(자료제공) | 제7조(작업순서) | 제5조의2(공간정보데이터베이스<br>구축) | 제6조의2(부동산 공시가격 관리) | 제5조(전산파일의 형식) |
| 제7조(지적기준점 조사) | **제2장 대공표지 설치 및<br>지상기준점측량** | 제6조(자료의 정확성 유지) | 제7조(전산자료의 유지 · 관리) | 제6조(레이어 지정) |
| | | 제7조(자료의 이용신청 등) | 제8조(전산자료 장애 · 오류의 정비) | 제7조(지적원도 정보화 항목) |
| **제3장 세계측지계 변환** | 제8조(대공표지) | 제8조(공간정보의 제공) | 제9조(전산자료의 일치성 확보) | 제8조(작업계획 수립) |
| 제8조(공통점 선정기준) | 제9조(지상기준점의 배치) | 제9조(유통시스템의 개발 · 운영) | 제10조(전산자료의 제공) | 제9조(작업준비) |
| 제9조(공통점 측량) | 제10조(지상기준점 측량방법) | **제3장 지적전산자료의 관리** | 제11조(전산자료 수신자의 의무) | 제10조(이미지파일 제작) |
| 제10조(공통점 결정) | 제11조(검사점 측량방법 등) | 제10조(지적전산자료의 관리) | 제12조(전산자료의 연계) | 제11조(좌표독취) |
| 제11조(변환구역 선정) | 제12조(성과 등) | 제11조(지적전산자료의 이용 신청<br>등) | 제13조(정보시스템 관리) | 제12조(속성정보 입력) |
| 제12조(변환구역의 결정) | **제3장 무인비행장치항공사진 촬영** | 제12조(자료의 제공) | 제13조의2(단위업무) | 제13조(수치파일 제작) |
| 제13조(변환방법) | 제13조(촬영계획) | | 제14조(백업 및 복구) | **제3장 성과검사** |
| 제14조(평균편차조정방 | 제14조(촬영비행 및 촬영) | **제4장 부동산 정보의 관리** | 제15조(전산장비의 설치 및 관리) | 제14조(성과검사계획 수립) |
| 제15조(현형변환방법) | 제15조(재촬영) | 제13조(부동산관련자료의 제출) | 제16조(일일마감 확인 등) | 제15조(검사도면 출력) |
| 제16조(좌표재계산방법) | 제16조(성과 등) | | 제17조(연도마감) | 제16조(지적원도 수치파일 성과검<br>사) |
| 제17조(변환성과 검증) | | | 제18조(지적통계 작성) | |

| 지적공부 세계측지계 변환규정 | 무인비행장치 측량 작업규정 | 국가공간정보센터 운영규정 | 부동산종합공부시스템운영 및 관리규정 | 지적원도 데이터베이스 구축 작업기준 |
|---|---|---|---|---|
| 제18조(성과물 작성) | **제4장 항공삼각측량** | 제14조(부동산관련자료의 관리 및 정비) | 제19조(코드의 구성) | 제17조(속성데이터 성과검사) |
| 제19조(성과검사의 방법 등) | 제17조(항공삼각측량 작업방법) | | 제20조(행정구역코드의 변경) | 제18조(성과수정) |
| 제20조(지적공부 등록) | 제18조(조정계산 및 오차의 한계) | **제5장 부동산관련 정책정보 및 국가공간정보 기본통계의 생산** | 제20조의2(용도지역·지구 등의 코드 변경) | **제4장 지적원도 보정파일 제작** |
| 제21조(도면정비) | 제19조(성과 등) | | | 제19조(신축보정) |
| 제22조(지적불부합지 정리) | | 제15조(부동산관련 정책정보 등의 생산 및 제공) | 제21조(개인정보의 안전성 확보조치) | 제20조(보정파일 제작) |
| | **제5장 수치표고모델 제작** | 제16조(국가공간정보 기본통계의 생산 및 공표) | 제22조(보안 관리) | 제21조(신축보정량 관리) |
| **제5장 보 칙** | | | 제23조(운영지침서 등) | |
| 제23조(재검토기한) | | | 제24조(교육실시) | |
| | | **제6장 사무처리 등** | 제25조(재검토 기한) | |
| | 제20조(수치표면자료의 생성) | 제17조(실무협의회) | | **제5장 연속지적원도 제작** |
| | 제21조(수치지면자료의 제작) | 제18조(전산시스템 운영지침 제정 등) | | 제22조(작업순서) |
| | 제22조(수치표면모델 또는 수치표고모델의 제작) | 제19조(국가공간정보의 이용현황 조사 등) | | 제23조(일람도 제작) |
| | 제23조(정확도 점검) | 제20조(고유식별정보의 처리) | | 제24조(접합준비도 제작) |
| | 제24조(성과 등) | | | 제25조(오류 정비) |
| | | | | 제26조(도면접합) |
| | **제6장 정사영상 제작** | | | 제27조(행정구역경계 작성) |
| | 제25조(정사영상 제작방법) | | | 제28조(일반원칙) |
| | 제26조(영상집성) | | | 제29조(같은 행정구역 내 도곽 간 접합) |
| | 제27조(보안지역 처리) | | | 제30조(같은 행정구역 내 축척 간 접합) |
| | 제28조(정사영상의 정확도) | | | 제31조(같은 행정구역 내 원점 간 접합) |
| | 제29조(성과 등) | | | |
| | **제7장 지형·지물 묘사** | | | |
| | 제30조(묘사) | | | |

| 지적공부 세계측지계 변환규정 | 무인비행장치 측량 작업규정 | 국가공간정보센터 운영규정 | 부동산종합공부시스템운영 및 관리규정 | 지적원도 데이터베이스 구축 작업기준 |
|---|---|---|---|---|
| | 제31조(수치도화에 의한 지형·지물의 묘사) | | | 제32조(행정구역 간 접합) |
| | | | | 제33조(연속지적원도의 성과검사) |
| | 제32조(벡터화에 의한 지형·지물의 묘사) | | | **제6장 지적원도 데이터베이스 구축** |
| | 제33조(성과 등) | | | 제34조(구조화편집) |
| | **제8장 수치지형도 제작** | | | 제35조(구조화편집의 검사) |
| | 제34조(수치지형도 제작) | | | 제36조(구조화편집 데이터 관리) |
| | **제9장 응용측량** | | | 제37조(데이터베이스 구축대상 및 메타데이터) |
| | 제35조(노선측량의 종단측량) | | | 제38조(작업순서) |
| | 제36조(노선측량의 횡단측량) | | | 제39조(기초자료 준비) |
| | 제37조(토공량 계산) | | | 제40조(데이터의 환경설정) |
| | **제10장 품질관리 및 정리점검** | | | 제41조(데이터베이스의 전환) |
| | 제38조(품질관리) | | | 제42조(데이터베이스 전환 전·후의 자료검정) |
| | 제39조(정리점검) | | | 제43조(데이터베이스의 관리) |
| | 제40조(재검토 기한) | | | **제7장 기타** |
| | | | | 제44조(성과품 납품) |
| | | | | 제45조(기타) |
| | | | | 제46조(재검토기한) |

| 지적공부 세계측지계 변환규정 | 무인비행장치 측량 작업규정 | 국가공간정보센터 운영규정 | 부동산종합공부시스템운영 및 관리규정 | 지적원도 데이터베이스 구축 작업기준 |
|---|---|---|---|---|
| **제1장 총칙**<br><br>**제1조(목적)** 이 규정은 「공간정보의 구축 및 관리 등에 관한 법률」 제6조에 따른 부칙(법률 제9774호, 2009. 6. 9.) 제5조제2항 및 「지적재조사에 관한 특별법」 제4조에 따라 수립하여 고시된 기본계획에 의하여 세계측지계 기준으로 지적공부를 변환하기 위한 방법과 절차를 정함을 목적으로 한다.<br><br>**제2조(정의)** 이 규정에서 사용하는 용어의 정의는 다음과 같다. 〈개정 2021. 4. 19.〉<br>　1. "세계측지계 변환"이란 지역측지계 기준으로 등록된 지적공부를 세계측지계 기준으로 변환하는 것을 말한다.<br>　2. "사업지구"란 세계측지계 기준으로 지적공부에 등록된 지역을 제외한 모든 지역을 말한다.<br>　3. "변환구역"이란 세계측지계 변환을 위하여 동일한 변환계수 및 이동량을 사용하는 구역을 말한다.<br>　4. "공통점"이란 지역측지계와 세 | **제1장 총칙**<br><br>**제1조(목적)** 이 고시는 「공간정보의 구축 및 관리 등에 관한 법률」 제12조, 제17조 및 제22조제3항, 같은 법 시행규칙 제8조에 따라 무인비행장치 측량에 필요한 사항을 정하는 것을 목적으로 한다.<br><br>**제2조(용어의 정의)** 이 고시에서 사용하는 용어의 정의는 다음 각 호와 같다.<br>　1. "무인비행장치"란 「항공안전법 시행규칙」 제5조제5호에 따른 무인비행장치 중 측량용으로 사용되는 것을 말한다.<br>　2. "무인비행장치 측량"이란 무인비행장치로 촬영된 무인비행장치항공사진 등을 이용하여 정사영상, 수치표면모델 및 수치지형도 등을 제작하는 과정을 말한다.<br>　3. "무인비행장치항공사진"이란 무인비행장치에 탑재된 디지털카메라로부터 촬영된 항공사진을 말한다.<br>　4. "무인비행장치항공사진 촬영"이란 무인비행장치에 탑재된 | **제1장 총칙**<br><br>**제1조(목적)** 이 영은 「국가공간정보에 관한 법률」 및 「공간정보의 구축 및 관리 등에 관한 법률」에 따라 국가공간정보센터가 수행하는 업무의 처리 방법 및 절차 등에 관하여 필요한 사항을 규정함을 목적으로 한다.<br><br>**제2조(정의)** 이 영에서 사용하는 용어의 뜻은 다음과 같다.<br>　1. "국가공간정보센터"란 「국토교통부와 그 소속기관 직제」 제12조 제3항 제64호에 따른 국가공간정보센터를 말한다.<br>　2. "공간정보"란 「국가공간정보에 관한 법률」 제2조 제1호에 따른 공간정보를 말한다.<br>　3. "부동산관련자료"란 「공간정보의 구축 및 관리 등에 관한 법률」 제70조 제2항에 따른 지적공부를 과세나 부동산정책자료 등으로 활용하기 위한 주민등록전산자료, 가족관계등록전산자료, 부동산등기전산자료 또는 공시지가전산자료 등을 말한다. | **제1조(목적)** 이 규정은 「공간정보의 구축 및 관리 등에 관한 법률」, 같은 법 시행령, 같은 법 시행규칙, 「지적측량 시행규칙」과 「국가공간정보센터 운영세부규정」에 따라 지적공부 및 부동산종합공부를 정보관리체계에 따라 처리하는 방법과 절차 등에 관하여 필요한 사항을 규정함을 목적으로 한다.<br><br>**제2조(정의)** 이 규정에서 사용하는 용어의 정의는 다음과 같다.<br>　1. "정보관리체계"란 지적공부 및 부동산종합공부의 관리업무를 전자적으로 처리할 수 있도록 설치된 정보시스템으로서, 국토교통부가 운영하는 "국토정보시스템"과 지방자치단체가 운영하는 "부동산종합공부시스템"으로 구성된다.<br>　2. "국토정보시스템"이란 국토교통부장관이 지적공부 및 부동산종합공부 정보를 전국 단위로 통합하여 관리·운영하는 시스템을 말한다.<br>　3. "부동산종합공부시스템"이란 지방자치단체가 지적공부 및 부동산종합공부 정보를 전자 | **제1장 총칙**<br><br>**제1조(목적)** 이 기준은 지적원도를 데이터베이스로 구축하기 위한 세부적인 작업방법과 절차 등을 정하고, 성과물의 표준화로 지적원도 데이터베이스의 정확도 및 호환성을 확보함을 목적으로 한다.<br><br>**제2조(용어의 정의)** 이 기준에서 사용하는 용어의 정의는 다음과 같다.<br>　1. "지적원도"란 토지·임야조사 사업 당시 지적·임야도를 제작하기 위해 세부측량을 완료한 결과도면으로서, 현재 국가기록원 등에 보관 중인 세부측량원도를 말한다.<br>　2. "이미지파일"이란 도면스캐너에 의하여 제작된 낱장 형식의 이미지화된 지적원도 전산파일을 말한다.<br>　3. "좌표독취"란 좌표독취기 또는 좌표독취 응용프로그램을 이용하여 지적원도 이미지파일의 필지경계 굴곡점을 수치형식으로 순차 기록하는 작업을 말한다.<br>　4. "수치파일"이란 지적원도의 필 |

| 지적공부 세계측지계 변환규정 | 무인비행장치 측량 작업규정 | 국가공간정보센터 운영규정 | 부동산종합공부시스템운영 및 관리규정 | 지적원도 데이터베이스 구축 작업기준 |
|---|---|---|---|---|
| 계측지계 성과를 모두 가지고 있는 지적기준점 중 세계측지계 변환에 이용되는 지적기준점을 말한다.<br>5. "변환계수"란 2차원 헬머트(Helmert) 변환모델에 적용하기 위하여 산출한 계수를 말한다.<br>6. "공통점변환"이란 세계측지계 변환을 위해 공통점을 이용하여 변환하는 방법을 말한다.<br>7. "2차원 헬머트(Helmert) 변환"이란 2차원 평면상에서 이동·축척·회전을 이용하여 도형의 좌표를 변환하는 모델을 말한다.<br>8. "편차량"이란 변환계수를 이용하여 세계측지계로 변환한 성과와 세계측지계 기준의 계산성과 또는 실측성과와의 차이를 말한다.<br><br>**제3조(적용범위)** ① 이 규정은 지적공부의 세계측지계 변환에 관하여 다른 규정에 우선하여 적용한다.<br>② 지적공부의 세계측지계 변환 절차와 방법에 대하여 규정하지 아니한 사항은 「공간정보의 구축 및 | 디지털카메라를 이용한 무인비행장치항공사진의 촬영을 말한다.<br>5. "지상기준점측량"이란 항공삼각측량 등에 필요한 기준점의 성과를 얻기 위하여 현지에서 실시하는 지상측량을 말한다.<br>6. "항공삼각측량"이란 지상기준점 등의 성과를 기준으로 사진좌표를 지상좌표로 전환시키는 작업을 말한다.<br>7. "수치도화"란 수치도화시스템으로 지형지물을 수치형식으로 측정하여 이를 컴퓨터에 수록하는 작업을 말한다.<br>8. "벡터화"란 좌표가 있는 영상 등으로부터 점, 선, 면의 벡터데이터를 추출하는 작업을 말한다.<br>9. "수치표면자료(DSD ; Digital Surface Data)"란 기준좌표계에 의한 3차원 좌표 성과를 보유한 자료로서 지면 및 비지면 자료가 모두 포함된 점자료를 말한다.<br>10. "수치표면모델(DSM ; Digital Surface Model)"이란 수치표면자료를 이용하여 격자형태로 | **제3조(다른 법령과의 관계)** 국가공간정보센터의 설치와 운영에 관하여는 다른 법령에 특별한 규정이 있는 경우를 제외하고는 이 영에서 정하는 바에 따른다.<br><br>**제4조(국가공간정보센터의 운영)**<br>① 국가공간정보센터는 다음 각 호의 업무를 수행한다.<br>1. 공간정보의 수집·가공·제공 및 유통<br>2. 「공간정보의 구축 및 관리 등에 관한 법률」 제2조 제19호에 따른 지적공부(地籍公簿)의 관리 및 활용<br>3. 부동산관련자료의 조사·평가 및 이용<br>4. 부동산 관련 정책정보와 통계의 생산<br>5. 공간정보를 활용한 성공사례의 발굴 및 포상<br>6. 공간정보의 활용 활성화를 위한 국내외 교육 및 세미나<br>7. 그 밖에 국토교통부장관이 공간정보의 수집·가공·제공 및 유통 활성화와 지적공부의 관리 및 활용을 위하여 필요하다고 인정하는 업무 | 적으로 관리·운영하는 시스템을 말한다.<br>4. "운영기관"이란 부동산종합공부시스템이 설치되어 이를 운영하고 유지관리의 책임을 지는 지방자치단체를 말하며, 영문표기는 "Korea Real estate Administration intelligence System"으로 "KRAS"로 약칭한다.<br>5. "사용자"란 부동산종합공부시스템을 이용하여 업무를 처리하는 업무담당자로서 부동산종합공부시스템에 사용자로 등록된 자를 말한다.<br>6. "운영지침서"란 국토교통부장관이 부동산종합공부시스템을 통한 업무처리의 절차 및 방법에 대하여 체계적으로 정한 지침으로서 '운영자 전산처리지침서'와 '사용자 업무처리지침서'를 말한다.<br><br>**제3조(적용범위)** 지적공부 및 부동산종합공부를 정보관리체계에 따라 관리·운영하는 데 있어 다른 법령에 특별한 규정이 있는 경우를 제외하고는 이 규정을 적용한다. | 지경계점을 좌표독취 하고, 지번, 지목 등의 속성정보를 전산정보처리장치에 의하여 기록한 도곽 단위의 전산파일을 말한다.<br>5. "보정파일"이란 신축이 있는 지적원도 수치파일을 축척별 기준 도곽에 일치하도록 신축량을 보정한 수치파일을 말한다.<br>6. "통일원점 좌표변환"이란 구소삼각원점, 특별소삼각원점, 기타원점 등으로 제작된 지적원도를 지역측지계 기준의 동부원점, 중부원점, 서부원점, 동해원점의 통일원점계열로 변환하는 것을 말한다.<br>7. "도면접합"이란 지적원도 보정파일과 연접한 다른 지적원도 보정파일을 서로 접합하여 도곽선상에서 단절된 필지경계선을 연속된 도면형태로 접합 처리하는 작업을 말한다.<br>8. "연속지적도"란 도면접합이 완료되어 하나의 행정구역 단위로 제작된 지적원도 전산파일을 말한다.<br>9. "도면데이터베이스"란 보정파 |

| 지적공부 세계측지계 변환규정 | 무인비행장치 측량 작업규정 | 국가공간정보센터 운영규정 | 부동산종합공부시스템운영 및 관리규정 | 지적원도 데이터베이스 구축 작업기준 |
|---|---|---|---|---|
| 관리 등에 관한 법률」(이하 "법"이라 한다), 「지적재조사에 관한 특별법」, 「지적측량 시행규칙」, 「지적재조사측량규정」에서 규정한 것을 준용한다.<br><br>**제2장 계획 및 준비**<br><br>**제4조(세계측지계 변환 시행자)** ① 세계측지계 변환은 지적소관청이 시행한다.<br>② 지적소관청은 세계측지계 변환을 위한 지적기준점 조사 및 공통점 측량, 지적도·임야도(이하 "도면"이라 한다) 정비 등을 「국가공간정보 기본법」 제12조에 따라 설립된 기관에게 대행하게 할 수 있다.<br><br>**제5조(실시계획 수립)** ① 지적소관청은 공통점 확보 및 변환구역 선정을 위해 다음 각 호의 사항을 검토하여 실시계획을 수립하여야 한다.<br>1. 사업 추진일정에 관한 사항<br>2. 인력, 장비, 예산 운영에 관한 사항<br>3. 공통점 확보를 위한 기준점 측량 및 분석에 관한 사항 | 제작한 지형모형을 말한다.<br>11. "수치지면자료(Digital Terrain Data)"라 함은 수치표면자료에서 인공지물 및 식생 등과 같이 표면의 높이가 지면의 높이와 다른 지표 피복물에 해당하는 점자료를 제거한 점자료를 말한다.<br>12. "수치표고모델(Digital Elevation Model)"이라 함은 수치지면자료(또는 불규칙삼각망자료)를 이용하여 격자형태로 제작한 지표모형을 말한다.<br><br>**제3조(적용)** ① 무인비행장치 측량은 이 고시를 따르는 것을 원칙으로 하며, 지침에 포함되지 아니한 사항은 「항공사진측량 작업규정」, 「영상지도제작에 관한 작업규정」, 「항공레이저측량 작업규정」, 「수치지도작성 작업규칙」, 「수치지형도 작성 작업규정」, 「공공측량 작업규정」 등을 준용한다.<br>② 제1항의 경우에도 불구하고 공공측량시행자가 지시 또는 승인한 경우에는 정확도 및 양식 등 필요로 하는 내용을 수정하여 적용할 수 있다. | ② 국토교통부장관은 제1항의 업무를 수행하기 위하여 필요한 전산시스템을 구축하여야 한다. 〈개정 2013. 3. 23.〉<br>③ 국토교통부장관은 제2항에 따른 전산시스템과 관련 중앙행정기관·지방자치단체 및 「공공기관의 운영에 관한 법률」 제4조에 따른 공공기관(이하 "공공기관"이라 한다)의 전산시스템과의 연계체계를 유지하여야 한다. 〈개정 2013. 3. 23., 2014. 12. 30.〉<br>④ 국토교통부장관은 국가공간정보센터를 효율적으로 운영하기 위하여 관계 중앙행정기관·지방자치단체 소속 공무원 또는 공공기관의 임직원의 파견을 요청할 수 있다.<br><br>**제4조의2(국가공간정보센터의 운영계획)** ① 국토교통부장관은 국가공간정보센터의 효율적인 운영과 공간정보의 체계적인 제공 및 활용 활성화 등을 위하여 3년마다 국가공간정보센터 운영에 관한 계획(이하 "운영계획"이라 한다)을 수립하여야 한다.<br>② 운영계획에는 다음 각 호의 사항 | **제4조(역할분담)** ① 국토교통부장관은 정보관리체계의 총괄 책임자로서 부동산종합공부시스템의 원활한 운영·관리를 위하여 다음 각 호의 역할을 수행하여야 한다.<br>1. 부동산종합공부시스템의 응용프로그램 관리<br>2. 부동산종합공부시스템의 운영·관리에 관한 교육 및 지도·감독<br>3. 그 밖에 정보관리체계 운영·관리의 개선을 위하여 필요한 조치<br>② 운영기관의 장은 부동산종합공부시스템의 원활한 운영·관리를 위하여 다음 각 호의 역할을 수행하여야 한다.<br>1. 부동산종합공부시스템 전산자료의 입력·수정·갱신 및 백업<br>2. 부동산종합공부시스템 전산장비의 증설·교체<br>3. 부동산종합공부시스템의 지속적인 유지·보수<br>4. 부동산종합공부시스템의 장애사항에 대한 조치 및 보고 | 일 내의 필지 경계를 폐합(廢合)이 되도록 폴리건(polygon)을 형성하고, 구조화편집 등의 과정을 거쳐 각종 공간정보시스템에서 활용할 수 있도록 작업과정을 거친 최종 전산파일을 말한다.<br><br>**제2장 지적원도 이미지파일 및 수치파일 제작**<br><br>**제3조(작업공정)** 지적원도 데이터베이스 구축 작업공정은 다음 각 호의 순서에 따른다. 다만, 발주기관이 지시 또는 승인한 경우는 작업순서의 일부를 변경 또는 생략할 수 있다.<br>1. 작업계획 수립<br>2. 작업준비<br>3. 지적원도 이미지파일 제작<br>4. 좌표독취(벡터라이징)<br>5. 속성정보 입력<br>6. 지적원도 수치파일 제작<br>7. 검수도면 출력<br>8. 지적원도 수치파일 검수<br>9. 지적원도 신축보정<br>10. 지적원도 보정파일 제작<br>11. 통일원점 좌표변환<br>12. 도면접합 |

| 지적공부 세계측지계 변환규정 | 무인비행장치 측량 작업규정 | 국가공간정보센터 운영규정 | 부동산종합공부시스템운영 및 관리규정 | 지적원도 데이터베이스 구축 작업기준 |
|---|---|---|---|---|
| 4. 변환성과의 검증 및 관리 등에 관한 사항<br>② 지적소관청은 수립된 실시계획을 특별시장·광역시장·특별자치시장·도지사·특별자치도지사 및 「지방자치법」 제175조에 따른 인구 50만 이상 대도시의 시장(자치구가 아닌 구를 두지 않은 시장은 제외한다. 이하 "시·도지사"라 한다)에게 제출하여야 한다.<br>③ 시·도지사는 제2항에 따른 실시계획을 검토하여 결과를 15일 이내에 지적소관청에 통보하여야 하며, 변경사항이 있는 경우 지적소관청은 정당한 사유가 없으면 실시계획을 수정하여야 한다.<br><br>제6조(자료제공) ① 지적소관청은 제4조제2항에 의하여 대행하게 할 경우 필요한 지적기준점 자료 및 지적전산자료 등을 대행자에게 제공하여야 하며, 대행자는 지적소관청에 자료 제공을 요청할 때에는 다음 각 호의 서식을 작성하여 제출하여야 한다.<br>1. 보안각서(「부동산종합공부시스템 운영 및 관리규정」 별지 제4호 서식) | 제4조(위치의 기준) 위치의 기준은 「공간정보의 구축 및 관리 등에 관한 법률」 제6조 및 같은 법 시행령 제7조에 의한다.<br><br>제5조(사업자 및 조종자 준수사항) 무인비행장치 측량을 수행하려는 사업자 및 조종자는 「항공안전법」 및 「항공사업법」을 준수하여야 한다.<br><br>제6조(사용장비 및 성능기준) ① 무인비행장치는 본 고시에 의한 성과품을 안전하게 취득할 수 있도록 다음의 성능을 갖추어야 한다.<br>1. 무인비행장치는 계획한 노선에 따른 안전한 이·착륙과 자동운항 또는 반자동 운항이 가능하여야 한다.<br>2. 무인비행장치는 기체의 이상 발생 등 사고의 위험이 있을 때 자동으로 귀환할 수 있어야 한다.<br>3. 무인비행장치는 운항 중 기체의 상태를 실시간으로 모니터링할 수 있어야 한다.<br>② 무인비행장치에 탑재된 디지털 카메라는 최소한 다음의 성능을 갖추어야 한다. | 이 포함되어야 한다.<br>1. 공간정보의 효율적인 관리와 체계적인 제공 및 활용 활성화를 위한 기본목표와 추진전략<br>2. 공간정보의 수집, 가공 및 데이터베이스 구축에 관한 사항<br>3. 공간정보의 제공형태 및 제공 방법에 관한 사항<br>4. 공간정보의 유통·활용의 촉진 및 지원에 관한 사항<br>5. 공간정보 관련 시스템 간 연계에 관한 사항<br>6. 공간정보의 품질관리에 관한 사항<br>7. 공간정보의 가공·유통 및 활용 등에 관한 법령 및 제도 개선에 관한 사항<br>8. 공간정보의 가공, 제공, 유통 등에 필요한 교육훈련에 관한 사항<br>9. 그 밖에 공간정보의 수집, 가공, 제공, 유통 등에 필요한 사항<br>③ 운영계획은 「국가공간정보에 관한 법률」 제5조 제1항에 따른 국가공간정보위원회의 심의를 거쳐 확정한다.<br>④ 국토교통부장관은 제3항에 따라 확정된 운영계획의 내용을 「국가 | 제5조(사용자권한 부여) ① 사용자의 권한에 관한 부여기준은 별표 1과 같다. 이 경우 사용자권한을 부여받은 자는 개인별로 부여된 업무분장표에 따른 지정업무만을 처리할 수 있다.<br>② 국토교통부장관 및 운영기관의 장은 사용자의 권한을 부여하거나 변경·해제하고자 하는 때에는 별지 제1호 서식의 사용자권한 등록부를 작성하여야 한다.<br>③ 사용자의 권한관리에 대해서는 「행정기관 정보시스템 접근권한 관리 규정」(국무총리훈령 제601호)을 준용한다.<br><br>제5조의2(사용자권한 신청) ① 지적공부 관리 및 부동산종합증명서의 발급에 관한 권한을 부여받고자 할 경우에는 「공간정보의 구축 및 관리 등에 관한 법률 시행규칙」(이하 "규칙"이라 한다) 제76조제2항의 사용자권한 등록신청서를 제출하여야 한다.<br>② 부동산종합공부시스템의 용도지역·지구 등의 관리, 개별공시지가관리, 개별주택가격관리에 관련된 권한 및 부동산정보열람 | 13. 연속지적원도 제작<br>14. 세계측지계 좌표변환<br>15. 구조화편집<br>16. 데이터베이스 구축<br>17. 최종 성과 검수<br>18. 지적원도 데이터베이스 시스템 탑재 및 검증<br><br>제4조(사용장비) ① 지적원도 이미지파일 제작에 사용되는 자동독취기(스캐너)의 규격은 다음 각 호의 기준에 따른다.<br>1. 형식 : 평판밀착스캔방식<br>2. 정밀도 : 0.1mm 이상<br>3. 광학해상도 : 2,000DPI 이상<br>4. 스캔 유효범위 : 지적원도 규격 이상<br>② 수치파일 검수도면 출력에 사용하는 출력장치의 정밀도, 성능 및 기능은 다음 각 호의 기준에 따른다.<br>1. 출력 유효범위 : 600×900mm (A1) 이상<br>2. 최소선 굵기 : 0.04mm 이상<br>3. Line 정확도 : ±0.1%<br>4. 인쇄해상도 : 2400×1200DPI 이상<br>5. 용지공급 : 롤, 낱장공급, 자동 |

| 지적공부 세계측지계 변환규정 | 무인비행장치 측량 작업규정 | 국가공간정보센터 운영규정 | 부동산종합공부시스템운영 및 관리규정 | 지적원도 데이터베이스 구축 작업기준 |
|---|---|---|---|---|
| 2. 부동산종합공부 전산자료 수령증(「부동산종합공부시스템 운영 및 관리규정」 별지 제5호 서식)<br>② 지적소관청은 제1항에 따른 자료를 제공할 때에는 소유자 등 개인정보와 관련된 사항은 제외하여야 한다.<br>③ 대행자는 지적소관청으로부터 제공받은 자료를 해당 사업에만 사용하여야 하며, 사업이 완료되는 즉시 파기하고 별지 제9호서식의 파기확인서를 지적소관청에 제출하여야 한다.<br><br>**제7조(지적기준점 조사)** ① 시행자는 원활한 사업추진을 위하여 공통점 측량을 실시하기 전에 지적기준점 조사를 실시한다.<br>② 지적기준점 조사는 지적기준점의 분포, 망실여부, 계산부의 보존유무, 위성측량 가능여부 등을 확인한다.<br>③ 공통점은 지적기준점 조사 결과를 반영하여 선정한다. | 1. 노출시간, 조리개 개방시간, ISO 감도를 촬영에 적합하도록 설정할 수 있거나, 설정되어 있어야 한다.<br>2. 초점거리 및 노출시간 등의 정보를 확인할 수 있어야 한다.<br>3. 카메라의 이미지 센서 크기와 영상의 픽셀 수를 확인할 수 있어야 한다.<br>4. 카메라의 렌즈는 단초점렌즈의 이용을 원칙으로 한다.<br>③ 수치지형도 제작을 위한 디지털 카메라는 별도의 카메라 왜곡보정(검정)을 수행한 것을 사용하는 것을 원칙으로 한다. 다만, 측량목적 달성에 지장이 없는 경우 공공측량시행자와 협의하여 자체검정(Self-Calibration)방법으로 산출된 보정값을 이용할 수 있다.<br><br>**제7조(작업순서)** 무인비행장치를 이용한 작업절차는 다음과 같으며, 공공측량시행자가 지시 또는 승인한 경우에는 순서를 변경하거나 일부를 생략할 수 있다.<br>1. 작업계획 수립<br>2. 대공표지의 설치 및 지상기준점 측량 | 공간정보에 관한 법률」 제2조 제4호에 따른 관리기관(이하 "관리기관"이라 한다)의 장에게 통보하여야 한다.<br><br>**제2장 국가공간정보의 관리 및 유통**<br><br>**제5조(공간정보 등의 수집)** ① 국토교통부장관은 관리기관의 장에게 「국가공간정보에 관한 법률」 제19조에 따라 국가공간정보센터의 운영에 필요한 공간정보에 관한 자료의 제출을 요구할 수 있다. 〈개정 2013. 3. 23., 2014. 12. 30.〉<br>② 관리기관의 장은 「국가공간정보에 관한 법률」 제23조 제2항에 따라 해당 기관이 구축·관리하고 있는 공간정보에 관한 목록정보(이하 "목록정보"라 한다)를 국가공간정보센터에 제출하여야 한다. 〈신설 2014. 12. 30.〉<br>③ 국토교통부장관은 제1항 및 제2항에 따른 공간정보에 관한 자료 및 목록정보(이하 "공간정보 등"이라 한다)를 전산매체로 제출하도록 요청할 수 있다. | 시스템의 권한을 등록 또는 삭제하고자 하는 때에는 별지 제1호의2서식의 사용자권한 등록·삭제 신청서를 작성하여 운영기관의 장에게 신청하여야 한다.<br><br>**제6조(전산자료의 관리책임)** 부동산종합공부시스템의 전산자료는 다음 각 호의 자(이하 "부서장"이라 한다)가 구축·관리한다.<br>1. 지적공부 및 부동산종합공부는 지적업무를 처리하는 부서장<br>2. 연속지적도는 지적도면의 변동사항을 정리하는 부서장<br>3. 용도지역·지구도 등은 해당 용도지역·지구 등을 입안·결정 및 관리하는 부서장(다만, 관리부서가 없는 경우에는 도시계획을 입안·결정 및 관리하는 부서장)<br>4. 개별공시지가 및 개별주택가격정보 등의 자료는 해당업무를 수행하는 부서장<br>5. 그 밖의 건물통합정보 및 통계는 그 자료를 관리하는 부서장 | 절단 등<br>6. 용지의 종류 : 백상지, 트레싱지, 필름지<br><br>**제5조(전산파일의 형식)** ① 지적원도 전산파일은 각 공정별로 파일명칭을 부여하여 저장하여야 하며, 저장형식은 다음 각 호의 기준에 따른다.<br>1. 지적원도 이미지파일<br>  : TIFF 또는 JPG<br>2. 지적원도 수치파일<br>  : DWG, DXF<br>3. 지적원도 보정파일<br>  : DWG, DXF<br>4. 연속지적도 전산파일<br>  : DWG, DXF, SHP<br>5. 일람도 전산파일<br>  : DWG, DXF, SHP<br>6. 행정경계 전산파일<br>  : DWG, DXF, SHP<br>7. 지적측량기준점 전산파일<br>  : DWG, DXF, SHP<br>② 지적원도 전산파일의 명칭은 별표 1에 따른다. |

| 지적공부 세계측지계 변환규정 | 무인비행장치 측량 작업규정 | 국가공간정보센터 운영규정 | 부동산종합공부시스템운영 및 관리규정 | 지적원도 데이터베이스 구축 작업기준 |
|---|---|---|---|---|
| **제3장 세계측지계 변환**<br><br>**제8조(공통점 선정기준)** ① 공통점은 제11조의 변환구역 선정 및 제13조의 변환구역 변환을 위해 다음 각 호에 해당되는 지적기준점으로 선정한다.<br>  1. 전국 지적측량기준점 정비 및 측량성과 산출사업(2009년)으로 정비된 지적삼각점, 지적삼각보조점<br>  2. 시·도지사 및 지적소관청이 지적기준점 정비사업을 별도로 수행하여 관리하고 있는 지적기준점<br>  3. 지적확정측량이 완료되어 세계측지계 성과를 보유하고 있는 지적기준점<br>  4. 성과가 상호 부합한다고 판단되어 지적소관청에서 자체적으로 활용하고 있는 지적기준점<br>② 공통점은 변환구역별 성과가 양호한 지적기준점으로 선정한다. 다만, 원점을 달리하는 경우에는 원점별로 선정하여야 한다.<br>③ 지적기준점이 다음 각 호에 해당하는 경우에는 공통점 선정에서 | 3. 무인비행장치항공사진촬영<br>4. 항공삼각측량<br>5. 수치표면모델(DSM) 생성 등<br>6. 정사영상 제작<br>7. 지형·지물의 묘사<br>8. 수치지형도 제작<br>9. 품질관리 및 정리점검<br><br>**제2장 대공표지 설치 및 지상기준점측량**<br><br>**제8조(대공표지)** 대공표지의 설치는 「항공사진측량 작업규정」을 따른다. 다만, 측량목적 달성에 지장이 없는 경우 측량시행자와 협의하여 형태 및 설치방법을 달리할 수 있다.<br><br>**제9조(지상기준점의 배치)** ① 지상기준점은 작업지역의 형태, 코스의 방향, 작업 범위 등을 고려하여 외곽 및 작업지역에 〈별표 1〉과 같이 가능한 고르게 배치하되, 작업지역의 각 모서리와 중앙 부분에는 지상기준점이 배치되도록 하여야 한다.<br>② 지상기준점의 선점은 사진과 현장에서 명확히 분별될 수 있는 지점으로 되도록 평탄한 장소를 선정한다. | **제5조의2(공간정보데이터베이스 구축)** ① 국토교통부장관은 제5조에 따라 수집한 공간정보 등을 데이터베이스로 구축·관리하여야 한다.<br>② 국토교통부장관은 제1항에 따라 구축한 공간정보데이터베이스를 「국가공간정보에 관한 법률」 제21조 제1항에 따라 관리기관의 장이 구축한 공간정보데이터베이스와 호환이 가능하도록 관리하여야 한다.<br><br>**제5조의3(공간정보 등의 목록 공개)** 국토교통부장관은 제5조에 따라 수집된 공간정보 등의 목록을 작성하여 국민이 쉽게 알 수 있도록 인터넷 홈페이지 등에 공개하여야 한다.<br><br>**제6조(자료의 정확성 유지)** 국가공간정보센터의 장은 공간정보의 변동자료를 수시로 처리하여 공간정보의 정확성이 유지될 수 있도록 관리하여야 한다.<br><br>**제7조(자료의 이용신청 등)** ① 관리기관의 장 및 「공간정보산업 진흥법」 제2조 제4호의 공간정보사업자(이하 이 장에서 "공간정보사업자"라 한 | **제6조의2(부동산 공시가격 관리)** ① 운영기관의 장은 당해년도 "개별공시지가 조사·산정지침"에 따라 조사·산정·검증·결정 및 공시가 이루어 질수 있도록 필요한 조치를 하여야 한다.<br>② 운영기관의 장은 당해년도 "개별주택가격 조사·산정지침"에 따라 조사·산정·검증·결정 및 공시가 이루어 질수 있도록 필요한 조치를 하여야 한다.<br><br>**제7조(전산자료의 유지·관리)** ① 운영기관의 장은 전산자료가 멸실 또는 훼손되지 않도록 관계법령의 규정에 따라 전산자료를 유지·관리하여야 한다.<br>② 운영기관의 장은 제1항에 따른 전산자료의 유지·관리 업무를 원활히 수행하기 위하여 지적업무 담당부서의 장을 전산자료관리책임관으로 지정한다.<br><br>**제8조(전산자료 장애·오류의 정비)** ① 운영기관의 장은 전산자료의 구축이나 관리과정에서 장애 또는 오류가 발생한 때에는 지체 없이 이를 정비하여야 한다. | **제6조(레이어 지정)** 지적원도 전산파일 제작을 위한 레이어는 데이터 종류에 따라 별표 2와 같이 구분하여 지정하여야 한다.<br><br>**제7조(지적원도 정보화 항목)** 지적원도 전산파일 제작에 필요한 입력 항목은 다음 각 호와 같으며, 그밖에 지적원도에 기록되어 있는 모든 내용은 전산정보처리장치를 통하여 입력하여야 한다.<br>  1. 행정구역 명칭<br>  2. 도면번호 및 축척<br>  3. 도곽선 및 도곽선수치<br>  4. 행정구역선<br>  5. 필지 경계 및 인접경계표시선<br>  6. 지번·지목<br>  7. 소유자<br>  8. 필지순번<br>  9. 사용세목<br>  10. 측량경계점 거리<br>  11. 지적측량기준점 명칭 및 좌표<br>  12. 유수방향<br>  13. 교량<br>  14. 인접도면번호<br>  15. 측량년월일<br>  16. 원점명 및 기타 필요한 사항 |

| 지적공부 세계측지계 변환규정 | 무인비행장치 측량 작업규정 | 국가공간정보센터 운영규정 | 부동산종합공부시스템운영 및 관리규정 | 지적원도 데이터베이스 구축 작업기준 |
|---|---|---|---|---|
| 제외할 수 있다.<br>1. 위성측량 실시지역에서 건물이나 위성신호 왜곡 등으로 양호한 세계측지계 성과 취득이 어려운 경우<br>2. 토털스테이션 측량방법을 통해 양호한 세계측지계 성과 취득이 어려운 경우<br>3. 지적기준점의 지역측지계 성과가 주위 성과와 부합되지 않는 경우<br>4. 지적소관청에서 공통점으로 사용하는 데 불필요하다고 인정하는 경우<br>④ 공통점 확보가 어려운 경우 지적기준점을 신설 또는 정비하여 공통점으로 선정할 수 있다.<br><br>**제9조(공통점 측량)** ① 변환구역 선정 및 변환계수 산출을 위한 공통점 측량은 정지측량, 이동측량 또는 토털스테이션측량 방법으로 실시한다.<br>② 제1항에 따른 공통점 측량의 관측기준은 다음 각 호와 같으며, 그 밖에 필요한 사항은 <u>「지적재조사측량규정」</u>에 따른다.<br>1. 정지측량 | ③ 지상기준점의 수량은 1km²당 9점 이상을 원칙으로 한다.<br>④ 제3항에도 불구하고 측량시행자가 최종성과품에 대한 충분한 정확도를 확보할 수 있다고 인정한 경우에는 기준점의 배치 수량을 변경할 수 있다. 다만, 공공측량 시 기준점의 배치 수량을 변경한 경우에는 작업계획서에 반영하여야 한다.<br><br>**제10조(지상기준점 측량방법)** ① 지상기준점 측량방법은 다음 각 호에 따르는 것을 원칙으로 한다.<br>1. 평면기준점측량은 <u>「공공측량 작업규정」</u>의 공공삼각점측량이나 네트워크RTK 측량 방법 또는 <u>「항공사진측량 작업규정」</u>의 지상기준점측량 방법을 준용함을 원칙으로 한다.<br>2. 표고기준점측량은 <u>「공공측량 작업규정」</u>의 공공수준점측량 방법을 준용함을 원칙으로 한다.<br>② 측량시행자가 승인한 경우에는 제1항의 측량방법을 변경할 수 있다.<br>③ 제1항의 평면 및 표고기준점 정확 | 다)가 공간정보를 이용하려는 경우에는 국가공간정보 이용 · 활용계획서를 첨부하여 별지 제1호서식의 국가공간정보 이용신청서를 국가공간정보센터에 제출하여야 한다.<br>② 공간정보를 이용하려는 관리기관의 장과 공간정보사업자는 국가공간정보센터가 운영하는 전산망을 이용하여 제1항의 국가공간정보 이용신청서를 제출할 수 있다.<br><br>**제8조(공간정보의 제공)** ① 국토교통부장관은 <u>제7조</u>에 따른 공간정보 이용 신청을 받으면 그 내용을 심사한 후 공간정보 자료를 제공할 수 있다. 〈개정 2013. 3. 23.〉<br>② 제1항에 따라 공간정보 자료를 제공받는 관리기관의 장과 공간정보사업자는 별지 <u>제2호서식</u>에 따른 자료이용대장을 갖추어 두고 공간정보 자료의 이용 현황을 기록 · 관리하여야 한다.<br>③ 공간정보는 전산망을 통하여 제공하는 것을 원칙으로 하되, 이용자가 원하는 경우 다른 매체를 통하여 제공할 수 있다. | ② 운영기관의 장은 제1항에 따른 장애 또는 오류가 발생한 경우에는 이를 국토교통부장관에게 보고하고, 그에 따른 필요한 조치를 요청할 수 있다.<br>③ 제2항에 따라 보고를 받은 국토교통부장관은 장애 또는 오류가 정비될 수 있도록 필요한 조치를 하여야 한다.<br>④ 운영기관의 장은 제1항에 따라 전산자료를 정비한 때에는 그 정비 내역을 3년간 보존하여야 한다.<br><br>**제9조(전산자료의 일치성 확보)** 국토교통부장관 및 운영기관의 장은 국토정보시스템과 부동산종합공부시스템의 전산자료가 일치하도록 시스템 간 연계체계를 항상 유지 · 관리하여야 한다.<br><br>**제10조(전산자료의 제공)** ① 부동산종합공부 전산자료를 제공받으려는 자는 별지 제2호 서식의 제공요청서를 작성하여 다음 각호에 따라 해당하는 운영기관의 장에게 제출하여야 한다.<br>1. 기초자치단체(시 · 군 · 구)의 범위에 속하는 자료 : 시 · 군 | **제8조(작업계획 수립)** ① 작업책임자는 지적원도 전산파일 작업공정에 따라 다음 각 호의 사항들이 포함된 작업계획서를 작성하여 발주기관에 제출하여야 한다.<br>1. 입력대상지역<br>2. 사용할 장비의 현황<br>3. 작업예정공정표<br>4. 작업흐름도<br>5. 보완관리계획<br>6. 기타 작업에 필요한 사항<br>② 발주기관은 작업책임자가 제출한 작업계획서를 검토한 후 사업추진에 필요한 조치를 하게 할 수 있다.<br><br>**제9조(작업준비)** 작업책임자는 본 업무 수행을 위하여 다음 각 호와 같은 작업준비를 하여야 한다.<br>1. 작업자 교육<br>2. 자료 목록부 작성<br>3. 작업공정표 작성<br><br>**제10조(이미지파일 제작)** ① 지적원도 이미지파일은 제4조제1항에 따른 자동독취기(스캐너)를 사용하여야 한다.<br>② 작업자는 장비를 매일 1회 이상 정 |

| 지적공부 세계측지계 변환규정 | 무인비행장치 측량 작업규정 | 국가공간정보센터 운영규정 | 부동산종합공부시스템운영 및 관리규정 | 지적원도 데이터베이스 구축 작업기준 |
|---|---|---|---|---|

**지적공부 세계측지계 변환규정**

| 기지점과의 거리 | 측정 시간 | 데이터 수신간격 |
|---|---|---|
| 5km 이상 | 60분 이상 | 30초 이하 |
| 5km 미만 | 30분 이상 | |

2. 이동측량

| 구분 | 측정횟수(세션) | 관측 간격 | 측정 시간 | 데이터 수신간격 |
|---|---|---|---|---|
| 다중 기준국 실시간 이동 측량 | 2회 | 60분 이상 | 고정해를 얻고 나서 60초 이상 | 1초 |
| 단일 기준국 실시간 이동 측량 | 기준국을 달리 하여 2회 | | | |

※ 단일기준국 실시간 이동측량 시 기준국은 통합기준점 또는 정치측량에 의한 지적기준점을 사용하며, 기지점과의 거리는 5km 이내

3. 토털스테이션측량 : 「지적측량 시행규칙」 제8조부터 제15조까지 적용

**제10조(공통점 결정)** ① 변환계수 산출에 필요한 공통점은 제8조에 따라 선정된 지적기준점 중에서 세계측지계 관측성과와 대상지역의 변환성과 간 연결교차가 다음 각 호의 범위 이내인 지적기준점으로 결정한다.

1. 경계점좌표등록부 시행지역 : 7.5cm

**무인비행장치 측량 작업규정**

도는 「공공측량 작업규정」 또는 「항공사진측량 작업규정」에서 정한 바에 따른다.

**제11조(검사점 측량방법 등)** ① 검사점의 수량은 지상기준점 수량의 최소 1/3 이상으로 하여야 하며, 작업의 난이도에 따라 충분한 수량을 확보하여야 한다. 다만, 검사점의 수량이 3점 이하인 경우에는 3점으로 한다.
② 검사점의 배치는 측량 대상지역에 고르게 분포하되, 지상기준점 인근에 배치하지 않아야 하며, 사진상에서 명확히 분별될 수 있는 지점으로 한다. 정확도가 높은 지점을 선별하여 검사점을 배치해서는 안 된다.
③ 검사점 측량은 지상기준점과 동일한 방법으로 측량함을 원칙으로 한다. 다만, 필요한 경우 네트워크 RTK 측량 방법으로 평면검사점측량을 수행할 수 있다.
④ 검사점은 데이터 처리 과정에서 점검이나 조정에 사용할 수 없으며, 성과물의 정확도 검증을 위한 검사점으로만 사용되어야 한다.
⑤ 검사점 측량의 정확도는 「공공측량 작업규정」 또는 「항공사진측

**국가공간정보센터 운영규정**

**제9조(유통시스템의 개발 · 운영)** 국토교통부장관은 「공간정보산업진흥법」 제6조에 따라 공간정보를 제공하기 위하여 유통시스템을 구축하여야 하며, 관리기관과 공간정보사업자가 이용한 공간정보 현황을 유지 · 관리할 수 있는 전산프로그램을 개발 · 구축하여야 한다.

**제3장 지적전산자료의 관리**

**제10조(지적전산자료의 관리)** ① 국토교통부장관은 지적공부에 관한 전산자료(이하 "지적전산자료"라 한다)가 최신 정보에 맞도록 수시로 갱신하여야 한다. 〈개정 2013. 3. 23.〉
② 국토교통부장관은 지적전산자료에 오류가 있다고 판단되는 경우에는 「공간정보의 구축 및 관리 등에 관한 법률」 제2조 제18호에 따른 지적소관청(이하 "지적소관청"이라 한다)에 자료의 수정 · 보완을 요청할 수 있다. 이 경우 지적소관청은 요청받은 내용을 확인하여 지체 없이 바로잡은 후 국토교통부장관에게 그 결과를 보고하여야 한다. 〈개정 2011. 8. 30., 2013. 3. 23., 2015. 6. 1.〉

**부동산종합공부시스템운영 및 관리규정**

· 구(자치구가 아닌 구를 포함)의 장
2. 시 · 도 단위의 자료 또는 2개 이상의 기초자치단체에 걸친 범위에 속하는 자료 : 시 · 도지사
3. 전국단위의 자료 또는 2개 이상의 시 · 도에 걸친 범위에 속하는 자료 : 국토교통부장관
② 제1항에 따른 요청을 받은 운영기관의 장은 요청내역, 요청목적, 근거법령 등을 검토하여 전산자료의 제공이 가능한 때에는 별지 제3호 서식의 전산자료 제공대장을 작성하여야 한다.
③ 제2항에 따라 전산자료를 제공받는 자는 별지 제4호 서식의 보안각서 및 별지 제5호 서식의 전산자료 수령증을 작성하여 운영기관의 장에게 제출하여야 한다.
④ 제2항에 따라 부동산종합정보시스템에서 제공할 수 있는 자료의 종류는 다음 각호와 같다.
1. 지적전산자료
2. 용도지역 · 지구도, 건물통합정보 연속지적도 등의 공간자료
3. 개별공시지가, 개별주택가격

**지적원도 데이터베이스 구축 작업기준**

기적으로 점검하고, 그 내용을 별지 제1호서식의 장비 점검일지에 기록 · 관리하여야 한다.
③ 스캐닝은 지적원도를 편 상태에서 장비에 압착 또는 흡착시켜야 한다.
④ 스캔화면이 평탄하지 않거나 흐려 기계의 조정이 필요한 경우 정밀계측기를 이용하여 편차를 확인하고 조정계수를 적용하여 지적원도와 입력결과가 동일하도록 조치하여야 한다.
⑤ 장비가 정상적으로 작동하지 않을 경우 즉시 작업을 중단하고 그 원인을 파악 후 조치하여야 하며, 고장내용과 조치결과를 장비점검일지에 기록하여야 한다.
⑥ 스캐닝이 완료된 이미지파일은 좌표독취가 가능한 전산파일로 변환하여 지정된 폴더에 저장한다.
⑦ 이미지파일 제작은 반드시 지적원도 보관장소 또는 발주기관이 지정한 작업장에서 실시하여야 한다.

**제11조(좌표독취)** ① 지적원도의 좌표독취는 제10조제6항에 따라 저장

| 지적공부 세계측지계 변환규정 | 무인비행장치 측량 작업규정 | 국가공간정보센터 운영규정 | 부동산종합공부시스템운영 및 관리규정 | 지적원도 데이터베이스 구축 작업기준 |
|---|---|---|---|---|
| 2. 그 밖의 지역 : 12.5cm<br>② 사업시행자는 변환구역 내 필지에 대하여 변환 이전의 지적측량성과 결정방법으로 지적측량이 실시될 수 있도록 공통점 수량을 고려하여 결정한다.<br><br>**제11조(변환구역 선정)** ① 변환구역은 제10조에 따라 선정된 공통점 분석 결과를 반영하여 사업지구 내에서 선정하고, 구소삼각·특별소삼각지역, 경계점좌표등록부 시행지역은 별도의 변환구역으로 선정한다. 〈개정 2021. 4. 19.〉<br>② 제1항에 따른 변환구역의 선정기준은 다음 각 호와 같다.<br>  1. 지적공부 등록기준별(도해, 경계점좌표등록부)지역<br>  2. 행정구역 단위인 리·동 지역<br>  3. 주요 지형지물(도로, 구거, 하천 등)을 경계로 구분한 지역<br>  4. 기타 지적소관청이 정하는 지역<br><br>**제12조(변환구역의 결정)** ① 지적소관청은 제11조에 따른 변환구역 선정 결과를 시·도지사에게 제출하여야 한다. | 량작업규정」에서 정한 바에 따른다.<br><br>**제12조(성과 등)** 측량 결과는 다음 각 호와 같이 정리한다.<br>  1. 관측기록부<br>  2. 계산부(네트워크 RTK 측량은 제외)<br>  3. 관측망도(네트워크 RTK 측량은 제외)<br>  4. 점의조서<br>  5. 지상기준점 및 검사점 성과표 〈별표 2〉<br>  6. 관측데이터<br>  7. 기타 필요한 성과<br><br>**제3장 무인비행장치항공사진 촬영**<br><br>**제13조(촬영계획)** ① 촬영계획은 요구 정밀도, 사용 장비, 지형 형상, 기상여건 등을 고려하여 수립한다.<br>② 중복도는 촬영 진행방향으로 65% 이상, 인접코스 간에는 60% 이상으로 하며, 지형의 기복이 크거나 고층 건물이 존재하는 경우에는 촬영 진행방향으로 85% 이상, 인접코스 간에는 80% 이상으로 촬영하여야 한다. | ③ 국토교통부장관은 「부동산 가격공시에 관한 법률」에 따른 표준지공시지가 및 개별공시지가에 관한 지가전산자료를 개별공시지가가 확정된 후 3개월 이내에 정리하여야 한다.<br><br>**제11조(지적전산자료의 이용 신청 등)** ① 관리기관의 장이 지적전산자료를 이용하려는 경우에는 별지 제3호서식의 관리기관용 지적전산자료 이용신청서(전자문서로 된 신청서를 포함한다)를 국토교통부장관, 특별시장·광역시장·도지사·특별자치도지사(이하 "시·도지사"라 한다) 또는 지적소관청에 제출하여야 한다. 이 경우 중앙행정기관의 장 또는 지방자치단체의 장이 아닌 관리기관의 장은 「공간정보의 구축 및 관리 등에 관한 법률」 제76조 제2항 본문에 따른 관계 중앙행정기관의 장의 심사 결과를 첨부하여 제출하여야 한다. 〈개정 2011. 8.30., 2013. 3. 23., 2015. 6. 1.〉<br>② 제1항에 따라 지적전산 자료의 이용신청을 할 때에는 특별한 경우가 아니면 이용신청자료 목록을 전산매체에 담아 신청하여야 한다. | 등의 속성자료<br>⑤ 제4항제1호의 지적전산자료를 포함하여 신청한 경우에는 「공간정보의 구축 및 관리 등에 관한 법률」(이하 "법"이라 한다)에 따른 지적전산자료를 신청한 것으로 본다.<br><br>**제11조(전산자료 수신자의 의무)** ① 전산자료를 제공받은 자는 제공된 자료의 불법 복제·유출 방지를 위하여 관련 보안관리규정에 따라 보안 대책을 수립·시행하여야 한다.<br>② 전산자료를 제공받은 자는 해당 자료를 제공한 운영기관의 장과 사전 협의 없이 사용 목적 이외의 다른 용도로는 사용할 수 없다.<br><br>**제12조(전산자료의 연계)** ① 부동산종합공부시스템과 외부 시스템 간 연계를 하려고 하는 자는 별지 제7호서식의 부동산종합공부 전산자료 이용신청서를 국토교통부장관에게 제출하여야 하며, 세부항목 및 방식 등은 "부동산종합공부시스템 연계 지침서"에 따른다.<br>② 제1항에 따른 "부동산종합공부시스템 연계 지침서"에서 정하는 방식 이외의 연계가 필요한 자는 | 된 이미지파일을 대상으로 좌표독취기 또는 좌표독취 응용프로그램을 활용하여 다음 각 호의 사항을 레이어별로 입력하여야 한다.<br>  1. 도곽선<br>  2. 필지경계선<br>  3. 행정구역선<br>  4. 지적측량기준점<br>  5. 기타 선형 등<br>② 제1항에 따라 입력되는 좌표는 해당 도면 좌하단점의 도곽선수치를 기준으로 가산한다.<br>③ 경계점 간 연결되는 선은 굵기가 0.1mm 이하가 되도록 하여야 한다.<br>④ 좌표독취는 반드시 수동방식의 취득방법으로 하여야 하며, 경계점을 명확히 구분할 수 있도록 확대한 후 작업을 실시하여야 한다.<br>⑤ 좌표독취는 밀리미터(mm)단위로 하되, 소수점 이하 2자리 이상 취득하여 미터(m)단위로 소수점 이하 3자리까지 결정하여야 한다.<br>⑥ 필지의 경계는 중복되지 않아야 하며 경계가 만나는 지점의 좌표는 동일하여야 하고, 경계에 이어지는 다른 필지의 경계는 그 경계를 벗어나서는 아니 된다. |

| 지적공부 세계측지계 변환규정 | 무인비행장치 측량 작업규정 | 국가공간정보센터 운영규정 | 부동산종합공부시스템운영 및 관리규정 | 지적원도 데이터베이스 구축 작업기준 |
|---|---|---|---|---|
| ② 시·도지사는 제1항에 따른 변환구역 선정결과를 검토하여 변경사항이 있는 경우에는 15일 이내에 지적소관청에 통보하여야 하며, 변경사항이 없는 경우에는 변환구역이 결정된 것으로 본다.<br><br>**제13조(변환방법)** ① 제10조에 의해 결정된 공통점을 이용하여 2차원 헬머트(Helmert) 변환모델의 변환계수를 산출하고 제12조에 의하여 결정된 변환구역을 대상으로 변환한다. 다만, 경계점좌표등록부 시행지역은 축척계수를 제외한 이동·회전변환계수만 산출하여 변환한다. 〈개정 2021. 4. 19.〉<br><br>② 제1항의 공통점을 이용한 변환방법이 변환구역 변환에 적합하지 않은 경우에는 평균편차조정방법, 현형변환방법 및 좌표재계산방법으로 변환할 수 있다.<br><br>**제14조(평균편차조정방법)** ① 평균편차조정방법은 제13조제1항의 공통점을 이용한 방법으로 변환된 성과가 지역측지계 지적측량 성과와 들어맞지 않아 조정이 필요한 지역에 적용한다. | (표)<br><br>| 구분 | 촬영 방향 중복도 | 인접 코스 중복도 |<br>|---|---|---|<br>| 평탄한 저지대 지역 | 65% 이상 | 60% 이상 |<br>| 매칭점이 부족하거나 높이차가 있는 지역 | 75% 이상 | 70% 이상 |<br>| 높이차가 크거나 고층 건물이 있는 지역 | 85% 이상 | 80% 이상 |<br><br>③ 무인비행장치항공사진의 지상표본거리(GSD)는 측량시행자와 협의하여 결정하되, 「항공사진측량 작업규정」의 축척별 지상표본거리 이내이어야 한다.<br>④ 촬영대상면적, 촬영고도, 중복도, 비행코스 및 카메라의 기본정보를 무인비행장치 전용 촬영계획 프로그램에 입력하여 이론적인 지상표본거리, 촬영 소요시간, 사진 매수 등의 정보를 확인한다.<br>⑤ 최종성과물이나 작업 난이도에 따라 측량시행자와 협의하여 중복도를 다르게 할 수 있다. 단, 중복도를 다르게 할 경우에는 작업계획서에 반영되어야 한다.<br><br>**제14조(촬영비행 및 촬영)** ① 촬영비행은 다음 각 호에 의한다.<br>1. 촬영비행은 시계가 양호하고 구름의 그림자가 사진에 나타 | ③ 토지소유자가 지적전산자료를 신청하거나, 토지소유자가 사망하여 그 상속인이 지적전산자료를 신청할 때에는 제적등본, 기본증명서 또는 가족관계증명서(토지소유자가 사망하여 그 상속인이 신청하는 경우에 한정한다)와 신분증(주민등록증, 운전면허증, 여권 또는 주민등록번호가 포함된 장애인등록증을 말한다. 이하 이 조에서 같다)을 지참하여 별지 제4호서식의 개인 신청자용 지적전산자료 이용신청서를 국토교통부장관, 시·도지사 또는 지적소관청에 직접 제출하여야 한다. 〈개정 2011. 8. 30., 2013. 3. 23., 2014. 12. 30.〉<br>④ 대리인이 제3항의 이용신청서를 제출하는 경우에는 위임자 및 대리인의 신분증 사본 각 1부와 별지 제5호서식의 위임장을 첨부하여야 한다.<br><br>**제12조(자료의 제공)** ① 국토교통부장관, 시·도지사 또는 지적소관청은 제11조에 따라 지적전산자료의 이용 신청을 받으면 그 내용을 심사한 후 지적전산 자료를 제공할 수 있 | 그 사항을 구체적으로 명시하여 국토교통부장관에게 요청하여야 한다.<br><br>**제13조(정보시스템 관리)** ① 국토교통부장관은 부동산종합공부시스템에 사용되는 프로그램의 목록을 작성하여 관리하고, 프로그램의 추가·변경 또는 폐기 등의 변동사항이 발생한 때에는 그에 관한 세부내역을 작성·관리하여야 한다.<br>② 국토교통부장관은 부동산종합공부시스템이 단일한 버전의 프로그램으로 설치 및 운영되도록 총괄적으로 조정하여 이를 운영기관의 장에 배포하여야 한다.<br>③ 부동산종합공부시스템에는 국토교통부장관의 승인을 받지 아니한 어떠한 형태의 원시프로그램과 이를 조작할 수 있는 도구 등을 개발·제작·저장·설치할 수 없다.<br>④ 운영기관에서 부동산종합공부시스템을 사용 또는 유지관리 하던 중 발견된 프로그램의 문제점이나 개선사항에 대한 프로그램 개발·개선·변경요청은 별지 제6호 서식에 따라 국토교통부장 | ⑦ 도곽선은 좌하단, 좌상단, 우상단, 우하단 방향으로 4점의 도곽점을 연결한 선형으로 입력하여야 한다.<br>⑧ 행정구역선은 지적원도에 표시된 유형별 선형(도계, 부·군계 등)으로 입력하며, 지적원도에 행정구역선이 없는 경우 위성영상 등을 활용하여 입력하여야 한다.<br>⑨ 지적원도에 표시된 지형·지물은 기타로 입력하거나 레이어를 추가하여 입력하여야 한다.<br>⑩ 각 필지경계선의 편집은 다음 각 호의 기준에 따라 작업하여야 한다.<br>1. 이미지데이터와 최종 벡터데이터를 화면에서 비교하여 도상 0.1mm범위 내에서 생성하여야 한다.<br>2. 필지경계선 중 직선경계는 각 굴곡점에 하나씩의 점(Vertex)데이터만 있어야 한다.<br>3. 필지 단위의 필지경계선은 반드시 폐합되어야 한다.<br>4. 다른 필지경계선으로 분기되는 지점이 있는 경우에는 반드시 점(Vertex) 데이터로 시작하여야 한다.<br>5. 연속되는 모든 선형데이터는 |

| 지적공부 세계측지계 변환규정 | 무인비행장치 측량 작업규정 | 국가공간정보센터 운영규정 | 부동산종합공부시스템운영 및 관리규정 | 지적원도 데이터베이스 구축 작업기준 |
|---|---|---|---|---|
| ② 평균편차조정방법의 적용은 다음 각 호와 같다.<br>1. 변환구역 단위로 선정된 공통점을 이용하여 2차원 헬머트(Helmert)변환 모델에 의해 변환계수를 산출한다.<br>2. 산출된 변환계수로 조정이 필요한 변환구역 단위 공통점들의 편차량을 구한다.<br>3. 조정이 필요한 변환구역 단위 공통점들의 편차량을 지역측지계 지적측량성과와 들어맞도록 평균값을 구하여 조정한다.<br><br>제15조(현형변환방법) ① 현형변환방법은 지역측지계에서 현형법으로 지적측량성과를 결정하는 지역에 적용한다.<br>② 현형변환방법의 적용은 다음 각 호와 같다.<br>1. 해당 변환구역의 지적측량성과 자료를 확보한다. 다만, 자료를 확보할 수 없는 경우에는 지적측량을 실시하여야 한다.<br>2. 지역측지계 지적측량성과에 의해 결정된 경계점, 측량점 및 가감된 지적기준점 등을 공통 | 나지 않는 맑은 날씨에 하는 것을 원칙으로 한다.<br>2. 촬영비행은 계획촬영고도에서 가급적 일정한 높이로 직선이 되도록 한다.<br>3. 계획촬영 코스로부터의 수평 또는 수직이탈이 가능한 최소화 되도록 한다.<br>4. 무인비행장치는 설정된 비행계획에 따라 자동으로 비행함을 원칙으로 한다.<br>② 촬영은 다음 각 호에 의한다.<br>1. 노출시간은 촬영계절, 촬영시간대, 기상, 비행속도, 카메라의 진동 등을 감안하여 선명도가 유지되도록 설정하여야 한다.<br>2. 카메라는 가능한 연직방향으로 향하여 촬영함을 원칙으로 한다.<br>3. 매 코스의 시점과 종점에서 사진은 최소한 2매 이상 촬영지역 밖에 있어야 하며, 대상지역을 완전히 포함하도록 여유분을 두어 사진을 촬영하여야 한다. | 다. 이 경우 제11조 제4항에 따른 대리인에게 지적전산자료를 제공한 경우에는 지체 없이 그 위임자에게 제공 사실을 통지하여야 한다.<br>② 제1항에 따라 지적전산 자료를 제공받은 관리기관의 장은 별지 제2호서식에 따른 자료이용대장을 갖추어 두고 지적전산 자료의 이용 현황을 기록·관리하여야 한다.<br><br>**제4장 부동산 정보의 관리**<br><br>제13조(부동산관련자료의 제출) 「공간정보의 구축 및 관리 등에 관한 법률」 제70조 제2항에 따라 국토교통부장관에게 부동산관련자료를 제출하는 시장·군수 또는 행정안전부장관 등 관련 기관의 장은 부동산관련자료를 전산매체에 담아 제출하여야 한다.<br><br>제14조(부동산관련자료의 관리 및 정비) ① 국토교통부장관은 제13조에 따라 제출받은 자료에 오류가 발견되었을 때에는 지체 없이 그 내용을 시장·군수 또는 행정안전부장관 등 관련 기관의 장에게 통지하여야 | 관에게 요청하여야 한다.<br><br>제13조의2(단위업무) 부동산종합공부시스템은 다음 각 호의 단위 업무를 포함한다.<br>1. 지적공부관리<br>2. 지적측량성과관리<br>3. 연속지적도 관리<br>4. 용도지역지구관리<br>5. 개별공시지가관리<br>6. 개별주택가격관리<br>7. 통합민원발급관리<br>8. GIS건물통합정보관리<br>9. 섬관리<br>10. 통합정보열람관리<br>11. 시·도 통합정보열람관리<br>12. 일사편리포털 관리<br><br>제14조(백업 및 복구) ① 운영기관의 장은 프로그램 및 전산자료의 멸실·훼손에 대비하여 정기적으로 관련 자료를 백업하여야 한다. 이 경우 백업 주기·방법 및 범위는 '운영자 지침서'에 따르며, 백업주기 및 백업방법을 따를 수 없는 경우에는 운영기관의 내부 규정 또는 방침에 따라 변경할 수 있다.<br>② 운영기관의 장은 프로그램 및 전 | 연결되어야 한다.<br>6. 지적원도의 오기 또는 누락으로 지적도의 표현이 불합리한 경우에는 별지 제2호서식의 지적원도 처리방안 기록부에 기재하고, 그 내용을 발주기관에 보고하여 협의를 거쳐 작업하여야 한다.<br><br>제12조(속성정보 입력) ① 지적원도의 속성정보는 일필지 단위로 입력하되, 지번은 아라비아숫자로 행정구역·지목·소유자 등은 한글로 하여 가로쓰기 입력한다.<br>② 제1항에 따른 속성정보는 필지 중앙에 위치하도록 하며, 지번 및 경계 등과 겹치지 않게 레이어 기준을 준용하여 입력하여야 한다.<br>③ 지적원도에 소유자가 기록되어 있는 경우 지번·지목 아래에 한글로 소유자를 입력한다.<br>④ 지적원도에 기록된 모든 문자들은 빠짐없이 입력하여야 하며, 그 내용이 특이하거나 일관성이 없는 경우에는 별지 제3호서식의 예외사항 처리대장을 작성하여 발주기관에 보고하고 입력여부에 대한 지시를 받아 작업을 진행한다. |

| 지적공부 세계측지계 변환규정 | 무인비행장치 측량 작업규정 | 국가공간정보센터 운영규정 | 부동산종합공부시스템운영 및 관리규정 | 지적원도 데이터베이스 구축 작업기준 |
|---|---|---|---|---|
| 점으로 선정한다.<br>3. 제10조제2항에 의해 결정된 변환구역 내에서는 지역적 특성에 따라 현형성과 이동량을 조정한다.<br><br>**제16조(좌표재계산방법)** ① 좌표재계산방법은 경계점좌표등록부 시행지역에서 지적확정측량 당시의 관측부 및 계산부가 보존되어 있는 경우에 적용한다.<br>② 좌표재계산방법은 다음 각 호의 순서에 따른다.<br>1. 지적확정측량 당시에 사용된 지적기준점의 세계측지계 성과를 산출한다.<br>2. 제1호에 따라 산출한 세계측지계 성과를 기준으로 지적확정측량 당시의 계산부상 각과 거리를 이용하여 필지경계를 재계산한다.<br><br>**제17조(변환성과 검증)** ① 변환성과 검증은 위치 검증과 면적 검증으로 구분하여 실시한다.<br>② 검증필지는 변환구역 내 모든 필지를 대상으로 하며, 부득이한 경우 지적소관청이 정하는 기준으 | **제15조(재촬영)** ① 다음 각 호에 해당하는 경우에는 재촬영하여야 한다.<br>1. 촬영대상지역에 제13조의 중복도로 촬영되지 않은 지역이 존재하여 측량성과의 제작에 지장을 줄 가능성이 있는 경우<br>2. 촬영 시 노출의 과소, 블러링(Blurring) 등으로 무인비행장치항공사진이 선명하지 못하여 후속작업에 지장이 있는 경우<br>3. 적설 또는 홍수로 인하여 지형을 구별할 수 없어 수치도화 또는 벡터화에 지장이 있는 경우<br>4. 기타 후속작업 및 정확도에 지장이 있다고 인정되는 경우<br>② 재촬영 범위 및 방법은 공공측량 시행자와 협의하여 결정한다.<br><br>**제16조(성과 등)** 무인비행장치항공사진촬영 결과는 다음 각 호와 같이 정리한다.<br>1. 무인비행장치항공사진<br>2. 촬영기록부 〈별표 3〉<br>3. 촬영코스별 검사표 〈별표 4〉<br>4. 그 밖에 성과 확인에 필요한 자료 | 한다. 〈개정 2013. 3. 23., 2014. 11. 19., 2017. 7. 26.〉<br>② 제1항에 따른 통지를 받은 시장·군수 또는 행정안전부장관 등 관련 기관의 장은 지체 없이 해당 오류를 확인하고 바로잡은 후 그 처리 결과를 국토교통부장관에게 회신하여야 한다. 〈개정 2013. 3. 23., 2014. 11. 19., 2017. 7. 26.〉<br>③ 국토교통부장관은 부동산관련 자료의 정확성을 유지하기 위하여 자료의 변동 여부를 확인하는 등 필요한 조치를 하여야 한다.<br><br>**제5장 부동산관련 정책정보 및 국가공간정보 기본통계의 생산**<br><br>**제15조(부동산관련 정책정보 등의 생산 및 제공)** ① 국토교통부장관은 제13조에 따라 제출받은 부동산관련자료를 가공하여 부동산관련 정책정보 및 통계(이하 "부동산관련 정책정보"라 한다)를 생산할 수 있다. 〈개정 2013. 3. 23.〉<br>② 국토교통부장관은 관리기관의 장으로부터 제1항에 따른 부동산관련 정책정보를 요청받은 경우에는 공익성과 부동산정책 수립 | 산자료가 멸실·훼손된 경우에는 국토교통부장관에게 그 사유를 통보한 후 지체 없이 복구하여야 한다.<br>③ 운영기관의 장은 백업자료를 전산매체에 기록하여 매년 2회 이상 다른 운영기관에 소산하여야 한다.<br><br>**제15조(전산장비의 설치 및 관리)** ① 국토교통부장관은 부동산종합공부시스템을 운영하기 위하여 설치하는 전산장비의 표준을 정할 수 있다.<br>② 운영기관의 장은 부동산종합공부시스템의 전산장비를 수시로 점검·관리하되, 월 1회 이상 정기점검을 하여야 한다.<br><br>**제16조(일일마감 확인 등)** ① 규칙 제76조제1항에 따른 사용자는 당일 업무가 끝났을 때에는 전산처리결과를 확인하고, 수작업으로 도면 열람 및 발급 등의 업무를 수행한 경우에는 이를 전산 입력하여야 한다.<br>② 제1항에 따른 사용자는 전산처리결과의 확인과 수작업처리현황의 전산입력이 완료된 때에는 지적업무처리 상황자료를 처리하고, 다음 각 호의 전산처리결과를 | **제13조(수치파일 제작)** 지적원도 이미지파일의 좌표독취 및 속성정보 입력이 완료되면 제5조에 따른 형식으로 수치파일을 제작하고, 작업관리자는 그 목록을 작성·관리하여야 한다.<br><br>**제3장 성과검사**<br><br>**제14조(성과검사계획 수립)** ① 작업관리자는 지적원도 수치파일 제작 품질 향상을 위하여 자체 성과검사계획을 수립하여야 한다.<br>② 성과검사계획 수립을 위하여 KS X ISO 19113 지리정보-품질원칙을 준용하여 지적원도 수치파일의 완전성, 논리적 일관성, 위치 정확성, 주제 정확성을 포함하여 (별표 7) 성과검사계획을 수립하여야 한다.<br><br>**제15조(검사도면 출력)** 작업관리자는 지적원도 수치파일 제작이 완료되면 그 결과도면을 트레싱지에 출력하고, 자체 검사인력을 확보하여 작업량 전체를 대상으로 전수검사를 하여야 한다. |

| 지적공부 세계측지계 변환규정 | 무인비행장치 측량 작업규정 | 국가공간정보센터 운영규정 | 부동산종합공부시스템운영 및 관리규정 | 지적원도 데이터베이스 구축 작업기준 |
|---|---|---|---|---|
| 로 할 수 있다.<br>③ 위치 검증성과는 필지별 2개 이상의 경계점을 대상으로 공통점의 지역측지계 성과에서 변환 전 필지의 도상좌표까지 각과 거리를 계산하고 이 값을 사용하여 공통점의 세계측지계 성과를 기준으로 좌표를 산출한다.<br>④ 변환성과의 위치 검증은 제3항에 따라 산출한 성과와 비교하여 검증하며, 위치 검증결과 차이가 다음 각 호의 범위 이내인 경우에는 변환성과를 최종성과로 결정한다.<br>1. 경계점좌표등록부 시행지역 : 5cm<br>2. 그 밖의 지역 : 10cm<br>⑤ 변환성과의 면적 검증은 다음 각 호에 의하여 검증한다.<br>1. 필지의 산출면적은 좌표면적 계산법에 의하며, 1천분의 1제곱미터까지 계산하여 정한다.<br>2. 면적의 비교는 필지의 변환 전과 후의 산출면적을 비교하여 검증한다.<br>3. 제2호에 따른 허용면적 공차는 변환 전 산출면적 $\times \frac{1}{10,000} m^2$ 이내로 한다. | **제4장 항공삼각측량**<br>**제17조(항공삼각측량 작업방법)** ① 항공삼각측량은 자동매칭에 의한 방법으로 수행하여야 하며, 광속조정법(Bundle Adjustment) 및 이에 상당하는 기능을 갖춘 소프트웨어를 사용하여야 한다.<br>② 사용 소프트웨어는 다음 각 호의 기능을 갖추어야 한다.<br>1. 결합점의 자동선정<br>2. 결합점의 3차원 위치계산<br>3. 영상별 외부표정요소 계산<br>③ 지상기준점의 성과는 지상기준점이 표시된 모든 무인비행장치 항공사진에 반영되어야 한다.<br><br>**제18조(조정계산 및 오차의 한계)** 항공삼각측량의 조정계산방법 및 오차의 한계는 다음 각 호에 의한다.<br>1. 각 무인비행장치항공사진의 외부표정요소 계산은 광속조정법 등의 조정방법에 의해서 결정한다.<br>2. 조정계산 결과의 평면위치와 표고의 정확도는 모두 「항공사진측량 작업규정」 기준 이내이어야 한다. | 의 필요성 등을 검토한 후 이를 제공할 수 있다. 〈개정 2013. 3. 23.〉<br>③ 국토교통부장관은 제1항에 따른 부동산관련 정책정보를 국민에게 공개할 수 있으며 이를 위한 전산시스템을 구축할 수 있다. 〈개정 2013. 3. 23.〉<br>④ 국토교통부장관이 제2항 및 제3항에 따라 부동산관련 정책정보를 제공하거나 공개할 때에는 개인정보의 보호에 필요한 조치를 하여야 한다.<br><br>**제16조(국가공간정보 기본통계의 생산 및 공표)** 국토교통부장관은 공간정보, 지적전산자료, 부동산관련 자료 등 수집된 자료를 활용하여 국가공간정보의 기본통계를 작성하며, 통계청장 및 관계 중앙행정기관의 장과 협의하여 이를 공표할 수 있다.<br><br>**제6장 사무처리 등**<br><br>**제17조(실무협의회)** 국토교통부장관은 공간정보, 지적전산자료, 부동산관련자료 및 부동산관련 정책정보 등의 관리·제공과 관련 정보시스템 | 부동산종합공부시스템을 통하여 전산자료관리책임관에게 확인을 받아야 한다.<br>1. 토지이동 일일처리현황(미정리내역 포함)<br>2. 토지이동 일일정리 결과<br>3. 소유권변동 일일 처리현황<br>4. 토지·임야대장의 소유권변동 정리결과<br>5. 공유지연명부의 소유권변동 정리결과<br>6. 대지권등록부의 소유권변동 정리결과<br>7. 대지권등록부의 지분비율 정리결과<br>8. 오기정정처리 결과<br>9. 도면처리 일일처리내역<br>10. 개인정보조회현황<br>11. 창구민원 처리현황<br>12. 지적민원수수료 수입현황<br>13. 등본교부 발급현황<br>14. 정보이용승인요청서 처리현황<br>15. 측량성과검사 현황<br>③ 일일마감 정리결과 잘못이 있는 경우에 다음 날 업무시작과 동시에 등록사항정정의 방법으로 정정하여야 한다. | **제16조(지적원도 수치파일 성과검사)** ① 검사자는 제15조에 따라 출력된 검사용 트레싱지를 지적원도에 중첩하여 도곽선을 일치시킨 후, 필지경계점의 부합여부를 육안으로 대조하여 도곽선 및 필지경계선에 0.1mm 이상의 편차가 있는 경우에는 재작업토록 하여야 한다.<br>② 필지경계선의 미달(Under Shoot) 및 초과(Over Shoot) 입력여부를 검사하여야 한다.<br>③ 지번·지목·소유자 등 각종 속성정보를 정확하게 입력하였는지 여부를 검사하여야 하며, 필지가 작아 육안으로 입력정보의 확인이 곤란한 경우 컴퓨터를 이용하여 수치파일을 확대한 상태에서 확인하여야 한다.<br>④ 자체 성과검사 결과 잘못 입력된 필지경계점과 속성정보는 검사용 트레싱지에 적색 필기구로 표기하고, 그 내용을 별지 제4호서식의 지적원도 수치파일 검사대장에 기록한다.<br>⑤ 자체 성과검사가 완료되면 검사자는 트레싱지와 검사대장에 서명과 날인한다. |

| 지적공부 세계측지계 변환규정 | 무인비행장치 측량 작업규정 | 국가공간정보센터 운영규정 | 부동산종합공부시스템운영 및 관리규정 | 지적원도 데이터베이스 구축 작업기준 |
|---|---|---|---|---|
| 제18조(성과물 작성) ① 시행자는 세계측지계 변환이 완료된 때에는 다음 각 호의 성과물을 별지 제1호 서식부터 제8호 서식에 따라 작성한다. 〈개정 2021. 4. 19.〉<br>1. 변환 결과부<br>2. 공통점 배치도<br>3. 변환계수 산출부<br>4. 공통점측량 관측표(정지측량)<br>5. 공통점측량 관측부(정지측량)<br>6. 공통점측량 관측부(단일기준국·다중기준국 실시간 이동측량)<br>7. 위치검증 계산부<br>8. 면적검증 계산부<br>② 기존에 확보된 공통점의 경우, 제1항 제4호 내지 제6호 서식의 작성을 제외한다. | 3. 결합점이 요구되는 정확도를 만족할 때까지 오류점의 재관측 및 추가 관측을 자동 및 수동으로 실시하여 재조정 계산을 실시한다.<br><br>제19조(성과 등) 항공삼각측량 결과는 다음 각 호와 같이 정리한다.<br>1. 항공삼각측량 성과 파일(외부표정요소)<br>2. 항공삼각측량 전 과정이 포함된 레포트 파일<br>3. 항공삼각측량 프로젝트 백업 파일<br>4. 그 밖에 성과 확인에 필요한 자료 | 의 연계운영 등에 관한 사항을 협의하기 위하여 국가공간정보센터에 실무협의회를 둘 수 있다.<br><br>제18조(전산시스템 운영지침 제정 등) 국토교통부장관은 공간정보·지적전산자료 및 부동산관련정보의 전산시스템을 효율적으로 관리·운영하기 위하여 필요한 지침을 제정하여 고시할 수 있다.<br><br>제19조(국가공간정보의 이용현황 조사 등) 국토교통부장관은 운영계획의 수립·시행 등을 위하여 공간정보 등의 이용현황 등 필요한 사항을 조사할 수 있다. | 제17조(연도마감) 지적소관청에서는 매년 말 최종일마감이 끝남과 동시에 모든 업무처리를 마감하고, 다음 연도 업무가 개시되는 데 지장이 없도록 하여야 한다.<br><br>제18조(지적통계 작성) ① 지적소관청에서는 지적통계를 작성하기 위한 일일마감, 월마감, 년마감을 하여야 한다.<br>② 국토교통부장관은 매년 시·군·구 자료를 취합하여 지적통계를 작성한다.<br>③ 부동산종합공부시스템에서 출력할 수 있는 통계의 종류는 별표 2와 같다. | 제17조(속성데이터 성과검사) 검사자는 지적원도 속성데이터의 다음 각 호의 항목을 검사하여야 한다.<br>1. 레이어 검사<br>2. 행정구역별 지번 중복필지 검사<br>3. 지번, 지목, 필지순번, 소유자 등의 누락 및 필지 내 중복여부 검사<br><br>제18조(성과수정) ① 제16조 및 제17조에 따른 지적원도 수치파일 검사결과 성과수정이 필요한 사항에 대하여 작업자는 검사용 트레싱지와 지적원도 수치파일 검사대장을 확인하여 잘못된 입력정보를 수정하여야 한다. |
| 제19조(성과검사의 방법 등) ① 공통점의 성과검사는 다음 각 호와 같다.<br>1. 「지적재조사에 관한 특별법 시행규칙」 제6조제4항에 따른다.<br>2. 지적소관청은 성과검사가 완료된 공통점을 법 제8조에 따라 기준점 표지로 관리하여야 한다. | 제5장 수치표고모델 제작<br><br>제20조(수치표면자료의 생성) ① 무인비행장치항공사진의 외부표정요소 등을 기반으로 영상매칭방법을 이용하여 고정밀 3차원 좌표를 보유한 점(이하 점자료)으로 구성된 수치표면자료를 생성한다. 다만, 라이다(Lidar)에 의한 경우는 「항공레이저측량 작업규정」의 작업방법에 따라 수행할 수 있다. | 제20조(고유식별정보의 처리) 국토교통부장관, 행정안전부장관, 시·도지사, 시장·군수 또는 지적소관청은 다음 각 호의 사무를 수행하기 위하여 불가피한 경우 「개인정보 보호법 시행령」 제19조 제1호 또는 제4호에 따른 주민등록번호 또는 외국인등록번호가 포함된 자료를 처리할 수 있다. 〈개정 2017. 7. 26.〉<br>1. 제11조 제3항 및 제12조에 따른 지적전산자료 신청의 심사 | 제19조(코드의 구성) ① 규칙 제68조 제5항에 따른 고유번호는 행정구역코드 10자리(시·도 2, 시·군·구 3, 읍·면·동 3, 리 2), 대장구분 1자리, 본번 4자리, 부번 4자리를 합한 19자리로 구성한다.<br>② 제1항에 따른 고유번호 이외에 사용하는 코드는 별표 3과 같다.<br>③ 제1항에 따른 행정구역코드 부여 기준은 별표 4와 같다. | ② 작업자는 성과수정 여부를 지적원도 수치파일 검사대장에 기재하고, 작업관리자는 성과수정 적정 여부를 최종 확인한 후 서명·날인한다.<br><br>제4장 지적원도 보정파일 제작<br><br>제19조(신축보정) ① 작업자는 지적원도의 신축량을 고려하지 않고 제작된 수치파일은 데이터베이스 구축 |

| 지적공부 세계측지계 변환규정 | 무인비행장치 측량 작업규정 | 국가공간정보센터 운영규정 | 부동산종합공부시스템운영 및 관리규정 | 지적원도 데이터베이스 구축 작업기준 |
|---|---|---|---|---|
| ② 세계측지계 변환 성과검사는 다음 각 호와 같다. 〈개정 2021. 4. 19.〉<br>1. 대행자가 세계측지계로 변환한 성과는 지적소관청이 검사하고, 지적소관청이 변환한 성과는 시·도지사가 검사하되 효율적 업무 추진을 위하여 부득이한 경우 지적소관청으로 위임할 수 있으며, 이 경우 변환 수행자와 검사자를 달리하여 검사하여야 한다.<br>2. 제17조에 따른 변환성과 검증결과가 허용범위를 초과하는 경우에는 그 원인을 조사하여 변환작업을 재수행하여야 한다. 다만, 허용범위를 초과하는 필지수가 변환구역 전체 필지수의 100분의 5 이하이거나, 변환구역 전체의 변환성과에 지장이 없다고 지적소관청이 판단하는 경우에는 그러하지 아니하다.<br>3. 제2호에 따라 변환작업을 재수행한 결과가 제17조제4항에 따른 범위를 초과하는 경우에는 변환성과 검증자료와 현장조사, 기존 지적측량 결과도, 수 | ② 수치표면자료의 높이는 정표고 성과로 제작하여야 한다.<br>③ 필요에 따라 보완측량을 실시하여 수치표면자료를 수정할 수 있다.<br><br>**제21조(수치지면자료의 제작)** ① 수치지면자료를 필요로 하는 경우에는 수치표면자료에서 수목, 건물 등의 지표 피복물에 해당하는 점자료를 제거하여 수치지면자료를 제작할 수 있다. 다만, 측량시행자와 협의된 경우에는 작업지역의 범위, 지표 피복물 제거 방법 및 제거 대상 등을 변할 수 있다.<br>② 필요에 따라 보완측량을 실시하여 수치지면자료를 수정할 수 있다.<br><br>**제22조(수치표면모델 또는 수치표고모델의 제작)** 수치표면모델 또는 수치표고모델의 제작이 필요한 경우에는 다음 각 호에 따라 제작할 수 있다.<br>1. 수치표면모델은 수치표면자료를 이용하여 다음 각 목과 같이 격자자료로 제작되어야 한다. 다만, 측량시행자가 승인한 경우에는 격자 간격 등을 변 | 및 제공에 관한 사무<br>2. 제14조에 따른 부동산관련자료의 관리 및 정비에 관한 사무 | **제20조(행정구역코드의 변경)** ① 행정구역의 명칭이 변경된 때에는 지적소관청은 시·도지사를 경유하여 국토교통부장관에게 행정구역변경일 10일 전까지 행정구역의 코드변경을 요청하여야 한다.<br>② 제1항에 따른 행정구역의 코드변경 요청을 받은 국토교통부장관은 지체 없이 행정구역코드를 변경하고, 그 변경 내용을 행정안전부, 국세청 등 관련기관에 통지하여야 한다.<br><br>**제20조의2(용도지역·지구 등의 코드 변경)** ① 운영기관의 장은 관련 법령등의 신설·폐지·변경에 의하여 용도지역·지구 등의 레이어 변경이 필요한 경우에는 국토교통부장관(도시계획부서)에게 변경을 요청하여야 한다.<br>② 용도지역·지구 등의 등재와 관련하여 지정권자의 추가·변경이 필요한 경우에는 운영기관의 장은 국토교통부장관(도시계획부서)에게 변경을 요청하여야 한다.<br>③ 제1항 및 제2항에 따른 요청을 받은 국토교통부장관(도시계획부서)은 관련내용을 검토한 후 추 | 을 위하여 축척별 기준 도곽에 일치하도록 「공간정보의 구축 및 관리 등에 관한 법률」(이하 "법"이라 한다)에서 정한 방법으로 신축을 보정하여야 한다.<br>② 신축보정은 지적원도의 도곽을 기준으로 실시하며, 기타 원점지역 등 도곽이 없는 지적원도의 경우에는 신축보정을 생략할 수 있다.<br>③ 작업자가 보정프로그램을 이용하여 지적원도의 신축을 보정하고자 하는 경우에는 해당 프로그램을 발주기관에 사전 검증을 요청하여 승인을 받은 후 사용하여야 한다.<br>④ 지적원도 내 격자망의 좌표를 취득하여 보정계수를 산출하며, 이를 지적원도 신축보정에 활용하여야 한다.<br><br>**제20조(보정파일 제작)** 지적원도의 신축보정이 완료되면 제5조에 따른 형식으로 보정파일을 제작하고, 작업관리자는 그 목록을 작성하여 관리하여야 한다. |

| 지적공부 세계측지계 변환규정 | 무인비행장치 측량 작업규정 | 국가공간정보센터 운영규정 | 부동산종합공부시스템운영 및 관리규정 | 지적원도 데이터베이스 구축 작업기준 |
|---|---|---|---|---|
| 치지도, 정사영상 등을 종합적으로 검토하여 최종 지적불부합지로 결정한다.<br>③ 세계측지계 변환성과 검사항목은 다음 각 호와 같다.<br>　1. 공통점 선정 및 변환계수 산출의 적정성<br>　2. 공통점 측량의 적정성 및 결과물 점검(기존에 확보된 공통점은 제외)<br>　3. 변환방법의 적정성<br>　4. 변환성과 검증 결과<br>　5. 변환 성과물 점검<br><br>**제4장 변환 후 성과관리 등**<br><br>**제20조(지적공부 등록)** ① 지적소관청은 제19조의 규정에 따라 성과검사를 완료한 세계측지계 변환성과는 법 제2조제19호의 지적공부로 등록하여야 한다. 이 경우 기존 지적도, 임야도 및 경계점좌표등록부는 폐쇄하고 영구 보관하여야 한다. 〈개정 2021. 4. 19.〉<br>② 지적소관청은 제1항에 따라 세계측지계 변환성과를 지적공부로 등록한 경우에는 지체 없이 다음 각 호의 사항을 일간신문에 게재하거나 해당 | 경할 수 있다.<br>　가. 정사영상제작에 이용하는 수치표면자료의 격자간격은 영상의 2화소 이내 크기에 해당하는 간격이어야 한다.<br>　나. 격자자료는 사용목적 및 점밀도를 고려하여 성과물의 정확도를 확보할 수 있는 보간방법으로 제작하여야 한다.<br>　2. 수치표고모델의 제작이 필요한 경우에는 수치지면자료를 이용하여 격자자료로 제작할 수 있으며, 격자간격 및 보간방법은 제1호에 의한다. 다만, 필요에 따라 도로, 철도, 교통시설물, 호안, 제방 및 건물등의 바닥면이 지형과 일치하도록 1 : 1,000 수치지도 또는 정사영상 등에서 불연속선(breakline)을 추출하여 수정 및 편집을 수행할 수 있다.<br><br>**제23조(정확도 점검)** ① 수치표면자료 또는 수치지면자료, 수치표면모델 또는 수치표고모델 등의 수직위치 정확도는 다음 각 호와 같다. | | 가 · 변경이 필요한 경우에는 시스템 운영부서로 해당 내용을 통보하여야 한다.<br><br>**제21조(개인정보의 안전성 확보조치)** ① 국토교통부장관은 「개인정보 보호법」 제33조에 따른 부동산종합공부시스템의 개인정보 영향평가 및 위험도 분석을 실시하여 필요시 고유식별정보, 비밀번호, 바이오정보에 대한 암호화 기술 적용 또는 이에 상응하는 조치 등의 방안을 운영기관의 장에게 통보하여야 한다.<br>② 운영기관의 장은 「개인정보 보호법」 제29조, 같은 법 시행령 제30조 및 개인정보의 안전성 확보조치 기준 고시(행정안전부 고시)에 따라 개인정보의 안전성 확보에 필요한 관리적 · 기술적 조치를 취하여야 한다.<br>③ 부동산종합공부시스템을 운영하거나 이를 이용하는 자는 부동산종합공부시스템으로 인하여 국민의 사생활에 대한 권익이 침해받지 않도록 하여야 한다.<br><br>**제22조(보안 관리)** ① 국토교통부장관 및 운영기관의 장은 보안업무규 | **제21조(신축보정량 관리)** 작업자는 지적원도 도곽별로 보정 전과 후의 신축보정량을 기록 · 관리하여야 한다.<br><br>**제5장 연속지적원도 제작**<br><br>**제22조(작업순서)** 연속지적원도 제작은 다음 각 호의 순서에 따른다.<br>　1. 일람도 제작<br>　2. 접합준비도 제작<br>　3. 도면 오류 정비<br>　4. 도면접합<br>　5. 행정구역경계 작성<br>　6. 접합성과품 작성<br>　7. 성과 검사<br><br>**제23조(일람도 제작)** ① 작업자는 지적원도의 도곽을 추출하여 도면번호를 기재하고 행정구역별, 축척별로 일람도 파일을 제작한다.<br>② 일람도는 해당 축척의 10분의 1로 제작하는 것을 원칙으로 한다. 다만, 해당 축척의 10분의 1로 제작하는 것이 곤란한 경우에는 발주기관의 승인을 얻어 임의의 축척으로 제작할 수 있다. |

| 지적공부 세계측지계 변환규정 | 무인비행장치 측량 작업규정 | 국가공간정보센터 운영규정 | 부동산종합공부시스템운영 및 관리규정 | 지적원도 데이터베이스 구축 작업기준 |
|---|---|---|---|---|
| 시·군·구의 게시판 또는 인터넷 홈페이지에 20일 이상 공고하여야 한다. 〈신설 2021. 4. 19.〉<br>　1. 지적공부 세계측지계 변환의 관련근거, 목적 및 주요 내용<br>　2. 지적공부 등록 대상 및 시행일자<br>　3. 그 밖에 필요한 사항<br><br>**제21조(도면정비)** ① 지적소관청은 세계측지계 변환 사업의 원활한 추진을 위하여 필요한 경우 지적(임야)도의 행정구역·축척·도곽별로 등록된 필지의 경계 간격·공백·중복 등의 오류 정비를 병행하여 추진한다.<br>② 제1항에 따른 도면정비는 「지적도·임야도 정비지침」(지적기획과－1555, 2011. 6. 28.)에 따른다.<br><br>**제22조(지적불부합지 정리)** 지적소관청은 제19조제2항제3호에 따라 추출된 지적불부합지는 「지적재조사에 관한 특별법」 제7조에 따른 지적재조사사업으로 정리하거나 법 제84조에 따른 등록사항의 정정으로 정리할 수 있다. | 1. 정사영상 제작을 위한 수직위치 정확도는 「영상지도 제작에 관한 작업규정」을 준용한다.<br>2. 수치표면모델 또는 수치표고모델이 최종성과물일 경우에는 「항공레이저측량 작업규정」의 수직위치 정확도를 준용한다.<br>② 수치표면자료 또는 수치지면자료, 수치표면모델 또는 수치표고모델 등의 정확도 점검방법은 「항공레이저측량 작업규정」을 따르고, 기준은 제1항을 따른다.<br><br>**제24조(성과 등)** 정리하여야 할 성과는 다음 각 호와 같다.<br>　1. 수치표면모델(DSM) 또는 수치표고모델(DEM)<br>　2. 수치표면모델(DSM) 또는 수치표고모델(DEM) 검사표 〈별표 5〉<br>　3. 수치표면모델(DSM) 또는 수치표고모델(DEM) 오류 정정표 〈별표 6〉 | | 정 등 관련 법령에 따라 관리적·기술적 대책을 강구하고 보안 관리를 철저히 하여야 한다.<br>② 국토교통부장관 및 운영기관의 장은　부동산종합공부시스템의 유지보수를 용역사업으로 추진하는 경우에는 보안관리규정을 준용하여야 한다.<br><br>**제23조(운영지침서 등)** ① 이 규정에서 정하지 아니한 사항은 운영자 지침서 및 사용자 지침서에 따른다.<br>② 국토교통부장관은　부동산종합공부시스템을 개선한 때에는 지체 없이 운영자 지침서 및 사용자 지침서를 보완하여 시행하여야 한다.<br>③ 제1항에 따른 운영자 지침서 및 사용자 지침서는 부동산종합공부시스템의 도움말 기능으로 배포할 수 있다.<br><br>**제24조(교육실시)** ① 국토교통부장관은 사용자가 정보관리체계를 이용하고 관리할 수 있도록 교육을 실시하여야 한다.<br>② 운영기관의 장은 국토교통부장관이 제공하는 교육을 사용자가 | **제24조(접합준비도 제작)** 준비된 작업영역 전체의 지적원도를 이용하여 원시접합도를 작성하고, 작성된 원시접합도를 정비하여 접합준비도를 제작한다.<br><br>**제25조(오류 정비)** 작업자는 접합준비도를 통해 도면상의 오류가 발견되면 다음 각 호에 따라 작업을 진행한다.<br>　1. 오류의 원인을 분석하여 원인이 경미한 경우에는 작업책임자와 협의한 후 도면접합을 수행하여야 한다.<br>　2. 오류의 원인이 중대한 경우에는 별지 제5호서식의 연속지적원도 처리방안 기록부에 기록하고, 그 내용을 발주기관에게 보고한 후 협의를 거쳐 도면접합을 수행하여야 한다.<br><br>**제26조(도면접합)** 지적원도의 접합은 제28조의 도면접합 원칙에 따라 다음 각 호와 같은 순서로 수행한다.<br>　1. 동일 행정구역 내 축척별 도곽 간 접합<br>　2. 동일 행정구역 내 축척 간 접합<br>　3. 동일 행정구역 내 원점 간 접합 |

| 지적공부 세계측지계 변환규정 | 무인비행장치 측량 작업규정 | 국가공간정보센터 운영규정 | 부동산종합공부시스템운영 및 관리규정 | 지적원도 데이터베이스 구축 작업기준 |
|---|---|---|---|---|
| **제5장 보칙**<br><br>**제23조(재검토기한)** 국토교통부장관은 이 훈령에 대하여 「훈령·예규 등의 발령 및 관리에 관한 규정」에 따라 2021년 7월 1일 기준으로 매 3년이 되는 시점(매 3년째의 6월 30일까지를 말한다)마다 그 타당성을 검토하여 개선 등의 조치를 하여야 한다. 〈개정 2021. 4. 19.〉 | **제6장 정사영상 제작**<br><br>**제25조(정사영상 제작방법)** ① 정사영상의 제작은 수치표면모델(또는 수치표면자료) 또는 수치표고모델(또는 수치지면자료)과, 무인비행장치항공사진 및 외부표정요소를 이용하여 소프트웨어에서 자동생성 방식으로 제작하는 것을 원칙으로 한다.<br>② 정사영상은 모델별 인접 정사영상과 밝기 값의 차이가 나지 않도록 제작하여야 한다.<br><br>**제26조(영상집성)** ① 인접 정사영상 간의 영상집성을 수행하기 전 과정으로 필요 시 영상 간의 밝기 값 차이를 제거하기 위한 색상보정을 실시하여야 한다.<br>② 중심투영에 의한 영향을 최소화할 수 있는 범위 내에서 집성하여야 한다.<br>③ 영상을 집성하기 위한 접합선은 기복변위나 음영의 대조가 심하지 않은 산능선, 하천, 도로 등으로 설정하여 집성된 영상에서 접합선이 보이지 않도록 하고, 인접 영상 간 색상의 연속성을 유지하여야 한다. | | 받을 수 있도록 제반조치를 취하여야 한다.<br>③ 국토교통부장관은 사용자 교육을 관련기관에 위탁하여 실시할 수 있다.<br><br>**제25조(재검토 기한)** 국토교통부장관은 「훈령·예규 등의 발령 및 관리에 관한 규정」에 따라 이 훈령에 대하여 2021년 1월 1일 기준으로 매 3년이 되는 시점(매 3년째의 12월 31일까지를 말한다)마다 그 타당성을 검토하여 개선 등의 조치를 하여야 한다. 〈개정 2020. 8. 10.〉 | 4. 행정구역 간 접합<br><br>**제27조(행정구역경계 작성)** 접합이 완료된 행정구역을 단위로 하여 다음 각 호와 같은 행정구역 경계를 작성한다.<br>　1. 리·동 경계<br>　2. 읍·면 경계<br>　3. 시·군·구 경계<br>　4. 시·도 경계<br>　5. 원점 간 경계<br><br>**제28조(일반원칙)** 도면접합은 지적원도의 전체 현황을 파악하여 다음 각 호와 같은 일반원칙에 따라 작업하여야 한다.<br>　1. 도면접합은 도곽을 기준으로 접합하는 것을 원칙으로 하며, 접합대상 필지는 형태와 면적의 변화를 최소화한다.<br>　2. 서로 다른 축척 간의 접합 시 대축척의 필지경계선을 기준으로 접합처리 한다.<br>　3. 소면적 필지경계를 우선하여 접합한다.<br>　4. 도곽선 주위의 폐합된 필지경계를 우선하여 접합처리 한다.<br>　5. 지번과 필지의 중복 및 누락이 |

| 지적공부 세계측지계 변환규정 | 무인비행장치 측량 작업규정 | 국가공간정보센터 운영규정 | 부동산종합공부시스템운영 및 관리규정 | 지적원도 데이터베이스 구축 작업기준 |
|---|---|---|---|---|
| | ④ 영상집성 후 경계부분에서 음영이나 접합선의 이격 등이 없어야 한다.<br><br>**제27조(보안지역 처리)** 일반인의 출입이 통제되는 국가보안시설 및 군사시설은 주변지역의 지형·지물 등을 고려하여 위장처리를 하여야 한다.<br><br>**제28조(정사영상의 정확도)** 정사영상의 정확도 및 점검항목은 「영상지도제작에 관한 작업규정」을 준용한다.<br><br>**제29조(성과 등)** 정리하여야 할 성과는 다음 각 호와 같다.<br>1. 정사영상 파일<br>2. 정사영상 검사표 〈별표 7〉<br><br>**제7장 지형·지물 묘사**<br><br>**제30조(묘사)** ① 무인비행장치항공사진 또는 수치표면모델 및 정사영상 등을 이용하여 수치도화 또는 벡터화 방법 등으로 지형지물을 묘사하며, 묘사 대상은 측량시행자와 협의하여 결정한다. | | | 발생한 경우에는 자료조사를 실시한 후 발주기관과 협의하여 처리하고, 연속지적원도 처리방안 기록부에 기록한다.<br><br>**제29조(같은 행정구역 내 도곽 간 접합)** ① 같은 행정구역 내 축척별 접합 중 한 필지가 여러 도면에 폐합되어 있는 경우의 도면접합은 다음 각 호와 같이 처리한다.<br>1. 중복·이격 및 어긋나는 부분이 적고 면적에 미치는 영향이 미미한 경우, 폐합된 필지 중 1개 필지를 선택하여 접합한다.<br>2. 중복 및 이격이 비교적 많은 경우 면적 및 형태의 변화를 최소화하는 범위 내에서 면적이 적은 필지를 우선하여 처리하되, 가급적 필지경계선의 중간부분을 취하여 접합한다.<br>3. 한 필지가 여러 도면에 폐합되어 있는 경우로, 그 형태가 서로 상이한 경우에는 자료조사를 실시한 후 연속지적원도 처리방안 기록부에 기재하고 발주기관의 승인을 받아 처리한다.<br>② 한 필지가 여러 도면에 걸쳐 있으나 어떤 도면에도 폐합되어 있지 |

| 지적공부 세계측지계 변환규정 | 무인비행장치 측량 작업규정 | 국가공간정보센터 운영규정 | 부동산종합공부시스템운영 및 관리규정 | 지적원도 데이터베이스 구축 작업기준 |
|---|---|---|---|---|
| | ② 수치도화 방법은 무인비행장치 항공사진과 항공삼각측량 성과를 기반으로 수치도화시스템에서 입체시에 의해 3차원으로 지형·지물을 묘사하는 방법이다.<br>③ 벡터화 방법은 연속정사영상과 수치표면모델(또는 수치표고모델) 기반의 벡터화를 통하여 2차원으로 지형·지물을 묘사하는 방법이다. 다만, 높이 정보가 필요한 경우에는 측량시행자와 협의하여 수치표면모델 또는 수치표고모델로부터 표고 또는 등고선을 추출하여 이용할 수 있다.<br>④ 측량시행자가 승인한 경우에는 제2항 및 제3항 이외의 방법으로 지형·지물을 묘사할 수 있다.<br><br>**제31조(수치도화에 의한 지형·지물의 묘사)** ① 수치도화방법에 의한 지형·지물의 묘사는 「항공사진측량 작업규정」의 방법을 따른다.<br>② 제1항에도 불구하고, 측량시행자와 협의된 경우에는 묘사대상이나 묘사 방법, 표준 코드 등을 보완하여 사용할 수 있다. | | | 않은 경우의 도면접합은 다음 각 호와 같이 처리한다.<br>1. 도곽선에서 가까운 경계점을 직선으로 연결하여 접합 처리한다.<br>2. 중복·이격량이 미세할 경우 필지의 모양을 보존하기 위해 중간부분을 취하여 접합한다.<br><br>**제30조(같은 행정구역 내 축척 간 접합)** 같은 행정구역 내 축척 간 접합은 다음 각 호와 같이 처리한다.<br>1. 대축척의 필지경계선을 기준으로 접합 처리한다.<br>2. 접합이 어려운 경우 연속지적원도 처리방안 기록부에 기재하고 그 내용을 발주기관에 보고하여 협의를 거쳐 접합하며, 필지상에 지적선 불일치 정보를 입력하고 작업한다.<br><br>**제31조(같은 행정구역 내 원점 간 접합)** 같은 행정구역 내 측량원점 간 접합은 다음 각 호와 같이 처리한다.<br>1. 행정구역(읍·면, 리·동)이 같고 측량원점이 다른 경우에는 통일원점을 기준으로 접합 처리 한다. |

| 지적공부 세계측지계 변환규정 | 무인비행장치 측량 작업규정 | 국가공간정보센터 운영규정 | 부동산종합공부시스템운영 및 관리규정 | 지적원도 데이터베이스 구축 작업기준 |
|---|---|---|---|---|
| | 제32조(벡터화에 의한 지형·지물의 묘사) ① 벡터화에 의한 지형·지물의 묘사는 「수치지형도 작성 작업규정」을 따르는 것을 원칙으로 한다.<br>② 공간정보의 분류체계는 「수치지도 작성 작업규칙」을 따르며, 세부 지형·지물의 표준코드는 「수치지형도 작성 작업규정」을 따르는 것을 원칙으로 한다.<br>③ 벡터화에 의한 지형·지물의 묘사의 허용범위는 「항공사진측량 작업규정」의 평면위치에 대한 기준을 준용함을 원칙으로 한다.<br>④ 제1항부터 제3항에도 불구하고, 필요에 따라 측량시행자와 협의하여 묘사대상이나 묘사 방법, 표준 코드 등을 변경하여 적용할 수 있다.<br><br>제33조(성과 등) 묘사 성과는 수치도화 파일 또는 벡터화 파일로 정리하여야 한다.<br><br>**제8장 수치지형도 제작**<br><br>제34조(수치지형도 제작) ① 수치지형도의 제작은 「수치지형도 작성 작업규정」을 따른다. | | | 2. 기타 원점이 혼재하는 지역의 경우 통일원점으로 변환처리한 후 접합처리 하는 것을 원칙으로 한다.<br>3. 기타 원점의 통일원점 변환은 세부측량 당시의 기준점에 의한 변환을 원칙으로 한다. 다만, 기준점에 의한 변환이 어려운 경우에는 지구계 경계의 형태로 변환할 수 있다.<br>4. 접합이 어려운 경우 연속지적원도 처리방안 기록부에 기재하고 그 내용을 발주기관에 보고하여 협의를 거쳐 접합하며, 필지상에 지적선 불일치 정보를 입력하고 작업한다.<br><br>제32조(행정구역 간 접합) 행정구역 간 접합은 다음 각 호에 따른다.<br>1. 행정구역 간 인접하는 지역의 축척이 상이한 경우에는 대축척의 필지경계선을 기준으로 접합 처리한다.<br>2. 행정구역 간 인접하는 지역의 축척이 같은 경우에는 중간부분을 취하여 접합 처리하는 것을 원칙으로 한다.<br>3. 접합이 어려운 경우 연속지적 |

| 지적공부 세계측지계 변환규정 | 무인비행장치 측량 작업규정 | 국가공간정보센터 운영규정 | 부동산종합공부시스템운영 및 관리규정 | 지적원도 데이터베이스 구축 작업기준 |
|---|---|---|---|---|
| | ② 측량목적에 따라 측량시행자와 협의하여 제작방법을 달리할 수 있다. 단, 이 경우 작업계획서에 반영하여야 한다.<br><br>**제9장 응용측량**<br><br>**제35조(노선측량의 종단측량)** ① 무인비행장치를 이용한 노선의 종단측량은 수치지면자료 등을 활용하여 종단면도를 작성하는 작업을 말한다.<br>② 종단측량은 수치지면자료 또는 수치표고모델을 활용하는 것을 원칙으로 하며, 나대지의 경우 수치표면자료 또는 수치표면모델을 활용할 수 있다.<br>③ 종단면도는 제작대상 종단면 평면위치에 대한 높이값을 수치지면자료 등을 불규칙삼각망 방식으로 보간하여 작성한다.<br>④ 종단면도 제작대상지에 도로, 철도, 교통시설물, 호안, 제방 등 불연속면이 존재하는 경우 불연속선(Breakline)을 설정하여 보간한다.<br>⑤ 수치표면자료 또는 수치표면모델을 활용하는 경우 식생 등에 의 | | | 원도 처리방안 기록부에 기재하고 그 내용을 발주기관에 보고하여 협의를 거쳐 접합하며, 필지상에 지적선 불일치 정보를 입력하고 작업한다.<br><br>**제33조(연속지적원도의 성과검사)** 작업관리자는 다음 항목에 대하여 성과를 검사하여야 한다.<br>1. 필지 경계의 폴리건 처리 및 무결성 검사<br>2. 컴퓨터상에서 원본데이터와 최종 접합한 데이터를 중첩하여 도곽 부위를 확대한 후 필지에 이상이 있는지에 대한 검사<br>3. 행정구역별 지번 중복필지 검사<br>4. 지번 및 지목 누락 검사<br>5. 속성 레이어 검사<br>6. 한 필지 내 다중 지번 검사<br>7. 원본데이터와 접합데이터 간 지번, 지목, 소유자 등 일치 검사<br><br>**제6장 지적원도 데이터베이스 구축**<br><br>**제34조(구조화편집)** ① 모든 필지는 폐합다각형이 되도록 폴리건을 형성하여야 하며, 두 도곽 이상에 등록되 |

| 지적공부 세계측지계 변환규정 | 무인비행장치 측량 작업규정 | 국가공간정보센터 운영규정 | 부동산종합공부시스템운영 및 관리규정 | 지적원도 데이터베이스 구축 작업기준 |
|---|---|---|---|---|
| | 해 지면의 높이를 취득할 수 없는 지역에 대해서는 「공공측량 작업규정」 제73조에 따라 종단측량을 병행 실시할 수 있다.<br>⑥ 종단면도의 축척 및 그 밖의 작성 기준은 「공공측량 작업규정」 제73조를 준용한다.<br><br>**제36조(노선측량의 횡단측량)** ① 무인비행장치를 이용한 노선의 횡단측량은 수치지면자료 등을 활용하여 횡단면도를 작성하는 작업을 말한다.<br>② 횡단측량은 수치지면자료 혹은 수치표고모델을 활용하는 것을 원칙으로 하며, 나대지의 경우 수치표면자료 혹은 수치표면모델을 활용할 수 있다.<br>③ 횡단면도는 제작대상 횡단면 평면위치에 대한 높이값을 수치지면자료 등을 불규칙삼각망방식으로 보간하여 작성한다.<br>④ 횡단면도 제작대상지에 도로, 철도, 교통시설물, 호안, 제방 등 불연속면이 존재하는 경우 불연속선(Breakline)을 설정하여 보간한다.<br>⑤ 수치표면자료 혹은 수치표면모 | | | 어 있는 필지 중 폐합이 되지 않은 필지는 도곽선을 따라 임의의 경계를 추가하여 폴리건을 형성하고 무결성을 확보하여야 한다.<br>② 필지 내부에 다수의 필지가 연속되어 있는 경우에는 임의로 경계를 분리하여 폴리건을 형성하고, 지번·지목과 구분코드를 입력한다.<br>③ 필지 내부에 독립된 폴리건이 있는 경우에는 내부에 속한 폴리건에 구분코드를 입력한다.<br>④ 인접경계 표시선은 별도의 레이어로 구분하여야 한다.<br>⑤ 구조화편집 테이터는 원점별·행정구역별·축척별로 하나의 파일로 제작하여야 한다.<br><br>**제35조(구조화편집의 검사)** ① 제34조에 따라 필지가 분리되어 있거나 임의로 분리한 필지는 필지식별 코드로 원시파일과 연속지적원도 파일을 구분하여야 하며, 비교대상 결과와 동일하여야 한다.<br>② 구조화편집이 완료된 연속지적원도의 폴리건수와 속성의 통계 수가 일치하는지 확인하고, 연속지적원도의 전체 속성통계를 검 |

| 지적공부 세계측지계 변환규정 | 무인비행장치 측량 작업규정 | 국가공간정보센터 운영규정 | 부동산종합공부시스템운영 및 관리규정 | 지적원도 데이터베이스 구축 작업기준 |
|---|---|---|---|---|
| | 델을 활용하는 경우 식생 등에 의해 지면자료를 취득할 수 없는 지역에 대해서는 「공공측량 작업규정」 제74조에 따라 횡단측량을 병행 실시할 수 있다.<br>⑥ 횡단면도의 축척 및 기타 작성기준은 「공공측량 작업규정」 제74조를 준용한다.<br><br>**제37조(토공량 계산)** ① 무인비행장치를 이용한 토공량 계산은 수치지면자료 등을 활용하여 토공량을 계산하는 작업을 말한다.<br>② 토공량 계산은 수치지면자료 또는 수치표고모델을 활용하는 것을 원칙으로 하며, 나대지의 경우 수치표면자료 또는 수치표면모델을 활용할 수 있다.<br>③ 수치지면자료를 활용하는 경우 절토·성토가 이루어지기 전·후의 수치지면자료를 불규칙삼각망, 크리깅(Kriging)보간 또는 공삼차보간 등의 방법으로 보간하여 모델링하고 모델 간 동일평면위치상의 높이 변동값을 계산하여 결정한다.<br>④ 수치표고모델을 활용하는 경우 격자 한 변의 길이는 0.5m 이하여 | | | 색하여 별도의 속성집계표를 작성하여야 한다.<br><br>**제36조(구조화편집 데이터 관리)** 구조화편집이 완료된 데이터는 별도의 기록매체에 저장하여 관리하여야 한다.<br><br>**제37조(데이터베이스 구축대상 및 메타데이터 작성)** ① 데이터베이스로 구축하여야 할 대상은 다음 각 호와 같다.<br>1. 연속지적원도<br>2. 일람도 및 행정구역 데이터<br>3. 지적측량기준점 데이터<br>4. 토지소유자 데이터<br>5. 지번, 지목, 좌표면적 데이터<br>6. 메타데이터<br>7. 기타 필요한 데이터<br>② 데이터베이스에 대한 메타데이터의 요소 및 작성방법은 KS X ISO 19115 지리정보-메타데이터 표준을 준용하여(별표 8) 작성한다.<br><br>**제38조(작업순서)** 데이터베이스 구축은 다음 각 호의 순서에 따른다.<br>1. 기초자료 준비 |

| 지적공부 세계측지계 변환규정 | 무인비행장치 측량 작업규정 | 국가공간정보센터 운영규정 | 부동산종합공부시스템운영 및 관리규정 | 지적원도 데이터베이스 구축 작업기준 |
|---|---|---|---|---|
| | 야 하며, 절토 · 성토가 이루어지기 전 · 후의 수치표고모델 간 동일평면위치상의 높이 변동값을 계산하여 결정한다.<br><br>**제10장 품질관리 및 정리점검**<br><br>**제38조(품질관리)** ① 수치표면모델(또는 수치표면자료, 수치지면자료, 수치표고모델), 정사영상이 최종성과물인 경우 제23조, 제28조에 의한 정확도를 유지하여야 한다.<br>② 수치지형도에 대한 품질관리는 「수치지도 작성 작업규칙」에 의한다.<br>③ 종 · 횡단면도는 「공공측량 작업규정」 제73조, 제74조에 의한 정확도를 유지하여야 한다.<br><br>**제39조(정리점검)** 최종성과물에 따라 납품하여야 할 성과를 정리하여야 한다.<br><br>**제40조(재검토 기한)** 국토지리정보원장은 「훈령 · 예규 등의 발령 및 관리에 관한 규정」에 따라 2021년 1월 1일을 기준으로 매 3년이 되는 시점(매 3년째의 12월 31일까지를 말한 | | | 2. 시스템의 준비<br>3. 데이터의 환경설정 및 정의<br>4. 데이터의 전환<br>5. 데이터베이스 전환 전 · 후의 자료검정<br>6. 데이터 관리<br><br>**제39조(기초자료 준비)** 데이터베이스 구축을 위하여 다음 각 호의 사항을 미리 준비하여야 한다.<br>1. 구조화편집 데이터 속성 집계표<br>2. 행정구역 코드집<br>3. 행정구역별 영문자 명칭을 기록한 조서<br><br>**제40조(데이터의 환경설정)** ① 데이터의 최소단위는 동 · 리별, 축척별로 작성하여야 한다.<br>② 작업영역은 해당 행정구역 전체 지역을 포함할 수 있는 범위 이상으로 설정하여야 한다.<br>③ 좌표계 설정은 법에 따른다.<br>④ 기타원점 지역에 대해서는 좌표변환 알고리즘을 통해 표준화된 통일원점 좌표계의 위치로 회전 및 이동하여 처리하여야 한다. |

| 지적공부 세계측지계 변환규정 | 무인비행장치 측량 작업규정 | 국가공간정보센터 운영규정 | 부동산종합공부시스템운영 및 관리규정 | 지적원도 데이터베이스 구축 작업기준 |
|---|---|---|---|---|
| | 다)마다 그 타당성을 검토하여 개선 등의 조치를 하여야 한다. | | | **제41조(데이터베이스의 전환)** 시스템 환경설정이 완료되면 제38조 각 호의 전산입력자료는 도면 및 속성 데이터베이스로 전환하여야 한다.<br><br>**제42조(데이터베이스 전환 전·후의 자료검정)** 도면데이터베이스의 전환이 완료되면, 다음 각 호의 도면 및 속성정보의 현황을 파악하여야 한다.<br>　1. 폴리건, 지번, 지목, 도면번호의 갯수<br>　2. 중복 지번수, 무지번수 현황<br>　3. 좌표계산에 의한 면적 통계<br>　4. 일람도 및 행정구역 통계<br>　5. 지적측량기준점 통계<br><br>**제43조(데이터베이스의 관리)** 구축된 데이터베이스는 전체 자료를 기록매체에 복사하여 별도 보관하여야 한다.<br><br>**제7장 기타**<br><br>**제44조(성과품 납품)** 과업완료 시 다음 각 호에 따른 과업성과물 원본을 대용량 저장장치에 저장하여 발주기관에 제출하여야 한다. |

| 지적공부 세계측지계 변환규정 | 무인비행장치 측량 작업규정 | 국가공간정보센터 운영규정 | 부동산종합공부시스템운영 및 관리규정 | 지적원도 데이터베이스 구축 작업기준 |
|---|---|---|---|---|
| | | | | 1. 지적원도 이미지파일 데이터<br>2. 지적원도 수치파일 데이터<br>3. 지적원도 보정파일 데이터<br>4. 연속지적원도 데이터<br>5. 일람도 및 행정구역 데이터<br>6. 지적측량기준점 데이터<br>7. 데이터 목록<br>8. 데이터베이스 구축 지침서(안)<br>9. 지적원도 검사 출력물<br>10. 완료보고서<br><br>**제45조(기타)** 이 작업기준에 정하지 아니한 사항이나 지적원도 데이터베이스 구축에 필요한 사항에 대하여는 발주기관과 협의하거나 승인을 받아 처리할 수 있다.<br><br>**제46조(재검토기한)** 국토교통부장관은 「훈령·예규 등의 발령 및 관리에 관한 규정」에 따라 이 예규에 대하여 2021년 1월 1일을 기준으로 매 3년이 되는 시점(매 3년째의 12월 31일까지를 말한다)마다 그 타당성을 검토하여 개선 등의 조치를 하여야 한다. 〈개정 2020. 8. 10.〉 |

# 도로명주소법 3단

CONTENTS

| 도로명주소법<br>[시행 2021. 6. 9.]<br>[법률 제17574호, 2020. 12. 8., 전부개정] | 도로명주소법 시행령<br>[시행 2021. 6. 9.]<br>[대통령령 제31726호, 2021. 6. 8., 전부개정] | 도로명주소법 시행규칙<br>[시행 2021. 6. 9.]<br>[행정안전부령 제255호, 2021. 6. 9., 전부개정] |
|---|---|---|
| 제1조(목적) | 제1조(목적) | 제1조(목적) |
| 제2조(정의) | 제2조(정의)<br><br>제3조(도로의 유형 및 통로의 종류)<br><br>제4조(건물등의 건물번호) | 제2조(정의)<br><br>제3조(기초번호의 부여 간격) |
| 제3조(다른 법률과의 관계) | | |
| 제4조(국가와 지방자치단체의 책무) | | |
| 제5조(주소정보 활용 기본계획 등의 수립 · 시행) | 제5조(주소정보 활용 기본계획의 수립 · 시행) | |
| 제6조(기초조사 등) | | 제4조(기초조사 등) |
| 제7조(도로명 등의 부여) | 제6조(도로명주소의 구성 및 표기 방법)<br><br>제7조(도로구간 및 기초번호의 설정 · 부여 기준)<br><br>제8조(도로명의 부여기준)<br><br>제9조(둘 이상의 시 · 군 · 구 또는 시 · 도에 걸쳐 있는 도로명 등의 설정 · 부여 기준)<br><br>제10조(도로명등의 설정 · 부여 절차)<br><br>제11조(둘 이상의 시 · 군 · 구 또는 시 · 도에 걸쳐 있는 도로명 등의 설정 · 부여 절차) | 제5조(도로구간 및 기초번호 설정 · 부여의 세부기준)<br><br>제6조(도로명 부여의 세부기준)<br><br>제7조(둘 이상의 시 · 군 · 구 또는 시 · 도에 걸쳐 있는 도로명 등의 설정 · 부여 세부기준)<br><br>제8조(도로명등의 부여 · 설정 절차)<br><br>제9조(둘 이상의 시 · 군 · 구 또는 시 · 도에 걸쳐 있는 도로명 등의 설정 · 부여 절차)<br><br>제10조(도로명의 부여 신청)<br><br>제11조(지주등의 표시 변경 통보 등)<br><br>제12조(도로명등의 고시 및 고지)<br><br>제13조(고지 및 고시의 방법) |
| 제8조(도로명 등의 변경 및 폐지) | 제12조(도로명등의 변경 · 폐지 기준) | |

| 도로명주소법 | 도로명주소법 시행령 | 도로명주소법 시행규칙 |
|---|---|---|
| | 제13조(도로구간 또는 기초번호의 변경 절차) | 제14조(도로구간 또는 기초번호의 변경 절차) |
| | 제14조(둘 이상의 시·군·구 또는 시·도에 걸쳐 있는 도로구간 또는 기초번호의 변경 절차) | 제15조(둘 이상의 시·군·구 또는 시·도에 걸쳐 있는 도로구간 또는 기초번호의 변경 절차) |
| | 제15조(도로명의 변경 절차) | 제16조(도로명의 변경 절차) |
| | 제16조(둘 이상의 시·군·구 또는 시·도에 걸쳐 있는 도로명 변경 절차) | 제17조(둘 이상의 시·군·구 또는 시·도에 걸쳐 있는 도로명의 변경 절차) |
| | 제17조(도로명등의 폐지 절차) | 제18조(도로명등의 폐지 절차) |
| | 제18조(도로명의 변경 신청 등) | |
| | 제19조(서면 동의 절차의 생략 등) | |
| 제9조(도로명판과 기초번호판의 설치) | | |
| 제10조(명예도로명) | 제20조(명예도로명의 부여 기준) | 제19조(명예도로명의 부여·폐지 절차 등) |
| | 제21조(명예도로명의 부여·폐지 절차 등) | |
| | 제22조(명예도로명 안내 시설물의 설치 및 철거) | |
| 제11조(건물번호의 부여) | 제23조(건물번호의 부여 기준) | 제20조(건물번호 부여·변경의 세부기준) |
| | 제24조(건물번호의 부여 절차) | 제21조(건물번호 및 상세주소의 표기 방법) |
| | | 제22조(건물번호의 부여·변경·폐지 신청) |
| | | 제23조(건물번호의 부여 등에 대한 고시 및 고지) |
| 제12조(건물번호의 변경 등) | 제25조(건물번호의 변경·폐지 기준) | |
| | 제26조(건물번호의 변경·폐지 절차) | |
| 제13조(건물번호판의 설치 및 관리) | | 제24조(건물번호판의 교부 신청 등) |
| 제14조(상세주소의 부여 등) | 제27조(상세주소의 부여·변경·폐지 기준 등) | 제25조(상세주소 부여·변경의 세부기준) |
| | 제28조(신청에 따른 상세주소의 부여·변경 또는 폐지 절차) | 제26조(상세주소 부여·변경·폐지의 신청 등) |

| 도로명주소법 | 도로명주소법 시행령 | 도로명주소법 시행규칙 |
|---|---|---|
| | 제29조(직권에 의한 상세주소의 부여 · 변경 절차) | 제27조(직권에 의한 상세주소의 부여 · 변경 절차 등) |
| 제15조(상세주소의 표기) | | 제28조(상세주소판 등의 교부 및 설치 등) |
| 제16조(행정구역이 결정되지 아니한 지역의 도로명주소 부여) | 제34조(행정구역이 결정되지 않은 지역에 대한 국가기초구역 등의 설정 및 부여 기준) | |
| 제17조(사업시행자 등의 도로명 부여 등 신청) | | |
| 제18조(도로명주소대장) | | 제29조(도로명주소대장의 구분 등) |
| | | 제30조(총괄대장 및 개별대장의 내용) |
| | | 제31조(도로명주소대장의 작성 방법) |
| | | 제32조(총괄대장의 변경 · 말소) |
| | | 제33조(개별대장의 변경 · 말소) |
| | | 제34조(도로명주소대장의 정정) |
| | | 제35조(도로명주소대장 등본의 발급 및 열람) |
| 제19조(도로명주소의 사용 등) | 제30조(도로명주소의 사용) | |
| 제20조(주소의 일괄정정) | 제31조(주소 일괄정정의 대상 및 신청 절차 등) | 제36조(주소의 일괄정정 신청) |
| 제21조(등기촉탁) | | 제37조(등기촉탁) |
| 제22조(국가기초구역 등의 설정 등) | 제32조(국가기초구역의 설정 · 변경 · 폐지 기준 등) | 제38조(국가기초구역 설정 · 변경 · 폐지의 세부기준) |
| | 제33조(국가기초구역번호의 부여 · 변경 · 폐지 기준 등) | |
| | 제35조(국가기초구역등의 설정 · 부여 · 변경 · 폐지 절차) | 제39조(국가기초구역등의 설정 · 부여 · 변경 · 폐지 절차) |
| | 제36조(행정구역이 결정되지 않은 지역에 대한 국가기초구역 등의 설정 및 부여 절차) | 제40조(행정구역이 결정되지 않은 지역에 대한 국가기초구역 등의 설정 · 부여 절차) |
| | | 제41조(국가기초구역등의 고시 등) |
| | | 제42조(국가기초구역등의 관리 및 안내) |

| 도로명주소법 | 도로명주소법 시행령 | 도로명주소법 시행규칙 |
|---|---|---|
| 제23조(국가지점번호) | 제37조(국가지점번호의 부여 기준) | 제43조(국가지점번호 기본단위 사용의 표기방법) |
| | 제38조(국가지점번호의 표기 등) | 제44조(국가지점번호의 고시지역 설정 등의 절차) |
| | 제39조(국가지점번호판의 설치 등) | 제45조(국가지점번호의 확인 신청 등) |
| | 제40조(국가지점번호판의 철거 등) | 제46조(국가지점번호의 세부 확인 방법 등) |
| 제24조(사물주소) | 제41조(사물번호의 부여·변경·폐지 기준 등) | 제47조(사물번호 부여·변경의 세부기준) |
| | | 제48조(사물주소의 부여·변경·폐지 절차 등) |
| | 제42조(사물주소의 부여·변경·폐지 절차) | 제49조(사물주소의 관리 등) |
| | 제43조(사물주소판의 설치 등) | 제50조(사물주소판의 신청 및 교부) |
| 제25조(주소정보기본도 등의 작성 및 활용 등) | 제44조(주소정보기본도의 작성) | 제51조(주소정보안내도의 작성 방법) |
| | 제45조(주소정보안내도등을 활용한 광고 게재) | 제52조(주소정보안내도 등을 활용한 광고) |
| | 제46조(주소정보의 제공 요청 등) | 제53조(주소정보의 제공 등) |
| | 제47조(주소정보기본도 등의 국외 반출) | 제54조(주소정보시설의 비용 부담) |
| 제26조(주소정보시설의 관리) | 제48조(주소정보시설의 관리) | |
| | 제49조(주소정보시설 훼손 등에 대한 비용 부담) | |
| | 제50조(각종 개발사업에 따른 주소정보시설의 설치·교체 등) | |
| 제27조(주소정보 사용 지원) | 제51조(주소정보 사용의 지원) | |
| | 제52조(주소정보 산업의 진흥) | |
| | 제53조(주소정보관리시스템) | |
| 제28조(주소정보활용지원센터) | 제54조(주소정보활용지원센터의 운영) | |
| | 제55조(주소정보활용지원센터의 업무범위) | |
| 제29조(주소정보위원회) | 제56조(주소정보위원회의 심의 사항) | |

| 도로명주소법 | 도로명주소법 시행령 | 도로명주소법 시행규칙 |
|---|---|---|
| | 제57조(중앙주소정보위원회의 구성) | |
| | 제58조(위원의 임기) | |
| | 제59조(위원의 해촉) | |
| | 제60조(위원장의 직무) | |
| | 제61조(회의) | |
| | 제62조(운영세칙) | |
| 제30조(자료제공의 요청) | 제63조(자료제공의 요청) | |
| 제31조(조례의 제정) | | |
| 제32조(지도·감독) | | |
| 제33조(권한 등의 위임 및 위탁) | 제64조(권한 등의 위임·위탁) | |
| 제34조(벌칙) | | |
| 제35조(과태료) | 제65조(과태료 부과기준) | |

| 도로명주소법 | 도로명주소법 시행령 | 도로명주소법 시행규칙 |
|---|---|---|
| **제1조(목적)** 이 법은 도로명주소, 국가기초구역, 국가지점번호 및 사물주소의 표기·사용·관리·활용 등에 관한 사항을 규정함으로써 국민의 생활안전과 편의를 도모하고 관련 산업의 지원을 통하여 국가경쟁력 강화에 이바지함을 목적으로 한다. | **제1조(목적)** 이 영은 「도로명주소법」에서 위임된 사항과 그 시행에 필요한 사항을 규정함을 목적으로 한다. | **제1조(목적)** 이 규칙은 「도로명주소법」 및 같은 법 시행령에서 위임된 사항과 그 시행에 필요한 사항을 규정함을 목적으로 한다. |
| **제2조(정의)** 이 법에서 사용하는 용어의 뜻은 다음과 같다.<br>　1. "도로"란 다음 각 목의 어느 하나에 해당하는 것을 말한다.<br>　　가. 「도로법」 제2조제1호에 따른 도로(같은 조 제2호에 따른 도로의 부속물은 제외한다)<br>　　나. 그 밖에 차량 등 이동수단이나 사람이 통행할 수 있는 통로로서 대통령령으로 정하는 것<br>　2. "도로구간"이란 도로명을 부여하기 위하여 설정하는 도로의 시작지점과 끝지점 사이를 말한다.<br>　3. "도로명"이란 도로구간마다 부여된 이름을 말한다.<br>　4. "기초번호"란 도로구간에 행정안전부령으로 정하는 간격마다 부여된 번호를 말한다.<br>　5. "건물번호"란 다음 각 목의 어느 하나에 해당하는 건축물 또는 구조물(이하 "건물등"이라 한다)마다 부여된 번호(둘 이상의 건물등이 하나의 집단을 형성하고 있는 경우로서 대통령령으로 정하는 경우에는 그 건물등의 전체에 부여된 번호를 말한다)를 말한다.<br>　　가. 「건축법」 제2조제1항제2호에 따른 건축물<br>　　나. 현실적으로 30일 이상 거주하거나 정착하여 활동하는 데 이용되는 인공구조물 및 자연적으로 형성된 구조물<br>　6. "상세주소"란 건물등 내부의 독립된 거주·활동 구역을 구분하기 위하여 부여된 동(棟)번호, 층수 또는 호(號)수를 말한다.<br>　7. "도로명주소"란 도로명, 건물번호 및 상세주소(상세주 | **제2조(정의)** 이 영에서 사용하는 용어의 뜻은 다음과 같다.<br>　1. "예비도로명"이란 도로명을 새로 부여하려거나 기존의 도로명을 변경하려는 경우에 임시로 정하는 도로명을 말한다.<br>　2. "유사도로명"이란 특정 도로명을 다른 도로명의 일부로 사용하는 경우 특정 도로명과 다른 도로명 모두를 말한다.<br>　3. "동일도로명"이란 도로구간이 서로 연결되어 있으면서 그 이름이 같은 도로명을 말한다.<br>　4. "종속구간"이란 다음 각 목의 어느 하나에 해당하는 구간으로서 별도로 도로구간으로 설정하지 않고 그 구간에 접해 있는 주된 도로구간에 포함시킨 구간을 말한다.<br>　　가. 막다른 구간<br>　　나. 2개의 도로를 연결하는 구간<br><br>**제3조(도로의 유형 및 통로의 종류)** ① 「도로명주소법」(이하 "법"이라 한다) 제2조제1호에 따른 도로는 유형별로 다음 각 호와 같이 구분한다.<br>　1. 지상도로 : 주변 지대(地帶)와 높낮이가 비슷한 도로(제2호의 입체도로가 지상도로의 일부에 연속되는 경우를 포함한다)로서 다음 각 목의 도로<br>　　가. 「도로교통법」 제2조제3호에 따른 고속도로(이하 "고속도로"라 한다)<br>　　나. 그 밖의 도로<br>　　　1) 대로 : 도로의 폭이 40미터 이상이거나 왕복 8차 | **제2조(정의)** 이 규칙에서 사용하는 용어의 뜻은 다음과 같다.<br>　1. "주된구간"이란 하나의 도로구간에서 종속구간을 제외한 도로구간을 말한다.<br>　2. "도로명관할구역"이란 「도로명주소법 시행령」(이하 "영"이라 한다) 제6조제1항제1호 및 제2호에 따른 행정구역을 말한다. 다만, 행정구역이 결정되지 않은 지역에서는 영 제6조제2항제1호가목 및 제2호나목에 따른 사업지역의 명칭을 말한다.<br>　3. "건물등관할구역"이란 영 제6조제1항제1호부터 제3호까지에 따른 행정구역을 말한다. 다만, 행정구역이 결정되지 않은 지역에서는 영 제6조제2항제1호가목 및 제2호나목에 따른 사업지역의 명칭을 말한다.<br><br>**제3조(기초번호의 부여 간격)** 「도로명주소법」(이하 "법"이라 한다) 제2조제4호에서 "행정안전부령으로 정하는 간격"이란 20미터를 말한다. 다만, 다음 각 호의 도로에 대하여는 다음 각 호의 간격으로 한다.<br>　1. 「도로교통법」 제2조제3호에 따른 고속도로(이하 "고속도로"라 한다) : 2킬로미터<br>　2. 건물번호의 가지번호가 두 자리 숫자 이상으로 부여될 수 있는 길 또는 해당 도로구간에서 분기되는 도로구간이 없고, 가지번호를 이용한 건물번호를 부여하기 곤란한 길 : 10미터<br>　3. 가지번호를 이용하여 건물번호를 부여하기 곤란한 종속 |

| 도로명주소법 | 도로명주소법 시행령 | 도로명주소법 시행규칙 |
|---|---|---|
| 소가 있는 경우만 해당한다)로 표기하는 주소를 말한다.<br>8. "국가기초구역"이란 도로명주소를 기반으로 국토를 읍·면·동의 면적보다 작게 경계를 정하여 나눈 구역을 말한다.<br>9. "국가지점번호"란 국토 및 이와 인접한 해양을 격자형으로 일정하게 구획한 지점마다 부여된 번호를 말한다.<br>10. "사물주소"란 도로명과 기초번호를 활용하여 건물등에 해당하지 아니하는 시설물의 위치를 특정하는 정보를 말한다.<br>11. "주소정보"란 기초번호, 도로명주소, 국가기초구역, 국가지점번호 및 사물주소에 관한 정보를 말한다.<br>12. "주소정보시설"이란 도로명판, 기초번호판, 건물번호판, 국가지점번호판, 사물주소판 및 주소정보안내판을 말한다. | 로 이상인 도로<br>　2) 로 : 도로의 폭이 12미터 이상 40미터 미만이거나 왕복 2차로 이상 8차로 미만인 도로<br>　3) 길 : 대로와 로 외의 도로<br>2. 입체도로 : 공중 또는 지하에 설치된 다음 각 목의 도로 및 통로(제1호에서 지상도로에 포함되는 입체도로는 제외한다)<br>　가. 고가도로 : 공중에 설치된 도로 및 통로<br>　나. 지하도로 : 지하에 설치된 도로 및 통로<br>3. 내부도로 : 건축물 또는 구조물의 내부에 설치된 다음 각 목의 도로 및 통로<br>　가. 법 제2조제5호 각 목의 건축물 또는 구조물(이하 "건물등"이라 한다)의 내부에 설치된 도로 및 통로<br>　나. 건물등이 아닌 구조물의 내부에 설치된 도로 및 통로<br>② 법 제2조제1호나목에서 "대통령령으로 정하는 것"이란 다음 각 호의 도로 등을 말한다.<br>1. 「건축법」 제2조제1항제11호에 따른 도로<br>2. 「도로교통법」 제2조제1호(가목은 제외한다)에 따른 도로<br>3. 「도시공원 및 녹지 등에 관한 법률」 제15조제1항에 따른 도시공원 안 통로<br>4. 「민법」 제219조의 주위토지통행권의 대상인 통로 및 같은 법 제220조의 주위통행권의 대상인 토지<br>5. 「산림문화·휴양에 관한 법률」 제22조의2에 따른 숲길<br>6. 둘 이상의 건물등이 하나의 집단을 형성하고 있는 경우로서 제4조 각 호에 해당하는 경우(이하 "건물군"이라 한다) 그 안의 통행을 위한 통로<br>7. 건물등 또는 건물등이 아닌 구조물의 내부에서 사람이나 그 밖의 이동수단이 통행하는 통로<br>8. 그 밖에 행정안전부장관이 주소정보의 부여 및 관리를 | 구간 : 10미터 이하의 일정한 간격<br>4. 영 제3조제1항제3호에 따른 내부도로 : 20미터 또는 도로명주소 및 사물주소의 부여 개수를 고려하여 정하는 간격 |

| 도로명주소법 | 도로명주소법 시행령 | 도로명주소법 시행규칙 |
|---|---|---|
| | 위하여 필요하다고 인정하여 고시하는 통로<br><br>**제4조(건물등의 건물번호)** 법 제2조제5호 각 목 외의 부분에서 "대통령령으로 정하는 경우"란 다음 각 호의 경우를 말한다.<br>　1. 건물등이 주된 건물등과 동 · 식물 관련 시설, 화장실 등 주된 건물에 부속되어 있는 건물등으로 이뤄진 경우. 다만, 주된 건물등과 부속된 건물등이 서로 다른 건축물대장에 등록된 경우는 제외한다.<br>　2. 건물등이 담장 등으로 둘러싸여 실제 하나의 집단으로 구획되어 있고, 하나의 건축물대장 또는 하나의 집합건축물대장의 총괄표제부에 같이 등록되어 있는 경우<br>　3. 법 제2조제5호나목의 구조물이 담장 등으로 둘러싸여 실제 하나의 집단으로 구획되어 있는 경우 | |
| **제3조(다른 법률과의 관계)** 이 법은 주소정보의 표기, 사용, 관리 및 활용에 관하여 다른 법률에 우선하여 적용한다. | | |
| **제4조(국가와 지방자치단체의 책무)** 국가와 지방자치단체는 주소정보의 사용과 주소정보를 활용한 산업 분야의 진흥을 위하여 필요한 시책을 마련하여야 한다. | | |
| **제5조(주소정보 활용 기본계획 등의 수립 · 시행)** ① 행정안전부장관은 주소정보를 활용하여 국민의 생활안전과 편의를 높이고 관련 산업을 활성화하기 위하여 주소정보 활용 기본계획(이하 "기본계획"이라 한다)을 5년마다 수립 · 시행하여야 한다.<br>② 기본계획에는 다음 각 호의 사항이 포함되어야 한다.<br>　1. 주소정보 관련 국가 정책의 기본 방향<br>　2. 주소정보의 구축 및 정비 방안<br>　3. 주소정보를 기반으로 하는 관련 산업의 지원 방안<br>　4. 주소정보 활용 활성화를 위한 재원 조달 방안<br>　5. 그 밖에 주소정보 활용 활성화에 관한 사항으로서 대통 | **제5조(주소정보 활용 기본계획의 수립 · 시행)** ① 법 제5조제2항제5호에서 "대통령령으로 정하는 사항"이란 다음 각 호의 사항을 말한다.<br>　1. 주소정보시설의 설치 및 유지 · 관리에 관한 사항<br>　2. 법 제28조에 따른 주소정보활용지원센터의 운영에 관한 사항<br>　3. 주소정보의 활용 · 홍보 및 교육에 관한 사항<br>　4. 그 밖에 행정안전부장관이 필요하다고 인정하는 사항<br>② 중앙행정기관의 장은 법 제5조제3항에 따라 기본계획안에 대한 협의를 요청받은 경우 요청받은 날부터 20일 이내에 | |

| 도로명주소법 | 도로명주소법 시행령 | 도로명주소법 시행규칙 |
|---|---|---|
| 령령으로 정하는 사항<br>③ 행정안전부장관은 기본계획을 수립하거나 변경하려는 경우에는 미리 관계 중앙행정기관의 장과 협의하여야 한다.<br>④ 행정안전부장관은 기본계획을 수립하거나 변경하려는 경우에는 미리 특별시장·광역시장·특별자치시장·도지사 및 특별자치도지사(이하 "시·도지사"라 한다)의 의견을 들어야 한다.<br>⑤ 행정안전부장관은 기본계획을 수립하거나 변경하면 관계 중앙행정기관의 장 및 시·도지사에게 그 내용을 통보하여야 한다.<br>⑥ 시·도지사는 기본계획에 따라 특별시·광역시·특별자치시·도 및 특별자치도(이하 "시·도"라 한다)의 연도별 주소정보 활용 집행계획(이하 "집행계획"이라 한다)을 수립·시행하여야 한다.<br>⑦ 특별시장·광역시장·도지사는 집행계획을 수립하거나 변경하려는 경우에는 미리 시장·군수·구청장(자치구의 구청장을 말한다. 이하 같다)의 의견을 들어야 한다.<br>⑧ 시·도지사는 집행계획을 수립하거나 변경하면 행정안전부장관 및 시장·군수·구청장에게 그 내용을 통보하여야 한다. | 기본계획안에 대한 의견을 행정안전부장관에게 제출해야 한다. | |
| **제6조(기초조사 등)** ① 행정안전부장관, 시·도지사 및 시장·군수·구청장은 기초번호, 도로명주소, 국가기초구역, 국가지점번호 및 사물주소의 부여·설정·관리 등을 위하여 도로 및 건물등의 위치에 관한 기초조사를 할 수 있다.<br>② 「도로법」 제2조제5호에 따른 도로관리청은 같은 법 제25조에 따라 도로구역을 결정·변경 또는 폐지한 경우 그 사실을 제7조제2항 각 호의 구분에 따라 행정안전부장관, 시·도지사 또는 시장·군수·구청장에게 통보하여야 한다. | | **제4조(기초조사 등)** 「도로법」 제2조제5호에 따른 도로관리청은 법 제6조제2항에 따라 도로구역의 결정·변경 또는 폐지 사실을 해당 도로구역의 결정·변경 또는 폐지를 고시한 날부터 30일 이내에 다음 각 호의 사항을 포함하여 행정안전부장관, 특별시장·광역시장·특별자치시장·도지사 및 특별자치도지사(이하 "시·도지사"라 한다) 또는 시장·군수·구청장(자치구의 구청장을 말한다. 이하 같다)에게 통보해야 한다.<br>1. 「도로법」 제2조제6호에 따른 도로구역(이하 "도로구역" |

| 도로명주소법 | 도로명주소법 시행령 | 도로명주소법 시행규칙 |
|---|---|---|
| | | 이라 한다)의 위치도 및 도로계획 평면도<br>2. 도로구역의 결정 · 변경 또는 폐지 사유<br>3. 「도로법」 제10조에 따른 도로의 종류, 같은 법 제19조제2항 각 호에 따른 노선번호, 노선명, 기점 · 종점, 주요 통과지<br>4. 해당 도로구역의 도로공사 사업 수행 기간(도로구역을 폐지하는 경우는 제외한다) |
| **제7조(도로명 등의 부여)** ① 행정안전부장관, 시 · 도지사 및 시장 · 군수 · 구청장은 다음 각 호의 경우에는 도로구간을 설정하고 도로명과 기초번호를 부여할 수 있다.<br>　1. 제6조제1항에 따른 기초조사 결과 도로명 부여가 필요하다고 판단하는 경우<br>　2. 제6조제2항에 따른 통보를 받은 경우<br>　3. 제3항에 따른 신청을 받은 경우<br>　4. 제4항에 따른 요청을 받은 경우<br>② 제1항에 따라 도로구간을 설정하고 도로명과 기초번호를 부여할 때에 도로의 구분은 다음 각 호와 같다.<br>　1. 행정안전부장관 : 둘 이상의 시 · 도에 걸쳐 있는 도로<br>　2. 특별시장, 광역시장 및 도지사 : 제1호 외의 도로로서 둘 이상의 시 · 군 · 자치구에 걸쳐 있는 도로<br>　3. 특별자치시장, 특별자치도지사 및 시장 · 군수 · 구청장 : 제1호 및 제2호 외의 도로<br>③ 도로명주소를 사용하기 위하여 도로명이 부여되지 아니한 도로에 도로명이 필요한 자는 도로명의 부여를 제2항 각 호의 구분에 따라 행정안전부장관, 시 · 도지사 또는 시장 · 군수 · 구청장에게 신청할 수 있다.<br>④ 제2항제1호에 해당하는 도로로서 도로명이 부여되지 아니한 도로를 확인한 시 · 도지사는 행정안전부장관에게, 제2항제2호에 해당하는 도로로서 도로명이 부여되지 아니한 | **제6조(도로명주소의 구성 및 표기 방법)** ① 도로명주소는 다음 각 호의 사항을 같은 호의 순서에 따라 구성 및 표기한다.<br>　1. 특별시 · 광역시 · 특별자치시 · 도 및 특별자치도(이하 "시 · 도"라 한다)의 이름<br>　2. 시(「제주특별자치도 설치 및 국제자유도시 조성을 위한 특별법」 제10조제2항에 따른 행정시를 포함한다. 이하 제7호가목 및 나목에서 같다) · 군 · 구의 이름<br>　3. 행정구(자치구가 아닌 구를 말한다) · 읍 · 면의 이름<br>　4. 도로명<br>　5. 건물번호<br>　6. 상세주소(상세주소가 있는 경우에만 표기한다)<br>　7. 참고항목 : 도로명주소의 끝부분에 괄호를 하고 그 괄호 안에 다음 각 목의 구분에 따른 사항을 표기할 수 있다.<br>　　가. 특별시 · 광역시 · 특별자치시 및 시의 동(洞) 지역에 있는 건물등으로서 공동주택이 아닌 건물등 : 법정동(法定洞)의 이름<br>　　나. 특별시 · 광역시 · 특별자치시 및 시의 동 지역에 있는 공동주택 : 법정동의 이름과 건축물대장에 적혀 있는 공동주택의 이름. 이 경우 법정동의 이름과 공동주택의 이름 사이에는 쉼표를 넣어 표기한다.<br>　　다. 읍 · 면 지역에 있는 공동주택 : 건축물대장에 적혀 있는 공동주택의 이름 | **제5조(도로구간 및 기초번호 설정 · 부여의 세부기준)** ① 법 제7조제1항에 따라 도로구간을 설정하려는 경우에는 각 도로구간을 독립된 도로구간으로 설정하는 것을 원칙으로 한다. 다만, 연장될 가능성이 없는 50미터(읍 · 면 지역은 500미터로 한다) 미만의 도로구간은 별도의 도로구간이 아닌 종속구간으로 설정할 수 있다.<br>② 영 제7조제2항제7호다목 단서에서 "시작지점이 연장될 가능성이 있는 경우 등 행정안전부령으로 정하는 경우"란 다음 각 호의 어느 하나에 해당하는 경우를 말한다.<br>　1. 도로의 한쪽 끝이 하천 · 강 · 바다 등으로 막혀 있어 연장될 가능성이 없는 경우<br>　2. 길인 도로구간의 시작지점을 지역의 중심축을 이루는 도로의 방향으로 해야 하는 경우<br>　3. 로(路) 또는 길인 도로구간이 연장될 가능성이 있어 분기점을 시작지점으로 설정해야 하는 경우<br>　4. 길인 도로구간을 인근에 있는 제2호 또는 제3호의 도로 방향과 일치시키려는 경우<br>　5. 「섬 발전 촉진법」 제2조에 따른 섬에 위치한 도로의 경우<br>　6. 영 제3조제1항제2호 및 제3호의 입체도로 및 내부도로에 도로명을 부여하기 위하여 도로구간을 설정하는 경우<br>③ 도로구간은 다음 각 호의 방법에 따라 설정한다.<br>　1. 도로구간의 끝지점에서 새로운 도로구간이 연결되는 경 |

| 도로명주소법 | 도로명주소법 시행령 | 도로명주소법 시행규칙 |
|---|---|---|
| 도로를 확인한 시장·군수·구청장은 특별시장, 광역시장 또는 도지사에게 각각 도로명의 부여를 요청하여야 한다. 이 경우 제2항제1호에 해당하는 도로로서 도로명이 부여되지 아니한 도로를 확인한 시장·군수·구청장은 그 사실을 특별시장, 광역시장 또는 도지사에게 통보하여야 한다.<br>⑤ 행정안전부장관, 시·도지사 또는 시장·군수·구청장은 제1항에 따라 도로구간을 설정하고 도로명과 기초번호를 부여하려면 대통령령으로 정하는 바에 따라 해당 지역주민과 지방자치단체의 장의 의견을 수렴하고 제29조에 따른 해당 주소정보위원회의 심의를 거쳐야 한다.<br>⑥ 행정안전부장관, 시·도지사 또는 시장·군수·구청장은 도로구간을 설정하고 도로명과 기초번호를 부여하는 경우에는 그 사실을 고시하고, 제3항에 따른 신청인에게 고지하며, 제19조제2항에 따른 공공기관 중 대통령령으로 정하는 공공기관의 장에게 통보하여야 한다.<br>⑦ 제1항부터 제6항까지의 규정에 따른 도로구간의 설정 및 도로명과 기초번호의 부여에 관한 기준과 절차 등에 관하여 필요한 사항은 대통령령으로 정한다. | ② 제1항에도 불구하고 행정구역이 결정되지 않은 지역의 도로명주소 표기방법은 다음 각 호에서 정하는 바에 따른다.<br>1. 시·도가 결정되지 않은 경우에는 다음 각 목의 사항을 같은 목의 순서에 따라 표기할 것<br>　가. 법 제29조제1항에 따른 중앙주소정보위원회(이하 "중앙주소정보위원회"라 한다)의 심의를 거쳐 행정안전부장관이 정하여 고시하는 사업지역의 명칭<br>　나. 제1항제4호부터 제6호까지의 규정에 따른 사항<br>2. 시·군·구가 결정되지 않은 경우에는 다음 각 목의 사항을 같은 목의 순서에 따라 표기할 것<br>　가. 제1항제1호의 사항<br>　나. 법 제29조제1항에 따른 시·도주소정보위원회(이하 "시·도주소정보위원회"라 한다)의 심의를 거쳐 특별시장, 광역시장 또는 도지사가 정하여 고시하는 사업지역의 명칭<br>　다. 제1항제4호부터 제6호까지의 규정에 따른 사항<br><br>**제7조(도로구간 및 기초번호의 설정·부여 기준)** ① 법 제7조제1항에 따라 도로구간을 설정하려는 경우 정해야 할 사항은 다음 각 호와 같다.<br>1. 도로구간의 시작지점 및 끝지점<br>2. 도로구간을 나타내는 선형(線形)<br>3. 도로구간의 관할 행정구역[특별시·광역시·특별자치시·도 및 특별자치도(이하 "시·도"라 한다) 및 시·군·구를 말한다]<br>4. 제3조제1항에 따른 도로의 유형<br>② 법 제7조제1항에 따른 도로구간의 설정 기준은 다음 각 호와 같다.<br>1. 도로망의 구성이 가능하도록 연결된 도로가 있는 경우 | 우에는 기초번호가 유지되도록 도로구간의 끝지점을 새로 연결되는 도로구간의 끝지점으로 할 것<br>2. 도로구간의 시작지점에서 새로운 도로구간이 연결되는 경우에는 기초번호가 유지되도록 다음 각 목의 방법에 따라 설정할 것. 다만, 도로명주소의 안정성을 확보할 필요가 있는 경우에는 연장된 도로구간을 별도의 도로구간으로 설정할 수 있다.<br>　가. 새로 연결되는 도로구간이 제1항 단서에 해당하는 경우에는 그 도로구간을 종속구간으로 설정할 것<br>　나. 새로 연결되는 도로구간이 제1항 단서에 해당하지 않는 경우에는 그 도로구간의 시작지점을 새로 연결되는 도로구간의 시작지점으로 설정할 것<br>3. 도로구간의 시작지점과 끝지점이 아닌 지점에서 도로의 선형(線形)이 변경되는 경우에는 다음 각 목의 방법에 따라 설정할 것. 다만, 도로명주소의 안정성을 확보할 필요가 있는 경우에는 연결된 도로구간을 별도의 도로구간으로 설정할 수 있다.<br>　가. 새로 연결되는 부분과 도로구간에서 제외되는 부분이 모두 제1항 단서에 해당하는 경우에는 새로 연결되는 부분은 기존 도로구간의 종속구간으로 설정할 것<br>　나. 새로 연결되는 부분과 도로구간에서 제외되는 부분이 모두 제1항 단서에 해당하지 않는 경우에는 새로 연결되는 도로구간을 기존 도로구간과 연결하여 하나의 도로구간으로 설정하고, 도로구간에서 제외되는 부분은 별도의 도로구간으로 설정할 것<br>　다. 새로 연결되는 부분이 제1항 단서에 해당하고 도로구간에서 제외되는 부분은 제1항 단서에 해당하지 않는 경우 새로 연결되는 부분은 기존 도로구간의 종속구간으로 설정할 것 |

| 도로명주소법 | 도로명주소법 시행령 | 도로명주소법 시행규칙 |
|---|---|---|
| | 도로구간도 연결시킬 것<br>2. 도로의 폭, 방향, 교통 흐름 등 도로의 특성을 고려할 것<br>3. 가급적 직선에 가까울 것<br>4. 일시적인 도로가 아닐 것. 다만, 하나의 도로구역으로 결정된 도로구간이 공사 등의 사유로 그 도로의 연결이 끊어져 있는 경우에는 하나의 도로구간으로 설정할 수 있다.<br>5. 도로의 연속성을 유지하면서 최대한 길게 설정할 것. 다만, 길에 붙이는 도로명에 숫자나 방위를 나타내는 단어가 들어가는 경우에는 짧게 설정할 수 있다.<br>6. 다음 각 목의 도로를 제외하고는 다른 도로구간과 겹치지 않도록 도로구간을 설정할 것<br>　가. 입체도로 및 내부도로<br>　나. 도로의 선형 변경으로 인하여 연결된 측도가 발생하는 도로<br>　다. 교차로<br>　라. 종전의 도로구간과 신설되는 도로구간이 한시적으로 함께 사용되는 도로<br>7. 도로구간의 시작지점 및 끝지점의 설정은 다음 각 목의 기준을 따를 것<br>　가. 강·하천·바다 등의 땅 모양과 땅 위 물체, 시·군·구의 경계를 고려할 것. 다만, 길의 경우에는 그 길과 연결되는 도로 중 그 지역의 중심이 되는 도로를 시작지점이나 끝지점으로 할 수 있다.<br>　나. 시작지점부터 끝지점까지 도로가 연결되어 있을 것<br>　다. 서쪽과 동쪽을 잇는 도로는 서쪽을 시작지점으로, 동쪽을 끝지점으로 설정하고, 남쪽과 북쪽을 잇는 도로는 남쪽을 시작지점으로, 북쪽을 끝지점으로 설정할 것. 다만, 시작지점이 연장될 가능성이 있는 경우 등 행정안 | 라. 새로 연결되는 부분이 제1항 단서에 해당하지 않고 도로구간에서 제외되는 부분은 제1항 단서에 해당하는 경우에는 새로 연결되는 부분은 기존의 도로구간과 연결하여 하나의 도로구간으로 설정하고, 도로구간에서 제외되는 부분은 종속구간으로 설정할 것<br>4. 도로구간의 시작지점 또는 끝지점의 도로가 일부 폐지된 경우에는 현행 기초번호가 유지되도록 시작지점 또는 끝지점을 변경할 것<br>5. 도로구간의 시작지점 또는 끝지점이 아닌 부분에서 도로가 일부 폐지된 경우에는 다음 각 목의 방법에 따라 설정할 것. 다만, 도로명주소의 안정성을 확보할 필요가 있는 경우에는 폐지된 도로를 가상의 도로구간으로 유지하거나 지역적 특성을 고려하여 각 목과 다르게 설정할 수 있다.<br>　가. 도로구간의 시작지점이 있는 도로 부분은 도로구간의 기초번호가 유지되도록 끝지점을 변경할 것<br>　나. 도로구간의 끝지점이 있는 도로 부분은 별도의 도로구간으로 설정할 것<br>6. 고속도로, 「도로교통법」 제2조제2호에 따른 자동차전용도로(이하 "자동차전용도로"라 한다) 등에 설치되는 나들목 및 입체교차로에서 서로 다른 도로로 이동하는 데 사용되는 도로의 연결구간은 주된 도로구간의 종속구간으로 설정할 것. 다만, 해당 도로의 연결구간이 도로시설물 등으로 주된 도로와 분리되지 않는 경우에는 주된구간에 포함할 수 있다.<br>④ 종속구간의 기초번호는 주된 도로구간의 기초번호에 가지번호를 붙여 부여한다. 이 경우 가지번호는 시작지점부터 차례로 왼쪽 종속구간은 홀수번호를, 오른쪽 종속구간은 짝수번호를 부여한다. |

| 도로명주소법 | 도로명주소법 시행령 | 도로명주소법 시행규칙 |
|---|---|---|
| | 전부령으로 정하는 경우에는 달리 정할 수 있다.<br>③ 행정안전부장관, 시·도지사 및 시장·군수·구청장은 제2항에도 불구하고 다음 각 호의 도로에 대해서는 행정안전부장관이 정하는 바에 따라 도로구간을 달리 설정할 수 있다.<br>1. 고속도로<br>2. 입체도로<br>3. 내부도로<br>④ 법 제7조제1항에 따른 기초번호는 도로구간의 시작지점에서 끝지점 방향으로 왼쪽에는 홀수번호를, 오른쪽에는 짝수번호를 부여하며, 기초번호 간의 간격(이하 "기초간격"이라 한다)은 행정안전부령으로 정한다.<br>⑤ 행정안전부장관, 시·도지사 및 시장·군수·구청장은 제3항 각 호의 도로의 경우에는 제4항에도 불구하고 행정안전부장관이 정하는 바에 따라 기초번호를 부여할 수 있다.<br><br>**제8조(도로명의 부여기준)** ① 제7조에 따라 설정된 도로구간에 도로명을 부여할 때에는 하나의 도로구간에 하나의 도로명을 부여한다.<br>② 도로명은 주된 명사에 제3조제1항에 따른 도로의 유형별로 다음 각 호의 방법으로 부여한다. 이 경우 주된 명사 뒤에 숫자나 방위를 붙일 경우 그 숫자나 방위도 주된 명사의 일부분으로 본다.<br>1. 지상도로(고속도로는 제외한다): 제3항에 따른 주된 명사 뒤에 "대로", "로" 또는 "길"을 붙일 것. 다만, 주소정보 사용의 편리성 등을 고려하여 필요한 경우에는 "대로"와 "로" 또는 "로"와 "길"을 서로 바꾸어 사용할 수 있다.<br>2. 고속도로: 제3항에 따른 주된 명사 뒤에 "고속도로"를 붙일 것 | **제6조(도로명 부여의 세부기준)** 영 제8조제8항에 따른 도로명 부여의 세부기준은 다음 각 호와 같다.<br>1. 영 제3조제1항제1호나목3)에 따른 길에 영 제8조제2항 각 호 외의 부분 후단에 따른 숫자나 방위를 붙이려는 경우에는 다음 각 목의 어느 하나에 해당하는 방식으로 도로명을 부여할 것<br>가. 기초번호방식: 길의 시작지점이 분기되는 도로구간의 도로명, 길이 분기되는 지점의 기초번호와 '번길'을 차례로 붙여서 도로명을 부여할 것<br>나. 일련번호방식: 길의 시작지점이 분기되는 도로구간의 도로명, 길이 분기되는 지점의 일련번호(도로구간에 일정한 간격 없이 순차적으로 부여하는 번호를 말한다)와 '길'을 차례로 붙여서 도로명을 부여할 것 |

| 도로명주소법 | 도로명주소법 시행령 | 도로명주소법 시행규칙 |
|---|---|---|
| | 3. 입체도로 : "고가도로" 또는 "지하도로"를 나타내는 명칭을 붙일 것<br>4. 내부도로 : 내부도로가 위치한 장소를 나타내는 명칭을 붙일 것<br>③ 주된 명사는 다음 각 호의 사항과 해당 지역주민의 의견 등을 종합적으로 고려하여 정한다.<br> 1. 지역적 특성 또는 지명(地名)<br> 2. 위치 예측성 및 해당 도로의 영속성<br> 3. 역사적 인물 또는 사건<br> 4. 「국가보훈 기본법」 제3조제1호에 따른 희생·공헌자와 관련한 사항<br>④ 사용 중인 도로명은 같은 시·군·구 내에서 중복하여 사용할 수 없다. 이 경우 도로명의 중복 여부는 주된 명사를 기준으로 한다.<br>⑤ 제4항에도 불구하고 제2항제2호부터 제4호까지에 따른 도로의 경우에는 주된 명사 뒤에 붙은 도로의 유형이 다를 경우 다른 도로명으로 본다.<br>⑥ 행정안전부장관, 시·도지사 및 시장·군수·구청장은 도로명을 부여·변경할 때 다음 각 호의 어느 하나에 해당하는 도로명을 사용할 수 없다.<br> 1. 같은 시·군·구 내에서 변경되었거나 폐지된 날부터 5년이 지나지 않은 도로명(각종 개발사업으로 인하여 도로구간이 폐지된 경우는 제외한다)<br> 2. 시·군·구를 달리하더라도 해당 도로구간의 반경 5킬로미터 이내에서 사용 중인 도로명(동일도로명은 제외한다)<br>⑦ 제4항부터 제6항까지의 규정에도 불구하고 시·군·구를 합치거나 관할구역의 경계가 변경되어 도로명이 중복된 경우에는 도로명이 중복된 해당 도로구간의 위치가 행정구 | 다. 복합명사방식 : 주된 명사에 방위 등을 붙여 도로명을 부여할 것<br>2. 도로구간만 변경된 경우에는 기존의 도로명을 계속 사용할 것<br>3. 도로명에 숫자를 사용하는 경우 숫자는 한 번만 사용하도록 할 것<br>4. 도로명은 한글로 표기할 것(숫자와 온점을 포함할 수 있다)<br>5. 도로명의 로마자 표기는 문화체육관광부장관이 정하여 고시하는 「국어의 로마자 표기법」을 따를 것<br>6. 영 제3조제1항제1호나목에 따른 도로의 유형을 안내하는 경우 다음 각 목과 같이 표기할 것<br>가. 대로(大路) : Blvd<br>나. 로(路) : St<br>다. 길(街) : Rd |

| 도로명주소법 | 도로명주소법 시행령 | 도로명주소법 시행규칙 |
|---|---|---|
| | 또는 읍·면으로 구분될 경우에 한정하여 도로명을 중복하여 사용할 수 있다.<br>⑧ 제1항부터 제7항까지에서 규정한 사항 외에 도로명의 부여에 필요한 세부기준은 행정안전부령으로 정한다.<br><br>**제9조(둘 이상의 시·군·구 또는 시·도에 걸쳐 있는 도로명 등의 설정·부여 기준)** ① 둘 이상의 시·군·구 또는 시·도에 걸쳐 있는 도로에 대하여 법 제7조제1항에 따라 도로구간, 기초번호 및 도로명(이하 "도로명등"이라 한다)을 설정·부여하려는 경우에는 제7조 및 제8조와 다음 각 호의 기준에 따른다.<br>1. 도로구간의 경우 : 시·군·구의 행정구역 경계를 기준으로 설정하며, 도로구간 간에 직진성을 유지하면서 같은 방향으로 연속되도록 할 것<br>2. 기초번호의 경우 : 같은 방향으로 연속되어 같은 도로명이 부여된 도로구간이면 시·군·구가 달라지더라도 같은 방향으로 연속해서 기초번호를 부여할 것<br>3. 도로명의 경우 : 같은 방향으로 연속된 도로구간에는 동일도로명을 부여할 것<br>② 다음 각 호의 어느 하나에 해당하는 경우에는 제1항에도 불구하고 행정안전부령으로 정하는 바에 따라 도로명등을 설정·부여할 수 있다.<br>1. 도로구간이 길어 기초번호가 5자리 이상이 되는 경우<br>2. 특별자치시장·특별자치도지사 및 시장·군수·구청장(이하 "시장등"이라 한다)이 정하는 도로구간 및 도로명의 부여 방법에 맞게 도로망을 설정할 필요가 있는 경우 | **제7조(둘 이상의 시·군·구 또는 시·도에 걸쳐 있는 도로명 등의 설정·부여 세부기준)** ① 영 제9조제1항에 따라 둘 이상의 시·군·구 또는 시·도에 걸쳐 있는 도로에 시·군·구의 행정구역을 경계로 도로구간을 설정하려는 경우 그 세부기준은 다음 각 호와 같다. 다만, 제5조제1항 단서에 해당하는 도로구간은 행정구역을 경계로 도로구간을 구분하지 않고, 하나의 도로구간으로 설정한다.<br>1. 시·군·구의 경계가 두 번 이상 교차하는 경우 : 교차하는 구역의 중간 지점에 가까운 도로구간과 행정구역 경계의 교차점을 기준으로 설정할 것<br>2. 도로를 따라 시·군·구의 행정구역 경계가 나누어진 경우 : 낮은 기초번호의 부여가 예상되는 도로구간과 행정구역 경계의 교차점을 기준으로 설정할 것<br>3. 두 개의 주된 구간을 연결하는 종속구간에 시·군·구 행정구역 경계가 있는 경우 : 해당 행정구역의 경계를 기준으로 설정할 것<br>② 영 제9조제2항에 따라 도로구간, 기초번호 및 도로명(이하 "도로명등"이라 한다)을 설정·부여하는 경우에는 다음 각 호의 사항을 도로구간 구분의 기준으로 한다.<br>1. 하천, 강, 바다, 다리, 그 밖의 자연적 또는 인공적 지형지물<br>2. 고속도로 및 자동차전용도로의 나들목<br>3. 특별시·광역시·도의 행정구역 경계 |

| 도로명주소법 | 도로명주소법 시행령 | 도로명주소법 시행규칙 |
|---|---|---|
| | 제10조(도로명등의 설정·부여 절차) ① 시장등은 법 제7조제1항에 따라 도로명등을 설정·부여하려는 경우에는 행정안전부령으로 정하는 사항을 공보, 행정안전부 및 해당 지방자치단체의 인터넷 홈페이지 또는 그 밖에 주민에게 정보를 전달할 수 있는 매체(이하 "공보등"이라 한다)에 14일 이상의 기간을 정하여 공고하고, 해당 지역주민의 의견을 수렴해야 한다. 이 경우 법 제7조제3항에 따른 신청을 받아 도로명을 부여하려는 경우에는 그 신청을 받은 날부터 10일 이내에 공고해야 한다. ② 시장등은 제1항에 따른 의견 제출 기간이 지난 날부터 30일 이내에 행정안전부령으로 정하는 사항을 법 제29조제1항에 따른 해당 주소정보위원회에 제출하고, 도로명등의 설정·부여에 관하여 심의를 거쳐야 한다. ③ 시장등은 제2항에 따른 심의를 마친 날부터 10일 이내에 도로명등을 설정·부여해야 한다. 이 경우 행정안전부령으로 정하는 바에 따라 공보등에 고시하고, 법 제7조제3항에 따른 신청인에게 고지해야 한다. ④ 시장등은 제2항에 따른 심의 결과 해당 주소정보위원회가 예비도로명과 다른 도로명을 설정·부여하기로 한 경우에는 심의를 마친 날부터 10일 이내에 14일 이상의 기간을 정하여 그 다른 예비도로명을 공보등에 공고하고, 해당 지역주민의 의견을 새로 수렴해야 한다. ⑤ 법 제7조제6항에서 "대통령령으로 정하는 공공기관"이란 다음 각 호의 구분에 따른 기관을 말한다.   1. 법 제9조제2항 각 호의 지주(支柱) 또는 시설(이하 "지주등"이라 한다)에 도로명과 기초번호를 표기한 공공기관   2. 소방청   3. 경찰청   4. 우정사업본부   5. 그 밖에 행정안전부장관, 시·도지사 또는 시장·군 | 제8조(도로명등의 부여·설정 절차) ① 영 제10조제1항 전단에서 "행정안전부령으로 정하는 사항"이란 다음 각 호의 사항을 말한다.   1. 영 제7조제1항 각 호의 사항   2. 영 제7조제4항 및 제5항에 따른 도로구간의 시작지점과 끝지점의 기초번호 및 기초간격   3. 도로의 길이와 폭   4. 예비도로명과 그 부여 사유   5. 의견 제출의 기간 및 방법   6. 도로명의 부여 절차   7. 그 밖에 특별자치시장·특별자치도지사 및 시장·군수·구청장(이하 "시장등"이라 한다)이 필요하다고 인정하는 사항 ② 영 제10조제2항에서 "행정안전부령으로 정하는 사항"이란 다음 각 호의 사항을 말한다.   1. 제1항제1호부터 제4호까지의 사항   2. 도로명 부여에 대한 해당 지역주민과 시장등의 의견   3. 그 밖에 시장등이 필요하다고 인정하는 사항 ③ 시장등은 영 제10조제3항 후단에 따라 제12조제1항 각 호의 사항을 고시해야 한다. |

| 도로명주소법 | 도로명주소법 시행령 | 도로명주소법 시행규칙 |
|---|---|---|
| | 수 · 구청장이 필요하다고 인정하는 공공기관<br>⑥ 도로명주소의 변경을 수반하는 도로명 부여 절차에 관하여<br>는 법 제8조제4항 및 이 영 제15조 및 제16조의 도로명 변경<br>절차를 준용한다.<br><br>**제11조(둘 이상의 시 · 군 · 구 또는 시 · 도에 걸쳐 있는 도로<br>명등의 설정 · 부여 절차)** ① 특별시장, 광역시장 및 도지사는<br>법 제7조제1항에 따라 둘 이상의 시 · 군 · 구에 걸쳐 있는 도로<br>에 대해 도로명등을 설정 · 부여하려는 해당 시장 · 군수 · 구<br>청장에게 행정안전부령으로 정하는 자료의 제출을 요청할 수<br>있다.<br>② 시장 · 군수 · 구청장은 제1항에 따른 요청을 받은 날부터<br>20일 이내에 그 자료를 특별시장, 광역시장 및 도지사에게<br>제출해야 한다.<br>③ 특별시장, 광역시장 및 도지사는 제2항에 따른 자료를 제출<br>받은 날부터 20일 이내에 14일 이상의 기간을 정하여 행정안<br>전부령으로 정하는 사항을 공보등에 공고하고, 해당 지역<br>주민 및 시장 · 군수 · 구청장의 의견을 수렴해야 한다. 이<br>경우 법 제7조제3항에 따른 신청을 받아 도로명을 부여하려<br>는 경우에는 그 신청을 받은 날부터 40일 이내에 공고해야<br>한다.<br>④ 특별시장, 광역시장 및 도지사는 제3항에 따른 공고 기간이<br>지난 날부터 30일 이내에 행정안전부령으로 정하는 사항을<br>해당 시 · 도주소정보위원회에 제출하고, 도로명등의 설<br>정 · 부여에 관하여 심의를 거쳐야 한다.<br>⑤ 특별시장, 광역시장 및 도지사는 제4항에 따른 심의를 마친<br>날부터 10일 이내에 도로명등을 설정 · 부여해야 한다. 이<br>경우 행정안전부령으로 정하는 바에 따라 공보등에 고시하<br>고, 해당 시장 · 군수 · 구청장과 법 제7조제3항에 따른 신 | **제9조(둘 이상의 시 · 군 · 구 또는 시 · 도에 걸쳐 있는 도로명<br>등의 설정 · 부여 절차)** ① 영 제11조제1항에서 "행정안전부령<br>으로 정하는 자료"란 다음 각 호의 자료를 말한다.<br>1. 영 제7조제1항 각 호의 사항<br>2. 예비도로명과 그 부여 사유<br>3. 도시개발사업 및 주택재개발사업 등 각종 개발사업에 관<br>한 자료 또는 도로구역의 결정 · 변경 · 폐지에 관한 자료<br>4. 그 밖에 특별시장, 광역시장 및 도지사가 필요하다고 인<br>정하는 자료<br>② 영 제11조제3항 전단에서 "행정안전부령으로 정하는 사항"<br>이란 다음 각 호의 사항을 말한다.<br>1. 제1항제1호 및 제2호에 관한 사항<br>2. 도로의 길이와 폭<br>3. 도로구간의 설정, 도로명 및 기초번호의 부여 절차<br>4. 의견 제출의 기간 및 방법<br>5. 그 밖에 특별시장, 광역시장 및 도지사가 필요하다고 인<br>정하는 사항<br>③ 영 제11조제4항에서 "행정안전부령으로 정하는 사항"이란<br>다음 각 호의 사항을 말한다.<br>1. 제1항 각 호 및 제2항제2호의 사항<br>2. 해당 지역주민 및 시장 · 군수 · 구청장의 의견<br>3. 그 밖에 특별시장, 광역시장 및 도지사가 필요하다고 인<br>정하는 사항<br>④ 특별시장, 광역시장 및 도지사는 영 제11조제5항 후단에 따 |

| 도로명주소법 | 도로명주소법 시행령 | 도로명주소법 시행규칙 |
|---|---|---|
| | 청인에게 통보 및 고지해야 한다.<br>⑥ 특별시장, 광역시장 및 도지사는 제5항에도 불구하고 해당 시·도주소정보위원회 심의 결과 예비도로명과 다른 도로명을 부여하는 것으로 결정한 경우에는 심의를 마친 날부터 10일 이내에 14일 이상의 기간을 정하여 해당 시·도주소정보위원회에서 부여하기로 한 예비도로명을 공보등에 공고하고, 해당 지역주민의 의견을 새로 수렴해야 한다.<br>⑦ 행정안전부장관이 법 제7조제1항까지의 규정에 따라 둘 이상의 시·도에 걸쳐 있는 도로명등을 설정·부여하려는 경우의 절차에 관하여는 제1항부터 제6항까지를 준용한다. 이 경우 제1항부터 제6항까지 중 "특별시장, 광역시장 및 도지사"는 "행정안전부장관"으로, "시장·군수·구청장"은 "시·도지사 및 시장·군수·구청장"으로 보고, 제2항 중 "20일"은 "30일"로 보며, 제3항 중 "40일"은 "50일"로 보고, 제4항 및 제6항 중 "시·도주소정보위원회"는 "중앙주소정보위원회"로 본다. | 라 제12조제1항 각 호의 사항을 고시해야 한다.<br><br>**제10조(도로명의 부여 신청)** 법 제7조제3항 또는 법 제16조제1항에 따른 도로명의 부여 신청은 각각 별지 제1호서식 또는 별지 제2호서식의 신청서에 따른다.<br><br>**제11조(지주등의 표시 변경 통보 등)** 시장등은 법 제7조제6항 또는 제8조제5항에 따라 도로명등의 변경·폐지를 고시한 경우에는 법 제9조제2항 각 호 외의 부분에 따른 지주등(이하 "지주등"이라 한다)의 설치자 또는 관리자에게 그 사실을 통보해야 한다.<br><br>**제12조(도로명등의 고시 및 고지)** ① 행정안전부장관, 시·도지사 및 시장·군수·구청장이 법 제7조제6항에 따라 도로명등을 설정·부여하는 경우 고시할 사항은 다음 각 호와 같다.<br>1. 영 제7조제1항 각 호의 사항<br>2. 도로의 길이와 폭<br>3. 기초간격과 도로구간의 시작지점 및 끝지점의 기초번호<br>4. 부여하는 도로명과 그 부여 사유<br>5. 도로명등의 설정 또는 부여를 고시하는 날과 그 효력발생일<br>6. 도로명주소 및 사물주소의 부여·신청에 관한 사항<br>7. 그 밖에 행정안전부장관, 시·도지사 또는 시장·군수·구청장이 필요하다고 인정하는 사항<br>② 행정안전부장관, 시·도지사 및 시장·군수·구청장이 법 제8조제5항에 따라 도로명등을 변경하거나 폐지하는 경우 고시 및 고지할 사항은 다음 각 호의 구분과 같다.<br>1. 도로명등을 모두 변경하는 경우 다음 각 목의 사항<br>　가. 변경 전·후의 제1항제1호부터 제3호까지의 규정에 |

| 도로명주소법 | 도로명주소법 시행령 | 도로명주소법 시행규칙 |
|---|---|---|
|  |  | 따른 사항<br>나. 변경 전·후의 도로명과 그 부여 사유<br>다. 도로명등의 변경을 고시하는 날과 그 효력발생일<br>라. 도로명주소 및 사물주소의 변경 등에 따른 효력에 관한 사항<br>마. 도로명등의 변경 요건 및 절차<br>바. 변경 전·후의 도로명주소(상세주소는 제외할 수 있다)와 사물주소<br>사. 그 밖에 행정안전부장관, 시·도지사 또는 시장·군수·구청장이 필요하다고 인정하는 사항<br>2. 도로명만을 변경하는 경우 다음 각 목의 사항<br>　가. 영 제7조제1항 각 호의 사항<br>　나. 변경 전·후의 도로명과 그 부여 사유<br>　다. 도로명의 변경을 고시하는 날과 효력발생일<br>　라. 도로명주소 및 사물주소의 부여 등에 따른 효력에 관한 사항<br>　마. 도로명의 변경 요건 및 절차<br>　바. 변경 전·후의 도로명주소(상세주소는 제외할 수 있다)와 사물주소<br>　사. 그 밖에 행정안전부장관, 시·도지사 또는 시장·군수·구청장이 필요하다고 인정하는 사항<br>3. 도로구간만을 변경하는 경우 다음 각 목의 사항<br>　가. 변경 전·후의 제1항제1호부터 제3호까지의 규정에 따른 사항<br>　나. 도로구간의 변경을 고시하는 날 및 효력발생일<br>　다. 도로구간의 변경 사유<br>　라. 그 밖에 행정안전부장관, 시·도지사 또는 시장·군수·구청장이 필요하다고 인정하는 사항<br>4. 기초번호만을 변경하는 경우 다음 각 목의 사항 |

| 도로명주소법 | 도로명주소법 시행령 | 도로명주소법 시행규칙 |
|---|---|---|
|  |  | 가. 영 제7조제1항 각 호의 사항 |
|  |  | 나. 변경 전·후의 기초간격과 도로구간의 시작지점 및 끝지점의 기초번호 |
|  |  | 다. 기초번호의 변경 사유 |
|  |  | 라. 기초번호의 변경을 고시하는 날과 그 효력발생일 |
|  |  | 마. 도로명주소 및 사물주소의 부여 등에 따른 효력에 관한 사항 |
|  |  | 바. 변경 전·후의 도로명주소(상세주소는 제외할 수 있다)와 사물주소 |
|  |  | 사. 그 밖에 행정안전부장관, 시·도지사 또는 시장·군수·구청장이 필요하다고 인정하는 사항 |
|  |  | 5. 도로구간과 기초번호만 변경하는 경우 다음 각 목의 사항 |
|  |  | 가. 변경 전·후의 제1항제1호부터 제3호까지의 규정에 따른 사항 |
|  |  | 나. 변경 전·후의 기초간격과 도로구간의 시작지점 및 끝지점의 기초번호 |
|  |  | 다. 도로구간 및 기초번호의 변경을 고시하는 날과 그 효력발생일 |
|  |  | 라. 도로명주소 및 사물주소의 부여 등에 따른 효력에 관한 사항 |
|  |  | 마. 도로구간 및 기초번호의 변경 사유 |
|  |  | 바. 변경 전·후의 도로명주소(상세주소는 제외할 수 있다)와 사물주소 |
|  |  | 사. 그 밖에 행정안전부장관, 시·도지사 또는 시장·군수·구청장이 필요하다고 인정하는 사항 |
|  |  | 6. 도로구간, 도로명 및 기초번호를 폐지하는 경우 다음 각 목의 사항 |
|  |  | 가. 폐지하려는 도로구간에 관한 사항 |
|  |  | 나. 폐지 전 도로명과 그 폐지 사유 |

| 도로명주소법 | 도로명주소법 시행령 | 도로명주소법 시행규칙 |
|---|---|---|
|  |  | 다. 도로구간의 폐지를 고시하는 날<br>라. 그 밖에 행정안전부장관, 시·도지사 또는 시장·군수·구청장이 필요하다고 인정하는 사항<br>③ 행정안전부장관, 시·도지사 또는 시장·군수·구청장은 다음 각 호의 구분에 따라 제1항 및 제2항에 따른 도로명등의 설정·부여·변경·폐지의 효력발생일을 정해야 한다.<br>1. 법 제7조제3항 또는 제8조제2항에 따른 도로명등의 설정·부여·변경·폐지 신청을 받은 경우 : 고시한 날부터 10일 이내<br>2. 그 밖의 경우 : 고시한 날부터 90일 이내<br><br>**제13조(고지 및 고시의 방법)** ① 행정안전부장관, 시·도지사 또는 시장·군수·구청장은 도로명주소의 부여·변경·폐지에 따른 고지를 하려면 그 고지 대상자를 방문하여 해당 내용을 알려야 한다. 다만, 다음 각 호의 경우에는 법 제7조제6항·제8조제5항·제11조제3항 및 제12조제5항에 따른 고시일부터 1개월 이내에 서면의 방법으로 고지할 수 있다.<br>1. 고지 대상자가 해당 특별자치시·특별자치도 및 시·군·구가 아닌 곳에 거주하고 있는 경우<br>2. 고지 대상자를 방문했으나 고지 대상자를 만나지 못하여 고지를 하지 못한 경우<br>② 제1항에도 불구하고 다음 각 호의 어느 하나에 해당하는 경우에는 팩스, 전자우편, 문자메시지 등 전자적 방법으로 고지할 수 있다.<br>1. 고지 대상자가 전자적 방법을 통한 고지를 요청한 경우<br>2. 행정안전부장관, 시·도지사 또는 시장·군수·구청장이 긴급히 고지할 필요가 있다고 인정하는 경우<br>③ 제1항 및 제2항에 따른 고지가 이루어지지 못한 경우에는 공시송달의 방법으로 고지해야 한다. |

| 도로명주소법 | 도로명주소법 시행령 | 도로명주소법 시행규칙 |
|---|---|---|
| | | ④ 법 제11조제3항 및 제12조제5항에 따른 건물번호의 부여 · 변경 · 폐지에 관한 고시는 행정안전부장관이 정하는 인터넷 홈페이지를 통하여 할 수 있다. |
| 제8조(도로명 등의 변경 및 폐지) ① 행정안전부장관, 시 · 도지사 및 시장 · 군수 · 구청장은 제2항에 따른 신청을 받거나 제3항에 따른 요청을 받은 경우, 그 밖에 도로명주소 관리를 위하여 필요하다고 인정하는 경우에는 제7조제2항 각 호의 구분에 따라 해당 도로에 대하여 도로구간, 도로명 및 기초번호를 변경하거나 폐지할 수 있다. ② 사용하고 있는 도로명의 변경이 필요한 자는 해당 도로명을 주소로 사용하는 자로서 대통령령으로 정하는 자(이하 이 조에서 "도로명주소사용자"라 한다)의 5분의 1 이상의 서면 동의를 받아 제7조제2항 각 호의 구분에 따라 행정안전부장관, 시 · 도지사 또는 시장 · 군수 · 구청장에게 도로명 변경을 신청할 수 있다. 다만, 해당 도로명이 제7조제6항에 따라 고시된 날부터 3년이 지나지 아니한 경우 등 대통령령으로 정하는 경우에는 도로명 변경을 신청할 수 없다. ③ 제7조제2항제1호에 해당하는 도로의 도로구간, 도로명 또는 기초번호의 변경 요인이 발생한 것을 확인한 시 · 도지사는 행정안전부장관에게, 제7조제2항제2호에 해당하는 도로의 도로구간, 도로명 또는 기초번호의 변경 요인이 발생한 것을 확인한 시장 · 군수 · 구청장은 특별시장, 광역시장 또는 도지사에게 각각 도로명의 변경을 요청하여야 한다. 이 경우 제7조제2항제1호에 해당하는 도로의 도로구간, 도로명 또는 기초번호의 변경 요인이 발생한 것을 확인한 시장 · 군수 · 구청장은 그 사실을 특별시장, 광역시장 또는 도지사에게 통보하여야 한다. ④ 행정안전부장관, 시 · 도지사 또는 시장 · 군수 · 구청장은 | 제12조(도로명등의 변경 · 폐지 기준) ① 도로명등의 변경 기준에 관하여는 제7조부터 제9조까지의 규정을 준용한다. ② 법 제8조제1항에 따른 도로구간의 폐지 기준은 다음 각 호와 같다. 1. 도로구간에 속하는 도로 전체가 폐지되어 사실상 도로로 사용되고 있지 않을 것 2. 도로구간의 도로명을 도로명주소 및 사물주소로 사용하는 건물등 또는 시설물이 없을 것 제13조(도로구간 또는 기초번호의 변경 절차) ① 시장등은 법 제8조제1항에 따라 도로구간 또는 기초번호를 변경하려는 경우에는 행정안전부령으로 정하는 사항을 14일 이상의 기간을 정하여 공보등에 공고하고, 해당 지역주민의 의견을 수렴해야 한다. ② 시장등은 제1항에 따른 의견 제출 기간이 지난 날부터 30일 이내에 행정안전부령으로 정하는 사항을 해당 주소정보위원회에 제출하고, 도로구간 또는 기초번호의 변경에 관하여 심의를 거쳐야 한다. ③ 시장등은 제2항에 따른 심의를 마친 날부터 10일 이내에 해당 주소정보위원회의 심의 결과 및 향후 변경 절차(제2항에 따른 심의 결과 도로구간 또는 기초번호를 변경하기로 한 경우로 한정한다)를 공보등에 공고해야 한다. 이 경우 법 제8조제3항 전단에 따른 요청을 받은 경우에는 요청한 자에게 그 사실을 통보해야 한다. ④ 시장등은 제2항에 따른 심의 결과 도로구간 또는 기초번호 | 제14조(도로구간 또는 기초번호의 변경 절차) ① 영 제13조제1항에서 "행정안전부령으로 정하는 사항"이란 다음 각 호의 사항을 말한다. 1. 변경 전 · 후의 영 제7조제1항 각 호에 따른 도로구간 설정에 관한 사항 2. 변경 전 · 후의 기초번호에 관한 사항 3. 도로구간 및 기초번호의 변경 사유 4. 변경하려는 도로구간 또는 기초번호에 해당하는 도로명 5. 의견 제출의 기간 및 방법 6. 도로구간 및 기초번호의 변경 절차 7. 그 밖에 시장등이 필요하다고 인정하는 사항 ② 영 제13조제2항에서 "행정안전부령으로 정하는 사항"이란 다음 각 호의 사항을 말한다. 1. 제1항제1호부터 제4호까지의 규정에 따른 사항 2. 도로구간 및 기초번호의 변경으로 변경되는 도로명주소 및 사물주소의 변경 전 · 후에 관한 사항 |

| 도로명주소법 | 도로명주소법 시행령 | 도로명주소법 시행규칙 |
|---|---|---|
| 제1항에 따라 도로구간, 도로명 및 기초번호를 변경하려면 대통령령으로 정하는 바에 따라 해당 지역주민과 지방자치단체의 장의 의견을 수렴하고 제29조에 따른 해당 주소정보위원회의 심의를 거친 후 해당 도로명주소사용자 과반수의 서면 동의를 받아야 한다. 다만, 다음 각 호의 어느 하나에 해당하는 경우에는 해당 호의 절차의 전부 또는 일부를 생략할 수 있다.<br>1. 대통령령으로 정하는 경미한 사항을 변경하려는 경우 : 해당 지역주민의 의견 수렴, 제29조에 따른 해당 주소정보위원회의 심의, 도로명주소사용자의 과반수 서면 동의<br>2. 해당 도로명주소사용자의 5분의 4 이상이 서면으로 동의하여 도로명 변경을 신청하는 경우로서 건물등의 명칭과 유사한 명칭으로 도로명 변경을 신청하는 경우 등 대통령령으로 정하는 경우가 아닌 경우 : 제29조에 따른 해당 주소정보위원회의 심의와 도로명주소사용자의 과반수 서면 동의<br>⑤ 행정안전부장관, 시·도지사 또는 시장·군수·구청장은 도로구간, 도로명 및 기초번호를 변경하거나 폐지하는 경우에는 그 사실을 고시하고, 해당 도로명주소사용자 중 도로명주소가 변경되는 자에게 고시하며, 제19조제2항에 따른 공공기관 중 대통령령으로 정하는 공공기관의 장에게 통보하여야 한다.<br>⑥ 제1항부터 제5항까지의 규정에 따른 도로구간, 도로명 및 기초번호의 변경 및 폐지에 관한 기준과 절차 등에 관하여 필요한 사항은 대통령령으로 정한다. | 를 변경하기로 한 경우에는 제3항에 따른 공고를 한 날부터 30일 이내에 도로명주소 및 사물주소를 변경해야 하는 제18조에 따른 도로명주소사용자(제1항에 따른 공고일을 기준으로 한다. 이하 이 조에서 같다) 과반수의 서면 동의를 받아야 한다. 다만, 시장등이 인정하는 경우로 한정하여 30일의 범위에서 그 기간을 한 차례 연장할 수 있다.<br>⑤ 시장등은 제4항에 따라 서면 동의를 받은 경우에는 서면 동의를 받은 날부터 10일 이내에 행정안전부령으로 정하는 사항을 공보등에 고시해야 한다.<br>⑥ 시장등은 제4항에 따른 도로명주소사용자 과반수의 서면 동의를 받지 못한 경우에는 서면 동의를 종료한 날부터 10일 이내에 그 사실을 공보등에 공고해야 한다.<br>⑦ 법 제8조제5항, 제11조제3항 및 제12조제5항에서 "대통령령으로 정하는 공공기관"이란 각각 제10조제5항 각 호의 공공기관과 별표 1 각 호의 공부를 관리하는 공공기관을 말한다.<br><br>**제14조(둘 이상의 시·군·구 또는 시·도에 걸쳐 있는 도로구간 또는 기초번호의 변경 절차)** ① 특별시장, 광역시장 및 도지사는 법 제8조제1항에 따라 둘 이상의 시·군·구에 걸쳐 있는 도로구간 또는 기초번호를 변경하려는 경우에는 해당 시장·군수·구청장에게 행정안전부령으로 정하는 자료의 제출을 요청할 수 있다.<br>② 시장·군수·구청장은 제1항의 요청을 받은 날부터 30일 이내에 그 자료를 특별시장, 광역시장 및 도지사에게 제출해야 한다.<br>③ 특별시장, 광역시장 및 도지사는 제2항에 따른 자료를 제출받은 날부터 20일 이내에 14일 이상의 기간을 정하여 행정안전부령으로 정하는 사항을 공보등에 공고하고, 해당 지역주민 및 시장·군수·구청장의 의견을 수렴해야 한다. | 3. 영 제13조제1항에 따라 공고한 날을 기준으로 해당 도로구간 및 기초번호가 변경됨에 따라 주소를 변경해야 하는 영 제18조제1항에 따른 도로명주소사용자(이하 "도로명주소사용자"라 한다)의 현황<br>4. 도로구간 및 기초번호의 변경에 따른 주소정보시설의 설치·교체·철거에 관한 사항<br>5. 도로구간 및 기초번호의 변경에 대한 해당 지역주민과 시장등의 의견<br>6. 그 밖에 시장등이 필요하다고 인정하는 사항<br>③ 시장등은 영 제13조제5항에 따라 제12조제2항 각 호의 구분에 따른 각 목의 사항을 고시해야 한다.<br><br>**제15조(둘 이상의 시·군·구 또는 시·도에 걸쳐 있는 도로구간 또는 기초번호의 변경 절차)** ① 영 제14조제1항에서 "행정안전부령으로 정하는 자료"란 다음 각 호의 자료를 말한다.<br>1. 변경 전·후의 영 제7조제1항 각 호의 도로구간에 관한 사항(도로구간을 변경하려는 경우로 한정한다)<br>2. 변경 전·후의 기초간격 및 도로구간의 시작지점과 끝지점의 기초번호(기초번호를 변경하려는 경우로 한정한다)<br>3. 도로구간 및 기초번호의 변경 사유<br>4. 도로구간 및 기초번호의 변경에 따라 변경해야 하는 도로명주소 및 사물주소의 현황<br>5. 도로구간 및 기초번호의 변경으로 인하여 주소를 변경해야 하는 도로명주소사용자의 현황 |

| 도로명주소법 | 도로명주소법 시행령 | 도로명주소법 시행규칙 |
|---|---|---|
|  | ④특별시장, 광역시장 및 도지사는 제3항에 따른 의견 제출 기간이 지난 날부터 30일 이내에 행정안전부령으로 정하는 사항을 시·도주소정보위원회에 제출하고, 둘 이상의 시·군·구에 걸쳐 있는 도로구간 또는 기초번호의 변경에 관하여 심의를 거쳐야 한다.<br>⑤특별시장, 광역시장 및 도지사는 제4항에 따른 심의를 마친 날부터 10일 이내에 해당 시·도주소정보위원회의 심의 결과 및 향후 변경 절차(제4항에 따른 심의 결과 도로구간 또는 기초번호를 변경하기로 한 경우로 한정한다)를 공보등에 공고하고, 해당 시장·군수·구청장에게 통보해야 한다.<br>⑥특별시장, 광역시장 및 도지사는 제4항에 따른 심의 결과 도로구간 또는 기초번호를 변경하기로 한 경우에는 제5항에 따른 공고를 한 날부터 60일 이내에 도로구간 또는 기초번호의 변경으로 도로명주소 및 사물주소를 변경해야 하는 제18조에 따른 도로명주소사용자(제3항에 따른 공고일을 기준으로 한다. 이하 이 조에서 같다) 과반수의 서면 동의를 받아야 한다. 다만, 특별시장, 광역시장 및 도지사가 인정하는 경우로 한정하여 30일의 범위에서 그 기간을 한 차례 연장할 수 있다.<br>⑦특별시장, 광역시장 및 도지사는 제6항에 따라 서면 동의를 받은 경우에는 서면 동의를 받은 날부터 10일 이내에 행정안전부령으로 정하는 사항을 공보등에 고시하고, 신청인과 해당 시장·군수·구청장에게 각각 고지 및 통보해야 한다.<br>⑧특별시장, 광역시장 및 도지사는 제6항에 따른 도로명주소사용자 과반수 서면 동의를 받지 못한 경우에는 서면 동의를 종료한 날부터 10일 이내에 그 사실을 공보등에 공고해야 한다.<br>⑨행정안전부장관이 법 제8조제1항에 따라 도로구간 및 기초구간을 변경하려는 경우 그 절차에 관하여는 제1항부터 제8 | 6. 그 밖에 특별시장, 광역시장 및 도지사가 도로구간 및 기초번호의 변경에 필요하다고 인정하는 사항<br>②영 제14조제3항에서 "행정안전부령으로 정하는 사항"이란 다음 각 호의 사항을 말한다.<br>1. 제1항제1호부터 제3호까지의 규정에 따른 사항<br>2. 의견 제출의 기간 및 방법<br>3. 도로구간 및 기초번호의 변경 절차<br>4. 그 밖에 특별시장, 광역시장 및 도지사가 필요하다고 인정하는 사항<br>③영 제14조제4항에서 "행정안전부령으로 정하는 사항"이란 다음 각 호의 사항을 말한다.<br>1. 제1항 각 호의 사항(같은 항 제5호의 사항은 제외한다)<br>2. 해당 도로구간에 속하는 변경 전·후의 도로명주소 및 사물주소에 관한 사항<br>3. 영 제14조제3항에 따라 공고한 날을 기준으로 주소를 변경해야 하는 도로명주소사용자의 현황<br>4. 도로구간 및 기초번호의 변경에 대한 해당 지역주민, 시장·군수·구청장의 의견<br>5. 그 밖에 특별시장, 광역시장 및 도지사가 필요하다고 인정하는 사항<br>④특별시장, 광역시장 및 도지사는 영 제14조제7항에 따라 제12조제2항 각 호의 구분에 따른 각 목의 사항을 고시해야 한다. |

| 도로명주소법 | 도로명주소법 시행령 | 도로명주소법 시행규칙 |
|---|---|---|
| | 항까지의 규정을 준용한다. 이 경우 제1항부터 제8항까지의 규정 중 "특별시장, 광역시장 및 도지사"는 "행정안전부장관"으로, "시장·군수·구청장"은 "시·도지사 및 시장·군수·구청장"으로 보고, 제2항 중 "30일"은 "40일"로 보며, 제4항 및 제5항 중 "시·도주소정보위원회"는 "중앙주소정보위원회"로 보고, 제6항 중 "60일"은 "90"일로 본다.<br><br>**제15조(도로명의 변경 절차)** ① 시장등은 법 제8조제1항에 따라 도로명을 변경하려는 경우에는 행정안전부령으로 정하는 사항을 14일 이상의 기간을 정하여 공보등에 공고하고, 해당 지역주민의 의견을 수렴해야 한다. 이 경우 법 제8조제2항 본문에 따라 도로명 변경의 신청을 받은 경우에는 그 신청을 받은 날부터 30일 이내에 공고해야 한다.<br>② 시장등은 제1항에 따른 의견 제출 기간이 지난 날부터 30일 이내에 행정안전부령으로 정하는 사항을 해당 주소정보위원회에 제출하고, 도로명의 변경에 관하여 심의를 거쳐야 한다.<br>③ 시장등은 제2항에 따른 심의를 마친 날부터 10일 이내에 해당 주소정보위원회의 심의 결과 및 향후 변경 절차(제2항에 따른 심의 결과 도로명을 변경하기로 한 경우로 한정한다)를 공보등에 공고해야 한다. 이 경우 법 제8조제2항에 따른 신청 또는 같은 조 제3항에 따른 요청을 받은 경우에는 신청인 또는 요청한 자에게 그 사실을 통보해야 한다.<br>④ 시장등은 제2항에 따른 심의 결과 도로명을 변경하는 것으로 결정한 경우 제3항에 따라 공고한 날부터 30일 이내에 다음 각 호의 날을 기준으로 한 제18조에 따른 도로명주소사용자 과반수의 서면 동의를 받아야 한다. 다만, 시장등이 인정하는 경우로 한정하여 30일의 범위에서 그 기간을 한 차례 연장할 수 있다. | **제16조(도로명의 변경 절차)** ① 영 제15조제1항 전단에서 "행정안전부령으로 정하는 사항"이란 다음 각 호의 사항을 말한다.<br>1. 영 제7조제1항 각 호의 사항<br>2. 현재 도로명 및 부여 사유<br>3. 변경하려는 예비도로명(신청인, 시장등이 제안한 각각의 예비도로명을 말한다)과 그 변경 사유<br>4. 도로명의 변경에 대한 의견 제출자의 범위, 의견 제출의 기간 및 방법<br>5. 그 밖에 시장등이 필요하다고 인정하는 사항<br>② 법 제8조제2항에 따른 도로명 변경 신청은 별지 제3호서식의 신청서에 따른다.<br>③ 영 제15조제2항에서 "행정안전부령으로 정하는 사항"이란 다음 각 호의 사항을 말한다.<br>1. 제1항제1호부터 제3호까지의 규정에 따른 사항<br>2. 도로명의 변경 전·후에 도로명주소 및 사물주소에 관한 사항<br>3. 도로명 변경으로 주소를 변경해야 하는 도로명주소사용자의 현황<br>4. 도로명의 변경에 따른 주소정보시설의 설치·교체·철거에 관한 사항<br>5. 도로명의 변경에 관한 해당 지역주민과 시장등의 의견<br>6. 그 밖에 시장등이 필요하다고 인정하는 사항 |

| 도로명주소법 | 도로명주소법 시행령 | 도로명주소법 시행규칙 |
|---|---|---|
| | 1. 법 제8조제2항에 따른 신청에 의하여 도로명을 변경하려는 경우 : 같은 항에 따른 신청일<br>2. 그 밖의 사유로 도로명을 변경하려는 경우 : 제1항에 따른 공고일<br>⑤ 시장등은 제4항에 따른 서면 동의를 받거나 법 제8조제4항 각 호에 따라 서면 동의를 생략한 경우에는 그 서면 동의를 받은 날부터 10일(법 제8조제4항에 따라 서면 동의를 생략한 경우에는 생략하기로 한 날부터 10일) 이내에 행정안전부령으로 정하는 사항을 공보등에 고시해야 한다. 이 경우 법 제8조제2항 본문에 따른 신청을 받은 경우에는 이를 신청인에게도 통보해야 한다.<br>⑥ 시장등은 제4항에 따른 서면 동의를 받지 못한 경우에는 서면 동의 절차를 종료한 날부터 10일 이내에 그 사실을 공보등에 공고해야 한다. 이 경우 법 제8조제2항 본문에 따른 신청을 받은 경우에는 그 사실을 신청인에게도 통보해야 한다.<br>⑦ 시장등은 제2항에 따른 심의 결과 당초 제출된 예비도로명과 다른 예비도로명으로 결정된 경우에는 제1항의 절차에 따라 해당 결정을 공고하고, 해당 지역주민의 의견을 새로 수렴해야 한다.<br>⑧ 제1항부터 제7항까지에서 규정한 사항 외에 도로명의 변경에 필요한 세부사항은 행정안전부령으로 정한다.<br><br>**제16조(둘 이상의 시 · 군 · 구 또는 시 · 도에 걸쳐 있는 도로명 변경 절차)** ① 특별시장, 광역시장 및 도지사는 법 제8조제1항에 따라 둘 이상의 시 · 군 · 구에 걸쳐 있는 도로명을 변경하려는 경우에는 해당 시장 · 군수 · 구청장에게 행정안전부령으로 정하는 자료의 제출을 요청할 수 있다.<br>② 시장 · 군수 · 구청장은 제1항에 따른 요청을 받은 날부터 | ④ 시장등은 영 제15조제5항 전단에 따라 제12조제2항 각 호의 구분에 따른 각 목의 사항을 고시해야 한다.<br><br>**제17조(둘 이상의 시 · 군 · 구 또는 시 · 도에 걸쳐 있는 도로명의 변경 절차)** ① 영 제16조제1항에서 "행정안전부령으로 정하는 자료"란 다음 각 호의 자료를 말한다.<br>1. 영 제7조제1항 각 호의 도로구간에 관한 사항(도로구간 또는 기초번호를 함께 변경하는 경우에는 변경 전 · 후의 사항을 포함한다) |

| 도로명주소법 | 도로명주소법 시행령 | 도로명주소법 시행규칙 |
|---|---|---|
| | 30일 이내에 그 자료를 해당 특별시장, 광역시장 및 도지사에게 제출해야 한다.<br>③ 특별시장, 광역시장 및 도지사는 제2항에 따른 자료를 제출받은 날부터 30일 이내에 14일 이상의 기간을 정하여 행정안전부령으로 정하는 사항을 공보등에 공고하고, 해당 지역주민 및 시장·군수·구청장의 의견을 수렴해야 한다. 이 경우 법 제8조제2항 본문에 따라 도로명 변경 신청을 받은 경우에는 그 신청을 받은 날부터 40일 이내에 공고해야 한다.<br>④ 특별시장, 광역시장 및 도지사는 제3항에 따른 의견 제출 기간이 지난 날부터 30일 이내에 행정안전부령으로 정하는 사항을 시·도주소정보위원회에 제출하고, 둘 이상의 시·군·구에 걸쳐 있는 도로명의 변경에 관하여 심의를 거쳐야 한다.<br>⑤ 특별시장, 광역시장 및 도지사는 제4항에 따른 심의를 마친 날부터 10일 이내에 해당 시·도주소정보위원회의 심의 결과 및 향후 변경 절차(제4항에 따른 심의 결과 도로명을 변경하기로 한 경우로 한정한다)를 공보등에 공고하고, 시장·군수·구청장에게 통보해야 한다. 이 경우 법 제8조제2항 본문에 따라 도로명 변경 신청을 받은 경우에는 그 결과를 신청인에게도 통보해야 한다.<br>⑥ 특별시장, 광역시장 및 도지사는 제4항에 따른 심의 결과 도로명을 변경하기로 한 경우에는 제5항에 따라 공고한 날부터 60일 이내에 다음 각 호의 날을 기준으로 한 제18조에 따른 도로명주소사용자 과반수의 서면 동의를 받아야 한다. 다만, 특별시장, 광역시장 및 도지사가 인정하는 경우로 한정하여 30일의 범위에서 그 기간을 한 차례 연장할 수 있다.<br>1. 법 제8조제2항에 따른 신청에 따라 도로명을 변경하려는 경우 : 같은 항에 따른 신청일<br>2. 그 밖에 사유로 도로명을 변경하려는 경우 : 제3항에 따 | 2. 부여하려는 예비도로명과 그 부여 사유에 관한 시장·군수·구청장의 의견<br>3. 도로명주소 및 사물주소의 변경 전·후에 관한 사항<br>4. 도로명 변경으로 주소를 변경해야 하는 도로명주소사용자의 현황<br>5. 도로명의 변경에 따른 주소정보시설의 설치·교체·철거에 관한 사항<br>6. 그 밖에 특별시장, 광역시장 및 도지사가 도로명의 변경에 필요하다고 인정하는 사항<br>② 영 제16조제3항 전단에서 "행정안전부령으로 정하는 사항"이란 다음 각 호의 사항을 말한다.<br>1. 제1항제1호의 사항<br>2. 현재 도로명 및 부여 사유<br>3. 도로명을 변경하려는 사유<br>4. 부여하려는 예비도로명(신청인, 특별시장, 광역시장 및 도지사 또는 시장·군수·구청장이 각각 제시한 예비도로명을 말한다)과 사유<br>5. 의견 제출의 기간 및 방법, 의견 제출자의 범위<br>6. 그 밖에 특별시장, 광역시장 및 도지사가 필요하다고 인정하는 사항<br>③ 영 제16조제4항에서 "행정안전부령으로 정하는 사항"이란 다음 각 호의 사항을 말한다.<br>1. 제1항제3호부터 제5호까지의 규정에 따른 사항<br>2. 제2항제1호부터 제4호까지의 규정에 따른 사항<br>3. 해당 지역주민 및 시장·군수·구청장의 의견<br>4. 특별시장, 광역시장 및 도지사의 의견<br>5. 그 밖에 특별시장, 광역시장 및 도지사가 필요하다고 인정하는 사항<br>④ 특별시장, 광역시장 및 도지사는 영 제16조제7항 전단에 따 |

| 도로명주소법 | 도로명주소법 시행령 | 도로명주소법 시행규칙 |
|---|---|---|
| | 른 공고일 | 라 제12조제2항 각 호의 구분에 따른 각 목의 사항을 고시해야 한다. |
| | ⑦ 특별시장, 광역시장 및 도지사는 제6항에 따른 서면 동의를 받은 날부터 10일(법 제8조제4항 각 호에 따라 서면 동의를 생략한 경우에는 생략하기로 한 날부터 10일) 이내에 행정 안전부령으로 정하는 사항을 공보등에 고시해야 한다. 이 경우 법 제8조제2항 본문에 따른 신청을 받은 경우에는 이를 신청인에게도 통보해야 한다. | |
| | ⑧ 특별시장, 광역시장 및 도지사는 제6항에 따른 서면 동의를 받지 못한 경우에는 서면 동의 절차를 종료한 날부터 20일 이내에 그 사실을 공보등에 공고하고, 해당 시장·군수·구청장에게 통보해야 한다. 이 경우 법 제8조제2항 본문에 따른 신청을 받은 경우에는 그 사실을 신청인에게도 통보해야 한다. | |
| | ⑨ 특별시장, 광역시장 및 도지사는 제4항에 따른 심의 결과 당초 제출한 예비도로명과 다른 예비도로명으로 결정된 경우에는 제3항의 절차에 따라 그 결과를 공고하고, 해당 지역 주민의 의견을 새로 수렴해야 한다. | |
| | ⑩ 행정안전부장관이 법 제8조제1항에 따라 도로명을 변경하려는 경우 그 절차에 관하여는 제1항부터 제9항까지를 준용한다. 이 경우 제1항부터 제9항까지의 규정 중 "특별시장, 광역시장 및 도지사"는 "행정안전부장관"으로, "시장·군수·구청장"은 "시·도지사 및 시장·군수·구청장"으로 보고, 제3항 중 "30일"은 "40일"로 보며, 제4항 및 제5항 중 "시·도주소정보위원회"는 "중앙주소정보위원회"로 보고, 제6항 중 "60일"은 "90일"로 본다. | |
| | **제17조(도로명등의 폐지 절차)** ① 행정안전부장관, 시·도지사 및 시장·군수·구청장은 법 제8조제1항에 따라 도로명등을 폐지하려는 경우에는 제12조제2항 각 호의 사항을 확인해 | **제18조(도로명등의 폐지 절차)** 영 제17조제2항에서 "행정안전부령으로 정하는 사항"이란 제12조제2항제6호의 사항을 말한다. |

| 도로명주소법 | 도로명주소법 시행령 | 도로명주소법 시행규칙 |
|---|---|---|
| | 야 한다.<br>② 행정안전부장관, 시 · 도지사 및 시장 · 군수 · 구청장은 제1항에 따른 사항을 확인한 날부터 10일 이내에 도로명등을 폐지하고, 행정안전부령으로 정하는 사항을 공보등에 고시해야 한다.<br><br>**제18조(도로명의 변경 신청 등)** ① 법 제8조제2항 본문에서 "대통령령으로 정하는 자"란 다음 각 호의 어느 하나에 해당하면서 해당 도로명을 주소로 사용하는 자(이하 "도로명주소사용자"라 한다)를 말한다. 이 경우 동일인이 각 호 중 여럿에 해당하는 경우에는 하나에만 해당하는 것으로 본다.<br>　1. 「건축법」에 따른 건축물대장상의 건물소유자<br>　2. 「민법」에 따라 등기한 법인의 대표자<br>　3. 「부가가치세법」에 따라 사업자등록을 한 자<br>　4. 「부동산등기법」에 따른 건물등기부상의 건물소유자<br>　5. 「상법」에 따라 등기한 법인의 대표자<br>　6. 「주민등록법」에 따라 주민등록표에 등록된 세대주(법 제8조제2항 본문 및 제4항에 따른 서면 동의는 19세 이상의 세대원이 대리할 수 있다)<br>　7. 「출입국관리법」에 따라 외국인등록을 한 19세 이상의 외국인(주소가 같은 외국인이 여럿인 경우에는 이를 한 명으로 본다)<br>② 법 제8조제2항에 따른 도로명의 변경 신청 또는 같은 조 제4항에 따른 도로명을 변경하기 위하여 서면 동의를 받아야 하는 도로명주소사용자의 범위는 다음 각 호의 구분에 따른다. 이 경우 도로명주소사용자의 수는 신청일을 기준으로 한다.<br>　1. 공동으로 포함된 도로명을 변경하려는 경우 : 그 도로명과 해당 도로명의 유사도로명을 주소로 사용하는 자<br>　2. 종속구간의 도로명을 변경하려는 경우 : 그 종속구간의 | |

| 도로명주소법 | 도로명주소법 시행령 | 도로명주소법 시행규칙 |
|---|---|---|
| | 도로명을 주소로 사용하는 자<br>3. 동일도로명을 변경하려는 경우 : 동일도로명과 그 도로명의 유사도로명을 주소로 사용하는 자<br>4. 그 밖의 경우 : 각각의 도로구간의 도로명을 주소로 사용하는 자<br>③ 법 제8조제2항 단서에서 "해당 도로명이 제7조제6항에 따라 고시된 날부터 3년이 지나지 아니한 경우 등 대통령령으로 정하는 경우"란 다음 각 호의 어느 하나에 해당하는 경우를 말한다. 다만, 종속구간을 별도의 도로구간으로 설정하여 새로운 도로명을 부여하려는 경우는 제외한다.<br>1. 법 제7조제6항 또는 제8조제5항에 따라 도로명이 고시된 날부터 3년이 지나지 않은 경우<br>2. 제15조제3항 또는 제16조제5항에 따라 도로명을 변경하지 않기로 결정·공고한 날부터 1년이 지나지 않은 경우<br>3. 법 제8조제4항에 따른 도로명주소사용자 과반수의 서면 동의를 받지 못하여 도로명을 변경하지 않기로 결정·공고한 날부터 2년이 지나지 않은 경우<br>④ 제1항부터 제3항까지에서 규정한 사항 외에 도로명 부여의 신청 방법 및 그 밖에 필요한 세부사항은 행정안전부령으로 정한다.<br><br>**제19조(서면 동의 절차의 생략 등)** ① 법 제8조제4항제1호에서 "대통령령으로 정하는 경미한 사항을 변경하려는 경우"란 다음 각 호의 어느 하나에 해당하는 경우를 말한다.<br>1. 고시된 도로명주소 및 사물주소의 변경을 수반하지 않는 경우<br>2. 행정구역의 경계 변경으로 도로구간 및 기초번호를 변경해야 하는 경우<br>3. 건물등 및 시설물에 부여할 기초번호가 없어 기초간격 | |

| 도로명주소법 | 도로명주소법 시행령 | 도로명주소법 시행규칙 |
|---|---|---|
| | 및 기초번호를 다시 정할 필요가 있는 경우<br>4. 도시 및 주택개발사업 등 각종 개발사업의 시행으로 그 개발사업 지역과 인접한 도로구간을 변경할 필요가 있는 경우<br>5. 제3조제1항에 따른 도로의 유형에 적합하도록 도로명을 변경하려는 경우<br>6. 도로명에 포함된 기초번호를 분기되는 지점의 기초번호와 맞게 정비하려는 경우<br>7. 제7조 및 제12조제1항에 따른 도로구간의 설정·변경 기준에 적합하도록 도로구간을 정비하려는 경우<br>8. 각종 공사 등에 따른 도로구간 선형의 변경으로 인하여 기초번호를 변경하려는 경우<br>9. 도로명주소사용자의 과반수 이상이 도로명의 변경을 신청한 경우로서 해당 주소정보위원회의 심의 결과 신청인이 제출한 예비도로명(예비도로명이 2개 이상인 경우에는 1순위 예비도로명을 말한다)으로 도로명을 변경하려는 경우<br>② 법 제8조제4항제2호에서 "건물등의 명칭과 유사한 명칭으로 도로명 변경을 신청하는 경우 등 대통령령으로 정하는 경우"란 다음 각 호의 어느 하나에 해당하는 경우를 말한다.<br>1. 건물등 또는 건물군의 명칭과 유사한 명칭으로 도로명의 변경을 신청한 경우<br>2. 둘 이상의 시·군·구 또는 시·도에 걸쳐 있는 도로의 도로명을 변경하는 경우<br>3. 행정안전부장관, 시·도지사 또는 시장·군수·구청장이 다른 도로명에 영향을 미칠 우려가 있다고 판단하는 경우<br>4. 제8조 및 제12조제1항에 따른 도로명의 부여·변경 기준에 적합하지 않은 경우 | |

| 도로명주소법 | 도로명주소법 시행령 | 도로명주소법 시행규칙 |
|---|---|---|
| **제9조(도로명판과 기초번호판의 설치)** ① 특별자치시장, 특별자치도지사 및 시장 · 군수 · 구청장은 도로명주소를 안내하거나 구조 · 구급 활동을 지원하기 위하여 필요한 장소에 도로명판 및 기초번호판을 설치하여야 한다.<br>② 다음 각 호의 어느 하나에 해당하는 지주(支柱) 또는 시설(이하 "지주등"이라고 한다)의 설치자 또는 관리자는 도로명이 부여된 도로에 지주등을 설치하려는 경우에는 해당 특별자치시장, 특별자치도지사 또는 시장 · 군수 · 구청장의 확인을 거쳐 해당 위치에 맞는 도로명과 기초번호를 지주등에 표기하여야 한다.<br>  1. 가로등 · 교통신호등 · 도로표지 등이 설치된 지주<br>  2. 전주 및 도로변 전기 · 통신 관련 시설<br>③ 특별자치시장, 특별자치도지사 및 시장 · 군수 · 구청장은 지주등의 본래 용도에 지장을 주지 아니하는 범위에서 도로명판 및 기초번호판을 설치하는 데 지주등을 사용할 수 있다.<br>④ 특별자치시장, 특별자치도지사 및 시장 · 군수 · 구청장은 제3항에 따라 지주등을 사용하려면 미리 그 지주등의 설치자 또는 관리자와 협의하여야 하며, 협의 요청을 받은 자는 특별한 사유가 없으면 지주등의 사용에 협조하여야 한다.<br>⑤ 지주등의 설치자 또는 관리자는 제3항에 따라 사용되는 지주등을 교체 · 이전설치 · 철거하려는 경우에는 미리 해당 특별자치시장, 특별자치도지사 또는 시장 · 군수 · 구청장에게 통보하여야 한다.<br>⑥ 제1항에 따른 도로명판과 기초번호판의 설치장소와 규격, 그 밖에 필요한 사항은 행정안전부령으로 정한다. | | |
| **제10조(명예도로명)** ① 특별자치시장, 특별자치도지사 및 시장 · 군수 · 구청장은 도로명이 부여된 도로구간의 전부 또는 일부에 대하여 기업 유치 또는 국제교류를 목적으로 하는 도로 | **제20조(명예도로명의 부여 기준)** 시장등은 법 제10조에 따른 명예도로명(이하 "명예도로명"이라 한다)을 부여하려는 경우에는 다음 각 호의 기준을 따라야 한다. | |

| 도로명주소법 | 도로명주소법 시행령 | 도로명주소법 시행규칙 |
|---|---|---|
| 명(이하 "명예도로명"이라 한다)을 추가적으로 부여할 수 있다.<br>② 특별자치시장, 특별자치도지사 및 시장·군수·구청장은 명예도로명을 안내하기 위한 시설물을 설치할 수 있다. 다만, 주소정보시설에는 명예도로명을 표기할 수 없다.<br>③ 제1항 및 제2항에 따른 명예도로명의 부여 기준과 절차 및 안내 시설물의 설치 등에 필요한 사항은 대통령령으로 정한다. | 1. 명예도로명으로 사용될 사람 등의 도덕성, 사회헌신도 및 공익성 등을 고려할 것<br>2. 사용 기간은 5년 이내로 할 것<br>3. 해당 시장등이 법 제7조제6항 및 제8조제5항에 따라 고시한 도로명이 아닐 것<br>4. 같은 특별자치시, 특별자치도 및 시·군·구 내에서는 같은 명예도로명이 중복하여 부여되지 않도록 할 것<br>5. 이미 명예도로명이 부여된 도로구간에 다른 명예도로명이 중복하여 부여되지 않도록 할 것 | |
| | **제21조(명예도로명의 부여·폐지 절차 등)** ① 시장등은 법 제10조제1항에 따라 명예도로명을 부여하려는 경우에는 행정안전부령으로 정하는 사항을 14일 이상의 기간을 정하여 공보등에 공고하고 해당 지역주민의 의견을 수렴해야 한다.<br>② 시장등은 제1항에 따른 의견 제출 기간이 지난 날부터 30일 이내에 행정안전부령으로 정하는 사항을 해당 주소정보위원회에 제출하고, 명예도로명의 부여에 관하여 심의를 거쳐야 한다.<br>③ 시장등은 제2항에 따른 심의를 마친 날부터 10일 이내에 해당 주소정보위원회의 심의 결과를 공보등에 공고해야 한다. 이 경우 시장등은 행정안전부령으로 정하는 바에 따라 그 공고 내용을 기록하고 관리해야 한다.<br>④ 시장등은 제1항부터 제3항까지의 규정에도 불구하고 이미 부여된 명예도로명을 계속 사용하려는 경우에는 그 사용 기간 만료일 30일 전에 행정안전부령으로 정하는 사항을 해당 주소정보위원회에 제출하고, 명예도로명 사용 연장 여부에 관하여 심의를 거쳐야 한다. 이 경우 해당 주소정보위원회 심의 결과 명예도로명을 계속 사용하기로 한 경우에는 그 결과를 공보등에 공고해야 한다. | **제19조(명예도로명의 부여·폐지 절차 등)** ① 영 제21조제1항에서 "행정안전부령으로 정하는 사항"이란 다음 각 호의 사항을 말한다.<br>1. 명예도로명을 부여하려는 도로구간의 시작지점 및 끝지점<br>2. 부여하려는 명예도로명과 그 부여 사유<br>3. 명예도로명의 사용 기간<br>4. 명예도로명을 부여하려는 도로구간의 도로명<br>5. 의견 제출의 기간 및 방법<br>6. 그 밖에 시장등이 필요하다고 인정하는 사항<br>② 영 제21조제2항에서 "행정안전부령으로 정하는 사항"이란 다음 각 호의 사항을 말한다.<br>1. 제1항제1호부터 제4호까지의 규정에 따른 사항<br>2. 영 제21조제1항에 따라 제출된 주민의 의견<br>3. 부여하려는 명예도로명에 관한 시장등의 의견<br>4. 명예도로명을 안내하기 위한 시설물의 설치계획<br>5. 그 밖에 시장등이 필요하다고 인정하는 사항<br>③ 시장등은 영 제21조제3항 전단에 따라 주소정보위원회의 심의 결과를 공보, 행정안전부 및 해당 지방자치단체의 인터넷 홈페이지 또는 그 밖에 주민에게 정보를 전달할 수 있 |

| 도로명주소법 | 도로명주소법 시행령 | 도로명주소법 시행규칙 |
|---|---|---|
| | ⑤ 시장등은 명예도로명의 사용 기간 만료 전이라도 해당 주소정보위원회의 심의를 거쳐 명예도로명을 폐지할 수 있다.<br><br>**제22조(명예도로명 안내 시설물의 설치 및 철거)** ① 시장등은 법 제10조제2항에 따라 명예도로명을 안내하기 위한 시설물을 설치하려는 경우 법 제9조제1항에 따른 도로명판이 설치된 장소 외의 장소에 해당 시설물을 설치해야 한다.<br>② 시장등은 제21조제5항에 따라 명예도로명을 폐지하기로 결정한 경우에는 다음 각 호의 사항을 공보등에 공고하고, 공고한 날부터 20일 이내에 법 제10조제2항에 따른 시설물을 철거해야 한다.<br>　1. 폐지하려는 명예도로명<br>　2. 폐지하려는 명예도로명의 도로구간 시작지점 및 끝지점<br>　3. 폐지하려는 명예도로명의 폐지일과 폐지 사유 | 는 매체(이하 "공보등"이라 한다)에 공고하는 경우에는 같은 항 후단에 따라 별지 제4호서식의 명예도로명 부여대장에 그 공고 내용을 기록하고 관리해야 한다.<br>④ 영 제21조제4항 전단에서 "행정안전부령으로 정하는 사항"이란 다음 각 호의 사항을 말한다.<br>　1. 제2항제1호 및 제3호에 관한 사항<br>　2. 그 밖에 시장등이 필요하다고 인정하는 사항 |
| **제11조(건물번호의 부여)** ① 건물등을 신축 또는 재축하는 자는 건물등에 대한 「건축법」 제22조에 따른 사용승인(「주택법」 제49조에 따른 사용검사 등 다른 법률에 따라 「건축법」 제22조에 따른 사용승인이 의제되는 경우에는 그 사용검사 등을 말한다) 전까지 특별자치시장, 특별자치도지사 또는 시장·군수·구청장에게 건물번호 부여를 신청하여야 한다. 다만, 제2조제5호나목에 따른 건물등의 경우 그 소유자 또는 점유자임차인(무상으로 사용·수익하는 자를 포함한다. 이하 같다)은 제외한다. 이하 같다는 건물번호 부여를 신청할 수 있다.<br>② 특별자치시장, 특별자치도지사 및 시장·군수·구청장은 도로명주소가 필요한 경우에는 제1항에 따른 신청이 없는 경우에도 직권으로 건물번호를 부여할 수 있다.<br>③ 특별자치시장, 특별자치도지사 및 시장·군수·구청장은 건물번호를 부여하는 경우에는 그 사실을 고시하고, 제1항에 | **제23조(건물번호의 부여 기준)** ① 시장등은 건물등(건물군을 포함한다. 이하 이 조에서 같다)의 주된 출입구가 접하는 도로구간의 기초번호를 기준으로 건물번호를 부여한다.<br>② 시장등은 건물등마다 하나씩 건물번호를 부여한다. 다만, 다음 각 호에 해당하는 건물등에는 각 출입구에 건물번호를 부여할 수 있다.<br>　1. 법 제2조제1호나목에 해당하는 통로에 도로명이 부여된 경우로서 건물등 또는 시설물의 내부에서 벽체 등 물리적인 경계로 구분되는 공간인 경우<br>　2. 하나의 건물등의 내부에서 서로 연결되지 않는 둘 이상의 출입구가 있는 경우<br>　3. 하나의 건물등에서 층 또는 호(戶)의 출입구가 각각 다른 경우<br>　4. 그 밖에 시장등이 필요하다고 인정하는 경우 | **제20조(건물번호 부여·변경의 세부기준)** 영 제23조 및 제25조에 따른 건물번호의 부여·변경에 필요한 세부기준은 다음 각 호와 같다.<br>　1. 둘 이상의 법 제2조제5호 각 목의 건축물 또는 구조물(이하 "건물등"이라 한다)이 하나의 기초번호에 포함되는 경우 : 해당 도로구간의 시작지점에서 끝지점 방향으로 건물등의 주된 출입구의 순서에 따라 두 번째 건물등부터 가지번호를 붙여 건물번호를 부여·변경할 것. 다만, 이미 건물번호가 부여된 건물등이 분리 또는 통합되거나 주된 출입구의 위치가 변경되는 경우에는 해당 소유자·점유자와 협의하여 다르게 부여·변경할 수 있다.<br>　2. 둘 이상의 건물등이 각각 다른 기초번호에 포함되나 각 건축물의 주된 출입구가 하나의 기초번호에 포함되는 경우 : 해당 건축물이 포함되는 기초번호를 건물번호로 |

| 도로명주소법 | 도로명주소법 시행령 | 도로명주소법 시행규칙 |
|---|---|---|
| 따른 신청인 또는 제2항에 따른 건물등의 소유자 · 점유자 및 임차인에게 고지하며, 제19조제2항에 따른 공공기관 중 대통령령으로 정하는 공공기관의 장에게 통보하여야 한다.<br>④ 제1항부터 제3항까지의 규정에 따른 건물번호의 부여 기준 · 절차 · 방법 및 그 밖에 필요한 사항은 대통령령으로 정한다. | ③ 시장등은 제1항 및 제2항에도 불구하고 건물번호가 부여된 건물군(공동주택은 제외한다) 안 도로에 도로명을 부여한 경우에는 개별 건물등에 건물번호를 부여할 수 있다.<br><br>**제24조(건물번호의 부여 절차)** 시장등은 법 제11조제1항에 따라 건물번호의 부여 신청을 받은 경우에는 그 신청을 받은 날부터 14일 이내에 제23조의 기준에 따라 건물번호를 부여해야 한다. | 부여 · 변경할 것<br>3. 건물등의 출입구가 둘 이상의 도로에 접해 있는 경우 : 다음 각 목의 구분에 따른 기초번호를 건물번호로 부여 · 변경할 것. 다만, 해당 소유자 · 점유자가 원하는 경우에는 다르게 부여 · 변경할 수 있다.<br>　가. 대로 · 로 · 길에 접한 경우에는 대로 · 로 · 길의 순서에 따른 기초번호<br>　나. 도로의 폭이 넓은 도로의 기초번호<br>　다. 교통량이 많은 도로의 기초번호<br>4. 도로 · 하천 등의 위에 설치된 건물등은 주된 출입구가 인접한 진행방향의 기초번호를 기준으로 건물번호를 부여 · 변경할 것<br>5. 건물등이 도로의 왼쪽 또는 오른쪽이 아닌 중앙에 위치하는 경우에는 주된 출입구가 인접하는 진행방향의 기초번호에 가지번호를 붙여 건물번호를 부여할 것<br>6. 하나의 건물등이 여러 개의 기초번호에 포함되는 경우로서 건물등의 출입구가 여러 개인 경우에는 여러 개의 기초번호 중 중간에 해당하는 기초번호 또는 첫 번째 기초번호를 건물번호로 부여하거나 변경할 것<br>7. 공동주택 등이 도로(단지 내 도로는 제외한다)로 여러 개의 구역으로 나누어진 경우에는 구역별로 주된 출입구가 접한 도로의 기초번호를 건물번호로 부여 · 변경할 것<br>8. 공동주택 등에 포함된 상가 등을 별개의 건물등으로 구분해야 할 필요가 있는 경우에는 해당 상가 등을 별개의 건물등으로 보아 건물등의 주된 출입구가 접한 도로의 기초번호를 건물번호로 부여 · 변경할 것<br>9. 도로구간이 설정되어 있지 않은 도로에 있는 건물등의 경우에는 그 건물등의 진입도로와 만나는 도로구간의 기초번호를 건물번호로 부여 · 변경할 것. 다만, 건물등 |

| 도로명주소법 | 도로명주소법 시행령 | 도로명주소법 시행규칙 |
|---|---|---|
| | | 의 신축이 예상되는 지역의 경우에는 가지번호를 붙여 건물번호를 부여·변경할 수 있다.<br><br>**제21조(건물번호 및 상세주소의 표기 방법)** ① 건물번호는 숫자로 표기하며, 건물등이 지하에 있는 경우에는 건물번호 앞에 '지하'를 붙여서 표기한다.<br>② 건물번호는 '번'으로 읽되, 필요하면 가지번호를 붙일 수 있고, 주된 번호와 가지번호 사이는 '–' 표시로 연결한다. 가지번호를 붙이면 '–' 표시는 '의'로 읽고, 가지번호 뒤에 '번'을 붙여 읽는다.<br>③ 상세주소는 도로명주소대장에 등록된 동번호, 층수 또는 호수를 우선하여 표기하되, 도로명주소대장에 등록되지 않은 건물등의 경우에는 건축물대장에 등록된 동번호, 층수 또는 호수를 표기한다.<br>④ 제25조제4항에 따라 상세주소에서 층수를 생략하는 경우에는 '동', '호'의 표기를 생략하고 동번호와 호수 사이를 '–'로 연결하여 표기할 수 있다. 이 경우 '–'를 읽지 않고 '동'과 '호'가 표기된 것으로 보고 읽는다.<br>⑤ 건물번호와 상세주소를 구분하기 위하여 건물번호와 상세주소 사이에 쉼표를 넣어 표기한다.<br><br>**제22조(건물번호의 부여·변경·폐지 신청)** ① 법 제11조제1항 또는 제12조제1항·제3항에 따른 건물번호의 부여 또는 변경·폐지 신청은 별지 제5호서식의 신청서에 따른다.<br>② 법 제11조제1항 또는 제12조제1항에 따라 건물번호의 부여 또는 변경을 신청하려는 자는 시장등에게 건물번호판의 교부를 함께 신청할 수 있다.<br>③ 영 제26조제2항에서 "행정안전부령으로 정하는 사항"이란 다음 각 호의 사항을 말한다. |

| 도로명주소법 | 도로명주소법 시행령 | 도로명주소법 시행규칙 |
|---|---|---|
| | | 1. 변경 전·후의 도로명주소<br>2. 변경 사유<br>3. 변경 절차와 효력<br>4. 의견 제출의 기간 및 방법<br>5. 그 밖에 시장등이 필요하다고 인정하는 사항<br>④ 법 제16조제1항에 따른 행정구역이 결정되지 않은 지역의 건물번호 부여·변경·폐지 신청은 별지 제6호서식의 신청서에 따른다.<br><br>**제23조(건물번호의 부여 등에 대한 고시 및 고지)** ① 시장등이 법 제11조제3항에 따라 건물번호를 부여하는 경우 고시 및 고지해야 하는 사항은 다음 각 호의 구분과 같다.<br>　1. 건물번호의 부여를 고시하는 경우에는 다음 각 목의 사항<br>　　가. 부여하는 도로명주소 및 그 효력발생일<br>　　나. 그 밖에 시장등이 필요하다고 인정하는 사항<br>　2. 건물번호의 부여를 고지하는 경우에는 다음 각 목의 사항<br>　　가. 부여하는 도로명주소 및 그 효력발생일<br>　　나. 도로명과 그 부여 사유<br>　　다. 도로명주소의 관련 지번에 관한 사항<br>　　라. 도로명주소의 활용에 관한 사항<br>　　마. 그 밖에 시장등이 필요하다고 인정하는 사항<br>② 시장등이 법 제12조제5항에 따라 건물번호를 변경하는 경우 고시 및 고지해야 하는 사항은 다음 각 호의 구분과 같다.<br>　1. 건물번호의 변경을 고시하는 경우에는 다음 각 목의 사항<br>　　가. 변경 전·후의 도로명주소 및 그 효력발생일<br>　　나. 그 밖에 시장등이 필요하다고 인정하는 사항<br>　2. 건물번호의 변경을 고지하는 경우에는 다음 각 목의 사항<br>　　가. 변경 전·후의 도로명주소 및 그 효력발생일<br>　　나. 변경 사유 |

| 도로명주소법 | 도로명주소법 시행령 | 도로명주소법 시행규칙 |
|---|---|---|
| | | 다. 도로명주소 관련 지번에 관한 사항<br>라. 도로명주소의 활용에 관한 사항<br>마. 법 제20조에 따른 주소의 일괄정정 신청에 관한 사항<br>바. 그 밖에 시장등이 필요하다고 인정하는 사항<br>③ 시장등이 법 제12조제5항에 따라 건물번호를 폐지하는 경우 고시해야 하는 사항은 다음 각 호와 같다.<br>1. 폐지하는 도로명주소와 폐지일<br>2. 그 밖에 시장등이 필요하다고 인정하는 사항 |
| **제12조(건물번호의 변경 등)** ① 건물등의 소유자는 다음 각 호의 어느 하나에 해당하는 경우에는 특별자치시장, 특별자치도지사 또는 시장·군수·구청장에게 건물번호 변경을 신청할 수 있다. 다만, 제1호의 경우에는 건물번호 변경을 신청하여야 한다.<br>1. 건물등의 증축·개축 등으로 건물번호 변경이 필요한 경우<br>2. 그 밖에 주소 사용의 편의를 위하여 건물번호 변경이 필요한 경우(도로명 변경이 수반되는 경우를 포함한다)<br>② 제1항에 따라 건물번호 변경을 신청하는 경우에 해당 건물등의 소유자가 둘 이상인 경우에는 소유자 과반수의 서면 동의를 받아야 한다.<br>③ 건물등의 소유자 또는 점유자는 거주·활동의 종료 등으로 인하여 건물번호를 사용할 필요가 없어진 경우에는 특별자치시장, 특별자치도지사 또는 시장·군수·구청장에게 건물번호 폐지를 신청하여야 한다. 다만, 해당 건물등에 대한 건축물대장이 말소된 경우에는 그러하지 아니하다.<br>④ 특별자치시장, 특별자치도지사 및 시장·군수·구청장은 도로명주소 관리를 위하여 필요한 경우에는 제1항 또는 제3항에 따른 신청이 없는 경우에도 직권으로 건물번호를 변경하거나 폐지할 수 있다. | **제25조(건물번호의 변경·폐지 기준)** ① 시장등은 이미 부여된 건물번호가 주된 출입구의 변경 등에 따라 제23조의 기준에 맞지 않게 된 경우에는 건물번호를 변경해야 한다.<br>② 시장등은 건물등이 멸실된 경우에는 건물번호를 폐지해야 한다.<br><br>**제26조(건물번호의 변경·폐지 절차)** ① 시장등이 법 제12조 제1항에 따라 건물번호의 변경 신청을 받은 경우 그 변경 절차에 관하여는 제24조를 준용한다.<br>② 시장등은 법 제12조제4항에 따라 직권으로 건물번호를 변경하려는 경우에는 14일 이상의 기간을 정하여 소유자·점유자 및 임차인에게 행정안전부령으로 정하는 사항을 통보하고 건물번호의 변경에 관한 의견을 수렴해야 한다.<br>③ 시장등은 제2항에 따른 의견 제출 기간이 종료한 날부터 30일 이내에 제출된 의견을 검토하여 건물번호 변경 여부를 결정해야 한다. 이 경우 건물번호를 변경하기로 한 경우에는 행정안전부령으로 정하는 바에 따라 공보등에 고시하고, 해당 소유자·점유자 및 임차인에게 고지해야 한다.<br>④ 시장등은 건물번호를 변경하지 않기로 한 경우에는 의견 제출인(의견 제출인이 없는 경우 해당 소유자·점유자 또 | |

| 도로명주소법 | 도로명주소법 시행령 | 도로명주소법 시행규칙 |
|---|---|---|
| ⑤ 특별자치시장, 특별자치도지사 및 시장·군수·구청장은 건물번호를 변경하거나 폐지하는 경우에는 그 사실을 고시하고, 건물등의 소유자·점유자 및 임차인에게 고지하며, 제19조제2항에 따른 공공기관 중 대통령령으로 정하는 공공기관의 장에게 통보하여야 한다.<br>⑥ 제1항부터 제5항까지의 규정에 따른 건물번호의 변경과 폐지의 기준·절차·방법 및 그 밖에 필요한 사항은 대통령령으로 정한다. | 는 임차인을 말한다)에게 그 사실을 통보해야 한다.<br>⑤ 시장등은 법 제12조제3항 전단에 따른 신청을 받았거나 같은 조 제4항에 따라 필요하다고 인정하는 경우에는 건물번호가 부여된 건물등(건물군을 포함한다)의 멸실(건축물대장에 등록된 건물등의 경우에는 해당 건축물대장의 말소를 말한다)을 확인해야 한다.<br>⑥ 시장등은 제5항에 따른 확인을 한 날부터 14일 이내에 그 확인한 날(건축물대장에 등록된 건물등의 경우에는 해당 건축물대장이 말소된 날을 말한다)을 폐지일로 하여 폐지하고, 그 사실을 행정안전부령으로 정하는 바에 따라 공보 등에 고시해야 한다.<br>⑦ 시장등은 법 제8조제5항에 따른 도로명등의 변경으로 도로명주소가 변경되는 경우 행정안전부령으로 정하는 사항을 공보등에 고시하고, 해당 도로명주소사용자에게 고지해야 한다. | |
| **제13조(건물번호판의 설치 및 관리)** ① 건물등의 소유자 또는 점유자는 제11조제3항 또는 제12조제5항에 따라 특별자치시장, 특별자치도지사 또는 시장·군수·구청장으로부터 건물번호를 부여받거나 건물번호가 변경된 경우에는 건물번호판을 해당 특별자치시장, 특별자치도지사 또는 시장·군수·구청장으로부터 교부받거나 직접 제작하여 지체 없이 설치하여야 한다. 이 경우 비용은 해당 건물등의 소유자 또는 점유자가 부담한다.<br>② 건물등의 소유자 또는 점유자는 제1항에 따라 설치된 건물번호판을 관리하여야 하며, 건물번호판이 훼손되거나 없어졌을 때에는 해당 특별자치시장, 특별자치도지사 또는 시장·군수·구청장으로부터 재교부받거나 직접 제작하여 다시 설치하여야 한다. 이 경우 비용은 해당 건물등의 | | **제24조(건물번호판의 교부 신청 등)** ① 법 제13조제1항에 따라 직접 제작하는 건물번호판(이하 "자율형건물번호판"이라 한다)을 설치하려는 자는 별지 제7호서식의 자율형건물번호판 설치 신청서에 크기, 모양, 재질, 부착 위치 등이 표기된 설치계획 도면을 첨부하여 시장등에게 제출해야 한다. 다만, 「건축법」 제2조제1항제14호에 따른 설계도서에 자율형건물번호판의 크기, 모양, 재질, 부착 위치 등을 반영하여 건물등의 신축·증축 등에 관한 인허가를 신청 및 신고하는 경우에는 자율형건물번호판 설치 신청서 및 건물번호판 설치계획 도면의 제출을 생략할 수 있다.<br>② 시장등은 제1항 본문에 따른 자율형건물번호판 설치 신청서를 제출받은 경우에는 제출받은 날부터 7일 이내에 검토 결과를 신청인에게 통보해야 한다. |

| 도로명주소법 | 도로명주소법 시행령 | 도로명주소법 시행규칙 |
|---|---|---|
| 소유자 또는 점유자가 부담한다.<br>③ 제2항 후단에도 불구하고 특별자치시장, 특별자치도지사 또는 시장·군수·구청장은 건물번호판이 훼손되거나 없어진 것에 대하여 건물등의 소유자 또는 점유자의 귀책사유가 없는 경우로서 건물등의 소유자 또는 점유자가 재교부 신청을 한 경우에는 건물번호판을 무상으로 재교부하여야 한다.<br>④ 제1항부터 제3항까지의 규정에 따른 건물번호판의 교부·재교부 신청 절차, 설치장소와 규격 및 그 밖에 필요한 사항은 행정안전부령으로 정한다. | | ③ 건물등의 소유자 또는 점유자는 법 제13조제2항 또는 제3항에 따라 건물번호판의 재교부를 신청하려는 경우 별지 제8호서식의 건물번호판 재교부 신청서를 시장등에게 제출해야 한다.<br>④ 시장등은 제22조제2항 및 이 조 제3항에 따른 신청을 받은 경우 다음 각 호의 날을 기준으로 10일 이내에 건물번호판을 교부해야 한다.<br>  1. 제22조제2항에 따른 신청을 받은 경우 : 건물번호의 부여 또는 변경을 고지하는 날<br>  2. 제3항에 따른 신청을 받은 경우 : 건물번호판의 재교부를 신청한 날<br>⑤ 시장등은 제4항에 따라 건물번호판을 교부 또는 재교부하는 경우 별지 제9호서식의 건물번호판 (재)교부대장에 이를 기록하고 관리해야 한다.<br>⑥ 시장등이 교부하거나 재교부하는 건물번호판 제작 비용의 산정 및 징수에 관한 사항은 해당 지방자치단체의 조례로 정한다. |
| **제14조(상세주소의 부여 등)** ① 「주택법」 제2조제3호에 따른 공동주택이 아닌 건물등 및 같은 조 제19호에 따른 세대구분형 공동주택의 소유자는 해당 건물등을 구분하여 임대하고 있거나 임대하려는 경우 또는 임차인이 상세주소의 부여 또는 변경을 요청하는 경우에는 특별자치시장, 특별자치도지사 또는 시장·군수·구청장에게 상세주소의 부여 또는 변경을 신청할 수 있다.<br>② 「주택법」 제2조제3호에 따른 공동주택이 아닌 건물등 및 같은 조 제19호에 따른 세대구분형 공동주택의 임차인은 다음 각 호의 어느 하나에 해당하는 경우에는 특별자치시장, 특별자치도지사 또는 시장·군수·구청장에게 상세주 | **제27조(상세주소의 부여·변경·폐지 기준 등)** ① 법 제14조제1항에 따라 상세주소를 부여하려는 경우 다음 각 호의 구분에 따라 상세주소를 부여·변경한다.<br>  1. 다음 각 목의 구분에 따라 상세주소를 부여·변경할 것<br>    가. 동 : 지상으로 돌출된 형태로 구분되는 단위의 건물등<br>    나. 층 : 천장 및 바닥면으로 구획된 공간으로서 두 개의 바닥면(유사한 높이에 있는 바닥면을 말한다. 이하 같다) 사이의 공간 또는 지붕과 바닥면 사이의 공간<br>    다. 호 : 하나의 층에서 물리적인 경계로 구분되는 공간<br>  2. 「주택법」 제2조제3호에 따른 공동주택이 아닌 건물등의 경우에는 제1호 각 목의 사항과 다음 각 목의 구분에 | **제25조(상세주소 부여·변경의 세부기준)** ① 상세주소의 동번호, 층수 및 호수의 부여·변경 기준은 다음 각 호와 같다.<br>  1. 동번호 : 숫자를 일련번호로 사용하거나 한글을 사용할 것<br>  2. 층수 : 지표면을 기준으로 지상은 윗방향으로 1부터 일련번호를 부여하고, 지하는 아랫방향으로 1부터 일련번호를 부여하되 일련번호 앞에 '지하'를 붙일 것. 다만, 층수를 생략하고 층수의 의미를 호수에 포함시키려는 경우에는 층수를 나타내는 숫자로 호수가 시작하도록 호수를 부여한다.<br>  3. 호수 : 숫자를 순차적으로 사용할 것. 다만, 하나였던 호를 둘 이상의 호로 나누거나 둘 이상의 호를 하나의 호로 |

| 도로명주소법 | 도로명주소법 시행령 | 도로명주소법 시행규칙 |
|---|---|---|
| 소의 부여 또는 변경을 신청할 수 있다.<br>1. 제1항에 따라 건물등의 소유자에게 상세주소의 부여 또는 변경을 요청한 경우로서 요청한 날부터 14일이 지났음에도 불구하고 소유자가 특별자치시장, 특별자치도지사 또는 시장 · 군수 · 구청장에게 상세주소의 부여 또는 변경을 신청하지 아니한 경우<br>2. 건물등의 소유자가 임차인이 직접 특별자치시장, 특별자치도지사 또는 시장 · 군수 · 구청장에게 상세주소 부여 또는 변경을 신청하는 것에 동의한 경우<br>③ 특별자치시장, 특별자치도지사 및 시장 · 군수 · 구청장은 도로명주소 사용의 편의를 위하여 필요한 경우에는 제1항 및 제2항에 따른 신청이 없는 경우에도 해당 건물등의 소유자 및 임차인의 의견 수렴 및 이의신청 등의 절차를 거쳐 상세주소를 부여하거나 변경할 수 있다.<br>④ 「주택법」 제2조제3호에 따른 공동주택이 아닌 건물등 및 같은 조 제19호에 따른 세대구분형 공동주택의 소유자는 해당 건물등을 더 이상 임대하지 아니하는 등 상세주소를 사용하지 아니하게 된 경우에는 특별자치시장, 특별자치도지사 또는 시장 · 군수 · 구청장에게 그 상세주소의 변경 또는 폐지를 신청할 수 있다.<br>⑤ 특별자치시장, 특별자치도지사 및 시장 · 군수 · 구청장은 제1항부터 제4항까지의 규정에 따라 상세주소를 부여 · 변경 또는 폐지하는 경우에는 해당 건물등의 소유자 및 임차인에게 고지하여야 한다.<br>⑥ 제1항부터 제5항까지의 규정에 따른 상세주소 부여 · 변경 · 폐지의 기준, 절차 및 그 밖에 필요한 사항은 대통령령으로 정한다. | 따라 상세주소를 부여 · 변경할 것<br>　가. 하나의 건물번호가 부여되어 있으나 동이 다른 경우에는 각각의 건물마다 동번호를 부여 · 변경할 것<br>　나. 외벽에 출입구가 별도로 있는 경우에는 층수 또는 호수를 부여 · 변경할 것<br>　다. 내부에 복도나 계단 등을 통한 출입구가 별도로 있는 경우에는 층수 또는 호수를 부여 · 변경할 것<br>② 시장등은 다음 각 호의 어느 하나에 해당하는 경우에는 상세주소를 폐지한다.<br>1. 건물번호가 폐지된 경우<br>2. 개축, 재축, 대수선 등으로 인하여 상세주소가 부여된 동 · 층 · 호가 멸실된 경우<br>3. 상세주소가 부여된 건물등을 임대하지 않는 등 상세주소를 사용할 필요성이 없는 경우<br><br>**제28조(신청에 따른 상세주소의 부여 · 변경 또는 폐지 절차)**<br>① 시장등은 법 제14조제1항 · 제2항 또는 제4항에 따른 상세주소의 부여 · 변경 또는 폐지 신청을 받은 경우에는 신청을 받은 날부터 14일 이내에 행정안전부령으로 정하는 사항을 확인하여 상세주소를 부여 · 변경 또는 폐지하고, 다음 각 호의 구분에 따른 자에게 행정안전부령으로 정하는 바에 따라 고지해야 한다.<br>1. 소유자가 신청한 경우 : 소유자(임차인이 있는 경우에는 임차인을 포함한다. 이하 같다)<br>2. 임차인이 신청한 경우 : 해당 임차인과 건물등의 소유자<br>3. 법 제17조 각 호의 어느 하나에 해당하는 자가 신청한 경우 : 신청인과 임차인<br>② 제1항에 따른 상세주소의 부여 · 변경 · 폐지에 관한 신청 방법 등은 행정안전부령으로 정한다. | 합치는 경우에는 다음 각 목의 구분에 따라 호수를 부여한다.<br>　가. 하나의 호를 둘 이상의 호로 나누는 경우 : 한글의 '가나다라'를 순차적으로 붙일 것<br>　나. 둘 이상의 호를 하나의 호로 합치는 경우 : 둘 이상의 호수 중 가장 낮은 호수(호수가 '가나다라'의 순서로 붙어 있는 경우에는 가장 빠른 호수로 한다)를 붙일 것. 다만, 건물등의 소유자가 주민등록표 등 관련 공문서에 등록되어 있는 호수대로 부여하기를 원하는 경우에는 해당 공문서에 적힌 내용에 따른다.<br>② 영 제3조제2항제6호에 따른 건물군(이하 "건물군"이라 한다)에 속한 건물등의 순서를 구분할 필요가 있는 경우는 동번호에 숫자를 순차적으로 부여한다. 다만, 건물등의 순서를 구분할 필요가 없는 경우에는 동번호를 한글로 부여할 수 있다.<br>③ 제1항에 따라 상세주소를 부여하거나 변경하려는 경우에는 동 · 층 · 호의 이동경로를 설정하고 이동경로를 따라 일정한 간격으로 번호를 나누어 부여 · 변경할 수 있다. 이 경우 번호 부여의 방법은 다음 각 호와 같다.<br>1. 출입구의 진입방향부터 순차성이 있도록 번호를 부여할 것<br>2. 출입구부터 시계반대방향으로 순차성이 있도록 번호를 부여할 것<br>3. 제1호 또는 제2호를 적용할 수 없는 경우에는 각 번호 간의 순차성이 유지되도록 부여할 것<br>④ 상세주소를 부여 · 변경하거나 표기하는 경우 다음 각 호의 구분에 따라 그 일부를 생략할 수 있다.<br>1. 건물번호로 동이 구분되는 경우 : 동번호<br>2. 호수에 층수의 의미가 포함된 경우 : 층수<br>3. 주거를 목적으로 하는 건물등에서 호수가 중복되지 않 |

| 도로명주소법 | 도로명주소법 시행령 | 도로명주소법 시행규칙 |
|---|---|---|
| | | 는 경우 : 층수<br>4. 지하가 한 층인 경우 : 층수에 포함된 숫자<br><br>**제26조(상세주소 부여·변경·폐지의 신청 등)** ① 법 제14조 제1항·제2항 및 제4항에 따른 상세주소의 부여·변경·폐지 신청은 별지 제10호서식의 신청서에 따른다.<br>② 영 제28조제1항 각 호 외의 부분에서 "행정안전부령으로 정하는 사항"이란 다음 각 호의 사항을 말한다.<br>　1. 건축물대장에 상세주소가 등록되었는지 여부<br>　2. 영 제27조 및 이 규칙 제25조에 따른 상세주소의 부여·변경·폐지 기준 및 세부기준<br>　3. 상세주소를 부여·변경·폐지하려는 건물등의 임대에 관한 사항<br>　4. 상세주소를 부여·변경하려는 동·층·호의 해당 출입구<br>　5. 소유자의 동의 여부(임차인이 신청하는 경우로 한정한다)<br>③ 법 제16조제1항 각 호의 구분에 따른 행정구역이 결정되지 않은 지역의 상세주소 부여·변경·폐지 신청은 별지 제11호서식의 신청서에 따른다. |
| | **제29조(직권에 의한 상세주소의 부여·변경 절차)** ① 시장등은 법 제14조제3항에 따라 직권으로 상세주소를 부여·변경하려는 경우 해당 건물등의 소유자 및 임차인에게 14일 이상의 기간을 정하여 행정안전부령으로 정하는 사항을 통보하고, 상세주소 부여·변경에 관한 의견을 수렴해야 한다.<br>② 시장등은 제1항에 따른 의견 제출 기간에 제출된 의견이 있는 경우에는 그 기간이 지난 날부터 10일 이내에 제출된 의견에 대한 검토 결과를 의견을 제출한 자에게 통보하고, 14일 이상의 기간을 정하여 이의신청의 기회를 주어야 한다. | **제27조(직권에 의한 상세주소의 부여·변경 절차 등)** ① 영 제29조제1항에서 "행정안전부령으로 정하는 사항"이란 다음 각 호의 사항을 말한다.<br>　1. 제25조제1항에 관한 사항<br>　2. 상세주소의 부여·변경 절차<br>　3. 의견 제출의 기간 및 방법<br>　4. 그 밖에 시장등이 필요하다고 인정하는 사항<br>② 시장등이 상세주소를 부여·변경·폐지하는 경우 고지할 사항은 다음 각 호의 구분과 같다. |

| 도로명주소법 | 도로명주소법 시행령 | 도로명주소법 시행규칙 |
|---|---|---|
| | ③ 시장등은 제2항에 따른 이의신청 기간에 제출된 이의가 있는 경우에는 그 기간이 경과한 날부터 30일 이내에 해당 주소정보위원회의 심의를 거쳐 상세주소를 부여·변경하고, 행정안전부령으로 정하는 바에 따라 고지해야 한다. 다만, 주소정보위원회 심의 결과 상세주소를 부여·변경하지 않기로 한 경우에는 해당 건물등의 소유자에게 그 사실을 통보해야 한다.<br>④ 시장등은 제1항 및 제2항에 따른 의견이나 이의가 없는 경우에는 의견 제출 및 이의신청 제출 기간이 종료한 날부터 10일 이내에 상세주소를 부여·변경하고, 행정안전부령으로 정하는 바에 따라 건물등의 소유자에게 고지해야 한다. | 1. 상세주소를 부여하는 경우에는 다음 각 목의 사항<br>　가. 상세주소를 포함하는 해당 건물등의 도로명주소<br>　나. 상세주소 적용 범위와 해당 출입구<br>　다. 상세주소의 부여일(도로명주소대장에 등록한 날을 말한다)<br>　라. 상세주소판의 부착 또는 표기에 관한 사항<br>　마. 법 제20조에 따른 주소의 일괄정정에 관한 사항<br>　바. 그 밖에 시장등이 필요하다고 인정하는 사항<br>2. 상세주소를 변경하는 경우에는 다음 각 목의 사항<br>　가. 상세주소를 포함하는 변경 전·후의 도로명주소<br>　나. 변경 전·후 상세주소 적용 범위와 해당 출입구<br>　다. 상세주소의 변경일(도로명주소대장에 등록한 날을 말한다)<br>　라. 상세주소판의 교체 또는 표기에 관한 사항<br>　마. 법 제20조 및 제21조에 따른 주소의 일괄정정·등기 촉탁에 관한 사항<br>　바. 그 밖에 시장등이 필요하다고 인정하는 사항<br>3. 상세주소를 폐지하는 경우에는 다음 각 목의 사항<br>　가. 상세주소의 폐지일<br>　나. 상세주소 폐지 전·후의 도로명주소<br>　다. 상세주소판의 철거에 관한 사항<br>　라. 법 제20조 및 제21조에 따른 주소의 일괄정정·등기 촉탁에 관한 사항<br>　마. 그 밖에 시장등이 필요하다고 인정하는 사항 |
| **제15조(상세주소의 표기)** ① 제14조제5항에 따른 고지를 받거나 제2항에 따라 상세주소판을 교부받은 건물등의 소유자 또는 임차인은 상세주소판을 설치하거나 상세주소의 표기를 하여야 한다. | | **제28조(상세주소판 등의 교부 및 설치 등)** ① 법 제15조제1항에 따른 상세주소판의 설치 또는 상세주소의 표기는 해당 출입문 또는 출입구에 해야 한다.<br>② 시장등은 법 제15조제2항에 따라 상세주소판을 교부하려 |

| 도로명주소법 | 도로명주소법 시행령 | 도로명주소법 시행규칙 |
|---|---|---|
| ② 특별자치시장, 특별자치도지사 및 시장·군수·구청장은 제14조제3항에 따라 직권으로 상세주소를 부여하거나 변경한 경우에는 해당 건물등의 소유자 또는 임차인에게 상세주소판을 교부하여야 한다.<br>③ 제1항 및 제2항에 따른 상세주소판의 설치 장소, 상세주소의 표기 방법 및 그 밖에 필요한 사항은 행정안전부령으로 정한다. | | 는 경우에는 상세주소를 고지한 날부터 10일 이내에 상세주소판을 교부해야 한다. 이 경우 상세주소판을 교부받은 소유자 또는 임차인은 제1항의 위치에 상세주소판을 설치해야 한다. |
| **제16조(행정구역이 결정되지 아니한 지역의 도로명주소 부여)** ① 행정구역이 결정되지 아니한 지역의 도로명주소가 필요한 자는 다음 각 호의 구분에 따라 행정안전부장관 또는 특별시장·광역시장·도지사에게 도로명, 건물번호 또는 상세주소의 부여를 신청할 수 있다.<br>1. 시·도가 결정되지 아니한 경우 : 행정안전부장관<br>2. 시·군·자치구가 결정되지 아니한 경우 : 특별시장, 광역시장 또는 도지사<br>② 제1항의 신청에 따른 도로명, 건물번호 또는 상세주소의 부여에 관하여는 제7조제5항부터 제7항까지, 제11조제3항·제4항, 제13조, 제14조제5항·제6항 및 제15조제1항·제3항을 준용한다. | **제34조(행정구역이 결정되지 않은 지역에 대한 국가기초구역 등의 설정 및 부여 기준)** ① 행정안전부장관, 특별시장·광역시장·도지사는 시·군·구의 행정구역이 결정되지 않은 지역에 법 제16조제2항에 따른 도로명주소를 부여하려는 경우 국가기초구역 및 국가기초구역번호(이하 "국가기초구역등"이라 한다)를 함께 설정 및 부여할 수 있다. 이 경우 행정안전부장관, 특별시장·광역시장·도지사는 제33조제3항에 따른 예비국가기초구역번호를 국가기초구역번호로 부여한다.<br>② 행정안전부장관, 특별시장·광역시장·도지사는 제1항에 따라 국가기초구역등을 설정 및 부여하기 위하여 필요한 경우에는 해당 사업지역 관리청의 장에게 다음 각 호의 자료 제출을 요청할 수 있다.<br>1. 토지의 이용 및 개발에 관한 사항<br>2. 해당 지역의 용도지역·용도지구·용도구역에 관한 사항<br>3. 단계별 사업추진 계획에 관한 사항<br>4. 인구의 수용 계획에 관한 사항<br>5. 그 밖에 행정안전부장관, 특별시장·광역시장·도지사가 필요하다고 인정하는 사항 | |
| **제17조(사업시행자 등의 도로명 부여 등 신청)** 다음 각 호의 어느 하나에 해당하는 자는 제7조제3항, 제8조제2항, 제11조제1항, 제12조제1항 및 제14조제1항에 따른 신청을 소유자를 | | |

| 도로명주소법 | 도로명주소법 시행령 | 도로명주소법 시행규칙 |
|---|---|---|
| 대리하여 할 수 있다.<br>1. 공공사업 등에 따라 도로를 개설하거나 건물등을 신축하는 경우 : 해당 사업의 사업시행자<br>2. 「집합건물의 소유 및 관리에 관한 법률」에 따른 구분소유 건물인 경우 : 구분소유자가 선임한 관리인(관리인이 없는 경우에는 구분소유자가 선임한 대표자를 말한다)<br>3. 건물등을 신축 · 증축 · 개축 또는 재축하는 경우 : 「건축법」 제5조제1항에 따른 건축관계자 | | |
| **제18조(도로명주소대장)** ① 특별자치시장, 특별자치도지사 및 시장 · 군수 · 구청장은 도로명주소에 관한 사항을 체계적으로 관리하기 위하여 도로명주소대장을 작성 · 관리하여야 한다.<br>② 제1항에 따른 도로명주소대장의 서식, 기재 내용 · 방법 · 절차 및 그 밖에 필요한 사항은 행정안전부령으로 정한다. | | **제29조(도로명주소대장의 구분 등)** ① 법 제18조제1항에 따른 도로명주소대장(이하 "도로명주소대장"이라 한다)은 다음 각 호에 따라 구분하여 작성 · 관리해야 한다.<br>1. 도로구간 단위로 작성 · 관리하는 경우 : 별지 제12호서식의 도로명주소 총괄대장(이하 "총괄대장"이라 한다)<br>2. 건물번호 단위로 작성 · 관리하는 경우 : 별지 제13호서식의 도로명주소 개별대장(이하 "개별대장"이라 한다)<br>② 시장등은 도로명주소를 폐지하는 경우 별지 제14호서식의 도로명주소 폐지대장에 이를 기록 · 관리해야 한다.<br><br>**제30조(총괄대장 및 개별대장의 내용)** ① 총괄대장은 다음 각 호의 내용을 포함해야 한다.<br>1. 도로명관할구역 및 도로명<br>2. 도로구간의 시작지점 및 끝지점의 기초번호 및 기초간격<br>3. 별표에 따른 도로명주소의 변경 사유 및 해당 코드번호<br>4. 도로구간의 현황도<br>5. 동일도로명 현황 및 도로명판 설치현황<br>② 개별대장은 다음 각 호의 내용을 포함해야 한다.<br>1. 건물등관할구역<br>2. 도로명과 건물번호 |

| 도로명주소법 | 도로명주소법 시행령 | 도로명주소법 시행규칙 |
|---|---|---|
| | | 3. 별표에 따른 도로명주소의 변경 사유 및 해당 코드번호<br>4. 건물등의 현황도<br>5. 관련 지번 및 건물군 현황<br>6. 상세주소의 동·층·호별 현황<br><br>**제31조(도로명주소대장의 작성 방법)** ① 총괄대장은 하나의 도로구간을 단위로 하여 도로구간마다 작성하고, 해당 도로구간에 종속구간이 있는 경우 그 종속구간은 주된구간의 총괄대장에 포함하여 작성해야 한다.<br>② 개별대장은 하나의 건물번호를 단위로 하여 건물번호마다 작성해야 한다.<br>③ 시장등은 총괄대장을 먼저 작성하고, 작성한 총괄대장을 근거로 개별대장을 작성해야 한다.<br>④ 총괄대장의 고유번호는 행정안전부장관이 부여·관리하고, 개별대장의 고유번호는 시장등이 부여·관리한다.<br>⑤ 시장등은 관할구역에 주된구간이 없고 종속구간만 있어 총괄대장을 작성할 수 없는 경우에는 주된구간을 관할하는 시장등이 작성한 총괄대장을 근거로 개별대장을 작성해야 한다. 이 경우 해당 주된구간의 총괄대장을 작성·관리하는 시장등에게 그 종속구간이 주된구간의 총괄대장에 포함되도록 요청해야 한다.<br>⑥ 제5항에 따른 요청을 받은 시장등은 주된구간의 총괄대장에 종속구간에 관한 사항을 기록한 후 그 결과를 요청한 시장등에게 통보해야 한다.<br>⑦ 제5항 및 제6항에도 불구하고 주된구간에 대한 총괄대장의 작성·관리 주체에 대하여 이견이 있는 경우에는 다음 각 호의 자가 결정한다.<br>1. 해당 주된구간 및 종속구간이 동일한 특별시·광역시 또는 도의 관할구역에 속하는 경우 : 관할 특별시장·광역 |

| 도로명주소법 | 도로명주소법 시행령 | 도로명주소법 시행규칙 |
|---|---|---|
| | | 시장 또는 도지사<br>2. 해당 주된구간 및 종속구간이 각각 다른 시·도의 관할 구역에 속하는 경우 : 행정안전부장관<br>⑧ 도로명주소대장을 말소(도로구간 또는 도로명주소의 폐지로 인하여 해당 도로명주소대장을 폐지하는 것을 말한다. 이하 같다)하는 경우에는 도로명주소대장 앞면의 제목 오른쪽에 빨간색 글씨로 '폐지'라고 기재해야 한다.<br>⑨ 시장등은 제8항에 따라 도로명주소대장을 말소한 경우에는 별지 제14호서식의 도로명주소 폐지대장에 해당 내용을 작성해야 한다.<br><br>**제32조(총괄대장의 변경·말소)** ① 시장등은 다음 각 호의 어느 하나에 해당하는 경우에는 그 고시한 날(행정구역의 변경에 따라 총괄대장을 변경하는 경우에는 그 행정구역의 변경일로 한다)을 기준으로 지체 없이 총괄대장을 변경해야 한다.<br>　1. 다른 도로구간과의 합병으로 도로구간을 변경하고 이를 고시한 경우<br>　2. 도로구간의 일부가 폐지되어 이를 고시한 경우<br>　3. 제1호와 제2호 외의 사유로 도로구간을 변경하고 이를 고시한 경우<br>　4. 기초번호가 변경되어 이를 고시한 경우<br>　5. 도로명이 변경되어 이를 고시한 경우<br>　6. 도로명관할구역이 변경된 경우<br>　7. 제1호부터 제6호까지 외의 사유로 인하여 총괄대장의 기재사항을 변경하는 경우<br>② 시장등은 다음 각 호에 해당하는 경우에는 그 도로구간의 폐지(변경된 도로명주소의 효력발생일을 포함한다)를 고시한 날을 기준으로 지체 없이 총괄대장을 말소해야 한다. 이 경우 총괄대장이 말소되면 개별대장은 모두 말소된 것으 |

| 도로명주소법 | 도로명주소법 시행령 | 도로명주소법 시행규칙 |
|---|---|---|
| | | 로 본다.<br>1. 도로구간이 폐지된 경우<br>2. 특정 도로구간이 다른 도로구간과 합병된 경우<br>③ 시장등은 둘 이상의 시·도 또는 시·군·구에 걸쳐 있는 도로구간이 폐지됨에 따라 해당 총괄대장을 말소하려는 경우 폐지되는 도로구간에 걸쳐 있는 시·군·구를 관할하는 시장등에게 그 사실을 알려야 한다.<br><br>**제33조(개별대장의 변경·말소)** ① 시장등은 다음 각 호의 어느 하나에 해당하는 경우에는 그 고시한 날(행정구역의 변경에 따라 개별대장을 변경하는 경우에는 그 행정구역의 변경일로 하고, 상세주소의 부여·변경·폐지에 따라 개별대장을 변경하는 경우에는 그 상세주소의 부여·변경·폐지일로 한다)을 기준으로 지체 없이 개별대장을 변경해야 한다.<br>1. 제32조제1항제1호부터 제4호까지의 사유로 건물번호를 변경하고 이를 고시한 경우<br>2. 건물등의 주된 출입구의 변경으로 건물번호를 변경하고 이를 고시한 경우<br>3. 도로명이 변경되어 이를 고시한 경우<br>4. 건물등관할구역이 변경된 경우<br>5. 제1호부터 제4호까지 외의 사유로 개별대장의 기재사항을 변경하는 경우<br>② 시장등은 건물번호가 폐지되는 경우에는 그 폐지를 고시한 날을 기준으로 지체 없이 개별대장을 말소해야 한다.<br><br>**제34조(도로명주소대장의 정정)** ① 시장등은 도로명주소대장의 기재내용에 잘못이 있음을 발견한 경우에는 사실관계를 확인한 후 이를 정정해야 한다.<br>② 도로명주소대장의 기재내용에 잘못이 있음을 확인한 자는 |

| 도로명주소법 | 도로명주소법 시행령 | 도로명주소법 시행규칙 |
|---|---|---|
| | | 시장등에게 도로명주소대장의 정정을 신청할 수 있다. 이 경우 신청인은 별지 제15호서식의 도로명주소 기재내용 총괄대장 · 개별대장 정정 신청서에 도로명주소대장의 기재 내용 중 정정할 내용을 증명할 수 있는 서류를 첨부하여 시장등에게 제출해야 한다.<br>③ 시장등은 제2항에 따른 신청을 받은 경우에는 신청 내용이 실제 현황과 일치하는지를 확인한 후 도로명주소대장을 정정해야 한다.<br>④ 시장등은 제3항에 따라 도로명주소대장을 정정한 경우에는 신청을 받은 날부터 10일 이내에 그 결과를 신청인에게 통보해야 한다.<br><br>**제35조(도로명주소대장 등본의 발급 및 열람)** ① 도로명주소 대장 등본(이하 "등본"이라 한다)을 발급받으려거나 열람하려면 별지 제16호서식의 도로명주소대장 등본발급 · 열람 신청서를 시장등에게 제출해야 한다.<br>② 시장등은 제1항에 따른 신청인에게 등본을 발급하거나 열람할 수 있도록 해야 한다. 이 경우 신청한 도로명주소대장이 말소된 경우에는 신청인이 그 말소 사실을 확인할 수 있도록 '폐지'라고 기재하여 등본을 발급하거나 열람할 수 있도록 해야 한다.<br>③ 제1항에 따른 신청인은 다음 각 호에 따른 수수료를 납부해야 한다. 다만, 국가 또는 지방자치단체가 등본의 발급 또는 열람을 신청하는 경우에는 그 수수료를 무료로 할 수 있다.<br>　1. 등본을 발급받으려는 경우 : 1건당 500원. 이 경우 출력물이 1건당 20장을 초과하면 장당 50원을 가산한다.<br>　2. 등본을 열람하려는 경우 : 1건당 300원<br>④ 시장등은 제3항에도 불구하고 정보통신망을 통하여 등본을 발급받거나 열람하는 경우에는 수수료를 무료로 할 수 있다. |

| 도로명주소법 | 도로명주소법 시행령 | 도로명주소법 시행규칙 |
|---|---|---|
| 제19조(도로명주소의 사용 등) ① 공법관계에서의 주소는 도로명주소로 한다.<br>② 공공기관(국가기관, 지방자치단체, 「공공기관의 운영에 관한 법률」에 따른 공공기관, 「지방공기업법」에 따른 지방공기업 및 그 밖에 대통령령으로 정하는 기관을 말한다. 이하 같다)의 장은 다음 각 호의 표기 및 위치 안내를 할 때에는 도로명주소를 사용하여야 한다. 다만, 도로명주소가 없는 경우에는 그러하지 아니하다.<br>  1. 가족관계등록부, 주민등록표 및 건축물대장 등 각종 공부상의 등록기준지 또는 주소의 표기<br>  2. 각종 인허가 등 행정처분 시 주소 표기<br>  3. 공공기관의 주소 표기<br>  4. 공문서 발송 시 주소 표기<br>  5. 위치안내표시판의 주소 표기 및 위치 안내<br>  6. 인터넷 홈페이지의 주소 표기 및 위치 안내<br>  7. 그 밖에 주소 표기 및 위치 안내와 관련된 사항<br>③ 공공기관의 장은 제2항 각 호 외의 부분 단서에 해당하는 경우에는 특별자치시장, 특별자치도지사 또는 시장·군수·구청장에게 그 사실을 통지하여야 한다.<br>④ 행정안전부장관, 시·도지사 및 시장·군수·구청장은 공공기관의 장이 갖추어 두거나 관리하고 있는 각종 공부상의 주소를 도로명주소가 있음에도 불구하고 도로명주소로 표기하지 아니한 경우에는 도로명주소로 표기할 것을 해당 공공기관의 장에게 요청할 수 있다. 이 경우 요청받은 공공기관의 장은 특별한 사유가 없으면 지체 없이 도로명주소로 표기하여야 한다.<br>⑤ 공공기관이 아닌 자는 그가 보유하고 있는 자료 중 도로명주소로 표기하지 아니한 주소를 도로명주소로 표기를 변경하는 경우에는 해당 건물등의 소유자·점유자·임차인의 동 | 제30조(도로명주소의 사용) 법 제19조제2항 각 호 외의 부분 본문에서 "대통령령으로 정하는 기관"이란 다음 각 호의 기관을 말한다.<br>  1. 「교육기본법」에 따라 설립된 학교와 사회교육시설<br>  2. 특별법에 따라 설립된 특수법인<br>  3. 「지방자치단체 출자·출연 기관의 운영에 관한 법률」 제2조제1항에 따른 출자기관 및 출연기관<br>  4. 「사회복지사업법」 제42조제1항에 따라 국가나 지방자치단체로부터 보조금을 받는 사회복지법인과 사회복지사업을 하는 비영리법인<br>  5. 제1호부터 제4호까지에서 규정한 기관 외에 「보조금 관리에 관한 법률」 제9조 또는 「지방재정법」 제17조제1항에 따라 국가나 지방자치단체로부터 연간 5천만원 이상의 보조금을 받는 기관 또는 단체 | |

| 도로명주소법 | 도로명주소법 시행령 | 도로명주소법 시행규칙 |
|---|---|---|
| 의를 받아 변경하는 것으로 본다.<br>⑥ 공공기관의 장은 제7조제6항, 제8조제5항, 제11조제3항 및 제12조제5항에 따라 도로명 및 건물번호의 부여·변경에 대한 통보를 받은 경우 특별한 사유가 없으면 통보를 받은 날부터 30일 이내에 해당 공공기관이 갖추어 두거나 관리하고 있는 공부상의 주소를 정정하여야 한다. | | |
| **제20조(주소의 일괄정정)** ① 특별자치시장, 특별자치도지사 및 시장·군수·구청장은 제7조제6항, 제8조제5항, 제11조제3항, 제12조제5항 또는 제14조제5항에 따라 도로명, 건물번호 또는 상세주소가 부여·변경되거나 폐지된 경우에는 해당 건물등의 소유자·점유자 또는 임차인의 신청을 받아 대통령령으로 정하는 각종 공부상 주소의 정정을 일괄하여 해당 공공기관의 장에게 신청할 수 있다.<br>② 제1항에 따라 특별자치시장, 특별자치도지사 또는 시장·군수·구청장으로부터 주소의 일괄정정 신청을 받은 공공기관의 장은 해당 건물등의 소유자·점유자 또는 임차인이 신청한 것으로 보아 처리한다. 이 경우 다른 법령에서 수수료를 정하였더라도 이를 무료로 한다.<br>③ 제1항 및 제2항에 따른 일괄정정 신청의 방법 및 그 밖에 필요한 사항은 대통령령으로 정한다. | **제31조(주소 일괄정정의 대상 및 신청 절차 등)** ① 법 제20조제1항에서 "대통령령으로 정하는 각종 공부상 주소"란 다음 각 호의 주소를 말한다.<br>1. 「가축 및 축산물 이력관리에 관한 법률」 제19조 및 제20조에 따른 가축및축산물식별대장 및 수입유통식별대장에 기재된 주소<br>2. 「가축전염병 예방법」 제5조에 따른 외국인 근로자 고용 신고 관리대장에 기재된 주소<br>3. 「관광진흥법」 제4조에 따른 여행업, 관광숙박업, 관광객 이용시설 및 국제회의업의 관광사업 등록증에 기재된 주소<br>4. 「건설기술 진흥법」 제58조에 따라 국토교통부장관이 공장인증을 하는 경우 그 인증대장에 기재된 주소<br>5. 「결혼중개업의 관리에 관한 법률」 제4조에 따라 국제결혼중개업 등록관리대장에 기재된 사무소 또는 대표자의 소재지<br>6. 「계량에 관한 법률」 제7조에 따른 계량기 제조업 등록증에 기재된 사업자대장에 기재된 사업장 또는 공장의 주소<br>7. 「공인노무사법」 제5조에 따라 공인노무사 자격이 있는 사람이 직무를 시작하기 위하여 한국공인노무사회에 등록하는 경우 그 직무개시 등록부에 기재된 공인노무사의 주소 또는 사무소의 소재지 | **제36조(주소의 일괄정정 신청)** ① 법 제20조제1항 및 영 제31조제1항에 따라 각종 공부상 주소의 일괄정정을 신청하려는 자는 별지 제17호서식의 주소 일괄정정 신청서에 다음 각 호의 구분에 따른 서류를 첨부하여 시장등에게 제출해야 한다. 다만, 제12호에 따른 주소의 일괄정정을 신청하는 경우로서 제26조제1항에 따른 상세주소의 부여·변경·폐지 신청서를 제출할 때에 상세주소 부여·변경에 따른 주민등록표 주소정정 신청에 동의한 경우에는 별지 제17호서식의 신청서 및 그 첨부서류의 제출을 생략할 수 있다.<br>1. 「가축 및 축산물 이력관리에 관한 법률」 제19조 및 제20조에 따른 가축및축산물식별대장 및 수입유통식별대장에 기재된 주소의 정정을 신청하려는 경우 : 같은 법 시행규칙 제24조제1항 또는 제2항에 따른 기록사항 변경 신고서 또는 수정요구서<br>2. 「가축전염병 예방법」 제5조에 따른 외국인 근로자 고용 신고 관리대장에 기재된 주소의 정정을 신청하려는 경우 : 같은 법 시행규칙 제7조의2에 따른 외국인 근로자 고용 신고서<br>3. 「관광진흥법」 제4조에 따른 여행업, 관광숙박업, 관광객 이용시설 및 국제회의업의 관광사업 등록증에 기재된 주소의 정정을 신청하려는 경우 : 같은 법 시행규칙 제3조제1항에 따른 관광사업 변경등록신청서 |

| 도로명주소법 | 도로명주소법 시행령 | 도로명주소법 시행규칙 |
|---|---|---|
| | 8. 「부가가치세법」 제8조에 따라 사업자에게 등록번호가 부여된 등록증에 기재된 사업장소재지<br><br>9. 「선박법」 제8조에 따른 선박원부(船舶原簿)에 기재된 선박 소유자의 주소<br><br>10. 「식품위생법」 제37조에 따른 영업허가증에 기재된 주소<br><br>11. 「의료법」에 따른 간호조무사 또는 의료유사업자의 등록 대장에 기재된 주소<br><br>12. 「주민등록법」 제7조에 따른 개인별 및 세대별 주민등록표에 등록된 주소<br><br>13. 제1호부터 제12호까지에서 규정한 주소 외에 행정안전부장관이 관계 중앙행정기관의 장과 협의하여 고시한 공부상의 주소<br><br>14. 그 밖에 시·도 및 시·군·구의 조례로 정하는 문서상의 주소<br><br>② 시장등은 법 제20조제1항에 따른 신청을 받은 경우 신청을 받은 날부터 5일 이내에 해당 공공기관의 장에게 주소의 일괄정정을 신청해야 한다.<br><br>③ 공공기관의 장은 특별한 사유가 없으면 제2항에 따른 신청을 받은 날부터 14일(다른 법령 또는 조례에 주소정정의 처리 기간에 관한 규정이 있는 경우에는 그 처리 기간을 따른다) 이내에 이를 처리하고, 그 결과를 해당 시장등에게 통보해야 한다. 이 경우 다른 법령 또는 조례에 따라 해당 공부에 기재된 주소를 정정할 수 없을 때에는 그 사유를 포함하여 통보해야 한다.<br><br>④ 시장등은 제3항에 따른 통보를 받은 날부터 5일 이내에 법 제20조제1항에 따른 신청인에게 그 내용을 알려야 한다. | 4. 「건설기술 진흥법」 제58조에 따라 국토교통부장관이 공장인증을 하는 경우 그 인증대장에 기재된 주소의 정정을 신청하려는 경우 : 같은 법 시행규칙 제23조에 따른 건설기술용역업 변경등록 신청서<br><br>5. 「결혼중개업의 관리에 관한 법률」 제4조에 따라 국제결혼중개업 등록관리대장에 기재된 사무소 또는 대표자의 소재지의 정정을 신청하려는 경우 : 같은 법 시행규칙 제3조 및 제5조에 따른 변경신고서 또는 변경신청서<br><br>6. 「계량에 관한 법률」 제7조에 따른 계량기 제조업 등록증에 기재된 사업자대장에 기재된 사업장 또는 공장의 주소의 정정을 신청하려는 경우 : 같은 법 시행규칙 제7조에 따른 등록사항 변경신고서<br><br>7. 「공인노무사법」 제5조에 따라 공인노무사 자격이 있는 사람이 직무를 시작하기 위하여 한국공인노무사회에 등록하는 경우 그 직무개시 등록부에 기재된 공인노무사의 주소 또는 사무소의 소재지의 정정을 신청하려는 경우 : 같은 법 시행규칙 제6조제5항에 따른 공인노무사 등록사항 변경신고서<br><br>8. 「부가가치세법」 제8조에 따라 사업자에게 등록번호가 부여된 등록증에 기재된 사업장소재지의 정정을 신청하려는 경우 : 같은 법 시행규칙 제11조에 따른 사업자등록정정신고서<br><br>9. 「선박법」 제8조에 따른 선박원부(船舶原簿)에 기재된 선박 소유자의 주소의 정정을 신청하려는 경우 : 같은 법 시행규칙 제21조에 따른 선박원부 변경등록 신청서<br><br>10. 「식품위생법」 제37조에 따른 영업허가증에 기재된 주소의 정정을 신청하려는 경우 : 같은 법 시행규칙 제41조에 따른 식품 영업허가사항 변경 신청서 또는 신고서<br><br>11. 「의료법」에 따른 간호조무사 또는 의료유사업자의 등록 |

| 도로명주소법 | 도로명주소법 시행령 | 도로명주소법 시행규칙 |
|---|---|---|
| | | 대장에 기재된 주소의 정정을 신청하려는 경우 : 「간호 조무사 및 의료유사업자에 관한 규칙」 제11조에 따른 간호조무사 또는 의료유사업자 자격증 기재사항 정정 신청서<br>12. 「주민등록법」 제7조에 따른 개인별 및 세대별 주민등록표에 등록된 주소의 정정을 신청하려는 경우 : 같은 법 시행령 제20조에 따른 정정 등록신고서<br>13. 영 제31조제1항제13호에 따른 공부상의 주소를 정정하려는 경우 : 해당 중앙행정기관이 정하는 서류<br>14. 영 제31조제1항제14호에 따른 공부상의 주소를 정정하려는 경우 : 해당 시·도 또는 시·군·구의 조례로 정하는 서류<br>② 영 제31조제2항에 따른 주소의 일괄정정 신청과 일괄정정 처리 결과의 기록은 각각 별지 제18호서식과 별지 제19호서식에 따른다. |
| **제21조(등기촉탁)** ① 특별자치시장, 특별자치도지사 및 시장·군수·구청장은 제7조제6항, 제8조제5항, 제11조제3항 또는 제12조제5항에 따라 도로명 또는 건물번호가 부여·변경되거나 제14조제5항에 따라 상세주소가 부여·변경·폐지된 경우에는 해당 건물등의 관할 등기소에 등기명의인의 주소에 대한 변경 등기를 촉탁할 수 있다. 이 경우 등기촉탁은 지방자치단체가 자기를 위하여 하는 등기로 본다.<br>② 제1항에 따른 등기촉탁에 필요한 사항은 행정안전부령으로 정한다. | | **제37조(등기촉탁)** ① 시장등은 등기명의인 표시변경 또는 주식회사 주소변경에 따른 등기촉탁을 신청하려면 다음 각 호의 구분에 따른 등기촉탁서와 그 각 호에서 정하는 첨부서류를 관할 등기소에 제출해야 한다.<br>1. 등기명의인 표시변경을 하려는 경우 : 별지 제20호서식의 등기명의인 표시변경 등기촉탁서와 주민등록표 초본 및 도로명주소대장<br>2. 주식회사 주소변경을 하려는 경우 : 별지 제21호서식의 주식회사 주소변경 등기촉탁서와 대표자의 주민등록표 초본 및 도로명주소대장<br>② 시장등은 제1항에 따른 등기촉탁을 전자적 방법으로 처리할 수 있는 경우에는 그 방법에 따른다.<br>③ 시장등은 법 제21조제1항에 따른 등기촉탁을 신청하는 경 |

| 도로명주소법 | 도로명주소법 시행령 | 도로명주소법 시행규칙 |
|---|---|---|
| | | 우에는 별지 제22호서식의 도로명주소 변경 등기촉탁 관리 대장에 그 내용을 기록해야 한다. |
| **제22조(국가기초구역 등의 설정 등)** ① 행정안전부장관은 국가기초구역 및 국가기초구역번호(각 국가기초구역마다 부여하는 번호를 말한다. 이하 같다)의 설정 등에 필요한 지침을 작성하여 특별자치시장, 특별자치도지사 및 시장·군수·구청장에게 통보하여야 한다.<br>② 행정안전부장관은 전국 단위로 국가기초구역번호가 중복되지 아니하도록 하기 위하여 시·도별로 국가기초구역번호의 사용 범위를 배정하여 시·도지사에게 통보하여야 한다.<br>③ 제2항에 따라 국가기초구역번호의 사용 범위를 통보받은 특별시장, 광역시장 및 도지사는 해당 시·도 단위로 국가기초구역번호가 중복되지 아니하도록 시·군·자치구별로 국가기초구역번호의 사용 범위를 배정하여 해당 시장·군수·구청장에게 통보하여야 한다.<br>④ 특별자치시장, 특별자치도지사 및 시장·군수·구청장은 제1항에 따른 지침과 제2항 및 제3항에 따라 배정받은 국가기초구역번호의 사용 범위에 따라 국가기초구역을 설정하고 국가기초구역번호를 부여하여야 한다.<br>⑤ 특별자치시장, 특별자치도지사 및 시장·군수·구청장은 제4항에 따라 국가기초구역을 설정하고 국가기초구역번호를 부여하는 경우에는 그 사실을 고시하고, 시장·군수·구청장은 특별시장·광역시장·도지사에게 통보하여야 하며, 그 통보를 받은 특별시장·광역시장·도지사와 특별자치시장, 특별자치도지사는 행정안전부장관에게 통보하여야 한다. 국가기초구역 또는 국가기초구역번호를 변경하거나 폐지하는 경우에도 또한 같다.<br>⑥ 제5항에 따라 고시된 국가기초구역 및 국가기초구역번호 | **제32조(국가기초구역의 설정·변경·폐지 기준 등)** ① 법 제22조제4항 및 제5항에 따라 국가기초구역을 설정·변경·폐지하려는 경우에는 다음 각 호의 사항을 고려해야 한다.<br>1. 법 제22조제3항에 따라 특별자치시, 특별자치도 및 시·군·구별로 배정된 국가기초구역번호의 사용 범위<br>2. 「통계법」에 따라 공표된 인구수와 사업체 종사자의 수<br>3. 「주민등록법」에 따라 주민등록표에 등록된 주민의 수<br>4. 행정안전부령으로 정하는 건물등의 용도별 분포<br>5. 「국토의 계획 및 이용에 관한 법률」에 따른 용도지역의 범위<br>6. 통계구역, 우편구역 및 관할구역 등 다른 법률에 따라 일반에 공표하는 각종 구역의 범위<br>7. 그 밖에 행정안전부장관이 필요하다고 인정하는 사항<br>② 국가기초구역의 경계는 다음 각 호의 기준을 고려하여 설정한다.<br>1. 행정구역 및 「공간정보의 구축 및 관리 등에 관한 법률」에 따른 지번부여지역의 경계<br>2. 도로·철도·하천의 중심선<br>3. 「국토의 계획 및 이용에 관한 법률」 제2조제2호에 따른 도시·군계획의 경계<br>4. 임야의 경우 능선·계곡 또는 필지의 경계<br>5. 그 밖에 행정안전부장관이 필요하다고 인정하는 사항<br>③ 시장등은 다음 각 호의 경우에는 법 제22조제5항 후단에 따라 국가기초구역을 변경할 수 있다.<br>1. 제2항에 따른 국가기초구역의 경계 기준을 고려할 때 국가기초구역의 변경이 필요한 경우 | **제38조(국가기초구역 설정·변경·폐지의 세부기준)** 영 제32조제1항제4호에서 "행정안전부령으로 정하는 건물등의 용도"란 다음 각 호의 용도를 말한다.<br>1. 주거용<br>2. 상업용<br>3. 공업용<br>4. 그 밖의 용도 |

| 도로명주소법 | 도로명주소법 시행령 | 도로명주소법 시행규칙 |
|---|---|---|
| 는 특별한 사유가 없으면 통계구역, 우편구역 및 관할구역 등 다른 법률에 따라 일반에 공표하는 각종 구역의 기본단위로 한다.<br>⑦ 제1항부터 제5항까지의 규정에 따른 국가기초구역의 설정·변경·폐지 및 국가기초구역번호의 부여·변경·폐지의 기준과 방법, 절차 등에 관하여 필요한 사항은 대통령령으로 정한다. | 2. 해당 국가기초구역의 인구수가 해당 특별자치시, 특별자치도 및 시·군·구의 국가기초구역 중 인구수가 가장 많은 구역의 인구수(그 국가기초구역의 고시일을 기준으로 산정한다)의 1.5배 이상이 된 경우<br>3. 해당 국가기초구역의 사업체 종사자 수가 해당 특별자치시, 특별자치도 및 시·군·구의 국가기초구역 중 사업체 종사자 수가 가장 많은 구역의 사업체 종사자 수(그 국가기초구역의 고시일을 기준으로 산정한다)의 1.5배 이상이 된 경우<br>4. 통계구역, 우편구역 및 관할구역 등 다른 법률에 따라 일반에 공표하는 각종 구역의 변경을 위하여 필요한 경우<br>5. 인접하는 국가기초구역을 하나로 합쳐서 그 경계를 변경할 필요가 있는 경우<br>④ 시장등은 국가기초구역이 설정되지 않은 토지가 확인되거나, 종전 국가기초구역의 분할로 새로운 국가기초구역의 설정이 필요한 경우 국가기초구역을 새로 설정하거나 변경할 수 있다.<br>⑤ 시장등은 다음 각 호의 경우에는 법 제22조제5항 후단에 따라 국가기초구역을 폐지할 수 있다.<br>1. 둘 이상의 국가기초구역에 걸쳐 있는 하나의 건물등(건물군을 포함한다)을 신축·재축·증축함에 따라 국가기초구역을 하나로 합쳐야 할 필요가 있는 경우<br>2. 행정구역의 변경으로 해당 국가기초구역을 다른 국가기초구역으로 통·폐합할 필요가 있는 경우<br><br>**제33조(국가기초구역번호의 부여·변경·폐지 기준 등)** ① 국가기초구역번호는 제32조에 따라 국가기초구역을 설정·변경 또는 폐지할 때 함께 부여·변경 또는 폐지한다.<br>② 법 제22조제4항 및 제5항에 따른 국가기초구역번호(각 국 | |

| 도로명주소법 | 도로명주소법 시행령 | 도로명주소법 시행규칙 |
|---|---|---|
|  | 가기초구역마다 부여하는 번호를 말한다. 이하 같다)의 부여 · 변경 기준은 다음 각 호와 같다.<br>1. 하나의 국가기초구역에는 하나의 국가기초구역번호를 부여할 것<br>2. 국가기초구역번호는 5자리의 아라비아숫자로 구성하며, 국가기초구역번호로 시 · 군 · 구를 구분할 수 있을 것<br>3. 국가기초구역번호는 북서방향에서 남동방향으로 순차적으로 부여할 것. 다만, 다음 각 목의 어느 하나에 해당하는 경우는 제외한다.<br>　가. 제32조제4항에 따라 국가기초구역을 새로 설정하거나 변경하는 경우<br>　나. 제34조제1항에 따라 행정구역이 결정되지 않은 지역에 국가기초구역을 설정하는 경우<br>③ 행정안전부, 시 · 도 및 시 · 군 · 구에는 국가기초구역의 설정 · 변경 또는 폐지로 국가기초구역번호의 순차성이 훼손되지 않도록 예비로 국가기초구역번호를 두어야 한다.<br>④ 국가기초구역번호는 폐지된 날부터 5년이 지나지 않으면 다시 사용할 수 없다.<br><br>**제35조(국가기초구역등의 설정 · 부여 · 변경 · 폐지 절차)** ① 시장등은 국가기초구역등을 설정 · 부여 · 변경 또는 폐지하려는 경우에는 제2항에 따른 공고 전에 미리 행정안전부장관의 의견을 들어야 한다.<br>② 시장등은 국가기초구역등을 설정 · 부여 · 변경 또는 폐지하려는 경우에는 설정 · 부여 · 변경 또는 폐지하려는 행정안전부령으로 정하는 사항을 공보등에 공고하고, 해당 지역 주민과 법 제22조제6항에 따른 각종 구역을 소관하는 기관(중앙행정기관은 제외한다)의 장의 의견을 수렴해야 한다.<br>③ 시장등은 제2항에 따른 의견 제출 기간이 지난 날부터 30일 | **제39조(국가기초구역등의 설정 · 부여 · 변경 · 폐지 절차)** ① 영 제35조제2항에서 "행정안전부령으로 정하는 사항"이란 다음 각 호의 구분에 따른 각 목의 사항을 말한다.<br>　1. 국가기초구역 및 국가기초구역번호(이하 "국가기초구역등"이라 한다)를 설정 · 부여하려는 경우에는 다음 각 목의 사항<br>　가. 설정하려는 국가기초구역의 경계에 관한 사항<br>　나. 부여하려는 국가기초구역번호<br>　다. 해당 국가기초구역등의 설정 · 부여 사유<br>　라. 의견 제출의 기간 및 방법 |

| 도로명주소법 | 도로명주소법 시행령 | 도로명주소법 시행규칙 |
|---|---|---|
| | 이내에 행정안전부령으로 정하는 사항을 시·도지사에게 제출해야 한다.<br>④ 시·도지사는 제3항에 따라 제출받은 자료와 해당 국가기초구역등의 설정·부여·변경 또는 폐지에 대한 시·도지사의 의견을 행정안전부장관에게 제출해야 한다.<br>⑤ 행정안전부장관은 제4항에 따른 자료와 시·도지사의 의견을 제출받은 경우에는 법 제22조제6항에 따른 각종 구역을 소관하는 중앙행정기관의 장의 의견을 들어야 한다.<br>⑥ 행정안전부장관은 제4항에 따른 자료와 시·도지사의 의견을 제출받은 날부터 60일 이내에 제5항에 따른 중앙행정기관의 장의 의견을 종합하여 시·도지사 및 시장·군수·구청장에게 의견을 통보해야 한다.<br>⑦ 시장등은 제6항에 따라 시·도지사 및 행정안전부장관으로부터 의견을 통보받은 경우에는 그 통보를 받은 날 또는 의견을 들은 날부터 20일 이내에 국가기초구역등의 설정·부여, 변경 또는 폐지 여부를 결정한 후 그 결과를 행정안전부령으로 정하는 바에 따라 공보등에 고시해야 한다. | 마. 그 밖에 시장등이 필요하다고 인정하는 사항<br>2. 국가기초구역등을 변경하려는 경우에는 다음 각 목의 사항<br>　가. 변경하려는 국가기초구역의 경계에 관한 사항<br>　나. 변경 전·후의 국가기초구역등에 관한 사항<br>　다. 해당 국가기초구역등의 변경 사유<br>　라. 의견 제출의 기간 및 방법<br>　마. 그 밖에 시장등이 필요하다고 인정하는 사항<br>3. 국가기초구역등을 폐지하려는 경우에는 다음 각 목의 사항<br>　가. 폐지하려는 국가기초구역등에 관한 사항<br>　나. 해당 국가기초구역등의 폐지 사유<br>② 영 제35조제3항에서 "행정안전부령으로 정하는 사항"이란 다음 각 호의 사항을 말한다.<br>1. 제1항 각 호의 구분에 따른 사항(같은 항 제1호라목 또는 제2호라목은 제외한다)<br>2. 영 제35조제2항에 따른 지역주민과 법 제22조제6항에 따라 각종 구역을 소관하는 기관(중앙행정기관은 제외한다)의 장의 의견에 대한 시장·군수·구청장의 검토 결과<br>3. 그 밖에 시장등이 필요하다고 인정하는 사항 |
| | **제36조(행정구역이 결정되지 않은 지역에 대한 국가기초구역등의 설정 및 부여 절차)** ① 특별시장, 광역시장 및 도지사는 제34조제1항에 따라 시·군·구의 행정구역이 결정되지 않은 지역에 국가기초구역등을 설정·부여하려는 경우에는 14일 이상의 기간을 정하여 행정안전부령으로 정하는 사항을 공보 등에 공고하고, 해당 지역주민과 법 제22조제6항에 따른 각종 구역을 소관하는 기관(중앙행정기관은 제외한다)의 장의 의 | **제40조(행정구역이 결정되지 않은 지역에 대한 국가기초구역등의 설정·부여 절차)** ① 영 제36조제1항에서 "행정안전부령으로 정하는 사항"이란 다음 각 호의 사항을 말한다.<br>1. 해당 사업지역의 도로구간 설정 현황<br>2. 설정하려는 국가기초구역의 경계 및 부여하려는 국가기초번호에 관한 사항<br>3. 국가기초구역등의 설정 및 부여 사유 |

| 도로명주소법 | 도로명주소법 시행령 | 도로명주소법 시행규칙 |
|---|---|---|
| | 견을 수렴해야 한다.<br>② 특별시장, 광역시장 및 도지사는 제1항에 따른 의견 제출 기간 종료일부터 20일 이내에 행정안전부령으로 정하는 사항을 행정안전부장관에게 제출하고 국가기초구역등의 설정 및 부여에 관한 사항을 협의해야 한다.<br>③ 행정안전부장관은 제2항에 따른 협의를 요청받은 경우에는 법 제22조제6항에 따른 각종 구역을 소관하는 중앙행정기관의 장의 의견을 들어야 한다.<br>④ 행정안전부장관은 제2항에 따른 협의를 요청받은 날부터 80일 이내에 제3항에 따른 중앙행정기관의 장의 의견을 특별시장, 광역시장 및 도지사에게 통보해야 한다.<br>⑤ 특별시장, 광역시장 및 도지사는 제4항에 따른 의견을 통보받은 날부터 20일 이내에 국가기초구역등의 설정·부여 여부를 결정하고, 그 결과를 행정안전부령으로 정하는 바에 따라 공보등에 고시해야 한다.<br>⑥ 행정구역이 결정되지 않은 지역에 대한 행정구역이 결정되면 시장·군수·구청장은 국가기초구역번호가 인근 지역의 국가기초구역번호와 순차성을 유지하며 배열될 수 있도록 국가기초구역번호를 변경할 수 있다. 이 경우 국가기초구역의 변경 절차에 관하여는 제35조제7항을 준용한다.<br>⑦ 행정안전부장관이 시·도의 행정구역이 결정되지 않은 지역에 국가기초구역등을 설정 및 부여하려는 경우 그 절차에 관하여는 제1항, 제3항 및 제5항을 준용한다. 이 경우 제1항 중 "시·군·구의 행정구역"은 "특별시·광역시·도의 행정구역"으로 보고, 제5항 중 "20일"은 "30일"로 본다. | 4. 의견 제출의 기간 및 방법<br>5. 그 밖에 특별시장, 광역시장 및 도지사가 필요하다고 인정하는 사항<br>② 영 제36조제2항에서 "행정안전부령으로 정하는 사항"이란 다음 각 호의 사항을 말한다.<br>1. 영 제34조제2항 각 호의 사항<br>2. 제1항제1호부터 제3호까지 및 제5호의 사항<br>3. 제출된 의견에 대한 특별시장, 광역시장 및 도지사의 검토 결과 및 의견<br>4. 그 밖에 특별시장, 광역시장 및 도지사가 필요하다고 인정하는 사항<br><br>**제41조(국가기초구역등의 고시 등)** ① 시장등은 법 제22조제5항에 따라 국가기초구역등을 설정·부여하거나 변경·폐지하려는 경우에는 다음 각 호의 구분에 따른 각 목의 사항을 고시해야 한다.<br>1. 국가기초구역등을 설정·부여하려는 경우에는 다음 각 목의 사항<br>　가. 국가기초구역의 경계 및 국가기초구역번호<br>　나. 해당 국가기초구역 안의 도로명주소<br>　다. 해당 국가기초구역에 소재하는 지번(다른 국가기초구역에 걸쳐 있는 필지의 경우에는 '일부'로 표시한다)<br>　라. 설정·부여하려는 사유<br>　마. 그 밖에 시장등이 필요하다고 인정하는 사항<br>2. 국가기초구역등을 변경하려는 경우에는 다음 각 목의 사항<br>　가. 변경 전·후 국가기초구역등의 제1호가목부터 다목까지에 관한 사항 |

| 도로명주소법 | 도로명주소법 시행령 | 도로명주소법 시행규칙 |
|---|---|---|
| | | 　나. 변경하려는 사유<br>　다. 그 밖에 시장등이 필요하다고 인정하는 사항<br>3. 국가기초구역등을 폐지하려는 경우에는 다음 각 목의 사항<br>　가. 폐지하려는 국가기초구역등의 제1호가목에 관한 사항<br>　나. 폐지하려는 사유<br>② 시장등은 법 제22조제5항에 따라 국가기초구역등을 설정·부여하거나 변경·폐지하려는 경우에는 다음 각 호의 구분에 따른 각 목의 사항을 고시 예정일 5일 전까지 같은 조 제6항에 따른 각종 구역을 소관하는 기관의 장(중앙행정기관은 제외한다)에게 통보해야 한다.<br>1. 국가기초구역등을 설정·부여하려는 경우에는 다음 각 목의 사항<br>　가. 제1항제1호 각 목의 사항<br>　나. 설정·부여 고시 예정일<br>2. 국가기초구역등을 변경하려는 경우에는 다음 각 목의 사항<br>　가. 제1항제2호 각 목의 사항<br>　나. 변경 고시 예정일<br>3. 국가기초구역등을 폐지하려는 경우에는 다음 각 목의 사항<br>　가. 제1항제3호 각 목의 사항<br>　나. 폐지 고시 예정일<br>③ 법 제22조제6항에 따른 각종 구역을 소관하는 기관(중앙행정기관은 제외한다)의 장은 제2항에 따른 통보를 받거나 국가기초구역등의 고시를 확인한 경우에는 담당하는 구역의 표시를 정비해야 한다. |

| 도로명주소법 | 도로명주소법 시행령 | 도로명주소법 시행규칙 |
|---|---|---|
| | | **제42조(국가기초구역등의 관리 및 안내)** ① 행정안전부장관, 시·도지사 및 시장·군수·구청장은 법 제22조제5항 및 영 제36조제5항에 따라 국가기초구역등의 설정·부여 사실에 대한 이력을 관리해야 한다.<br>② 시·도지사는 국가기초구역등의 관리를 위하여 매년 1회 이상 다음 각 호의 사항을 조사해야 한다.<br>　1. 시·군·구별로 배정된 국가기초구역번호의 사용 현황<br>　2. 설정·부여되거나 변경·폐지된 국가기초구역등의 적정성 여부<br>　3. 법 제22조제6항에 따른 각종 구역을 소관하는 기관의 장이 업무와 관련하여 법령에 따라 일반에 공표하는 각종 구역의 현황<br>　4. 「국토의 계획 및 이용에 관한 법률」에 따른 용도지역 등의 변경 현황<br>　5. 그 밖에 시·도지사가 필요하다고 인정하는 사항<br>③ 특별시장·광역시장 및 도지사는 제2항에 따른 조사 결과 국가기초구역등의 정비가 필요한 경우에는 그 결과를 해당 시장·군수·구청장에게 통보해야 한다.<br>④ 특별자치시장, 특별자치도지사 또는 제3항에 따른 통보를 받은 시장·군수·구청장은 정비계획을 수립하여 영 제35조의 국가기초구역등의 설정·부여·변경·폐지 절차에 따라 정비해야 한다. |
| **제23조(국가지점번호)** ① 행정안전부장관은 국토 및 이와 인접한 해양에 대통령령으로 정하는 바에 따라 국가지점번호를 부여하고, 이를 고시하여야 한다.<br>② 제1항에 따라 고시된 국가지점번호는 구조·구급 활동 등의 위치 표시로 활용한다.<br>③ 공공기관의 장은 철탑, 수문, 방파제 등 대통령령으로 정하 | **제37조(국가지점번호의 부여 기준)** ① 행정안전부장관은 법 제23조제1항에 따라 국가지점번호를 부여하려는 경우 그 기준점을 정하고, 가로와 세로의 길이가 각각 10미터인 격자를 기본단위로 하여 국가지점번호를 부여한다.<br>② 국가지점번호는 제1호의 문자에 제2호의 번호를 연결하여 부여한다. | **제43조(국가지점번호 기본단위 사용의 표기방법)** 영 제37조 제3항에 따라 국가지점번호의 기본단위를 같은 조 제1항의 기본단위와 달리 사용하려는 경우 그 국가지점번호의 기본단위 및 표기방법은 다음 각 호와 같다.<br>　1. 10킬로미터 단위로 표기하려는 경우 : 영 제37조제2항에 따른 가로와 세로 방향의 네 자리 숫자 중 앞 한 자리 |

| 도로명주소법 | 도로명주소법 시행령 | 도로명주소법 시행규칙 |
|---|---|---|
| 는 시설물을 설치하는 경우에는 국가지점번호를 표기하여야 한다.<br>④ 공공기관의 장은 구조 · 구급 및 위치 확인 등을 쉽게 하기 위하여 필요하면 대통령령으로 정하는 장소에 국가지점번호판을 설치할 수 있다.<br>⑤ 공공기관의 장이 제3항에 따라 시설물에 국가지점번호를 표기하거나 제4항에 따라 국가지점번호판을 설치하려는 경우에는 해당 국가지점번호가 적절한지를 행정안전부장관에게 확인받아야 한다.<br>⑥ 제1항부터 제5항까지의 규정에 따른 국가지점번호 표기 · 확인의 방법 및 절차, 국가지점번호판의 설치 절차 및 그 밖에 필요한 사항은 대통령령으로 정한다. | 1. 제1항에 따른 기준점에서 가로와 세로 방향으로 각각 100킬로미터씩 나누어 각각의 방향으로 "가나다라" 순으로 부여한 가로방향 문자와 세로방향 문자를 연결한 문자<br>2. 제1호에 따라 나누어진 지점의 왼쪽 아래 모서리를 기준으로 가로방향은 왼쪽부터 오른쪽으로, 세로방향은 아래쪽부터 위쪽으로 각각 1만으로 나누어 부여한 정수를 연결한 번호. 이 경우 각 정수가 4자리에 미달하는 경우에는 4자리가 될 때까지 그 앞에 "0"을 삽입한다.<br>③ 법 제19조제2항에 따른 공공기관(이하 "공공기관"이라 한다)의 장은 법 제23조제3항에 따라 시설물에 국가지점번호를 표기하거나 같은 조 제4항에 따라 국가지점번호판을 설치하는 경우 외의 경우에는 제1항에도 불구하고 국가지점번호의 기본단위를 행정안전부령으로 정하는 바에 따라 달리 사용할 수 있다.<br><br>**제38조(국가지점번호의 표기 등)** ① 법 제23조제3항에서 "철탑, 수문, 방파제 등 대통령령으로 정하는 시설물"이란 제2항에 따른 장소에서 지면 또는 수면으로부터 50센티미터 이상 노출되어 고정된 시설물을 말한다. 다만, 설치한 날부터 1년 이내에 철거가 예정된 시설물은 제외한다.<br>② 법 제23조제4항에서 "대통령령으로 정하는 장소"란 도로명이 부여된 도로에서 100미터 이상 떨어진 지역으로서 시 · 도지사가 고시한 지역(이하 "고시지역"이라 한다)을 말한다.<br>③ 시 · 도지사는 제2항에 따른 고시지역을 새롭게 설정하거나 변경 · 폐지하려는 경우에는 20일 이상의 기간을 정하여 행정안전부령으로 정하는 사항을 공보등에 공고하고, 해당 지역주민과 관련 공공기관의 장의 의견을 수렴해야 한다.<br>④ 시 · 도지사는 제3항에 따른 의견 제출 기간이 지난 날부터 | 숫자<br>2. 1킬로미터 단위로 표기하려는 경우 : 영 제37조제2항에 따른 가로와 세로 방향의 네 자리 숫자 중 앞 두 자리 숫자<br>3. 100미터 단위로 표기하려는 경우 : 영 제37조제2항에 따른 가로와 세로 방향의 네 자리 숫자 중 앞 세 자리 숫자<br><br>**제44조(국가지점번호의 고시지역 설정 등의 절차)** ① 영 제38조제3항에서 "행정안전부령으로 정하는 사항"이란 다음 각 호의 사항을 말한다.<br>1. 영 제38조제3항에 따라 새롭게 설정 · 변경 · 폐지하려는 고시지역(이하 이 조에서 "고시지역"이라 한다)의 경계 및 면적<br>2. 고시지역 안의 지번에 관한 사항(필지의 일부가 걸쳐 있는 경우에는 "일부"로 표시한다)<br>3. 고시지역을 설정하거나 변경 · 폐지하려는 사유<br>4. 의견 제출의 기간 및 방법<br>5. 그 밖에 시 · 도지사가 필요하다고 인정하는 사항<br>② 영 제38조제4항에서 "행정안전부령으로 정하는 사항"이란 다음 각 호의 사항을 말한다. |

| 도로명주소법 | 도로명주소법 시행령 | 도로명주소법 시행규칙 |
|---|---|---|
| | 30일 이내에 행정안전부령으로 정하는 사항을 행정안전부 장관에게 제출하고 국가지점번호 고시지역에 관하여 협의 해야 한다.<br>⑤ 행정안전부장관은 제4항에 따른 협의 요청을 받은 경우에 는 협의를 요청받은 날부터 90일 이내에 그 결과를 해당 시 · 도지사에게 통보해야 한다.<br>⑥ 시 · 도지사는 제5항에 따른 통보를 받은 날부터 20일 이내 에 그 의견을 종합적으로 고려하여 국가지점번호 고시지역 의 설정 또는 변경 · 폐지 여부를 결정하고, 이를 공보등에 고시해야 한다. | 1. 제1항제1호부터 제3호까지 및 제5호의 사항<br>2. 의견수렴에 따른 검토 결과<br>3. 해당 시 · 도지사의 의견<br>4. 그 밖에 시 · 도지사가 필요하다고 인정하는 사항 |
| | **제39조(국가지점번호판의 설치 등)** ① 공공기관의 장은 제38 조제1항에 따른 시설물의 일부분에 국가지점번호를 표기해야 한다.<br>② 공공기관의 장은 법 제23조제4항에 따라 국가지점번호판 을 설치하려는 경우에는 지면에서 국가지점번호판 하단까 지의 높이가 1.5미터 이상이 되도록 설치해야 한다.<br>③ 법 제23조제3항 또는 제4항에 따라 국가지점번호를 표기하 거나 국가지점번호판을 설치하려는 경우 그 기재 사항과 국가지점번호판의 규격 등은 행정안전부령으로 정한다.<br>④ 공공기관의 장은 법 제23조제3항 또는 제4항에 따라 국가지 점번호를 표기하거나 국가지점번호판을 설치하려는 경우 제1항에 따른 시설물 또는 제2항에 따른 국가지점번호판의 설치 위치를 정하고, 행정안전부령으로 정하는 바에 따라 행정안전부장관에게 국가지점번호의 확인을 신청해야 한 다. 이 경우 공공기관의 장은 행정안전부장관이 정하는 수 수료를 납부해야 한다.<br>⑤ 행정안전부장관은 제4항에 따른 신청을 받은 경우 그 신청 을 받은 날부터 20일 이내에 현장조사를 실시하고, 그 결과 | **제45조(국가지점번호의 확인 신청 등)** ① 영 제39조제4항에 따른 국가지점번호의 확인 신청은 별지 제23호서식의 신청서 에 따른다.<br>② 행정안전부장관은 영 제39조제5항 또는 제7항 및 이 규칙 제46조제5항에 따라 별지 제24호서식의 국가지점번호 확 인 결과 통보서에 확인 결과를 작성하여 통보해야 한다.<br><br>**제46조(국가지점번호의 세부 확인 방법 등)** ① 행정안전부장 관은 법 제23조제5항에 따라 국가지점번호가 적절한지를 확 인하려는 경우 「공간정보의 구축 및 관리 등에 관한 법률 시행 령」 제8조 각 호의 기준점을 사용해야 한다.<br>② 행정안전부장관은 영 제39조제5항에 따라 현장조사를 실 시하는 경우 다음 각 호의 사항을 확인해야 한다.<br>1. 해당 위치에 맞는 국가지점번호의 설정 여부<br>2. 국가지점번호의 표기 위치 및 국가지점번호판의 설치 위치<br>3. 국가지점번호판 설치 예정 위치의 국가지점번호 중복 설치 및 표기 여부 |

| 도로명주소법 | 도로명주소법 시행령 | 도로명주소법 시행규칙 |
|---|---|---|
| | 를 해당 공공기관의 장에게 통보해야 한다.<br>⑥ 공공기관의 장은 제5항에 따른 통보를 받은 날부터 30일 이내에 통보 내용에 따라 해당 시설물 또는 전용지주에 국가지점번호를 표기하거나 국가지점번호판을 설치하고, 3일 이내에 그 사실을 행정안전부장관에게 통보해야 한다.<br>⑦ 행정안전부장관은 제6항에 따른 통보를 받은 경우 그 결과를 해당 시·도지사 및 시장·군수·구청장에게 통보해야 한다.<br>⑧ 시장등은 제7항에 따른 통보를 받은 경우 해당 국가지점번호를 법 제25조제1항에 따라 주소정보를 종합적으로 수록한 도면(이하 "주소정보기본도"라 한다)에 기록하고 관리해야 한다.<br>⑨ 제5항부터 제8항까지의 규정에 따른 현장조사의 방법, 확인 결과의 통보 등에 필요한 사항은 행정안전부령으로 정한다.<br><br>**제40조(국가지점번호판의 철거 등)** ① 공공기관의 장은 국가지점번호판 또는 국가지점번호를 표기한 시설물을 철거한 경우에는 지체 없이 다음 각 호의 사항을 해당 시장등에게 통보해야 한다.<br>　1. 국가지점번호판 또는 제38조제1항에 따른 시설물에 표기된 국가지점번호<br>　2. 철거하려는 국가지점번호판 또는 국가지점번호를 표기한 시설물의 변경 전·후 사진<br>　3. 국가지점번호판 또는 시설물을 철거한 일자<br>② 행정안전부장관은 매년 정기적으로 점검계획을 수립하여 국가지점번호 표기 시설물 및 국가지점번호판의 설치·관리 현황을 점검해야 한다. 다만, 자연재해 등 긴급한 경우에는 수시로 점검을 할 수 있다.<br>③ 행정안전부장관은 제2항에 따른 점검 결과 국가지점번호 | 　4. 영 제38조제2항에 따라 시·도지사가 고시한 지역의 적정성 여부<br>③ 영 제39조에 따라 공공기관의 장이 설정한 국가지점번호와 제2항에 따른 현장조사를 통하여 행정안전부장관이 확인한 국가지점번호 간의 오차 허용 범위는 각 좌표 값이 2미터 이내로 한다.<br>④ 행정안전부장관은 영 제39조제6항에 따른 통보를 받은 날부터 5일 이내에 서면조사를 통하여 국가지점번호가 적절하게 표기되었는지 등을 확인해야 한다.<br>⑤ 행정안전부장관은 제4항에 따른 서면조사 결과가 국가지점번호의 표기 또는 국가지점번호판의 설치가 잘못된 경우에는 지체 없이 해당 공공기관의 장에게 그 결과를 통보해야 한다.<br>⑥ 공공기관의 장은 제5항에 따른 통보를 받은 경우에는 해당 국가지점번호가 보이지 않도록 조치를 하고, 통보를 받은 날부터 20일 이내에 국가지점번호를 수정해야 한다.<br>⑦ 공공기관의 장은 제6항에 따라 국가지점번호를 수정한 경우 지체 없이 이를 행정안전부장관에게 통보해야 한다. |

| 도로명주소법 | 도로명주소법 시행령 | 도로명주소법 시행규칙 |
|---|---|---|
| | 를 정비해야 하는 경우에는 해당 국가지점번호를 표기하거나 국가지점번호판을 설치한 공공기관의 장에게 그 결과를 통보해야 한다.<br>④ 공공기관의 장은 제3항에 따른 통보를 받은 날부터 90일 이내에 해당 시설물에 표기한 국가지점번호 또는 국가지점번호판을 정비하고, 그 결과를 행정안전부장관에게 통보해야 한다.<br>⑤ 행정안전부장관은 매년 고시지역에서 다음 각 호의 사항을 조사해야 한다.<br>　1. 국가지점번호를 표기한 시설물 및 국가지점번호판의 설치 현황<br>　2. 법 제23조제3항에 따른 시설물의 설치 현황 및 설치 계획<br>　3. 각종 개발 현황<br>　4. 각종 안전사고 등의 발생 현황<br>　5. 그 밖에 국가지점번호의 설치 및 활용과 관련하여 필요한 사항 | |
| **제24조(사물주소)** ① 특별자치시장, 특별자치도지사 및 시장·군수·구청장은 다음 각 호의 어느 하나에 해당하는 시설물에 대하여 해당 시설물의 설치자 또는 관리자의 신청에 따라 사물주소를 부여할 수 있다. 사물주소를 변경하거나 폐지하는 경우에도 또한 같다.<br>　1. 육교 및 철도 등 옥외시설에 설치된 승강기<br>　2. 옥외 대피 시설<br>　3. 버스 및 택시 정류장<br>　4. 주차장<br>　5. 그 밖에 행정안전부장관이 위치 안내가 필요하다고 인정하여 고시하는 시설물<br>② 특별자치시장, 특별자치도지사 및 시장·군수·구청장은 | **제41조(사물번호의 부여·변경·폐지 기준 등)** ① 시장등은 법 제24조제1항 각 호의 시설물(이하 이 조에서 "시설물"이라 한다)에 하나의 번호(이하 "사물번호"라 한다)를 부여해야 한다. 다만, 하나의 시설물에 사물번호를 부여하기 위하여 기준이 되는 점(이하 "사물번호기준점"이라 한다)이 둘 이상 설정되어 있는 경우에는 각 사물번호기준점에 사물번호를 부여할 수 있다.<br>② 사물번호의 부여 기준은 다음 각 호의 구분과 같다.<br>　1. 시설물이 건물등의 외부에 있는 경우 : 해당 시설물의 사물번호기준점이 접하는 도로구간의 기초번호를 사물번호로 부여할 것<br>　2. 시설물이 건물등의 내부에 있는 경우 : 해당 시설물의 | **제47조(사물번호 부여·변경의 세부기준)** ① 법 제24조제1항 각 호의 시설물(이하 "시설물"이라 한다) 중 건물등의 외부에 있는 시설물에 사물번호를 부여·변경하는 경우 그 세부기준에 관하여는 제20조를 준용한다. 이 경우 "주된 출입구"는 "영 제41조제1항 단서에 따른 사물번호기준점(이하 "사물번호기준점"이라 한다)"으로, "건물번호"는 "사물번호"로, "건물등"은 "시설물"로 본다.<br>② 건물등의 내부에 있는 시설물에 사물번호를 부여·변경하는 경우 그 세부기준은 다음 각 호와 같다.<br>　1. 사물번호에 층수의 의미를 포함시키려는 경우 그 사물번호는 해당 층수를 나타내는 숫자로 시작하도록 할 것<br>　2. 하나의 기초간격 내에 동일한 유형의 시설물이 둘 이상 |

| 도로명주소법 | 도로명주소법 시행령 | 도로명주소법 시행규칙 |
|---|---|---|
| 시설물의 위치확인 및 관리 등을 위하여 필요한 경우에는 제1항에 따른 신청이 없는 경우에도 직권으로 사물주소를 부여·변경하거나 폐지할 수 있다.<br>③ 특별자치시장, 특별자치도지사 및 시장·군수·구청장은 제1항 및 제2항에 따라 사물주소를 부여·변경하거나 폐지하는 경우에는 그 사실을 해당 시설물의 설치자 또는 관리자에게 고지하여야 한다.<br>④ 제3항에 따라 사물주소의 부여 또는 변경을 고지받은 시설물의 설치자 또는 관리자는 대통령령으로 정하는 바에 따라 사물주소판을 설치하고 관리하여야 한다. 이 경우 사물주소판의 제작·설치 및 관리에 드는 비용은 해당 시설물의 설치자 또는 관리자가 부담한다.<br>⑤ 제4항에 따른 설치자 또는 관리자는 해당 시설물을 철거하거나 위치를 변경하려는 경우에는 특별자치시장, 특별자치도지사 또는 시장·군수·구청장에게 그 사실을 통지하여야 한다.<br>⑥ 제1항부터 제5항까지의 규정에 따른 사물주소의 부여·변경·폐지 기준 및 절차, 사물주소판의 설치방법 및 그 밖에 필요한 사항은 대통령령으로 정한다. | 사물번호기준점에 제27조의 상세주소 부여 기준을 준용할 것<br>③ 시장등은 사물번호가 제2항의 사물번호 부여 기준에 부합하지 않게 된 경우에는 사물번호를 변경해야 한다.<br>④ 시장등은 사물번호가 부여된 시설물이 이전 또는 철거된 경우에는 해당 사물번호를 폐지해야 한다.<br>⑤ 시설물에 부여하는 사물주소는 다음 각 호의 사항을 같은 호의 순서에 따라 표기한다. 이 경우 제2호에 따른 건물번호와 제3호에 따른 사물번호 사이에는 쉼표를 넣어 표기한다.<br>　1. 제6조제1항제1호부터 제4호까지의 규정에 따른 사항<br>　2. 건물번호(도로명주소가 부여된 건물등의 내부에 사물주소를 부여하려는 시설물이 있는 경우로 한정한다)<br>　3. 사물번호<br>　4. 시설물 유형의 명칭 | 있는 경우에는 사물번호를 각각 달리 부여할 것<br><br>**제48조(사물주소의 부여·변경·폐지 절차 등)** ① 법 제24조제1항에 따른 사물주소의 부여 또는 변경·폐지 신청은 별지 제25호서식의 신청서에 따른다.<br>② 영 제42조제1항 및 제3항 본문에서 "행정안전부령으로 정하는 사항"이란 각각 다음 각 호의 사항을 말한다.<br>　1. 해당 시설물의 사물주소(사물주소를 변경하려는 경우에는 변경 전·후의 사물주소를 말한다)<br>　2. 사물주소를 부여·변경 또는 폐지하려는 사유<br>　3. 사물주소의 부여일·변경일 또는 폐지일<br>　4. 시설물의 형상 및 사물번호기준점(사물주소를 변경하는 경우에는 변경 전·후의 시설물의 형상과 사물번호기준점을 말한다. 이하 같다)<br>　5. 해당 시설물의 설치자 또는 관리자가 조치해야 할 사항(사물주소판의 설치, 변경 또는 철거에 관한 사항을 포함한다)<br>　6. 그 밖에 시장등이 필요하다고 인정하는 사항<br>③ 영 제42조제2항에서 "행정안전부령으로 정하는 사항"이란 다음 각 호의 사항을 말한다.<br>　1. 시설물의 형상 및 사물번호기준점(사물주소를 변경하려는 경우에는 변경 전·후의 시설물의 형상 및 사물번호기준점을 말한다)<br>　2. 사물주소를 부여·변경 또는 폐지하려는 사유<br>　3. 인접한 도로의 현황과 해당 시설물에 부여하려는 사물주소(사물주소를 변경하려는 경우에는 변경 전·후의 사물주소를 말한다)<br>　4. 사물주소의 활용 방법(사물주소를 부여하는 경우만 해당한다) |

| 도로명주소법 | 도로명주소법 시행령 | 도로명주소법 시행규칙 |
|---|---|---|
| | | 5. 의견 제출의 기간 및 방법<br>6. 그 밖에 시장등이 필요하다고 인정하는 사항 |
| | **제42조(사물주소의 부여·변경·폐지 절차)** ① 시장등은 법 제24조제1항에 따라 시설물의 설치자 또는 관리자의 신청을 받거나 같은 조 제5항에 따라 통지를 받은 경우에는 그 신청일 또는 통지일부터 14일 이내에 사물주소의 부여·변경 또는 폐지 여부를 결정한 후 해당 시설물의 설치자 또는 관리자에게 행정안전부령으로 정하는 사항을 고지해야 한다.<br>② 시장등은 법 제24조제2항에 따라 직권으로 사물주소를 부여·변경 또는 폐지하려는 경우에는 해당 시설물의 설치자 또는 관리자에게 행정안전부령으로 정하는 사항을 통보하고 14일 이상의 기간을 정하여 의견을 수렴해야 한다.<br>③ 시장등은 제2항에 따른 의견 제출 기간이 지난 날부터 10일 이내에 사물주소의 부여·변경 또는 폐지 여부를 결정하고 해당 시설물의 설치자 또는 관리자에게 행정안전부령으로 정하는 사항을 고지해야 한다. 다만, 제출된 의견을 검토한 결과 사물주소를 부여·변경 또는 폐지하지 않기로 결정한 경우에는 해당 시설물의 설치자 또는 관리자에게 그 사실을 통보해야 한다.<br><br>**제43조(사물주소판의 설치 등)** ① 법 제24조제3항에 따라 사물주소의 부여 또는 변경을 고지 받은 시설물의 설치자 또는 관리자는 고지를 받은 날부터 30일 이내에 행정안전부령으로 정하는 바에 따라 사물주소판의 교부를 신청하거나 사물주소판을 직접 제작하여 설치해야 한다. 다만, 시설물의 유형, 지역의 여건 및 설치 수량 등을 종합적으로 고려할 때 사물주소판의 설치 기한을 연장할 필요가 있는 경우에는 시장등의 승인을 받아 그 설치 기간을 연장할 수 있다. | **제49조(사물주소의 관리 등)** ① 시장등은 영 제42조제1항 및 제3항에 따라 사물주소의 부여·변경·폐지를 고지한 경우에는 별지 제26호서식의 사물주소 관리대장에 이를 기록하고 관리해야 한다.<br>② 행정구역이 결정되지 않은 지역에 사물주소를 표기하려는 경우에는 영 제6조제2항 각 호의 도로명주소 표기방법을 따른다.<br><br>**제50조(사물주소판의 신청 및 교부)** ① 법 제24조제1항에 따라 사물주소의 부여 또는 변경을 신청하는 시설물의 설치자 또는 관리자는 시장등에게 사물주소판의 교부를 함께 신청할 수 있다.<br>② 시장등은 제1항에 따른 신청을 받은 경우에는 영 제42조제3항에 따라 사물주소의 부여 또는 변경을 고지한 날부터 14일 이내에 사물주소판을 교부해야 한다.<br>③ 사물주소가 부여된 시설물의 설치자 또는 관리자는 사물주소판이 훼손된 경우에는 시장등에게 사물주소판의 재교부를 신청할 수 있다. 이 경우 시장등은 신청을 받은 날부터 14일 이내에 신청인에게 사물주소판을 재교부해야 한다.<br>④ 제1항에 따른 사물주소판의 교부 신청 및 제3항에 따른 재교부 신청은 별지 제27호서식의 신청서에 따른다.<br>⑤ 사물주소를 부여받은 시설물의 설치자 또는 관리자는 영 제43조제1항에 따라 직접 제작한 사물주소판(이하 "자율형사물주소판"이라 한다)을 설치하려는 경우 별지 제28호서식의 자율형사물주소판 설치 신청서에 크기, 모양, 재질, 부착 위치 등이 표기된 설치계획 도면을 첨부하여 시장등에게 제출해야 한다. 다만, 개별 법령에 따른 설계도서에 자율 |

| 도로명주소법 | 도로명주소법 시행령 | 도로명주소법 시행규칙 |
|---|---|---|
| | ② 시설물의 설치자 또는 관리자는 법 제24조제4항에 따라 사물주소판을 설치하는 경우 지면으로부터 1.6미터 이상의 높이에 사물주소판을 설치해야 한다. 다만, 시설물을 안내하는 표지판 등에 사물주소판을 설치하려는 경우에는 그 시설물의 높이·크기 등을 고려해 설치하는 높이를 달리할 수 있다.<br>③ 시설물의 설치자 또는 관리자는 제1항에 따라 설치한 사물주소판을 관리해야 하며, 사물주소판이 훼손되거나 없어진 경우에는 해당 시장등에게 사물주소판을 재교부받아 부착·설치하거나 직접 제작하여 설치해야 한다.<br>④ 사물주소가 부여된 시설물의 설치자 또는 관리자는 법 제24조제5항에 따라 해당 시설물을 철거하거나 위치를 변경하려는 경우 철거 예정일 또는 위치 변경 예정일의 5일 전까지 해당 시장등에게 그 사실을 통지해야 한다.<br>⑤ 제1항 또는 제3항에 따른 사물주소판의 교부 또는 재교부에 필요한 제작비용의 산정 및 징수에 관한 사항은 해당 지방자치단체의 조례로 정한다. | 형사물주소판의 크기, 모양, 재질 및 설치 위치 등을 반영한 경우에는 이 항 본문에 따른 신청서 및 첨부서류의 제출을 생략할 수 있다.<br>⑥ 시장등은 제2항 또는 제3항에 따라 사물주소판을 교부 또는 재교부하는 경우에는 별지 제29호서식의 사물주소판 (재)교부대장에 이를 기록하고 관리해야 한다. |
| **제25조(주소정보기본도 등의 작성 및 활용 등)** ① 행정안전부장관, 시·도지사 및 시장·군수·구청장은 대통령령으로 정하는 바에 따라 지적공부 등을 활용하여 주소정보를 종합적으로 수록한 도면(이하 "주소정보기본도"라 한다)을 작성·관리하여야 한다.<br>② 행정안전부장관, 시·도지사 또는 시장·군수·구청장은 주소정보의 사용 편의성을 높이기 위하여 주소정보기본도를 이용하여 주소정보를 안내할 목적으로 작성한 지도(이하 "주소정보안내도"라 한다)를 제작·배포하거나 주소정보안내판을 설치할 수 있다.<br>③ 행정안전부상관, 시·도지사 또는 시장·군수·구정장은 | **제44조(주소정보기본도의 작성)** ① 주소정보기본도는 행정안전부장관이 정하는 전산처리장치에 따라 전산화된 도면으로 작성·관리되어야 한다.<br>② 제1항에 따라 작성·관리되는 주소정보기본도에는 다음 각 호의 사항이 포함되어야 한다.<br>1. 행정구역의 이름 및 경계<br>2. 도로구간, 도로명 및 도로의 실제 폭(터널 및 교량을 포함한다)<br>3. 기초간격과 기초번호<br>4. 필지 경계 및 지번<br>5. 건물등과 건물번호, 건물군, 동번호·층수·호수 등 상 | **제51조(주소정보안내도의 작성 방법)** 법 제25조제2항에 따른 주소정보안내도에는 법 제25조제6항 각 호의 내용이 포함되지 않도록 해야 한다.<br><br>**제52조(주소정보안내도 등을 활용한 광고)** ① 법 제25조제4항 및 영 제45조제1항에 따른 광고의 신청은 별지 제30호서식의 신청서에 따른다.<br>② 행정안전부장관, 시·도지사 및 시장·군수·구청장은 영 제45조에 따른 광고 게재 현황 등을 관리하기 위하여 별지 제31호서식의 주소정보안내도 또는 주소정보안내판 광고 관리대장을 작성·관리해야 한다. |

| 도로명주소법 | 도로명주소법 시행령 | 도로명주소법 시행규칙 |
|---|---|---|
| 대통령령으로 정하는 바에 따라 주소정보안내도와 주소정보안내판에 광고를 게재할 수 있다. 이 경우 광고는 주소정보안내도 및 주소정보안내판의 기능에 지장을 주지 아니하는 범위에서 하여야 한다.<br>④ 행정안전부장관, 시·도지사 또는 시장·군수·구청장이 아닌 자는 제3항에 따라 행정안전부장관, 시·도지사 또는 시장·군수·구청장에게 광고의 게재를 신청할 수 있다. 이 경우 행정안전부장관, 시·도지사 또는 시장·군수·구청장은 신청인의 광고를 게재하는 경우 대통령령으로 정하는 바에 따라 신청인에게 광고비용을 부담하게 한다.<br>⑤ 주소정보를 이용한 제품을 제작하여 판매하거나 그 밖에 다른 용도로 사용하려는 자는 대통령령으로 정하는 바에 따라 행정안전부장관, 시·도지사 또는 시장·군수·구청장에게 주소정보 제공을 요청할 수 있다.<br>⑥ 행정안전부장관, 시·도지사 또는 시장·군수·구청장은 제5항에 따라 요청받은 주소정보의 내용이 다음 각 호의 어느 하나에 해당하는 경우에는 그 주소정보의 내용을 제외하거나 사용 범위를 제한하여 제공할 수 있다.<br>　1. 국가안보나 그 밖에 국가의 중대한 이익을 해칠 우려가 있다고 인정되는 경우<br>　2. 그 밖에 다른 법령에 따라 비밀로 유지되거나 열람이 제한되는 등 비공개사항인 경우<br>⑦ 행정안전부장관, 시·도지사 또는 시장·군수·구청장은 제5항에 따라 요청받은 주소정보를 대통령령으로 정하는 바에 따라 유상으로 제공하여야 한다. 다만, 국가나 지방자치단체가 주소정보 안내를 목적으로 요청하거나 그 밖에 공익상 필요하다고 인정되는 경우에는 무상으로 제공할 수 있다.<br>⑧ 제4항의 광고에 따른 수입 및 제7항의 주소정보 제공에 따른 | 세주소, 출입구 및 실내 이동경로 등<br>　6. 국가기초구역, 국가기초구역번호, 국가기초구역 경계, 행정 읍·면·동 및 행정 통·리<br>　7. 통계구역·우편구역 등 다른 법률에 따라 공표하는 각종 구역에 관한 사항<br>　8. 국가지점번호 격자, 국가지점번호 및 국가지점번호 고시지역<br>　9. 사물주소 부여 시설물의 위치, 사물번호기준점 및 사물번호<br>　10. 주소정보시설에 관한 사항<br>　11. 철도, 호수, 하천, 공원 및 다리의 위치 등에 관한 사항<br>　12. 그 밖에 주소정보기본도의 품질 향상 및 주소정보의 효율적 관리·안내를 위하여 행정안전부장관이 필요하다고 인정하는 사항<br>③ 제2항에서 규정한 사항 외에 주소정보기본도의 작성 및 관리 등에 필요한 사항은 행정안전부장관이 정한다.<br><br>**제45조(주소정보안내도등을 활용한 광고 게재)** ① 법 제25조제4항에 따라 같은 조 제2항에 따른 주소정보안내도(이하 "주소정보안내도"라 한다) 또는 주소정보안내판(이하 "주소정보안내판"이라 한다)에 광고의 게재를 신청하려는 자는 다음 각 호의 구분에 따라 광고계획서를 제출해야 한다.<br>　1. 행정안전부장관에게 신청해야 하는 경우는 다음 각 목과 같다.<br>　　가. 행정안전부장관이 작성하는 주소정보안내도 또는 주소정보안내판(이하 "주소정보안내도등"이라 한다)에 광고를 게재하려는 경우<br>　　나. 둘 이상의 시·도에 광고를 게재하려는 경우<br>　2. 특별시장, 광역시장 및 도지사에게 신청해야 하는 경우 | **제53조(주소정보의 제공 등)** ① 법 제25조제5항에 따른 주소정보의 제공 신청은 별지 제32호서식의 신청서에 따른다.<br>② 행정안전부장관, 시·도지사 또는 시장·군수·구청장은 영 제46조제3항에 따라 주소정보를 제공하는 경우 별지 제33호서식의 주소정보 제공 및 관리대장에 이를 기록하고 관리해야 한다.<br>③ 행정안전부장관은 주소정보를 국민이 쉽게 이용할 수 있도록 다음 각 호의 구분에 따라 주소정보의 목록을 작성하여 공개할 수 있다. 다만, 해당 주소정보가 법 제25조제6항 각 호에 해당하는 경우는 제외한다.<br>　1. 공개하는 주소정보<br>　2. 제공하는 주소정보<br>　3. 사용자와 사용범위를 제한하여 제공하는 주소정보<br><br>**제54조(주소정보시설의 비용 부담)** ① 법 제26조제3항 및 영 제49조제3항·제4항에 따른 주소정보시설의 원상복구에 필요한 비용의 부과 및 납부 통보는 별지 제34호서식의 납부서에 따른다.<br>② 개발사업자는 영 제50조제3항에 따라 수정계획서에 대한 이의신청을 하려는 경우에는 별지 제35호서식의 주소정보시설 설치계획 이의신청서에 이의신청 내용을 증명할 수 있는 서류를 첨부하여 시장등에게 제출해야 한다.<br>③ 영 제50조제6항에 따른 개발사업지역 주소정보시설 설치 비용 납부의 통보는 별지 제36호서식의 납부서에 따른다.<br>④ 영 제50조제9항에 따른 주소정보시설의 설치이행 통보 및 설치비용 납부의 통보는 별지 제37호서식의 납부서에 따른다.<br>⑤ 시장등은 법 제26조제4항에 따른 주소정보시설의 설치 등에 관한 비용을 다음 각 호의 기준에 따라 산정한다.<br>　1. 주소정보시설의 조달단가 |

| 도로명주소법 | 도로명주소법 시행령 | 도로명주소법 시행규칙 |
|---|---|---|
| 수입은 주소정보시설의 설치·유지 및 관리에 사용하여야 한다.<br>⑨ 주소정보기본도, 주소정보안내도 및 주소정보를 이용한 제품은 「공간정보의 구축 및 관리 등에 관한 법률」 제2조제10호에 따른 지도로 보지 아니한다.<br>⑩ 누구든지 행정안전부장관의 허가 없이 「국가공간정보 기본법」에 따라 공개가 제한되는 정보가 포함된 주소정보기본도 및 주소정보안내도를 국외로 반출해서는 아니 된다. 다만, 외국 정부와 주소정보안내도를 서로 교환하는 등 대통령령으로 정하는 경우에는 그러하지 아니하다.<br>⑪ 행정안전부장관은 제10항 단서에 따라 주소정보기본도 및 주소정보안내도를 국외로 반출하는 경우 국가 안보를 해칠 우려가 있는 정보 및 다른 법령에 따라 비밀로 유지되거나 열람이 제한되는 비공개 사항이 포함되지 아니하도록 하여야 하며, 이를 위하여 국가정보원장에게 보안성 검토를 요청할 수 있다.<br>⑫ 제2항에 따른 주소정보안내의 작성 방법, 주소정보안내판의 설치 장소와 규격 및 그 밖에 필요한 사항은 행정안전부령으로 정한다. | 는 다음 각 목과 같다.<br>　가. 특별시장, 광역시장 및 도지사가 작성하는 주소정보안내등에 광고를 게재하려는 경우<br>　나. 둘 이상의 시·군·구에 광고를 게재하려는 경우<br>3. 시장등에게 신청해야 하는 경우는 다음 각 목과 같다.<br>　가. 시장등이 작성하는 주소정보안내도등에 광고를 게재하려는 경우<br>　나. 해당 지역에 광고를 게재하려는 경우<br>② 행정안전부장관, 시·도지사 및 시장·군수·구청장은 제1항에 따른 신청을 받은 날부터 50일 이내에 다음 각 호의 사항을 검토하여 광고 게재 여부를 결정하고, 그 결과를 신청인에게 통보해야 한다.<br>1. 광고의 적합성<br>2. 법 제25조제3항 후단의 위반 여부<br>3. 광고계획서의 적정성<br>4. 광고의 제작·배포에 관한 사항(주소정보안내도로 한정한다)<br>5. 광고의 설치 및 유지·관리에 관한 사항(주소정보안내판으로 한정한다)<br>6. 그 밖에 행정안전부장관, 시·도지사 및 시장·군수·구청장이 필요하다고 인정하는 사항<br>③ 행정안전부장관, 시·도지사 및 시장·군수·구청장은 제2항에 따라 주소정보안내도등에 광고를 게재하는 것으로 결정한 경우에는 10일 이상의 기간을 정하여 다음 각 호의 사항을 공보등에 공고해야 한다.<br>1. 광고의 내용<br>2. 광고를 게재하려는 주소정보안내도등의 현황<br>3. 광고 게재의 방법 및 기간<br>4. 광고사업자의 성명, 업체명 및 주소 | 2. 종전의 주소정보시설 설치비용 |

| 도로명주소법 | 도로명주소법 시행령 | 도로명주소법 시행규칙 |
|---|---|---|
| | 5. 그 밖에 행정안전부장관, 시·도지사 및 시장·군수·구청장이 필요하다고 인정하는 사항<br>④ 법 제25조제4항 후단에 따른 광고비용(이하 "광고비용"이라 한다)은 주소정보안내도등의 제작비를 넘지 않는 범위에서 다음 각 호의 구분에 따라 정한다.<br>　1. 제1항제1호의 경우 : 행정안전부장관 고시<br>　2. 제1항제2호 또는 제3호의 경우 : 해당 지방자치단체의 조례<br>⑤ 제4항에도 불구하고 다음 각 호의 어느 하나에 해당하는 경우에는 광고비용을 무료로 한다.<br>　1. 국가 또는 지방자치단체가 광고를 게재하는 경우<br>　2. 비상업적 공익광고를 게재하는 경우<br>　3. 그 밖에 행정안전부장관, 시·도지사 또는 시장·군수·구청장이 필요하다고 인정하는 경우<br>⑥ 제1항부터 제3항까지의 규정에 따른 광고의 신청 방법과 광고물 관리 등 그 밖에 필요한 사항은 행정안전부령으로 정한다.<br><br>**제46조(주소정보의 제공 요청 등)** ① 법 제25조제5항에 따라 주소정보를 이용한 제품을 제작하여 판매하거나 그 밖에 다른 용도로 사용하려는 자는 다음 각 호의 구분에 따라 주소정보의 제공을 요청해야 한다.<br>　1. 요청하는 주소정보의 범위가 특별자치시, 특별자치도 및 시·군·구인 경우 : 관할 시장등<br>　2. 요청하는 주소정보의 범위가 시·도 또는 둘 이상의 시·군·구인 경우 : 관할 특별시장·광역시장·도지사<br>　3. 요청하는 주소정보의 범위가 전국 또는 둘 이상의 시·도인 경우 : 행정안전부장관<br>② 제1항에 따라 주소정보의 제공을 요청하는 자는 다음 각 호 | |

| 도로명주소법 | 도로명주소법 시행령 | 도로명주소법 시행규칙 |
|---|---|---|
| | 의 사항을 행정안전부령으로 정하는 바에 따라 행정안전부장관, 시·도지사 또는 시장·군수·구청장에게 제출해야 한다. 이 경우 요청하는 주소정보 제공 방법이 시스템 연계인 경우에는 다음 각 호의 사항을 행정안전부장관에게 제출해야 한다.<br>1. 요청인의 인적사항<br>2. 자료의 이용 목적 및 요청 내용<br>3. 제공받은 자료의 보호 대책 및 보안에 관한 사항<br>4. 요청하는 주소정보 제공 방법(전산파일 제공 및 시스템 연계 등을 포함한다)<br>③ 행정안전부장관, 시·도지사 또는 시장·군수·구청장은 제2항에 따라 주소정보의 제공을 요청받은 경우 자료 이용 목적의 적정성 등을 검토하여 요청받은 날부터 10일(제2항 각 호 외의 부분 후단의 경우에는 30일로 한다) 이내에 주소정보 제공 여부를 결정해야 한다. 이 경우 주소정보를 제공하기로 결정한 경우에는 지체 없이 주소정보를 제공하고, 주소정보를 제공하지 않기로 결정한 경우에는 요청인에게 그 사실을 통보해야 한다.<br>④ 행정안전부장관, 시·도지사 또는 시장·군수·구청장은 제3항에 따라 주소정보를 제공하는 경우 행정안전부령으로 정하는 바에 따라 그 내용을 기록·관리해야 한다.<br>⑤ 법 제25조제7항에 따른 주소정보 제공 수수료는 제공하는 주소정보의 양 등을 고려하여 행정안전부장관이 정하여 고시한다.<br><br>**제47조(주소정보기본도 등의 국외 반출)** 법 제25조제10항 단서에서 "외국 정부와 주소정보안내도를 서로 교환하는 등 대통령령으로 정하는 경우"란 다음 각 호의 어느 하나에 해당하는 경우를 말한다. | |

| 도로명주소법 | 도로명주소법 시행령 | 도로명주소법 시행규칙 |
|---|---|---|
| | 1. 대한민국 정부와 외국 정부 간에 체결된 협정 또는 합의에 따라 주소정보기본도 또는 주소정보안내도(이하 이 조에서 "주소정보기본도등"이라 한다)를 상호 교환하는 경우<br>2. 정부를 대표하여 외국 정부와 교섭하거나 국제회의 또는 국제기구에 참석하는 자가 자료로 사용하기 위하여 주소정보기본도등을 국외로 반출하는 경우<br>3. 행정안전부장관이 법 제25조제11항에 따라 국가정보원장의 보안성 검토를 거쳐 주소정보기본도등을 국외로 반출하기로 결정한 경우 | |
| **제26조(주소정보시설의 관리)** ① 특별자치시장, 특별자치도지사 및 시장·군수·구청장은 연 1회 이상 주소정보시설을 조사하여 훼손되거나 없어진 시설에 대하여 대통령령으로 정하는 바에 따라 교체 또는 철거 등의 적절한 조치를 하여야 한다.<br>② 건물등·시설물 또는 토지의 소유자·점유자 및 임차인은 그 건물등·시설물 또는 토지의 사용에 지장을 주는 경우가 아니면 정당한 사유 없이 주소정보시설의 조사, 설치, 교체 또는 철거 업무의 집행을 거부하거나 방해해서는 아니 된다.<br>③ 각종 공사나 그 밖의 사유로 주소정보시설을 훼손·제거하거나 기능상 장애를 초래한 자는 해당 주소정보시설을 원상복구하거나 그에 필요한 비용을 부담하여야 한다.<br>④ 도시개발사업 및 주택재개발사업 등 각종 개발사업의 시행자는 그 사업으로 인하여 주소정보시설의 설치·교체 또는 철거가 필요한 경우에는 대통령령으로 정하는 바에 따라 직접 설치·교체 또는 철거하거나 그 비용을 부담하여야 한다.<br>⑤ 특별자치시장, 특별자치도지사 및 시장·군수·구청장은 제3항 및 제4항에 따라 비용을 부담하려는 자(이하 이 조에 | **제48조(주소정보시설의 관리)** ① 시장등은 법 제26조제1항에 따라 주소정보시설을 관리하기 위하여 매년 주소정보시설 조사계획을 수립하고, 조사를 실시해야 한다.<br>② 시장등은 제1항에 따른 조사 결과에 따라 훼손되거나 없어진 시설에 대한 정비계획을 수립하고 해당 주소정보시설을 교체 또는 철거하는 등 적절한 조치를 해야 한다.<br><br>**제49조(주소정보시설 훼손 등에 대한 비용 부담)** ① 시장등은 법 제26조제3항에 따른 주소정보시설의 원상복구에 필요한 비용(이하 "정비비용"이라 한다)을 다음 각 호의 기준에 따라 산정한다.<br>1. 주소정보시설의 조달단가<br>2. 종전의 주소정보시설 설치비용<br>② 시장등은 주소정보시설을 훼손·제거하거나 기능상 장애를 초래한 자에게 제1항에 따라 산정한 정비비용을 통보하고, 14일 이상의 기간을 정하여 의견을 제출할 수 있도록 해야 한다.<br>③ 시장등은 제2항에 따른 의견 제출 기간에 제출된 의견이 없 | |

| 도로명주소법 | 도로명주소법 시행령 | 도로명주소법 시행규칙 |
|---|---|---|
| 서 "납부의무자"라 한다)에게는 그 비용을 부과하여야 한다.<br>⑥ 특별자치시장, 특별자치도지사 및 시장·군수·구청장은 납부의무자가 제5항에 따른 비용을 대통령령으로 정하는 납부기한까지 납부하지 아니하는 경우에는 「지방행정제재·부과금의 징수 등에 관한 법률」에 따라 징수할 수 있다.<br>⑦ 제3항부터 제5항까지의 규정에 따른 비용의 부과절차, 납부 및 징수 방법, 환급사유 등에 관하여 필요한 사항은 대통령령으로 정한다. | 는 경우에는 10일 이상의 납부기한을 정하여 납부의무자에게 정비비용의 납부를 통보해야 한다.<br>④ 시장등은 제2항에 따른 의견 제출 기간에 의견이 제출된 경우에는 10일 이내에 제출된 의견을 검토하고 그 검토 결과를 의견을 제출한 자에게 통보해야 한다. 이 경우 검토 결과가 주소정보시설을 훼손·제거하거나 기능상 장애를 초래한 자에게 비용을 부과하는 결정인 경우에는 10일 이상의 납부 기한을 정하여 납부의무자에게 정비비용의 납부를 통보해야 한다.<br>⑤ 시장등은 제3항 또는 제4항에 따른 납부의무자가 납부기한 내에 비용을 납부하지 않은 경우에는 10일 이상의 납부 연장 기한을 정하여 비용 납부를 독촉해야 한다.<br>⑥ 시장등은 제5항에 따른 납부 연장기한까지 정비비용을 납부하지 않은 경우에는 법 제26조제6항에 따라 이를 징수할 수 있다.<br><br>**제50조(각종 개발사업에 따른 주소정보시설의 설치·교체 등)**<br>① 법 제26조제4항에 따른 도시개발사업 및 주택재개발사업 등 각종 개발사업의 시행자(이하 이 조에서 "개발사업시행자"라 한다)는 그 개발사업으로 주소정보시설의 설치·교체 또는 철거가 필요한 경우에는 그 개발사업을 수행하기 위한 인허가 또는 승인을 신청할 때 다음 각 호의 사항이 포함된 주소정보시설 설치계획서를 해당 시장등에게 제출해야 한다.<br>　1. 개발사업시행자에 관한 사항<br>　2. 개발사업의 사업계획도 및 도로망<br>　3. 주소정보시설 설치 수량 및 설치 위치<br>　4. 예상 설치 비용과 설치 완료 예정일(개발사업시행자가 주소정보시설을 직접 설치하는 경우로 한정한다)<br>　5. 주소정보시설의 설치비용 부담 계획(개발사업시행자 | |

| 도로명주소법 | 도로명주소법 시행령 | 도로명주소법 시행규칙 |
|---|---|---|
| | 가 주소정보시설의 설치비용을 부담하려는 경우로 한정한다) | |
| | 6. 지주등 또는 법 제24조제1항에 따른 시설물의 설치에 관한 사항 | |
| | 7. 그 밖에 시장등에 대한 협조 요청 사항(도로구간의 설정·변경·폐지, 도로명·기초번호·건물번호·사물주소의 부여·변경·폐지 및 국가기초구역에 관한 사항을 말한다) | |
| | ② 시장등은 제1항에 따른 주소정보시설 설치계획서를 제출받은 날부터 50일 이내에 다음 각 호의 사항을 개발사업시행자에게 통보해야 한다. | |
| | 1. 시장등이 제1항제3호부터 제5호까지의 규정에 따른 사항을 수정한 경우 그 수정계획서 | |
| | 2. 도로구간의 설정·변경·폐지 및 도로명·기초번호·건물번호·사물주소의 부여·변경·폐지에 관한 계획 | |
| | 3. 설치가 계획된 지주등에 표기할 도로명·기초번호에 관한 사항 | |
| | 4. 그 밖에 시장등이 주소정보시설 설치에 필요하다고 인정하는 사항 | |
| | ③ 개발사업시행자는 제2항제1호의 수정계획서를 통보받은 경우에는 통보받은 날부터 15일 이내에 행정안전부령으로 정하는 바에 따라 시장등에게 이의를 제기할 수 있다. | |
| | ④ 시장등은 제3항에 따라 이의신청을 받은 경우에는 이의신청을 받은 날부터 30일 이내에 다음 각 호의 사항에 관하여 해당 주소정보위원회의 심의를 거치고 그 결과를 개발사업시행자에게 통보해야 한다. | |
| | 1. 제1항에 따른 주소정보시설의 설치계획서 | |
| | 2. 제2항제1호에 따른 수정계획서 | |
| | 3. 제3항에 따른 개발사업시행자의 이의신청 내용 | |

| 도로명주소법 | 도로명주소법 시행령 | 도로명주소법 시행규칙 |
|---|---|---|
| | 4. 그 밖에 시장등이 필요하다고 인정하는 사항<br>⑤ 개발사업시행자는 제4항 각 호 외의 부분에 따라 심의 결과를 통보받은 경우에는 그 통보받은 내용을 이행해야 한다. 이 경우 개발사업시행자는 제3항에 따른 이의신청을 하지 않은 경우에는 제2항제1호에 따른 수정계획서의 내용을 이행해야 한다.<br>⑥ 시장등은 제2항 또는 제4항에 따라 개발사업시행자가 주소정보시설의 설치비용을 부담하는 경우에는 제1항제5호에 따른 비용 납부 예정일 10일 전까지 행정안전부령으로 정하는 바에 따라 주소정보시설 설치비용 납부서를 개발사업시행자에게 통보해야 한다.<br>⑦ 시장등은 설치비용을 부담하는 개발사업시행자가 비용 납부 예정일까지 비용을 납부하지 않은 경우에는 10일 이상의 납부 연장기한을 정하여 비용 납부를 독촉해야 한다.<br>⑧ 개발사업시행자는 주소정보시설을 직접 설치하기로 한 경우에는 주소정보시설의 설치를 완료한 날부터 5일 이내에 그 결과를 해당 시장등에게 통보해야 한다.<br>⑨ 시장등은 주소정보시설을 직접 설치하기로 한 개발사업시행자가 주소정보시설의 설치 완료 예정일까지 그 시설의 설치를 완료하지 않은 경우에는 설치 완료 예정일부터 10일 이상의 기한을 정하여 주소정보시설의 설치비용 납부서를 개발사업시행자에게 통보해야 한다. 이 경우 설치비용은 제1항의 설치계획서(제2항제1호에 따른 수정계획서를 포함한다)에 적힌 예상 설치비용(제3항에 따라 이의제기를 한 경우에는 제4항의 심의 결과에 따른 예상 설치비용을 말한다)에서 개발사업시행자가 설치 완료 예정일까지 주소정보시설의 설치에 사용한 비용을 제외한 금액으로 한다.<br>⑩ 개발사업시행자는 제9항 전단에 따라 통보받은 납부서의 납부기한까지 주소정보시설의 설치를 완료하거나 납부서 | |

| 도로명주소법 | 도로명주소법 시행령 | 도로명주소법 시행규칙 |
|---|---|---|
| | 에 기재된 설치비용을 시장등에게 납부해야 한다.<br>⑪ 시장등은 다음 각 호의 어느 하나에 해당하는 경우에는 주소<br>정보시설을 직접 설치해야 한다.<br>　1. 시장등이 제6항에 따라 개발사업시행자에게 주소정보<br>　　시설의 설치비용 납부서를 통보한 경우<br>　2. 개발사업시행자가 제9항 전단에 따라 납부서를 통보받<br>　　고도 그 납부기한까지 주소정보시설의 설치를 완료하지<br>　　않은 경우 | |
| 제27조(주소정보 사용 지원) ① 공공기관의 장은 주소정보 사<br>용을 촉진하기 위하여 필요한 지원을 할 수 있다.<br>② 행정안전부장관, 시·도지사 및 시장·군수·구청장은 주<br>　소정보의 사용과 관련된 산업 분야의 진흥을 위하여 필요한<br>　지원을 할 수 있다.<br>③ 제1항 및 제2항에 따른 지원의 세부 내용은 대통령령으로<br>　정한다. | 제51조(주소정보 사용의 지원) ① 공공기관의 장은 법 제27조<br>제1항에 따라 주소정보의 사용을 촉진하기 위하여 다음 각 호<br>의 지원을 할 수 있다.<br>　1. 도로명주소를 사용하여 우편물을 다량으로 발송하는 자<br>　　에 대한 우편요금 등 수수료의 감면<br>　2. 기존의 지번주소를 도로명주소로 전환할 수 있도록 하<br>　　는 주소검색 전산프로그램의 개발 및 보급<br>　3. 택배회사, 음식점 등 배달 업소에서 사용할 수 있는 주소<br>　　정보안내도의 제작·보급 또는 주소정보안내도를 출력<br>　　하기 위한 전산프로그램의 개발·제공<br>　4. 버스·택시 정류장, 지하철 역사(驛舍) 및 승강장, 광장,<br>　　지하도, 시장, 관광지, 교통센터, 관광안내센터 등에 설치<br>　　하려는 안내지도 및 안내표지판의 주소정보 표시 지원<br>　5. 관광호텔, 렌터카, 백화점, 부동산중개업소 등에 갖춰 두<br>　　는 각종 안내지도의 주소정보 표기 지원<br>　6. 주소정보시설의 설치<br>　7. 그 밖에 주소정보 사용을 촉진하기 위한 사항<br>② 행정안전부장관은 법 제27조제1항에 따라 주소정보의 사<br>　용을 촉진하기 위하여 제1항에서 규정한 사항 외에 다음 각<br>　호의 지원을 할 수 있다. | |

| 도로명주소법 | 도로명주소법 시행령 | 도로명주소법 시행규칙 |
|---|---|---|
| | 1. 주소정보의 구축 및 갱신 지원<br>2. 구역정보의 구축 및 활용 지원<br>3. 기초번호를 활용한 위치 표시 지원<br>4. 「공공데이터의 제공 및 이용 활성화에 관한 법률」 제2조<br>제2호에 따른 공공데이터에 포함된 주소정보의 편집ㆍ<br>수정 및 가공 등의 지원<br>5. 주소정보와 그 밖의 정보를 연계한 정보의 제공<br>6. 주소정보 간 또는 주소정보와 각종 위치 표시 정보와의<br>관계 확인<br>7. 국내의 주소를 국외에 등록하고 있는 자에 대한 주소동<br>일성 영문 증명서 발급(영문증명서에 표기하려는 주소<br>는 국어의 로마자표기법을 따른다)<br>8. 그 밖에 행정안전부장관이 주소정보의 사용 촉진에 필<br>요하다고 인정하는 사항<br>③ 시ㆍ도지사 및 시장ㆍ군수ㆍ구청장은 법 제27조제1항에<br>따라 주소정보의 사용을 촉진하기 위하여 제1항에서 규정<br>한 사항 외에 다음 각 호의 지원을 할 수 있다.<br>1. 제2항제1호부터 제5호까지의 규정에 따른 지원<br>2. 그 밖에 시ㆍ도지사 및 시장ㆍ군수ㆍ구청장이 주소정보<br>의 사용 촉진을 위하여 필요하다고 인정하는 지원<br><br>**제52조(주소정보 산업의 진흥)** 행정안전부장관, 시ㆍ도지사<br>및 시장ㆍ군수ㆍ구청장은 법 제27조제2항에 따라 주소정보의<br>사용과 관련된 산업분야(이하 "주소정보산업"이라 한다)의 진<br>흥을 위하여 다음 각 호의 구분에 따른 사항을 지원할 수 있다.<br>1. 주소정보산업의 육성시책 마련을 위한 다음 각 목의 사항<br>가. 국내외 주소정보산업에 관한 현황 및 기술 동향 등의<br>조사 및 공개<br>나. 주소정보산업과 관련한 통계의 작성 및 관리 | |

| 도로명주소법 | 도로명주소법 시행령 | 도로명주소법 시행규칙 |
|---|---|---|
| | 다. 주소정보의 국제협력 및 국외 진출 지원<br>라. 주소정보의 공동이용에 필요한 기술기준 마련 및 산업표준의 제정ㆍ개정<br>2. 주소정보를 기반으로 하는 새로운 산업 유형의 개발 및 지원을 위한 다음 각 목의 사항<br>가. 드론, 지능형 로봇, 자율주행자동차의 운용 등<br>나. 실내 위치의 안내<br>다. 사물인터넷(인터넷을 기반으로 모든 사물을 연결하여 사람과 사물 또는 사물과 사물 간 정보를 상호 공유ㆍ소통하는 지능형 기술을 말한다)의 활용<br>라. 그 밖에 행정안전부장관이 주소정보산업의 진흥을 위하여 필요하다고 인정하는 사항<br>3. 주소정보산업에서 활용하는 주소정보의 체계적 관리를 위한 다음 각 목의 사항<br>가. 주소정보의 편집ㆍ가공 및 유통<br>나. 산업 분야에서 사용ㆍ관리하는 주소정보의 품질인증<br>다. 민간부문에서 사용하는 주소정보의 보안성 검토<br>4. 전문 인력의 양성 및 교육 등<br>5. 주소정보시설의 유지ㆍ관리 지원을 위한 다음 각 목의 사항<br>가. 주소정보시설의 설치 또는 유지ㆍ관리를 업으로 하는 자에 대한 지원<br>나. 주소정보시설에 대한 지도 점검<br>6. 주소정보와 관련된 사업ㆍ연구 등을 위한 협회 설립 및 운영 지원<br><br>**제53조(주소정보관리시스템)** ① 주소정보를 효율적으로 관리하기 위하여 행정안전부에는 중앙주소정보관리시스템을, 시ㆍ도에는 시ㆍ도주소정보관리시스템을, 시ㆍ군ㆍ구에는 | |

| 도로명주소법 | 도로명주소법 시행령 | 도로명주소법 시행규칙 |
|---|---|---|
| | 시 · 군 · 구주소정보관리시스템을 둔다.<br>② 행정안전부장관, 시 · 도지사 및 시장 · 군수 · 구청장은 각각의 주소정보관리시스템에서 작성 · 관리하는 주소정보가 상호 공유될 수 있도록 필요한 조치를 해야 한다.<br>③ 제1항 및 제2항에 따른 주소정보관리시스템의 구축 및 운영 등에 관하여 필요한 사항은 행정안전부장관이 정한다. | |
| **제28조(주소정보활용지원센터)** ① 행정안전부장관 및 시 · 도지사는 주소정보의 관리 · 활용과 관련 산업의 진흥을 지원하기 위하여 행정안전부 및 시 · 도에 주소정보활용지원센터를 설치 · 운영할 수 있다.<br>② 제1항에 따른 주소정보활용지원센터의 운영, 업무 범위 및 그 밖에 필요한 사항은 대통령령으로 정한다. | **제54조(주소정보활용지원센터의 운영)** ① 행정안전부장관 및 시 · 도지사는 법 제28조제1항에 따른 주소정보활용지원센터의 효율적인 운영을 위하여 5년마다 주소정보활용지원센터 운영계획(이하 "운영계획"이라 한다)을 수립해야 한다.<br>② 행정안전부장관 및 시 · 도지사는 운영계획의 수립 · 시행을 위하여 주소정보의 이용 현황 등 필요한 사항을 조사할 수 있다.<br><br>**제55조(주소정보활용지원센터의 업무범위)** ① 법 제28조제1항에 따라 행정안전부에 설치하는 주소정보활용지원센터(이하 "중앙주소정보활용지원센터"라 한다)는 다음 각 호의 업무를 수행한다.<br>　1. 법 제5조에 따른 주소정보 활용 기본계획의 수립을 위한 조사 · 연구<br>　2. 주소정보기본도의 작성 · 관리 지원<br>　3. 법 제25조제6항에 따른 주소정보 제공 지원<br>　4. 제51조제2항제1호부터 제6호까지의 규정에 따른 사항의 지원<br>　5. 제52조제1호부터 제3호까지의 규정에 따른 사항의 지원<br>　6. 주소정보를 활용한 창업 공모전 시행 등 주소정보를 활용한 사업의 창업 지원<br>　7. 외국 주소정보 수집 및 분석 | |

| 도로명주소법 | 도로명주소법 시행령 | 도로명주소법 시행규칙 |
|---|---|---|
| | 8. 그 밖에 주소정보의 수집 · 가공 · 제공 · 유통 및 활용 등에 관하여 행정안전부장관이 필요하다고 인정하는 사항<br>② 법 제28조제1항에 따라 시 · 도에 설치하는 주소정보활용지원센터(이하 "시 · 도주소정보활용지원센터"라 한다)는 다음 각 호의 업무를 수행한다.<br>1. 주소정보기본도의 작성 · 관리 지원<br>2. 법 제25조제6항에 따른 주소정보 제공 지원<br>3. 제51조제2항제1호부터 제5호까지의 규정에 따른 사항의 지원<br>4. 제52조제1호가목부터 다목까지의 규정에 따른 사항의 지원<br>5. 제52조제2호가목부터 다목까지의 규정에 따른 사항의 지원<br>6. 제52조제3호가목 및 나목에 따른 사항의 지원<br>7. 제52조제4호부터 제6호까지의 규정에 따른 사항의 지원<br>8. 제1항제7호 및 제8호에 따른 사항의 지원<br>9. 그 밖에 주소정보의 활용 등에 관하여 시 · 도지사가 필요하다고 인정하는 사항의 지원 | |
| 제29조(주소정보위원회) ① 주소정보와 관련한 중요 사항을 심의하기 위하여 행정안전부에 중앙주소정보위원회를 두고, 시 · 도에 시 · 도주소정보위원회를 두며, 시 · 군 · 자치구에 시 · 군 · 구주소정보위원회를 둔다.<br>② 제1항에 따른 중앙주소정보위원회, 시 · 도주소정보위원회 및 시 · 군 · 구주소정보위원회의 심의사항과 중앙주소정보위원회의 구성 · 운영 등에 필요한 사항은 대통령령으로 정하고, 제1항에 따른 시 · 도주소정보위원회 및 시 · 군 · 구주소정보위원회의 구성 · 운영 등에 필요한 사항은 각각 해당 지방자치단체의 조례로 정한다. | 제56조(주소정보위원회의 심의 사항) ① 법 제29조제1항에 따른 중앙주소정보위원회는 다음 각 호의 사항을 심의한다.<br>1. 법 제5조에 따른 기본계획의 수립에 관한 사항<br>2. 법 제7조 및 제8조에 따른 둘 이상의 시 · 도에 걸쳐 있는 도로의 도로명(도로구간과 기초번호를 포함한다. 이하 이 조에서 같다) 부여 · 변경에 관한 사항<br>3. 제54조제1항에 따른 운영계획의 수립에 관한 사항<br>4. 그 밖에 주소정보 활용에 관한 사항으로서 행정안전부장관이 심의에 부치는 사항<br>② 법 제29조제1항에 따른 시 · 도주소정보위원회는 다음 각 | |

| 도로명주소법 | 도로명주소법 시행령 | 도로명주소법 시행규칙 |
|---|---|---|
| | 호의 사항을 심의한다. 다만, 특별자치시 및 특별자치도의 경우 시·도주소정보위원회에서 제3항에 따른 시·군·구주소정보위원회의 심의사항도 심의한다.<br>1. 법 제7조 및 제8조에 따른 둘 이상의 시·군·구에 걸쳐 있는 도로의 도로명 부여·변경에 관한 사항<br>2. 법 제16조제1항제2호에 따른 행정구역이 결정되지 않은 지역의 사업지역 명칭 및 도로명의 부여에 관한 사항<br>3. 그 밖에 주소정보 활용에 관한 사항으로서 시·도지사가 심의에 부치는 사항<br>③ 법 제29조제1항에 따른 시·군·구주소정보위원회는 다음 각 호의 사항을 심의한다.<br>1. 법 제7조 및 제8조에 따른 도로명의 부여·변경에 관한 사항<br>2. 법 제10조에 따른 명예도로명의 부여에 관한 사항<br>3. 법 제14조제3항에 따라 직권으로 부여·변경하려는 상세주소의 이의신청에 관한 사항<br>4. 제50조제3항에 따른 주소정보시설 설치의 이의신청에 관한 사항<br>5. 그 밖에 주소정보 활용에 관한 사항으로서 특별자치시장, 특별자치도지사 및 시장·군수·구청장이 심의에 부치는 사항<br><br>**제57조(중앙주소정보위원회의 구성)** ① 법 제29조제1항에 따른 중앙주소정보위원회(이하 "위원회"라 한다)는 위원장 1명과 부위원장 1명을 포함하여 10명 이상 20명 이하의 위원으로 구성한다.<br>② 위원장과 부위원장은 위원 중에서 호선(互選)하며, 그 임기는 2년으로 한다.<br>③ 위원회의 위원은 다음 각 호의 사람이 된다. | |

| 도로명주소법 | 도로명주소법 시행령 | 도로명주소법 시행규칙 |
|---|---|---|
| | 1. 행정안전부에서 주소정보 관련 업무를 관장하는 고위공무원단에 속하는 공무원 중에서 행정안전부장관이 임명하는 공무원<br><br>2. 주소정보에 관한 학식과 경험이 풍부한 사람 중에서 성별을 고려하여 행정안전부장관이 위촉하는 사람<br><br>3. 다음 각 목의 중앙행정기관의 고위공무원단에 속하는 공무원 중에서 소속 기관의 장이 지명하는 사람<br>　가. 기획재정부<br>　나. 과학기술정보통신부<br>　다. 문화체육관광부<br>　라. 국토교통부<br>　마. 경찰청<br>　바. 소방청<br>　사. 그 밖에 주소정보 업무와 관련하여 행정안전부장관이 정하는 중앙행정기관<br><br>**제58조(위원의 임기)** 제57조제3항제2호에 따른 위원(이하 "위촉위원"이라 한다)의 임기는 2년으로 한다.<br><br>**제59조(위원의 해촉)** 행정안전부장관은 위촉위원이 다음 각 호의 어느 하나에 해당하는 경우에는 해당 위원을 해촉(解囑)할 수 있다.<br>　1. 심신장애로 직무를 수행할 수 없게 된 경우<br>　2. 직무와 관련된 비위사실이 있는 경우<br>　3. 직무태만, 품위손상이나 그 밖의 사유로 위원으로 적합하지 않다고 인정되는 경우<br>　4. 위원 스스로 직무를 수행하는 것이 곤란하다고 의사를 밝히는 경우 | |

| 도로명주소법 | 도로명주소법 시행령 | 도로명주소법 시행규칙 |
|---|---|---|
| | **제60조(위원장의 직무)** ① 위원장은 위원회를 대표하고, 위원회의 업무를 총괄한다.<br>② 위원장이 부득이한 사유로 직무를 수행할 수 없을 때에는 부위원장이 그 직무를 대행한다. 이 경우 부위원장이 부득이한 사유로 그 직무를 대행할 수 없을 때에는 위원장이 미리 지명한 위원이 그 직무를 대행한다.<br><br>**제61조(회의)** ① 위원장은 위원회의 회의를 소집하고, 그 의장이 된다.<br>② 위원회의 회의는 재적위원 과반수의 출석으로 개의(開議)하고, 출석위원 과반수의 찬성으로 의결한다.<br>③ 위원장은 상정된 안건을 논의하기 위하여 필요한 경우에는 안건과 관련된 관계 행정기관·공공단체나 그 밖의 기관·단체의 장 또는 민간 전문가를 회의에 출석시켜 의견을 들을 수 있다.<br><br>**제62조(운영세칙)** 이 영에서 규정한 사항 외에 위원회의 구성·운영 등에 필요한 사항은 위원회의 의결을 거쳐 위원장이 정한다. | |
| **제30조(자료제공의 요청)** ① 행정안전부장관, 시·도지사 및 시장·군수·구청장은 국가기관, 지방자치단체 또는 「공공기관의 운영에 관한 법률」에 따른 공공기관의 장에게 도로명주소의 부여·변경·폐지, 국가기초구역의 설정·변경·폐지, 국가지점번호의 부여·표기·관리 및 사물주소의 부여·변경·폐지에 관한 업무를 수행하기 위하여 필요한 자료로서 주민등록·가족관계등록·사업자등록·외국인등록·지방세·법인·건물·시설물 등에 관한 자료의 제공을 요청할 수 있다. 이 경우 자료 제공을 요청받은 기관의 장은 특별한 사유 | **제63조(자료제공의 요청)** 법 제30조제1항에 따라 행정안전부장관, 시·도지사 및 시장·군수·구청장이 국가기관, 지방자치단체 또는 「공공기관의 운영에 관한 법률」에 따른 공공기관의 장에게 요청할 수 있는 자료의 구체적 범위는 별표 2와 같다. | |

| 도로명주소법 | 도로명주소법 시행령 | 도로명주소법 시행규칙 |
|---|---|---|
| 가 없으면 요청에 따라야 한다.<br>② 행정안전부, 시·도 및 시·군·자치구의 소속 공무원 또는 공무원이었던 자는 제1항에 따라 제공받은 자료 또는 그에 따른 정보를 이 법에서 정한 목적 외의 다른 용도로 사용하거나 다른 사람 또는 기관에 제공하거나 누설해서는 아니 된다.<br>③ 제1항에 따라 요청할 수 있는 자료의 구체적 범위는 대통령령으로 정한다. | | |
| **제31조(조례의 제정)** 지방자치단체는 주소정보의 사용을 촉진하기 위하여 필요한 경우에는 주소정보시설의 설치, 유지·관리, 손해배상 공제 가입, 활용 및 홍보 등에 관한 조례를 제정할 수 있다. | | |
| **제32조(지도·감독)** 행정안전부장관은 주소정보 체계의 전국적 통일성을 위하여 필요한 경우에는 주소정보의 부여·설정 및 관리에 관한 사항에 대하여 지방자치단체의 장을 지도·감독할 수 있다. | | |
| **제33조(권한 등의 위임 및 위탁)** ① 이 법에 따른 행정안전부장관의 권한은 대통령령으로 정하는 바에 따라 그 일부를 시·도지사 또는 시장·군수·구청장에게 위임할 수 있다.<br>② 이 법에 따른 행정안전부장관의 업무는 대통령령으로 정하는 바에 따라 그 일부를 「국가공간정보 기본법」 제12조에 따른 한국국토정보공사, 「전자정부법」 제72조에 따른 한국지역정보개발원, 그 밖에 대통령령으로 정하는 기관에 위탁할 수 있다. | **제64조(권한 등의 위임·위탁)** ① 행정안전부장관은 법 제33조제1항에 따라 제40조제2항부터 제5항까지의 규정에 따른 국가지점번호판 관리 등에 관한 권한을 시·도지사에게 위임한다.<br>② 행정안전부장관은 법 제33조제1항에 따라 다음 각 호의 권한을 시장등에게 위임한다.<br>1. 법 제7조제3항 및 제8조제2항에 따른 도로명 부여·변경 신청의 접수<br>2. 법 제7조제6항 및 제8조제5항에 따른 공공기관의 장에 대한 통보<br>3. 법 제8조제4항에 따른 도로명주소사용자 과반수의 서면 동의에 관한 사항 | |

| 도로명주소법 | 도로명주소법 시행령 | 도로명주소법 시행규칙 |
|---|---|---|
| | 4. 법 제8조제5항에 따른 도로명주소가 변경되는 도로명주소사용자에 대한 고지<br><br>③ 법 제33조제2항에서 "대통령령으로 정하는 기관"이란 다음 각 호의 기관을 말한다.<br>　1. 국립해양조사원<br>　2. 국토지리정보원<br>　3. 행정안전부장관이 주소정보와 관련하여 설립을 인가한 비영리법인<br>④ 행정안전부장관은 제39조제4항부터 제7항까지의 규정에 따른 국가지점번호의 표기 및 국가지점번호판의 설치 확인에 관한 업무를 다음 각 호의 기관에 위탁할 수 있다.<br>　1. 「국가공간정보 기본법」 제12조에 따른 한국국토정보공사(이하 "한국국토정보공사"라 한다)<br>　2. 국립해양조사원<br>　3. 국토지리정보원<br>⑤ 행정안전부장관은 제44조, 제46조제2항부터 제4항까지 및 제53조에 따른 업무를 다음 각 호의 기관에 위탁할 수 있다.<br>　1. 한국국토정보공사<br>　2. 「전자정부법」 제72조에 따른 한국지역정보개발원(이하 "한국지역정보개발원"이라 한다)<br>⑥ 행정안전부장관은 법 제33조제2항에 따라 제51조제1항·제2항, 제52조 및 제54조에 따른 업무를 다음 각 호의 기관에 위탁할 수 있다.<br>　1. 한국국토정보공사<br>　2. 한국지역정보개발원<br>　3. 제3항제3호에 따른 비영리법인<br>⑦ 행정안전부장관은 제4항부터 제6항까지의 규정에 따라 업무를 위탁하는 경우에는 위탁받는 기관 및 위탁업무의 내용을 고시해야 한다. | |

| 도로명주소법 | 도로명주소법 시행령 | 도로명주소법 시행규칙 |
|---|---|---|
| **제34조(벌칙)** ① 제30조제2항을 위반하여 자료 또는 정보를 사용·제공 또는 누설한 자는 5년 이하의 징역 또는 5천만원 이하의 벌금에 처한다.<br>② 제25조제10항 본문을 위반하여 공개가 제한되는 정보가 포함된 주소정보기본도 및 주소정보안내도를 국외로 반출한 자는 2년 이하의 징역 또는 2천만원 이하의 벌금에 처한다. | | |
| **제35조(과태료)** ① 제26조제2항을 위반하여 정당한 사유 없이 주소정보시설의 조사, 설치, 교체 또는 철거 업무의 집행을 거부하거나 방해한 자에게는 100만원 이하의 과태료를 부과한다.<br>② 제13조제2항을 위반하여 훼손되거나 없어진 건물번호판을 재교부받거나 직접 제작하여 다시 설치하지 아니한 자에게는 50만원 이하의 과태료를 부과한다.<br>③ 제1항 및 제2항에 따른 과태료는 대통령령으로 정하는 바에 따라 특별자치시장, 특별자치도지사 및 시장·군수·구청장이 부과·징수한다. | **제65조(과태료 부과기준)** 법 제35조제1항 및 제2항에 따른 과태료의 부과기준은 별표 3과 같다. | |

M.E.M.O

## ▍저자약력

- 기술사 이영수
- 공학박사 안병구

# 공간정보 및 지적 관련 법령집

**발행일** | 2020. 10. 10  초판발행
2021.  7. 20  개정 1판 1쇄

**저  자** | 이영수 · 안병구
**발행인** | 정용수
**발행처** | 예문사

**주  소** | 경기도 파주시 직지길 460(출판도시) 도서출판 예문사
**T E L** | 031) 955 − 0550
**F A X** | 031) 955 − 0660
**등록번호** | 11 − 76호

## 정가 : 32,000원

### ISBN 978−89−274−4067−3  13530